G. Bischoff / W. Gocht (Hrsg.)

Energietaschenbuch

Autoren

Prof. em. Dr.-Ing. **Friedrich Adler**
Institut für Bergbauwissenschaften, Technische Universität Berlin

Dipl.-Ing. **Otto Arnold**
Rheinische Braunkohlenwerke, Köln

Prof. Dr. **Gerhard Bischoff**
Geologisches Institut, Universität Köln

Dr. **Dietrich Böcker**
Rheinische Braunkohlenwerke, Köln

Dr.-Ing. E.h. **Christoph Brecht**
Ruhrgas AG, Essen

Dr. **Harald B. Giesel**
Gesamtverband des deutschen Steinkohlenbergbaus, Essen

Prof. Dr. Dr. **Werner Gocht**
Forschungsinstitut für Internationale Technische und Wirtschaftliche Zusammenarbeit der RWTH Aachen

Dipl.-Ing. **Gerhard Hoffmann**
Ruhrgas AG, Essen

Dr. **Peter Kausch**
Rheinische Braunkohlenwerke, Köln

Dr.-Ing. **Eugen Koros**
Isny

Dr. **Ulf Lantzke**
International Energy Agency der OECD, Paris

Dipl.-Ing. **Werner Mackenthun**
Bad Homburg v.d. Höhe

Dr.-Ing. **Armin Mareske**
BEWAG Berlin

Dr. **Michael Meliß**
Regenerative Energiesysteme, KFA Jülich

Prof. Dr.-Ing. **Gerhard Rouvé**
Institut für Wasserbau und Wasserwirtschaft, RWTH Aachen

Prof. Dr. **Walter Rühl**
Hamburg-Blankenese

Prof. Dr.-Ing. **Helmut Schaefer**
Forschungsstelle für Energiewirtschaft, München

Dr. **Gerhard Schmidt**
Berlin

Dr. **Dieter Schmitt**
Energiewirtschaftliches Institut, Unversität Köln

Prof. Dr. **Hans K. Schneider**
Energiewirtschaftliches Institut, Universität Köln

Gerhard Bischoff/Werner Gocht (Hrsg.)

Energietaschenbuch

Mit 141 Bildern und 88 Tabellen

2., vollständig neubearbeitete Auflage

Friedr. Vieweg & Sohn Braunschweig/Wiesbaden

Prof. Dr. *Gerhard Bischoff*, Direktor am Geologischen Institut und Inhaber des Lehrstuhls für Geologie der Universität zu Köln

Prof. Dr. Dr. *Werner Gocht*, Direktor des Forschungsinstitutes für Internationale Technische und Wirtschaftliche Zusammenarbeit der Rheinisch-Westfälischen Technischen Hochschule Aachen

Redaktion: *Peter Fix*

Verlagsredaktion: Alfred Schubert

1. Auflage 1979
   1. Nachdruck 1980
   2. Nachdruck 1980
   3. Nachdruck 1980

2., vollständig neubearbeitete Auflage 1984

Umschlaggestaltung: Peter Morys, Salzhemmendorf

ISBN-13: 978-3-528-18446-9 e-ISBN-13: 978-3-322-83611-3
DOI: 10.1007/ 978-3-322-83611-3

Vorwort

Die Energiekrisen von 1973/74 und 1979/80 mit ihren drastischen Ölpreissprüngen haben bewiesen, wie sehr eine florierende Weltwirtschaft von preisgünstiger, vor allem aber kontinuierlicher Energieversorgung abhängig ist. Jeweils im Gefolge der Energieverteuerung setzten Weltwirtschaftrezessionen ein, deren letzte noch längst nicht überwunden ist und ihren besonderen Ausdruck in Arbeitslosigkeit und Leistungsbilanzdefiziten findet, was sich besonders nachteilig für viele Länder der Dritten Welt auswirkt. Es scheint so, als ob dieses Problem mittlerweile weltweit erkannt wurde. Nationale und internationale Energieprogramme, Gipfeltreffen und Konferenzen, Parlamentsdebatten oder staatliche Lenkungsdirektiven haben sich der Thematik angenommen. Entscheidenden Anteil an der Lösung der Weltenergieversorgungsprobleme von heute und morgen hat und hatte jedoch die Energieversorgungsindustrie mit ihrer flexiblen Reaktion auf die internationalen Marktverhältnisse. In wenigen Jahren ging der Erdölverbrauch in den Industrieländern so drastisch zurück, daß die Energiemärkte wieder ihr Gleichgewicht fanden. Das läßt die Hoffnung aufkeimen, daß die Welt erkannt hat, wie sehr die Zukunft der Menschheit vom Energieangebot abhängig ist. Die grundlegenden Zusammenhänge sollten jeden Bürger erreichen, wenn unser demokratisches System in der Lage bleiben soll, die gigantischen Probleme zu lösen, die auf uns alle zukommen und friedlich gelöst werden müssen. Hunger und Elend in einem Teil der Welt gegenüber Überfluß im anderen wären eine schlechte Basis, um dieses Ziel zu erreichen.

Das naturgegeben beschränkte Angebot an Energieträgern macht die Erschließung und Nutzung aller verfügbaren Energieressourcen notwendig. Das Energietaschenbuch liefert die wesentlichen Informationen über Vorkommen, Gewinnung und Verteilung der Energiequellen, sowie über Verwendungsmöglichkeiten und rationellen Einsatz der Energieträger.

Die Herausgeber sind dankbar, daß alle bewährten Mitarbeiter des erfolgreichen Energiehandbuches bereit waren, wieder mitzuwirken und eine konzentrierte Darstellung des jeweiligen Fachbeitrages einzubringen. Dadurch konnte die Idee verwirklicht werden, das Energietaschenbuch als schnelle und trotzdem umfassende und kompetente Informationsquelle für einen großen Leserkreis zu schaffen. Energieversorgung und die damit im Zusammenhang stehenden Probleme des preiswerten Angebotes, der gesicherten Verteilung, der umweltfreundlichen Nutzung und der alternativen Quellen geht heute jeden an und interessiert einen ständig wachsenden Teil der Öffentlichkeit. Das liegt nicht zuletzt an der weltpolitischen und entwicklungspolitischen Bedeutung der Energieträger. Herausgeber und Autoren dieses Buches waren deshalb bestrebt, dem Leser alle Zahlen, Daten und Fakten zu bieten, die energiepolitische Zusammenhänge erklären können.

Köln/Aachen 1984

Gerhard Bischoff *Werner Gocht*

Inhaltsverzeichnis

IV Steinkohle

F. Adler, H. B. Giesel

V Erdöl und Erdgas

W. Rühl

VI Uran und Thorium

O. Arnold

VII Wasserkraft

E. Koros, G. Rouvé

IX Kernenergie

G. Schmidt

X Elektrizitätsversorgung

W. Mackenthun, A. Mareske

XI Gasversorgung

Chr. Brecht, G. Hoffmann

XII Rationelle Energieverwendung

H. Schaefer

XIII Energieweltwirtschaft

U. Lantzke

XIV Energiewirtschaftliche Probleme der Entwicklungsländer

W. Gocht

Anhang

Einleitung

G. Bischoff

Die Jahre seit dem „Energieschock" von 1973/74 stehen zunehmend unter dem Zeichen eines ernsthafter werdenden Nord-Süd Dialogs mit berechtigten Forderungen der Dritten Welt. Wenn man dem Hunger und der Armut in vielen Entwicklungsländern ernsthaft begegnen will, so wird im Hinblick auf die extrem schnell wachsende Menschheit der Erfolg dieser Bemühungen ganz wesentlich davon abhängen, ob der weltweite Industrialisierungsprozeß durch ein reichhaltiges Angebot möglichst preiswerter Energie gestützt werden kann und ob das Energieangebot langfristig ausreichend gesichert ist.

Mit diesem Buch wurde der Versuch unternommen, die umfassenden Probleme der Energieversorgung in einem Taschenbuch zusammenzufassen. Es soll dazu dienen, Verständnis für die Vielgestalt der Energieversorgung zu erwecken, um Möglichkeiten und Grenzen eines naturwissenschaftlich-technischen Gebietes zu erkennen, das wie kaum ein anderes in das politische Geschehen unserer Zeit einwirkt und in Zukunft die Geschicke der Menschen beeinflussen wird.

Energie ist die Basis unserer hochtechnisierten Welt und der Schlüssel für ein friedliches Zusammenleben der Völker. – Die Kohle ermöglichte den Eingang in das Zeitalter der Technik – Erdöl revolutionierte den Verkehr und brachte die Völker einander näher – aber auch schwere Konflikte –, und die Kernenergie ist dabei, das menschliche Leben auf der Erde grundsätzlich zu verändern und über Wohl und Weh zukünftiger Generationen zu entscheiden.

Um die volle Tragweite dieser Aussagen zu begreifen muß man sich die Tatsache vor Augen halten, daß in den vergangenen Jahren nach dem 2. Weltkrieg weit mehr Energieträger verbraucht wurden als vom Eintreten des Menschen in die Erdgeschichte vor rund drei Millionen Jahren bis zu diesem Zeitpunkt.

In vielen 100 Millionen Jahren hat die Natur die Rohstoffe angereichert, aber der Mensch ist dabei, sie in wenigen Jahrhunderten zu verbrauchen (Bild E.1).

Fast doppelt so groß wie heute wird am Anfang des kommenden Jahrhunderts der Verbrauch an Rohstoffen, Industriegütern, Chemikalien und Nahrungsmitteln sein. Fast zweimal so viele Abfallstoffe werden in die Flüsse, in das Meer und in die Luft gehen. Dadurch wird das biologische Gleichgewicht weiterhin gestört und nur technische Gegenmaßnahmen werden in der Lage sein, die Vergiftung unserer Lebenssphäre zu verhindern. Das aber wiederum bedeutet einen Masseneinsatz von Energie. Ohne mehr und mehr Großproduktionsanlagen und Maschinen kann die Erde 6 Mrd. Menschen um die Jahrhundertwende oder gar 12 Mrd. im Jahr 2050 nicht ernähren, denn in erschreckender Weise bilden sich Ballungsräume des Massenelends, während riesige Gebiete noch ungenutzte und unbesiedelte Wüsten-

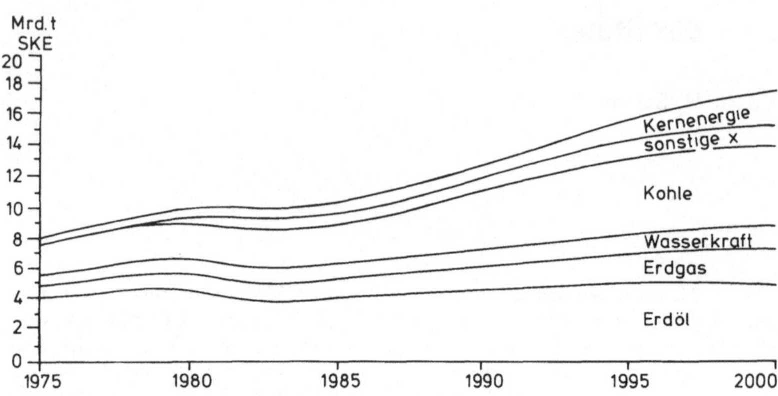

Bild E.1 Vermuteter Weltenergieverbrauch bis zum Jahr 2000 (G. Bischoff) (x = zunächst wieder Brennholz, dann Sonnenenergie, Wind- und geothermische Energie)

und Urwaldgürtel sind. Die Wüsten zu bewässern und die Urwälder in Nutzwälder umzuformen ohne sie abzuholzen erfordert ebenfalls viel zusätzliche Energie. Es kommt dabei darauf an, zusätzliche Agrarflächen zu gewinnen, ohne daß weitere Waldflächen sterben müssen. Seit der drastischen Verteuerung der Energie werden in der Dritten Welt rund 245 000 km^2 Waldflächen jährlich abgeholzt, das entspricht einer Fläche ebensogroß wie das Gebiet der Bundesrepublik Deutschland, weil einerseits das Brennholz als Energieträger für die heranwachsenden Bevölkerungsmassen dient und andererseits durch die ebenfalls enormen Verteuerungen der Düngemittel zusätzliche Landflächen zur Ernährung benötigt werden. Die Vernichtung der Wälder ist jedoch eine akute Gefahr für die ganze Menschheit, weil damit das wichtigste Biotop unseres Lebens zerstört wird.

Heute verdanken die Industrieländer einen Großteil ihres Reichtums den Rohstoffen der Entwicklungsländer. Der Rohstoffbedarf wird weiterhin wachsen. Also liegt auf der Hand, daß gerade auf dem Rohstoffsektor die Möglichkeit gegeben ist, in einsichtiger Partnerschaft Hunger und Elend zu bekämpfen. Die Energieträger nehmen dabei eine besondere Rolle ein. Rohstoffe sind ein Geschenk der Natur, mit dem nicht sorgsam genug umgegangen werden kann. Im Hinblick auf den riesigen Energiebedarf der Zukunft sollte sich die Erkenntnis durchsetzen, daß *alle* Energieträger von großem Wert sind. Die Marktverhältnisse werden sich wie bisher verändern – da aber die Investitionen und technischen Operationen der Energieversorgung sehr umfangreich und langfristig sind, sollte eine abgewogene Nutzung aller Energieträger zum Wohle der wachsenden Menschheit ein erstrebsames Ziel sein. –

Die Ereignisse im Iran und der Reaktorunfall von Harrisburg haben die Weltenergieversorgung Anfang 1979 in eine erneute Krise geworfen. Die Entwicklung auf den Ölmärkten hat gezeigt, wie labil das Gleichgewicht zwischen Angebot und Nachfrage geworden ist. Ein „nein" zur Kernenergie bei gleichzeitigem Ruf nach billigem Benzin und Heizöl ist utopisch, ganz abgesehen davon, daß dadurch die Entwicklung in der Dritten Welt auf eine Katastrophe zusteuern würde. Die Menschheit steht vor einem ihrer größten Entscheidungsprozesse der Geschichte. Wachsenden Wohlstand für alle kann es nur geben, wenn wir den technischen Fortschritt bejahen. Die Alternative wäre ein bewußter Abbau des Lebensstandards, eine Entwicklung, die meines Erachtens dem menschlichen Wesen von Grund auf entgegengerichtet ist, zumal dazu weltweite Einmütigkeit die Voraussetzung wäre.

Die anhaltende Expansion der Menschheit ist das größte Problem unserer Zeit. Die Weltbevölkerung zu stabilisieren kann aber nur gelingen, wenn wir die Lebensbedingungen positiv verändern. Wir müssen deshalb, um ernsthafte Konflikte zwischen den Völkern zu verhindern, entschlossen und mutig an die Entwicklung neuer Energiesysteme herangehen im Vertrauen auf die dem Menschen gegebene Kreativität.

I Verbreitung der Energieträgervorkommen auf der Erde

G. Bischoff

1 Was sind Lagerstätten?

Unter Lagerstätten versteht man natürliche Konzentrationen nutzbarer Rohstoffe, die unter besonderen geologischen und physiko-chemischen Bedingungen angereichert wurden. Alle Elemente sind weltweit geringfügig verteilt, aber erst Anreicherungen erlauben die Bezeichnung Lagerstätte.

In den folgenden Abschnitten werden abrißartig die Vorkommen von Energieträgern der Erde behandelt, die nach heutigen wirtschaftlichen Gesichtspunkten abbauwürdig sind und somit als Energieträger-Lagerstätten zu gelten haben.

2 Die Lagerstättengebiete der Erde

Die Erde läßt sich in großräumige geologische Einheiten unterteilen, die im Wandel der Erdgeschichte entstanden. Alle Kontinente haben alte, sogenannte kristalline Kerne. Diese Urkontinente fielen im Laufe der Erdgeschichte mehr und mehr der Abtragung zum Opfer. Aus den Erosionsprodukten bildeten sich Sedimente, die in Senkungsräumen abgelagert wurden. In tief absinkenden Gebieten kam es zur Anhäufung besonders mächtiger mariner Sedimente. Diese Gebiete waren oft instabile Zonen in der Erdrinde, so daß bei späteren Verschiebungen der Erdplatten die dicken Sedimentpakete dieser „Geosynklinalen" zu Faltengebirgen zusammengeschoben wurden. So kam es, daß die Faltengebirge wie Girlanden die Erde umlaufen und randlich zu den Kontinentaltafeln liegen. Erst seit den sechziger Jahren weiß man wirklich, daß die Kontinente aus einem System von Platten bestehen, die auf der Erde „driften". Bei diesem Vorgang öffnen sich die Ozeane, so daß – wie zum Beispiel im mittleren Atlantik im Gebiet der zentralen Schwelle – immer neues heißes Material aus dem Erdinneren aufdringt und eine ständige Dehnung des ozeanischen Raumes bewirkt. So entsteht ozeanische Kruste. An anderer Stelle wird diese ozeanische Kruste von den Platten der Kontinente wieder „überfahren" und dabei schräg nach unten tief in die Erde hineingedrängt, wie zum Beispiel an der Westküste Südamerikas. Bei diesen tektonischen Bewegungen entstehen Brüche in der Erdrinde, in denen wiederum heißes Material aus dem Erdinneren auch im Bereich der Kontinente aufdringt. Der Bau der Erdrinde ist also das Resultat von wechselndem Aufbau und Zerstörung.

Da Lagerstätten aber Anreicherungen von umgesetztem Material an bestimmten Punkten und in bestimmten Regionen der Erde sind, stehen sie in Abhängigkeit von den großräumigen Vorgängen auf der Erde, deren Folge die großräumige geologische Gliederung auf und in der Erdkruste ist. Erdöl ist fast immer ein Produkt des Meeres. Also findet man es nur dort, wo Meeressedimente zur Ablagerung kamen, auch wenn diese heute in alten Sedimentbecken auf der Erdkruste liegen und zum Festland geworden sind. Kohle ist aus der Anreicherung von vielen Pflanzenresten in Flözen entstanden. Sie bildeten sich im Laufe der Erdgeschichte in flachen großflächigen Dellen auf der Erdkruste, oft im Übergangsbereich zwischen Kontinenten und Meeren. Die meisten Erze – und dazu gehört auch der Energieträger Uran – gehen primär auf Aufschmelzungsvorgänge in der tieferen Erdkruste zurück und reicherten sich beim Aufstieg von Gesteinsschmelzen, zum Beispiel in Graniten und in Gangspalten durch Abkühlungsprozesse aus Lösungen und Gasen wieder an. Da solche Primärerzzonen oft durch die Erosion wieder zerstört wurden, gelangte ein Teil der Erze erneut in den Ablagerungszyklus hinein und wurde in kontinentalen oder marinen Sedimentbecken auf der Erdkruste abgelagert. Solche Sedimentbecken gibt es innerhalb der Kontinente ebenso wie im Schelfbereich der Ozeane. Da die Faltengebirge der Erde ebenfalls aus Sedimenten aufgebaut werden, können sie auch sedimentäre Lagerstätten enthalten. Da während der Faltung aber in ihnen auch plutonische Schmelzen aus dem Erdinneren aufdrangen, gibt es auch viele Erzganglagerstätten in solchen Gebieten.

Grundsätzlich führten diese Gesetzmäßigkeiten dazu, daß man die verschiedenen Energieträger also nur in ganz bestimmten Regionen der Erde finden kann und in anderen Regionen keinerlei Aussicht besteht, Lagerstätten zu entdecken. So ist die Exploration auf Erdöl in den kristallinen Urkontinenten der Erde absolut aussichtslos. Uran zu finden ist aber in gerade diesen Gebieten besonders erfolgversprechend. Zum Beispiel gibt es im kanadischen Schild kein Erdöl, wohl aber viel Uran. Deshalb hat auch ein Land wie Brasilien große Chancen, Uran zu finden, Erdöl aber fast nur vor seinen Küsten im Sedimentbereich der Schelfe.

Natürlich ist es im Rahmen eines solchen Buches ganz ausgeschlossen, auf Details der vielseitigen Geologie einzugehen. Hier sollte lediglich eine Anregung dafür gegeben werden, zu verstehen, warum in dem einen Gebiet bestimmte Lagerstätten zu finden sind und in anderen Gebieten nicht. Da aber heutzutage die großräumige Gliederung der Erde in Sedimentationsbecken und Urkruste, in Gräben und Faltengebirge bekannt ist, kann man sich doch schon recht genaue Vorstellungen über mögliche Vorkommen der gesuchten Rohstoffe und deren mögliche Reserven machen. Zur Erläuterung soll die beigefügte Karte beitragen (Bild I.1), aus der die Verteilung von Urkontinenten, Sedimentbecken und Faltengebirgen hervorgeht.

Im allgemeinen werden die Vorräte (Tabelle I.1) an fossilen Energieträgern weit unterschätzt. Insgesamt enthalten sie fast 12 000 Mrd. t SKE. Gegenüber einem derzeitigen Energieverbrauch von rund 9 Mrd. t SKE aus fossilen Energieträgern eine gewaltige Menge. Nur gut 8 % davon sind nach heutigen Maßstäben wirtschaftlicht/technisch nutzbar, womit die Reichweite der fossilen Energie schon auf gerade 100 Jahre zusammenschrumpft. Hinzu kommt, daß die Gewinnung der fossilen Energieträger selbst immer mehr Energieaufwand verlangt, weil die Bergwerke tiefer und die Bohrungen weniger ergiebig werden und in immer schwierigere Regionen vordringen. Das heißt, daß selbst bei Energiebedarfsnullwachstum immer mehr Brutto-Energie produziert werden muß, um die gleiche Menge Netto-Energie bereitzustellen..

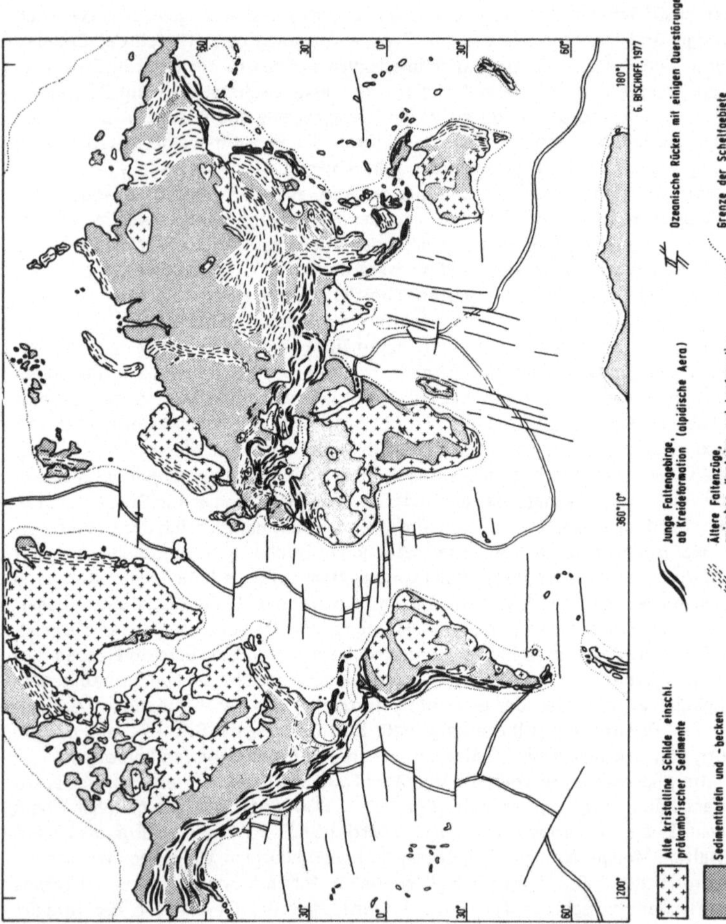

Bild I.1 Geologische Großraumgliederung der Erde

Tabell I.1 Die Vorräte an fossilen Energieträgern in Mrd. t SKE

	Welt-Reserven an fossilen Energien (1981)		
	nachgewiesen	wahrscheinlich	zur Zeit wirtschaftlich-technisch nutzbar
Erdöl	128	360	128
Erdgas	95	300	95
Öl in Schiefern	> 30	~ 720	~ 30
Öl in Sanden	> 60	~ 360	~ 60
Stein- und Braunkohle	> 637	~ 10 000	637

Insgesamt fast 12 000 Mrd. t SKE wahrscheinliche Reserven, davon wirtschaftlich-technisch nutzbar zur Zeit 950 Mrd. t SKE.

3 Holz

3.1 Wald und Holzwirtschaft

Die Waldfläche der Erde macht etwa 40 Millionen km^2 aus. Etwa 10 % der Waldfläche der Erde hat der Mensch abgeholzt. 50 % unterliegen einer wirtschaftlichen Nutzung, aber nur annähernd 13 % einer geregelten, nachhaltigen Forstwirtschaft. Die großen unberührten Holzreserven der Erde stehen in den Urwäldern Nordasiens und Südamerikas. Besonders in Brasilien greift die Abholzung rasch um sich. Etwa 245 000 km^2 Waldflächen fallen weltweit jährlich der Axt zum Opfer, – eine erschreckende Zahl!

Fast die Hälfte der Waldfläche der Erde ist mit tropischem Laubwald bestanden. Die andere Hälfte besteht hauptsächlich aus Nadelwäldern, mit erheblichen Anteilen an Laubwäldern in den gemäßigten Zonen.

3.2 Das Holz als Energieträger

Die Bedeutung des Holzes als Energieträger hat prozentual im Zuge der fortschreitenden Industrialisierung der Welt in den letzten 100 Jahren ständig abgenommen. Während Holz im Mittelalter praktisch der einzige Energierohstoff gewesen war, wurde es mit Beginn des Zeitalters der Technik zunächst von der Kohle und später vom Erdöl verdrängt, so daß sein Anteil an der Gesamtenergieerzeugung in Westeuropa heute unter 1 % abgesunken ist. Weltweit betrachtet spielt das Holz als Energieerzeuger (Brasilien z.B. $\approx$ 20 %) noch immer eine sehr beachtliche Rolle. Seit 1979 nimmt die Verwendung von Brennholz durch die Verteuerung des Erdöls in vielen Entwicklungsländern wieder drastisch zu, was zur sogenannten Brennholzkrise geführt hat.

Der tatsächliche Holzverbrauch für Energiezwecke ist nur sehr ungenau zu ermitteln, da es für weite Gebiete der Erde darüber kaum genügende Aufzeichnungen gibt. Aus den vorhandenen Daten (FAO – 1972) läßt sich ermitteln, daß der Pro-Kopf-Verbrauch an Brennholz auf der Welt 1972 bei etwa 0,33 Festmetern pro Jahr lag. Der Weltverbrauch lag 1976 bei 1,2 Mrd. fm. Daraus ergibt sich ein Gesamtenergieinhalt von etwa 390 Mio. t SKE (Holz mit 14,7 MJ/kg im Durchschnitt – 1 fm = 650 kg = 325 kg SKE). Im Vergleich zum Gesamtenergieverbrauch von rund 9 Mrd. t SKE 1978 heißt das, daß der Anteil des Brennholzes am Gesamtenergieverbrauch der Welt 1978 immerhin noch 4 % betrug. Für 1983 kann man den Anteil wahrscheinlich bereits wieder auf 6 % einschätzen, weil einerseits der Verbrauch an Erdöl drastisch zurückging, andererseits, bedingt durch die Bevölkerungsexpansion, der Brennholzbedarf in vielen Entwicklungsländern stark anstieg. Damit ist das Brennholz weltweit wieder zu einem beachtenswerten Energieträger geworden, eine Entwicklung der unbedingt Einhalt zu gebieten ist, um der Welt nicht ein ähnliches Schicksal widerfahren zu lassen wie dem südlichen Europa in der Vergangenheit. (In den genannten Werten sind die Mengen für Holzkohlegewinnung enthalten.)

Aus Vergleichsgründen zum Energieinhalt der übrigen Energieträger ist es ganz interessant herauszustellen, daß die gesamten Wälder der Erde mit einem Holzbestand von etwa 140 Mrd. fm einen Energieinhalt von rund 45 Mrd. t SKE verkörpern, was etwa 35 % des Energieinhalts der gegenwärtig nachgewiesenen und 12 % der wahrscheinlichen Erdölvorräte und weniger als etwa 1 % des Energieinhalts der Weltkohlenreserven entspricht. Für den Weltenergiehaushalt ist diese Zahl jedoch relativ belanglos, weil lediglich die Summe des nachwachsenden Holzes in Betracht gezogen werden darf, die rund 3 Mrd. fm (900 Mio. t SKE) jährlich beträgt. Da mehr als die Hälfte des Holzes jedoch für Industriezwecke verbraucht wird (1972 = 1,313 Mrd. fm), andererseits eine erhebliche Steigerung der Holzproduktion durch bessere Forstwirtschaft gegeben ist, wäre etwa eine Verdoppelung der energiewirtschaftlichen Nutzung der Wälder der Erde möglich, ohne die Waldbestände zu verringern.

4 Torf

Der Torf hat weltstatistisch als Energieträger eine fast belanglose Stellung. Energieerzeugung aus Torf ist bisher nur in wenigen Ländern von Bedeutung.

Die Torferzeugung der Welt belief sich 1964 auf 165 Mio. t, davon waren 63 Mio. t Brenntorf und 102 Mio. t Torfmull (durchschnittlicher Heizwert von Brenntorf 15,49 MJ/kg, lufttrocken mit 30 Gew. % Wasser, 4 Gew. % Asche und 66 Gew. % brennbaren Bestandteilen). Nach Angaben des Staatlichen Torfinstituts Hannover wurden 1964 rund 976 Mrd. MJ oder 33,3 Mio. t SKE auf der ganzen Welt erzeugt, was etwa 0,6 % der Weltenergieerzeugung entsprach, heute dürften es nur noch 0,3 % sein.

Die Angaben über die nachgewiesenen Welttorfreserven (Tabelle I.2) schwanken stark. Eine neuere Zahl aus dem Jahr 1975 findet sich in einer Veröffentlichung der BGR/Hannover, wonach die technisch gewinnbaren Welttorfreserven mit 210 Mrd. t = 90 Mrd. t SKE Energieinhalt angegeben werden, wovon 33 Mrd. t SKE auf die westlichen Industrieländer, 48 Mrd. t SKE auf die sozialistischen Länder und 9 Mrd. t SKE auf die Entwicklungsländer entfallen.

Aufschlußreich sind auch die Angaben *v. Bülows*, der die Welttorfmoorflächen mit etwa 2 Mio. km^2 angibt, wovon 1,214 Mio. km^2 mit ziemlich sicheren Angaben durch die Veröffentlichung des Zweiten Welttorfkongresses in Leningrad 1963 belegt sind.

Tabelle I.2 Welttorfvorkommen nach *Taylor*

Land	Torffläche 1 000 km^2	Land	Torffläche 1 000 km^2
UdSSR	730	Island	3
Finnland	100	Tschechoslowakei	3
Kanada	95	Japan	2
USA (ohne Alaska)	75	Neuseeland	1,65
		Dänemark	1,2
Deutschland (Bundesrepublik Deutschland und DDR)	52,5	Italien	1,2
		Frankreich	1,2
		Ungarn	1
Großbritannien und Irland	52,5	Niederlande	0,45
Schweden	50	Argentinien	0,45
Polen	15	Rumänien	0,45
Indonesien	13,5	Österreich	0,22
Norwegen	10	Jugoslawien	0,15
Kuba	4,5	Spanien	0,06

5 Braunkohle

5.1 Weltweite Verbreitung (Bild I.2 und Tabelle I.3)

Aus der Verbreitung der rezenten Moore, etwa zwischen dem 35. und 70. Breitengrad der nördlichen und südlichen Halbkugeln ist zu erkennen, daß die günstigsten Bildungsbedingungen für die Lignit-Ursprungssubstanz in den gemäßigten Breiten bestehen. Auch die wesentlichen Braunkohlenvorkommen aus geologischer Vergangenheit liegen im gleichen Verbreitungsgebiet und weisen damit auf analoge Bildungsbedingungen hin. Allerdings gibt es auch Großmoore in tropischen Regionen, wie z.B. in Ruanda. Außer unter günstigen klimatischen Voraussetzungen für die Entstehung der Ursprungssubstanz kam es nur dort zur Bildung einer Kohlenlagerstätte, wo die Ausgangssubstanz in größerer Mächtigkeit angehäuft und konserviert wurde. Durch Inkohlung, die im Laufe der Erdgeschichte kontinuierlich fortschritt, wurden die älteren Ablagerungen meist zu Steinkohlen verändert (vgl. Kap. II).

Ältere Braunkohlenlagerstätten gibt es nur in tektonisch kaum veränderten innerkontinentalen Becken, wie in der Umgebung von Moskau, wo unterkarbonische Braunkohlen weit verbreitet sind. Das liegt daran, daß der Inkohlungsgrad auf der erdgeschichtlich stabilen Russischen Tafel außerordentlich gering gewesen ist.

Sonst finden sich große Braunkohlenlagerstätten nur in tektonisch kaum oder wenig beeinflußten Becken der jüngeren Erdgeschichte, wozu die riesigen Ablagerungen Nordamerikas, Sibiriens und auch Mitteleuropas zu rechnen sind, die vorzugsweise dem Tertiär angehören.

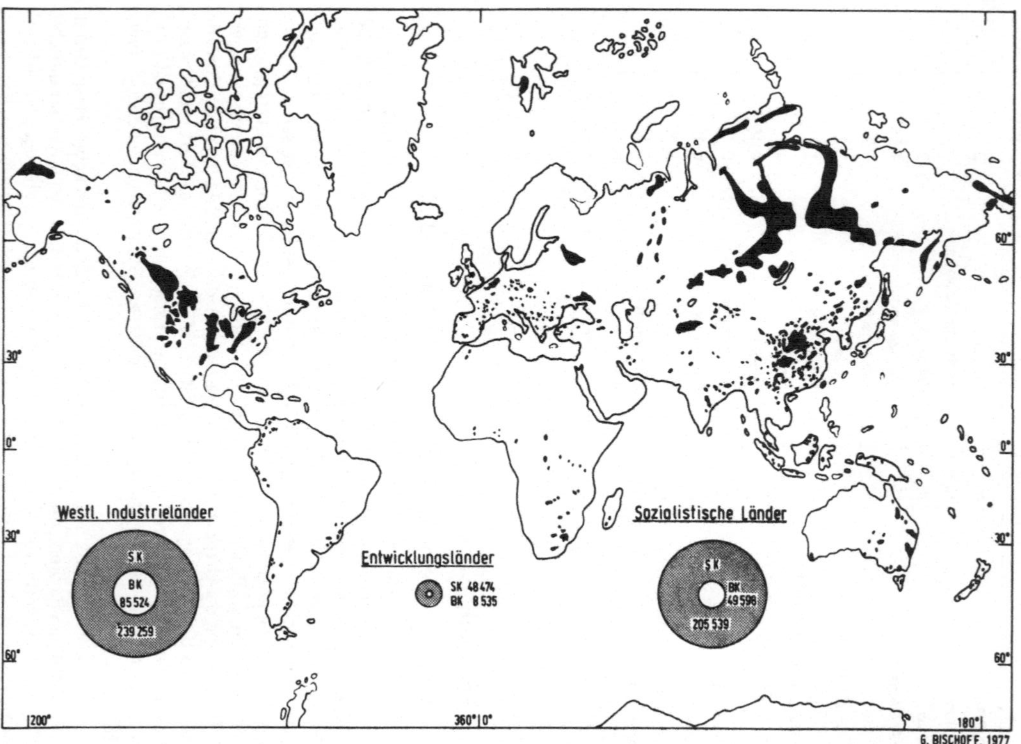

Bild I.2 Die Stein- und Braunkohlenlager der Erde und ihre technisch-wirtschaftlich gewinnbaren Reserven in Millionen Tonnen SKE (vgl. dazu Tabelle I.3)

Tabelle I.3 Die Kohlenreserven der Erde (WEC 1977, in Mio. t SKE)

Die Tabelle I.3 weist die geologischen und zur Zeit wirtschaftlich-technisch gewinnbaren Reserven in Mio. t SKE* für Steinkohle und Braunkohle aus. Neuere Daten liegen von der Weltenergiekonferenz 1980 vor, weichen jedoch nur unwesentlich von den 1977er Zahlen ab (vgl. Survey of Energy Resources, WEC 1980).

Kriterien:

geologische Reserven bei Steinkohle bis 2 000 m,
bei Braunkohle bis 1 500 m
wirtschaftlich-technisch gewinnbare Reserven bei Steinkohle bis 1 500 m,
bei Braunkohle bis 600 m

SK = Steinkohle
BK = Braunkohle
* Steinkohle 29,31 MJ/kg = 1,00 SKE
Rohbraunkohle 7,95 MJ/kg = 0,27 SKE
Hartbraunkohle 14,65 MJ/kg = 0,50 SKE
Grenze Braun-/Steinkohle bei 23,86 MJ/kg

(Im Gegensatz hierzu findet man im Text die Reserven in Tonnen nach unterschiedlichen Kriterien angegeben).

Amerika

Länder	Geologische Ressourcen in Mio. t SKE		Technisch und wirtschaftlich gewinnbare Reserven in Mio. t SKE	
	SK*	BK*	SK	BK
Argentinien	–	384	–	100
Brasilien	4 040	6 042	2 510	5 588
Chile	2 438	2 147	36	126
Kanada	96 225	19 127	8 708	673
Kolumbien	7 633	685	397	46
Mexiko	5 448	–	875	–
Peru	3 862	–	105	–
Venezuela	1 630	–	978	–
USA	1 190 000	1 380 398	113 230	64 358
Übrige Länder	55	5	–	–
Summe	1 311 331	1 408 788	126 839	70 891

Europa

Länder	Geologische Ressourcen in Mio. t SKE		Technisch und wirtschaftlich gewinnbare Reserven in Mio. t SKE	
	SK*	BK*	SK	BK
Belgien	253	–	127	–
Bulgarien	34	2 599	24	2 179
Bundesrepublik Deutschland	230 300	16 500	23 919	10 500
DDR	200	9 200	100	7 560
Frankreich	2 325	42	427	11
Griechenland	–	895	–	400
Großbritannien	163 576	–	45 000	–
Jugoslawien	104	10 823	335	8 430
Niederlande	2 900	–	1 430	–
Polen	121 000	3 000	20 800	990
Rumänien	590	1 287	50	363
Spanien	1 786	512	322	215
Tschechoslowakei	11 573	5 914	2 493	2 322
Ungarn	714	2 839	225	725
Übrige Länder	309	130	58	57
Summe	535 664	53 741	95 010	33 752

Afrika

Länder	Geologische Ressourcen in Mio. t SKE		Technisch und wirtschaftlich gewinnbare Reserven in Mio. t SKE	
	Sk*	BK*	SK	BK
Botswana	100 000	–	3 500	–
Mozambique	400	–	80	–
Nigeria	–	180	–	90
Republik von Südafrika	57 566	–	26 903	–
Rhodesien	7 130	–	755	–
Swasiland	5 000	–	1 820	–
Zambia	228	–	5	–
Übrige Länder	2 390	10	970	–
Summe	172 714	190	34 033	90

Australien und Ozeanien

Länder	Geologische Ressourcen in Mio. t SKE		Technisch und wirtschaftlich gewinnbare Reserven in Mio. t SKE	
	SK*	BK*	SK	BK
Australien	213 760	48 374	18 128	9 225
Neuseeland	130	660	36	108
Übrige Länder	–	–	–	–
Summe	213 890	49 034	18 164	9 333

Asien

Länder	Geologische Ressourcen in Mio. t SKE		Technisch und wirtschaftlich gewinnbare Vorräte in Mio. t SKE	
	SK*	BK*	SK	BK
Bangladesh	1 649		517	2
Indien	55 575	1 224	33 345	355
Indonesien	573	3 150	80	1 350
Iran	385	–	193	–
Japan	8 583	58	1 000	6
Nordkorea	2 000	–	300	180
Südkorea	921	–	386	–
Türkei	1 291	1 977	134	624
UdSSR	3 993 000	867 000	82 900	27 000
VR China	1 424 680	13 365	98 883	k. A.
Übrige Länder	5 368	353	1 488	74
Summe	5 494 025	887 127	219 226	29 591

Quelle: Eine Abschätzung der Weltkohlereserven und ihrer zukünftigen Verfügbarkeit. – Diskussionsgrundlage für die Weltenergiekonferenz 1977. Bergbau-Forschung GmbH, Essen 1977.

Die in der Literatur angegebenen Braunkohlenvorräte schwanken in weiten Grenzen, so daß auch die in Tab. I.3 angegebenen Werte nicht ohne Vorbehalt zu betrachten sind. Nach den heutigen Vorstellungen erwartet man in den noch unzureichend durchforschten Gebieten Asiens, Afrikas und Südamerikas keine wesentlichen Neuentdeckungen von Braunkohlenlagerstätten. Die Bilanz der Kohlenvorräte wird deshalb auch bei abweichenden Schätzungen der Vorräte dieser Gebiete kaum beeinflußt. Dagegen können unterschiedliche Schätzungsmethoden bei den riesigen Vorräten, z.B. in der UdSSR und in den USA, zu erheblichen Änderungen der Weltvorräte führen.

Der Bericht für die Weltenergiekonferenz der Bergbau-Forschung GmbH Essen, Juni 1977, stellt die Braunkohlenvorräte in Millionen Tonnen SKE dar, was sicherlich zweckmäßig ist, da die Braunkohlen sehr unterschiedliche Heizwerte haben. Erfaßt wurden alle gemeldeten Reserven bis zu einer Tiefe von 1 500 m. Danach betragen die geologischen Vorräte der Welt 2 398 880 Mio. t SKE (2,4 Bill. t SKE), was größenordnungsmäßig den von der BGR 1975 und 1980 in Mrd. t angegebenen Reserven entspricht, weil darunter auch Glanzkohlen usw. mit über 16,75 MJ/kg enthalten sind. – Die zur Zeit technisch wirtschaftlich gewinnbaren Welt-Braunkohlenvorräte werden von der Bergbau-Forschung GmbH mit 143 657 Mio. t SKE angegeben (Tabelle I.3).

5.2 Regionale Lagerstätten

5.2.1 Europa

Die europäischen Braunkohlen außerhalb der UdSSR bildeten sich in der Tertiärzeit, und sind deshalb in Tagebauen zugänglich. Die wichtigsten Braunkohlenländer Europas sind Deutschland (auf die Bundesrepublik Deutschland und die DDR zusammen entfallen rund 35 % der Weltförderung!), Polen, die UdSSR, die Tschechoslowakei und Jugoslawien.

Die große Bedeutung der Braunkohle für beide Teile Deutschlands liegt vor allen Dingen am hohen Einsatzgrad zur Elektrizitätserzeugung. In der Bundesrepublik Deutschland werden rund 27 % des gesamten Stroms auf Braunkohlebasis erzeugt; die Gesamtförderung betrug 1982 127,5 Mio. t.

Bundesrepublik Deutschland

Die größte geschlossene Braunkohlenlagerstätte Deutschlands (rd. 2 500 km^2) liegt in der *niederrheinischen Bucht* zwischen Köln und Aachen mit rd. 55 Mrd. t geologischen Gesamtvorräten, von denen bisher rd. 4,5 Mrd. t abgebaut worden sind. Von den gesamten Vorräten im rheinischen Revier lassen sich bei dem gegenwärtigen Energiepreisniveau ca 35 Mrd. t Braunkohle, das sind rd. 11 Mrd. t SKE, wirtschaftlich erschließen (vgl. Bild III.1).

In *Niedersachsen* liegt das wirtschaftlich wichtigste Braunkohlenvorkommen im Raume Helmstedt. Dort gibt es drei Braunkohlenflöze. Die beiden oberen Flöze, die zusammen im Durchschnitt etwa 32 m mächtig sind, werden bis zu einer Teufe von 110 m abgebaut.

In *Hessen* gibt es in der niederhessischen Senke verschiedene Braunkohlenvorkommen, die aber neben einigen lokal interessanten Vorkommen wirtschaftlich unbedeutend sind. Teilweise sind die niederhessischen Braunkohlen, wie am Meißner, durch vulkanisch ausgeflossene Basaltdecken überlagert und durch Erhitzung veredelt worden, wodurch Heizwerte von 12,5 MJ/kg bis zu 20,93 MJ/kg erreicht werden.

Bayern hat wirtschaftlich bedeutende Braunkohlenvorräte nur in der Oberpfalz und im Alpenvorland. In der Oberpfalz entstanden Braunkohlenvorkommen vor allem im Naab- und Regental in kleineren Becken bei Schwandorf. Südlich von München treten im Alpenvorland bei Peißenberg, Penzberg und Hausham geringmächtige Braunkohlenflöze zwischen gefalteten Molasseschichten auf. Die wirtschaftliche Nutzung ist unter gegenwärtigen Bedingungen kaum noch rentabel.

In Niedersachsen, Hessen und Bayern stehen rd. 500 Mio. t gewinnbare Braunkohle an.

DDR

Die vorhandenen Vorräte werden insgesamt auf ca. 30 Mrd. t beziffert. Die *westelbischen* Braunkohlevorkommen erstrecken sich über die innerdeutsche Grenze von Helmstedt bis nach Torgau und Borna. Im Gebiet Halle – Bitterfeld – Leipzig – Borna sind meist zwei bis drei Flöze mit einer Mächtigkeit von 3 ... 25 m vorhanden. Im Geiseltal erreicht das Flöz eine Mächtigkeit von 100 m. Im Raum Helmstedt – Magdeburg – Halle sind ein bis drei bauwürdige Flöze abgelagert, die bis 25 m, bei Aschersleben sogar bis über 50 m, mächtig werden.

Ausgedehnte Braunkohlenvorkommen liegen *östlich der Elbe* in der Lausitz und erstrecken sich nach Osten bis zur Linie Görlitz – Frankfurt/Oder. Südlich Görlitz und bei Zittau liegen zwei Vorkommen in tektonischen Gräben. Im Niederlausitzer Revier (Lübben, Cottbus, Muskau, Senftenberg) stehen drei bis vier Flöze an; das über 20 m mächtige Oberflöz ist bereits abgebaut. Das weit verbreitete sog. Unterflöz ist im allgemeinen 12 m mächtig; die Mächtigkeiten der beiden tieferliegenden Flöze betragen maximal 8 ... 10 m. Größte Kohlenmächtigkeiten von 60 m und mehr treten südlich von Görlitz auf.

Westeuropäische Länder

Die Braunkohlenvorkommen *Österreichs* sind über das ganze Land verstreut. Die Bildung der Braunkohle und die lokale Umwandlung bis zu Glanzkohlen sowie die meist gestörten Lagerungsverhältnisse stehen mit der alpinen Tektonik in Zusammenhang. Die Braunkohlenvorräte des Landes werden insgesamt auf 143 Mio. t geschätzt.

Ebenfalls klein und nur von örtlicher Bedeutung sind die Braunkohlenvorkommen Frankreichs, Italiens, Spaniens, Portugals, der Niederlande und Dänemarks. (Über Vorräte und regionale Lage der dortigen Lagerstätten gibt die Tabelle I.3 Auskunft.) Zunehmend an Bedeutung gewinnt die Braunkohlenförderung in Griechenland, wo bereits heute 50 % des Stroms auf Braunkohlebasis erzeugt wird.

Osteuropäische Länder

Die Braunkohlenvorkommen *Polens* bilden die Fortsetzung der ostdeutschen Braunkohlenvorkommen mit analogen Asche- und Energiewerten. Die bedeutendsten Vorkommen liegen zwischen Oder und Warthe im Ost-Oder-Bereich, Posener Bereich und im Gebiet des Katzengebirges. Nördlich von Krakau werden im Gebiet von Zawiercie Glanzkohlen des Keuper abgebaut. Polens Braunkohlenvorräte dürften bei 10 Mrd. t liegen.

Die *tschechoslowakischen* Braunkohlenvorkommen gehören zu einer Tertiärmulde südlich des Erzgebirges, die sich von Aussig bis nach Eger erstreckt. Darin liegen drei bedeutende Braunkohlenbecken, das Brüx-Komotau-Revier im Osten, das Falkenauer Revier und im Westen das Eger-Revier. In den Ablagerungen tritt ein bis zu 2 m mächtiges Glanzkohlenflöz auf, darüber folgt im Miozän ein 28 m mächtiges Braunkohlenflöz.

Im Eger-Revier ist nur ein Flöz mit Mächtigkeiten bis zu 30 m ausgebildet. Die Braunkohlenvorräte der Tschechoslowakei werden insgesamt auf 11 Mrd. t geschätzt, wovon allein 8 Mrd. t auf das bedeutende Revier von Brüx-Komotau entfallen.

Die Braunkohlenvorkommen des europäischen Teils der *UdSSR* liegen hauptsächlich im Moskauer Becken, das sich in einem etwa 100 km breiten Gürtel von Scherechowitschi im Norden über Wjasma bis in die Gegend von Rjasan im SO von Moskau erstreckt.

Die Mattbraunkohlen, Kannelkohlen und Bogheadkohlen sind unterkarbonischen Alters und zählen damit zu den ältesten Braunkohlen der Welt. Im südlichen Revier sind zwei Hauptflöze mit bis zu 4 m Kohlemächtigkeit vorhanden, die im nordwestlichen Revier nur maximal 2,5 m mächtig sind. Im Südrevier wird die Kohle hauptsächlich im Tiefbau, im Nordwestrevier jedoch im Tagebau abgebaut. Obgleich es sich bei den Vorkommen im Moskauer Becken um sehr alte Kohlen handelt, ist deren Inkohlungsgrad nur gering, da sie keinen tektonischen Beanspruchungen – wie etwa die ebenfalls karbonischen Steinkohlen des Ruhrgebiets – ausgesetzt waren.

Die Braunkohlenvorräte des gesamten europäischen Teils der UdSSR werden auf mehr als 100 Mrd. t geschätzt.

Die Braunkohlenvorräte von Rumänien, Ungarn, Bulgarien und Griechenland sind nur unbedeutend, so daß hierzu auf die Tabelle I.3 (dort Angaben in Mio. t SKE) verwiesen wird. Jugoslawien verfügt über 27 Mrd. t.

5.2.2 Asien

Mit Ausnahme des asiatischen Teils der UdSSR gibt es in Asien nur kleinere Braunkohlenvorkommen von regionaler Bedeutung. In China z.B. betragen die Vorräte insgesamt 4,0 Mrd. t und in Indien 2,02 Mrd. t. Das bedeutendste indische Vorkommen ist das von Neyveli südlich Madras, das zur Zeit mit 2 Mrd. t Vorräten als Kraftwerksbasis im weiteren Ausbau ist. In der Türkei werden neben Erdbraunkohlen an einigen Stellen auch hochwertige Glanzkohlen gefördert. Schwerpunkt des türkischen Braunkohlenbergbaus ist das Becken von Kütahya, dessen ständig wachsende Förderung in Kraftwerken verbraucht wird. Die Vorräte der Türkei liegen bei 6 Mrd. t, wovon etwa 1,9 Mrd. t als z.Z. gewinnbar ausgewiesen sind.

Im asiatischen Teil der Sowjetunion ist bei Krasnojarsk am Jenissei-Fluß ein jurassisches Braunkohlenflöz von 1 ... 14 m Mächtigkeit über 10 000 km^2 verbreitet. Die dortigen Braunkohlenvorräte sollen mindestens 160 Mrd. t betragen.

Auch entlang der Lena vermutet man mindestens 200 Mrd. t Braunkohle. Die übrigen sibirischen Braunkohlen verteilen sich auf zahlreiche kleinere Einzelbecken, z.B. bei Tscheljabinsk, ferner in Kasachstan, Turkmenien und Kirgisien.

Schwerpunkt des Braunkohlenbergbaus in Transbaikalien ist, neben weiteren Vorkommen im Jagoda-Becken, die Grube von Tschernowskije. Die wahrscheinlichen Vorräte betragen dort etwa 81 Mio. t.

Zahlreiche Fundorte sind aus dem Amurgebiet bekannt. Das Hauptvorkommen befindet sich im Bureja-Becken, das 187 Mio. t Braunkohle, vornehmlich Glanzbraunkohle, enthalten soll. Ein vermutlich ausgedehntes Vorkommen wurde an Kolyma-Mittellauf am Polarkreis aufgefunden. Braunkohlenvorkommen sind auch auf der Tschuktschen-Halbinsel, in Kamtschatka und am Ussuri unweit Wladiwostok festgestellt worden. Die Gesamtvorräte der UdSSR betragen mehr als 2 500 Mrd. t, von denen als z. Z. gewinnbar etwa 75 Mrd. t gelten.

5.2.3 Nordamerika

Nordamerika ist ein an Braunkohlen reicher Kontinent.

In *Kanada* wird mindestens mit einem Vorrat von 60 Mrd. t vorwiegend Mattbraunkohlen gerechnet. Die Hauptvorkommen liegen in den Provinzen Alberta und Saskatchewan.

Die wichtigsten Braunkohlenlagerstätten der *USA* liegen in den Staaten Dakota und Montana. Fünf Flöze erreichen eine Mächtigkeit von 2 ... 5 m, maximal 7 m. In der sog. Golf-Provinz reicht das kohleführende Tertiär von der mexikanischen Grenze im Süden bis zu den Appalachen im Norden. Die Gesamtvorräte der USA an Mattbraunkohle und an Glanzbraunkohle (mit zum Teil hohen Heizwerten) werden auf rund 3 000 Mrd. t mit 1 380 Mrd. t SKE veranschlagt.

Der gewinnbare Braunkohlevorrat (bis 914 m Tiefe und Flözmächtigkeiten über 76 cm) wird mit rd. 406 Mrd. t angegeben, von denen in Nord-Dakota 304 Mrd. t, in Montana 79,2 Mrd. t, in Texas 20,8 Mrd. t, in Süd-Dakota 1,8 Mrd. t, in Arkansas 0,08 Mrd. t und in den übrigen Staaten 0,04 Mrd. t anstehen sollen.

In *Alaska* schätzt man die Vorräte an Mattbraunkohle auf über 30 Mrd. t. Durch tektonischen Einfluß kam es auch zur Entstehung von ca. 3 ... 4 Mrd. t Glanzkohlen.

5.2.4 Lateinamerika

Die Braunkohlenvorkommen Lateinamerikas sind sehr klein und nur von lokaler Bedeutung. Sie treten hauptsächlich im Gebiet der Anden auf.

5.2.5 Afrika

Abgesehen von kleinen, örtlich abgebauten Braunkohleflözen in Algerien, Tunesien, Ägypten, Sudan, Äthiopien und Somalia wird am Unterlauf des Niger bei Onitsha und Asaba in Nigeria ein 23 m mächtiges Braunkohlenflöz abgebaut. Weiter östlich liegt bei Udi in geringer Tiefe eine ausgedehnte Lagerstätte jungkretazischer bis alttertiärer Glanzkohle. Die fünf Flöze mit einer Gesamtmächtigkeit von 4 ... 5 m werden in einem Grubenbetrieb abgebaut und dienen der Versorgung der von Port Harcourt nach Norden zum Benin führenden Eisenbahn. Die Braunkohlenvorräte des Landes werden auf 500 Mio. t geschätzt.

Angeblich größere Braunkohlenvorräte von Zaire verteilen sich auf ein Vorkommen westlich Stanleyville und ein weiteres in der Provinz Katanga. Mit einem Vorrat von 74 Mio. t Lignit rechnet man in *Rhodesien* (letztere sind wegen ihrer Unsicherheit in der Tabelle I.3 nicht erfaßt). Als sicher gelten 33 Mio. t in Madagaskar.

5.2.6 Australien und Ozeanien

Australien ist der kohlenreichste Südkontinent. Die an einigen Stellen vorkommenden tertiären Braunkohlen haben im Rahmen eines staatlichen Entwicklungsprogramms eine nicht unerhebliche wirtschaftliche Bedeutung erlangt. Die Lagerstättenverhältnisse sind denen in Mitteleuropa sehr ähnlich.

Australiens Braunkohlevorräte betragen rund 150 Mrd. t. Davon entfallen 60 Mrd. t allein auf das Vorkommen im Latrobe-Tal im Staate Victoria.

Die sicheren und wahrscheinlichen Braunkohlenvorräte Neuseelands betragen etwa 1,8 Mrd. t.

Unbedeutende, aber örtlich nutzbare Braunkohlenvorkommen gibt es auf den Philippinen. Indonesiens Vorräte in Südborneo und Sumatra werden auf 6 Mrd. t eingeschätzt.

6 Steinkohle

6.1 Weltweite Verbreitung

Zwei große Steinkohlen-Lagerstättengürtel umspannen die Erde. Der eine verläuft auf der Nordhalbkugel von den riesigen Lagern in Nordamerika über Mitteleuropa und die Sowjetunion bis nach China hinein. Diese Steinkohlenlager gehören stratigraphisch fast ausnahmslos ins Karbon und Perm und liegen vorzugsweise am Rande der variskisch gefalteten Gebirge und sind somit weitgehend in den Rand- und Innensenken der variskischen Geosynklinalgebiete entstanden. Demgegenüber gibt es aber auch auf der Nordhalbkugel Kohlenablagerungen aus dieser Zeit, die auf den Kontinentaltafeln in Senken entstanden, aber – wie das Beispiel des Moskauer Beckens zeigt – oft nicht den gleichen hohen Inkohlungsgrad erreicht haben wie die später meist gefalteten Flöze des zuerst genannten Typus. Zu dem zweiten Typus gehören die Karaganda Kohlen Sibiriens ebenso wie diejenigen des nordamerikanischen Tafellandes (Stable Region).

Die gürtelartige Verteilung auf der Nord- wie auf der Südhalbkugel versteht man besser, wenn man sich die Kontinente zur Permokarbonzeit noch als größere Landmassen zusammenliegend vorstellt.

Der Steinkohlengürtel der Südhalbkugel verläuft von Südbrasilien über Südafrika nach Ostaustralien. Diese Kohlen sind in permokarbonischen Senkungsräumen des ehemaligen Gondwana-Kontinents abgelagert worden. Da dieser Kontinent auch im Verlauf der späteren Erdgeschichte zerbrach, gehören die Steinkohlen Indiens, das als Scholle dieses Kontinents weit nach Norden driftete, zum Gondwana-Steinkohlentypus der Südkontinente. Der relativ hohe Inkohlungsgrad der Gondwanakohlen muß wohl damit erklärt werden, daß es zur Zeit vor dem Zerbrechen des Kontinents, also in der Trias und im Jura, zu einer relativ kräftigen Durchwärmung der Erdrinde kam, was sich am Aufdringen von Basaltschmelzen in diesen Räumen zeigt.

6.2 Regionale Lagerstätten

6.2.1 Europa

Die Steinkohlenvorräte Westeuropas betragen rund 402 Mrd. t, wovon 149,7 Mrd. t sicher nachgewiesen sind. Von den Vorräten der Ostblockländer (außer UdSSR) von 133 Mrd. t, wovon 38,5 Mrd. t sicher nachgewiesen sind, entfallen rund 121 Mrd. t auf Polen. Die Reserven der UdSSR sollen 3 993 Mrd. t umfassen; etwa 165,8 Mrd. t sind sicher nachgewiesene Reserven. Die größten

Steinkohlevorkommen Westeuropas liegen in der Bundesrepublik Deutschland und in Großbritannien, die zusammen rund 95 % der sicheren Steinkohlenreserven Westeuropas besitzen.

Deutschland

Die wahrscheinlichen Kohlenvorräte der *Bundesrepublik Deutschland* bis 2 000 m Teufe betragen mindestens 230 Mrd. t, wovon 24 Mrd. t abbauwürdig sind. Sie liegen in den Hauptlagerstättengebieten des Niederrheinisch-Westfälischen Reviers, des Aachener Reviers und im Saarrevier.

Als bauwürdige Vorräte sind für „World Power Conference Survey" 30 Mrd. t mit der Abgrenzung mehr als 60 cm Flözmächtigkeit und bis 1 500 m Teufe genannt worden. Davon liegen 24 Mrd. t in den Feldern der bergbautreibenden Gesellschaften. Der Anteil der Kokskohle beträgt nach den Unterlagen rd. 60 %. Da aber Kokskohle in aller Welt stark gefragt und relativ teuer ist, ist die Bundesrepublik Deutschland der wichtigste Kokskohlelieferant der EG-Länder.

Im Niederrheinisch-Westfälischen und Aachener Gebiet liegen am Nordrand des Rheinischen Schiefergebirges mehrere tausend Meter mächtige Karbon-Ablagerungen, die marine Serien und im Oberkarbon Kohlenflöze einschließen. Sie tauchen nach Norden unter jüngere Sedimente ab. Die großen Kokskohlenvorräte der Bundesrepublik Deutschland erklären sich dadurch, daß die Kohlen im Gegensatz zu den amerikanischen Lagerstätten tektonisch stärker beansprucht wurden. Dadurch kam es in Verbindung mit Erwärmung zu erheblicher Inkohlung, so daß gerade Fett- und Gaskohlen entstanden. Allerdings ergaben die Faltungen zusammen mit späterer Bruchbildung ungünstige Abbaubedingungen. Im Aachener Revier beträgt die Gesamtkohlenmächtigkeit etwa 32 m bei ungefähr 40 abbauwürdigen Flözen. Das Aachener Karbon ist ähnlich dem im Ruhrgebiet aufgefaltet worden und mit tektonischen Störungen durchsetzt. Nördlich des Hauptkohlengürtels im Ruhrgebiet tritt das Karbon bei Ibbenbüren noch einmal zutage.

Im Saargebiet folgt über einem etwa 200 m mächtigen unterkarbonischen Kohlenkalk etwa 4 500 m mächtiges Oberkarbon. Eine 2 200 m mächtige Schichtfolge vom Westfal C bis ins Stefan C führt zahlreiche Kohleflöze. Von „anthrazitischen Magerkohlen" (mit 6 ... 9 % flüchtigen Bestandteilen) im Westen des Saargebiets werden die Flöze zum Osten hin gasreicher (14 ... 24 % flüchtige Bestandteile, die teilweise sogar bis über 40 % erreichen).

Aus den Lagerstätten der Bundesrepublik Deutschland sind bisher etwa 10 Mrd. t Steinkohle abgebaut worden. Von den verbliebenen und als bauwürdig erklärten 24 Mrd. t bis 1 500 m Tiefe gehören 25 % den Flamm- und Gaskohlen, 55 % den Fettkohlen, 16 % den Eß- und Magerkohlen und 4 % dem Anthrazit an.

In der DDR liegen kleinere karbonische Steinkohlenvorkommen bei Zwickau und bei Doberlug Kirchhain. Die dort wirtschaftlich gewinnbaren Vorräte belaufen sich auf rund 100 Mio. t von 200 Mio. t Gesamtreserven.

Westeuropäische Länder

Der nordwesteuropäische Kohlengürtel setzt sich vom Ruhr- und Aachener Revier weiter über die Benelux-Staaten und Frankreich nach Großbritannien fort. Im belgischen Karbon sind 45 bauwürdige Flöze mit Mager-, Fett- und Gaskohlen bekannt. Die bedeutendsten niederländischen Vorkommen liegen im Limburger Becken und im Peel-Horst.

Die französischen Vorkommen liegen hauptsächlich im Nordfranzösischen Becken, das sich an das Südbelgische Becken anschließt. Im rund 1 700 m dicken Oberkarbon liegen dort etwa 60 Flöze mit 34 m Gesamtmächtigkeit.

Großbritannien ist mit 163 Mrd. t geologischen, rund 100 Mrd. t nachgewiesenen und 45 Mrd. t zur Zeit wirtschaftlich gewinnbaren Reserven wie die Bundesrepublik Deutschland ein kohlenreiches Land. Die bedeutendsten Kohlevorkommen liegen in Schottland, Durham, Cumberland, Northcumberland, Kent und Süd-Wales. Die produktiven Vorkommen liegen fast alle im Oberkarbon in flach einfallenden Becken bei ziemlich störungsfreier Lagerung. Neben Anthrazit treten alle Kohlearten bis zu Flammkohlen auf.

Spanien besitzt relativ bedeutende Steinkohlengebiete in Asturien im Kantabrischen Gebirge zwischen Oviedo und Santander und im Süden des Landes, in der Sierra Morena zwischen Puertollano und Belmez.

Im Rahmen der europäischen Steinkohlenvorkommen sind auch die oberdevonischen, unterkarbonischen, Unterkreide- und Tertiärkohlen auf *Spitzbergen* zu erwähnen. Es handelt sich hauptsächlich um Gasflamm- und Glanzkohlen. Kohlebergbau wird bei Longyearbyen und Alesund in Westspitzbergen betrieben.

Osteuropäische Länder (außer UdSSR)

Die bedeutendsten tschechoslowakischen Steinkohlenvorkommen liegen im Ostrau-Karwiner-Gebiet, sowie im Gebiet Kladno-Rakovnik und bei Pilsen.

In *Polen* gibt es 32,4 Mrd. t sichere und 121 Mrd. t geologische Reserven, die weitgehend im oberschlesischen und niederschlesischen Becken vorkommen. Als wirtschaftlich gewinnbar gelten 20,8 Mrd. t.

Das niederschlesische Becken liegt hufeisenförmig zwischen Eulen- und Riesengebirge. Rund 20–25 Flöze sind dort bauwürdig mit zusammen etwa 25 m Kohle. Es handelt sich hauptsächlich um Fett- und Gaskohlen mit ziemlich hohen Aschenanteilen.

Zwischen den Oberläufen der Weichsel und der Oder erstreckt sich über eine Fläche von 6 500 km^2 das oberschlesische Kohlenbecken. Es handelt sich um eine große Mulde, deren Nord- und Westränder aufgefaltet sind. Das Karbon ist im Westen rund 7 000 m, im Osten dagegen nur 2 500 m mächtig. Rund 450 Flöze sind bekannt, wovon im Westen 95 Flöze mit 135 m Kohle und im Osten 50 Flöze mit 90 m Kohle abbauwürdig sind. Hauptsächlich werden Fett-, Gas- und Gasflammkohlen gewonnen.

UdSSR (einschließlich asiatischem Teil)

Die *UdSSR* ist das steinkohlenreichste Land der Erde mit rund 3 993 Mrd. t Kohlevorräten, wovon etwa 166 Mrd. t sicher nachgewiesene Reserven sind. Wirtschaftlich gewinnbar sollen zur Zeit 82 Mrd. t sein.

Die wichtigsten Steinkohlenvorkommen im europäischen Teil der UdSSR liegen im Donez-Becken. In rund 9 000 m mächtigen Permokarbon-Schichten gibt es dort rund 30 abbauwürdige Flöze mit Gesamtmächtigkeiten bis zu 28 m. Von der Flammkohle bis zum Anthrazit sind alle Kohlearten vorhanden.

An der Westflanke des Ural erstrecken sich über 2 300 km Kohlenvorkommen, die dem Karbon, Perm und Jura angehören. Die bedeutendsten Kohlereviere an der Westflanke des Urals sind die von Wischere, von Kisel und von Tschussowaja bei Swerdlowsk.

Auch im Petschora-Gebiet zwischen Ural und Timan-Gebirge gibt es karbonische und permische Kohlen.

Im asiatischen Teil der UdSSR zählt das Kuznezk-Becken zu den größten Kohlenbecken der Erde. Es liegt zwischen Ausläufern des Altai-Gebirges und hat eine Länge von 360 km bei einer Breite von 120 km. In dem 26 000 km^2 großen Becken liegen etwa 644 Mrd. t Kohle.

Östlich des Kuznezk-Beckens am Jenissei liegt das Steinkohlenbecken von Minussinsk. Die Vorräte sollen mindestens 21 Mrd. t betragen.

Große Hoffnungen liegen in den zum großen Teil noch unerforschten Vorkommen an der Unteren Tunguska in Sibirien. Die Schätzungen der Vorräte für das tungusische Revier schwanken allerdings zwischen 30 Mrd. t und 440 Mrd. t Kohle.

Im Karaganda-Gebiet sollen mindestens 60 Mrd. t unterkarbonischer Kohle in 30 Flözen mit insgesamt 60 m Kohlemächtigkeit nachgewiesen worden sein. Es soll sich um eine gute Kokskohle, allerdings mit hohem Aschegehalt, handeln.

Im Irkutsk-Becken kommen westlich des Baikal-Sees jurassische Kohlen in ungestörter und flacher Lagerung unter geringmächtigem Deckgebirge vor. Die Gesamtkohlemächtigkeit wird mit 9 m angegeben. Es soll sich um Koks- und Gasflammkohlen handeln. Die Vorräte werden auf 80 ... 130 Mrd. t geschätzt. Neben Steinkohlen kommen im Irkutsk-Gebiet auch Boghead- und Glanzbraunkohlen vor.

6.2.2 Asien (außer UdSSR)

In Asien kann man mir rund 1 528 Mrd. t nachgewiesenen und geschätzten Steinkohlenvorräten (sichere Vorräte 332 Mrd. t) ohne die asiatischen Lagerstätten der UdSSR rechnen. Von diesen enormen Vorratsmengen liegen 1 425 Mrd. t in China. Neben den chinesischen Lagerstätten sind in Asien nur noch die Kohlenlager Indiens und Japans erwähnenswert.

Die Steinkohlenvorräte *Japans* belaufen sich auf 8,6 Mrd. t geologische Reserven. Die Kohlenlagerstätten Japans sind sehr jung, denn sie gehören hauptsächlich dem älteren und mittleren Tertiär an, sind jedoch durch tektonische Vorgänge und Vulkanismus stark inkohlt. An gewinnbaren Reserven verfügt das Land über rund 1 Mrd. t.

Die Kohlenvorräte *Chinas* (sichere Vorräte 300 Mrd. t), werden auf 1 425 Mrd. t eingeschätzt. Die größten Vorkommen liegen in Nordchina, hauptsächlich in den Provinzen Schansi, Schensi, Kansu und West-Hopeh. Neben den nordchinesischen Vorkommen spielen die Kohlevorkommen Südchinas eine große Rolle. Die südchinesischen, gefalteten Kohlevorkommen sind jünger als die nordchinesischen und gehören dem Permokarbon und dem Jura an. Die größten Vorkommen dürften im „Roten Becken" in der Provinz Szetschuan liegen sowie in Südostchina in den Provinzen Hunza, Kiangshi und Fukien.

Besonders wichtig für China ist die Mandschurei, weil hier die Kohlevorkommen in der Nähe erschlossener Industriegebiete liegen. Das bedeutendste Vorkommen in der Mandschurei bildet die Tertiärkohle von Fushun. Die Fushun-Kohle wird im Tagebau abgebaut. Das Deckgebirge besteht aus 150 m mächtigen Ölschiefern und Ölsanden mit rund 6 % Ölinhalt, das als Nebenprodukt gewonnen wird.

Die Steinkohlenvorräte *Indiens* (sichere Vorräte 21,4 Mrd. t) werden auf 83 Mrd. t veranschlagt. Die Steinkohlen Indiens gehören zum Gondwanatypus der Südkontinente. Die Hauptkohlevorkommen finden sich in Bengalen, Bihar, Orissa und Haiderabad. Meist werden Gasflammkohlen und Fettkohlen gefördert, die im Tief- und Tagebau gewonnen werden können.

6.2.3 Nordamerika

Die Steinkohlenreserven Nordamerikas betragen 1 286 Mrd. t, wovon allein 1 190 Mrd. t auf die USA entfallen. Davon sind 326 Mrd. t sicher nachgewiesen. Die Kohlevorkommen der *USA* verteilen sich über weite Gebiete der Vereinigten Staaten, aus denen zur Zeit rund 113 Mrd. t wirtschaftlich gewonnen werden könnten (Tabelle I.3).

Große Kohlenfelder sind an die Appalachen und das Alleghany-Gebirge gebunden. Die appalachische Kohlen-Provinz wird in drei Becken eingeteilt: in das Anthrazitbecken Pennsylvaniens und in das nördliche und südliche Steinkohlebecken. Im Anthrazitbecken ist die Kohleführung an das Oberkarbon in den Appalachen gebunden, das tektonisch verstellt worden ist. Die Gesamtmächtigkeit der Kohle beträgt dort rund 42 m, wobei ein Flöz allein bis zu 30 m mächtig wird. *Rund 65 % der Kohlenproduktion der USA stammen aus der appalachischen Provinz!* Zu der inneren Kohlenprovinz der USA gehören die Becken von Illinois, das Missouri-Becken und das Michigan-Becken.

Neben den Karbonkohlen gibt es in den USA noch große Kohlenvorkommen in der Kreide- und Tertiärformation, die hauptsächlich flach gelagert im Streichen der Rocky Mountains auftreten, so daß die Kohle dort vielfach im Tagebau gewonnen werden kann.

Die meist flache Lagerung der Steinkohle in den USA, ihre geringe Tiefe und relativ große Flözmächtigkeit ermöglicht einen sehr kostengünstigen Abbau der Kohle, womit sie eine preiswerte Basis zur Elektrizitätserzeugung ist. Kokskohle ist dagegen knapp und relativ teuer, da nur 1 % der Gesamtvorräte gute Kokskohlen sind. Die zukünftige Produktion von Steinkohle wird sich in den USA regional von Osten nach Westen verschieben. Vor allem aus Großtagebauen im Westen der Staaten wird die Produktion des Landes sich möglicherweise bis zur Jahrhundertwende (2000) verdoppeln.

In *Kanada* bilden die Kohlen der Kreidezeit in British-Kolumbien die Fortsetzung der US-amerikanischen Kohlen der Rocky Mountains-Provinz. Jedoch sind die Kreidekohlen nicht mehr, wie in den USA, flach gelagert, sondern gefaltet worden. Durch den tektonischen Druck bei der Faltung sind Kokskohlen und teilweise Anthrazite entstanden.

Die Kohlen im Osten Kanadas gehören zum appalachischen Bezirk. In Neu-Braunschweig, Neu-Schottland und Neufundland liegt das Karbon unmittelbar über präkambrischem Kristallin. 97 % der kanadischen Karbonkohlen-Produktion kommt aus Neu-Schottland. Dort wird ein 6 ... 7 m mächtiges Fettkohlenflöz (12 ... 16 % flüchtige Bestandteile) auf der Insel Cape Breton teilweise unter dem Meer abgebaut. Die Gesamtvorräte Kanadas werden mit 96 Mrd. t veranschlagt (davon 8,5 Mrd. t sichere Vorräte).

6.2.4 Lateinamerika

Lateinamerika ist relativ arm an Kohlelagerstätten. 9,2 Mrd. t Steinkohle sind als sichere Vorräte nachgewiesen; 23 Mrd. t Vorräte wurden geschätzt. Die Vorkommen haben verschiedenes geologisches Alter vom Permokarbon bis Tertiär. Die meisten Kohlelagerstätten sind an das Andengebiet gebunden. Außer Kolumbien haben Venezuela, Ecuador, Peru und Argentinien nur sehr kleine Lagerstätten, die nur von lokaler Bedeutung sind. In *Chile* findet man im Distrikt Bio-Bio jurassische Anthrazite sowie Stein- und Glanzkohlen in der Provinz Aranco. Dort gibt es Flözmächtigkeiten von 20 m, jedoch haben die Kohlen oft einen hohen Wassergehalt. Daneben treten kleine Kohlevorkommen im Süden des Landes auf.

Bei den Steinkohlevorkommen *Mexikos* handelt es sich um eine Fortsetzung der nordamerikanischen Kreidekohlevorkommen. Am Rio Grande bei Portitio Dias kommen in den Kohlefeldern Sabina und Barroteran 2 Flöze mit einer Kohlemächtigkeit bis zu 6 m vor. Es handelt sich um gut verkokbare Fettkohlen.

In *Brasilien* werden Fettkohlen des Gondwanasystems in den Provinzen Rio Grande do Sul, Santa Catharina und Paraná abgebaut. Die Flöze sind 1 ... 2 m mächtig, aber die Kohle hat einen hohen Aschegehalt von rund 28 %.

6.2.5 Afrika

Die bedeutendsten Steinkohlevorkommen Afrikas liegen im Süden des Kontinents und gehören dem Gondwanasystem an. In Nordafrika ist Karbon in europäischer Fazies erschlossen worden, jedoch sind die Vorkommen im südlichen *Algerien* (Grube Kenadsa) und die Anthrazitvorkommen im Grenzgebiet zu Marokko sehr klein und mehr für die lokale Versorgung von Bedeutung.

Das Hauptsteinkohlenvorkommen *Rhodesiens* liegt im Wankie-Feld, etwa 100 km südöstlich der Viktoriafälle an der Grenze zum Betschuana-Land. Die Gesamtvorräte Rhodesiens werden auf rund 7,1 Mrd. t veranschlagt (davon 1,8 Mrd. t sichere Vorräte).

Die Steinkohlenvorräte *Südafrikas* betragen 57 Mrd. t, wovon etwa 27 Mrd. t sicher nachgewiesen sind. Etwa 93 % liegen in Transvaal, der Rest in Natal und im Orange-Freistaat, – 27 Mrd. t sind z. Z. wirtschaftlich gewinnbar.

Die Flözausbildung tritt hauptsächlich in der oberkarbonischen, mittleren Ecca-Serie in unzusammenhängenden Feldern auf. Erwähnenswert ist außerdem die südafrikanische Boghead-Kohle von Ermeloo und Wakkerstroom in Transvaal. Die Boghead-Kohle ist bis zu 60 cm mächtig, und der Vorrat wird auf 100 Mio. t geschätzt. Aus der Boghead-Kohle lassen sich pro Tonne 150 Liter Benzin gewinnen.

Die wichtigsten Kohlevorkommen in *Transvaal* sind die Felder von Wirbank-Middelburg östlich von Pretoria und Johannesburg.

Die südafrikanische Kohle kann wegen der flachen Lagerung, dem geringmächtigen Deckgebirge und wegen der billigen Arbeitskräfte sehr kostengünstig gewonnen werden. Besonders große Reserven an Steinkohle von insgesamt 100 Mrd. t von denen zur Zeit 3,5 Mrd. t technisch gewinnbar sind, hat Botswanaland.

6.2.6 Australien und Ozeanien

Die Steinkohlenvorräte Australiens werden auf rund 214 Mrd. t geschätzt, wovon 25,8 Mrd. t sichere Vorräte sind. Den Hauptanteil bilden die permokarbonischen Kohlen, daneben treten aber auch mesozoische und jurassische Kohlenlagerstätten auf. – Das bedeutendste Kohlevorkommen Australiens liegt in *Neusüdwales* im Sydneybecken, das sich zwischen Wollongong und Newcastle nach Nordwesten erstreckt. In den mächtigen Schichten des Permokarbons sind zwei Hauptkohlenserien vorhanden, die Upper und die Lower Coal Measures.

An der Ostküste von *Queensland* liegt ein weiteres Kohlebecken permokarbonischen bis mesozoischen Alters. Dort werden die größten Flözmächtigkeiten Australiens mit 22 ... 30 m im Blair-Athol-Becken erreicht. Da das Deckgebirge hier nur bis zu 50 m mächtig wird, kann im Blair-Athol-Feld die Kohle im Tagebauverfahren gewonnen werden.

Die Steinkohlereserven *Neuseelands* werden auf 130 Mio. t geschätzt, von denen nur 36 Mio. t als zur Zeit wirtschaftlich gewinnbar gelten.

7 Erdöl[1] (Tabelle I.8)

7.1 Weltweite Verbreitung (Bild I.3)

Die Verteilung der Erdöllagerstätten auf der Welt ist sehr ungleichmäßig. Erdöl ist meist ein Meeresprodukt und deshalb fast immer an marine Sedimentserien gebunden. Es gibt jedoch Ausnahmen; zum Beispiel gelten die chinesischen Öllagerstätten von Tasching als limnisch.

Von den Sedimentablagerungen sind es aber nur einige in ganz bestimmten Räumen der Erde, die Erdöllagerstätten führen. Um eine Systematik in die Vielfalt der einzelnen Lagerstätten zu bringen, in der gleichzeitig eine geologische wie wirtschaftliche Aussage liegt, ist eine Gliederung in vier Großtypen möglich:

1. Weiträumige Becken mit flachliegenden marinen Sedimentserien im Bereich der Kontinentaltafeln,
2. Rand- und Zwischenbecken der großen jungen Faltengebirge der Erde,
3. Sedimentfüllungen in tektonischen Gräben,
4. Schelfgebiete der Erde.

Die Natur geologischer Strukturen bringt es mit sich, daß sich scharfe Grenzen zwischen den genannten Typen nicht ziehen lassen, sondern Übergänge zwischen ihnen vorhanden sind, was sich besonders auf den Schelftypus bezieht, weil sich in vielen Fällen die unter 1. bis 3. genannten Typen über den Kontinentalrand hinweg durch den Schelf ins offene Meer hinein fortsetzen.

---

[1] Alle Reserveangaben in diesem Abschnitt nach Petro-Atlas – Westermann – F. Mayer, 3. Aufl. 1982.

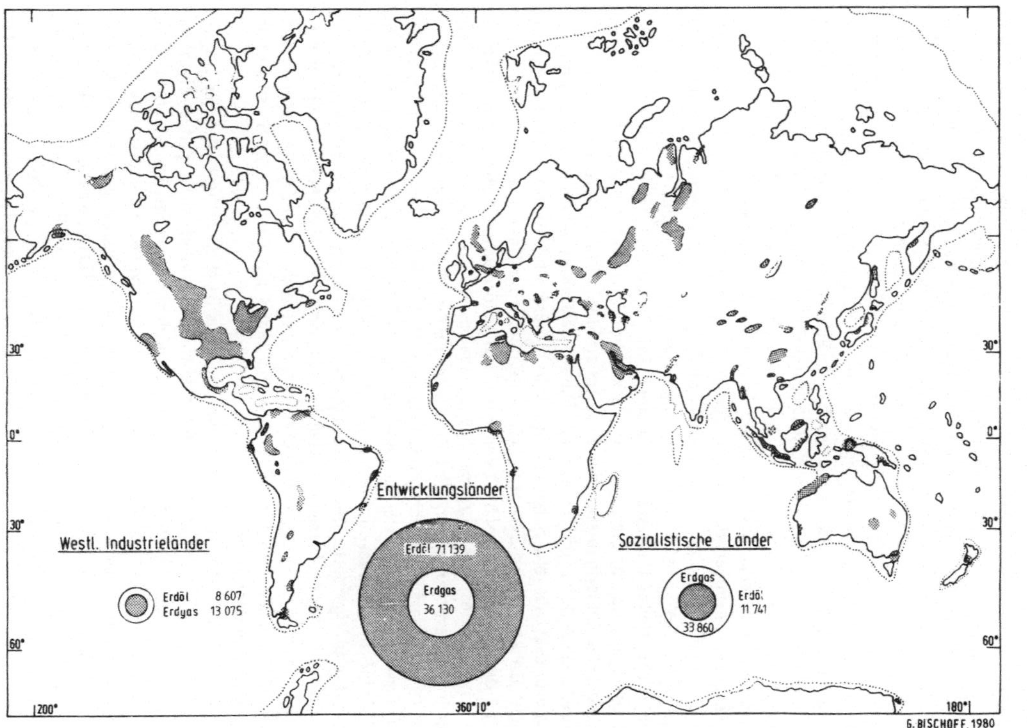

Bild I.3 Die Erdöl/Erdgas-Vorkommen auf der Erde und die Verteilung der nachgewiesenen Reserven in Millionen Tonnen beim Erdöl und Milliarden Kubikmeter beim Erdgas (1981)

Die intensive Suche nach Erdöl im letzten Jahrzehnt in aller Welt hat dazu geführt, daß man schon eine Aussage über gewisse Gesetzmäßigkeiten in der regionalen Verbreitung der Erdöllagerstätten auf der Welt machen kann und damit auch Hinweise in der Hand hat, in welcher Weise sich etwa die zukünftige Erdölexploration auf der Erde entwickeln wird. Die unterschiedliche regionale Verteilung ist den genannten Großtypen untergeordnet. In diesem Sinne ergeben sich wichtige Folgerungen: Das mit Abstand größte von allen 1982 bekannten Erdölgebieten der Erde (60 % der nachgewiesenen Welterdölreserven) liegt in den südlichen Randbecken des ehemaligen Tethys-Meeres zwischen dem afrikanisch-arabischen Schild vom Mittelmeerraum bis zum Persischen Golf. Bis zum heutigen Tage sind trotz gewaltiger Anstrengungen der Ölindustrie praktisch alle Versuche negativ verlaufen, in den paläozoischen Gondwanabecken auf den Südkontinenten größere Erdöllagerstätten zu finden, womit wohl der Schluß berechtigt ist, daß es in diesen Becken kaum kommerziell bedeutende Lagerstätten gibt. Das gilt vom brasilianischen Amazonasbecken bis nach Zentral- und Südafrika.

Die weiträumigen Becken auf den Kontinenten der Nordhalbkugel führen Erdöl, das, obwohl reichlich vorhanden, im Vergleich mit den Lagerstätten am Persischen Golf aus vielen Bohrungen und zahlreichen Lagerstätten gefördert werden muß. Beachtliche Lagerstätten scheinen im Randgebiet des nördlichen Polarbeckens zu liegen, worauf die Funde in Alaska und Nordsibirien hinweisen.

Aus den Schelfgebieten der Erde bis zu 300 m Wassertiefe kommt mittlerweile bereits 20 % der Erdölproduktion. Daraus darf nicht der Schluß gezogen werden, daß grundsätzlich alle Schelfgebiete erdölführend sind. Besonders ergiebig sind geologische Becken, deren Zentren auch heute noch vom Meer bedeckt sind und die folglich zu den Schelfen gerechnet werden. Dazu gehören die Offshore-Lagerstätten des Persischen Golfes, der Nordsee, des Maracaibobeckens usw. In anderen Fällen setzen sich die Sedimente von den Kontinenten ins Meer hinein fort und beiderseits der Küstenlinie finden sich große Öllagerstätten. Das bedeutendste Beispiel für diesen Typus ist die Golfküste der amerikanischen Südstaaten über Texas bis nach Mexiko. Erdöl- und Erdgas-führend sind mitunter auch große und alte Deltabildungen, wie z.B. das Nigerdelta, dessen Ausläufer im Meer auch zum Schelf gehören.

In den Schelfgebieten vor den kristallinen Urkontinenten sind bisher mit großem Aufwand, weltwirtschaftlich betrachtet, nur kleine bis mittlere Lagerstätten gefunden worden, aus denen die Ölgewinnung relativ teuer ist, wofür Brasilien gut als Beispiel angeführt werden kann.

Infolge ihres sehr unterschiedlichen Typus ist die Produktivität der Lagerstättenregionen der Erde ebenfalls außerordentlich verschieden. Es gibt Gebiete, in denen Erdöl so verteilt ist und in denen so zahlreiche kleine Strukturen vorhanden sind, daß das Öl mit einer großen Anzahl von Bohrungen erschlossen werden muß, während in anderen Gebieten wenige Bohrungen aus weiträumigen Großstrukturen produzieren. So kommt es, daß zum Beispiel in den USA aus rund 587 000 alten und neuen Bohrungen die durchschnittliche Produktion pro Bohrloch lediglich bei 2,4 t pro Tag liegt, während in Saudi-Arabien z.B. aus 1 007 Bohrungen 1 333 t täglich den Bohrlöchern entfließen. In Venezuela oder der Sowjetunion liegen die Größenordnungen mit 20 ... 30 t pro Bohrloch täglich bei mittleren Werten. Entsprechend unterschiedlich verhalten sich die Produktionskosten des Erdöls zueinander. Während am Persischen Golf eine Tonne Öl für rund 10 US-$ produziert werden kann, liegen die Produktionskosten in USA im Durchschnitt bei neuem Öl zwischen 50 ... 100 US-$ pro Tonne und in der südlichen Nordsee rechnet man 40 ... 60 US-$ gegenüber 80 ... 120 US-$ pro Tonne in der nördlichen Nordsee an Produktionskosten.

Um einigermaßen annähernd die möglichen Gesamtvorräte an Erdöl in der Welt zu berechnen, kann man den Gesamtsedimentinhalt der ölhöffigen Sedimentgebiete in Relation zu deren durchschnittlicher Dichte der Lagerstätten betrachten. Natürlich ergeben sich auf diese Weise unterschiedliche Auffassungen verschiedener Autoren. Aber dennoch bewegen sich die Schätzungen fast alle in der Größenordnung zwischen 450 Mrd. t und 700 Mrd. t Oil in place (absolut vorhandenes Öl im Boden) wovon 180 ... 280 Mrd. t als gewinnbar eingeschätzt werden (ohne Öl aus Ölschiefern und Ölsanden). Die nachgewiesenen Erdölreserven der Welt lagen 1981 nach Petro-Atlas – Westermann bei 91,487 Mrd. t.

7.2 Regionale Lagerstätten

7.2.1 Europa

Bundesrepublik Deutschland (Tabelle I.4)

Von allen westeuropäischen Ländern ist die Bundesrepublik Deutschland mit 4,5 Mio. t Jahresförderung der größte Onshore Produzent. Die Förderung stammt aus rund 100 Feldern. Die Förderkapazitäten schwanken z.B. zwischen über 700 000 Jahrestonnen aus dem Feld Rühlermoor und 10 Jahrestonnen des Feldes Esche.

Das nordwestdeutsche Erdölbecken gehört zu einem zusammenhängenden Sedimentationsraum, der sich zwischen Nord- und Ostsee und den Mittelgebirgen von den Niederlanden bis nach Polen erstreckt.

Tabelle I.4 Die Erdöl- und Erdgas-Förderung der Bundesrepublik Deutschland 1981

	Region	Erdöl[1)]	Erdgas[2)]
1	Nördlich der Elbe	389	–
2	Emsmündung	2	4 024
3	Westlich der Ems	1 474	1 176
4	Elbe-Weser	1 079	2 036
5	Weser-Ems	1 133	11 373
6	Oberrheintal	92	–
7	Alpenvorland	290	439

1) in Tausend Tonnen

2) in Millionen Kubikmeter

Quelle: Esso

Von 1964 bis 1967 wurde recht intensiv im Schelf der Nordsee innerhalb der Deutschen Bucht auf Erdgas und in zweiter Linie auf Erdöl exploriert. Bis heute wurde in diesem Raum keine kommerziell interessante Erdöllagerstätte gefunden.

Im Oberrheintal ist die Erdölförderung sehr gering. Die Lagerstätten sind meist an Fallen, Verwerfungen und Brüche gebunden.

Auch im Alpenvorland ist die Förderung im Vergleich zur Produktion der nordwestdeutschen Erdölfelder klein. Die Lagerstätten liegen im bayerischen Molassetrog.

Die 1981 angegebenen sicheren Ölreserven der Bundesrepublik Deutschland liegen bei 68 Mio. t.

Westeuropäische Länder

Die Erdölproduktion der *Niederlande* betrug 1981 1,5 Mio. t. Die Förderung stammt zu 40 % aus den Valendis-Sanden der Lagerstätte Schoonebeck. Der Rest wird in den Lagerstätten des westholländischen Reviers, das ebenfalls aus der Unterkreide fördert, gewonnen.

In *Frankreich* wurden 1981 rund 1,7 Mio. t Erdöl gefördert. Die Produktion kommt zu etwa 80 % aus den Erdöllagerstätten im Aquitanischen Becken. Die Hauptlagerstätte ist das Ölfeld Parentis, in der aus dolomitischen Kalken des Neokom gefördert wird. Daneben gibt es Lagerstätten im Pariser Becken und im Oberrheintalgraben bei Pechelbronn.

Über 90 % der *italienischen Erdölförderung* (1981 1,5 Mio. t) stammen aus den Feldern Ragusa und Gela auf Sizilien, deren Speichergesteine aus Dolomiten triassischen Alters bestehen. Kleine Felder gibt es in der Po-Ebene und in Mittelitalien. Anfang 1974 wurde ein größerer Ölfund in der Adria gemeldet. Die sicheren Vorräte wurden 1981 mit 92 Mio. t beziffert.

Das Haupterdölgebiet *Österreichs* mit rund 90 % der österreichischen Förderung liegt im Wiener Becken.

Die Onshore-Erdölförderung *Spaniens* ist nur unbedeutend. Vor Spaniens Küste liegt südlich Barcelona das Amposta Feld, das etwa 1 Mio. t jährlich fördert. 1981 lag Spaniens Ölproduktion bei 1,4 Mio. t.

Nordsee

Seitdem 1969 die ersten großen Erdölfelder in der mittleren Nordsee gefunden wurden (Ekofisk, Montrose), hat die Exploration in der Nordsee, verstärkt durch die kritische Erdölversorgungslage Westeuropas ab 1973, einen stürmischen Aufschwung genommen. Bisher wurden etwa 40 kommerziell ausbeutbare Erdölfelder gefunden, davon mehr als 2/3 im britischen Teil der Nordsee (vgl. Tabelle I.7).

Geologisch kann man die produzierenden Erdöl- und Erdgasfelder der Nordsee in 3 Provinzen zusammenfassen (vgl. Bild V.31):

1. Das südliche Permbecken, aus dem ausschließlich Erdgas gefördert wird. Als Muttergestein für das Erdgas gilt die unter dem Perm liegende Steinkohle. Der Gasfeldgürtel reicht von Groningen in Holland bis an die englische Küste und schließt die großen Erdgasfelder vor der englischen Küste und im holländischen Teil der Nordsee ein (Gewinnbare Gasreserven etwa 750 Mrd. m^3).

2. Zentraler Tertiärgraben mit den großen Feldern um Ekofisk in der norwegischen Nordsee und den britischen Großfeldern in der zentralen Nordsee mit Forties und Auk. Die Produktion von Erdöl und Ergas in diesem Gebiet stammt aus jüngeren geologischen Schichten; hauptsächlich aus dem Tertiär. An gewinnbaren Reserven wurden in diesem Teil der Nordsee bisher etwa 1 000 Mio. t Erdöl und 900 Mrd. m^3 Erdgas gefunden.
3. Im Verlauf der Exploration zeichnete sich im Wiking-Graben der nördlichen Nordsee eine Öl und Erdgasprovinz ab, die man wohl zweckmäßigerweise als „Nördliche Juraprovinz" bezeichnen sollte, da sowohl das Erdgas als auch das Erdöl in diesem Gebiet hauptsächlich aus mesozoischen Schichten, vorrangig aus dem Jura gefördert wird. Dort sind seit 1972 beachtliche Erdölfelder um das Großfeld Brent herum gefunden worden. Die gewinnbaren Vorräte dieser nördlichen Provinz beliefen sich 1981 auf etwa 2 000 Mio. t Erdöl und 650 Mrd. m^3 Erdgas.

Osteuropäische Länder (außer UdSSR)

Rumänien ist neben der UdSSR der bedeutendste Erdölproduzent Osteuropas. Die Förderung kommt aus den tertiären Molassebecken und betrug 1981 11 Mio. t. Neben der traditionellen Förderregion Ploiesti, die etwa 30 % der rumänischen Produktion liefert, werden etwa 20 % aus den Lagerstätten West-Rumäniens in Oltenien, etwa 25 % aus der Region Arges und etwa 20 % aus der westlich der Siret gelegenen Region Bacau gefördert.

Kleinere Ölfelder mit geringer Produktion gibt es in den osteuropäischen Ländern in Ungarn (Produktion um 2 Mio. t), der Tschechoslowakei, in Polen, Bulgarien, Albanien und der DDR, die alle zusammen 1981 etwa 5 Mio. t produziert haben.

UdSSR (einschließlich asiatischem Teil)

Die UdSSR steht mit einer Jahresförderung von 609 Mio. t 1981 an der Spitze der ölfördernden Länder der Welt. Das liegt nicht zuletzt an der Weite des Landes, das vermutlich noch enorme unentdeckte Reserven an Öl und Gas beherbergt. Die Fördersteigerung der letzten Jahre geht vor allen Dingen auf die Entwicklung von Sibirien zurück, während in den klassischen Ölgebieten des europäischen Teils der UdSSR die Produktion stagniert, bzw. sogar rückläufig ist. Dagegen weisen auch der Komi-Distrikt (Petchora Gebiet) und die Perm-Orenburg-Distrikte steigende Förderzahlen auf. – Wenn auch wirtschaftlich zweitrangig, so ist es doch ganz interessant zu erfahren, daß die jungen Ölfelder in der Umgebung von Kaliningrad, dem ehemaligen Königsberg im ehem. Ostpreußen, bereits über 5 Mio. t jährlich produzieren und somit, ebenso wie mit 50 Mio. t nachgewiesenen Reserven die Erdöl-Größenordnung der Bundesrepublik Deutschland erreicht haben!

1974 wurde in der UdSSR aus etwa 600 Erdölfeldern gefördert. Rund 50 % der Förderung stammten aus 50 Großlagerstätten. Die Erdölvorräte betrugen 1981 in der UdSSR 8,6 Mrd. t.

Das Kaukasusgebiet („Erstes Baku"), das bis zum Zweiten Weltkrieg den größten Anteil der sowjetischen Erdölförderung lieferte, ist jetzt nur noch mit rund 10 % an der Gesamtförderung beteiligt.

Der bedeutendste Förderbezirkt der UdSSR ist immer noch das Wolga-Ural-Gebiet, das „Zweites Baku" genannt wird und 1981 etwa 190 Mio. t Erdöl (etwa 30 % der sowjetischen Erdölproduktion) lieferte.

Einen gewaltigen Aufschwung nahm in den letzten Jahren die Entwicklung der schon in den sechziger Jahren entdeckten Erdölfelder Westsibiriens, die auch ihrer Bedeutung entsprechend „Drittes Baku" genannt werden. 1981 kam schon rund 53 % der Gesamtproduktion der UdSSR aus Westsibirien, das waren 320 Mio. t. 90 % der westsibirischen Produktion kommt aus einem relativ konzentrierten Gebiet von 40 000 km^2 bei 300 km Länge am Mittellauf des Ob im Raum von Surgut. Insgesamt sind in Westsibirien schon rund 150 Erdölfelder gefunden worden. Die Großfelder Samotlor und Federovskoye beinhalten etwa je 2 Mrd. t Reserven (vgl. Tabelle I.5).

Tabelle I.5 Kumulative Förderung der größten Ölfelder der UdSSR (in Mio. t)

Feld	entdeckt	Förderung bis 1981
Romashkino	1948	1 678,6
Samotlor	1965	955,7
Arlansk	1955	312,9
Nero-Elkhovskoye	1955	222,1
Uzen	1961	178,6
Ust-Balyk	1961	160,0
Kotur Tepe	1956	140,0
Neftjanye Kamni	1949	139,3
Mamontovsk	1965	110,7
Federovskoye	1971	85,7
Sovietskoye	1962	85,7

Quelle: Petro Atlas – Westermann und IPE

7.2.2 Asien (außer UdSSR)

Das bedeutendste Erdölgebiet der Welt ist der *Mittlere Osten* (Tabelle I.6) mit den Ländern am Persischen Golf, in denen 1981 49,3 Mrd. t Vorräte, das sind 60 % der heute nachgewiesenen Welterdölreserven lagern.

Die Erdölzone des Mittleren Ostens ist an ein Sedimentationsbecken gebunden, das sich zwischen dem Südstrang der persischen Faltengebirge und dem Arabisch-Afrikanischen (Nubischen) Schild bis nach Syrien hinein erstreckt. Der Persische Golf ist gewissermaßen ein Restmeer dieser ehemaligen Meereszone.

Das größte Feld dieses Raumes ist die 230 km lange Ghawar-Antiklinale in Saudi-Arabien. In Kuwait liegt das große Burganfeld und in Qatar produziert das Dukhan-Feld.

Einen entscheidenden Anteil an der starken Erhöhung der Erdölreserven im Mittleren Osten haben die Offshore-Gebiete des Persischen Golfes und die Lagerstätten der Vereinigten Emirate gehabt. Während der Persische Golf selbst bereits durch starke seismische und bohrtechnische Tätigkeit als regionalgeologisch relativ

Tabelle I.6 Fördernde Bohrungen im Nahen Osten und Ölproduktion 1981

	Anzahl	Jahresproduktion je Bohrung in t	Gesamtproduktion in Mio. t
Saudi-Arabien	1 007	486 595	490
Kuwait	771	75 230	58
Iran	530	122 640	65
Türkei	418	5 980	2,5
Ver. Arab. Emirate	369	199 190	73,5
Oman	363	44 080	16
Irak	280	157 140	44
Bahrain	243	9 465	2,3
Syrien	179	47 490	8,5
Qatar	128	152 340	19,5

Quelle: Petro-Atlas – Westermann und Oil u. Gas Journal. Lage der Ölfelder im Nahen Osten siehe Bild V.30.

gut erschlossen gelten kann, dürften die weiten Wüstengebiete Arabiens in Zukunft noch ganz erhebliche neue Reserven bringen. Das Gesamtpotential Saudi-Arabiens kann man auf 30 Mrd. t schätzen (vgl. Bild V.30).

Die beiden nördlichen Länder Iran und Irak gehörten in den siebziger Jahren zu den größten Ölexportländern der Welt. Sie sind die beiden klassischen Ölländer am Persischen Golf. Die Erschließung der Ölfelder begann bereits Anfang dieses Jahrhunderts. 1973 erreichte die Förderung im Iran mit 294 Mio. t ihren Höhepunkt und im Irak 1980 mit 130 Mio. t. Dann sank die Produktion durch die Kriegsverhältnisse in beiden Ländern auf 65 bzw. 44 Mio. t 1981. Die Förderung kommt aus langgestreckten Antiklinallagerstätten am Rande der iranischen Ketten und aus den Rumaila-Feldern westlich von Basra, die dem Kuwait-Typus entsprechen (vgl. Bild V.30).

Relativ kleine Ölfelder gibt es in Pakistan, und Burma. Indien hat seine Anstrengungen in den letzten Jahren stark aktiviert und erreichte 1981 bereits eine Jahresförderung von 15 Mio. Tonnen. Das Öl stammt einerseits aus den Feldern in Assam im Nordosten des Landes und andererseits aus den neuen Entdeckungen im Arabischen Meer und Cambay Becken an der Westküste nördlich von Bombay.

Ein großes Erdölland ist *Indonesien*. Die klassischen Lagerstätten dieses Landes wurden lange vor dem 1. Weltkrieg von der Shell in Sumatra aufgeschlossen. Heute konzentriert sich die Exploration hauptsächlich auf Offshore-Gebiete. Die Produktion stieg von 37 Mio. t 1969 auf über 79 Mio. t 1981 an. Indonesiens Ölreserven liegen bei etwa 1,5 Mrd. t. Die bedeutenden Offshore-Felder liegen in der Java-See und vor der Ostküste Borneos, wo es küstenparallel auch größere Onshore-Felder gibt. Allein zwischen 1960 und 1982 wurden 90 neue Vorkommen entdeckt.

Vor der Küste Nordborneos liegen die *malaysischen* Ölfelder in Sarawak und Sabah. Weitere Felder gehören zu Brunei. Besondere Möglichkeiten bietet der bisher nur wenig explorierte Golf von Thailand, wo bislang nur kleine Vorkommen gefunden wurden.

Der zweitgrößte Ölimporteur der Welt (nach USA), *Japan*, produziert aus einer großen Anzahl ganz kleiner Felder lediglich rund 500 000 t Erdöl im Jahr.

Ein völlig neues Erdölland der Weltszene ist *China*, das in den letzten Jahren spektakuläre Erdölexplorationserfolge aufzuweisen hatte. Die Produktion stieg von 20 Mio. t 1970 auf 60 Mio. t in 1974 und hat 1980 106 Mio. t erreicht. Über die Ölreserven gibt es keine offiziellen Angaben. In der Fachliteratur werden die nachgewiesenen Reserven 1981 mit 2,7 Mrd. t angegeben! In China soll es etwa 100 Ölfelder geben, die in sechs Sedimentbecken liegen. Das größte Feld Daching liegt im Sungliao-Becken in der Mandschurei. Den Erdölvorkommen dieses Feldes wird eine limnische Entstehungsgeschichte zugesprochen. Das Feld produziert aus über 2 000 Bohrungen aus lediglich rund 1 000 m Tiefe etwa 40 Mio. t jährlich. Etwa 50 km nördlich wurde 1973 das „New Daching Field"gefunden, das zur Zeit etwa 10 Mio. t Öl jährlich produziert. Im Mündungsgebiet des Hoangho-Flusses (Gelber Fluß) liegen die Felder Takang und Shengli. Das Takang On- und Offshore Feld produziert ebenfalls um 10 Mio. t jährlich und dem Shengli-Feld werden gleichgroße Reserven wie dem Daching-Feld zugeschrieben (500 ... 900 Mio. t). Das Gebiet des „Gelben Meeres" gilt on- wie offshore als zukünftiges großes Erdölgebiet. Zur Zeit wird das Karamai-Feld, das rund 2 700 km nordwestlich von Peking im Dschungarischen Becken liegt, entwickelt. Dort wurden jedoch schon jetzt Sekundär-Fördermethoden angewandt. (Die meisten chinesischen Ölfelder leiden unter starker Verwässerung.) Andere Felder liegen im Szetchuan-Becken Zentralchinas und in den Sedimentbecken vom Tarim-Becken im Westen bis zum Ordos-Becken nördlich des chinesischen Berglandes, wozu auch das 1950 entdeckte Lenghu-Feld in der Yumen-Region gehört. – In Anbetracht der Größe des Raumes ist anzunehmen, daß in China noch sehr große Ölfelder unentdeckt liegen. Eine Steigerung der Produktion auf 150 Mio. Jahrestonnen bis 1985 und weit darüber hinaus ist denkbar. Besondere Möglichkeiten werden offshore im Gelben Meer erwartet. Neben der Ölförderung greift auch die Erdgasförderung um sich.

7.2.3 Nordamerika (Tabelle I.7)

Die Rohölförderung der *USA* betrug 1981 477 Mio. t[1)]; damit haben die USA einen Anteil von rund 15 % an der Welterdölförderung. Der Verbrauch an Rohöl ist aber weitaus größer als die Förderung, er betrug 1981 771 Mio. t, das sind 28 % der Weltförderung. Die nachgewiesenen Erdölreserven betrugen zu Ende des Jahres 1981 4 015 Mio. t, im Vergleich zum Verbrauch des Jahres 1981 ergibt sich ein Verhältnis Verbrauch : Reserven von gut 1 : 6, ein Verhältnis Förderung : Reserven von gut 1 : 9.

In jüngster Zeit entwickelt sich *Alaska* zu einer neuen amerikanischen Erdölprovinz, besonders seit 1977 die Transalaska Pipeline fertiggestellt wurde. 1964 wurden dort bereits 5 000 t täglich im Cook Inlet bei Anchorage gefördert. 1968 wurden im Norden am Rand des Eismeeres Lagerstätten entdeckt, die in der Prudhoe Bay in den arktischen Schelf hinausgehen. Die Ölproduktion aus diesen Gebieten

1) Viele Produktionsangaben schließen die Kondensat-Produktion aus dem Erdgas ein. Solche Angaben liegen in den USA im Durchschnitt um 13 % höher als die reinen Rohölproduktionsziffern.

Tabelle I.7 Wichtige Erdöl-Produktionsgebiete in den USA

Gebiet	Anteil der Förderung in %
1. Golfgebiet	27
2. Perm-Becken	18
3. Midcontinent-Becken	16
4. Rocky-Mountains-Gebiet	10
5. Kalifornien	8
6. Midwest-Gebiet	5
7. Appalachen-Becken	1
8. Alaska	15

gestaltet sich sehr teuer. Die weitere Entwicklung, ganz besonders auch hinsichtlich der Produktionskosten, bleibt abzuwarten. Auf Grund der Lage dieser Felder wird hauptsächlich eine Belieferung der amerikanischen Westküste in Betracht zu ziehen sein. Die Ölvorräte werden z.Z. auf 2 ... 4 Mrd. t geschätzt.

Um die amerikanische Erdölsituation richtig einzuschätzen, muß man in Rechnung stellen, daß deren wirtschaftliche Struktur grundsätzlich anders ist als in den übrigen Kontinenten. Die extrem privatwirtschaftliche Orientierung der US Erdöl-Exploration und -Förderung hat dazu geführt, daß es eine Unmenge kleiner und kleinster Ölgesellschaften gibt bis hin zu den Stripper-Wells von Farmern, die sich darum bemühen, mit einer Unzahl von Bohrungen auch kleinste Erdölvorkommen zu erschließen. Während in den USA zum Beispiel 1973 27 602 Bohrungen niedergebracht wurden, waren es 1978 schon rund 50 000, und es gibt rund 587 000 fördernde Bohrlöcher. Das Jahr 1982 war durch drastische Einbrüche in der Explorationstätigkeit gekennzeichnet. Diese Entwicklung geht nicht zuletzt auf die geologischen Voraussetzungen in diesem Land zurück, das über sehr große Gebiete mit flächenhaften Lagerstätten von Öl und Gas in relativ geringer Tiefe verfügt. Dadurch ist aber auch die Reservenstruktur in Relation zur Zahl der Bohrlöcher außerordentlich klein und so niedrig wie sonst nirgends auf der Welt (810 t pro Bohrung jährlich).

Wie immer man die Dinge aber betrachtet, – die Ölvorräte Amerikas gehen in diesem Jahrhundert weiter zurück.

In *Kanada*, das 1981 eine Förderung von 75 Mio. t aufwies, liegen Lagerstätten in einem Sedimentationsbecken, das im Westen vom Felsengebirge und im Osten vom Kanadischen Schild begrenzt wird. Der größte Anteil der kanadischen Förderung (über 63 %) stammt aus den Feldern der Provinz Alberta. Die größte Lagerstätte Kanadas mit mindestens 1 Mrd. t Ölinhalt ist das 1953 entdeckte Feld Pembina. Pembina hat eine Längserstreckung von 200 km. Rund 32 % der kanadischen Förderung stammt aus den Feldern der Provinzen Saskatchewan und Manitoba. Der Rest der Förderung kommt aus Britisch-Kolumbien und aus den sehr erdölhöffigen Nordwest-Territorien. Explorationsaktivitäten sind auf den arktischen Inseln Kanadas unter extremen Bedingungen und Kosten im Gange. Erfolgreich gebohrt wurde in den letzten Jahren im Gebiet des Mackenzie Deltas in der Beaufort-See, wo Ölfelder bei Arkinson Point gefunden wurden. Die Schätzungen des Potentials im Beaufortgebiet liegen jetzt bei 800 Mio. t, nachdem vorangegangene Schätzungen schon erheblich höher lagen. – So sieht das gesamte kanadische Ölpanorama nicht sehr rosig aus. Nachdem das Land von 1960 bis 1974 Öl exportierte, wurde es 1975 wieder zum Importeur mit steigender Tendenz, zumal auch die Möglichkeiten der Ölgewinnung aus den Athabasca Teersanden jetzt wesentlich pessimistischer eingeschätzt werden als noch vor wenigen Jahren (vgl. Abschnitte V.9 und I.8.2).

1981 mußte das Land etwa 10 Mio. t Öl importieren. Demgegenüber stellen die 1981 nachgewiesenen Reserven von 983 Mio. t nur Reserven für relativ kurze Zeit dar. Sicherlich wird es in Kanada weitere Ölfunde geben, jedoch paßt der Gesamtausblick zu dem amerikanischen Panorama.

7.2.4 Lateinamerika

Mexiko machte als Erdölförderland in den letzten Jahren spektakuläre Fortschritte. 1976 erreichte das Land bereits 44,2 Mio. t Produktion und 1981 schon eine Förderung von rund 120 Mio. Jahrestonnen. Seit 1972 fand die staatliche Ölgesellschaft PEMEX in den Provinzen Chiapas und Tabasco über 20 Ölfelder (Reforma-Fields), die einen maßgeblichen Anteil daran haben, daß die Reserven des Landes jetzt auf 8 Mrd. t veranschlagt werden. Allein die Reforma-Felder förderten aus weniger als 100 Bohrungen Ende 1976 schon über 25 Mio. Jahrestonnen aus Tiefen unterhalb von 3750 m. Einige Bohrungen erreichten über 5500 m Tiefe. Weitere ergiebige Felder wurden offshore im Golf von Mexiko nördlich von Campeche gefunden, aus denen gegenwärtig fast die Hälfte der mexikanischen Förderung stammt. Die PEMEX hat dort über 40 Förderplattformen errichtet. Einige der südmexikanischen Ölfelder zeichnen sich durch ergiebige Speichergesteine aus. Dieses Land der Ölsuperlative hält auch den Förderrekord pro Bohrloch seit in Cerro Azul eine einzige Bohrung pro Tag 30000 t eruptiv förderte.

Die klassichen Ölfelder Mexikos, die Faja de Oro zwischen Tampico und Poza Rica im Norden, die Veracruz-Zone und die Südzone am Isthmus von Tehuantepec, alle am Golf von Mexiko gelegen, förderten 1976 rund 20 Mio. t.

Venezuela war noch 1970 der drittgrößte Ölproduzent der Welt. Unter seiner Initiative wurde 1960 in Bagdad die OPEC gegründet. In den 70er Jahren verlor es seine Vormachtstellung in der OPEC. Mit einer Jahresproduktion von 115 Mio. t steht das Land heute in der Mitte der in der OPEC vereinten Länder. Die Reserven Venezuelas werden auf rund 3 Mrd. t eingeschätzt; der größere Teil liegt in den Feldern des Gebietes um den „Lago Maracaibo" und rund 1/3 im Orinoco-Becken in Nordostvenezuela, woher etwa 15 % der Produktion kommen. Große Hoffnungen setzt das Land in den sogenannten Orinoco-Oil-Belt, das ist eine Zone mit hochviskosem Öl zwischen 8° und 12° API nördlich des Orinoco Flusses in Tiefen zwischen 200 m und 2000 m (vgl. Abschnitt I.8.1).

Kolumbien förderte 1981 7 Mio. t Erdöl. Die Produktion stammt aus dem Barco-Revier an der Grenze von Venezuela und dem De-Mares-Revier am Rio Magdalena. Die Felder des Barco-Reviers gehören zur Maracaibo-Senke. Weitere Felder liegen im Süden des Landes bei Dina am Rio Magdalena und bei Orito in Putumayo.

Ecuador ist 1969 plötzlich in die Reihe der größeren Olländer gerückt, seit im östlichen Andenvorland bei Lago Agrio bedeutende Ölfelder entdeckt wurden. 1981 förderte das Land rund 10 Mio. t über eine etwa 400 km lange transandine Pipeline, die das Erdöl aus etwa 10 Feldern bei Lago Agrio sammelt. Weitere Ölfelder im Osten von Shushufindi sind entdeckt worden, aber noch nicht an das Pipelinesystem angeschlossen. Insgesamt wäre eine Jahresproduktion von etwa 10 Mio. t aus dem Urwaldgebiet von Ecuador haltbar. Die nachgewiesenen Reserven dürften etwa bei 112 Mio. t liegen. Ein gewisses Potential, wenn auch eher für Erdgas, existiert im Golf von Guayaquil, nördlich der peruanischen On- und Offshore-Lagerstätten des Talara-Gebietes, die zu den ältesten Erdölfeldern Amerikas gehören.

1970 begann in *Peru* östlich der Anden eine intensive Explorationsphase. Bisher wurden Erdölfelder mit etwa 100 Mio. t Reserven in der südöstlichen Fortsetzung der Felder von Ecuador gefunden. Eine Pipeline über die Anden zum Pazifischen Ozean wurde 1977 fertiggestellt. Die Pipeline geht bis nach Bajovar, südlich der klassischen Ölfelder Perus bei Talara, die schon seit 1871 bekannt waren und etwa 2 Mio. t jährlich fördern. Durch die Aufnahme der Produktion aus den Amazonas-Feldern konnte das Land ab 1978 den Eigenbedarf von über 6 Mio. Jahrestonnen bei einem Exportüberschuß von z. Z. 3 Mio. t decken.

Das Potential der ostandinen Vorsenke ist noch nicht zu übersehen. Dort liegen die kleinen Ölfelder Maquia und Agua caliente in Peru und die bolivianischen Felder von Santa Cruz und Camiri. In Bolivien wurde 1975 das Gasfeld mit Ölkondensat von Tita gefunden. Bolivien förderte 1981 etwa 1,5 Mio. t, was zur Eigenversorgung des Landes bei geringem Export ausreichte.

Argentiniens sichere Ölreserven betragen etwa 368 Mio. t, bei einer Jahresförderung von 25 Mio. t 1976. Die Förderung verteilt sich auf fünf Reviere. Das aus der Oberkreide fördernde Feld von Commodoro Rivadavia der atlantischen Küstenregion von Patagonien ist mit 65 % Förderanteil das bedeutendste argentinische Ölgebiet. Am Rande der Anden liegen die Felder in Salta, Plaza Huincul, Mendoza und auf Feuerland; letztere ziehen nach Chile hinein. Die argentinischen Ölfelder zeichnen sich durch eine große Anzahl von Förderbohrungen aus. Die Produktion des Landes ist nur durch ständiges Entwicklungsbohren aufrecht zu erhalten, was auch im schlechten Verhältnis von Produktion und Reserven zum Ausdruck kommt. Eine intensive Ölexplorationscampagne läuft zur Zeit östlich von Feuerland im Meer unter sehr harten Bedingungen, nachdem eine Bohrung der Esso 200 km vor Feuerland auf Öl stieß.

Das riesige *Brasilien* förderte 1981 aus vielen kleinen Feldern rund 11 Mio. t Öl, vornehmlich aus dem Reconcavo-Becken bei São Salvador (Bahia) und aus atlantischen Schelflagerstätten, die vor der Küste von Alagoas und Sergipe liegen. Gewisse Aussichten auf fündige Bohrungen versprechen die jungen Sedimente bei São Luiz in Maranhão. Die mit ungeheuren Kosten realisierten Explorationen in den paläozoischen Amazonas-, Parnaiba- und Paranà-Becken bleiben negativ, obwohl es im Paranà-Becken die zweitgrößten Ölschiefervorkommen der Welt gibt. Seit 1974 wurden vor der Küste, 200 km östlich von Rio de Janeiro, in relativ tiefen Gewässern im Campos-Becken 10 kleinere Ölfelder entdeckt, deren Entwicklung extrem hohe Kosten verursachen (3 ... 4 Mrd. US-$), aber etwa 5 Mio. Jahrestonnen Produktionskapazität besitzen. Trotz intensivster Anstrengungen, mehr Erdöl zu fördern, läuft der Verbrauch der Förderung weiterhin voran, an eine Selbstversorgung des Landes ist nicht zu denken, ein Grund für die intensive Alkohol-Gewinnung aus Zuckerrohr und Umstellung vieler Fahrzeuge auf diesen Treibstoff. Die Erfahrungen damit werden recht unterschiedlich beurteilt, denn immerhin müßte unter den schon bevorzugten tropischen Bedingungen des Landes eine Fläche mit Zuckerrohr bebaut werden, die so groß wäre wie die der Bundesrepublik Deutschland nördlich des Mains, um den insgesamt benötigten Treibstoff zu erzeugen. Der hohe Energieaufwand zur Alkoholproduktion läßt den eingeschlagenen Weg in Frage stellen.

7.2.5 Afrika

Der Aufschwung der Erdölförderung dieses Kontinents wird deutlich beim Vergleich der afrikanischen Förderung von 1955 und 1976, denn 1955 wurden erst 2 Mio. t, 1976 dagegen bereits 291 Mio. t gefördert. Nach den ersten Bohrerfolgen 1953 wurde zunächst Algerien der führende afrikanische Erdölproduzent. Aber bereits 1964 wurde die Erdölförderung Algeriens von Libyen übertroffen. Schließlich überholte 1970 auch Nigeria die algerische Erdölförderung und ab 1974 wurde Nigeria zum größten Erdölproduzenten Afrikas, nachdem Libyen seit 1970 seine Produktion aus entwicklungspolitischen Gründen drastisch gekürzt hatte.

Obwohl der zweitgrößte Kontinent der Erde, ist Afrika mit rund 10 % relativ gering an der Welterdölförderung beteiligt, was nicht zuletzt an der geologischen Struktur des Kontinents liegt, der — als das ehemalige Herz des Gondwanakontinents — aus relativ viel kristallinem Grundgebirge mit auflagernden Becken vom Gondwanatyp besteht. So sind eben vor allem nur die Randschelfe und -becken des ehemaligen Tethysmeeres in der nördlichen Sahara, der grabenförmige Golf von Suez, das Nigerdelta und Off-/Onshore-Gebiete wie in Gabun zum Beispiel um den Kontinent herum erdölführend.

Die Förderung *Algeriens* stammt aus den Ölfeldern um Hassi-Messaud im sogenannten Trias-Becken und aus den Feldern um In-Amenas im Polignac-Becken mit hauptsächlich paläozoischen Speichergesteinen. Die Produktion des Landes liegt schon seit Jahren bei 50 Mio. t. Größere Anstrengungen werden unternommen, um eine Steigerung zu erreichen. Die eigentliche Stärke Algeriens liegt aber in seinem Erdgasreichtum (vgl. Abschnitt I.9.2.5).

Der große Aufschwung in der Erdölexploration in *Libyen* begann 1960 und führte zu einem der gewaltigsten Aufstiege eines bis dahin armen Landes. Anfang der siebziger Jahre erreichte die Ölproduktion 160 Mio. t jährlich. Die Restriktionspolitik der libyschen Regierung brachte die Produktion etwa auf die Größenordnung unter 100 Mio. t, die in einem vernünftigen Verhältnis zu den 3 Mrd. t nachgewiesenen Reserven steht. Die Hauptlagerstätten liegen in der landeinwärts verlängerten Großen Syrte Bucht. Das Potential von Libyen gilt noch keineswegs als erschöpft, zumal große Gebiete im westlichen Landesteil und in der zentralen Saharaprovinz noch wenig exploriert wurden, wenngleich dort die Kapazität von eventuellen Ölfeldern wesentlich kleiner sein dürfte als in der Syrte. Zur Zeit fördert Libyen um 60 Mio. t jährlich, wäre aber nach Überwindung der Weltrezession durchaus zu größerer Kapazität in der Lage.

In Ägypten herrscht zur Zeit eine rege Explorationstätigkeit von insgesamt 35 internationalen Ölgesellschaften zusammen mit der ägyptischen Staatsgesellschaft. Besonders im Golf von Suez kam es in den letzten Jahren zu mehreren neuen Feldentdeckungen neben dem schon länger bekannten El Morgan Feld. Nachdem auch die Felder von Abu Rudeis auf Sinai wieder von den Ägyptern genutzt werden, ist die Produktion des Landes 1976 auf 16,9 Mio. Jahrestonnen angestiegen. Dank forcierter Exploration wurde 1981 eine Produktionskapazität von 32 Mio. t jährlich erreicht. Dem steht keine gute Reservenbasis gegenüber, da 1981 nur 405 Mio. t nachgewiesen waren. Die anfänglich auf die „Western Desert" gerichteten großen Hoffnungen haben sich nicht erfüllt, obwohl kleine Felder bei El Alamein und Abu Gharadig mit etwa 750 000 t jährlich am Gesamtpetroleumbudget des Landes teilhaben. Demnach ist Ägypten seit 1970 zum Erdölexporteur geworden, dem jedoch ein schnell wachsender Eigenbedarf gegenübersteht.

Das Borma-Feld in *Tunesien* gehört zum Typus der algerischen Sahara-Felder. Kleine Felder gibt es auch in *Marokko*.

Nigeria ist das zur Zeit bedeutendste Erdölland Afrikas. 1981 betrug die Förderung 68 Mio. t, bei 2,2 Mrd. t sicheren Reserven. Die Ölfelder liegen im Nigerdelta und offshore. Das Potential des Landes ist noch keineswegs erschöpft, so daß mit weiteren größeren Funden gerechnet werden kann.

Größere Öllagerstätten gibt es auch auf dem Schelfrand von Gabun, Zaire, Cabinda und Angola. Die Lagerstätten von *Gabun* entsprechen geologisch denjenigen von Bahia auf der anderen Seite des Atlantischen Ozeans, was u.a. ein Beweis für die Kontinentalverschiebung ist. Ähnlichkeiten gibt es auch zwischen den Cabinda-Feldern und den neuen Ölfunden bei Campos vor Brasiliens Küste. – Die Lagerstätten in diesem Raum haben etwa zusammen ein Potential von 15 Mio. t Jahresproduktion (Gabun 1981 8 Mio. t).

7.2.6 Australien und Ozeanien

Seit der Entdeckung des kleinen Erdölvorkommens in Rough Range in Westaustralien im Jahre 1953 und dem Vorkommen bei Moonie im südlichen Queensland im Jahre 1961 wurde in Australien intensiv exploriert. 1967 stand einem Verbrauch Australiens von 22 Mio. Jahrestonnen eine Produktion von 0,9 Mio. t gegenüber. Schon 1976 konnte das Land mit einer Produktion von 19 Mio. t 70 % seines Ölbedarfs aus eigenen Lagerstätten decken, denn allein 90 % der Produktion kam aus den im Gippsland-Becken offshore in der Bass-Strait inzwischen gefundenen Feldern Kingfish, Halibut und Barracouta. Mackarel ging 1977 in Produktion mit etwa 3,5 Mio. Jahrestonnen Kapazität. – Im Cooper-Becken wurden im Nordwesten des Staates South Australia einige kleinere Felder wie Fly Lake usw. gefunden. Die Bedeutung dieses Gebietes liegt vor allen Dingen in der Gasproduktion, wie Australien überhaupt ein erdgasreiches Land ist (vgl. Abschnitt I.9.2.6). Die Ölproduktion Australiens betrug 1981 18,3 Mio. t.

Große Hoffnungen kann man auf den Nordwest-Schelf des Kontinents legen, nachdem erhebliche Mengen an Erdgas- und Kondensat-Reserven von Barrow Island beginnend, in nordöstlicher Richtung gefunden wurden. – Kleinere Felder gibt es in Papua auf australischem Territorium von Neu-Guinea.

In Neuseeland ist die Ölexploration noch nicht weit gediehen. Es gibt bisher nur sehr kleine Vorkommen.

Tabelle I.8 Die größten Erdölfelder der Welt 1977 mit über 150 Mio. t Reserven und ihren wesentlichsten Daten

Ölfeld	Land	Fund-jahr	Anz. d. Bohr.	Prod. 1976 Mio. Tonnen	nachgew. verbl. Res. Mio. Tonnen	Förder-Horizont (m-Tiefe)	API°	Ölfallentyp
Burgan	Kuwait	1938	342	49,3	7 671,2	Burgan, 1464	31,3	Dom
Ghawar	Saudi-Arabien	1948	372	259,5	6 235,8	Arab, Jubaila, 2 044	35,0	Antikline
Safania	Saudi-Arabien	1951	97	31,1	1 967,3	Cretaceous, 1 556	27,0	Antikline
Samotlorskoye	UdSSR	1965	1 700	111,0	1 656,2	L. Cret., 2231	35,0	Antikline
Rumaila	Irak	1953	30	41,1	1 521,2	Zubair, 3294	35,0	Antikline
Prudhoe Bay	USA	1968	5	0,7	1 369,9	Triassic, 2504	...	Antikline
Salym	UdSSR	1963	25	1,4	1 368,4	Cretaceous, 2196	33,0	
Kirkuk	Irak	1927	45	47,9	1 185,6	Reef, 854—1281	36,0	Antikline
Manifa	Saudi-Arabien	1957	2	0,003	1 163,4	Arab, 2425	28,0	Antikline
Marun	Iran	1963	44	67,4	1 040,0	Asmari, 3355	32,9	Antikline
Sarir	Libyen	1961	68	13,6	1 006,3	U. Cret., 2745	37,2	gestörte Antikl.
Gachsaran	Iran	1937	30	31,0	998,1	Asmari, 2745	31,1	Antikline
Ahwaz Asmari	Iran	1958	48	46,8	965,6	Asmari, 2654	31,9	Antikline
Bibi Hakimeh	Iran	1961	21	11,6	937,0	Asmari, 1647	29,7	Antikline
Berri	Saudi-Arabien	1964	45	40,4	875,1	Arab, 2272	33—38	Antikline
Raudhatain	Kuwait	1955	41	10,0	827,7	Zubair, 2593	34,8	Antikline
Chiapas	Mexiko	1974	270	27,7	753,2	Cretaceous	...	Antikline
Zuluft	Saudi-Arabien	1965	12	0,14	715,6	..., 1769	32,0	Antikline
Minas	Indonesien	1944	235	17,8	704,1	Miocene, 732	35,4	Antikline
Khafji	Neutrale Zone	1961	132	10,0	696,8	„A", 1312—3660	28,4	Antikline
Hassi Messaoud	Algerien	1956	108	11,2	630,5	Cambrian, 3355	49,0	gestörte Antikl.
Uzen	UdSSR	1961	1 350	15,8	604,1	Jurassic, 813	33,9	Antikline
Khurais	Saudi-Arabien	1957	13	1,5	586,4		...	Antikline
Statfjord	Norwegen	1974			534,2	Jurassic	37,0	Antikline
Romashkino	UdSSR	1948	8 000	78,1	530,1	Devonian, 1766	31,7	Antikline
Abqaiq	Saudi-Arabien	1940	64	41,2	528,9	Arab, 2034	38,0	Antikline
Sabriya	Kuwait	1956	36	0,27	519,2	..., 2440	32,9	Antikline
Abu-Safah	Saudi-Arabien	1963	16	5,1	511,9	Arab, 2028	30,0	Antikline
Amal	Libyen	1959	69	3,3	507,0	Cambro-Ord., 3019	36,0	Intra-Kraton.
Agha Jari	Iran	1936	43	42,6	489,3	Asmari, 2288	33,8	Antikline

Zubair	Irak	1948	33	9,6	479,0	Zubair, 3355	34,2	Antikline
Pazanan	Iran	1961	7	1,8	459,5	Asmari, 2288	33,6	Antikline
Shaybah	Saudi-Arabien	1968			391,1		...	Antikline
Gialo	Libyen	1961	155	13,3	390,1	Eocene, 671–1922	35,7	Antikline
Qatif	Saudi-Arabien	1945	20	4,1	364,0	Arab, 2150	31,0	Antikline
Wafra complex	Neutrale Zone	1953	295	5,3	364,0	Yamama, et al., 1312–3660	24–34	Antikline
Paris	Iran	1964	20	17,8	307,8		34,2	Antikline
Lama	Venezuela	1957	171	7,4	299,6	40,0	32,6	gestörte Antikl.
Rag-e-Safid	Iran	1964	18	10,0	289,6	45,0	28,5	Antikline
Brent	Großbrit.	1971			286,3	Jurassic	...	Antikline
Arlan	UdSSR	1955	3 000	20,5	285,6	Carbon, 1351	27,2	Antikline
Ust-Balyk	UdSSR	1961	820	15,1	280,4	L. Cret., 2698	29,0	Antikline
Forties	Großbrit.	1970	9	5,5	268,8	Paleocene, 610–2440	36,6	Antikline
Idd El Shargi	Qatar	1960	4	0,55	268,2	Arab. Fadhili, 2516	35,0	Antikline
Lagunillas	Venezuela	1926	2 689	26,8	247,5	Tertiary, 915	24,4	Strat. + Tekt. F.
Minagish	Kuwait	1959	7	2,9	243,3	Minagish, 3050	33,9	Antikline
Khursaniyah	Saudi-Arabien	1956	16	2,3	242,6	Arab, 2059	31,0	Antikline
Duri	Indonesien	1941	426	1,6	238,9	Miocene, 183	21,1	Antikline
Umm Shaif	Abu Dhabi	1958	26	8,5	225,2	..., 2791	37,0	Antikline
East Texas	USA	1930	12 709	9,2	222,2	Woodbine, 1098	39,0	Strukturnase
Bachaquero	Venezuela	1930	2 156	18,5	212,2	Tertiary, 1050	22,6	Strat. Falle
Masjid-e-Suleiman	Iran	1908	22	0,55	206,8	Asmari, 497	40,3	Antikline
Tia Juana	Venezuela	1928	1 732	11,5	193,6	Tertiary, 915	20,0	Strat. Falle
Mamontovo	UdSSR	1965	450	9,6	185,2	Cretaceous, 1922	27,0	Antikline
Ekofisk	Norwegen	1970	29	12,1	182,0	Danian, 3050	37,0	Antikline
Sovetskoye	UdSSR	1962	200	6,8	178,1	Cretaceous, 3395	34,0	Antikline
Marjan	Saudi-Arabien	1967	11	0,41	175,1		...	Antikline
Zakum	Abu Dhabi	1964	47	12,1	168,0	..., 2776	39,8	Salzstock
Ninian	Großbrit.	1974			164,4	Jurassic	...	Antikline
Dukhan	Qatar	1940	60	12,1	161,8	Arab, 1998	41,1	Antikline
El Morgan	Ägypten	1965	43	4,5	154,4	Paleozoic, 3447	...	gestörte Antikl.
Bu Hasa	Abu Dhabi	1962	51	25,1	151,5	..., 2593	50,0	Riff
Intisar „A"	Libyen	1967	9	3,0	150,0	„A", 2974	45,0	Riff

Quelle: „Petroleum 2000", August 1977, 75. Anniversary Issue/Oil & Gas Journal, p. 102–103.

8 Ölschiefer und Ölsande (Tabelle I.9)

Die Ölvorräte, die in den Ölschiefern und Ölsanden der Erde stecken, wurden im allgemeinen bis zum Beginn der Welterdölkrise kaum erwähnt oder doch ganz erheblich unterschätzt. Tatsächlich kann man die gewinnbaren Ölvorräte der Ölschiefer auf ~ 500 Mrd. t und die der Ölsande auf ~ 250 Mrd. t schätzen, so daß die Gesamtmenge in diesen Lagerstätten etwa der dreifachen Größenordnung des gewinnbaren freien Öls entspricht, allerdings unter Berücksichtigung aller Ölschiefer und Ölsande, die bis zu 1 500 m tief unter der Erdoberfläche lagern.

8.1 Ölschiefer

Ölschiefer sind Gesteine sedimentären Ursprungs, die sowohl in Salzwasser, Brack- oder Süßwasser entstanden sein können. Es besteht kein genetischer Unterschied zwischen dem Ursprung von Erdöl und dem des Kerogens der Ölschiefer. Das Kerogen hat aber einen höheren Stickstoffgehalt als normales Erdöl. Bei den Ölschiefern ist das Bitumen (Kerogen) fest mit den Tonschiefern verbunden. Es kann aus dieser Verbindung nur durch Wärmezufuhr herausgeschwelt werden. Folglich müssen die Schiefer entweder begmännisch abgebaut und dann in zerkleinerter Form in Retorten bei etwa 500 °C aufbereitet werden, oder aber man erhitzt die Ölschiefer „in situ" durch Einpressung von heißer Luft oder Gasen. Alle diese Methoden haben jedoch ihre Probleme, vor allem in der Undurchlässigkeit der Schiefer für die zuzuführende Heizsubstanz, so daß Versuche laufen, zum Beispiel durch kleinere Atomsprengungen das Gestein zu frakturieren. Kommerzielle Anwendung der einen oder anderen Methode, wie auch die elektrische Aufheizung sind nicht vor 1985 zu erwarten. Unter gegenwärtigen ökonomischen Bedingungen scheinen sich zum Beispiel in den USA 13 Mrd. t Öl aus Schiefern, in Brasilien 8 Mrd. t und in Europa ebenfalls 8 Mrd. t gewinnen zu lassen. Um größere Mengen zu erschließen, muß man kostspielige Tiefbergbau- oder Sekundärförderverfahren in Kauf nehmen, die nach heutigen Vorstellungen erst dann wirtschaftlich werden, wenn der inflationsbereinigte Erdölpreis sich noch einmal verdoppelt hat.

Die größten *Ölschiefervorkommen* der Welt sind eozäne Sedimente der Green-River-Formation in den *US-Staaten* Wyoming, Utah und Colorado, die im Beckentiefsten der Piceance-, Uinta-, Washakie- und Green-River-Becken mehrere hundert Meter Mächtigkeit erreichen. Die Ölschiefer der Green-River-Formation haben eine Ausdehnung von 42 000 km^2 und enthalten Erdölreserven von etwa 250 Mrd. t. Im Piceance-Becken wurden mit 95 l Ölausbeute pro Tonne Ölschiefer die höchsten Ölgehalte dieser Vorkommen ermittelt.

Die Ölgewinnung aus Ölschiefern ist in den USA noch keineswegs über Versuchsanlagen hinausgewachsen. Die optimistischsten Prognosen gehen von einer Gewinnung von 50 Mio. t in 1990 aus, was dann etwa 3 % des US-Ölbedarfs entspricht.

Die in absehbarer Zeit gewinnbare Ölausbeute aus den *brasilianischen* Ölschiefervorkommen wird mit 8 Mrd. t angegeben, die aus den permischen Iratischiefern und jungtertiären Ölschiefern in São Paulo gewonnen werden können. Die brasilianischen Ölschiefervorkommen haben einen Ölinhalt von über 150 Mrd. t, allerdings nur, wenn man diejenigen dazuzählt, die im Tiefbauverfahren bis 1 500 m

Tabelle I.9 Wichtige Schweröl-Vorkommen der Erde (nach *W. Rühl* u.a.)

Land	Lagerstätte	Alter	Fläche (km²)	Mächtigkeit (m)	Sättigung (%-Gew.)	Spez. Gewi. (API)	Schwefel (%)	Hangendes (m)	oip (10^6 Barrel oil)
Kanada	Athabasca	U.-Kreide	32 000	0 … 120	2 … 18	10,5	4,5	0 … 780	711 000
	Melville Isl.	Trias	?	20 … 25	… 16	10	0,9 … 2,2	0 … 600	100
O-Venezuela	Oficina	Oligozän	32 000	10 … 100		10		0 … 1000	700 000
Madagaskar	Bemolange	Trias	380	25 … 90	10		0,7	0 … 30	1 750
USA	Asphalt (Utah)	Oligozän O-Kreide	44	3 … 75	11	8,6 … 12	0,5	0 … 600	900
	Sunnyside (Utah)	O-Eozän	136	3 … 100	9	10 … 12	0,5	0 … 45	500
Albanien	Seleniza	Mio-Pliozän	21	10 … 100	8 … 4	5 … 13	6,1	flach	370
USA	Whiterocks (Utah)	Jura	8	270 … 300	10	12	0,5	–	250
	Edna (Calif.)	Mio-Pliozän	26	0 … 360	9 … 16	< 13	4,2	0 … 200	165
	Peor Springs (Utah)	O-Eozän	7	1 … 75	9			flach	90
O-Venezuela	Guanoco	Holozän	4	0,5 … 3	64	8	5,9	–	60
Trinidad	La Brea	O-Miozän	0,4	0 … 80	54	11 … 2	6 … 8	–	60
USA	Sta Rosa (Utah)	Trias	> 18	0 … 30	4 … 8			0 … 12	60
	Sisquoc (Calif.)	O-Pliozän	0,6	0 … 55	14 … 18	4 … 8		5 … 20	50
	Asph. (Kent)	Pennsylvanian	28	2 … 12	8 … 10			2 … 10	50
Rumänien	Derna	Pliozän	2	2 … 8	15 … 22		0,7	flach	25
UdSSR	Cheildag	Miozän	0,3		5 … 13			flach	25
USA	Davis (Kent)	Pennsylvanian	8	3 … 15	5			5 … 9	20
	Sta. Cruz (Calif.)	Miozän	5	2 … 12				0 … 30	20
	Kyrock (Kent)	Pennsylvanian	4	5 … 15	6 … 8			5	20

bergmännisch abgebaut werden müßten. Die Erschließung der Ölschiefer erfordert jedoch einen sehr hohen Energieeinsatz, so daß die Gewinnungskosten bisher immer „vor dem Energiepreis herliefen".

Die Schieferölmengen der *UdSSR* werden auf mehrere Mrd. t geschätzt. Die größten Mengen dürften in den Kukersit-Schichten des Ordoviziums stecken. Kukersitablagerungen, die eine Ölausbaute von 5...10 % ergeben, stehen zwischen Reval und Leningrad an. Daneben sind Ölschiefervorkommen permokarbonischen Alters aus Kasachstan und kambrische Ölschiefer in Ostsibirien bekannt. Die Sowjetunion betreibt ein größeres Ölschiefer-Kraftwerk in Estland, wo zermahlene Ölschiefer direkt verfeuert werden. Dadurch entstehen erhebliche Umweltprobleme mit dem enormen Aschenanfall. (Nach marktwirtschaftlichen Vorstellungen ist das Verfahren unökonomisch.)

In *China* werden jährlich etwa 2 Mio. t Öl aus Ölschiefern produziert. Die größten Ablagerungen bilden die Felder bei Fushun und Huaticu, wo Ölschiefer oligozänen Alters mit einem Ölgehalt von 6...10 % abgebaut werden. Die in Ölschiefern vorhandenen chinesischen Ölreserven werden auf mindestens 1 Mrd. t geschätzt.

Die *afrikanischen* Ölschiefervorkommen liegen in den triassischen Schiefern von Stanleyville im Kongobecken (Zaire).

Die bedeutendsten *europäischen* Ölschiefervorkommen sind die von Schweden und Schottland.

8.2 Ölsande (Teersande)

Günstigere Voraussetzungen für die Ölgewinnung bieten die *Ölsande*, vor allem Kanadas und Venezuelas, an. Ölsande sind durch eingewandertes Erdöl entstanden, das in der Nähe der Erdoberfläche durch Oxidation seine Viskosität verschlechterte und unter Verlust seiner Fließfähigkeit in Form von Asphalt oder Aromaten in porösen Sanden angereichert wurde, wobei die leicht flüchtigen Bestandteile verlorengingen.

Gewaltige Ölsandvorkommen gibt es in der kanadischen Provinz Alberta. Die 60 m dicken Athabasca-Sande erstrecken sich auf ein Gebiet, das etwa so groß wie Bayern ist; aber große Bereiche liegen in Tiefen bis zu 600 m, so daß ihr Abbau ebenfalls ein bergmännisches Problem ist. Die Gesamtölvorräte in den Athabasca-Sanden können auf 120 Mrd. t veranschlagt werden.

Insgesamt gehen kanadische Schätzungen dahin, daß 1995 etwa 32 Mio. t Öl jährlich aus den Ölsanden Kanadas gewonnen werden können.

Aus 100 000 tato Ölsand werden zur Zeit 7 000 tato raffiniertes Öl und 340 tato Schwefel unter Einsatz von 2 Mio. m^3/Tag Wasserstoff gewonnen. Man muß sich vergegenwärtigen, daß an Investitionen rund 10 000 US-$ pro 1 tato Öl-förder-Kapazität erforderlich sind, also 700 Mio. US-$ für 7 000 tato, und daß davon rund 25...30 % auf Bohrungen, Großraumbagger, Trennanlagen für Heiß- und Kaltwasserbetrieb, Ton- und Sandabscheider, Kesselanlagen zur Dampferzeugung usw. entfallen, während 50...55 % für Raffinerieanlagen und 15...20 % für den Pipeline-Bau nach Edmonton ausgegeben werden müssen.

Die dargelegten Zahlen zeigen, daß die Erdölgewinnung aus Ölsanden und Ölschiefern in absehbarer Zeit keine Alternative zur Erdölförderung aus freien Erdölreserven der Welt sein kann, sondern immer nur ein parallel laufender Vorgang, der dadurch in Gang gehalten wird, daß die Weltmarktpreise für Energieträger ein ausgeglichenes Niveau beibehalten, dessen Steuerung zur Zeit einzig und allein in den Händen der OPEC-Staaten liegt.

Eine weitere große Ölsandlagerstätte bildet der Officina-Temblador-Belt nördlich des *Rio Orinoco in Ostvenezuela*, der eine Länge von etwa 400 km hat. Der Ölgehalt in den ostvenezolanischen Ölsanden wird auf mehr als 100 Mrd. t geschätzt. Das Schweröl mit 8 ... 12° API liegt in tertiären Sanden in Tiefen zwischen 200 m und 2 000 m. Das Öl fließt aufgrund seiner hohen Viskosität nicht von allein. Da die Sande eine gute Permeabilität aufweisen, kann an Gewinnungsverfahren mittels Heizmedien gedacht werden; überhitzter Wasserdampf mit Temperaturen um 350 °C bietet sich dann an. Um eine großtechnische Gewinnung einzuleiten, muß billige Energie für den Heizprozeß bereitstehen. Das Öl ist aber sehr schwefelhaltig.

In Afrika sind besonders die Ölsande von Bemolunga auf Madagaskar bedeutend.

Außer den eigentlichen Teersanden gibt es in vielen Ländern Schweröl- und Asphalt-Vorkommen, deren Öle ein spez. Gew. von etwa 0,95 ... 1,0 haben. So rechnet man in USA 550 Lagerstätten hierzu, von denen 40 % in Kansas, Oklahoma und Missouri und 19 % als Ölasphalt in Kentucky liegen. Aber auch Kalifornien, Utah, Ohio, Pennsylvanien beherbergen Schweröle vom Karbon bis zum Tertiär.

9 Erdgas

9.1 Weltweite Verbreitung

Die Erdgaslagerstätten sind wie die Erdöllagerstätten an die großen Sedimentgebiete der Erde gebunden. Bei der Erdölgewinnung fallen oft erhebliche Mengen an Begleitgasen an, die entweder abgefackelt oder aber wieder in die Erdöllagerstätten zur Aufrechterhaltung des Felddruckes eingepreßt werden. In zunehmendem Maße werden die Begleitgase nun auch zur Energieerzeugung oder zur Meerwasseraufbereitung als Energiequelle verwandt.

Sehr häufig treten in Verbindung mit Erdöllagerstätten auch reine Erdgaslager auf. Wie in Begleitung des Erdöls größtenteils Erdgas vorkommt, so gibt es umgekehrt Erdgaslagerstätten mit einem mehr oder weniger hohen Anteil an flüssigen Kohlenwasserstoffen, die als sogenanntes Kondensat bei der Förderung vom Erdgas getrennt und gesammelt werden. Schließlich gibt es mitunter sehr große Erdgaslagerstätten in solchen Gebieten, in denen kein Erdöl vorhanden ist. Das Erdgas kann in solchen Fällen, wie zum Beispiel in den Niederlanden, aus tiefer liegender Steinkohle ausgewandert sein. In Deltagebieten kann Methangas durchaus auch als sogenanntes „Sumpfgas" entstanden sein. Das Erdgas von Bangladesh könnte auf diese Weise entstanden sein, da das Ganges-Brahmaputra Delta schon seit dem mittleren Tertiär existiert und seit dieser Zeit viele tausend Meter Sedimente abgelagert wurden. Die größten Erdgasgebiete der Welt sind aber im allgemeinen etwa auch mit den Erdölgebieten identisch. So treten besonders große Mengen in Nordamerika, in Venezuela, der UdSSR, im Mittleren Osten, in Nordafrika (Algerien) und in der Nordsee auf.

9.2 Regionale Lagerstätten

9.2.1 Europa

Während die Vereinigten Staaten von Amerika schon seit langer Zeit ein intensiver Erdgasnutzer waren, setzte sich das Erdgas als Energieträger im großen Stil in Europa erst seit den sechziger Jahren durch. Geradezu phantastisch war der Aufstieg dieser Energieart in den Niederlanden, Großbritannien und in der UdSSR. Aber auch in der Bundesrepublik Deutschland stieg die Erdgasgewinnung in den letzten Jahren sprunghaft an. Größere Reserven liegen in Italien, Rumänien und Frankreich. Die Erdgasversorgung Großbritanniens stammt hauptsächlich aus der südlichen Nordsee.

Bundesrepublik Deutschland

Die Erdgasgewinnung der Bundesrepublik Deutschland betrug 1981 19 Mrd. m^3. Außerdem werden etwa 500 Mio. m^3 aus Steinkohlenlagerstätten gewonnen. Die Erdgasreserven der Bundesrepublik Deutschland wurden 1981 mit 285 Mrd. m^3 sicheren Vorräten beziffert (vgl. Tabelle I.4).

Die größten deutschen Erdgasvorkommen liegen im Gebiet zwischen der Weser und der niederländischen Grenze und sind allgemein an ältere Speichergesteine gebunden als die Erdöllagerstätten. Das Gas dürfte vor allem im Verlauf der Inkohlung der darunter liegenden oberkarbonischen Steinkohlenflöze entstanden sein. Außerdem gilt der Stinkschiefer als Erdgasmuttergestein. – Die Lagerstätten Süddeutschlands sind unbedeutend im Vergleich zu den norddeutschen Lagerstätten. Im Oberrheintal wird aus jungtertiären Schichten und in der Molassezone des Alpenvorlandes aus dem Tertiär gefördert; daneben wurden dort auch kleine Funde im Mesozoikum gemacht. Im Gegensatz zu den norddeutschen Erdgaslagerstätten besteht in Süddeutschland ein deutlicher Zusammenhang zwischen Erdgas- und Erdölvorkommen.

1981 wurden in der Bundesrepublik Deutschland etwa 54 Mrd. m^3 Erdgas verbraucht, was 16 % des gesamten Primärenergieverbrauches entspricht. Davon stammten 35 % aus inländischer Förderung. Der prozentuale Anteil der Gewinnung von Erdgas aus deutschem Boden wird in der zweiten Hälfte der achtziger Jahre auf etwa 25 % zurückgehen, was aber daran liegt, daß der Einsatz von Erdgas insgesamt in der Bundesrepublik Deutschland bis 1990 weiterhin steigen wird, der Rückgang an Eigenproduktion also relativ gesehen werden muß.

Nordsee

Im Abschnitt I.7.2 wurden die geologischen Verhältnisse der Nordsee im Hinblick auf die Erdöl- und Erdgaslagerstätten in großen Zügen beschrieben. Auch die Erdgasvorkommen liegen in den drei hauptsächlichen Fördergebieten. Besonders große reine Erdgaslagerstätten liegen im sogenannten südlichen Permbecken, das sich gürtelförmig von Nordwestdeutschland durch die Niederlande hindurch in den britischen Teil der Nordsee erstreckt. In diesem Gebiet stammt das Erdgas aus der dem Rotliegenden unterlagernden oberkarbonischen Steinkohle. Die Gesamtreserven an Erdgas werden in der Nordsee zur Zeit mit 2 300 Mrd. m^3 beziffert, von denen 750 Mrd. m^3 auf den südlichen Bereich, 900 Mrd. m^3 auf die zentrale Nordsee, 650 Mrd. m^3 auf das nördliche „Jurabecken" entfallen. Das Potential der Nordsee ist noch keineswegs erschöpft. Es ist durchaus denkbar, daß die Erdgasreserven tatsächlich zwei- bis dreimal so groß sind wie die zur Zeit nachgewiesenen (vgl. Bild V.31).

In Großbritannien nimmt die Erdgaswirtschaft ständig zu. 1981 erreichte der Anteil des Erdgases an der Gesamtprimärenergiebilanz rund 20 %. Zur Zeit produzieren 6 Felder vor der englischen Küste (Bild V.31) insgesamt 33 Mrd. m^3, entsprechend 28 Mio. t Öläquivalent, aus einer Gesamtproduktion des Landes von 40 Mrd. m^3 jährlich.

Westeuropäische Länder

Die *Niederlande* besitzen eine Reihe von Erdgaslagerstätten, die mehr als 1 500 Mrd. m^3 gewinnbare Vorräte beinhalten. Davon liegen die meisten in der Großlagerstätte Slochteren bei Groningen, die damit nach dem Panhandle-Hugoton-Feld in Texas eine der größten Erdgaslagerstätten der Welt ist. Das Erdgas des Groningen-Feldes ist an eine im Durchmesser etwa 35 km große Struktur gebunden. Das Erdgas dürfte aus der oberkarbonischen Steinkohle in die Sandsteine des Rotliegenden eingewandert sein. Die Gesamtproduktion der Niederlande lag 1981 bei 92 Mrd. m^3.

Die *französischen* Erdgasvorkommen, die 1980 mit 170 Mrd. m^3 ausgewiesen sind, liegen im Aquitanischen Becken, südlich von Bordeaux, wovon allein 120 Mrd. m^3 auf die Großlagerstätte Lacq entfallen.

Die *italienischen* Erdgasreserven betrugen 1981 105 Mrd. m^3, wovon etwa 50 % auf die Felder der Po-Ebene entfallen. Der Rest verteilt sich auf die Vorkommen in Sizilien, Mittel- und Süditalien. 1981 wurden in Italien 14 Mrd. m^3 Erdgas gefördert, davon stammen mehr als 10 Mrd. aus den Lagerstätten der Po-Ebene.

Die *österreichische Erdgasförderung* betrug ca. 1,5 Mrd. m^3 im Jahr bei vorhandenen Reserven von 10 Mrd. m^3. Die Erdgasfelder Österreichs sind an das Wiener Becken gebunden, aus dem auch die Haupterdölförderung Österreichs stammt.

Osteuropäische Länder (einschließlich UdSSR)

Im Ostblock förderte Rumänien 1981 rund 30 Mrd. m^3, die UdSSR 458 Mrd. m^3. Die Erdgasförderung der restlichen Ostblockstaaten ist gering. *Rumäniens* bedeutendste Erdgasfelder liegen in der transsylvanischen Hochebene.

Die *UdSSR* ist nach den USA der zweitgrößte Erdgasproduzent der Welt. 1958 betrug die Gasproduktion erst 28 Mrd. m^3, 1966 aber schon fast 143 Mrd. m^3. Die Reserven wurden 1965 mit 2 780 Mrd. m^3 angegeben, 1968 dagegen schon mit 4 420 Mrd. m^3 und 1981 mit rund 33 000 Mrd. m^3, was fast 40 % der nachgewiesenen Weltvorräte entspricht. Auch 1981 war die Ukraine noch immer eine große Erdgasprovinz mit rund 15 % der sowjetischen Gesamtproduktion. Die Vormachtstellung der Erdgaswirtschaft hatte aber eindeutig Westsibirien übernommen, woher bereits 40 % der gesamten Produktion stammen. Die gewaltigen Reserven liegen dort in der Westsibirischen Tafel in einem mit bis zu 8 000 m mächtigen Sedimenten gefüllten Becken zwischen Ural und Jenissei. Neben 30 kleineren Gasfeldern am Westrand des Westsibirischen Beckens liegen zahlreiche Lagerstätten mit jeweils mehr als 1 000 Mrd. m^3 Vorräten in der Nordprovinz der Westsibirischen Tafel. Die Antiklinal-Lagerstätten Urengoy, Zapolyar, Medvezhe, Novo Portov, Jamal, Gubklin und Yamburg sind in stetiger Entwicklung. Bis 1985 sollen diese gigantischen Vorkommen bis auf eine Förderkapazität von 250 Mrd. m^3 jährlich ausgebaut werden und über ein ebenfalls gigantisches Gaspipelinesystem an Ost- und Westeuropa angeschlossen werden. In diesem Zusammenhang ist das Erdgasabkommen zwischen der Sowjetunion und der Bundesrepublik Deutschland zu erwähnen. Die Bundesrepublik Deutschland wird rund 7 % ihrer Energieversorgung auf dieses Gas einstellen.

Auch in Ostsibirien wurden große Gasfelder gefunden. Einige Lagerstätten befinden sich in der Entwicklung, kleinere Lagerstätten gibt es schließlich an der Nordspitze der Insel Sachalin. Die turkmenische Gasprovinz und die Gasprovinzen von Orenburg im Wolga Distrikt entwickeln sich ebenfalls gut.

12 Großfelder fördern in der Sowjetunion über 70 % des gesamten Erdgases. Das Land beherbergt mit Abstand die größten Reserven der Welt.

9.2.2 Asien (außer UdSSR)

In den Ländern um den Persischen Golf muß das meiste, als Nebenprodukt bei der Erdölförderung anfallende Gas mangels Absatzmöglichkeiten abgefackelt werden. Der *Iran* verfügt über die meisten Reserven in diesem Raum, die 1981 insgesamt mit 13 705 Mrd. m^3 angegeben sind, wogegen auf den Irak 775 Mrd. m^3 entfallen. Die Entwicklung des Erdgasabsatzes wird im Iran mächtig vorangetrieben. Aus den zentraliranischen Gasfeldern Agha-Jari und Marun wird Erdgas in den Süden der Sowjetunion geliefert. Insgesamt betrug die Förderung 1981 jedoch lediglich 2 Mrd. m^3, was eine Kriegsfolgeerscheinung ist.

Im *Irak* mit einer Förderung von rund 2 Mrd. m^3 ist eine relativ bescheidene Erdgasverwertung in Gang gekommen. In den übrigen Golfstaaten gibt es ein großes Potential, das mangels eines Marktes nur wenig erschlossen ist.

Die großen Ölländer *Saudi-Arabien* und *Kuwait* sind zur Zeit dabei, unter Aufwand erheblicher Kapitalien, die Erdgasnutzung zu erschließen, wobei an petrochemische Fabriken ebenso wie an Verflüssigungsanlagen gedacht ist.

In *Indonesien* gewinnt die Erdgasgewinnung deutlich an Boden, rund 30 Mrd. m^3 betrug 1981 die Produktion. Die Erdgasreserven des Landes von 775 Mrd. m^3 dürften erheblich größer sein, als sie z. Z. nachgewiesen sind, da es keine planmäßige Exploration auf Erdgas gibt.

In *Brunei*/Nordborneo liegen nennenswerte Gasreserven von 200 Mrd. m^3.

Besonders erwähnt werden soll, daß *Bangladesh*, eines der ärmsten Länder der Erde, über ein beachtenswertes Erdgaspotential verfügt, das ein Schlüssel für die wirtschaftliche Entwicklung sein kann. Mit lediglich rund 30 Bohrungen wurden 215 Mrd. m^3 Erdgas nachgewiesen. Die Reserven liegen wahrscheinlich erheblich höher.

Chinas Gasproduktion stieg in den vergangenen Jahren deutlich an. Zwischen 1968 und 1974 verdreifachte sich die Förderung. 1981 lag sie bei 13 Mrd. m^3, was einem Öläquivalent von rund 12 Mio. t entspricht. Fast die ganze Produktion stammt aus dem Szetschuan-Becken, wo auch das schon 1000 Jahre bekannte Tzukung-Feld liegt. Weil es noch keine größeren Gaspipelines im Land gibt, dient das Gas noch örtlichen Industrien und Städten. Insgesamt soll es in dieser Region über 200 Gasstrukturen geben, die noch längst nicht erschlossen sind.

Japan förderte 1976 aus mehreren kleinen Feldern nur 2,2 Mrd. m^3 Erdgas, trotz enormer Bohraktivitäten on- und offshore.

9.2.3 *Nordamerika*

Die *USA*, der größte Erdgasproduzent der Welt, decken etwa 30 % ihres Energiebedarfs mit Erdgas. Die Förderung betrug 1981 575 Mrd. m^3, die Reserven betrugen 1981 5 610 Mrd. m^3. Ein großer Teil der amerikanischen Erdgasproduktion stammt aus einer der größten Erdgaslagerstätten der Welt, dem Hugoton-Panhandle-Feld, das eine Größe von 240 X 65 km hat. Die Reserven dieses Riesenfeldes betragen mehr als 1 000 Mrd. m^3. Weitere große Erdgaslagerstätten liegen im Appalachen-Trog, im Gebiet der Erdöllagerstätten von Oklahoma, Texas und der Golfküste, im San Juan-Becken in New Mexiko und in Kalifornien. Außerdem fallen bedeutende Mengen Erdölbegleitgas bei der Erdölproduktion an. Bei der Aufbereitung des Erdgases werden etwa 50 Mio. t Kondensat gewonnen. Seit etwa 10 Jahren gehen die nachgewiesenen Erdgasreserven der USA deutlich zurück, was eine der Ursachen der amerikanischen Energiekrise ist. Gegen Ende dieses Jahrhunderts dürfte das amerikanische Erdgaspotential erheblich geringer geworden sein.

Kanada liegt mit einer Förderung von fast 68 Mrd. m^3 Erdgas an vierter Stelle der Weltförderung. Rund 80 % der kanadischen Erdgasförderung stammt aus den Lagerstätten der Provinz Alberta. Die Erdgasreserven Kanadas betrugen 1981 2 545 Mrd. m^3.

9.2.4 *Lateinamerika*

Die *mexikanische* Erdgasförderung lag 1976 bei 20 Mrd. m^3, die zum größten Teil aus den Feldern am Rio Grande im Nordosten des Landes stammte; aber 1981 wurden schon 42 Mrd. m^3 gefördert, da inzwischen die großen Lagerstätten in Tabasco am Golf von Campeche hinzugekommen waren. Die Reserven Mexikos lagen 1981 bei 2 135 Mrd. m^3.

Die Erdgasproduktion der Länder Südamerikas stammt hauptsächlich aus den bei der Erdölgewinnung anfallenden Begleitgasen, die zum größten Teil wieder in die Erdöllagerstätten zur Druckerhaltung eingepreßt werden. So hat das große Erdölland Venezuela lediglich eine Förderung von 10 Mrd. m^3 bei 1 130 Mrd. m^3 Reserven. Nach dem Ausbau eines Pipelinenetzes soll die Erdgasgewinnung gesteigert werden. Daneben besitzen *Argentinien* und *Chile* eine nennenswerte Erdgasförderung, die hauptsächlich aus den Feldern um Comodoro Rivadavia im Süden und Campo Duran im Norden gefördert und über Gasleitungen nach Buenos Aires geliefert wird, sowie aus Feuerland stammt.

Ein großes Erdgasfeld mit rund 120 Mrd. m^3 nachgewiesenen Vorräten liegt bei Santa Cruz im Osten *Boliviens*, das durch eine Gasleitung nach Argentinien erschlossen ist. Der Bau einer Gasleitung nach Sao Paulo ist geplant.

9.2.5 *Afrika*

Algerien besitzt die größten Erdgaslagerstätten Afrikas mit mehr als 3 700 Mrd. m^3 Reserven. Bisher wird aus dem Feld „Hassi R'Mel" Erdgas aus Sandsteinen der Trias produziert. Das Gas der Lagerstätte, deren Reserven auf ca. 1 500 Mrd. m^3 geschätzt werden, wird über eine Gas-Pipeline nach Arzew geleitet, wo eine Gasverflüssigungsanlage besteht. In Spezialtankern wird das verflüssigte Gas nach Großbritannien und Frankreich verschifft. Die Förderung war 1981 mit 9 Mrd. m^3 schon beachtlich. Trotzdem entspricht diese Menge erst dem Öläquivalent von gut 8 Mio. t. Algerien macht deshalb große Anstrengungen, seinen Flüssiggasexport zu erweitern. Neue Partner sind die USA und die Bundesrepublik Deutschland. Sicherlich wird Algerien in der zukünftigen Welt-Erdgaswirtschaft eine führende Rolle spielen.

Auch in *Libyen* fallen große Erdölgasmengen an, die bisher auf den Ölfeldern abgefackelt wurden. Eine Gasleitung vom Zelten-Feld nach Marsa el Brega, (1981 0,9 Mrd. m^3), wo das Gas verflüssigt und dann nach Europa transportiert wird, wurde 1968 fertiggestellt.

Nigeria verfügt im Nigerdelta über etwa 1 145 Mrd. m^3 Reserven und hat 1981 etwa 2 Mrd. m^3 gefördert.

Ägypten verfügt über relativ geringe Erdgasreserven in den Feldern Abu Gharadiq in der „Western Desert" und Abu Madi Im Nildelta, die aber für die Industrialisierung des Landes von wesentlicher Bedeutung sind. Das Erdgas der Suez-Ölfelder, das etwa 8 % des Energieinhaltes des geförderten Öls hat, wird zur Zeit noch abgefackelt, soll aber als Rohstoffbasis zukünftiger Düngemittelfabriken usw. dienen.

9.2.6 Australien und Ozeanien

Australiens Erdgasindustrie ist noch sehr jung. Die erste nennenswerte Förderung betrug 1962 2 Mio. m^3, doch stiegen die Aussichten durch Funde in der Bass-Strait erheblich, so daß man schon 1969 damit begann, die Gasversorgung von Melbourne auf Erdgas umzustellen. Die Reserven des Feldes Barracouta in der Bass-Strait werden auf 425 Mrd. m^3, die des Feldes Marlin auf mindestens 450 Mrd. m^3 beziffert. Das Land hat mittlerweile eine ausgezeichnete Gasbasis bekommen. Die entwickelten Reserven betragen immerhin schon rund 530 Mrd. m^3, denen 1981 ein nationaler Konsum von 10,5 Mrd. m^3 gegenüberstand. Die Zukunftsprojekte sind deshalb auf den Export von LNG nach Japan und in die USA gerichtet. Beachtliche Bohrerfolge wurden auf dem Nordwest-Schelf erzielt, von wo das Gas über eine Pipeline nach Dampier gebracht werden soll. – Felder im Perth-Becken nördlich von Perth versorgen die Stadt. Aus dem zentralen Cooper-Becken fließt Erdgas über Pipelines nach Adelaide und Sydney. Das klassische Ölgebiet des Bowen-Surat-Beckens liefert Erdgas nach Brisbane, und schließlich gibt es noch Gasreserven im Amadeus-Becken Zentralaustraliens.

Neuseelands Gasfelder, dessen Reserven mit 175 Mrd. m^3 veranschlagt werden, liegen im Süden der Nordinsel und in der Cook Straße offshore.

10 Uran und Thorium[1)]

10.1 Weltweite Verbreitung

Uran gehört nicht zu den seltenen Elementen und kommt häufiger vor als zum Beispiel Silber. Es ist in der Erdrinde fein verteilt und deshalb für den Menschen nur begrenzt nutzbar. Immerhin gibt es in der festen Erdkruste etwa 3 ... 4 g Uran in der Tonne Gestein und etwa 3 mg in 1 m^3 Meerwasser. Die weitreichende Verteilung hat in erdgeschichtlicher Hinsicht dazu geführt, daß das Uran in sehr vielseitigen Lagerstättentypen vorkommt. Zu den sedimentären Lagerstätten gehören die

1) Reservenangaben nach Survey of Energy-Resources. WEC – 1980 [12].

Uran-Anreicherungen in Sandsteinen, in denen 33 % aller Uran-Konzentrationen der Welt vertreten sind. Mit 20 % haben die ebenfalls sedimentären Konglomeratlagerstätten Anteil und 2 % finden sich in Verwitterungslagern. Die Uran-Anreicherungen der magmatischen Abfolge sind mit jeweils 15 % durch hydrothermale und pegmatitische Anreicherungen beteiligt. In sonstigen Lagerstätten, wie schwarze Schiefer, Phosphate und Kohle, die jedoch zur Zeit kaum auf Uran abbauwürdig sind, liegen weitere 15 %.

Zur Zeit sind in den Industrieländern der westlichen Welt und in der Dritten Welt gut 2,5 Mio. t Uranreserven sicher nachgewiesen und weitere 2,5 Mio. t gelten als wahrscheinlich (vgl. Tabelle XIV.12 und Bild I.4).

Thorium hat zur Zeit nur eine relativ geringe Nachfrage und folglich sind Thoriumlagerstätten weit weniger exploriert oder bekannt.

Von den kostengünstigen Thoriumlagerstätten befinden sich 42 % in Nordamerika, 5 % in Lateinamerika, 40 % in Asien (Indien), 3 % in Afrika und etwa 10 % in Australien. Die Vorräte der kostengünstigen Thoriumreserven der westlichen Welt werden zur Zeit auf mindestens 2 Mio. sh t nachgewiesene und wahrscheinliche Reserven geschätzt.

10.2 Regionale Lagerstätten (Bild I.4)

10.2.1 Europa

Von den westeuropäischen sicher nachgewiesenen Uranreserven bis 130 US-$ je kg U liegen in *Frankreich* 5 500 t, in *Portugal* 7 200 t, in *Spanien* 11 000 t, in der Bundesrepublik Deutschland 4 500 t und in *Schweden* 30 100 t, das damit die größten Reserven in Westeuropa hat (Schwarzschiefer). Kleinere Lagerstätten findet man in *Finnland*. Abgesehen von den möglicherweise 22 000 t in Sandsteinen *Jugoslawiens* und den schwedischen „Kolm"-Schieferlagerstätten mit einem U_3O_8-Gehalt von 0,02 ... 0,03 % handelt es sich in Europa um Ganglagerstätten der magmatischen Abfolge. (Weitere Angaben siehe Kapitel VI.)

10.2.2 Asien

Kleinere Vorkommen gibt es in der *Türkei*, die sich auf 3 900 t sichere Reserven belaufen.

Indien besitzt rund 30 000 t Uran. Weit wichtiger sind in Indien jedoch die Thoriumvorkommen in den Küstensanden bei Chavara und Mänavala-Kurichi in den Bundesstaaten Kerala und Madras im Südwesten und in Andara an der Ostküste, sowie die Lagerstätten in Bihar und West-Bengalen, die alle neben Thorium auch Uran enthalten. – Reserven werden mit 319 000 sh t ThO_2 angegeben.

Über die Uranvorkommen der *UdSSR* und *Chinas* gibt es wenig Veröffentlichungen. Bekannte Lagerstätten der UdSSR sind Uran-Vanadium-Lagerstätten in Ferghana und in einem Gürtel von Samarkand bis nach Tuya-Muyun im Grenzgebiet der Staaten Kasachstan und Tadjikistan. Andere Lagerstätten magmatischen Ursprungs liegen bei Irkutsk, im Angaragebiet, bei Janskij und bei Norilsk in Nordsibirien. Im Zentrum Sibiriens gibt es im Tunguska Gebiet Uranlagerstätten in Konglomeraten und Sandsteinen. Die Lagerstätten im Osten der UdSSR auf der Halbinsel Kamtschatka, im Sutchau- und Selemdscha-Becken sind ebenfalls an Sandsteine gekoppelt. In China weiß man von einer Sandsteinlagerstätte bei Wulumtschi.

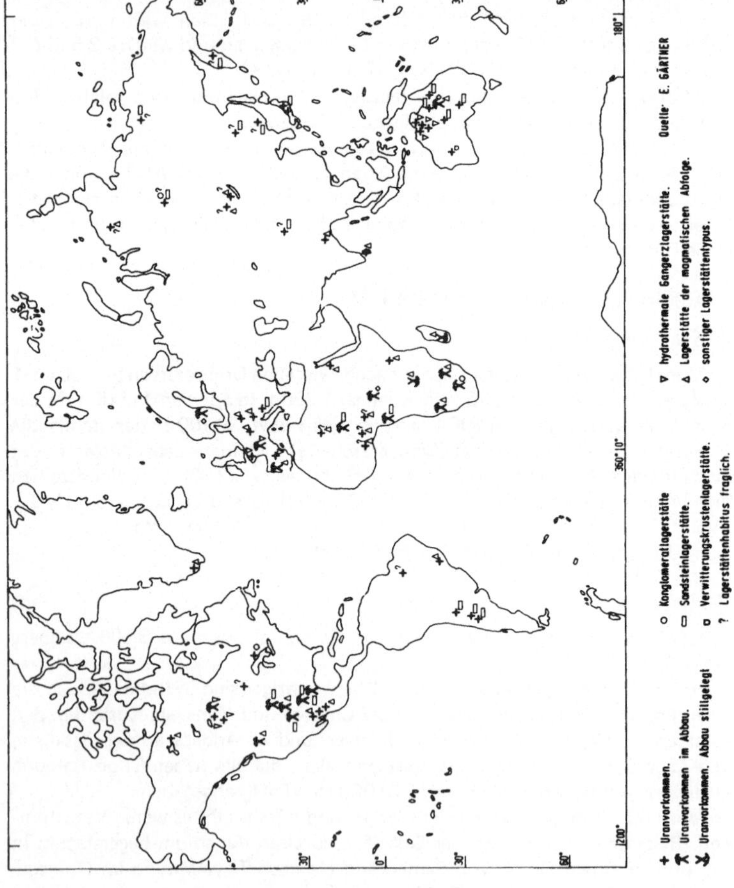

Bild I.4 Die Uranlagerstätten der Erde und ihr geologischer Habitus

10.2.3 Australien und Ozeanien

In Australien gibt es sehr bedeutende Uranlagerstätten. Abgebaut wird zur Zeit die metasomatische Lagerstätte von Mary Kathleen in Queensland. Bedeutende Ganglagerstätten gibt es in der weiteren Umgebung östlich Darwin (Nabarlek, Jabiluka, Ranger) in Nordaustralien. Die Lagerstätten von Westmoreland und Maureen sind ebenso Anreicherungen in Sandsteinen wie diejenigen südlich von Alice Springs in Zentralaustralien und im Lake Frome-Becken in Südaustralien. Auf dem westaustralischen Schild existieren vier Verwitterungslagerstätten (Calcrete) bei Yeelirrie. Die sicheren Vorräte Australiens werden auf 299 000 t Uran veranschlagt.

Thorium tritt in den Monazit-Sanden an der Küste der Provinzen Queensland und Neu-Süd-Wales wie auch an der Küste von West-Australien auf. Man schätzt die australischen ThO_2-Reserven etwa auf 40 000 sh t.

10.2.4 Afrika

Die wichtigsten Uranlagerstätten Afrikas liegen in *Südafrika* in den präkambrischen Konglomeraten des Witwatersrand. Ferner gibt es dort eine Reihe pegmatitischer Lagerstätten, die wirtschaftlich aber im Vergleich zu den sedimentären Lagerstätten von geringerer Bedeutung sind. Der Urangehalt liegt durchschnittlich bei 0,02 % U_3O_8. Die sicheren Vorräte in Südafrika betragen derzeit 391 000 t. Uran kann in Südafrika trotz geringer Metallkonzentration kostengünstig gewonnen werden, weil es zum Teil als Nebenprodukt bei der Goldgewinnung anfällt. In *Namibia* (Südwestafrika) gibt es eine magmatische Lagerstätte bei Rössing und Reserven von 133 000 t.

Im Copper Belt von Zambia-Katanga liegen in *Zaire* die Uranlagerstätten Luiswichi, Shinkolobwe, Kalongwe und Swambo. Sie waren in den 20er Jahren, als man hauptsächlich Radium suchte, die bedeutendsten Uranproduzenten der Welt, haben aber heute durch die Entdeckung der großen sedimentären Lagerstätten in Nordamerika und Südafrika ihre wirtschaftliche Bedeutung verloren.

In *Gabun* wird bei Mounana aus Sandsteinen seit 1961 Uran abgebaut, das einen durchschnittlichen Gehalt von 0,4 % U_3O_8 hat. Die Reserven liegen bei 37 000 t.

Bedeutende Vorräte von 160 000 t wurden in der Republik *Niger* im Gebiet von Arlit prospektiert. Die in Sandsteinen vorhandenen Verwitterungserze befinden sich gegenwärtig in der Erschließungsphase und im Abbau.

In *Madagskar* gibt es Ganglagerstätten im Gebiet um Tranomaro. In den bauwürdigen Urano-Thorianit-Lagerstätten, die im Tagebau abgebaut werden, schwanken die Thorianitgehalte in Erzlinsen zwischen 0,3 % und 0,4 %.

10.2.5 Nordamerika

Rund 90 % der bekannten und nachgewiesenen 235 000 t Uranreserven *Kanadas* sind an die präkambrischen Konglomerate der Huron-Formation im Blind-River/Lake Elliot-Gebiet gebunden. 6 % der Reserven liegen in den pechblendehaltigen Gängen bei Beaverlodge in Saskatchewan, zu denen auch ein Vorkommen bei Port Radium im hohen Norden gerechnet werden muß, und 1 ... 2 % gibt es in der Pegmatit-Zone bei Bancroft (Ontario).

Die *USA* sind mit Abstand das an Uran-Reserven reichste Land der westlichen Welt, was letztlich wohl auch dem hohen Explorationsgrad des Landes zugeordnet werden muß. Unter gegenwärtigen Bedingungen gelten rund 708 000 t sichere Reserven als abbauwürdig.

Etwa 95 % der kostengünstigen Uranreserven der *USA* gehören zu den Lagerstätten des Konglomerat- und Sandstein-Typs. Die Sandstein-Lagerstätten des Colorado-Plateaus allein haben einen Anteil von 60 %, die Lagerstätten in Wyoming von 35 % an den Reserven. In der Nähe der kanadischen Grenze liegt die magmatisch entstandene Lagerstätte der Sunshine-Midnight Mine. Im New Mexico District wird Uran aus Sandsteinen produziert und ebenfalls Sandsteine sind die Träger der Lagerstätten im Gulf-Coast District.

Im Südosten *Grönlands* gibt es im Ilimaussaq-Gebiet Uran- und Thorium-Vorkommen, die an einen Alkali-Uranit-Pluton gebunden sind. Hyperalkalische Silikate enthalten 100 ... 1 000 g/t U_3O_8 und die zwei- bis vierfache Menge ThO_2. Lokale Anreicherungen erreichen sogar 6 000 g/t in den Silikaten. Sicher nachgewiesen sind 27 000 t U_3O_8 und 15 000 t ThO_2 das als Nebenprodukt bei der Urangewinnung anfällt. (Rund 2 Mio. t kommen in ganz Nordamerika als wahrscheinliche Reserven hinzu.)

10.2.6 Lateinamerika

In *Mexiko* gibt es drei wichtige magmatische Uranvorkommen, – die Ganglagerstätten im Staat Chihuahua und die Lagerstätte von Ciudad Ocampa. In den Lagerstätten von Chihuahua wird Uran zusammen mit Gold aus Quarz- und Kalzitgängen gewonnen.

In *Brasilien* sind zwei Gebiete mit Uranvorkommen zu nennen, die Nordostregion mit Seifenlagerstätten in der Serra de Jacobina und die Südostregion mit Pegmatitvorkommen, wo Uran neben Gold, Platin, Wismut und Diamanten vorkommt. 1980 werden die sicheren Vorräte an Uran in Brasilien auf rund 74 000 t angesetzt.

Die bedeutendsten Thoriumvorkommen in Brasilien liegen in pliozänen bis rezenten Monazitsanden, die an den Küstenregionen der Staaten Espirito Santo und Bahia gefunden wurden. Die nachgewiesenen sicheren Reserven betragen 20 000 t ThO_2. Jedoch werden die Lagerstätten weit größer (ca. 200 000 t) eingeschätzt.

In *Argentinien* treten in den Provinzen Cordoba, San Luis und Rioga Uranvorkommen mit 28 000 t sicheren Reserven auf, die an Pegmatite und Gänge gebunden sind. In der Provinz Mendoza (Malargüe-Distrikt) liegen die Uranvorkommen in Sandsteinen und Konglomeraten. Andere Uranvorkommen sind in den kambro-ordovizischen Alaunschiefern von Calingasta und Rodeo und ordovizischen Tonschiefern von Jachal in der Provinz San Juan bekanntgeworden. Dort wurden Erze mit einem Gehalt von 20 ... 30 g/U_3O_8 neben Nickel, Kupfer- und Vanadiummineralien gefunden.

10.2.7 Ozeane und Meere

Große Uranreserven gibt es in den Weltmeeren, die man auf rund 4 Mrd. Tonnen einschätzen muß. Da die Konzentration im Meerwasser jedoch nur 0,003 g pro m^3 beträgt, ist die Gewinnung des Urans aus dem Meer nach heutigen Kostenvorstellungen noch viel zu teuer. Das bezieht sich auch auf die ins Gespräch gekommenen Urananreicherungen am Boden des Schwarzen Meeres, die zwar erheblich konzentrierter als im Meerwasser sind, aber dennoch aus Gewinnungskostengründen erst abbauwürdige Reserven nach dem Jahr 2000 darstellen dürften.

11 Wasserkraftpotential der Erde (Tabellen I.10 und I.11)

Die Wasserkräfte sind ein Energiepotential, das sich selbst mit Hilfe der Sonnenenergie immer wieder neu regeneriert.

Bei der Beurteilung des ausbauwürdigen Wasserkraftpotentials sind u.a. geologische und topographische Verhältnisse, Entwicklungsstand und Kostensituation der Bautechnik und anderer Energiequellen, die Verbundwirtschaft sowie der Grad der Industrialisierung bzw. des Energiebedarfs eines Landes zu berücksichtigen.

Tabelle I.10 Technisch ausnutzbares Wasserkraftpotential (Technical Water Power Potential)

Kontinente	nach *Vosnesensky*		nach *Vischer*		
	GW_M Mio. kW	TWh Mrd. kWh	GW_I Mio. kW	GW_M Mio. kW	TWh Mrd. kWh
Europa	120	1 050	290	165	1 450
Asien	670	5 875	1 330	760	6 650
Nordamerika	350	3 075	380	217	1 900
Lateinamerika	300	2 625	690	395	3 450
Afrika	350	3 075	1 065	605	5 325
Australien und Ozeanien	85	750	205	117	1 025
Erde	1 875	16 450	3 960	2 259	20 655

Tabelle I.11 Installierbare Leistung bestehender Wasserkraftanlagen der Erde (nach *Vischer*)

Kontinente	Installierbare Leistung „Technical Water Power Potential" in Mio. kW
Europa	290
Asien	1 330
Nordamerika	380
Lateinamerika	690
Afrika	1 065
Australien und Ozeanien	205
Erde	3 960

Neben der Gewinnung von Energie ergeben sich beim Bau von Wasserkraftanlagen meist andere wesentliche Vorteile. Daher sind die bisher gebauten Wasserkraftanlagen zumeist Mehrzweckanlagen, die neben der Elektrizitätserzeugung auch der Bewässerung, dem Hochwasserschutz, der Verbesserung der Schiffahrtswege, der Fischzucht, der Wasserversorgung und der Trockenlegung von Sumpfgebieten dienen.

Da langjährige genaue Abflußmengenmessungen nur aus Europa und Nordamerika vorliegen, können nur die Werte aus diesen Kontinenten Anspruch auf Genauigkeit erheben.

Bei der Gegenüberstellung der Schätzungen des Bruttowasserkraftpotentials der Erde durch verschiedene Autoren fallen große Differenzen auf, die wahrscheinlich auf unterschiedlichen Angaben der Abflußmengen bzw. Abflußschätzungen der einzelnen Flußsysteme beruhen.

Deutschland, die Schweiz, England, Finnland, Frankreich, Italien und Japan gehören zu den Ländern, die mehr als 60 % der ausbauwürdigen Wasserkräfte genutzt haben. Ein Vergleich der Kontinente zeigt, daß Europa rund 50 % aller ausbauwürdigen Wasserkräfte nutzt, Nordamerika 22 %, während in den übrigen Kontinenten die Nutzung noch unter 5 % liegt.

Das Wasserkraftpotential der Erde ist sehr ungleichmäßig verteilt und liegt oft in wirtschaftlich ungünstigen und unerschlossenen Gebieten, wo es zum großen Teil noch völlig ungenutzt ist. Erst in den letzten Jahren hat man bedeutende Wasserkraftanlagen auch in wirtschaftlich unerschlossenen Gebieten gebaut (Sibirien, Yukon) und dort Verbrauchszentren der elektrochemischen und elektrometallurgischen Industrie angesiedelt oder überträgt die gewonnene Energie über weite Entfernungen zu bestehenden Wirtschaftszentren. In den Trockengebieten der Erde werden die Wasserkraftanlagen meist mit Bewässerungsanlagen für die Landwirtschaft kombiniert (Ägypten, Indien, Pakistan, Süden der UdSSR, Peru u.a.).

Neben dem landwirtschaftlichen Nutzen wird dadurch auch eine industrielle Entwicklung in diesen Gebieten gefördert. Dafür mag als Beispiel besonders auch der Ausbau großer Wasserkraftanlagen in Brasilien dienen (z.B. Itaipú mit 10 000 MW).

Gezeitenenergie wird zur Zeit nur in einem einzigen Gezeitenkraftwerk in der Rance-Mündung bei St. Malo in Frankreich gewonnen. Die Gezeitenenergie hat sich als sehr teuer herausgestellt.

Langfristig rechnet man bis zum Jahre 2000 etwa mit einer Verdopplung der Hydroenergieerzeugung. Der Anteil der Wasserkraft an der Energieerzeugung wird sich aber wegen des schnelleren Energiebedarfszuwachses von jetzt 6 % auf 5 % verringern.

Der Anteil der Wasserkraft an der Elektrizitätserzeugung liegt in Nordamerika bei 19 %, in Lateinamerika bei 80 %, in Europa bei 20 %, in Asien bei 25 %, in der UdSSR bei 27 %, in Australien/Ozeanien bei 30 %, in Afrika bei 35 % und im Weltdurchschnitt bei 25 %.

12 Sonstige Energieträger [5]

Außer den Energieträgern Kohle, Erdöl, Erdgas, Uran, Thorium und Wasserkraft besitzen andere lokal recht große Bedeutung. In Betracht kommen

Sonnenenergie, Windkraft, geothermische Energie und Energie aus Meeresströmungen. Sie alle zusammen haben jedoch nur einen geringeren Anteil als 2 % an der Weltenergieversorgung. (Biogas und Alkohol gehören nicht in diesen Abschnitt.)

Die direkte Ausnutzung der Sonnenenergie steckt noch in den Anfängen, da eine wirtschaftliche Nutzung bei der Elektrizitätsgewinnung zur Zeit nicht möglich ist. In vielen Ländern laufen jedoch Versuche, vor allem zur Gebäudeheizung.

Die Zeit der Windmühlen und Windräder ist in Europa vorbei. In der Bundesrepublik Deutschland sind Versuche mit einem 3 MW Windkraftwerk (GROWIAN) im Gange. In anderen Kontinenten, z.B. besonders in Australien, sind viele Windräder auf Farmen im Einsatz, wo sie kleine Wasserpumpen betreiben, die der Auffüllung von Viehtränken dienen.

Seit Beginn des 20. Jahrhunderts wird geothermische Energie genutzt, z.B. die heißen Dampfquellen von Lardarello in Italien. Dort treten in den Soffioni mit Drücken bis zu 25 bar und Temperaturen bis zu 230 °C überhitzte Dämpfe aus. Aus über 100 Bohrlöchern entströmen pro Jahr etwa 26 Mio. t Dampf, der ca. 2 Mrd. kWh Energie pro Jahr liefert. Als Nebenprodukte werden Borsäure, Ammoniak, Kohlensäure und Edelgase gewonnen. Auch aus Island wird ein Teil der 700 Heißwasser- und Dampfquellen zur Energieerzeugung genutzt. Zur Zeit werden dort auf diese Weise Heizungen von Wohnungen für 100 000 Personen versorgt. Bei einem vollen Ausbau der geothermischen Energiegewinnung auf Island sind Anlagen von Raumheizungen für 1,5 Millionen Menschen möglich. Zum Beispiel auch in Neuseeland, Chile, Japan und Kamtschatka u.a. wird die Ausnutzung geothermischer Energie angestrebt. In Neuseeland wäre auf diese Weise die Erzeugung von 20 % des Elektrizitätsbedarfs denkbar.

Im Westen der USA gibt es viele ehemalig vulkanische Gebiete mit Geysiren und heißen Quellen, die wegen der schnellen Zunahme der Erdwärme in wachsender Tiefe für die Gewinnung geothermischer Energie entlang entsprechender geologischer Zonen gut geeignet sind. Weitere geothermische Elektrizitätswerke werden in Mexiko und Kalifornien demnächst gebaut. Die ökonomische Durchführbarkeit solcher Projekte wurde im Imperial Valley, in Mexiko und im Geysirgebiet, 130 km nördlich von San Francisco, bewiesen, wo eine Gesellschaft zur Zeit 900 MW Kapazität installiert hat. Insgesamt jedoch ist die geothermische Energiegewinnung auf bestimmte Gebiete der USA beschränkt und kann mit kaum mehr als 1 % ... 2 % zur Energieversorgung des Landes beitragen.

Literatur:

(ausführliches Verzeichnis in: *Bischoff, G.* und *Gocht, W.*: Das Energiehandbuch, 4. Aufl., Vieweg, Braunschweig, Wiesbaden 1981)

[1] *Bentz, A.* und *Martini, H. J.*: Lehrbuch der Angewandten Geologie, Band 1 bis 3. Enke Stuttgart 1968.

[2] *Bischoff, G.*: Wirtschaftsgeologische Grundlagen der Weltenergieversorgung. – Braunkohle, H. 1/2, Köln 1978.

[3] *Bundesanstalt für Geowissenschaften und Rohstoffe*: Die künftige Entwicklung der Energienachfrage und deren Deckung – Perspektiven bis zum Jahr 2000. Abschnitt III – Das Angebot von Energie-Rohstoffen – Hannover 1976.

[4] *Gärtner, E.*: Die Bedeutung des Energieträgers Uran. Braunkohle 29, 1977 (Sonderdruck aus Jahrb. f. Bergbau, Energie, Mineralöl und Chemie 77/78).

[5] *Kremers, W.* et. al.: Neue Wege der Energieversorgung. Vieweg, Braunschweig/Wiesbaden 1982.

[6] *Mayer, F.*: Petro-Atlas, Georg Westermann Verlag, Braunschweig, 3. Auflage 1982.

[7] *Oil & Gas*: Petroleum 2000. 75. Anniversary Issue, Vol. 75, No. 35, August 1977. *Petroleum Publishing Comp.*: Petroleum Encyclopedia 1978. Tulsa, Oklh. 1978.

[8] *Rühl, W.*: Schwerstölsande und Ölschiefer. OEL – Zeitschrift für die Mineralölwirtschaft, Hamburg August 1974.

[9] *W.A.E.S.*: Energy – Global Prospects 1985 – 2000. McGraw Hill, New York usw. 1977.

[10] *Wirtschaftsvereinigung Bergbau*: Das Bergbauhandbuch. Verlag Glückauf GmbH, Essen 1976.

[11] *World Energy Conference*: Coal Resources 1985–2020. (An Appraisal of World Coal Resources and their future Availability, W. Peters, H. D. Schilling, Bergbau-Forschung GmbH, Essen 1977.

[12] *World Energy Conference:* Survey of Energy Resources (Bundesanstalt für Geowissenschaften). – München 1980. – printed in London.

II Die Entstehung organischer Energieträger

G. Bischoff F. Adler W. Rühl

Da die folgenden Kap. III bis V (Braunkohle, Steinkohle, Erdöl und Erdgas) zur Einleitung in die Materie je einen Überblick über die Entstehung des jeweiligen Energieträgers verlangen, die Genese der organischen Energieträger aber ein in sich zusammenhängender Vorgang ist, wird diesen Kapiteln hier eine Einleitung über die Entstehung der organischen Energieträger vorangestellt, denn alle Kohlen und Kohlenwasserstoffe sind organischer Herkunft. Organismen, Tiere und Pflanzen hat es zu geologischen Zeiten in reicher Vielfalt gegeben. Ob die sie aufbauenden Grundsubstanzen komplexer Bauart, Fette, Eiweiße und Zellulosestoffe, nach dem Organismentod bis zu den wesentlichen Elementen Kohlenstoff, Wasserstoff, Stickstoff und Sauerstoff abgebaut wurden, hing vor allem vom Sauerstoff-Gehalt des Umweltmilieus ab.

1 Inkohlung

Pflanzen terrestrischer Lebensweise verwesen oder oxidieren zu H_2O und CO_2 bzw. inkohlen im Laufe der Erdgeschichte (Tabelle II.1) über Torf, Braunkohle, Steinkohle zu Anthrazit. Beim Inkohlungsvorgang, der mit dem Absinken in größere Teufenbereiche abläuft, reichert sich der Kohlenstoff beständig an, während die flüchtigen Bestandteile abnehmen (*Hilt*sche Regel). In der Anfangsphase führt die aerobe Zersetzung zur vorwiegenden Bildung von H_2O, CO_2 und auch N_2. Mit fortschreitender Zeit verlagert sich das Schwergewicht immer mehr zugunsten der Methan-Bildung. Der Wassergehalt sinkt dabei vom Torf bis zum Anthrazit von über 60 % auf 1 %, der an flüchtigen Bestandteilen von 75 % auf 10 %, der des H_2 von 7 % auf 3 % und der des O_2 von 20 % auf 2 %. Unter Abspaltung einer in dieser Reihe beständig anwachsenden Menge CH_4 bzw. abfallenden Menge CO_2 reichert sich relativ der C-Gehalt von etwa 50 % bis auf über 90 % an (Tabelle II.2).

2 Entstehung der Humuskohlen

Nach *H.* und *R. Potonié* sind die Kohlelagerstätten aus Flachmooren, die etwa den Waldmoorgebieten Sumatras oder den Everglades Floridas geähnelt haben mögen, entstanden. Die jungen Braunkohlenlagerstätten zeigen entsprechende Pflanzenvergesellschaftungen (Mammutbaum, Sumpfzypresse), dagegen zeigen die permokarbonischen Kohlenlager überwiegend eine Vergesellschaftung von Sporenpflanzen. Für die Ausbildung von ausgedehnten Sumpfmooren und zur Vertorfung und Inkohlung bedarf es verschiedener Voraussetzungen.

Es mußte ein feuchtwarmes Klima herrschen, so daß ein üppiges Pflanzenwachstum gewährleistet war. Die abgestorbene Pflanzensubstanz aus etwa 70 % Zellulose mit nicht mehr als 45 % Kohlenstoff, aus etwa 25 % Lignin mit etwa 60 %

Kohlenstoff und aus 5 ... 10 % Eiweiß, bildete die Ausgangssubstanz für die Kohlebildung. Da der Vertorfungsprozeß nur unter direktem Luftabschluß vor sich geht, muß ein hoher Grundwasserspiegel vorherrschen. Zur Ausbildung mächtiger Lagerstättenflöze sind viele Pflanzengenerationen nötig, deren Ablagerungen normalerweise bald über den Grundwasserspiegel reichen. Wenn eine Senkung des Untergrundes eintrat, blieben die Bedingungen für eine weitere Vertorfung zugunsten mächtigerer Flözbildung bestehen.

Tabelle II.1 Erdgeschichtliche Zeittafel

Zeitalter (Aera)		System (Periode)	Abteilung (Epoche)	Zeit
Känozoikum		Quartär (Q)	Holozän Pleistozän	1,8 Mio. J.
		Tertiär (T)	Pliozän Miozän Oligozän Eozän Paläozän	65 Mio. J.
Mesozoikum		Kreide (K)	Oberkreide Unterkreide	141 Mio. J.
		Jura (J)	Malm Dogger Lias	195 Mio. J.
		Trias (Tr)	Ober- (Keuper) Mittel- (Muschelkalk) Unter- (Buntsandstein)	230 Mio. J.
Paläozoikum		Perm (P)	Ober- (Zechstein) Unter- (Rotliegendes)	280 Mio. J.
		Karbon (C)	Ober- (Siles) Unter- (Dinant)	345 Mio. J.
		Devon (D)	Oberdevon Mitteldevon Unterdevon	395 Mio. J.
		Silur (S)	Obersilur (Salop) Untersilur	435 Mio. J.
		Ordovizium (O)	Oberordovizium Unterordovizium	500 Mio. J.
		Kambrium (Ca)	Oberkambrium Mittelkambrium Unterkambrium	570 Mio. J.
Prä-kambrium (PC)	Proterozoikum	Ober-Präkambrium		1 600 Mio. J.
		Mittel-Präkambrium		2 600 Mio. J.
	Archäozoikum	Unter-Präkambrium	Archaikum	4 500 Mio. J.

Quelle: Van Eysinga, F.W.B.: Geological Time Table, Elsevier, Amsterdam 1975

Tabelle II.2 Inkohlungsreihe (nach *Petraschek* u.a.) (bezogen auf aschen- und schwefelfreie Substanz)

Inkohlungsreihe	Spez. Gewicht	Heizwert MJ/kg	Heizwert kcal/kg	Wasser in %	Flüchtige Bestandteile in % der Trockensubstanz	Kohlenstoff in % der Trockensubstanz
Holz	0,2 ... 1,3	~ 14,65	~ 3 500	(trocken)	80	50
Torf	1,0	6,28 ... 8,37	1 500 ... 2 000	60 ... 90	65	55 ... 65
Weichbraunkohle	1,2	7,54 ... 12,56	1 800 ... 3 000	30 ... 60	50 ... 60	65 ... 70
Hartbraunkohle	1,25	16,75 ... 29,31	4 000 ... 7 000	10 ... 30	45 ... 50	70 ... 80
Flamm-Fettkohle	1,3	29,31 ... 33,40	7 000 ... 8 000	3 ... 10	17 ... 45	80 ... 90
Eß-Magerkohle	1,35	33,49 ... 35,59	8 000 ... 8 500	3 ... 10	7 ... 17	90 ... 93
Anthrazit	1,4 ... 1,6	35,59 ... 37,68	8 500 ... 9 000	1 ... 2	4 ... 7	93 ... 98

Die biochemische Phase der Inkohlung bewirkt die Humusbildung, Vertorfung und Weichbraunkohlebildung. Unter vermindertem Luftsauerstoffzutritt werden die abgestorbenen Pflanzensubstanzen durch Oxidation, Pilze und Bakterien zersetzt. Proteine und Zellulose werden dabei zerstört, unter Bildung von Methan, Kohlendioxid und Wasserstoff; Kohlenstoff wird dabei relativ angereichert. Es kommt zur Bildung der Weichbraunkohle, die stark hygroskopisch ist (infolge des kolloidalen Charakters der Humussäuren). Der Kohlenstoffgehalt, bezogen auf wasser- und aschefreie Substanz, hat sich dabei auf etwa 65 ... 70 % angereichert, der Heizwert der grubenfeuchten Kohle schwankt zwischen 7,54 MJ/kg und 12,56 MJ/kg (Tabelle II.2). Die deutschen Braunkohlelagerstätten werden fast ausschließlich aus Weichbraunkohlen aufgebaut.

Weitere biochemische Veränderungen können auch in geologisch langen Zeiträumen nicht mehr auftreten, was die unterkarbonischen Weichbraunkohlevorkommen des Moskauer Beckens beweisen. Zeit allein genügt nicht, den Inkohlungsgrad der Kohlen heraufzusetzen. Für die geochemische Phase der Inkohlung sind höhere Temperaturen erforderlich. Je kleiner die geothermische Tiefenstufe ist, d.h., je schneller die Temperatur mit der Teufe zunimmt, desto höher wird der Inkohlungsgrad der Kohlen. Das bedeutet aber, daß der Inkohlungsgrad nicht vom geologischen Alter, sondern von den geologischen Bedingungen abhängig ist, vor allem von kleinen geothermischen Tiefenstufen, wie sie etwa im Bereich von intensivem Vulkanismus oder in Faltungsräumen auftreten.

Infolge der Mächtigkeit der später abgelagerten Sedimente kommt es zu einer Verdichtung (Diagenese) der Flöze und einer Verminderung des Wassergehalts der Kohlen, wobei Humusgele ausfallen. Die Gelifikation ist der Beginn der chemischen Inkohlung und bewirkt den Übergang der Weichbraunkohle in Hartbraunkohle.

Neben der Gelifikation ist, wie erwähnt, der Wärmeeinfluß (Thermometamorphose) für die Hartbraunkohle-Bildung von Bedeutung. An vielen Stellen der Erde sind Weichbraunkohlen durch Thermometamorphose in Hartbraunkohlen, sogar in Steinkohlen und Anthrazite umgewandelt worden. Diese geologisch gesehen nur kurze Hitzeeinwirkung geht auf oberflächennahe Plutonite (Intrusiva) oder auf Ergußgesteine (Extrusiva) zurück. Beispiele für die geologisch kurze Intrusiv-Thermometamorphose bilden die pliozänen Palembang-Kohlen in Indonesien und die Anthrazite, Naturkokse und Stengelkohlen in Hessen an der Kontaktzone Basalt–Kohle.

Hartbraunkohlen haben, bezogen auf wasser- und aschefreie Substanz, einen Kohlenstoffgehalt von 70 ... 80 %. Der Wassergehalt der grubenfeuchten Kohle beträgt 10 ... 30 %, während der Heizwert der Rohkohle zwischen 16,75 ... ... 29,31 MJ/kg betragen kann. Zu den Hartbraunkohlen gehören z.B. die nordböhmischen und slowakischen Braunkohlevorkommen. Neben der Intrusiv-Thermometamorphose, die nur für lokale Kohlevorkommen von Bedeutung ist, ist die geologisch lang andauernde Versenkungs-Thermometamorphose hervorzuheben. Durch Einwirkung der Erdwärme (kleine geothermische Tiefenstufe) wird die weitere Umwandlung (höhere Inkohlung) der Kohlen gefördert.

Je tiefer Braunkohlenflöze abgesenkt wurden, desto größer wurde die Einwirkung der Versenkungs-Thermometamorphose. Die unterkarbonischen Braunkohlen des Moskauer Beckens kamen nie in den Bereich der Thermometamorphose und sind so im Gegensatz zu den Steinkohlengürteln der Nord- und Südhalbkugel, die karbonisches bis permisches Alter haben, im Stadium der Weichbraunkohle verblieben.

3 Entstehung von Bitumenkohlen

Im Gegensatz zu den aus Pflanzensubstanz durch Vertorfung und Inkohlung entstandenen Humuskohlen, bilden bei Faulschlamm- oder Bitumenkohlen auch Fette und Proteine das Ausgangsmaterial.

Die Fette und Proteine werden am Boden von Stillwassern als Faulschlamm abgesetzt und durchlaufen unter vollkommenem Luftabschluß mit Hilfe anaerober Bakterien einen Fäulnisprozeß. Im Gegensatz zur Humifikation, bei der Kohlenstoff angereichert wird, werden bei der Bituminierung weitgehend wasserstoff- und kohlenstoffreiche Verbindungen gebildet (Bild II.1).

Bogheadkohlen entstanden im wesentlichen aus ölhaltigen Algen. Kennelkohlen sind stark sporenhaltig. Dysodilkohlen sind schiefrige, diatomeenhaltige Kohlebildungen. Diese Kohlearten können als bitumenreiche Lagen in Braun- und Steinkohlenlagerstätten aber auch als selbständige, nur gering mächtige Flöze auftreten. Teilweise werden solche Kohlenflöze abgebaut und verschwelt (Tasmanien, Südafrika, Schottland, Messel/Darmstadt).

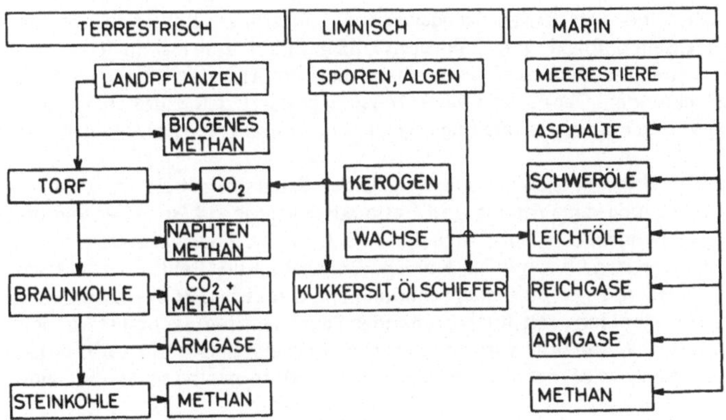

Bild II.1 Schema der Reifung organischen Materials und der Kohle- und Kohlenwasserstoff-Diagenese (nach *Gedenk* 1983)

Sauerstoff-Gehalt:	Reich	Arm	+/– Fehlend
Umwandlung:	Verwesung		Fäulnis
Organische Substanz:	Gerüststoffe	Fette	Fettsäuren, Proteine Kohlehydrate
Sedimentart:	Gyttja	Algengyttja	Sapropel (Faulschlamm)
C:H-Verhältnis	50–350 : 1		unter 50 : 1
Spurenelemente:	B, P, Br, N		Vd, Ni, Mo, Cu, Cr, U

4 Entstehung des Erdöls

Als Ausgangsmaterial der Erdölbildung gelten Eiweißstoffe, Fette und Kohlehydrate, die aus abgestorbenen, wasserbewohnenden Kleinlebewesen (pflanzliches und tierisches Plankton und Bakterien) stammen. Diese organischen Reste können unter bestimmten geochemischen Bedingungen einen Bituminierungsprozeß durchlaufen. Als Bildungsraum werden sauerstofffreie Stillwasser angesehen. Solche Verhältnisse finden sich heute z.B. im Schwarzen Meer in Tiefen unter ca. 150 m, wo rezente Faulschlammablagerungen bis zu 30 % organische Substanz enthalten. Nach russischen Untersuchungen werden pro Jahr im Schwarzen Meer riesige Mengen organischer Substanz erzeugt, die zu 2 % in den Faulschlamm sedimentiert wird. Daran sind überwiegend Bakterien und Plankton und zu 1 % größere Organismen beteiligt. Andere Gebiete reichen organischen Wachstums (z.B. die Mischzonen kalten und warmen bzw. süßen und salzhaltigen Wassers an den Kontinentalhängen oder im Tiefenschelf vor den großen Flußdeltas) sind Ablagerungszentren von Faulschlamm und fossil daher von explorativem Interesse. Der Faulschlamm ist Ausgangssubstanz des Erdöls und von vielen Erdgasen.

Infolge fehlender Durchlüftung der Bodenwasserschichten wird die organische Substanz einem Fäulnisprozeß ausgesetzt. Anaerobe Bodenbakterien, die auch im Erdöl gefunden wurden, spalten aus der organischen Substanz Fettsäuren ab, die durch bakterielle Gärung in Kohlenwasserstoffe umgewandelt werden. Desulfurierende und denitrifizierende Bakterien zersetzen anorganisches Material (Reduktion von Sulfaten und Nitraten), wobei Stickstoff und Schwefelwasserstoff entstehen. Neben den im Erdöl nachgewiesenen anaeroben Bakterien wurden Vanadin- und Eisenkomplexe von Chlorophyll (Blattgrün) und Hämin (Blutfarbstoff), die nur unter Luftsauerstoffabwesenheit und Temperaturen bis etwa 200 °C beständig sind, gefunden. Damit wird die Auffassung gestützt, daß Erdöl organischer Herkunft ist und unter anaeroben Bedingungen bei niedrigen Temperaturen gebildet wurde.

Aus Bild II.1 läßt sich erkennen, daß der Sauerstoffgehalt im Anfangsstadium der Zersetzung der Proteine und Fette ausschlaggebend ist. Ist er wie bei der Inkohlung vorhanden, d.h., spielt sich die Zersetzung im Flachwasserbereich ab, entstehen Ölschiefer bzw. bituminöse Kohlen, Bogheads usw. Fehlt O_2 praktisch völlig, tritt Fäulnis und eine Faulschlammbildung ein, d.h., das C/H-Verhältnis wird im Gegensatz zur Inkohlung mit fortschreitender Sapropelitisierung immer kleiner, weil der vorhandene Wasserstoff vom Sauerstoff nicht mehr genügend zu Wasser gebunden werden kann. Auf natürlichem Wege tritt hier in geologischer Zeit eine Hydrierung ein.

Bei der Absenkung des Sediments zerfällt das Kerogen, d.h. die an das Sediment gebundene organische Substanz, unter dem Einfluß der Temperatur. Handelt es sich um bituminöse Substanz, d.h. mit hohem H/O-Verhältnis, so entstehen daraus immer leichtere Kohlenwasserstoffe bis zum Armgas. Humöse Substanz dagegen mit niedrigem H/O-Verhältnis läßt bei steigender Temperatur ohne Zwischenglieder Armgas entstehen. Eine andere Darstellung von der Diagenese organischer Substanz erfolgt mit Hilfe der Beziehung H/C gegen O/C. Hier kann man den Bereich flüssiger Kohlenwasserstoffe in 3 Typen durch die Temperaturgrenzen von etwa 50 ... 100 °C charakterisieren (Bild II.2). Alle 3 enden im Gas-Stadium.

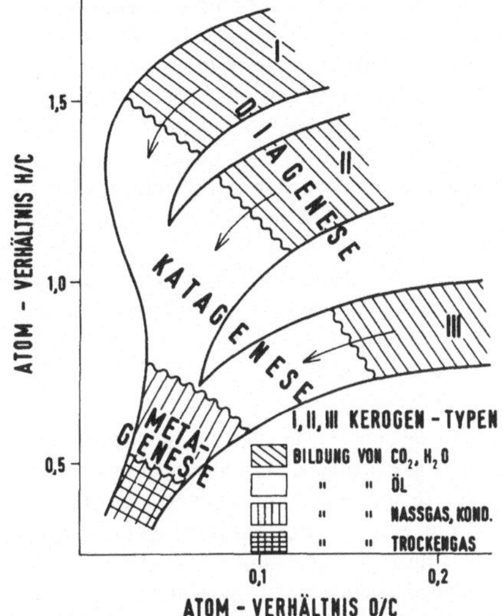

Bild II.2
Umwandlung organischer Substanz (Kerogen) im H/C-O/C-Diagramm beim thermischen Abbau (*Tissot* & *Welte* 1978)

Aussagen über das Reifestadium eines Muttergesteins erhält man außerdem aus dem Reflexionsverhalten des Kohleminerals Vitrinit als geothermischem Indikator.

Marine pelitische Faulschlammgesteine sind somit als Erdölmuttergesteine zu betrachten. In diesen Sapropeliten ist das Öl diffus auf feine Poren verteilt. Der Gehalt von Kohlenwasserstoffen in diesen Erdölmuttergesteinen schwankt zwischen 5 g/t und 5 000 g/t.

Die aerob entstandenen Ölschiefer nehmen genetisch eine Art Zwischenstufe zwischen Kohle und Erdölen ein, gleichgültig ob letztere heute in Sanden oder Kalken in Form von Ölsandsteinen, Teersanden, Asphaltkalken oder in freier Form von Erdöl- oder Erdgasaustritten zu Lande oder unter Wasser oder auf Asphaltseen vorkommen (vgl. Bitumenkohlen).

Ölschiefer befinden sich stets auf primärer Lagerstätte, sie sind genetisch autochthon; die Erdgas- und Erdöllagerstätten sind dagegen fast durchweg sekundär durch Einwanderung der gasförmigen oder flüssigen Kohlenwasserstoffe in poröse Speichergesteine gebildet worden. Für sie stellt die Migration eine entscheidende Phase dar (vgl. Kap. V).

Eine Detail-Analyse der Kohlenwasserstoffe zeigt eine reiche Auswahl an Spurenelementen wie Cu, Ag, Au, V, Ti, Cr, P, Br, Mn, Ni, Co und auch U_2O_3. Alle diese Elemente bzw. deren Oxide lassen sich in bituminösen Muttergesteinen bzw. Erdölen in einer Konzentration von 10 ... 1 000 g/m^3 feststellen. Sie haben vor allem paläozoischen und bituminösen Schiefern (Alaun- und Graptolithen-Schiefer) den Ruf eines gewissen Uran-Reichtums eingebracht.

Die beckentiefen Stinkschiefer des norddeutschen Zechsteins ebenso wie die triassischen Bitumen-Mergel der europäischen Tethys, die liassischen Posidonienschiefer, die unterkretazischen Fischschiefer Norddeutschlands oder die tertiären Bitumen-Mergel der alpidisch-kaukasischen Vortiefen gelten als potentielle sapropelitische Muttergesteine für Erdöl und Erdgas. Muttergesteine sind in allen geologischen Perioden abgelagert worden, besonders aber in den periodisch wiederkehrenden Warmzeiten, in denen keine Poleis-Kappen existieren und sich in warmen tropischen Gewässern, in denen die O_2-Löslichkeit ohnehin niedrig ist, ein großer tierischer Arten- und Individuen-Reichtum entfalten konnte. Das gilt besonders für marine oder küstennahe Mischwasser-Gebiete mit Delta-Bildungen, Lagunen und Riffen. Meere normaler Salinität sind wohl stets biologisch bevorzugt gewesen, wie auch ein Vergleich rezenter Meere zeigt.

5 Bildung von Erdgasen

Erdgase sind stets ein Gemisch von Gasen, deren wichtigste Bestandteile die Kohlenwasserstoffe sind. Neben dem stets gasförmigen Methan kommen Äthan, Propan, Butan und höhere Kohlenwasserstoffe vor. Daneben sind Stickstoff und Schwefelwasserstoff die häufigsten Komponenten. Ihr Anteil kann bis zu 60 ... 80 % Stickstoff und 5 ... 15 % Schwefelwasserstoff betragen. Bei einem hohen Anteil von schwereren Kohlenwasserstoffen spricht man von Kondensat-Lagerstätten.

Die Erdgase sind entweder im Zusammenhang mit der Bildung von Erdöl entstanden, oder sie gehen auf die Methanbildung beim Inkohlungsprozeß zurück. Bei der thermischen Diagenese organischer Substanz oberhalb etwa + 150 °C bilden sie sich bei einem hohen Wärmegradient im Sedimentbecken schon in geringer Tiefe. Sonst treten sie zunehmend in Tiefen unterhalb 2 000 ... 3 000 m auf (vgl. Abschnitt V.2.1).

Der Befund, daß die Kohle als Gas-Lieferant für die norddeutschen Karbon-, Perm- und Trias-Felder sowie für holländische und englische Gasfelder vor der Küste in der Nordsee sowie russische Gasfelder in Frage kommt, ist für die Erdgas-Exploration von großer Bedeutung (vgl. Kap. V).

Während des gesamten Inkohlungsprozesses bilden sich rund 300 ... 400 $m^3 CH_4$ pro t Endsubstanz und die gleiche Menge CO_2. Etwa 50 % CH_4 bilden sich dabei bis zur Magerkohle, der Rest bis zum Anthrazit. Die Nachinkohlung der letzten Inkohlungsphase im Zuge der Beckenabsenkung in große Tiefen spielt dabei also eine besondere Rolle. Demgegenüber fallen etwa 50 % CO_2 schon in der ersten Diagenese-Phase bis zur Hartbraunkohle an, die restlichen 50 % dann erst während der gesamten Steinkohlen-Bildung bis zum Anthrazit. Dieses freiwerdende CO_2 sorgt für intensive geochemische Prozesse, z.B. Karbonatisierung, SiO_2-Verdrängung usw., d.h. also Verdichtungsvorgänge bis dahin porös gebliebener Begleitsandsteine der Kohlenflöze.

In der Kohle selbst speicherfähig sind aber bei Drücken von 1 bar nur rund 3 ... 10 m^3/t und bei 800 bar rund 30 ... 70 m^3/t. Es müssen also ganz erhebliche Mengen CH_4 während des Inkohlungsprozesses auswandern. Dies sind bis zur Bildung der Flammkohle rund 50 m^3/t, bis zur Fettkohle rund 150 m^3/t, bis zur Magerkohle rund 200 m^3/t und bis zum Anthrazit rund 250 ... 350 m^3/t.

Literatur

(ausführliches Verzeichnis in: *Bischoff, G.* und *Gocht, W.:* Das Energiehandbuch, 4. Aufl., Vieweg, Braunschweig, Wiesbaden 1981)

[1] *Hunt, J. M.*: How gas and oil form and migrate. World Oil p. 140 (1968).

[2] *Jüntgen, H.* und *Klein, J.*: Entstehung von Erdgas aus kohligen Sedimenten. Erdöl & Kohle 28, 65 (1974).

[3] *Kartsev, A. A. et al.*: The principal stage in the formation of petroleum. 8. World Petr. Congress, Moskau, PD 2, 1971.

[4] *Patteisky, K.* und *Teichmüller, M.*: Inkohlungsverlauf, Inkohlungsmaßstäbe und Klassifikation der Kohlen aufgrund von Vitrit-Analysen. Brennstoff-Chemie 41, 79, 97, 133 (1960).

[5] *Rudakow, G. W.*: The origin of petroleum at depth. Erdöl & Kohle 23, 404 (1970).

[6] *Teichmüller, R.* und *M.* in: *Murchinson, D.* und *Westoll, T. S.*: Coal and Coal bearing strata. Edinburgh – London (1968).

[7] *Tissot, B. P.* und *Welte, D. H.*: Petroleum Formation and Occurrence – (Springer), Berlin – Heidelberg – New York 1978.

III Braunkohle

P. Kausch D. Böcker

1 Abbau

1.1 Allgemeines

Die Braunkohlenvorkommen der Welt stellen eine bedeutende Energiereserve dar; die geologischen Vorräte werden auf ca. $6{,}5 \cdot 10^{12}$ t geschätzt, von denen derzeit $394 \cdot 10^9$ t wirtschaftlich gewinnbar sind. Die Weltförderung an Braunkohle erreichte im Jahre 1982 rd. $1019 \cdot 10^6$ t, sie lag damit um $50 \cdot 10^6$ t über dem Förderergebnis des Jahres 1980 und zeigt weiterhin ansteigende Tendenz. Dagegen ist in der Welt die Förderung anderer Energieträger (z. B. Erdöl) in den beiden letzten Jahren mehr oder weniger stark zurückgegangen. Mehr als zwei Drittel der gesamten Braunkohlenförderung der Welt entfielen im Jahre 1982 auf die Ostblockländer, die im Rahmen ihrer Gesamtplanungen eine weitere Ausweitung der Braunkohlenförderung vorsehen. Westeuropa hält einen Anteil von rd. 20 % der Weltförderung. Hauptförderland in Westeuropa ist die Bundesrepublik Deutschland.

Der Braunkohlenbergbau entwickelte sich in Deutschland während der zweiten Hälfte des vorigen Jahrhunderts aus kleinen Tiefbaubetrieben. Er gewann volkswirtschaftlich immer größere Bedeutung, nachdem durch die Erfindung der Exterschen Brikettpresse Braunkohlenbriketts ohne Bindemittel in industriellen Großanlagen hergestellt werden konnten und durch die Errichtung von Kraftwerken und Fernleitungen die überregionale Versorgung mit Braunkohlenstrom ermöglich wurde.

Die deutschen Braunkohlenflöze sind von wenig verfestigten Abraumschichten überlagert, die aus Kiesen, Sanden und Tonen bestehen und ohne Sprengarbeit mit kontinuierlich arbeitenden Geräten abgeräumt werden.

In der Bundesrepublik Deutschland dringt der Braunkohlenbergbau in immer größere Teufen vor, so daß die zu bewältigenden Abraummassen ständig zunehmen (Tabelle III.1). Die Wirtschaftlichkeit der Braunkohlengewinnung konnte jedoch durch bedeutende Rationalisierungserfolge sichergestellt werden. Nachdem die Braunkohlenförderung in Bayern Ende September 1982 wegen Erschöpfung der Lagerstätte eingestellt wurde, stammt die Förderung in der Bundesrepublik Deutschland noch aus drei Revieren, unter denen das rheinische Revier das bedeutendste ist. Nach Erschöpfung der oberflächennahen Flöze begann hier Mitte der 50er Jahre der Aufschluß von tiefen Tagebauen, die heute Teufen bis ca. 350 m erreichen (Bild III.1). Im Tagebau Hambach, der gegenwärtig erschlossen wird, werden es sogar 470 m sein. Die Braunkohle im rheinischen Revier hat einen Heizwert von 6,7 ... 12,1 MJ/kg; der Durchschnitt liegt bei 8,2 MJ/kg.

Tabelle III.1 Abraumbewegung und Kohlenförderung in den Braunkohlenrevieren der Bundesrepublik Deutschland, 1950 bis 1982 (in 10^6 m^3 Abraum bzw. 10^6 t Kohle)

Jahr	Bundesrepublik Deutschland		Rheinland		Niedersachsen		Hessen		Bayern	
	Abraum	Kohle	Abraum	Kohle	Abraum	Kohle	Abraum	Kohle	Abraum	Kohle
1950	78,0	75,8	49,0	63,7	22,5	7,6	5,2	2,9	1,2	1,7
1960	194,6	96,1	157,0	81,4	20,1	6,8	7,8	3,7	9,7	4,3
1970	209,4	107,8	186,4	93,0	7,6	5,5	9,0	4,1	6,4	5,2
1980	443,6	129,9	418,0	117,7	16,4	4,2	6,9	2,6	2,3	5,4
1981	440,8	130,6	420,1	119,5	12,2	4,2	6,1	2,5	2,3	4,5
1982	468,1	127,4	447,6	117,2	14,0	4,5	6,3	2,4	0,2	3,2

Quelle: Statistik der Kohlenwirtschaft e.V.

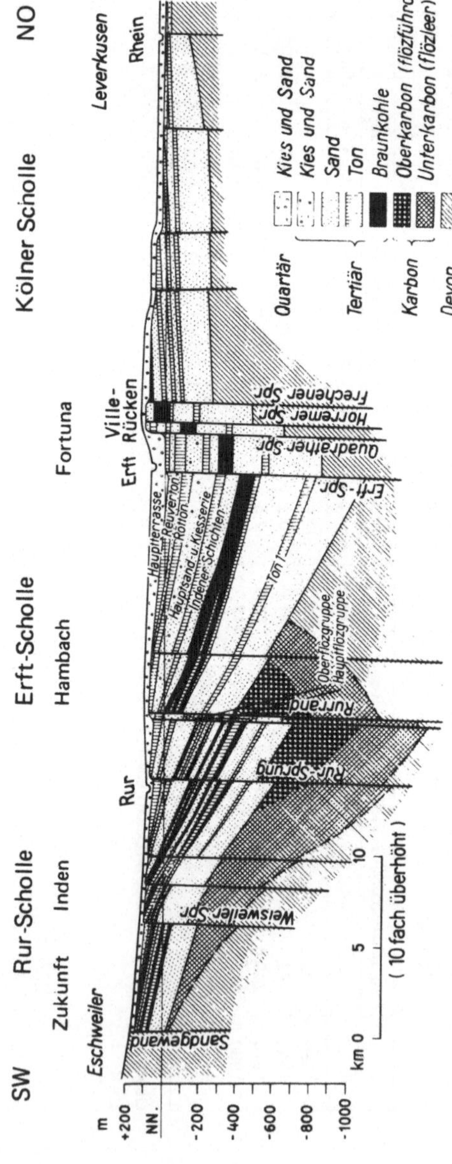

Bild III.1 Geologisches Profil durch die südliche Bucht des Rheinlandes

1.2 Gewinnung und Verkippung

Der Aufschluß tiefer Tagebaue erfordert eine umfassende technisch-wirtschaftliche Planung. Die Umweltbelastungen und die hohen Kosten für Entwässerung, Umsiedlung und Rekultivierung sowie der verstärkte Abraumanfall durch den hohen Böschungsanteil in tiefen Tagebauen sind zu berücksichtigen. Um Tieftagebaue wirtschaftlich betreiben zu können, müssen möglichst große Tagebaufelder geschaffen werden. Hierfür hat der rheinische Braunkohlenbergbau schon frühzeitig den Weg der Unternehmenskonzentration auf freiwilliger, privatwirtschaftlicher Ebene beschritten.

Jede Fördersohle erfordert für technische Einrichtungen und Personal einen bestimmten Mindestaufwand, der von der Fördermenge weitgehend unabhängig ist. In den tiefen Tagebauen (Bild III.2) werden deshalb möglichst wenige Fördersohlen eingerichtet. Da bei Massenbewegungen nur große Einheiten die Kosten niedrig halten, war es notwendig, zur Beseitigung der mächtigen Abraumschichten Bagger mit großer Abtragshöhe und hoher Leistung zu entwickeln. Diese mußten zugleich in der Lage sein, bei gestörten Lagerungsverhältnissen auf gleicher Sohle anstehende Abraum- und Kohleschichten getrennt zu baggern. Beim Baggern von Brikettierkohle ist besonders sorgfältig darauf zu achten, daß Beimischungen

Bild III.2 Luftbild des Tagebaues Fortuna-Garsdorf

von Sand und Ton vermieden werden. Um diesen Anforderungen, nämlich hohe Leistung und selektives Baggern von Abraum und Kohle, gerecht zu werden, wurden in Zusammenarbeit mit den deutschen Baggerbaufirmen für die tiefen Tagebaue des rheinischen Reviers in den 50er Jahren Schaufelradbagger mit Tagesleistungen von 100 000 m^3 festen Massen entwickelt. Seit dem Jahre 1976 sind Schaufelradbagger mit Tagesleistungen von 200 000 m^3 im Einsatz; Geräte mit Tagesleistungen von 240 000 m^3 (Bild III.3) wurden erstmals 1978 für den Aufschluß des Tagebaus Hambach in Betrieb genommen. Die diesen Baggern nachgeschalteten Absetzer (Bild III.4) sind ebenfalls auf Tagesleistungen von 240 000 m^3 ausgelegt. Acht

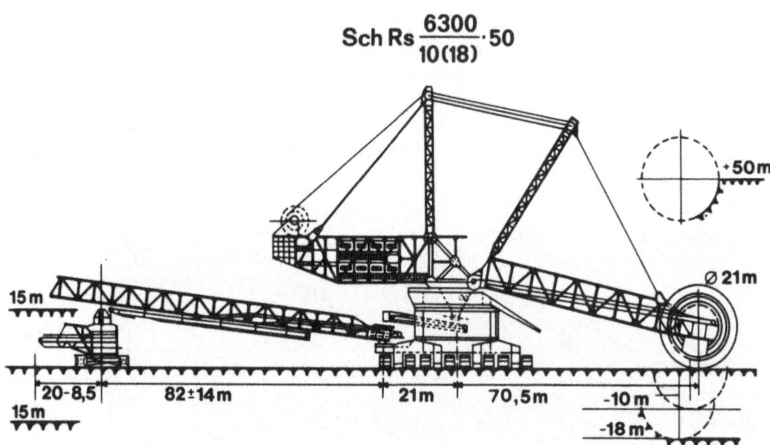

Bild III.3 Schaufelradbagger mit einer Leistung von 240 000 fm^3/Tag

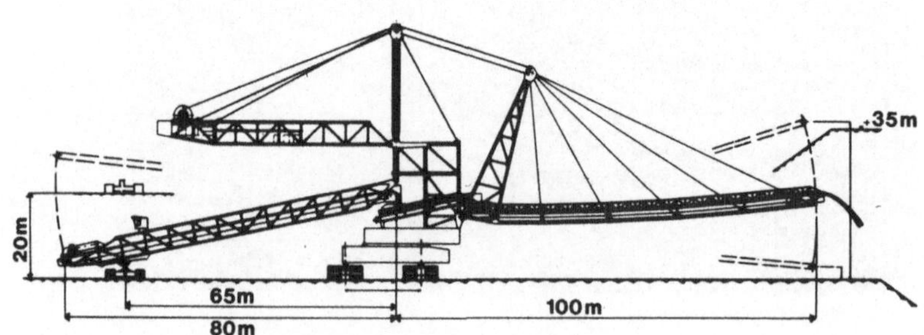

Bild III.4 Absetzer mit einer Leistung von 240 000 fm^3/Tag

solche Gerätegruppen werden im neuen Tagebau Hambach eingesetzt, der in den 90er Jahren seine volle Kapazität erreichen wird. Die Kapazität der Bandanlagen wurde der erhöhten Leistung der Gewinnungs- und Verkippungsgeräte angepaßt. Durch Verbreiterung der Gurte auf 2,80 m und durch Erhöhung der Bandgeschwindigkeit auf 7,5 m/s nahm die Kapazität je Band von 10 000 m^3/h geschüttete Massen bzw. 16 000 t/h auf 24 000 m^3/h bzw. 39 000 t/h zu. Die Antriebsstationen dieser Bandanlagen haben bei max. 6 × 2 000 kW Antriebsleistung eine gegenüber früheren Anlagen dreimal so hohe Masse von 800 t. Mit den genannten großen Geräteeinheiten ist derzeit eine technisch-wirtschaftliche Leistungsgrenze erreicht.

Durch ständige Verbesserungen der Bagger-, Transport- und Verkippungstechnik ist es dem deutschen Braunkohlenbergbau gelungen, auch die tiefliegenden Flözteile wirtschaftlich abzubauen. Die gesteckten Ziele wurden erreicht: Gewinnung großer Massen zu niedrigen spezifischen Kosten, genaue Trennung von Abraum und Kohle schon bei der Gewinnung sowie Senkung der Abbauverluste bei der Kohle unter 5 %. Die hohen Mann- und Schichtleistungen bringen die Rationalisierungserfolge deutlich zum Ausdruck. So betrug in der Bundesrepublik Deutschland im Jahre 1982 die Förderleistung je Mann und Schicht einschließlich des Belegschaftsanteils der Betriebs-, Haupt- und Zentralwerkstätten 89,45 t Rohkohle, im rheinischen Revier allein 105,46 t oder rd. 20 % mehr als vor fünf Jahren 1977.

Hier, im Rheinland, dienen der neue Tagebau Hambach (2,5 · 10^9 t Kohleinhalt) und der noch zu erschließende Tagebau Bergheim (0,24 · 10^9 t Kohleinhalt) als Ersatz für auslaufende Tagebaue. Die Tagebaufelder Frimmersdorf-Süd und Frimmersdorf-West werden gegenwärtig zum Tagebau Garzweiler vereinigt.

Außer dem Tagebau Garzweiler werden im Jahre 2000 alle derzeit produzierenden Tagebaue und auch der Tagebau Bergheim ausgekohlt sein. Dann wird die Förderung im rheinischen Revier nur noch aus drei großen Tagebauen kommen:

Garzweiler 45 ... 50 · 10^6 t/a,
Hambach 45 ... 50 · 10^6 t/a,
Inden 20 ... 25 · 10^6 t/a.

Im rheinischen Revier wird damit die Förderkonzentration abgeschlossen, die in den fünfziger Jahren eingeleitet wurde. Eine wesentliche Ausweitung dieser Förderkapazität würde den Aufschluß zusätzlicher Tagebau erfordern. Dies wird aber unter den Aspekten des Flächenbedarfs und der Landschaftsgestaltung kaum realisierbar sein.

1.3 Betriebsüberwachung und Planung

Die hohen Förderleistungen im rheinischen Braunkohlenbergbau werden durch Einhaltung des Prinzips der Einheit der Betriebsführung bei der Betriebsplanung, der Produktion und des Reparaturwesens erzielt. Der Betriebsdirektor mit seinem Stab bergmännischer, maschinentechnischer und elektrotechnischer Ingenieure bestimmt den Einsatzplan und den Reparaturplan der Tagebaugeräte. Die fortlaufende Betriebsüberwachung ist eine wichtige Voraussetzung für einen ständig hohen Leistungsgrad. Dafür ist am Rand jedes großen Tagebaus eine Betriebsüberwachungsstelle eingerichtet.

Die technische Ausrüstung tiefer Tagebaue mit großer räumlicher Ausdehnung erfordert Investitionssummen von mehreren Milliarden DM (Tagebau Hambach z. B. über $5 \cdot 10^9$ DM). Schon vor Aufschlußbeginn müssen Abraum- und Kohlenförderung eines Tagebaues, dessen Lebensdauer mehrere Jahrzehnte beträgt, für jedes Jahr ungefähr vorausbestimmt werden, wozu die anstehenden Abraum- und Kohlenmengen genau zu berechnen sind. Auf Änderungen in der Energiepolitik oder auf sonstige von außen kommende Einflüsse müssen sich Planungen und Betriebsabläufe flexibel anpassen können. Im rheinischen Braunkohlenrevier werden Massenberechnungen mit Computern durchgeführt. Monats- und Vierteljahreswerte der gebaggerten Massen werden aufgrund von Luftbildern ermittelt, die mit Reihenbild-Meßkameras vom Flugzeug aus in regelmäßigen Abständen gemacht werden. Aus den Unterschieden in den Abbauständen, wie sie aus zwei aufeinanderfolgenden Aufnahmen ersichtlich sind, lassen sich für den dazwischenliegenden Zeitraum die gebaggerten Massen mittels fotogrammetrischer Methode errechnen.

1.4 Wasserhaltung der Tagebaue

Beim Abbau der tiefliegenden Kohle stellt das im Deckgebirge anstehende Grundwasser ein schwerwiegendes Problem dar. Im rheinischen Braunkohlenrevier mußte im Bereich des Ville-Rückens einerseits das im eigentlichen Tagebaubereich anstehende Grundwasser abgesenkt und andererseits das vor allem von der Westseite der Tagebaue zuströmende Grundwasser des angrenzenden Erftbeckens abgefangen werden. Es wurde ein neues, wirtschaftliches Verfahren entwickelt, wonach die zu beseitigenden Wassermassen mittels zahlreicher Kiesschüttungsfilterbrunnen großen Durchmessers und großer Teufen gehoben und danach abgeleitet werden. So entstanden entlang der Tagebaue des rheinischen Reviers Brunnengalerien. Die Brunnen werden im Lufthebeverfahren ohne Verrohrung der Bohrlöcher niedergebracht. Sie sind bis zu 500 m tief und mit Unterwasserpumpen ausgerüstet, die im Dauerbetrieb den Grundwasserspiegel bis unter die tiefste Tagebausohle absenken. Die Wasserhebung wird auf das unbedingt notwendige Maß beschränkt, um den Grundwasservorrat zu schonen und negative Auswirkungen zu minimieren. Wasserversorgung, land- und forstwirtschaftliche Nutzung und ökologische Vielfalt sind trotz der Absenkung des Grundwasserspiegels gesichert.

Die abgepumpten Grundwässer werden zu einem Teil zur öffentlichen und industriellen Versorgung herangezogen, im wesentlichen aber dem Fluß Erft als natürlichem Vorfluter zugeleitet. Zusätzlich wurde eine künstliche Verbindung zum Rhein geschaffen. Sie besteht aus einem 6 km langen Stollen durch das Vorgebirge der Ville (Villestollen) und einem anschließenden 19 km langen Kanal (Kölner Randkanal).

1.5 Umsiedlung, Rekultivierung und Landschaftsgestaltung

Der Braunkohlenabbau im Tagebau macht die Inanspruchnahme großer Wirtschaftsflächen erforderlich, wobei Dörfer, Straßen, Eisenbahnen und Flüsse verlegt werden müssen. Gesetzliche Bestimmungen verlangen in Deutschland nach Beendigung des Abbaues die Rekultivierung der Landschaft. Für die umzusiedelnden Dörfer baut man abseits der Durchgangsstraßen neue Ortschaften, wobei die Gesichtspunkte moderner Orts- und Landschaftsgestaltung berücksichtigt werden.

Straßen, Bahnen und Flüsse werden so verlegt, daß sie den Zielen der Landesplanung entsprechen. Insgesamt hat der rheinische Braunkohlenbergbau bisher rd. 206 km^2 in Anspruch genommen und davon rd. 136 km^2 wieder rekultiviert. Im einzelnen ergeben sich für

forstwirtschaftliche Rekultivierung	61 km^2,
landwirtschaftliche Rekultivierung	58 km^2,
sonstige Rekultivierung	17 km^2,
Betriebsfläche	70 km^2.

Auf die fertiggestellte Rohkippe werden bei landwirtschaftlichen Flächen 1 ... 2 m Löß aufgetragen. Anschließend werden die Flächen fünf Jahre lang vom Bergbau selbst intensiv bewirtschaftet und dann an Landwirte zurückgegeben. Die Erträge auf diesen rekultivierten Böden entsprechen bei Weizen, Roggen und Zuckerrüben denen gewachsener Flächen im Revier.

Bild III.5 Rekultiviertes Wald-Seen-Gebiet

Bei forstwirtschaftlicher Rekultivierung wird auf die Rohkippe eine 4 m mächtige sogenannte Forstkiesschicht aufgetragen, die aus Kies, Sand und Schotter mit einem Anteil von mindestens 20 % Löß besteht. Anschließend erfolgt der Direktanbau wertvoller standortgerechter Gehölze. Die Restlöcher der ehemaligen Tagebaue werden entweder mit Abraum verfüllt oder zu Seen ausgebildet, so daß in den rekultivierten Räumen Wald-Seen-Gebiete entstehen, die von der Bevölkerung gerne zur Erholung genutzt werden (Bild III.5).

2 Transport

In den Braunkohlentagebauen der Bundesrepublik Deutschland wurden im Jahre 1982 rd. $970 \cdot 10^6$ t Abraum und Kohle transportiert. Zum Vergleich: Die Deutsche Bundesbahn und die nicht bundeseigenen Eisenbahnen haben im Jahre 1982 Güter im Gesamtgewicht von $317 \cdot 10^6$ t befördert, jedoch über erheblich größere Entfernungen. Der Transport von Kohle und Abraum zu den Verarbeitungsbetrieben und Kippen ist im Braunkohlenbergbau ein bedeutender Kostenfaktor, auf den annähernd 35 % der gesamten Tagebaukosten entfallen.

Im Transportwesen des Braunkohlenbergbaus geht man im eigentlichen Tagebaubereich vom Zugbetrieb immer mehr zur Bandförderung über. Im rheinischen Braunkohlenbergbau hat die Bandförderung, in Tonnen-Kilometern (tkm) gerechnet, inzwischen einen Anteil von über 80 % am gesamten Massentransport erreicht.

3 Verwertung und Marktverhältnisse

3.1 Allgemeines zur Wettbewerbssituation

Die substantielle Konsistenz der Braunkohle und ihre physikalischen Eigenschaften bestimmen die Möglichkeit ihrer Nutzung. Rohbraunkohle über größere Strecken zu transportieren ist im allgemeinen nicht wirtschaftlich, da bei dem hohen Wasser- und Aschegehalt unverhältnismäßig hohe Frachtkostenbelastungen entstehen. Deshalb wird die Rohbraunkohle in unmittelbarer Nähe der Tagebaue in Strom und feste Produkte umgewandelt. Diese hochwertigen Erzeugnisse, und in Zukunft auch gasförmige und flüssige Kohlenwasserstoffe, können dann wirtschaftlich auch in entfernt liegende Verbrauchsgebiete geliefert werden.

Während die Braunkohle zunächst nur zu Briketts verarbeitet wurde, fand sie dann in immer stärkerem Maße auch in der Stromerzeugung Verwendung. Z. Z. werden in der Bundesrepublik Deutschland rd. 87 % der gesamten Braunkohlenförderung in Strom umgewandelt. Die feste Position der Braunkohle in der Stromerzeugung beruht vor allem auf ihren günstigen Wärmepreisen. Zudem besitzt die Braunkohle für den Einsatz in Kraftwerken vorteilhafte Eigenschaften, weil sie einen geringen Schwefelgehalt hat und fast schlackenlos verbrennt. Die ständigen Fortschritte in der Tagebautechnik sowie im Feuerungs- und Kesselbau haben den Braunkohleneinsatz in Kraftwerken immer rationeller werden lassen. Zukünftig wird aber die Braunkohle nicht mehr ausschließlich im Energiebereich verwendet werden, sondern in Form von Kohlenwasserstoffen auch zur Rohstoffversorgung beitragen. Im Rahmen der Bestrebungen, Alternativen zu den Importenergien Erdöl und Erdgas zu nutzen, kann die Braunkohle zukünftig, Wirtschaftlichkeit vorausgesetzt, auch in gasförmiger und flüssiger Form für die verschiedenen Verwendungsbereiche nutzbar gemacht werden.

3.2 Gewinnung und Nutzung in Westeuropa

In Westeuropa[1)] wurden im Jahre 1982 rd. 202 · 10^6 t Braunkohle gefördert, das waren 20 % der Weltbraunkohlengewinnung. Der Braunkohleneinsatz in Kraftwerken stieg hier von 1950 bis 1982 um mehr als das Siebenfache auf rd. 176 · 10^6 t an, womit sich der Anteil der Kraftwerkskohle am gesamten Braunkohlenverbrauch von 28 % auf 86 % erhöhte. Im gleichen Zeitraum verminderte sich der Anteil für die Herstellung von Briketts, Braunkohlenstaub und Koks von 56 % und der Anteil des Direktabsatzes von Rohbraunkohle an Industriebetriebe und sonstige Abnehmer von 16 % auf jeweils 7 % (Tabelle III.2).

Tabelle III.2 Förderung und Verbrauch von Braunkohle in Westeuropa[1)] (in 10^6 t)

Jahr	Förderung[2)]	Verbrauch			
		Gesamt	Kraftwerke	Fabrikbetriebe[3)]	Sonstiges
1950	87,7	89,1	24,9	49,9	14,3
1960	116,3	117,1	56,9	46,6	13,6
1970	132,1	133,0	95,3	25,4	12,3
1980	189,5	190,8	161,7	16,4	12,7
1981	202,6	205,5	175,4	15,8	14,3
1982[p)]	202,0	205,0	176,0	15,0	14,0

1) Europäische OECD-Länder
2) Einschl. Pechkohle
3) Herstellung von Briketts, Staub und Koks
p) vorläufig, teilweise geschätzt

Quelle: OECD Energy Statistics, Monthly Bulletin of Statistics, United Nations

Über zwei Drittel der gesamten Braunkohlengewinnung in Westeuropa entfallen auf die Bundesrepublik Deutschland, dem nach der DDR und der Sowjetunion drittgrößten Braunkohlenproduzenten der Welt. Der Rest verteilt sich auf sechs weitere Förderländer: Türkei, Griechenland, Österreich, Frankreich, Italien und Spanien. Die Gewinnung in diesen Ländern wird, obwohl sie meist nur über relativ geringe Braunkohlenvorräte verfügen, aufrechterhalten und teilweise noch gesteigert. Maßgeblich hierfür sind die niedrigen Gewinnungskosten der Braunkohle sowie beschäftigungs- und devisenpolitische Gesichtspunkte. Im Vergleich zur Bundesrepublik Deutschland hat die Braunkohle dieser Länder einen relativ hohen Heizwert und ist deshalb auch für den Direktverbrauch geeignet.

1) Europäische OECD-Länder

3.3 Energiewirtschaftliche Bedeutung in der Bundesrepublik Deutschland

Die gesamten Braunkohlenvorräte in der Bundesrepublik Deutschland werden auf $56 \cdot 10^9$ t veranschlagt; davon liegen im rheinischen Braunkohlenrevier $55 \cdot 10^9$ t, von denen beim gegenwärtigen Energiepreisvineau rd. $35 \cdot 10^9$ t, das sind rd. 320 EJ, wirtschaftlich gewinnbar sind. Bei der langfristigen Verteuerung der Energierohstoffe ist zu erwarten, daß diese bedeutende heimische Energiereserve zukünftig durch den Aufschluß weiterer neuer Tagebaue genutzt wird (Tabelle III.3). Abhängig ist dies vor allem von dem politischen Abwägungsprozeß zwischen den energiepolitischen Vorteilen und den mit der Gewinnung zwangsläufig verbundenen Eingriffen in die Umwelt und Infrastruktur des besiedelten Gebietes.

Der westdeutsche Braunkohlenbergbau beschäftigte im Jahre 1982 rd. 21 300 Arbeitskräfte; hinzuzurechnen wären eigentlich noch die Beschäftigten der öffentlichen Braunkohlenkraftwerke und der vom Bergbau beauftragten Fremdunternehmen. Im gleichen Jahr zahlte der westdeutsche Braunkohlenbergbau an seine Belegschaften mehr als 1 Mrd. DM an Löhnen und Gehältern, eine Summe, deren Kaufkraft der gesamten Wirtschaft in den Braunkohlenrevieren zugute kam.

Die Bedeutung der Braunkohle in der deutschen Energieversorgung kommt mit voller Deutlichkeit in ihren eigentlichen Verwendungsbereichen, der Stromversorgung und der Hausbrandversorgung, zum Ausdruck. Die Braunkohle war im Jahre 1982 an der Stromerzeugung aller Kraftwerke in der Bundesrepublik Deutschland mit 25 % beteiligt. Im gleichen Jahr trugen Braunkohlenbriketts mit $4{,}9 \cdot 10^6$ t zur Deckung des Energiebedarfs der Haushalte und der gewerblichen Verbraucher bei.

Tabelle III.3 Braunkohlenvorräte des Rheinischen Reviers

Braunkohlenvorräte	A : K[1)]	D : K[2)]	Kohlenmengen in 10^9 t
Vorräte in aufgeschlossenen und geplanten Tagebauen	3,4 : 1	·	2,5
Neuaufschlüsse Hambach I und Bergheim	5,9 : 1	·	2,7
Geplante Abbaufelder Hambach II und Inden II	7,1 : 1	·	2,4
Übrige geplante Abbaufelder	6,2 : 1	·	1,6
Zusammen	5,6 : 1	·	9,2
Übrige wirtschaftlich gewinnbare Vorräte	·	$< 10 : 1$	26
Wirtschaftlich gewinnbare Vorräte insgesamt	·	·	35
Weitere Vorräte a)	·	$> 10 : 1$	10
b)	·	$> 15 : 1$	10
Geologische Vorräte	·	·	55

1) Mengenverhältnis Abraum : Kohle

2) Mächtigkeitsverhältnis Deckgebirge : Kohlenflöz

Trotz der mit Umweltmaßnahmen im weitesten Sinne verbundenen hohen Sonderbelastungen für Bergschäden, Umsiedlung, Wiederherstellung des Landschaftsbildes, Maßnahmen zur Einschränkung von Lärm und Staubimmissionen ist die Braunkohle der kostengünstigste Brennstoff für die Stromerzeugung in der Bundesrepublik Deutschland. Obwohl ihr Abbau in immer größere Teufen vordringt, ist durch die Konzentration der Förderung auf wenige große Tagebaue mit hoher Leistung und durch die Weiterentwicklung der Tagebautechnik sichergestellt, daß Braunkohle auch zukünftig als wettbewerbsfähige Primärenergie angeboten wird.

3.4 Förderung und Verwertung in der Bundesrepublik Deutschland

In der Bundesrepublik Deutschland wurden im Jahre 1982 rd. $127 \cdot 10^6$ t Braunkohle gefördert, gegenüber $90 \cdot 10^6$ t im Jahre 1955. Förderung und Beschäftigung des Braunkohlenbergbaus werden durch den Absatz der derzeitigen Hauptprodukte, der Kraftwerkskohle, des Braunkohlenbriketts und des Braunkohlenstaubes bestimmt. Der Absatz der Produkte Strom und Brikett entwickelt sich sehr unterschiedlich, wodurch eine beträchtliche Umschichtung in der Verwendungsstruktur der Rohkohle stattfand. Im Jahre 1964 setzte ein stärkerer Rückgang beim Brikettabsatz ein, und demgemäß fiel der Rohkohlebedarf der Kohleveredlungsbe-

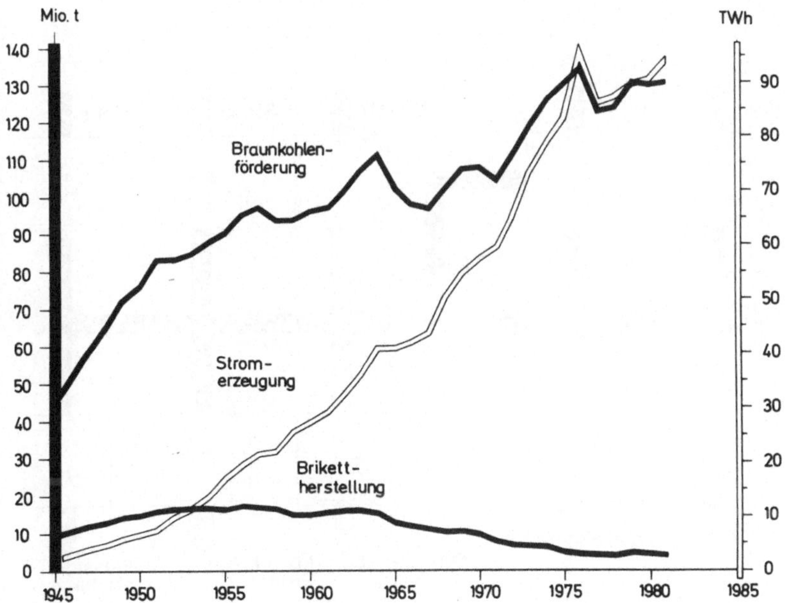

Bild III.6 Leistungszahlen des Braunkohlenbergbaus in der Bundesrepublik Deutschland

triebe im Jahre 1982 auf rd. 16 · 10^6 t. Damit sank der Anteil der in den Kohleveredlungsbetrieben eingesetzten Förderkohle an der gesamten Braunkohleförderung von 56 % im Jahre 1955 auf rd. 13 % im Jahre 1982.

Die Ausweitung der Braunkohleförderung in der Bundesrepublik Deutschland stützte sich auf den erhöhten Rohkohlebedarf der Kraftwerke. Im Zeitraum von 1955 bis 1982 stieg der Einsatz von Rohbraunkohle für die Stromerzeugung (öffentliche und industrielle Kraftwerke) von rd. 34 · 10^6 t auf rd. 117 · 10^6 t. Der Anteil der Kraftwerkskohle an der gesamten Braunkohlenförderung der Bundesrepublik Deutschland erhöhte sich damit von 38 % im Jahre 1955 auf 87 % im Jahre 1982 (Bild III.6).

4 Veredlung

Der Braunkohlenbergbau in der Bundesrepublik Deutschland bemüht sich, die Verwendungsmöglichkeiten der Braunkohle zu erweitern und neue Absatzmärkte zu erschließen. Während die öffentlichen Kraftwerke direkt vom Tagebau mit Kohle als Brennstoff für die Stromerzeugung beliefert werden, wird die Kohle in den Kohlenveredlungsbetrieben für die nachfolgende Verwendung aufbereitet und getrocknet. Diese Trockenbraunkohle ist das Ausgangsprodukt für alle weiteren Veredlungsschritte: Herstellung von Briketts, Staub, Koks und in Zukunft auch Kohlegas und Kohleöl (Bild III.7).

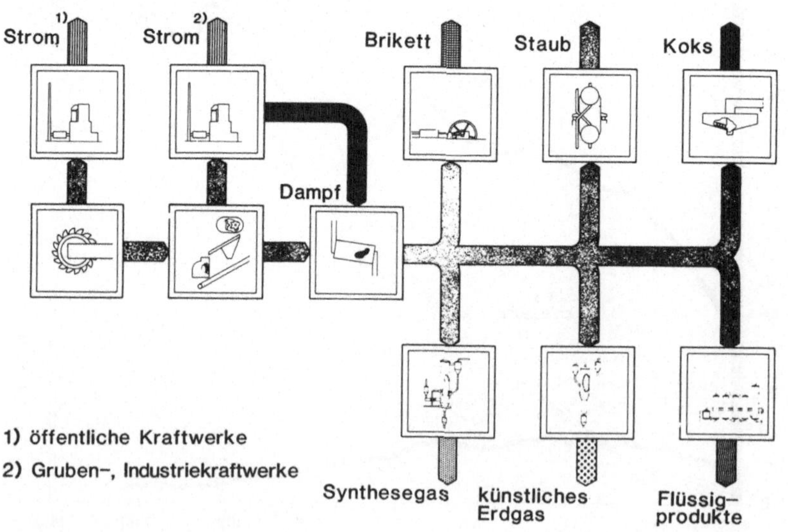

Bild III.7 Veredlung von Braunkohle

4.1 Braunkohle in der Stromerzeugung

Die Stromerzeugung auf Braunkohlenbasis entwickelt sich in der Bundesrepublik Deutschland etwa parallel mit der Gesamtstromerzeugung. Von 1955 bis 1982 stieg die Stromerzeugung auf Braunkohlenbasis auf rd. $89{,}5 \cdot 10^9$ kWh (+ 341 %) die gesamte Stromerzeugung auf $373{,}2 \cdot 10^9$ kWh (+ 388 %). Außer den gleichbleibend günstigen Wärmepreisen und den vorteilhaften Brenneigenschaften der Braunkohle sind große Kraftwerkseinheiten mit hohen Leistungen die weitere Voraussetzung dafür, daß Braunkohlenstrom kostengünstig erzeugt und über weitreichende Hochspannungsnetze auch in entfernt liegende Verbrauchsgebiete geleitet wird. Als größtes Braunkohlenkraftwerk Europas gilt z. Z. das Kraftwerk Niederaußem im rheinischen Revier mit einer installierten Leistung von 2 700 MW. Die gesamte Kraftwerkskapazität auf Braunkohlenbasis wurde in der Bundesrepublik Deutschland von 1955 bis 1982 um 10 250 MW auf 13 850 MW erhöht. Allein 11 800 MW (85 %) entfallen hiervon auf das rheinische Braunkohlenrevier, dem bedeutendsten Schwerpunkt der westeuropäischen Stromerzeugung (Tabelle III.4).

Tabelle III.4 Stromerzeugung auf Braunkohlenbasis in der Bundesrepublik Deutschland (in 10^9 kWh)

Jahr	Gesamte Braunkohlen-Stromerzeugung	davon in öffentlichen Kraftwerken	davon in industriellen Kraftwerken
1955	20,3	16,7	3,6
1960	31,0	27,0	4,0
1965	44,5	38,4	6,1
1970	59,7	55,2	4,5
1975	85,1	81,4	3,7
1980	94,9	90,5	4,4
1982	89,5	85,6	3,9

VIK 80/81, S. 106 ff.

Zwischen dem Braunkohlenbergbau und der Elektrizitätswirtschaft hat sich ein enges Verbundsystem entwickelt. Die wachsende Stromerzeugung auf Braunkohlenbasis und der hohe Kapitalbedarf für die Finanzierung großer Tagebaue und Kraftwerkseinheiten haben zu diesem Verbund geführt. Er hat sich als vorteilhaft erwiesen, denn beide Seiten sind daran interessiert, daß Tagebaue und Kraftwerke gleichermaßen auf hohem technischen Niveau gehalten und ständig voll ausgelastet werden. So besteht in Nordrhein-Westfalen der Verbund zwischen dem Rheinisch-Westfälischen Elektrizitätswerk AG (RWE), Essen, und den Rheinischen Braunkohlenwerken AG, Köln. Auch in den anderen Braunkohlenrevieren gibt es enge Verflechtungen zwischen Unternehmen der Elektrizitätsversorgung und des Bergbaues, so in Niedersachsen und Hessen zwischen der Veba AG, Bonn, der Braunschweigischen Kohlebergwerke AG (BKB), Helmstedt, und den Preußischen Elektrizitätswerken AG (Preußen Elektra), Hannover.

4.2 Feste Produkte

In den 5 im Rheinland liegenden Braunkohlenveredlungsbetrieben der Bundesrepublik Deutschland mit einer Kapazität von rd. $18 \cdot 10^6$ t/a Rohbraunkohle werden ca. $7 \cdot 10^6$ t/a Trockenbraunkohle produziert (Tabelle III.5).

In Grubenkraftwerken, die in einem Kraft-Wärme-Verbund mit den Veredlungsbetrieben stehen, wird Dampf erzeugt, der zunächst über Dampfturbinen zur Stromerzeugung genutzt und anschließend zur Kohletrocknung verwendet wird. Dieser Verbund realisiert bereits seit langem die heutzutage angestrebte Kraft-Wärme-Kopplung und erreicht einen Wirkungsgrad von über 80 %.

Braunkohlenbrikett

In Strangpressen wird seit dem vergangenen Jahrhundert Trockenbraunkohle ohne Zusatz von Bindemitteln zu Brikett gepreßt. Die Brikettproduktion lag 1982 bei rd. $3{,}9 \cdot 10^6$ t. Der Marktanteil im Festbrennstoffmarkt der Haushalte der Bundesrepublik Deutschland beträgt rd. 60 %; dieses Produkt wird in kleinerem Umfang auch im Industriebereich eingesetzt.

Braunkohlenstaub

Die Nachfrage nach diesem vornehmlich industriell genutzten Brennstoff ist inzwischen stark gestiegen, so daß der überwiegende Teil des Braunkohlenstaubes durch Mahlen von Trockenkohle in Schwingmühlen zusätzlich erzeugt wird. Der Staub wird heute in verschiedenen Industriebetrieben vor allem in den Drehrohröfen der Zement- und Kalkindustrie eingesetzt. In diesem Bereich ersetzt der Braunkohlenstaub in großem Umfang Erdöl.

Im Jahre 1982 wurden in der Bundesrepublik Deutschland über $2 \cdot 10^6$ t Braunkohlenstaub erzeugt.

Braunkohlenkoks

Ein weiteres festes Produkt der Braunkohlenveredlung ist der Braunkohlenkoks. Nachdem das einzige Schwelkokswerk der Bundesrepublik Deutschland, das in Niedersachsen arbeitete, im Jahre 1967 stillgelegt wurde, ist 1976 im rheinischen Revier eine Herdofenanlage mit einer Kokskapazität von rd. 110 000 t/a in Betrieb genommen worden. Der hier erzeugte Braunkohlenkoks ist ein feinkörniges Produkt im Korngrößenbereich 0 ... 6 mm, der sich durch einen niedrigen Flüchtigen-, Wasser- und Schwefelgehalt auszeichnet. Er wird z. B. in der elektro-

Tabelle III.5 Erzeugung von Braunkohlenveredlungsprodukten (10^6 t)

Jahr	Brikett	Staub	Koks
1955	16,4	0,9	0,6
1960	15,2	0,8	0,6
1965	12,7	0,5	0,6
1970	9,6	0,2	–
1975	5,0	0,3	–
1980	4,4	1,9	0,1
1982	3,9	2,1	0,1

metallurgischen und elektrochemischen Industrie, für die Luft- und Abwasserreinigung sowie für die Herstellung von Elektroden eingesetzt. Aufgrund der großen Nachfrage nach diesem Produkt wird die Braunkohlenkoksproduktion durch eine weitere Herdofenanlage im rheinischen Revier verdoppelt.

4.3 Vergasung

Aufgrund ihrer physikalischen und chemischen Eigenschaften eignet sich Braunkohle besonders gut zur Umwandlung in gasförmige und flüssige Veredlungsprodukte.

Wegen der großen Braunkohlenvorräte im rheinischen Revier werden die Forschungs- und Entwicklungsarbeiten für die Vergasung und Verflüssigung von Braunkohle ausschließlich hier betrieben. Ziel des gesamten Forschungs- und Entwicklungsprogramms ist die sichere Beherrschung der Veredlungsverfahren und deren Erprobung in Erstanlagen im industriellen Maßstab, die als Modell für großtechnische Anlagen gelten können. Es soll eine Ausgangsposition geschaffen werden, von der aus je nach der aktuellen energiepolitischen Lage und den sich ergebenden wirtschaftlichen Gesichtspunkten über den optimalen Einsatz der Braunkohle entschieden werden kann.

Kohlegas kann als CO- und H_2-reicher Rohstoff im Chemiebereich, als Reduktionsgas im Hüttensektor, sowie als CH_4-reicher Energieträger für Raum- und Prozeßwärme in Haushalt und Industrie verwendet werden.

Braunkohle kann je nach gewähltem Verfahren unter Energiezufuhr mit einem Vergasungsmittel zu

1. Synthesegas ($CO + H_2$)
2. künstlichem Erdgas (CH_4)

umgewandelt werden.

Über die Grundverfahren der Kohlevergasung liegen aus der Vergangenheit Betriebserfahrungen mit großtechnischen Anlagen vor.

Synthesegas

Aus den Grundverfahren der Vergasung wurde die Wirbelbettechnik wegen der besonders guten Betriebseigenschaften für die weitere Verfahrensentwicklung ausgewählt.

Das Winkler-Verfahren, ein früher mit Atmosphärendruck arbeitendes Wirbelbettverfahren, wurde zu höherem Druck und höherer Temperatur weiter entwickelt. Eine Pilotanlage nach dem sog. Hochtemperatur-Winkler-Verfahren arbeitet seit 1978 im rheinischen Braunkohlenrevier mit einem Kohledurchsatz von rd. 3 t/h und einer Gaserzeugung von rd. 2 200 m^3/h.

Als nächster Schritt der Entwicklung des Hochtemperatur-Winkler-Verfahrens ist der stufenweise Ausbau einer mehrsträngigen Gasfabrik vorgesehen, die im Endausbau rd. $1 \cdot 10^9$ m^3/a Synthesegas aus rd. $2 \cdot 10^6$ t Kohle erzeugen soll. Mit dem Bau des ersten Stranges dieser Anlage, die den notwendigen Abschluß der Verfahrensentwicklung darstellt, ist begonnen worden (Bild III.8). Dieser 1. Strang wird eine Synthesegaskapazität von rd. $300 \cdot 10^6$ m^3/a haben.

Für dieses Synthesegas gibt es ein breites Spektrum von Anwendungsmöglichkeiten. Im vorliegenden Fall soll das Gas in der Chemischen Industrie an Stelle

Bild III.8 Fotomontage der Synthesegasfabrik Hurth/Berrenrath; (Luftbild: freigegeben Reg. Präs. Düsseldorf, Nr. 18K631)

von bisher eingesetztem Öl als Ausgangsprodukt für die Methanol-Herstellung genutzt werden. Dieses Gas ist aber auch als Reduktionsgas für die eisenschaffende Industrie und als Schwachgas für Brennzwecke einsetzbar; ferner ist nach dem Verfahren auch die Herstellung von Wasserstoff z. B. für die Ammoniaksynthese und für die verschiedenen Hydrierzwecke möglich.

Künstliches Erdgas

Der zweite Weg der Braunkohlenvergasung ist die Herstellung von künstlichem Erdgas (SNG) mit Hilfe der hydrierenden Vergasung. Auch bei diesem Verfahren wird die Kohle im Wirbelbett vergast. Kennzeichen des Prozesses ist, daß als Vergasungsmittel Wasserstoff verwendet wird. Dieser Wasserstoff kann z. B. durch einen Hochtemperatur-Winkler-Vergaser erzeugt werden.

Das Verfahren der hydrierenden Kohlevergasung bietet den Vorteil, über die Bereitstellung von Dampf und Strom durch ein fossiles oder nukleares Kraftwerk hinaus, auch nukleare Prozeßwärme nutzen zu können. Auf diese Weise können bis zu 40 % der Einsatzkohle gespart werden.

Eine Pilotanlage mit einem Durchsatz von rd. 24 t Kohle/h ist im rheinischen Revier in Betrieb.

4.4 Verflüssigung

Von den verschiedenen möglichen Verfahren zur Herstellung von Flüssigprodukten aus Kohle – Synthese, Pyrolyse und Hydrierung – ist das Verfahren der direkten Hydrierung im Hinblick auf den Einsatzstoff Braunkohle optimal geeignet um die gewünschten Produkte, Chemierohstoffe und Kraftstoffe, herzustellen.

Die bisher durchgeführten Laborarbeiten zur Optimierung der Betriebsbedingungen der Sumpfphasehydrierung lassen deutliche Verbesserungen gegenüber den Bedingungen der früher großtechnisch betriebenen Kohlehydrierung erwarten. So konnte der Verfahrensdruck von 700 bar auf 300 bar abgesenkt werden und die Raum-Zeit-Ausbeute um etwa 50 % gesteigert werden.

Die Arbeiten werden jedoch nur dann weitergeführt, wenn die energiewirtschaftliche Situation Aussicht auf eine Kommerzialisierung dieser Technik bietet.

Zusammenfassend soll gezeigt werden, welche Produktmengen der beschriebenen Braunkohlenveredlungsprodukte alternativ aus 1 000 kg Braunkohle hergestellt werden können (Bild III.9).

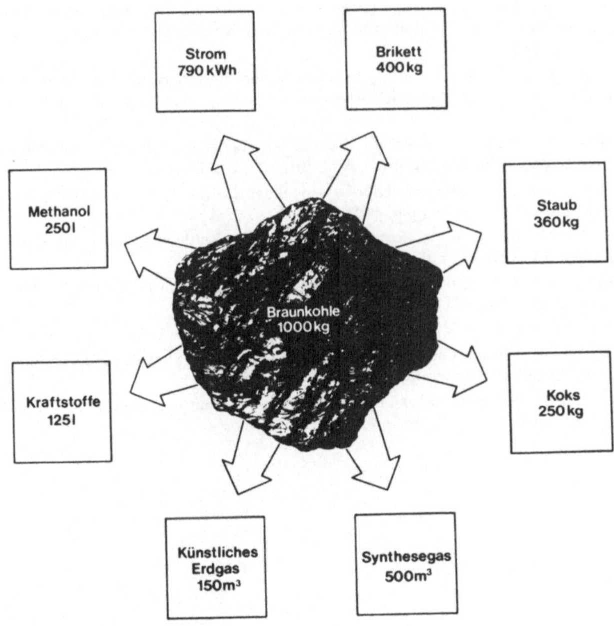

Bild III.9 Produktmengen, die alternativ aus 1000 kg Braunkohle hergestellt werden können

4.5 Ausblick

Die Entwicklung der verschiedenen Verfahren zur Vergasung und Verflüssigung von Braunkohle wird vor allem deswegen mit größtmöglichem Einsatz betrieben, um zu gegebener Zeit – wenn die Konkurrenzfähigkeit der jeweiligen Produkte absehbar ist – die Verfahren erprobt zur Verfügung zu haben. Wegen der langen Vorlaufzeiten für Entwicklung und Bau von Kohleveredlungsanlagen – 10 ... 15 Jahre sind hier zu veranschlagen – werden gegenwärtig die verschiedenen Verfahren stufenweise bis zur Betriebsreife entwickelt.

Literatur

[1] *Gärtner, E.:* Braunkohle: Energie und Rohstoff. Jahrbuch für Bergbau, Energie, Mineralöl und Chemie, 1974, Essen 1974.

[2] *Goedecke, H.:* Das rheinische Braunkohlenrevier. Braunkohle, Tagebautechnik und Energieversorgung, **28**, Heft 5, 1976, S. 145 ff.

[3] *Koenigs, Kurzt, Petz:* Gewinnung und Verarbeitung von Braunkohle. Chemische Technologie, 4. Auflage, Band 5, S. 357 ff.

[4] *Kreusing, Nothhelfer:* Verwendung von brennfertigem Kohlenstaub, ein neues Konzept für die Kohlefeuerung. Keramische Zeitschrift, **34**, Nr. 6, 1982.

[5] *Leuschner, H.-J.:* Der Braunkohlentagebau Hambach – eine Synthese von Rohstoffabbau und Landschaftsgestaltung. Braunkohle, Tagebautechnik und Energieversorgung, **28**, Heft 5, 1976, S. 111 ff.

[6] *Leuschner, H.-J.:* Braunkohlengewinnung im rheinischen Revier im Einklang mit Umwelt und Gesellschaft. 11. Weltenergiekonferenz, München, WEC 80, Vol. 4 B, S. 295 ff.

[7] *Leuschner, H.-J.:* Die Abbauvorhaben im rheinischen Revier in bezug auf Raum und Zeit. Schriften des Verein für Sozialpolitik, NF., Bd. 108, S. 129 ff.

[8] *Scherrer:* Herstellung von Braunkohlenkoks im Salen-Lurgi-Herdofen. Braunkohle, Tagebautechnik und Energieversorgung, Heft 7, 1981.

[9] *Speich, P.:* Braunkohlen-Veredlung. Sonderdruck aus Braunkohle, Tagebautechnik und Energieversorgung, **27**, Heft 11, 1975.

[10] *Speich, P.:* Vergasung und Verflüssigung von Braunkohle. Braunkohle, Tagebautechnik und Energieversorgung, Heft 3, 1981.

[11] *Speich, P.:* Kohletechnologien. VDI-Berichte, Nr. 392, 1981.

[12] *Speich, P., Teggers, H.:* Brown Coal Conversion to Solid, Gaseous and Liquid Products. Erdöl und Kohle, Erdgas-Petrochemie, **36**, Heft 8, August 1983.

[13] *Teggers, Theis, Schrader:* Synthesegas und synthetisches Erdgas aus Braunkohle. Erdöl und Kohle-Erdgas-Petrochemie, **35**, Heft 4, April 1982.

IV Steinkohle

F. Adler H. B. Giesel

1 Einleitung

Steinkohle wird bereits seit vielen Jahrhunderten als Brennstoff verwendet. Die Erfindung der Dampfmaschine durch James Watt im Jahre 1765 leitete die industrielle Revolution ein und die Bedeutung der Steinkohle nahm sprunghaft zu; für viele Jahrzehnte wurde sie zur wichtigsten Energiequelle. Zusätzliche Absatzbereiche wurden der Steinkohle durch die Entwicklung des Hochofens und Fortschritte auf dem Gebiet der chemischen Technologie eröffnet. Die „neuen" Primärenergieträger Erdöl und Erdgas haben die Steinkohle inzwischen keineswegs verdrängen können. Vielmehr wurde die absolute Höhe der Steinkohlenförderung in den letzten Jahren gesteigert. Weltweit gesehen ist die Steinkohle auch heute noch mit etwa 25 % am Primärenergieaufkommen beteiligt.

Wie die meisten mineralischen Rohstoffe wird Steinkohle auf ihrer natürlichen Lagerstätte bergmännisch gewonnen, so daß der Bergbau den Schwerpunkt dieser Ausführungen bildet. Der große Einfluß der Lagerstätteneigenschaften auf die Bergtechnik und damit auch auf den wirtschaftlichen Erfolg der Steinkohlengewinnung machen es erforderlich, kurz die Wesensmerkmale der Lagerstätten zu umreißen.

2 Wesensmerkmale von Steinkohlenlagerstätten

2.1 Gesichtspunkte zur Lagerstättenbeurteilung

Das Bewerten einer Lagerstätte und die Planung des Abbaus setzen eine Wirtschaftlichkeitsberechnung zur Ermittlung der Bauwürdigkeit voraus, die im wesentlichen von

- der Qualität und Menge der Steinkohle in Verbindung mit dem Verwendungszweck,
- den lagerstättenbedingten Faktoren, die den Abbau und damit die Kosten beeinflussen und
- der geographischen Lage der Lagerstätte

abhängig ist.

Die wichtigsten lagerstättenbedingten Faktoren sind die Teufe, die Mächtigkeit und das Einfallen der Flöze, die Nebengesteins- und Deckgebirgsbeschaffenheiten, die Tektonik, die Ausgasung und die Wasserzuflüsse.

---

[1]) Unter Mitarbeit von *U. Bertmann, R. v. d. Gathen, K. H. Voss, H. W. Wild.*

Teufe

Die Mächtigkeit und Standfestigkeit der die Lagerstätte überdeckenden Gesteine ist für die Form des Aufschlusses von wesentlicher Bedeutung. Während die Mächtigkeit des Deckgebirges und die sich daraus ergebenden technischen und wirtschaftlichen Probleme über die Aufschlußform – Tagebau oder Tiefbau – entscheiden, bestimmt die Standfestigkeit des Deckgebirges die Aufschlußarbeiten. Zunehmende Teufe wirkt sich insbesondere auf die Kosten des Aufschlusses der Lagerstätte sowie beim späteren Abbau auf die Förderkosten und infolge des steigenden Gebirgsdrucks auch auf die Kosten für das Offenhalten der Grubenräume aus. Ferner steigt mit wachsender Teufe die Gebirgstemperatur im Ruhrrevier um etwa 3 °C je 100 m an. Die aus der zunehmenden Gebirgstemperatur resultierende Verschlechterung des Grubenklimas stellt erhöhte Anforderungen an die Wetterführung (Grubenbelüftung).

Nebengesteins- und Deckgebirgsbeschaffenheit

Als Nebengestein werden die eine Lagerstätte umgebenden Gesteinsschichten bezeichnet. Die Beschaffenheit des Nebengesteins – fest oder weich, glatt oder klüftig – ist für die Durchführung bergmännischer Arbeiten von großer Bedeutung. Bei klüftigem und mürbem Nebengestein ist das Ausbauen und Offenhalten der Grubenbaue schwieriger als bei festem Nebengestein. Der Aufschluß durch einen Schacht wird erleichtert, wenn standfestes Deckgebirge vorhanden ist, während lockere, eventuell wasserführende Sedimente das Schachtabteufen sehr erschweren können.

Mächtigkeit der Flöze

Das Vorhandensein von Flözen mit Mächtigkeiten von weniger als 1 m und mehr als 5 m stellt unterschiedliche Anforderungen an die Gewinnung. Bei geringmächtigen Flözen – Mächtigkeiten unter 80 cm – wird die Arbeit im Gewinnungsraum (Streb) stark erschwert, während große Flözmächtigkeiten vor allem Ausbauprobleme mit sich bringen. Flözmächtigkeiten über 3 m konnen es erforderlich machen, den Abbau nacheinander in zwei Scheiben durchzuführen.

Die wirtschaftlich günstigsten Mächtigkeiten liegen in der Bundesrepublik Deutschland im Bereich von etwa 1,20 m bis 3,00 m.

Flözeinfallen

Die ursprünglich flach gelagerten Schichten sind oft durch tektonische Vorgänge mehr oder weniger stark gefaltet und gestört. Dadurch können Steinkohlenflöze ein sehr unterschiedliches Einfallen aufweisen. Im westdeutschen Steinkohlenbergbau werden folgende vier Lagerungsgruppen unterschieden:

1. flache Lagerung – Flözeinfallen 0 ... 20 gon,
2. mäßig geneigte Lagerung – Flözeinfallen 20 ... 40 gon,
3. stark geneigte Lagerung – Flözeinfallen 40 ... 60 gon,
4. steile Lagerung – Flözeinfallen 60 ... 100 gon.

Den größten wirtschaftlichen Erfolg erzielt man im allgemeinen in der Lagerungsgruppe 1, da hier das Hereingewinnen der Kohle, das Ausbauen des ausgekohlten Raumes und das Abfördern des Rohstoffes die geringsten Schwierigkeiten bereitet. Mit steigendem Einfallen nehmen die technischen Probleme zu. Sie sind in den Lagerungsgruppen 3 und 4 nur durch besondere Verfahren und Vorkehrungen zu beherrschen.

Tektonik

Unter Tektonik versteht man im Bergbau die Auswirkungen von Gebirgsbewegungen, deren Folge beispielsweise das unterschiedliche Einfallen der Flöze ist. Neben der Veränderung des Einfallens der Flöze ist das Auftreten von Störungen, d. h. Unterbrechungen des natürlichen Schichtenverbandes, ein wichtiger den Abbau beeinflussender Faktor. Die Störungen entstehen durch Bewegungsvorgänge längs bestimmter Bewegungsflächen wobei man zwischen Über-, Auf- und Abschiebungen sowie Horizontalverschiebungen unterscheidet.

Großtektonische Störungen sind Störungen, die mit dem Abbau aus bergtechnischen Gründen nicht durchörtert werden können und daher für Abbaubetriebe natürliche Abbaugrenzen darstellen. Sie gliedern das Grubenfeld in Baufelder und haben daher entscheidenden Einfluß auf deren Zuschnitt.

Als kleintektonische Störungen werden die Störungen bezeichnet, die mit dem Streb durchörtert werden können. Sie weisen seigere Verwurfshöhen bis zur mehrfachen Flözmächtigkeit auf. Nach betrieblichen Erfahrungen liegt die Grenze der möglichen Durchörterung aus bergtechnischen Gründen bei Störungen mit seigeren Verwurfshöhen von etwa dreifacher Flözmächtigkeit, maximal bei etwa 7 m.

Ausgasung

Die Methanausgasung kann eine Behinderung der Gewinnung durch Begrenzung der Abbaugeschwindigkeit zur Folge haben, da die Grubenwetter im deutschen Bergbau nicht mehr als 1 % CH_4 (mit Sondergenehmigung der Bergbehörde 1,5 %) enthalten dürfen.

Wasserzuflüsse

In großen Mengen auftretendes Grubenwasser kann sowohl in der Gewinnung als auch in der Förderung erhebliche Schwierigkeiten bereiten und Sondermaßnahmen zur Wasserhaltung erforderlich machen.

Geographische Lage

Neben den besonderen lagerstättenbedingten Faktoren ist die Standortgebundenheit des Bergbaus an die Lagerstätte von besonderer Wichtigkeit. Entscheidenden Einfluß auf die Wirtschaftlichkeit des Bergbaus haben dabei die Infrastruktur des betreffenden Gebietes, insbesondere die Anwerbungsmöglichkeiten von Arbeitskräften, die verkehrstechnische Erschließung und die Energieversorgung, ferner die Absatzmöglichkeiten der Kohle sowie die zu berücksichtigenden Gesetzesvorschriften, die sich insbesondere auf die Umweltbeeinflussung beziehen.

2.2 Spezifische Eigenschaften wichtiger Steinkohlenlagerstätten der Erde

In den *USA* sind die Kohlenflöze über weite Entfernungen fast störungsfrei und meist flach gelagert. Das Nebengestein – mit einem starken Anteil an Sandstein – ist standfest und weitgehend ohne oder mit leichtem Hilfsausbau (Ankerausbau) zu beherrschen. Ein hochmechanisierter, weitflächiger Abbau im sog. Room-and-Pillar-System ist möglich. Die Gewinnung erfolgt hierbei in mehreren miteinander in Verbindung stehenden Kammern, wobei das Hangende durch stehenbleibende Kohlepfeiler gestützt wird. Die Gewinnungsteufe liegt im amerikanischen Tiefbau zwischen etwa 50 m und 600 m.

Die Steinkohlenflöze in *Großbritannien* sind ebenfalls weitgehend flach gelagert und nur relativ wenig gestört. Es handelt sich um verhältnismäßig harte Gaskohle, die überwiegend schneidend gewonnen wird. Die harte Kohle erlaubt es, eine mehr oder weniger dicke Kohlenschicht am Hangenden stehenzulassen (Anbauen der Firste) und so ein gut beherrschbares Hangendes zu schaffen. Hierdurch wird die Gewinnungsarbeit und der Einsatz des schreitenden Ausbaus (vollmechanisierten Ausbaus) begünstigt. Die durchschnittliche Gewinnungsteufe liegt zwischen 300 m und 800 m.

Die Lagerstätten *Frankreichs, Belgiens* und der *Bundesrepublik Deutschland* weisen alle Einfallensgruppen der Flöze auf, wobei aus wirtschaftlichen Gründen vorwiegend die flachen und mäßig geneigten Flöze abgebaut werden. Durch das häufige Vorkommen von Tonschiefern sind die Nebengesteinsverhältnisse in diesen Ländern wesentlich ungünstiger als in Großbritannien bzw. in den USA. Die Flöze sind durch tektonische Bewegungen vielfach gestört. Die vorwiegend weichen Fettkohlenflöze werden überwiegend schälend hereingewonnen. Die Gewinnungsteufe liegt zwischen 800 m und 1 200 m mit Spitzenwerten bis knapp 1 400 m.

3 Bergbau auf Steinkohle

Unter „Steinkohlenbergbau" werden sämtliche Arbeiten zum Aufsuchen, Gewinnen, Fördern und Aufbereiten von Steinkohle auf ihren natürlichen Lagerstätten zusammengefaßt.

3.1 Erkundung von Steinkohlenlagerstätten

Am Beginn des Bergbaus auf Steinkohle steht das Aufsuchen der Lagerstätten. Hierzu bedient man sich geologischer und geophysikalischer Untersuchungsverfahren. Die Untersuchungsverfahren dienen der Ermittlung der notwendigen Daten über die Kohlenarten, Anzahl und Lage der Flöze, deren Ausdehnung und Kohlenvorrat sowie der Tektonik und der Gebirgsverhältnisse. Während die geophysikalischen Meßergebnisse, bei sedimentären Lagerstätten insbesondere seismische Messungen, das Erkennen von großtektonischen Störungsflächen ermöglichen, können die spezifischen Eigenschaften der Lagerstätte selbst nur durch Schürfarbeiten festgestellt werden.

Die Auswertung der Untersuchungsergebnisse bildet die Grundlage für die Berechnung und Bewertung des Kohlenvorrats und die Planung der Schachtanlagen.

3.2 Tagebau und oberflächennaher Abbau

Unter Tagebau versteht man den Abbau von Lagerstätten von der Tagesoberfläche aus nach Abräumen der die Lagerstätte überdeckenden Gesteine (Abraum). Die Entscheidung über die Aufschlußform „Tagebau" oder „Tiefbau" muß von Fall zu Fall getroffen werden, da sie im starken Maße von lagerstättenbedingten Faktoren und vom Stand der Gewinnungs- und Fördertechnik abhängig ist.

Tagebau auf Steinkohle ist aus den USA (ca. 50 % Förderanteil), der UdSSR, Australien, Südafrika sowie Indien und China bekannt. In den westeuropäischen Ländern wird mit Ausnahme von Großbritannien kaum noch Tagebau auf Steinkohle, wohl aber auf Braunkohle betrieben.

Die Entscheidung, ob ein Steinkohlenflöz oder eine Flözgruppe im Tagebau gebaut werden sollen, ist allgemein vom Verhältnis Abraum zu Kohle (A:K) abhängig, d. h. vom Verhältnis der zu bewegenden Abraummenge zu der dadurch freigelegten Kohlenmenge. Da diese Verhältnisgröße unter anderem von den zur Verfügung stehenden Gewinnungs- und Transportgeräten, der Härte des Deckgebirges, der Qualität der Kohle, den Arbeits- und Materialkosten und den erzielbaren Erlösen abhängig ist, kann sie von Fall zu Fall sehr verschieden sein (gegenwärtig bis etwa 30 : 1).

Wesentliche Vorteile des Tagebaus gegenüber dem Tiefbau liegen vor allem in der vergleichsweisen kurzen Anlaufzeit zum Erreichen der geplanten Förderung, in den Einsatzmöglichkeiten leistungsstarker Großgeräte sowie in der Möglichkeit, Bedarfsschwankungen schnell anpassen zu können. Nachteile des Tagebaus liegen u. a. in seiner Witterungsabhängigkeit, den möglichen Auswirkungen auf das Ökosystem (z. B. Grundwasserabsenkung, Abraumhalden) sowie den notwendigen Rekultivierungsmaßnahmen.

Die wichtigsten Gewinnungsgeräte im Steinkohlentagebau sind der Hochlöfferbagger und vor allem der Schürfkübelbagger (dragline). Zusätzlich gelangen Bulldozer, Eimerkettenbagger und bei günstigen Deckgebirgsverhältnissen Schaufelradbagger zum Einsatz.

Aus Bild IV.1 ist die Leistungsentwicklung im nordamerikanischen Steinkohlentagebau im Vergleich zu der Produktivitätsentwicklung in den Tiefbaugruben der USA, Großbritanniens und der Bundesrepublik Deutschland seit dem Jahre 1960 zu ersehen. Der Leistungsrückgang im amerikanischen Steinkohlenbergbau seit etwa 1970 ist vor allem auf verschärfte Sicherheits- und Umweltschutzgesetze sowie fehlende technologische Innovationen zurückzuführen. Eine moderne Ergänzung der Tagebautechnik stellt der im Jahre 1953 erstmals durchgeführte Bohrbergbau (Auger-Mining) dar. Bei diesem Verfahren werden mit dem „Auger-Miner" an den Flözausbissen parallele Löcher bis zu etwa 100 m in das Flöz gebohrt und die Kohlen durch das schneckenförmig ausgebildete Bohrgestänge aus den Bohrlöchern ausgetragen. Voraussetzung für den wirtschaftlichen Einsatz eines "Auger-Miners" ist eine relativ flache und ungestörte Lagerung des Flözes.

Eine andere Art oberflächennahen Bergbaus ist der Stollenbetrieb. Wenn in hügeligem Gelände Kohle oberhalb der Talsohle ansteht, kann diese durch einen söhligen Stollen aufgeschlossen werden. Von einer Trasse aus, die gleichzeitig den Standort für die Tagesanlagen bildet, werden im Flöz zwei parallele Stollen bis in festes, tragfähiges Gestein vorgetrieben. Von dort aus wird das Hauptstreckennetz entwickelt und das Grubenfeld zum Abbau ausgerichtet.

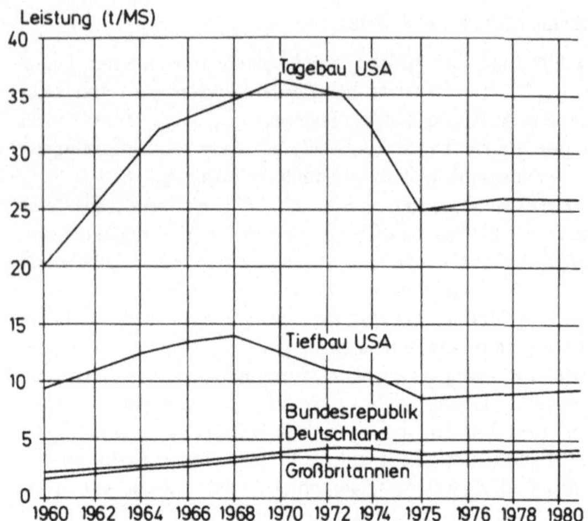

Bild IV.1 Leistungsentwicklung im Steinkohlenbergbau der USA (Tiefbau und Tagebau), Großbritanniens und der Bundesrepublik Deutschland

3.3 Tiefbau

Der Tiefbau ist dadurch gekennzeichnet, daß das Aufschließen der Lagerstätte von der Tagesoberfläche aus durch Schächte erfolgt. Den Begriff „Aufschließen" bedeutet im Tiefbau neben dem Abteufen von Schächten das Auffahren von Strecken mit dem Ziel, die Lagerstätte dem Abbau zugänglich zu machen. Den Aufschlußarbeiten gehen grundsätzlich umfangreiche Planungsarbeiten voraus, die den Zuschnitt des Grubengebäudes sowie die Auslegung der unter- und übertägigen Anlagen nach den natürlichen Gegebenheiten der Lagerstätte und der vorgesehenen Kapazität der geplanten Schachtanlage festlegen.

3.3.1 Bemessung der Betriebsgröße

Zunächst muß die Betriebsgröße bzw. die Sollförderung einer Schachtanlage bestimmt werden. Neben den Absatzmöglichkeiten sind hierfür insbesondere die geologische Ausbildung der Lagerstätte sowie die Investitions- und Betriebskosten zu berücksichtigen. Um ein Maximum an wirtschaftlichem Erfolg zu erzielen, muß die Betriebsgröße so gewählt werden, daß die Gesamtkosten je Fördereinheit über die gesamte Lebensdauer der Schachtanlage ein Minimum bilden. Die Förderhöhe der im Jahre 1981 in der Bundesrepublik Deutschland betriebenen 38 Steinkohlenbergwerke betrug durchschnittlich etwa 9 200 t verwertbare Förderung (t v.F.) je Tag.

Neben der technischen Kapazität der Bergwerke ist jedoch die geologische Kapazität ebenso wichtig. Das bedeutet, daß die erforderliche Anzahl der Abbaubetriebe bei weitgehender Konzentration im Grubenfeld auf günstige Lagerstättenteile beschränkt bleiben muß. Es muß bereits bei der Auslegung der technischen Kapazität darauf hingewirkt werden, daß nicht unter dem Zwang einer vorgegebenen Sollförderung Grenzbetriebe mit überhöhten Abbaukosten in Betrieb genommen werden müssen.

Die Bemessung der jeweiligen Baufeldgröße ist vor allem von folgenden Gesichtspunkten abhängig:

– Wetterführung – Fahrungszeit – Feldesausnutzung (bzw. Feldesbelastung).

Die Notwendigkeit, jedem Bereich des Grubengebäudes eine bestimmte Wettermenge zuzuführen, macht es erforderlich, das Grubenfeld nur so groß zu wählen, daß unter Berücksichtigung der technischen, wirtschaftlichen und sicherheitlichen Gesichtspunkte die Wetterführung sichergestellt ist.

Ein weiterer, die Baufeldgröße begrenzender Faktor ist die Fahrungszeit der Belegschaft. Da alle Wege untertage sowie die Seilfahrt zu Schichtbeginn (Fahrungszeit) zur Schichtzeit zählen, beträgt die effektive Arbeitszeit vor Ort bei einer Schichtzeit von 480 min nur etwa 300 ... 360 min. Aus diesem Grunde versucht man, die Fahrungszeit durch ein kleines Grubenfeld, durch Personenbeförderungsmittel (Zug, Bandfahrung usw.) oder durch die Errichtung von Außenseilfahrtschächten möglichst kurz zu halten.

Die dritte Einflußgröße ist die mögliche Feldesausnutzung, die die Höhe der Tagesförderung bezogen auf 1 km^2 des Grubenfeldes angibt. Im allgemeinen wird eine große Feldesausnutzung angestrebt, da in diesem Falle eine starke Konzentration sowohl der Abbaubetriebe als auch der nachgeschalteten Betriebe möglich ist, was sich nachhaltig auf die Höhe der Betriebskosten auswirkt.

3.3.2 Abteufen von Tagesschächten

Die besondere Stellung eines Schachtes als einzigem Verbindungsweg nach untertage, die hohen Abteufkosten und die meist lange Lebensdauer erfordern hinsichtlich seiner Lage und Bemessung ein sorgfältiges Abwägen der relevanten Einflußgrößen.

Bei der Wahl des Schachtansatzpunktes müssen die durch die Übertagesituation und die Lage und Erstreckung der Lagerstätte gegebenen Voraussetzungen aufeinander abgestimmt werden. Übertage muß vor allem bei Förderschächten eine ausreichende Fläche für die notwendigen Tagesanlagen zur Verfügung stehen und alle gesetzlichen Auflagen (z. B. Anlage der Bergehalde, Lärmpegel) müssen erfüllbar sein. Untertage ist vor allem darauf zu achten, einerseits die in der Schachtschutzzone anstehenden Kohlenvorräte – soweit sie nicht durch die Wahl der Abbauführung ohne Beschädigung des Schachtes abgebaut werden können – möglichst klein zu halten, andererseits einen Förderschacht nahe an den Förderschwerpunkt zu legen, um die Förderwege und damit die Förderkosten zu minimieren.

Die Festlegung des Schachtdurchmessers hängt von der für die Bewetterung des Grubengebäudes erforderlichen Wettermenge und bei Benutzung des Schachtes als Förderschacht zusätzlich von der zu fördernden Rohkohlenmenge ab. In der Regel beträgt der Durchmesser von Hauptschächten 6 ... 8 m.

Das Aufschließen der Lagerstätten kann sowohl durch senkrechte (seigere) als auch durch schräge (tonnlägige) Schächte erfolgen. Für das Abteufen seigerer Tagesschächte gibt es folgende Möglichkeiten:

- Das konventionelle Verfahren mit dem Arbeitszyklus Bohren – Sprengen – Wegfüllen – Ausbauen; dabei konnte das Bohren mit Hilfe von Bohrbühnen und das Wegfüllen durch Hydraulikgreifer mechanisiert werden.
- Für das Abteufen von Blindschächten wird das Schachtbohrverfahren bevorzugt angewendet, entweder nach dem Rotaryverfahren oder dem gestängelosen Abteufverfahren mit einer Abteufmaschine.

Außergewöhnliche geologische Gegebenheiten, wie z. B. wasserführende Gesteinsschichten oder Störungszonen können auch zur Anwendung besonderer Teufverfahren zwingen. Bei Wasserzuflüssen in standfestem Gestein besteht die Möglichkeit, durch Einpressen von Zement oder Chemikalien entweder von der Tagesoberfläche oder jeweils von der Schachtsohle aus, die Wasserzuflüsse abzudichten. In lockeren Sedimenten (z. B. Schwimmsande) ist die Anwendung des Gefrierverfahrens unerläßlich. Unter diesem Verfahren versteht man das Herstellen eines künstlichen Frostzylinders im Gebirge, in dessen Schutz das Abteufen nach konventioneller Methode mit Bohr- und Sprengarbeit vor sich gehen kann. Die wichtigste Ausbauart in Tagesschächten war früher der Tübbingausbau, bei heutigen Gleitschächten dominiert der Stahlbetonausbau mit Stahlblechmantel und Betonformsteinaußenausbau.

3.3.3 Aus- und Vorrichtung

Nach Abteufen der Tagesschächte wird die Lagerstätte untertage ausgerichtet und zum planmäßigen Abbau vorgerichtet. Unter Ausrichtung versteht man die Herstellung aller Grubenbaue im Gestein, die dazu bestimmt sind, die Lagerstätte zugänglich zu machen und für den Abbau in geeignete Bauabschnitte zu unterteilen. Die aufgefahrenen Grubenbaue dienen der Förderung von Kohle, Versatz und Material, der Wetterführung, der Personenfahrung, der Wasserhaltung und der Energieversorgung.

Die Verbindung zwischen der Ausrichtung und dem Abbau stellen die sogenannten Vorrichtungsbaue her. Im Steinkohlenbergbau verlaufen diese grundsätzlich in der Lagerstätte. Beim Strebbau gehören zur Vorrichtung die Auf- oder Abhauen im Flöz, die die Ausgangsbasis für einen anlaufenden Streb bilden, die Abbaubegleitstrecken und die Basisstrecken.

Man unterscheidet zwischen söhliger (horizontaler) Ausrichtung durch Richtstrecken und Querschläge und seigerer (vertikaler) Ausrichtung durch Blindschächte und Gesteinsberge. Richtstrecken verlaufen in Richtung des Generalstreichens einer Lagerstätte während Querschläge quer zum Streichen verlaufen und auf diese Weise bei geneigter Lagerung mehrere Flöze durchschneiden. Blindschächte sind seigere Grubenbaue, die zwei oder mehrere Sohlen miteinander verbinden, ohne Verbindung mit der Tagesoberfläche zu haben. Gesteinsberge sind geneigte Strecken, die ebenfalls zur Überwindung des Teufenunterschiedes zwischen zwei oder mehreren Sohlen dienen.

Im westdeutschen Steinkohlenbergbau herrscht im allgemeinen eine zweisöhlige Ausrichtung vor, d. h., die Lagerstätte wird in zwei Ebenen durch Gesteinsstrecken ausgerichtet. Die tiefere Sohle dient gewöhnlich als Fördersohle für die Rohkohlenförderung, während die obere Sohle für die Wetterführung und oftmals für den Material- und Versatzbergetransport benutzt wird.

Die Ausrichtung einer Lagerstätte im Zweisohlensystem ist ein sehr komplexes Problem, das eine eingehende Gesamtplanung des Bergwerkbetriebes voraussetzt. Neben den geologischen Verhältnissen sind die technischen Möglichkeiten und Kapazitäten der verfügbaren Betriebsmittel zu berücksichtigen, um durch die Wahl des richtigen Sohlenabstandes sowie der günstigen Lage der Richtstrecken und der Querschläge optimale Bedingungen für den Abbau und die nachgeschalteten Betriebsvorgänge zu schaffen.

Sehr wichtig ist weiterhin die Wahl eines günstigen Zuschnitts, d. h. die Aufteilung eines Baufeldes in einzelne Bauhöhen. Entscheidende Kriterien sind dabei u. a. die Breite und Länge der einzelnen Bauhöhen, die Auswirkungen der Abbaugeometrie in Hinsicht auf innere und äußere Bergschäden, die Höhe der Abbauverluste durch Rand- und Restpfeiler sowie die durch diese Pfeiler im Gebirge hervorgerufenen Zonen erhöhten Gebirgsdrucks.

Im Gegensatz zum Zweisohlenbergbau wird in Großbritannien und in den USA der Einsohlenbergbau (in-the-seam-mining) bevorzugt, bei dem die gesamte Ausrichtung weitgehend in das Flöz gelegt wird. Dieses Ausrichtungsschema setzt eine flache oder annähernd flache Lagerung und eine bestimmte Mindestflözmächtigkeit voraus. Aus Gründen der Wetterführung ist die Auffahrung von mindestens zwei, häufig sogar drei oder vier parallelen Strecken erforderlich, zwischen denen Kohlenpfeiler von 5 ... 50 m Breite stehenbleiben.

Beide Ausrichtungssysteme haben grundsätzliche Vor- und Nachteile, die jedoch nur in enger Verbindung mit den jeweiligen Lagerstättenverhältnissen beurteilt werden können. Der Zweisohlenbergbau ermöglicht es, durch die Wahl eines geeigneten Sohlenabstandes gleichzeitig mehrere Flöze oder Flözgruppen aufzuschließen, bei vorgegebener Fördermenge die erforderlichen Abbaubetriebe räumlich zu konzentrieren, und erlaubt ferner eine vergleichsweise einfache Organisation der Förderung, des Materialstransportes und der Personenfahrung sowie eine klare Trennung zwischen ein- und ausziehenden Wetterströmen. Demgegenüber stehen der erhebliche Zeitaufwand für die Auffahrung einer neuen Sohle (3 ... 5 Jahre) und die wesentlich höheren Kosten für den unproduktiven Streckenvortrieb im Gestein, die allerdings teilweise durch die im Verhältnis zu Flözstrecken geringeren Unterhaltungskosten in den Gesteinsstrecken wieder ausgeglichen werden.

Die Vorteile des Flözbergbaus liegen zunächst darin, daß die Streckenauffahrung erheblich billiger ist und gleichzeitig ein verkaufsfähiges Produkt liefert. Allerdings müssen sich die Strecken der z. T. wechselnden Lagerung des Flözes anpassen. Sie können nicht horizontal oder mit vorgegebenem Gefälle aufgefahren werden, wodurch fördertechnische Probleme auftreten können. Demgegenüber entfällt jegliche seigere Zwischenförderung zwischen Abbau- und Sohlenniveau, die beim Zweisohlenbergbau mit Blindschächten einen unerwünschten Förderknick im Massenguttransport bildet. Das Grubengebäude muß im Verhältnis zur Fördermenge relativ groß gehalten werden, da die Förderung je Flächeneinheit (Feldesausnutzung) beim Abbau nur eines Flözes entsprechend gering ist. Das bewirkt längere Transport- und Förderwege und einen erhöhten Schichtenaufwand in den dem Abbau vor- und nachgeschalteten Betrieben. Die flözgeführte Ausrichtung hat zusätzlich erhebliche Schwierigkeiten in der Wetterführung zur Folge. Das betrifft vor allem die längeren Wetterwege, die Vermeidung von Wetterkurzschlüssen und die Abführung von Grubengas.

Im Steinkohlenbergbau der USA ist die ausschließliche Anwendung des "in-the-seam-mining" hauptsächlich auf die bereits beschriebenen, außerordentlich günstigen Flözverhältnisse – flache und ungestörte Lagerung, geringe Ausgasung und gute Nebengesteinsverhältnisse – zurückzuführen. In Westeuropa liegen diese günstigen Bedingungen in der Regel nicht vor. Nur in Großbritannien hat sich der Einsohlenbergbau durchgesetzt, da hier die Flözfolge wesentlich niedriger ist als im übrigen Westeuropa.

3.3.4 Herstellung und Unterhaltung der Grubenbaue

Im westdeutschen Steinkohlenbergbau verursachen alle Bereiche des Vortriebs zusammengenommen, also das Auffahren der Strecken und Berge, das Abteufen seigerer Grubenbaue und das Herstellen untertägiger Sonderbauwerke etwa 20 % des Gesamtschichtaufwandes des Untertagebetriebes. Da der Vortrieb somit sehr arbeitsintensiv ist, kommt seiner Mechanisierung und damit einer Steigerung der Vortriebsleistungen eine besondere Bedeutung zu.

Gesteinsstreckenvortrieb

Der Gesteinsstreckenvortrieb geschieht auch heute noch überwiegend im konventionellen Vortriebsverfahren, das durch die aufeinanderfolgenden Arbeitsvorgänge Bohren–Sprengen–Wegfüllen–Ausbauen gekennzeichnet ist. Zunächst wird dabei die Ortsbrust mit Bohrhämmern oder einem Bohrwagen nach einem vorgegebenen Schema angebohrt. Daran anschließend werden diese Bohrlöcher mit Gesteins- oder Wettersprengstoff geladen und der Abschlag gesprengt. Das hereingesprengte Haufwerk wird mit Lademaschinen wie Seitenkipplader und Schrapper in Wagen oder auf Stetigförderer geladen. Danach wird in den neuen Streckenabschnitt mit kreisförmigen, rechteckigen oder bogenförmigen Querschnitten der Ausbau, in der Regel Profilstahl, eingebracht.

Die durchschnittliche Vortriebsgeschwindigkeit im konventionellen Gesteinsstreckenvortrieb lag im Jahre 1981 bei rd. 2,2 m/d, Spitzenbetriebe erreichten bei einem Streckenquerschnitt von 25 m^2 etwa 7 m/d.

Die Rationalisierungsbemühungen im Streckenvortrieb führten bei der Bohrarbeit zu einem verstärkten Einsatz von schweren, teilweise hydraulisch angetriebenen, lafettengeführten Bohrhämmern auf Bohrwagen oder Bohrbühnen. Bei der Rationalisierung der Sprengarbeit stehen eine Vergrößerung der Patronendurchmesser bei dann verringerter Zahl von notwendigen Bohrlöchern sowie das profilgenaue Sprengen mit Hilfe der Sprengschnur zur Vermeidung von Mehrausbruch im Mittelpunkt.

Bei der Wegfüllarbeit konnte sich der Seitenkipplader immer stärker durchsetzen, da er sich aufgrund seiner hohen Beweglichkeit zusätzlich als Transport- und Ausbauhilfe verwenden läßt.

Das Einbringen des Ausbaus benötigt in mechanisierten Streckenvortrieben etwa 50 % des gesamten Zeitaufwandes. Zur Vortriebsbeschleunigung wird eine räumliche und zeitliche Aufteilung der Ausbauarbeit in Teilvorgänge, die teils an der Ortsbrust, teils in einiger Entfernung davon durchgeführt werden können, angestrebt. Dafür gibt es im wesentlichen zwei Lösungswege:

- Einsatz von Ausbauhilfen zur maschinellen Einbringung des vormontierten Endausbaus vor Ort;
- Verkürzen der Zykluszeit durch Aufteilung in vorläufigen Ausbau vor Ort (Anker oder Spritzbeton) und Einbringen oder Vervollständigen des endgültigen Ausbaus im Abstand bis zu 40 m hinter der Ortsbrust.

Da der stets wiederkehrende Arbeitsablauf „Bohren — Sprengen — Wegfüllen — Ausbauen" sehr schichtenaufwendig ist, und da sich die Sprengarbeit vielfach nachteilig auf das Nebengestein auswirkt, wurden in den vergangenen Jahren verstärkt Anstrengungen unternommen, kontinuierlich arbeitende Streckenvortriebsmaschinen zu entwickeln.

Für die maschinelle Auffahrung von Gesteinsstrecken mit kreisrundem Querschnitt verschiedenen Durchmessers stehen heute erprobte Vollschnitt-Vortriebsmaschinen zur Verfügung. Vollschnitt-Vortriebsmaschinen gewinnen das anstehende Gestein mit Hilfe von Rollenbohrwerkzeugen herein. Der Bohrkopf, auf dem die Bohrwerkzeuge montiert sind, hat einen Durchmesser bis zu etwa 6,5 m, die installierten Leistungen liegen zwischen 700 kW und 1 000 kW. Die Einsatzmöglichkeiten von Vollschnitt-Vortriebsmaschinen sind systembedingt durch den hohen Transport-, Montage- und Demontageaufwand und dem daraus resultierenden wirtschaftlichen Zwang zu großen, zusammenhängenden Auffahrlängen von mindestens rd. 3 000 m stark eingeschränkt. Die durchschnittlichen Auffahrleistungen liegen heute bei etwa 12 m/d, Spitzenbetriebe erreichten 41 m/d.

Flözstreckenvortrieb

Für den konventionellen Flözstreckenvortrieb gelten im Grundsatz die gleichen Mechanisierungsbedingungen wie im Gesteinsstreckenvortrieb, da im wesentlichen die gleichen Betriebsmittel zum Einsatz kommen. Aufgrund des geringeren Streckenquerschnitts von Flözstrecken (20 m^2) ist zwar die Rationalisierung der Bohr- und Ausbauarbeit etwas erschwert, im Hinblick auf den erheblichen Umfang aufzufahrender Strecken (in der Bundesrepublik Deutschland im Jahre 1981 rd. 450 km) dennoch besonders wichtig. Erleichtert werden die Mechanisierungsbestrebungen durch die Tendenz, sowohl aus wettertechnischen Gründen als auch aufgrund der erwarteten Konvergenz, die Flözstreckenquerschnitte zu erhöhen. Die durchschnittliche Vortriebsgeschwindigkeit des konventionellen Flözstreckenvortriebes lag 1981 bei etwa 2,8 m/d.

Die besonderen Anforderungen an eine leistungsfähige und vor allem schnelle Flözstreckenauffahrung, um entweder hohe Abbaugeschwindigkeiten oder einen Vorrichtungsvorsprung für den Rückbau zu erreichen, gaben der Entwicklung des maschinellen Flözstreckenvortriebs starke Impulse. Inzwischen stehen eine Reihe betriebserprobter und bewährter sogenannter Teilschnitt-Vortriebsmaschinen zur Verfügung (Bild IV.2). Teilschnitt-Vortriebsmaschinen schneiden mit einem meißelbestückten Quer- oder Längsschneidkopf, der auf einem schwenkbaren Ausleger montiert ist, die Ortsbrust frei. Nachteilig sind bei den Schneidkopfmaschinen neben dem Verschleiß der Schneidwerkzeuge vor allem die starke Staubentwicklung, die aufwendige Entstaubungseinrichtungen notwendig macht.

Bild IV.2 Teilschnitt-Vortriebsmaschine

Da die Ausbauarbeit, während der die Teilschnittmaschine nicht arbeiten kann, teilweise bis zu 60 % der Gesamtarbeitszeit in Anspruch nimmt, ist der Maschinenausnutzungsgrad heute noch meist unbefriedigend. In die Teilschnitt-Vortriebsmaschinen integrierte Ausbauhilfen versprechen jedoch eine Verkürzung der zeitaufwendigen Ausbauarbeit. Die Wirtschaftlichkeit von Teilschnitt-Vortriebsmaschinen wird zusätzlich durch die hohen Vorkosten (Transport und Montage) bestimmt, woraus sich ein Zwang zu möglichst großen zusammenhängenden Einsatzlängen ergibt.

Im Jahre 1982 wurden im deutschen Steinkohlenbergbau 36 % der Flözstrecken maschinell aufgefahren, die durchschnittliche Vortriebsleistung lag bei etwa 7,5 m/d, einige Flözstreckenvortriebe erreichten um 20 m/d.

Für die maschinelle Auffahrung vornehmlich mit- und nachgefahrener Flözstrecken wurde die Schlagkopfmaschine entwickelt, die das Haufwerk schlagend aus dem Gebirgsverband löst.

Sowohl für den Flöz- als auch den Gesteinsstreckenvortrieb bietet sich für eine weitere Rationalisierung die LHD-Technik (Load = Laden, Haul = Fördern, Dump = Entladen) mit gleislosen gummibereiften Dieselfahrzeugen (Fahrlader, Bohrwagen, Sprengstoffwagen usw.) an.

Blindschächte

Das Abteufen von Blindschächten geschieht noch meist analog dem Streckenvortrieb im sich stets wiederholendem Arbeitszyklus: Bohren – Sprengen –

Wegfüllen – Ausbauen. Die Mechanisierung des Teufens bleibt dabei auf den Einsatz von Bohrbühnen und Hydraulikgreifern zum Wegfüllen beschränkt. Die Teufleistung im konventionellen Betrieb liegt bei etwa 30 m/Monat.

Gute Erfolge konnten in der seigeren Ausrichtung beim Blindschachtbohren erzielt werden. Voraussetzung ist die Unterfahrung des vorgesehenen Blindschachtes, um ein Vorbohrloch herstellen zu können. Durch das Vorbohrloch wird bei der Erweiterung auf den endgültigen Blindschachtdurchmesser das gelöste Haufwerk durch die eigene Schwerkraft abgefördert. Zur Erweiterung des Vorbohrloches dient in erster Linie die Gesenkbohrmaschine, die nach dem Prinzip einer Vollschnittmaschine arbeitet. Die hohen Vorleistungsarbeiten für das Blindschachtbohren erfordern in der Regel eine Mindestteufe des Blindschachtes von etwa 200 m. Bei 5,5 m Blindschachtdurchmesser wurde mit einer Gesenkbohrmaschine bereits eine Abteufleistung von 200 m/Monat erreicht.

Unterhaltung der Grubenbaue

Mit zunehmender Teufe und damit ansteigendem Gebirgsdruck nimmt die Konvergenz zu und der Streckenunterhaltung kommt somit eine wachsende Bedeutung zu. Die wichtigsten Unterhaltungsarbeiten sind das Senken der Streckensohle und das Durchbauen der Streckenfirste. Bei der Senkarbeit gelang die Mechanisierung des Löse- und Ladevorgangs mit Hilfe des Senkladers, beim Durchbauen sind dagegen bis heute keine nennenswerten Mechanisierungserfolge zu verzeichnen. Lediglich zum Nachreißen der Firste bietet sich die Schlagkopfmaschine an.

Um die arbeitsintensive und schichtenaufwendige Streckenunterhaltung möglichst gering zu halten, versucht man heute, der zu erwartenden Streckenkonvergenz bereits durch Maßnahmen bei der Streckenauffahrung (z. B. Vergrößerung des Streckenquerschnitts und Anwendung der Ankertechnik) zu begegnen.

3.3.5 Bewetterung, Grubenklima und Wetterkühlung

Eine einwandfreie Bewetterung des Grubengebäudes ist die Grundvoraussetzung für sämtliche Arbeiten untertage. Ziel der Bewetterung ist es,

- dem untertage tätigen Menschen ausreichende Mengen an Frischluft zuzuführen sowie durch Abfuhr von Wärme bestmögliche klimatische Bedingungen zu schaffen, und
- die bei der Gewinnung und im alten Mann auftretenden Grubengase bis zur Unschädlichkeit zu verdünnen.

Die Bergverordnung des Landesoberbergamtes NRW schreibt vor, daß je Mann und Minute mindestens 6 m^3 frische Wetter dem Grubengebäude zugeführt werden müssen. In den Wettern dürfen die maximalen Arbeitsplatzkonzentrationen (MAK-Werte) für CH_4, CO_2, CO und H_2S nicht überschritten werden. Die Wettergeschwindigkeit in den Grubenbauen ist mit Ausnahme in Tagesschächten auf max. 6 m/s begrenzt.

Das zur Bewetterung des Grubengebäudes notwendige Druckgefälle wird mit Hilfe von axial oder radial arbeitenden Grubenlüftern in den ausziehenden Schächten erzeugt, bei deren Dimensionierung die erforderliche Wettermenge und der Widerstand des von den Wettern durchströmten Grubengebäudes maßgebend sind.

Für die Förderhöhe aus einem Betriebspunkt ergeben sich aus den vorgeschriebenen Höchstwerten für die Wettergeschwindigkeit und für den Gehalt an CH_4 Beschränkungen. Die zur Verdünnung des auftretenden Methans benötigten Wettermengen können nur durch eine Vergrößerung der Streckenquerschnitte den Abbaubetrieben zu- und abgeführt werden. Dabei stellt allerdings der Strebquerschnitt einen Engpaß dar, weil aus sicherheitlichen Gründen der Strebraum nicht beliebig groß gehalten werden kann. Um am Übergang Streb-Ausziehstrecke günstigere Klimawerte zu erhalten, empfiehlt es sich bei hohen Gebirgstemperaturen, statt der üblichen U-Bewetterung die Form der Y-Bewetterung zu wählen. Eine zusätzliche Möglichkeit besteht darin, den CH_4-Anfall bei der Gewinnung von vornherein durch Gasabsaugmaßnahmen zu verringern.

Mit zunehmender Teufe kommt neben der Wettermenge dem Grubenklima eine wachsende Bedeutung zu. Die mittlere Gewinnungsteufe an der Ruhr lag im Jahre 1982 bei 869 m und nimmt seit 1972 je Jahr um rd. 8 m zu. Die Gebirgstemperatur in 870 m Teufe liegt im Ruhrgebiet bereits bei etwa 40 °C.

Das Grubenklima hängt in erster Linie von der Wettertemperatur, die u. a. von der Selbstverdichtung der Luft, der Gebirgswärme und der Wärmeabgabe der Rohkohle und der Betriebsmittel bestimmt wird, der Feuchtigkeit und der Wettergeschwindigkeit ab. Als Maßeinheit dient die Effektivtemperatur, bei der die drei genannten Einflußfaktoren berücksichtigt sind.

Die Bemühungen zur Verbesserung des Grubenklimas in großen Teufen führten neben den Maßnahmen der Wettermengenerhöhung und veränderter Bewetterungsarten zur Wetterkühlung in Streckenvortrieben und im Abbaubereich. Die mittlere Leistung von Wasserkühlmaschinen für die Wetterkühlung liegt bei zentralen Wetterkühlanlagen unter Tage um 1 MW, bei Übertageanlagen beträgt sie heute bis 10 MW.

3.3.6 Abbau

Beim Abbau wird grundsätzlich zwischen den Verfahren des planmäßigen Abbaus (Abbauverfahren) und der Führung des Abbaus (Abbauführung und -richtung) unterschieden.

Abbauverfahren

Die Ziele bei der Wahl eines Abbauverfahrens sind in erster Linie ein Höchstmaß an Sicherheit für die im Abbaubereich tätigen Bergleute, das vollständige Hereingewinnen des Lagerstätteninhaltes sowie die Minimierung der Gewinnungskosten.

Im Steinkohlentiefbau haben vor allem die langfrontartigen und kammerartigen Abbauverfahren mit Versatz oder als Bruchbau Bedeutung.

Hauptvertreter der langfrontartigen Bauweise ist der Strebbau, der im westeuropäischen Steinkohlenbergbau in flacher bis mäßig geneigter Lagerung das ausschließlich angewandte Abbauverfahren darstellt. Kennzeichnend für dieses Abbauverfahren ist, daß ein Bauabschnitt (Bauhöhe) von einem Ende zum anderen in breiter Front abgebaut wird (Bild IV.3). Die Streblänge liegt in der Regel zwischen 200 m und 250 m, die Länge einer Bauhöhe wird im wesentlichen durch die geologischen Verhältnisse und den Zuschnitt des jeweiligen Baufeldes bestimmt. Im

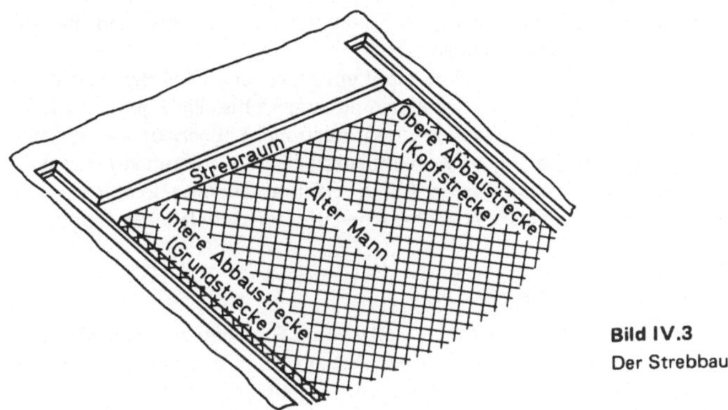

Bild IV.3
Der Strebbau

deutschen Steinkohlenbergbau lag im Jahre 1981 die mittlere Baulänge bei rd. 938 m, etwa 40 % der Bauhöhen waren länger als 1 000 m. Rechtwinklig zum Strebraum werden an den Rändern Abbaubegleitstrecken mitgeführt bzw. im voraus aufgefahren, die der Versorgung des Abbaubetriebes sowie dem Abtransport der gewonnenen Kohle dienen. Probleme bereitet beim Strebbau insbesondere der Strebrandbereich, also der Übergang von den Abbaubegleitstrecken zum Strebraum, da an diesen Stellen die Abstützung des Hangenden besonders schwierig ist und eine Reihe von Arbeitsvorgängen, z. B. teilweises Entfernen des Streckenausbaus, Rücken der Antriebe und Einbringen der Streckendämme, gleichzeitig durchzuführen sind.

Eine Abwandlung des Strebbaus für die stark geneigte und steile Lagerung stellt der Schrägbau dar, bei dem die Strebfront schräg zu den Begleitstrecken gestellt ist. Während in der flachen Lagerung für die Abförderung der hereingewonnenen Kohle Fördermittel im Strebraum unerläßlich sind, kann in der steilen Lagerung die Schwerkraft zur selbsttätigen Förderung auf Rutschen ausgenutzt werden. Da die Mechanisierungsbemühungen in der stark geneigten und steilen Lagerung, z. B. der Schießstreb, das Schrämkeilverfahren oder das Rammverfahren, aus verschiedenen Gründen in der Regel keine wirtschaftlichen Erfolge brachten, ging der Förderanteil aus diesen beiden Lagerungsgruppen ständig zurück. Im Jahre 1981 liefen im deutschen Steinkohlenbergbau in der stark geneigten und steilen Lagerung nur noch 5 Handbetriebe und 9 mechanisierte Betriebe mit einem Förderanteil von zusammen 3 %.

Die Verfahren der kammerartigen Bauweise sind vor allem im nordamerikanischen Steinkohlenbergbau weit verbreitet, da die bisher geringere Gewinnungsteufe, die flache Lagerung und das wenig gestörte Nebengestein in den dortigen Lagerstätten einen ausbaulosen Abbau bzw. einen Ausbau mit Ankern begünstigen. Das in der flachen Lagerung des Steinkohlenbergbaus der USA angewandte "Room-and Pillar"-System ist eine allgemeine Bezeichnung für viele Verfahren der kammerartigen Bauweise. Das Hangende wird durch die schachbrettartig stehenbleibenden Kohlenpfeiler gestützt. Kennzeichnend ist vor allem das Mehrfachstreckensystem, das sowohl aus sicherheitlichen als auch aus organisatorischen Gründen aufgefahren wird. Das "Room- and Pillar"-System ist ein Teilabbauverfahren, bei dem die Abbauverluste zwischen 15 % und 50 % liegen.

Im deutschen Steinkohlenbergbau steht ein erheblicher Teil der Vorräte in steiler Lagerung an, die teilweise bereits vollständig ausgerichtet sind, jedoch wegen eines fehlenden kostengünstigen Abbauverfahrens noch nicht abgebaut werden. Insbesondere wegen Mangel an geeigneten Kohlenhauern für die Abbauhammergewinnung wurde eine Reihe von mechanischen Abbauverfahren erprobt. Leider war bisher keinem Versuch ein befriedigender technischer und wirtschaftlicher Erfolg beschieden.

Abbauführung und Abbaurichtung

Bei der Abbauführung ist zwischen Vorbau und Rückbau zu unterscheiden. Unter Vorbau versteht man eine Führung des Abbaus vom Abteilungsquerschlag weg in Richtung auf die Feldes- oder Baufeldgrenze. In einigen Fällen werden beim Vorbau die Abbaubegleitstrecken bereits vor Abbaubeginn aufgefahren, in der Regel geschieht die Auffahrung jedoch entsprechend dem Abbaufortschritt. Die Abbaustrecken können dabei im Verhältnis zur Strebfront zwischen 10 m und 50 m vorgesetzt, mit- oder auch nachgefahren sein.

Beim Rückbau müssen die Abbaustrecken in jedem Fall zunächst bis zur vorgesehenen Bauhöhengrenze vorgetrieben sein, um von dort ausgehend den Abbau zu beginnen. Förderfluß und Abbaufortschritt sind beim Rückbau somit gleichgerichtet. Der Rückbau hat im deutschen Steinkohlenbergbau in den vergangenen Jahren an Bedeutung gewonnen, im Jahre 1981 lag der Anteil bei etwa 34 %. Allerdings ist er nur dort möglich, wo der in die Abbaubegleitstrecken eingebrachte Ausbau den dem Streb vorauseilenden Abbaudruck ohne zu starke Querschnittsverengungen tragen kann.

Die Vorteile des Rückbaus gegenüber dem Vorbau liegen insbesondere darin, daß eine Vorerkundung des Flözverlaufes und eine günstigere Wetterführung (Y- oder H-Bewetterung) möglich wird, ferner der Streckenvortrieb unabhängig vom Abbaubetrieb leistungsfähig durchgeführt werden kann und schließlich der Abbaufortschritt des Strebbetriebes nicht durch die gleichzeitige Streckenauffahrung behindert wird.

Nachteilig wirken sich beim Rückbau allerdings die Kapitalkosten aus, da das gesamte zur Auffahrung der Abbaubegleitstrecken notwendige Kapital vor Beginn des Abbaus investiert werden muß.

Die Abbaurichtung kann dem Prinzip nach streichend (Strebfront rückt im Streichen vorwärts), fallend (Strebfront wandert im Einfallen vorwärts) oder schwebend (Strebfront rückt entgegen dem Einfallen vor) gewählt werden. In der flachen und mäßig geneigten Lagerung wird insbesondere im Ruhrrevier fast ausschließlich der streichende Strebbau gewählt. Gründe für die Wahl des schwebenden oder fallenden Strebbaus sind u. a. der Verlauf größerer geologischer Störungen, sicherheitliche Aspekte (vor allem bei stärkerem Flözeinfallen) sowie der in der Regel geringere Aufwand für die Ausrichtung (z. B. keine Blindschächte).

Die durchschnittliche Abbaugeschwindigkeit lag im deutschen Steinkohlenbergbau im Jahre 1981 bei 2,99 m/d, die durchschnittliche Flözmächtigkeit ohne Bergemittel betrug 1,50 m.

Gewinnung

Unter bergmännischer Gewinnung versteht man ganz allgemein das Herauslösen des Lagerstätteninhalts aus dem Gebirgsverband. Nach der im westdeutschen Steinkohlenbergbau angewandten Kostenstellengliederung des Bergbau-Kosten-Standardsystems gehören hierzu die Arbeitsvorgänge Lösen der Kohle, Laden des Haufwerks und Einbringen des Ausbaus zur Sicherung des ausgekohlten Raumes.

Die Gewinnung war im deutschen Steinkohlenbergbau seit jeher die Kostenstelle mit dem höchsten Schichten- und Kostenaufwand des gesamten Untertagebetriebes (1981 etwa 45 %). Das hat dazu geführt, daß sich alle Rationalisierungsbemühungen zunächst besonders auf diesen Betriebsbereich konzentrierten, in dem noch bis zum Jahre 1950 die Gewinnungsarbeit fast ausschließlich von Hand mit Abbauhämmern erfolgte.

Für den Übergang vom Handbetrieb mit Abbauhammer auf die vollmechanische Kohlengewinnung waren vor allen zwei Entwicklungsstufen entscheidend, nämlich die Entwicklung und Einführung des metallenen Strebausbaus und des Kettenstegförderers. Durch den Stahlausbau mit vorkragenden Kappen war erstmalig die Verwirklichung einer stempelfreien Abbaufront möglich, die die unabdingbare Voraussetzung für die heute üblichen Gewinnungsgeräte wie Hobel und Schrämmaschine darstellt. Der robuste und leistungsfähige Kettenstegförderer brauchte als erstes Strebfördermittel nicht mehr auseinandergenommen und umgelegt zu werden, sondern konnte in festem Verband mit Hilfe von Druckzylindern der fortschreitenden Abbaufront nachgerückt werden. Gleichzeitig bot er eine sichere seitliche Führung für die Gewinnungsgeräte.

Heute ist im westdeutschen Steinkohlenbergbau in fast sämtlichen Betrieben der flachen und mäßig geneigten Lagerung, die rd. 90 % der Gesamtförderung erbringen, die Gewinnung mechanisiert. Dabei lassen sich drei Entwicklungsabschnitte kennzeichnen:

1. Von 1950 bis 1958 sind die Produktionskosten je t v.F. trotz steigender Mechanisierung stark angestiegen, da Anfangsschwierigkeiten überwunden werden mußten und die erforderliche Auslastung der kapitalintensiven Betriebsmittel noch nicht gegeben war.
2. Von 1958 bis 1973 hat die Mechanisierung in Verbindung mit einer zielbewußt durchgeführten Rationalisierung zu einem erheblichen Produktivitätsfortschritt geführt.
3. Seit 1974 fällt bzw. stagniert die Schichtleistung untertage trotz der Einführung des Schildausbaus und verbesserter Gewinnungsmaschinen im Abbaubereich. Gründe für die Leistungsentwicklung sind neben den Schwierigkeiten aufgrund der zunehmenden Gewinnungsteufe u. a. ein verstärkt notwendiger Aus- und Vorrichtungsaufwand, die bisher nur teilweise gelungene Rationalisierung in den Bereichen Vorleistung, Förderung, Materialtransport und Unterhaltung sowie die schwierige Absatzlage der Steinkohle, die die Schachtanlagen zu Förderrücknahmen zwingt.

Insgesamt stieg die Schichtleistung untertage zwischen 1961 und 1980 von 2,6 t v.F./MS auf 3,95 t v.F./MS. Im Jahre 1981 lag sie bei 3,88 t v.F./MS.

In engem Zusammenhang mit der Strebmechanisierung steht die Erhöhung der Abbaukonzentration, die für die Leistungs- und Kostenentwicklung sowohl der Abbaubetriebe als auch der vor- und nachgeschalteten Betriebsbereiche von größter Bedeutung ist. Bei der Abbaukonzentration konnten in den vergangenen Jahren beachtliche Erfolge erzielt werden (Bild IV.4).

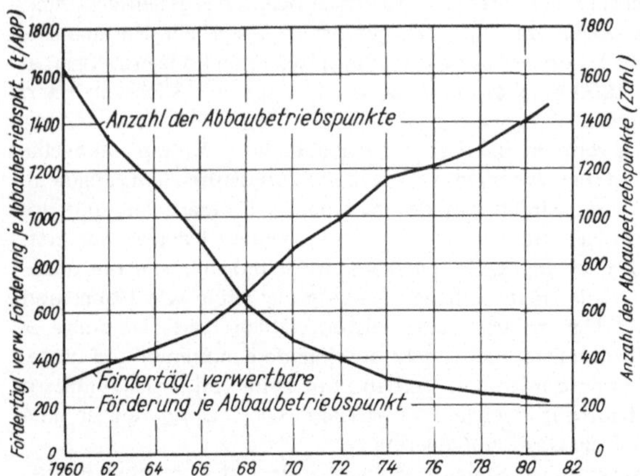

Bild IV.4 Entwicklung der verwertbaren Förderung je Abbaubetriebspunkt und Anzahl der Abbaubetriebspunkte

Gewinnungstechnik

Grundsätzlich wird nach der Art des Lösevorgangs zwischen schälender und schneidender Gewinnung unterschieden. Zur ersten Gruppe gehören vor allem die Kohlenhobel, zur zweiten die Schrämmaschinen. Während sich im britischen Steinkohlenbergbau vor allem wegen der größeren Kohlenhärte weitestgehend die schneidende Gewinnung durchgesetzt hat, herrscht im westdeutschen Steinkohlenbergbau die schälende Gewinnung vor. Rund 53 % der Gesamtförderung der Bundesrepublik Deutschland wurden im Jahre 1981 mit Kohlenhobel gewonnen.

Der Durchbruch der schälenden Gewinnung gelang Ende der 40er Jahre mit der Entwicklung des sogenannten Schnellhobels durch *W. Löbbe*. Richtungsweisend waren dabei die Führung des Hobels in Form eines den Förderer untergreifenden Schwertes, die Vereinigung von Hobel- und Fördererantrieb und die hohe Marschgeschwindigkeit. Der große Nachteil der frei am Abbaustoß laufenden Hobelkette führte im weiteren zu Hobelkonstruktionen mit versatzseitiger Hobelkettenführung, wobei der Hobel am Schwert gezogen wird. Als Reißhaken- und Megahobel fand diese Hobelbauart die weiteste Verbreitung. Heute ermöglichen die installierten Antriebsleistungen (z. B. 2 × 200 kW) und polumschaltbare Motoren

Hobelgeschwindigkeiten bis 2,3 m/s. Die Staubbekämpfung erfolgt bei der schälenden Gewinnung vor allem durch eine vom Hobel gesteuerte Hobelgassenbedüsung.

Die schneidende Gewinnung ist wesentlich älter als die schälende Gewinnung. Bereits vor dem 1. Weltkrieg wurde versucht, mit Hilfe von Maschinen den anstehenden Kohlenstoß zu schlitzen oder zu unterschrämen, um dadurch die Lösearbeit des Bergmanns zu erleichtern. Bis nach dem 2. Weltkrieg bestimmten Kettenschrämmaschinen das Bild der schneidenden Gewinnung. Aus Großbritannien hat der deutsche Steinkohlenbergbau später die sogenannte Schrämwalze übernommen. Die in der Regel zweigängige Schrämwalze bohrt sich durch Rotation des Walzenkörpers bis etwa 75 cm in das anstehende Kohlenflöz und schneidet dann die gesamte Flözmächtigkeit in einem oder zwei Schnitten herein. Die Weiterentwicklung der Schrämwalze führte insbesondere zu zusätzlichen Räumeinrichtungen, z. B. Räumhobel oder Räumschild, sowie zum hydraulisch heb- und senkbaren Walzenkörper. Die aufgrund des schneidenden Lösevorgangs erhebliche Staubentwicklung wird ausschließlich durch Bedüsungseinrichtungen an der Schrämwalze bekämpft, da sich eine Staubabsaugung bisher nicht bewährt hat.

Bild IV.5 Doppelwalzenlader

Die vorläufig letzte Entwicklungsstufe ist der zweiseitig arbeitende Doppelwalzenschrämlader mit Räumschild (installierte Leistung etwa 500 kW), der am besten mit dem Schildausbau zu kombinieren ist und fast immer eine stallose Gewinnung möglich macht (Bild IV.5).

Die Vor- und Nachteile der schälenden bzw. schneidenden Gewinnung sind seit jeher heftig diskutiert worden, da eine Vielzahl von Einflußfaktoren, z. B. Flözeigenschaften, Ausnutzungsgrad, Arbeitsablauforganisation, Investitionsaufwand und Unfallhäufigkeit, eine Rolle spielen. Die Gesichtspunkte für und wider das eine oder andere Verfahren wurden dabei ständig durch die technische Entwicklung mitbestimmt. Der Vorteil des Hobels liegt u. a. in seinen vergleichsweise geringen Anschaffungskosten, während Walzenschrämlader mit höhenverstellbaren Walzen den eindeutigen Vorzug haben, daß sie die gesamte Flözmächtigkeit hereingewinnen. Im Mächtigkeitsbereich unter 1,30 m ist in der Regel die schälende Gewinnung die geeignetste Gewinnungsmethode, solange die Flöze mit weiterentwickelten Hobelarten (z. B. Gleithobel) hobelbar sind.

Strebförderung

In den Strebbetrieben der flachen und mäßig geneigten Lagerung finden heute ausschließlich Kettenkratzerförderer Verwendung. Das Prinzip des Kettenkratzerförderers besteht darin, daß ein, zwei oder drei endlose Stahlgliederketten mit Querstegen das Fördergut in Stahlrinnen mitschleifen. Die Ketten sind im Ober- und Untertrum der Rinnen zwangsgeführt und werden über Kettensterne an den Umkehren, d. h. an den beiden Strebenden, angetrieben. Die besonderen Eigenschaften dieses Fördermittels liegen darin, daß es

- auf der gesamten Länge mit Kohle beladen werden kann,
- durch Rückzylinder ohne Demontage abschnittsweise gerückt werden kann,
- gute Möglichkeiten zur Führung der Gewinnungsmaschine bietet,
- als Widerlager für den mechanischen Ausbau dient und damit zum Bindeglied zwischen Ausbau und Gewinnungsgerät wird,
- wegen seiner robusten Bauweise relativ störungsfrei ist.

Der entscheidende Nachteil des Kettenkratzerförderers ist die aufgrund der gleitenden Reibung des Fördergutes, der Querstange und der Ketten in der Förderrinne erforderliche hohe Antriebsenergie. Trotz intensiver Bemühungen zeichnet sich heute noch keine Ersatzlösung für den Kettenkratzerförderer ab.

Strebausbau

Der Strebausbau hat die Aufgabe, den ausgekohlten Strebraum offenzuhalten, solange er benötigt wird, und die Sicherheit der im Streb tätigen Bergleute zu gewährleisten sowie das Hangende schonend zu behandeln, damit Ausbrüche soweit wie möglich vermieden werden. Dabei kommt es vor allem darauf an,

- einen hohen Ausbauwiderstand (N/m^2) zu erzeugen, um die sich absenkenden Dachschichten zu tragen,
- den Ausbau möglichst frühzeitig nach der Freilegung des Hangenden unmittelbar bis zum Kohlenstoß vorzubringen und
- den Ausbau an schwankende Flözmächtigkeiten anpassen zu können.

Der Ausbau mit Holz, Reibungsstempeln oder hydraulischen Einzelstempeln kann diese Aufgabe nicht oder nur teilweise erfüllen. Seit 1965 konnte sich daher der mechanische Schreitausbau immer stärker durchsetzen.

Beim schreitenden Ausbau handelt es sich dem Prinzip nach um eine konstruktive Verbindung mehrerer hydraulischer Einzelstempel, Kappen, Stabilisierungselementen und Bodenplatten, die über fest eingebaute Schreitzylinder vorgerückt wird. Mit Hilfe der Ausbaurahmen und Ausbauböcke gelang es zwar, den Ausbau zu mechanisieren, die Hangendausbrüche und das Zulaufen der Gestellte durch Berge aus dem Bruchraum verbunden mit hohen mechanischen Beanspruchungen, bereiteten jedoch weiterhin große Schwierigkeiten.

Einen wesentlichen Fortschritt bedeutet der seit 1972 zum Einsatz kommende Schildausbau (Bild IV.6), der eine weitgehende Abdichtung des Strebraums gegen das Hangende und den Bruchraum gewährleistet und zudem eine hohe innere Stabilität aufweist. Der Schildausbau ist mit dem Strebförderer verbunden, so daß die Schilde am Förderer vorgezogen werden können. Der Ausbauwiderstand beim Schildausbau liegt in der Regel bei 300 ... 600 kN/m^2. Der Anwendungsbereich des

Bild IV.6 Schildausbau

Schildausbaus reicht inzwischen von 0,7 ... 6,0 m Flözmächtigkeit und 0 ... 60 gon Einfallen. Der Förderanteil aus Streben mit Schildausbau lag im Jahre 1981 bereits bei etwa 80 %. Immer noch unbefriedigend ist allerdings der Abstand zwischen Kappenspitze und Kohlenstoß mit den daraus resultierenden Hangendausbrüchen. Mit dem Schildausbau können diese Ausbrüche jedoch wesentlich besser unterfangen und unterfahren werden.

In jüngster Zeit sind Elemente des Schildausbaus zur Stabilisierung beim Bockausbau verwendet worden. Diese Böcke haben sich insbesondere bei großen Flözmächtigkeiten bewährt und haben bei hoher Tragkraft einen relativ geringen Reparaturaufwand.

Der Einsatz von Schildausbau und modernem Bockausbau hat dazu beigetragen, daß Flöze mit schwierigem Nebengestein, die bisher der negativen Rationalisierung zum Opfer fielen, teilweise wieder bauwürdig wurden.

3.3.7 Versatz

Wie bereits erwähnt wurde, kann der Abbau von Steinkohlenflözen sowohl im Bruchbau als auch mit Versatz durchgeführt werden. Mit Bruchbau bezeichnet man das planmäßige Zubruchwerfen des Hangenden hinter dem Abbauraum, während beim Versatzbau die durch den Abbau entstandenen Hohlräume mit taubem Gestein verfüllt werden. Das wichtigste Vollversatzverfahren ist der Blasversatz, bei dem die Versatzberge mit Druckluft durch verschleißfeste Rohrleitungen in das ausgeraubte Versatzfeld eingeblasen werden.

Im deutschen Steinkohlenbergbau ist die Bedeutung des Versatzes immer stärker in den Hintergrund getreten, weil u. a. die Hangendbeherrschung als Argument für den Versatz praktisch keine Rolle mehr spielt, die Organisation eines Versatzstrebes komplizierter als die eines Bruchbaustrebs ist und der Abbaufortschritt vom Zeitaufwand für das Einbringen des Versatzes bestimmt wird. Der Förderanteil aus Vollversatzstreben lag 1981 bei 6 %.

Wenn in Zukunft wieder mit einer gewissen Zunahme des Vollversatzes gerechnet wird, so hat dies u. a. folgende Gründe:

- Verringerung von inneren und äußeren Bergschäden;
- Blasversatz ist mit das wirksamste Mittel zur Verbesserung des Grubenklimas;
- der Versatzbau ermöglicht eine ausgeglichene Bergewirtschaft. Der Bergeanteil in der Förderung liegt heute bereits durchschnittlich bei fast 50 % und die Anlage von Bergehalden übertage wird immer schwieriger und kostenintensiver.

3.3.8 Förderung und Transport

Neben der Aus- und Vorrichtung bilden die Förderung und der Transport mit ihren vielfältigen Aufgaben einen weiteren Schwerpunkt im Untertagebetrieb einer Steinkohlenzeche. Nach dem Betriebsbereich unterscheidet man zwischen

- Abbauförderung,
- Abbaustreckenförderung,
- Hauptstreckenförderung,
- seigere Förderung in Blindschächten und Tageschächten.

Auf die Abbauförderung wurde bereits bei der Gewinnung eingegangen. In den Abbaubegleitstrecken haben sich für die Kohleförderung fast vollständig Gurtbandanlagen durchgesetzt. Sie können sich dem z. T. wechselnden Einfallen der Strecken und den Veränderungen im Liegenden, vor allem in zum Quellen neigenden Strecken am besten anpassen. Für den Materialtransport sind dann allerdings zusätzliche Transporteinrichtungen notwendig.

Für die Hauptstreckenförderung stehen heute Wagenförder- und Gurtförderanlagen, die zwar den beengten Raumverhältnissen untertage angepaßt sind, sich sonst aber durchaus mit modernen Übertage-Einrichtungen messen können, zur Auswahl. Wesentliche Entscheidungskriterien bei der Wahl sind dabei u. a. die Feldesbeaufschlagung, die Streckendichte (m/km^2), die Flexibilität in Hinsicht auf Fördermengenschwankungen, die Förderentfernungen, erforderliche Bunkerkapazitäten, zu überwindende Höhenniveaus und zusätzlich notwendige Transporteinrichtungen für den Materialtransport.

Die Zugförderung wird mit Elektro- und Diesellokomotiven und modernen Seiten- oder Bodenentleerungswagen mit bis zu 15 m^3 Wageninhalt abgewickelt. Die Automation der Gesamtanlage mit mannlosem Lokbetrieb und Überwachung des Zugebetriebs von einem zentralen Stellwerk ist die derzeit optimale Ausführung.

In den letzten Jahren gewann auch in Hauptstrecken, insbesondere bei verhältnismäßig kurzen Förderwegen, in Bergen und zwischen Sammelladestellen und den Förderschächten die Bandförderung stärkere Bedeutung. Wichtige Voraussetzung ist die Bereitstellung einer ausreichenden Bunkerkapazität entweder im Haupt- oder im Nebenschluß zum Auffangen von Förderspitzen und zur Vergleichmäßigung der Bandbeaufschlagung. Wesentliche Vorteile einer Gurtbandförderung ist die Möglichkeit eines ungebrochenen Förderflusses vom Strebbetrieb bis zum Förderschacht, die problemlose Überwindung von Höhenunterschieden und die hohe Förderkapazität (bis 2 400 t/h).

Die seigere Förderung der Kohle zwischen Flözniveau und Fördersohle geschieht vorwiegend in spiralförmigen Stahlblechförderern (Wendelrutschen) durch die eigene Schwerkraft des Fördergutes.

Für den Materialtransport kommt entweder der gleisgebundenen Transport oder insbesondere in den Abbaustrecken der Transport mit Schienenflurbahnen und Einschienenhängebahnen in Frage. Der Antrieb dieser Transportmittel geschieht mit Haspel und Seil, bei verzweigten Streckensystemen mit Laufkatzen mit Diesel- oder Batterieeigenantrieben. Für die Personenbeförderung gibt es neben dem schienengebundenen Personenzug die Möglichkeit der Bandfahrung und in den Bergen des Einsatzes von Sesselliften, zwangsgeführte Transportbahnen und Fahrhilfen.

Am wichtigsten für die seigere Förderung sind die Fördereinrichtungen in Blindschächten und Tagesschächten, die sowohl als Gestellförderanlage (Wagenförderung) oder als Gefäßförderanlage (Skipförderung) ausgebildet sein können. Verfahrensbedingt handelt es sich hierbei um eine intermittierende Förderung. In der Regel sind diese Fördereinrichtungen ebenso wie die Beschickungseinrichtungen heute bereits weitgehend vollautomatisiert.

3.3.9 Betriebsüberwachung

Die Komplexität der Organisationsstrukturen und der Arbeitsabläufe im Untertage-Bereich verbunden mit der ständigen Konzentration der Gewinnung auf wenige Abbaubetriebe bedingt eine stärkere Überwachung und sicherheitliche Kontrolle des gesamten Grubenbetriebes. Für diese Aufgaben ist übertage die sogenannte Grubenwarte eingerichtet, in der Informationen aus den Gewinnungsbetrieben (z. B. Lauf- und Stillstandszeiten der Gewinnungsmaschinen), aus den maschinellen Streckenvortrieben und aus den Betriebsbereichen der Förderung zentral gesammelt und aufgezeichnet werden. Darüberhinaus werden in der Regel für die Grubensicherheit relevante Daten über den Grubengasanfall, die Grubenbewetterung, die Grubenwasserhaltung, die Stromversorgung usw. erfaßt und Kontrolldaten gegenübergestellt. Abweichungen der Sollwerte können so schnell erkannt und Gegenmaßnahmen ergriffen werden. Durch den Einsatz von Prozeßrechnern nehmen die Grubenwarten in verstärktem Maß eine steuernde Funktion wahr.

3.4 Aufbereitung

Die Steinkohlenaufbereitung ist ein Teil des Bergwerksbetriebes mit der Zielsetzung, aus dem Fördergut verkaufsfähige und technologisch verwertbare Produkte mit physikalisch-technischen Verfahren zu erzeugen. Die Auswahl des Aufbereitungsverfahrens für den jeweiligen Einsatzfall hängt ab von

- Rohstoff,
- Verwendungsmöglichkeit der Kohle,
- Markt.

3.4.1 Rohstoff

Der Rohstoff ist gekennzeichnet durch Eigenschaftsmerkmale, die

- von der Aufbereitung nicht bzw. nur unwesentlich beeinflußbar sind,
- durch Aufbereitung in weiten Grenzen verändert werden können.

Nicht beeinflußbar durch Aufbereitung sind als Haupteigenschaftmerkmale

- die Flüchtigen Bestandteile der Reinkohle, also der Dichtestufen $<$ 1,5 kg/l,
- der Dilatationsverlauf der Reinkohle, also das Verhalten der Kohle bei Zufuhr von Wärme unter Luftabschluß und
- der organisch gebundene Schwefelgehalt der Reinkohle.

Die Flüchtigen Bestandteile bilden für die Steinkohle der Bundesrepublik Deutschland das Hauptunterscheidungsmerkmal. Sie nehmen von der Anthrazitkohle über die Mager-, Eß-, Fett-, Gas- und Gasflammkohlen zu und sind bei den Flamm- und Pechkohlen am größten. Die Flüchtigen Bestandteile – wie Methan, Benzol, Ammoniak, Schwefelwasserstoff, Stickstoff usw. – werden bei der trockenen Destillation der Kohle (Verkokung) frei.

Gemeinsam mit den Flüchtigen Bestandteilen wird der Dilatationsverlauf für die Beurteilung der Verkokbarkeit von Kohlen herangezogen, und zwar über die G-Zahl, die aus diesen beiden Einflußgrößen gebildet wird.

Von der Aufbereitung zu beeinflussende Eigenschaftsmerkmale sind

- Dichte- und Ascheverteilung, die sich aus dem Berge- und Aschegehalt ergeben,
- Schwefelverteilung des anorganischen Schwefels,
- Kornverteilung,
- Wassergehalt.

3.4.2 Verwendungsmöglichkeiten der Kohle

Hauptabnehmergruppen der Steinkohle sind

- die eisenschaffende Industrie,
- Kraftwerke und
- in geringem Umfang Kleinverbraucher.

Abhängig von der jeweiligen Technologie der Kokerei bzw. des Kraftwerkes werden von den Kunden des Bergbaus Wasser- und Aschegehalte in engen Bandbreiten verlangt. Die sich verschärfende Umweltschutz-Gesetzgebung begrenzt zunehmend auch den Schwefelgehalt und weitere Schadstoffe in den Fertigprodukten, vor allem für den Einsatz in Kraftwerken.

3.4.3 Aufbereitungsverfahren

Der Aufbereitung stehen für die ihr gestellten Aufgaben, nämlich die inhomogene Rohkohle zu einsatzfähigen Produkten zu verarbeiten, grundsätzlich folgende Verfahren zur Verfügung (Bild IV.7):

- Zerkleinern,
- Vergleichmäßigen von Rohkohlen/Fertigprodukten,
- Sortieren,
- Entwässern, Klassieren, Eindicken.

In der Bundesrepublik Deutschland haben sich folgende Verfahrenskombinationen für die Aufbereitung am zweckmäßigsten erwiesen:

Die Aufbereitung beginnt häufig untertage mit dem Absieben und Brechen der Rohkohle sowie dem Aushalten von Fremdkörpern wie Eisenteilen und Holz. Um eine hohe Kapazitätsauslastung und eine gleichmäßige Beaufschlagung der Übertageanlagen zu gewährleisten, sowie das Ausbringen zu maximieren, wird die Rohkohle in einer Vergleichsmäßigungsanlage vergleichmäßigt.

Nach Aufgabe auf die Aufbereitung wird mit Hilfe von Sieben die Rohkohle in Grob- und Feinkorn klassiert.

Aus der Feinkohle wird das Korn $< 0{,}5$ mm entweder trocken in Sichtern oder naß in Entschlämmungsapparaten abgetrennt.

Die Sortierung gilt als das Herzstück der Kohleaufbereitung. Rohstoffeigenschaften, Marktanforderungen, Kosten und Erlöse sind bei der Auswahl der Verfahren und Maschinen gegeneinander abzuwägen. Je nach Rohstoff wird die klassierte Rohkohle auf Setzmaschinen, in Schwertrübesinkscheidern oder Schwertrübezyklonen sortiert (Tabelle IV.1).

Zur Sortierung des Korns $< 0{,}75$ mm wird in der Regel die Flotation verwandt.

An die Sortierung schließt die Entwässerung an. Beim Grobkorn ist Klassierung mit Sieben ausreichend, während die Entwässerung des Feinstkorns in 2

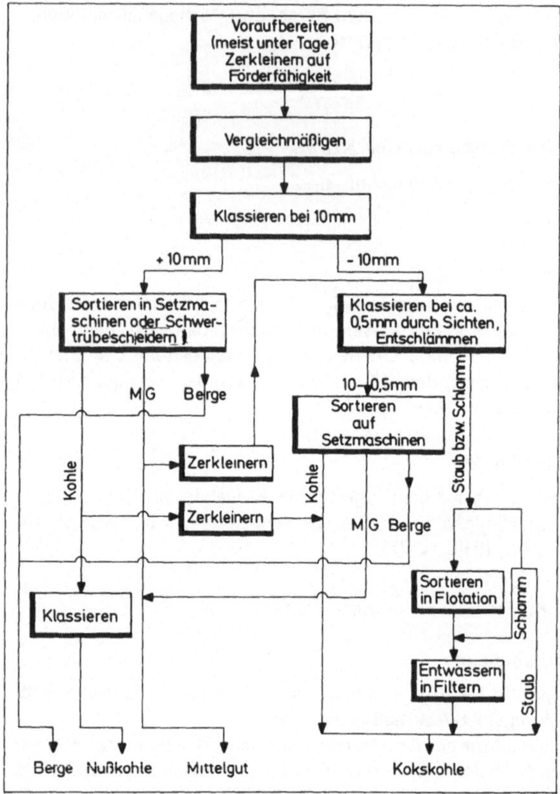

Bild IV.7 Verfahrenskombination für die Steinkohlenaufbereitung

Tabelle IV.1 Art und Anzahl von Aufbereitungsmaschinen

Anzahl Aufbereitungsmaschinen	vor 1970	1980
Vorklassiersiebe	3	1
Sichter	4	1
Grobkornsetzmaschine	2	1
Feinkornsetzmaschine	3	1
Entwässerungsschleudern	3	1
Flotation	3	1
Filter	3	1
Nußmühlen	3	1

Stufen auf Vorentwässerungssieben bzw. Sieben und danach in Zentrifugen durchgeführt wird. Die Entwässerung des Feinstkorns < 0,5 mm wird überwiegend mit Vakuum-Filtern erreicht.

Der Wasserkreislauf einer Aufbereitungsanlage ist in der Regel geschlossen, d. h., es geht außer dem Wasser, das mit den bereits entwässerten Produkten, zwangsläufig die Wäsche verläßt, kein Abwasser verloren. Zur Klärung werden die Kreislaufwässer auf Kläreinrichtungen – wie Spitzkästen, Rundeindicker usw. – aufgegeben, um nach dem Abscheiden der Feststoffanteile erneut als Brauchwasser Verwendung zu finden.

Die Maschinentechnik der Aufbereitung hat in den letzten Jahren eine stürmische Entwicklung gehabt. Der Durchsatz je Maschineneinheit ist gesteigert worden, so daß nunmehr in einer 1 000-t/h-Aufbereitung in jedem Verfahrensschritt nur noch eine Maschine zum Einsatz kommt.

Bei der Aufbereitung der Rohkohle ergeben sich meist 4 Produkte (vgl. Bild IV.7):

1. in geringem Umfang (ca. 5 Gew.-%) Nußkohlen > 10 mm,
2. Reinkohle 10 ... 0 mm (ca. 50 Gew.-%) mit einem Aschegehalt von durchschnittlich 7 % sowie einem Wassergehalt von 8 ... 12 %. Verwendungszweck: Kokereien, Großkraftwerte, Brikettfabriken,
3. Mittelgut (5 Gew.-%) mit einem mittleren Aschegehalt von etwa 30 %,
4. Berge (bis durchschnittlich 48 %) mit einem mittleren Aschegehalt von 70 ... 80 %, die aufgehaldet oder in besonderen Fällen industrieller Verwertung zugeführt werden.

4 Veredlung der Steinkohle

Die Veredlungsverfahren lassen sich in drei Kategorien einteilen: erstens die mechanischen Veredlungsverfahren, zu denen die Kohleaufbereitung (s. Abschn. IV.3.4) und die Brikettierung gehören; zweitens die Verfahren zur Umwandlung der Kohle in Sekundärenergieträger. Hierunter versteht man Verkokung, Vergasung, Verflüssigung und Stromerzeugung. In der dritten Gruppe sind die Prozesse zur nichtenergetischen Kohlenveredlung wie Kohlenwertstoffgewinnung, Aktivkohlenherstellung und Werkstoffertigung zusammengefaßt.

4.1 Brikettierung

Die nicht verkokbare und nicht in Kraftwerken gebrauchte Anthrazit-, Mager- und Eßkohle im Korngrößenbereich von 0 ... 6 mm kann in Kleinfeuerungen nur eingesetzt werden, wenn man sie durch Brikettierung oder Pelletierung – diese Methode ist technich aber kaum angewendet worden – in eine stückige Form überführt. Früher wurden die Briketts hauptsächlich im Hausbrandsektor abgesetzt. Als Folge der in den 50er Jahren begonnenen Umstellung der Haushalte und Kleinverbraucher von Einzelöfen auf Sammelheizungen und der Übergang von Kohle und Koks auf die komfortableren und damals billigeren Energieträger Heizöl und Erdgas ist es zu einem enormen Absatzrückgang gekommen, so daß heute nur noch 1,3 Mio. t/a Briketts in der Bundesrepublik Deutschland eingesetzt werden. Im Vergleich dazu fanden im Jahre 1965 noch 5 Mio. t/a Briketts in Kleinfeuerungen Verwendung.

4.2 Herstellung von Koks

4.2.1 Konventionelle Kammerverkokung

Die Verkokung findet auch heute noch wie vor mehr als hundert Jahren im Horizontalkammerofen statt. Die modernen Öfen werden als Regenerativ-Verbundöfen gebaut, die sowohl mit dem bei der Verkokung anfallenden Starkgas (Kokereigas) als auch mit einem Schwachgas (Gicht- oder Generatorgas) beheizt werden können. Sie haben normalerweise eine Höhe von 4 ... 6 m und eine Länge von 12 ... 17 m, die Kammerbreite liegt bei 400 ... 500 mm (Bild IV.8). Der größte Horizontalkammerofen hat eine Höhe von 7,65 m, eine Länge von 17,2 m und eine mittlere Kammerbreite von 435 mm. Damit ergibt sich ein Durchsatz von bis zu 63 t Kohle pro Tag und Kammer entsprechend rund 45 t Koks pro 24 h. Die Heiztemperaturen der indirekt beheizten Öfen liegen zwischen 900 °C und 1 300 °C. Damit ergeben sich Garungszeiten zwischen 16 h und 24 h. 70 bis 100 Koksöfen bilden eine Koksofenbatterie.

Zur Verkokung eigenen sich in erster Linie gutbackende Fett- und Gaskohlen mit 19 ... 35 % flüchtigen Bestandteilen. Bis zu einem bestimmten Anteil können auch Kohlen mit niedrigerem Backvermögen verwandt werden. Die Kokskohlen werden normalerweise mit einem Wassergehalt von 6 ... 12 % in den Koksofen eingefüllt. Ihre Körnung liegt unter 10 mm, wobei der Anteil < 2 mm über 80 %, der Anteil $< 0{,}5$ mm etwa 35 % betragen sollte.

Der Verkokungsvorgang läuft folgendermaßen ab: Die eingefüllte Kohle wird von den Kammerwänden her erhitzt. Von der Wand zur Ofenmitte fortschreitend verdampft oberhalb von 100 °C das Wasser, und die adsorbierten Gase werden ausgetrieben. Zwischen 350 °C und 500 °C durchläuft die Kohle einen plastischen Zustand. Während dieser Phase findet eine starke Entgasung statt, die dem Koks seine Porosität verleiht. Bei weiterer Wärmezufuhr findet eine Nachentgasung statt. Erst bei weniger als 1 % flüchtigen Bestandteilen ist der Koks ausge-

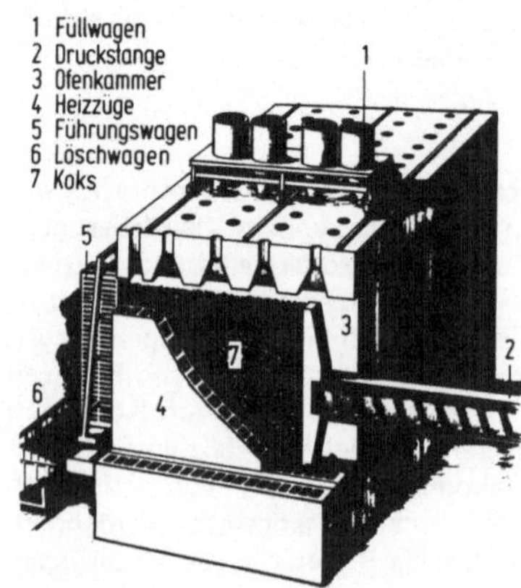

Bild IV.8 Koksofen

gart. Anschließend wird der glühende Koks mit einer Temperatur über 900 °C aus dem Ofen herausgedrückt, gelöscht, und in einer Siebanlage in verschiedene Kornklassen aufgetrennt.

Zur Steigerung der spezifischen Durchsatzleistung von Koksöfen (Koksausstoß pro h und m^3 Ofeninhalt) und zur Verringerung des spezifischen Unterfeuerungsverbrauches bieten sich die Erhöhung der Heizzugtemperaturen bis auf 1 400 °C, der Einsatz dünnerer Läufersteine mit höherer Wärmeleitfähigkeit und die Vorerhitzung der Einsatzkohlen an. Die programmierte Beheizung ermöglicht eine optimale Wärmeausnutzung und die trockene Kokskühlung die Rückgewinnung der im Koks gespeicherten Wärme.

Neben der Verfahrens- und Energieoptimierung ist die Verbreiterung der Kohlenbasis von großer Bedeutung, um auch die nicht im klassischen Sinne gut kokenden Kohlen zur Kokserzeugung heranziehen zu können. Die Vorerhitzung von Kokskohle, zum Beispiel mit dem Precarbon-Verfahren der Bergbau-Forschung GmbH, Essen, oder der Stampfbetrieb der Saarbergwerke AG, Saarbrücken, bei dem die hochflüchtige Einsatzkohle in einem Stampfkasten verdichtet wird, sowie die optimale Konditionierung der Einsatzmischungen, eventuell unter Einbeziehung reaktiver Zusatzstoffe, zielen in diese Richtung. Weitere Entwicklungsarbeiten betreffen den Umweltschutz auf Kokereien, insbesondere die Verminderung der Emissionen beim Füllen und Drücken des Koksofens sowie beim Löschen.

4.2.2 Formkoksherstellung

Zu Beginn der 60er Jahre wurden in vielen Ländern Überlegungen zur Entwicklung von Verfahren zur kontinuierlichen Herstellung von Formkoks angestellt, da man die oben beschriebene Verkokung für kaum noch verbesserbar hielt. Folgende Gesichtspunkte sollten bei den neuen, mehrstufigen Verfahrensentwicklungen Anwendung finden: Erweiterung der Kokskohlenbasis, Flexibilität und höhere Leistungsdichte, Umweltschutz, Automatisierung und Humanisierung der Arbeitsplätze. Einige der Verfahrensentwicklungen sind in der Folgezeit in großtechnischen Versuchsanlagen betrieben worden, so auch die beiden in der Bundesrepublik Deutschland entwickelten Prozesse, das Bergbau-Forschung-Lurgi-(BFL)-Verfahren und das Ancit-Verfahren des Eschweiler Bergwerks-Vereins.

In den letzten Jahren ist es weltweit zu einem Nachlassen der Tätigkeit auf dem Formkokssektor gekommen, so daß heute die meisten Verfahrensentwicklungen ruhen. Der Grund liegt darin, daß parallel zur Formkoksentwicklung doch erhebliche Verbesserungen bei der Kammerverkokung realisiert werden konnten und sich außerdem die Eisen- und Stahlindustrie seit einem Jahrzehnt in wirtschaftlichen Schwierigkeiten befindet, so daß es bisher nicht zu der erwarteten Kokskohlenverknappung gekommen ist.

4.3 Vergasung von Kohle

Bei der Kohlenvergasung handelt es sich um eine totale Umwandlung der Kohle mit einem Vergasungsmittel, das in der Regel aus einem Gemisch von Wasserdampf und Sauerstoff besteht. Das Verhältnis beider Komponenten wird so eingestellt, daß die bei der Wasserdampfvergasung benötigte Wärme gerade durch einen Teilabbrand der Kohle mit dem Sauerstoff aufgebracht wird. Einen solchen Prozeß nennt man *autotherm*. Eine andere Möglichkeit besteht darin, die Wärme außerhalb des Vergasungsreaktors zu erzeugen und über Wärmeaustauscher in diesen zu übertragen. Einen solchen Prozeß nennt man *allotherm*.

Das Primärprodukt der Kohlenvergasung ist vielseitig einsetzbar. Aus dem Rohgas, das neben Kohlenmonoxid auch Wasserstoff und je nach Verfahren noch Kohlenwasserstoffe enthält, läßt sich ein Synthesegas so einstellen, wie es für die anschließende katalytische Verwendung erforderlich ist. Auf diese Weise kann man über die Methanisierung ein Austauschgas für Erdgas (SNG = Substitute Natural Gas), über die Fischer-Tropsch-Synthese Benzin, über die Methanol-Synthese primär Methanol und sekundär über den Mobil-Oil-Prozeß auch Kraftstoffe herstellen. Schließlich kann man durch Konvertierung auch reinen Wasserstoff erzeugen.

Insgesamt sind weltweit mehr als 35 verschiedene Vergasungsverfahren entwickelt worden, von denen heute aber nur wenige großtechnisch angewendet werden. Einen Überblick über die kommerziell betriebenen Reaktortypen vermittelt Bild IV.9. Die größte Bedeutung hat die von der Lurgi GmbH, Frankfurt, entwickelte autotherme Vergasung unter Druck erlangt (Bild IV.9, links). Bei diesem Verfahren wird in einem Festbettreaktor von rund 3 ... 4 m Durchmesser stückige, nichtbackende Kohle mit einem Wasserdampf-Sauerstoffgemisch bei rund 25 bar vergast. Es entsteht ein Rohgas, das wegen des hohen Druckes bis zu 10 % Methan und wegen der niedrigen Reaktionstemperatur auch noch erhebliche Mengen Teer enthält. Hinter dem Vergaser ist eine umfangreiche Gasaufbereitung notwendig. In der Bundesrepublik Deutschland ist dieses Verfahren bis in die Mitte der 60er Jahre zur Erzeugung von Ferngas betrieben worden.

In Südafrika wird seit 1954/55 in der Anlage Sasol I die Kombination von Lurgi-Druckvergasung und Fischer-Tropsch-Synthese mit dem Ziel betrieben, Kraft- und Chemierohstoffe für den heimischen Markt zu erzeugen. Im Jahre 1980 ist die zweite Ausbaustufe des Gesamtkomplexes, Sasol II, in Betrieb gegangen. Hier wer-

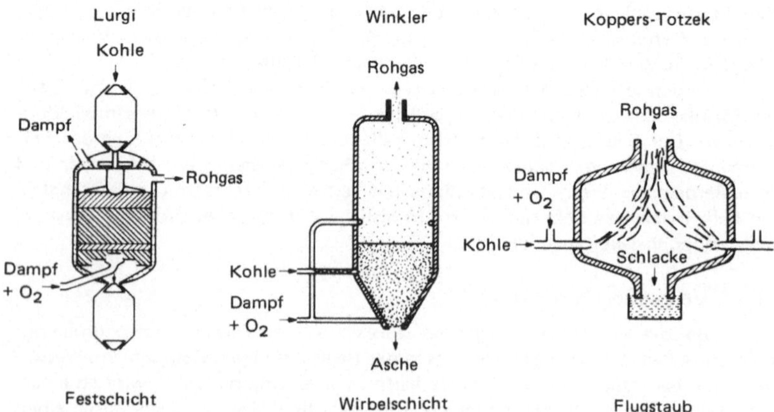

Bild IV.9 Typen industrieller Gasgeneratoren

den jährlich rund 9 Mio. t Kohle mit einem Aschegehalt von 25 ... 30 % in rund 2 Mio. t Treibstoff umgewandelt. Eine gleich große Anlage Sasol III wird gebaut und soll 1983/84 die volle Produktionsleistung erbringen.

Zwei weitere großtechnisch erprobte Verfahren arbeiten bei Atmosphärendruck. Beim Koppers-Totzek-Verfahren wird Kohlenstaub in einem Flugstromreaktor mit Sauerstoff und Wasserdampf bei Temperaturen über 1 500 °C zu methan- und teerfreiem Synthesegas umgesetzt (Bild IV.9, rechts). Beim Winkler-Verfahren (Bild IV.9, Mitte) wird feinkörnige Braunkohle bei Normaldruck in einer Wirbelschicht bei Temperaturen unterhalb des Ascheschmelzpunktes vergast. Beide Verfahren werden vornehmlich in Entwicklungsländern zur Erzeugung von Synthesegas für die Düngemittelindustrie eingesetzt.

Innerhalb des Rahmenprogramms Energieforschung der Bundesrepublik Deutschland hat man in den letzten Jahren intensiv daran gearbeitet, verschiedene Vergasungsverfahren zu verbessern, beispielsweise im Hinblick auf eine Durchsatzsteigerung durch Anwendung höherer Drücke und Temperaturen, auf eine Erweiterung der Kohleneinsatzbasis, auf die Optimierung von Gasausbeute und Gaszusammensetzung usw. Dazu gibt es nicht weniger als sieben Großversuchsanlagen zur Kohlenvergasung, die überwiegend aus öffentlicher Hand finanziert werden. Das Ziel dieses groß angelegten Versuchsprogramms ist das Auffinden optimal geeigneter Verfahren für den Einsatz in unserem Lande.

Aufbauend auf den Erfahrungen mit diesen Versuchsanlagen werden zur Zeit einige Industrieprojekte geplant. Eine Anlage, die in der ersten Ausbaustufe 0,6 Mio. t Braunkohle durchsetzt, wird nach dem Hochtemperatur-Winkler-Verfahren von den Rheinischen Braunkohlenwerken AG, Köln gebaut und soll 1985 in Betrieb gehen. Das Synthesegas (0,3 Mrd. m^3/a) soll zur Methanolherstellung eingesetzt werden. Von der Ruhrkohle AG und Ruhrchemie AG wird der Bau einer Anlage nach dem Texaco-Verfahren geplant, um aus 0,25 Mio. t/a Steinkohle Synthesegas und Wasserstoff für die Weiterverarbeitungs-Anlagen der Ruhrchemie in Oberhausen zu erzeugen. Eine Inbetriebnahme ist für 1986/87 geplant. Die Klöckner-Werke in Bremen erwägen den Bau einer Anlage zur Vergasung im Eisenbad, um Reduktionsgas für den Einsatz in ihrem Hüttenwerk in Bremen herzustellen.

Ein anderer Weg wird mit einem allothermen Vergasungsverfahren beschritten, bei dem aus einem Hochtemperaturkernreaktor (HTR) Wärme bei einem Temperaturniveau von 900 °C und höher ausgekoppelt und in einen Wirbelschichtvergaser übertragen wird. Als Vergasungsmittel wird nur Dampf eingesetzt. Die gesamte Reaktionswärme, die sonst durch Zusatz von Sauerstoff und Verbrennung eines Teils der Kohle aufgebracht wird, entnimmt man dem Hochtemperaturkernreaktor. Daraus resultiert bei gleicher Gasmenge eine Einsparung von etwa 40 % der Einsatzkohle. Eine andere Verfahrensvariante sieht eine hydrierende Vergasung mit Wasserstoff vor, der in einer Spaltanlage aus dem Produktgas Methan erzeugt wird. Diese Spaltanlage ist dabei in den Kühlkreislauf des HTR eingekoppelt. Der Entwicklungsstand beider Verfahren wird durch den Betrieb einer halbtechnischen Vergasungsanlage für die Wasserdampfvergasung, einer Pilotanlage für die hydrierende Vergasung sowie den HTR-Versuchsreaktor in Jülich charakterisiert. Ob und wann diese Verfahrenskonzeption in einer nächst größeren Anlage mit einem Hochtemperaturreaktor realisiert wird, hängt von der weiteren Entwicklung des HTR und von der energie- und finanzpolitischen Zielsetzung der Bundesrepublik Deutschland in den nächsten Jahren ab.

4.4 Herstellung flüssiger Produkte aus Kohle

Im Gegensatz zur Vergasung wird bei der Hydrierung eine schonende thermische Zersetzung der Kohle bei mäßigen Temperaturen um 480 °C und bei Drücken von über 200 bar durchgeführt. An die entstehenden Bruchstücke lagert sich zugesetzter Wasserstoff an. Je nach Verfahrensführung, der Dauer der Einwirkung des Wasserstoffs und der Zugabe von Katalysatoren lassen sich Produkte vom Schweröl bis zum Benzin erzeugen. Im Vergleich zur Vergasung läßt sich bei der Hydrierung kein vollständiger Kohlenumsatz erreichen. Es entsteht ein schwefel- und aschereicher Restkoks, der sich in einer Vergasungsanlage zu Wasserstoff umsetzen läßt.

Obwohl in Deutschland 1944 zwölf Hydrierwerke bereits 4 Mio. t/a Treibstoffe erzeugten, mußte man im Jahre 1974 mit der Hydriertechnik wieder von vorne anfangen, da sie wegen der nach dem Kriege stattfindenden Verdrängung von Kohle durch Erdöl und Erdgas nicht mehr angewendet wurde und somit in Vergessenheit geriet. In der Folgezeit wurden 1975 bei der Saarbergwerke AG, Saarbrücken, und 1976 bei der Bergbau-Forschung GmbH, Essen, (Bild IV.10) zwei kleine Technikumsanlagen mit 10 ... 20 kg/h Kohlendurchsatz in Betrieb genommen. In diesen Anlagen wurden die bei dem früheren Hydrierbetrieb aufgetretenen Schwierigkeiten untersucht und neue Verfahrenskomponenten entwickelt.

Aufbauend auf den Erfahrungen mit den Technikumsanlagen sind 1981 zwei Pilotanlagen zur Kohlenverflüssigung in Betrieb gegangen, und zwar eine 6-t/d-Anlage bei den Saarbergwerken in Fürstenhausen und eine 200-t/d-Anlage auf der Kokerei Prosper der Ruhrkohle AG in Bottrop. Dieses Projekt wird gemeinsam mit der Veba Öl AG betrieben, die für die Weiterverarbeitung der Produkte verantwortlich ist.

Die ursprünglichen Pläne des 1981 initiierten Kohlenveredlungsprogramms der Bundesregierung sahen vor, bis Ende dieses Jahrzehnts 3 oder 4 großtechnische Kohlenverflüssigungsanlagen zu bauen. Als Folge des Rückgangs des Energieverbrauchs, mehr aber noch wegen des finanziellen Risikos – es ist mit Unterdeckungen in Milliardenhöhe zu rechnen – sind die Pläne verschoben worden. Man hält aber daran fest, wenigstens eine Anlage zu bauen. Vor 1984/85 wird mit einer solchen Entscheidung aber nicht zu rechnen sein.

Auch in anderen Ländern, insbesondere in den USA, werden Kohlenverflüssigungsprojekte durchgeführt. Es gilt aber hier genauso, daß das Gesamtpro-

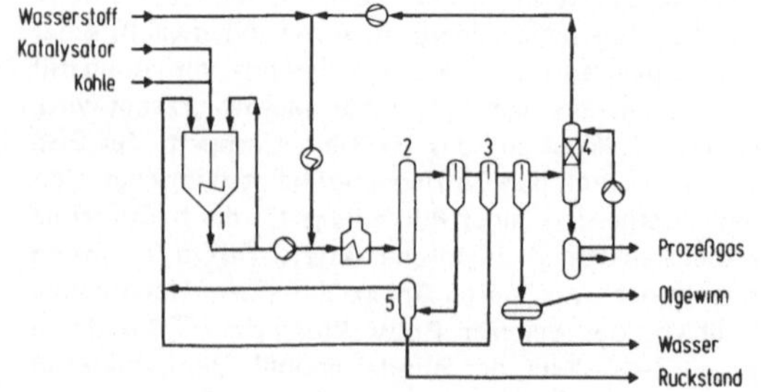

Bild IV.10
Prozeßschema des Kohleöltechnikums der Bergbau-Forschung GmbH, Essen
1 Kohlebrei-Herstellung
2 Converter
3 Hochdruck-Abscheider
4 Kreislaufgas-Wäscher
5 Vakuum-Flashverdampfer

gramm aus finanziellen Gründen verlangsamt wird. Einige Verfahrensentwicklungen wurden gänzlich eingestellt.

Die zweite Möglichkeit der Herstellung flüssiger Produkte auf Kohlenbasis stellt die in Sasolburg, Südafrika, großtechnisch betriebene Fischer-Tropsch-(FT)-Synthese dar. Da sich im Gegensatz zu den stark ballasthaltigen und bitumenarmen südafrikanischen Kohlen die deutschen Kohlen gut zur Hydrierung eignen, hat die FT-Synthese in der Bundesrepublik Deutschland mittelfristig nur geringe Aussichten zur Realisierung.

Eine dritte Möglichkeit bietet sich mit der Umwandlung von Kohle über Synthesegas in Methanol an, dem in Zukunft Chancen als Treibstoffzusatz und Chemierohstoff eingeräumt werden. Allerdings ist hier Erdgas, daß in großen Mengen noch in den Ölförderländern abgefackelt wird, ein großer Konkurrent für die Kohle.

In den letzten Jahren ist es gelungen, mit Hilfe zeolithischer Katalysatoren — Zeolithe sind gezielt hergestellte Aluminiumsilikate mit einem bestimmten Porensystem — Methanol in Benzin nach dem Mobil-Oil-Verfahren umzuwandeln. Eine entsprechende Versuchsanlage ist bei der Rheinischen Braunkohlenwerke AG in Betrieb.

Ein vierter Weg, flüssige Produkte aus Kohle herzustellen, ist die Hydro-Pyrolyse, die seit einigen Jahren im Rahmen eines gemeinsamen Projektes der Internationalen Energieagentur (IEA) im Labormaßstab von der Bergbau-Forschung in Essen untersucht wird. Die Hydro-Pyrolyse steht verfahrenstechnisch zwischen Vergasung und Verflüssigung, denn die Kohle reagiert bei Drücken um 80... 100 bar und Temperaturen zwischen 800 °C und 900 °C mit Wasserstoff. Der Bau einer Pilotanlage ist vorgesehen.

4.5 Strom- und Wärmeerzeugung

Die in der Kohle gebundene chemische Energie wird in einem Dampfkraftwerk in elektrische Energie umgewandelt. Dazu wird die Kohle zunächst in einer Brennkammer verbrannt, um überhitzten Wasserdampf mit einer Temperatur von maximal 540 °C und einem Druck bis 240 bar zu erzeugen. Der Wasserdampf dient als Arbeitsmedium für den nachgeschalteten Dampfturbinenprozeß, in dem die thermische Energie des Wasserdampfes durch Expansion bei gleichzeitiger Abkühlung in mechanische Energie umgewandelt wird. Die mechanische Energie wird im Generator in elektrische Energie umgesetzt. Der Turbinendampf wird in einem Kondensator niedergeschlagen und das Kondensat zum Kessel zurückgeführt. Die Kondensationswärme ist Verlustwärme, die durch Kühlung abgeführt werden muß.

Unter Berücksichtigung aller Umwandlungsverluste und der thermodynamischen Prozeßbedingungen wird ein Wirkungsgrad von maximal 39 % netto erreicht. Die modernen Steinkohlenkraftwerke sind technisch ausgereift und wirtschaftlich nicht weiter zu verbessern. Bei neuen Kraftwerken ist aufgrund der Umweltschutzgesetze entsprechend der technischen Anleitung zur Reinhaltung der Luft der Einbau einer Rauchgasentschwefelung vorgeschrieben. Dies führt zu einer Verringerung des Wirkungsgrades und zu einem Anstieg der Stromerzeugungskosten.

Entscheidende Verbesserungen im Bereich der Stromerzeugung gelingen nur durch Neuentwicklungen. Beim Konzept der Vereinigten Elektrizitätswerke von

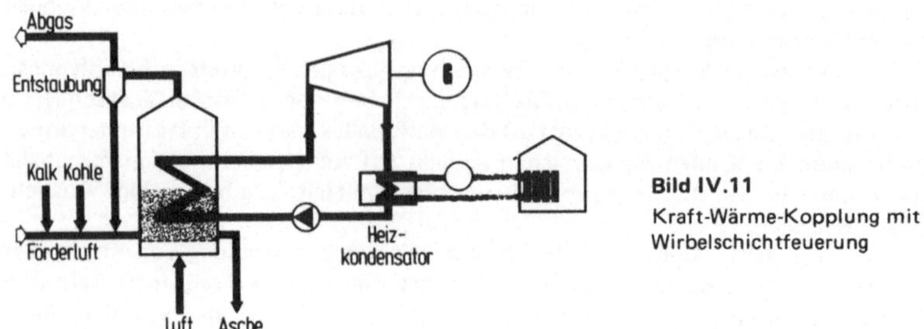

Bild IV.11
Kraft-Wärme-Kopplung mit Wirbelschichtfeuerung

Westfalen (VEW), Dortmund, wird die Kohle zunächst entgast und teilvergast. Nach einer Reinigung wird das Gas verbrannt und einer Gasturbine zugeleitet, während der Koks in einem Dampfkessel, dem eine Dampfturbine nachgeschaltet ist, eingesetzt wird. Durch die Kombination von Gas- und Dampfturbinenprozeß ergibt sich eine Erhöhung des Wirkungsgrades. Nach dem Betrieb einer 1-t/h-Versuchsanlage soll 1984 im VEW-Gersteinwerk, Lünen, eine 10-t/h-Anlage in Betrieb gehen.

Um die Kohle für den Wärmemarkt, auf dem sie in den letzten Jahrzehnten immer mehr an Bedeutung verloren hat, wieder interessant zu machen, sind neue Verfahrensansätze notwendig, da die kohlengefeuerte Einzelheizung aus vielen Gründen nicht mehr akzeptabel ist. Als fortschrittlich werden Sammel- bzw. Fernheizungen für Ballungsgebiete empfunden; geeignete Heizwerke stehen zur Verfügung. Besonders attraktiv bezüglich der Brennstoffausnutzung ist die in Heizkraftwerken realisierte Kraft-Wärme-Kopplung, bei der die Abwärme zur Einspeisung in Fernwärmesysteme genutzt wird.

Einen erheblichen Fortschritt für Heiz- und Heizkraftwerke stellt die in der Entwicklung befindliche Wirbelschichtfeuerung dar, deren Prinzip in Bild IV.11 dargestellt ist. In der Wirbelschichtfeuerung befindet sich oberhalb eines Anströmbodens feinkörnige Asche, die von der Verbrennungsluft so angeblasen wird, daß sie gerade in der Schwebe gehalten wird. Pneumatisch zudosierte Kohle wird bei Temperaturen um 800 °C verbrannt, wobei die erzeugte Wärme an eingetauchte Dampferzeugerrohre abgegeben wird. Der in der Kohle enthaltene Schwefel kann durch Zugabe von Kalkstein in der Schicht gebunden werden. Infolge der niedrigen Verbrennungstemperaturen werden kaum schädliche Stickoxide gebildet. Neben ihrer Umweltfreundlichkeit besteht ein weiterer Vorteil darin, daß sich auch hochballasthaltige Feinkohlen, die infolge der Mechanisierung des Kohlenabbaus zunehmend anfallen, in der Wirbelschicht verbrennen lassen.

In der Bundesrepublik Deutschland werden zur Zeit 9 Wirbelschichtanlagen, die mit einer Leistung von 0,5 MW bis 125 MW sowohl für die reine Wärmeerzeugung als auch für die Kombination von Strom- und Wärmeerzeugung ausgelegt sind, betrieben.

4.6 Kohlenchemie

Die Chemierohstoffe Erdöl und Erdgas sind aufgrund ihrer einfachen chemischen Struktur und ihres flüssigen bzw. gasförmigen Aggregatzustands chemisch, physikalisch und verfahrenstechnisch viel einfacher als Kohle zu handhaben. Diese Vorteile und ihr niedriger Preis waren Grundvoraussetzung für den Rückgang der Kohlenchemie und den Ausbau von großen Petrochemieanlagen und den damit einhergehenden Massenproduktionen von Kunststoffen, Kunstfasern und Düngemitteln.

Das bei der Verkokung anfallende Rohgas mit seinen Hauptkomponenten Wasserstoff (ca. 60 %), Methan (ca. 25 %), Kohlenmonoxid (ca. 5 %) und Kohlendioxid (ca. 2 %) wird zunächst gekühlt und gereinigt. Das Gas wird als Stadtgas oder als Unterfeuerungsgas für die Koksöfen verwendet. Zur Zeit wird untersucht, ob sich der Wasserstoff aus dem Kokereigas mit Hilfe von geeigneten Kohlenstoffmolekularsieben wirtschaftlich abtrennen läßt.

Die abgeschiedenen Wertstoffe – ihr Erlös beeinflußt die Wirtschaftlichkeit des Prozesses – werden weiterverarbeitet. So wird Schwefelwasserstoff zu Schwefelsäure aufgearbeitet, die zusammen mit dem Ammoniak zu Ammoniumsulfat, einem Düngemittel, umgesetzt werden kann. Die Blausäure kann in Rhodanide, Grundsubstanzen für die Erzeugung von Insektiziden, umgewandelt werden. Von den Teerinhaltstoffen kommen Naphthalin und Anthracen besondere Bedeutung zu. Sie werden zu Weichmachern und Harzen verarbeitet, in der Farbenindustrie verwendet oder zur Herstellung von Insektiziden eingesetzt. Phenole dienen als Grundsubstanzen für Kunststoffe, Pyridinbasen als Ausgangsstoff für die Pharmaindustrie, und Benzol wird als Antiklopfmittel dem Motorenbenzin zugesetzt.

Aus dem durch Kohlenvergasung erzeugten Synthesegas wird in den Entwicklungsländern der Wasserstoff gewonnen, der für die Ammoniakherstellung nach der Haber-Bosch-Synthese benötigt wird. Das Ammoniak ist Grundsubstanz für die Düngemittelindustrie. Das Synthesegas kann auch in einer modifizierten Fischer-Tropsch-Synthese eingesetzt werden, wobei durch geeignete Katalysatorauswahl und Reaktionsbedingungen eine Produktzusammensetzung mit dem Schwergewicht auf Äthylen/Propylen erhalten wird.

Aktivkokse können aus Steinkohlen durch gezielte thermische und chemische Behandlung erzeugt werden. Die Vorteile der mit einem definierten Porensystem versehenen A-Kokse beruhen unter anderem auf ihrer großen Härte, ihrer geringen Wasseraufnahme und ihrem hohen Zündpunkt. Neben der traditionellen Verwendung von Aktivkoks bei der Rückgewinnung von Lösungsmitteldämpfen und als Filterhilfsmittel haben sich neue Anwendungen für den Umweltschutz ergeben, so die trockene Entschwefelung von Rauchgasen aus fossil befeuerten Kraftwerken und die Reinigung von Kokerei- und Zellstoffabwässern. Ein neues Anwendungsgebiet konnte mit der Gastrennung durch Molekularsiebe erschlossen werden, z. B. die Stickstoffgewinnung aus der Luft und die Wasserstoffgewinnung aus Kokereigas. Zur Erzeugung kleinerer Mengen sind diese Verfahren der Tieftemperaturzerlegung wirtschaftlich überlegen.

5 Forschung und Entwicklung im Steinkohlenbergbau

Der Steinkohlenbergbau muß zur Erhaltung seiner Wettbewerbsfähigkeit gegenüber anderen Energieträgern verstärkt Forschung und Entwicklung betreiben. Zur Sicherung der Forschungsaktivitäten im Steinkohlenbergbau haben die Bundesregierung und die Landesregierung Nordrhein-Westfalen mehrere Programme verabschiedet, mit denen die Forschungs- und Entwicklungsarbeiten der Bergwerksgesellschaften unterstützt werden. Zielsetzung ist,

- den reichlich vorhandenen Rohstoff Kohle verstärkt zu nutzen;
- der Kohle einen größeren Anteil an der Energieversorgung zu verschaffen;
- neue Produkte aus Kohle zu gewinnen, die auf dem Energiemarkt, aber auch in der chemischen Industrie einen qualitativ gleichwertigen Ersatz von Mineralölerzeugnissen darstellen.

Im Jahre 1982 beliefen sich die Forschungsaufwendungen des Steinkohlenbergbaus auf insgesamt 760 Mio. DM. Die Forschungs- und Entwicklungsvorhaben erstrecken sich auf folgende Gebiete:

- Bergtechnik und Grubensicherheit,
- Aufbereitung,
- Kokereitechnik,
- Neue Technologien.

Die Bergbaugesellschaften unterhalten in Essen-Kray ein eigenes Forschungsinstitut, die Bergbau-Forschung GmbH, in dem vorwiegend Grundlagenforschung sowie praxisbezogene Entwicklungen betrieben werden. Weitere Gemeinschaftsorganisationen, in denen Forschungs- und Entwicklungsarbeiten für den Steinkohlenbergbau durchgeführt werden, sind die Westfälische Berggewerkschaftskasse, Bochum, mit mehreren Forschungsinstituten, die Versuchsstrecke in Dortmund-Derne, die Versuchsgrubengesellschaft in Dortmund sowie das Silikose-Forschungsinstitut der Bergbau-Berufsgenossenschaft in Bochum.

Im folgenden sollen einige Schwerpunkte der Forschungs- und Entwicklungsarbeit dargestellt werden:

Bergtechnik und Grubensicherheit

Das Ziel der bergtechnischen Bemühungen ist vorrangig darauf gerichtet

- die Produktivität weiter zu erhöhen. Dazu gehören
- die weitere Steigerung der Betriebspunktförderung,
- die nachhaltige Verbesserung der Infrastruktur der Grubenbetriebe,
- die Verbesserung der Grubensicherheit und der Arbeitsbedingungen.

Der Steinkohlenbergbau dringt jährlich rd. 10 m in die Tiefe vor. Dadurch ergeben sich Probleme, insbesondere durch höheren Gebirgsdruck, stärkere Methanausgasung und stärkere klimatische Belastungen.

Im einzelnen liegen die Schwerpunkte der Forschung und Entwicklung bei der Bergtechnik in folgenden Bereichen

- Abbautechnik,
- Vortriebstechnik,
- Infrastruktur,
- Voraufklärung der Lagerstätte,
- Bewetterung, Ausgasung, Klimatisierung,
- Staubbekämpfung,
- Gebirgsschlagverhütung,
- Ergonomie und Sicherheitstechnik.

In der *Abbautechnik* sind die vorherrschenden Gewinnungsverfahren – Kohlenhobel und Schrämwalzenlader – weiterzuentwickeln und zu automatisieren. Daneben werden neue Verfahren erarbeitet, z. B. der Höchstdruckwasserhobel und der Schlagkopfhobel. Der schreitende Ausbau mit seiner Sonderform des Schildausbaus muß künftig automatisiert werden.

In der *Vortriebstechnik* ist der Sprengvortrieb zu verbessern. Besondere Aufmerksamkeit wird der Weiterentwicklung der mechanisierten Streckenauffahrungen geschenkt. Vorrangig ist die Entwicklung eines leichten, tragfähigen und kostengünstigen Streckenausbaus.

Im Bereich der *Infrastruktur* sind weitere Entwicklungen in den Teilbereichen Kohlenförderung, Materialtransport und Personenbeförderung vorgesehen. Hier ist insbesondere bei Gurtförderung und Lokomotivförderung eine Automatisierung möglich. Neuartige Transportsysteme sollen die aufwendige Transportarbeit erleichtern. Hierzu zählen auch die Entwicklung und Erprobung von gleislosen Geräten sowie die Konzipierung neuartiger Transportverfahren, wie pneumatische und hydraulische Fördereinrichtungen.

Die *Voraufklärung der Lagerstätte* wird durch Flözwellenseismik und Flözdurchschallungen verbessert werden, um eine genauere Aussage über Vorhandensein und Lage geologischer Störungen zu erhalten.

Bei der *Bewetterung, Ausgasung und Klimatisierung* sind die Verfahren zur Absaugung des Grubengases weiterzuentwickeln. In der Klimatisierung geht die Tendenz zu übertage aufgestellten Großkälteanlagen, die durch nach untertage geführte Rohrleitungen ganze Wetterabteilungen oder Baufelder zentral kühlen.

Die *Staubbekämpfungsverfahren* sind durch technische Verfahren der Trocken- oder Naßentstaubung weiterzuentwickeln.

In der *Gebirgsschlagverhütung* sind als Schwerpunkte der Entwicklung anzusehen die Erforschung der noch heute weitgehend unbekannten Grundlagen der Gebirgsschläge, die Erforschung zum Erkennen gefährlicher Bereiche sowie die Weiterentwicklung von Verfahren zur Gebirgsschlagbekämpfung.

In der *Ergonomie und Sicherheitstechnik* ergeben sich als Schwerpunkte: Verbesserung des Brand- und Explosionsschutzes, ergonomische Arbeitsplatzgestaltung, Beleuchtung und Lärmminderung.

Das Bemühen des Steinkohlenbergbaus in seinen Forschungs- und Entwicklungsaktivitäten auf dem Gebiet der Bergtechnik und Grubensicherheit wird ferner vorrangig darauf gerichtet sein, eine weitere Verbesserung aller Betriebsvorgänge herbeizuführen und neue leistungsfähige Technologien zur Erhöhung von Produktivität und Wirtschaftlichkeit zu entwickeln.

Aufbereitung

Dringlich sind die Arbeiten zur Rationalisierung und Erhöhung der Wirtschaftlichkeit in den Aufbereitungen. Die Entwicklungsschwerpunkte liegen in der Einführung der Prozeßsteuerung in Aufbereitungsanlagen, der Vereinfachung der Verfahrensabläufe und in der Entwicklung von großen, wartungsarmen Maschineneinheiten. Darüber hinaus sind Forschungs- und Entwicklungsarbeiten im Gange, durch mechanische Abtrennung des Schwefels eine umweltfreundlich verbrennende Kraftwerkskohle herzustellen. Ein weiteres Forschungsziel ist die Verwertung von Aufbereitungsabgängen zu hochwertigen Baustoffen.

Kokereitechnik

Die Forschungsaktivitäten auf dem Gebiet der Kokereitechnik zielen auf eine Durchsatzsteigerung des Horizontalkammerofens, unter anderem durch Verwendung dünnerer Läufersteine, die Entwicklung und Erprobung neuartiger Steinwerkstoffe mit höherer Wärmeleitfähigkeit und durch eine programmgesteuerte Beheizung. Weiterhin werden Entwicklungen betrieben zur Vorerhitzung der Kohle, zur trockenen Kokslöschung sowie für kontinuierlich arbeitende Verfahren zur Erzeugung von Heißbriketts oder Formkoks.

Neue Technologien

Die Vorhaben der „Neuen Technologien" umfassen insbesondere die Arbeiten und Maßnahmen zur Kohlevergasung und Kohleverflüssigung. Entwicklungsschwerpunkte des Steinkohlenbergbaus auf diesem Gebiet sind

- die Erzeugung von Synthesegas und Erdgasersatz durch Vergasung von Kohle;
- die Gewinnung von Gas, Teer und Öl durch Vorentgasung der Kraftwerkskohle;
- die Herstellung von Ölen durch hydrierende Extraktion;
- die Entgasung von Kohle unter Verwendung des anfallenden Feinkokses für die Formkoks-, Gießerei- und Spezialkokserzeugung;
- die Nutzung nuklearer Prozeßwärme für die Vergasung und Fernwärme.

Pilotanlagen sind mit Hilfe der öffentlichen Hand bereits errichtet bzw. geplant.

6 Steinkohlenbergbau und Energiewirtschaft

6.1 Weltkohlemarkt

Der Weltkohleverbrauch beträgt gegenwärtig etwa 3 Mrd. t SKE Steinkohle und Braunkohle. Damit deckt Kohle annähernd ein Drittel des Weltenergieverbrauchs. Knapp zwei Drittel entfallen auf Erdöl und Erdgas, der Rest auf Wasserkraft, Kernenergie und sonstige Energieträger. Etwa vier Fünftel der fossilen Energievorräte sind Kohle, nur etwa ein Fünftel Erdöl und Erdgas (Tabelle IV.2, Bild IV.12).

Die Kohle hat deshalb nach den zwei Ölkrisen 1973/74 und 1979 in den energiepolitischen Strategien praktisch aller Länder eine besondere Bedeutung erhalten. Eine wachsende Nutzung vor allem von Kohle und Kernenergie und Maß-

Tabelle IV.2 Vorräte und Verbrauch von Kohle, Mineralöl und Erdgas in der Welt

Energieträger	Vorräte[1]		Verbrauch	
	Mrd. t SKE	%	Mrd. t SKE	%
Kohle	11 000	83	2,8	34,5
Mineralöl	1 900	14	3,4	42,0
Erdgas	400	3	1,9	23,5
Insgesamt	13 300	100	8,1	100

1982

[1] geologische Vorräte

Quelle: Weltenergiekonferenz

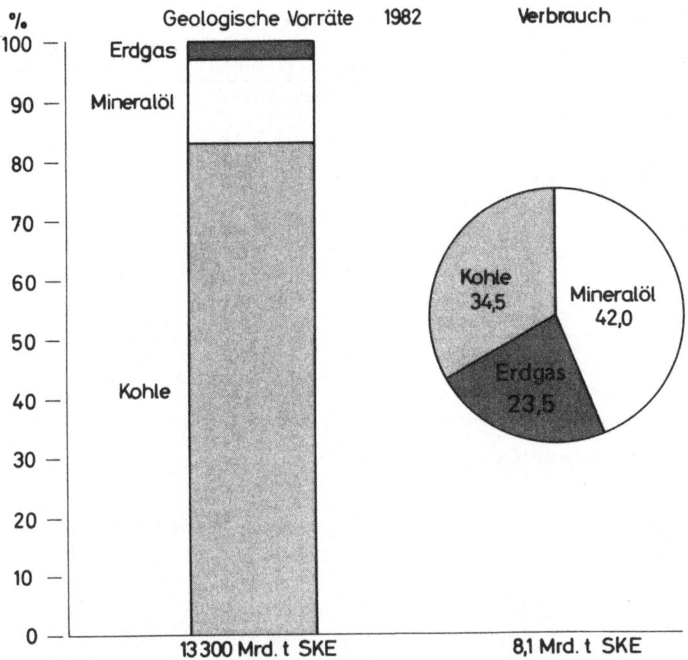

Bild IV.12 Vorräte und Verbrauch von Kohle, Mineralöl und Ergas in der Welt – Mißverhältnis zwischen Reserven und Nutzung

nahmen zu einer rationellen Energieverwendung sind die wichtigsten Eckpfeiler zur Sicherung der künftigen Energieversorgung.

In der Vergangenheit hat sich die Steinkohlenförderung wie folgt entwickelt:

1960	1,8 Mrd. t	1980	2,8 Mrd. t
1970	2,2 Mrd. t	1981	2,8 Mrd. t
1975	2,4 Mrd. t	1982	2,9 Mrd. t

Entsprechend der geographischen Verteilung der Kohlevorkommen sind die Schwerpunkte der Steinkohlenförderung in Nordamerika, der UdSSR und der VR China, sodann in Osteuropa (Polen) und Westeuropa (Großbritannien, Bundesrepublik Deutschland) sowie in Indien, Südafrika und Australien.

Im Gegensatz zum Mineralöl wird Steinkohle überwiegend dort verbraucht, wo sie auch gefördert wird. Maßgeblich dafür waren in der Vergangenheit die im Vergleich zum Öl bei der Kohle höheren spezifischen Transportkosten. Entscheidender ist jedoch, daß die Kohlelagerstätten im Gegensatz zum Öl vorwiegend in den industrialisierten Zonen der Welt liegen und dort die Ausgangsbasis der Industrialisierung waren. Deshalb werden bislang nur etwa 10 % der Weltsteinkohleförderung grenzüberschreitend gehandelt (Tabelle IV.3).

Tabelle IV.3 Weltvorräte an Kohle, Erdöl und Erdgas

Region	Kohle	Erdöl	Erdgas	insgesamt
	Mrd. t SKE			
Westeuropa	90,5	4,4	5,3	100,2
Ostblock	211,9	13,0	42,2	267,1
Naher Osten und Nordafrika	8,3	83,7	32,8	124,8
Südafrika	25,3	–	–	25,3
Nordamerika	195,3	7,1	9,8	212,2
Mittel- und Südamerika	4,5	16,0	6,3	26,8
VR China	99,0	3,9	1,0	103,9
Ferner Osten	16,2	3,4	4,1	23,7
Australien	36,5	0,3	0,8	37,6
Welt	687,5 74,6 %	131,8 14,3 %	102,3 11,1 %	921,6 100,0 %

1980/83 wirtschaftlich gewinnbare Vorräte bei jetzigem Stand der Technik

Quellen: Weltenergiekonferenz; Oil and Gas Journal

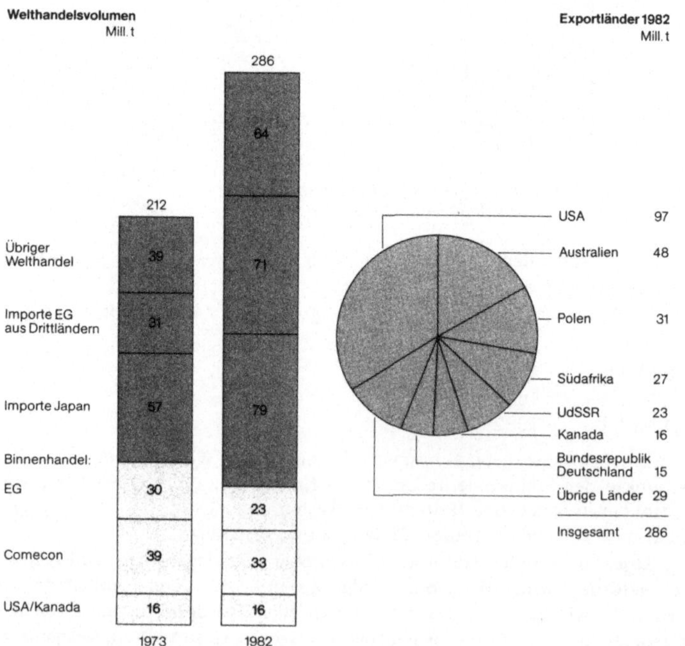

Bild IV.13 Weltkohlehandel

Bei einer künftig deutlich steigenden Steinkohlennachfrage dürfte sich jedoch aber auch der Weltkohlehandel erheblich ausweiten. Diese zusätzlichen Lieferungen für den Weltkohlemarkt werden sich indes voraussichtlich auf wenige Länder konzentrieren, vor allem auf die USA, Australien und Südafrika (Bild IV.13).

Die Kohleverwendung konzentrierte sich bisher immer stärker auf die Stromerzeugung und die Stahlproduktion. Nach einer Untersuchung der Internationalen Energieagentur war das Wachstum des Kohleverbrauchs von **1973** bis 1981 zu 80 % auf die Nachfrage der Kraftwerke zurückzuführen. Mehr als 40 % der gesamten Stromerzeugung der Welt basieren heute auf Kohle.

Für die Zukunft wird nach dieser Untersuchung mit einer deutlich höheren Zuwachsrate des gesamten Kohleverbrauchs gerechnet. Neben dem weiteren Bedarfsanstieg zur Stromerzeugung wird vor allem auch der Kohlebedarf der Industrie wieder ansteigen, so daß vom gesamten Zuwachs bis 1990 rund zwei Drittel von der Elektrizitätswirtschaft und ein Drittel von der Industrie aufgenommen werden.

6.2 Steinkohle in der Bundesrepublik Deutschland

In der Wiederaufbauphase der Bundesrepublik Deutschland wurde der überwiegende Teil des Energiebedarfs mit Steinkohle gedeckt. Dementsprechend mußte die Steinkohlenförderung stark ausgeweitet werden. 1957 erreichte sie mit rund 150 Mio. t ihren Höhepunkt (Bild IV.14).

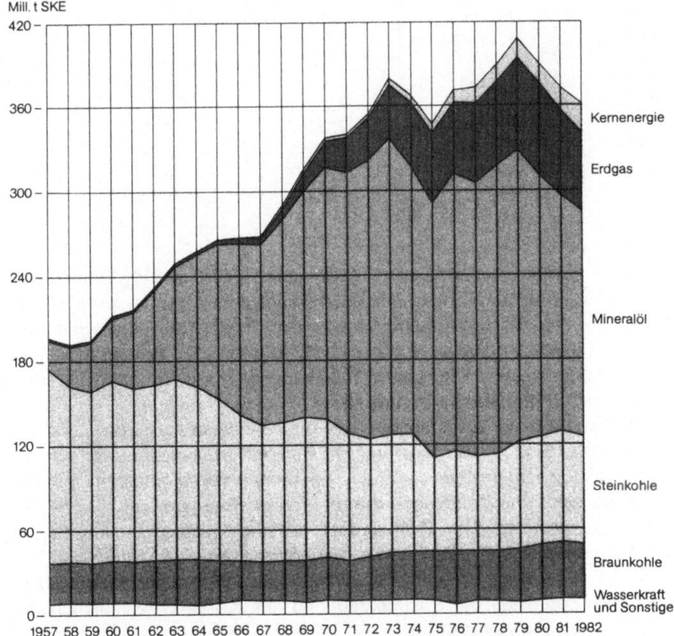

Bild IV.14 Primärenergieverbrauch in der Bundesrepublik Deutschland

Tabelle IV.4 Steinkohlenförderung in der Bundesrepublik Deutschland

Jahr	Revier				Bundesrepublik Deutschland
	Ruhr	Saar	Aachen	Ibbenbüren	
	Mio. t v.F.				
1957	123,2	16,3	7,6	2,3	149,4
1960	115,5	16,2	8,2	2,4	142,3
1961	116,1	16,1	8,3	2,2	142,7
1962	115,9	14,9	8,0	2,3	141,1
1963	117,1	14,9	7,8	2,3	142,1
1964	117,6	14,6	7,7	2,3	142,2
1965	110,9	14,2	7,8	2,2	135,1
1966	102,9	13,7	7,4	2,0	126,0
1967	90,4	12,4	7,0	2,2	112,0
1968	91,0	11,3	7,3	2,4	112,0
1969	91,2	11,1	6,7	2,6	111,6
1970	91,1	10,5	6,9	2,8	111,3
1971	90,7	10,7	6,6	2,8	110,8
1972	83,3	10,4	6,3	2,5	102,5
1973	79,8	9,2	6,0	2,3	97,3
1974	78,3	8,9	5,8	1,9	94,9
1975	75,9	9,0	5,7	1,8	92,4
1976	72,8	9,3	5,4	1,8	89,3
1977	68,1	9,3	5,2	1,9	84,5
1978	67,1	9,3	5,0	2,1	83,5
1979	68,7	9,9	5,0	2,2	85,8
1980	69,2	10,1	5,1	2,2	86,6
1981	70,0	10,8	4,9	2,2	87,9
1982	70,2	11,0	5,0	2,2	88,4

Das danach einsetzende weltweite Überangebot an Mineralöl führte dann zu der Kohlenkrise, in deren Verlauf der deutsche Steinkohlenbergbau seine Förderung um mehr als ein Drittel einschränken mußte und in der die Belegschaft um mehr als zwei Drittel abgebaut wurde (Tabelle IV.4, Bild IV.15). Von damals über 170 fördernden Schachtanlagen sind infolge von Stillegungen und Rationalisierungsmaßnahmen heute noch 37 Bergwerke in Betrieb.

In ihrem Kern war die Kohlenkrise eine Folge der Absatzverluste der Kohle auf dem Wärmemarkt (Bild IV.16). Hier war das Heizöl für private und industrielle Verbraucher sowohl preisgünstiger als auch bequemer zu handhaben. In der Stahlindustrie ist dagegen die Kokskohle durch andere Energieträger nur in begrenztem Umfang zu ersetzen. Der Kohleabsatz an die Kraftwerke konnte im Gegensatz zum Wärmemarkt auch während der Kohlekrise weiter gesteigert werden. Wesentlich dafür waren aber energiepolitische Maßnahmen (Verstromungsgesetze), die durch besondere Zuschüsse die Stromerzeugung aus Kohle wirtschaftlich der Stromerzeugung aus Heizöl gleichstellten.

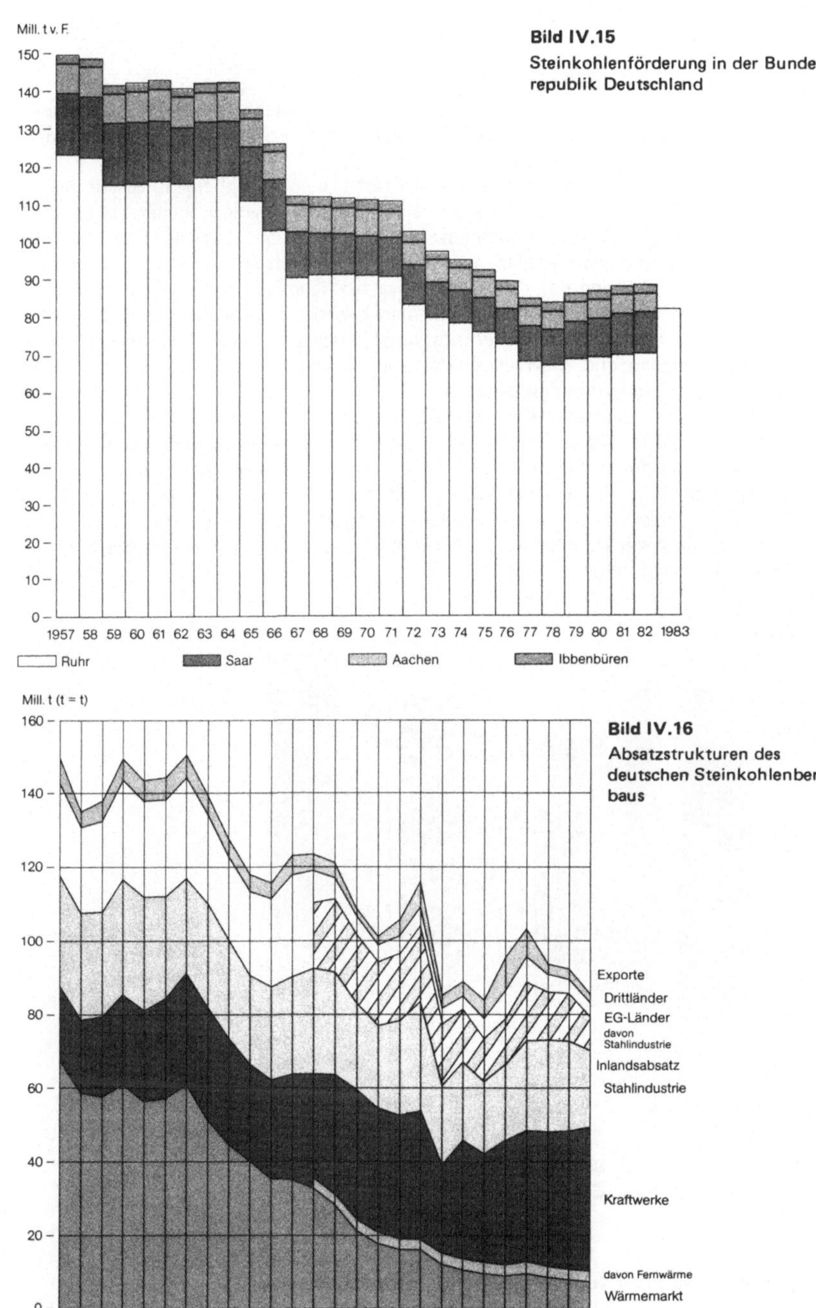

Bild IV.15
Steinkohlenförderung in der Bundesrepublik Deutschland

Bild IV.16
Absatzstrukturen des deutschen Steinkohlenbergbaus

In den 70er Jahren trat eine gewisse Stabilisierung von Steinkohlenförderung und Steinkohlenverbrauch ein. Öl war durch die Beschlüsse der OPEC knapper und teurer geworden. Die Energiepolitik verstärkte als Folge dessen die Maßnahmen zur Sicherung der Energieversorgung.

Anfang der 80er Jahre ist der deutsche Steinkohlenbergbau erneut in eine schwierige Situation geraten. Ihre Ursache ist jedoch weniger in der allgemeinen Lage des Energiemarktes, als vielmehr in der anhaltenden Krise der Stahlindustrie begründet, die zu einem deutlichen Rückgang des Bedarfs an Kokskohle geführt hat.

Der Rückgang des Kokskohlenabsatzes kann nur durch einen verstärkten Absatz an die Kraftwerke und im Wärmemarkt wieder ausgeglichen werden:

Der Absatz von Kraftwerkskohle ist durch eine vertragliche Vereinbarung zwischen Bergbau und Kraftwirtschaft sowie durch eine energiepolitische Flankierung (Drittes Verstromungsgesetz) bis 1995 geregelt (Bild IV.17). Danach steigt die Abnahme an deutscher Kraftwerkskohle von 36 Mio. t in 1982 auf mindestens 45 Mio. t in 1990/95 an. Mit diesen wachsenden Abnahmemengen dürfte ein wesentlicher Teil des rückläufigen Kokskohlenabsatzes ausgeglichen werden. An der gesamten Stromversorgung hat die inländische Steinkohle einen Anteil von 27 %, der etwa in dieser Größenordnung auch künftig zu erwarten ist. Steinkohle in der Mittellast und Kernenergie in der Grundlast werden so gemeinsam die künftige Stromversorgung sichern.

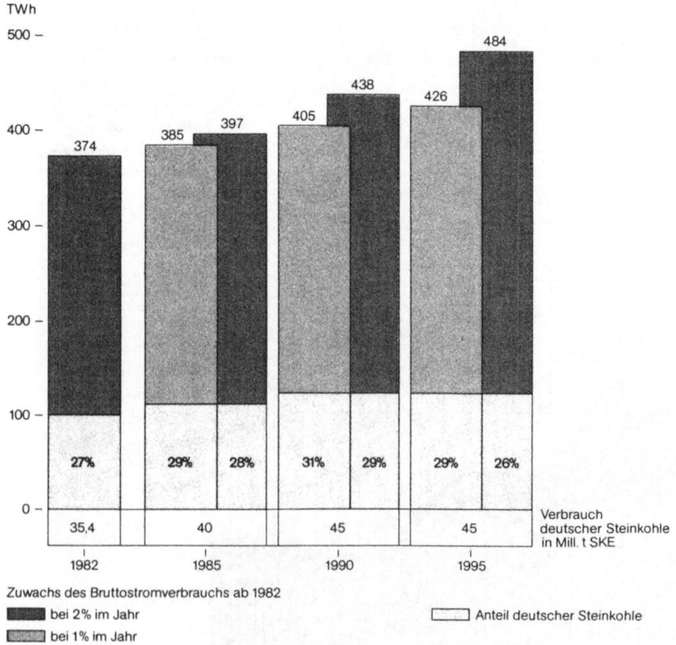

Bild IV.17 Beitrag der deutschen Steinkohle zur Stromversorgung

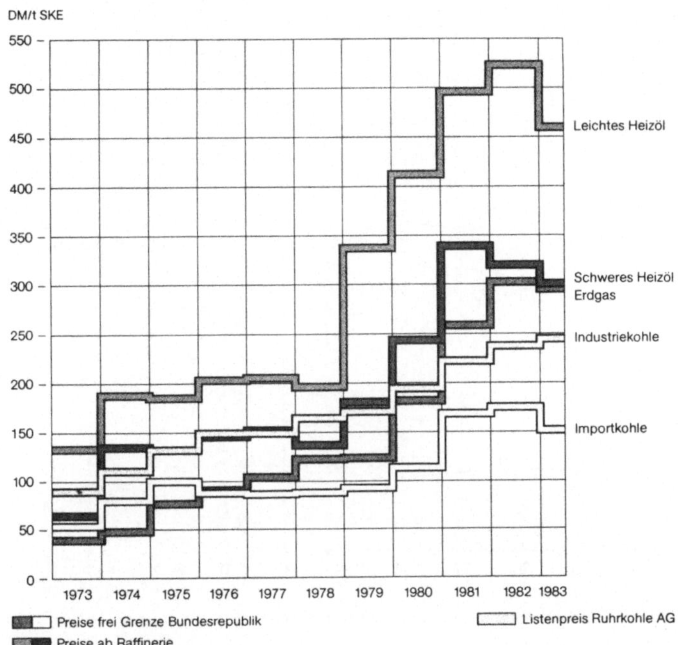

Bild IV.18 Entwicklung der Energiepreise

Im Gegensatz zur Stromerzeugung erfolgt die Wärmeversorgung in der Bundesrepublik Deutschland überwiegend auf der Basis von Heizöl und Erdgas und nur zu geringen Teilen mit Kohle. Wie in anderen Ländern, ist auch hier eine Umstrukturierung und verstärkte Verwendung von Strom, Fernwärme und direkter Kohleverbrennung erforderlich. Günstigen Wärmepreisen der Kohle stehen indes hohe Umrüstungskosten gegenüber, so daß keine kurzfristigen Erfolge zu erwarten sind. In einigen anderen Ländern werden deshalb solche Prozesse durch besondere Zuschüsse der öffentlichen Hand erleichtert und beschleunigt (Bild IV.18).

Zur Verringerung der Abhängigkeit vom Mineralöl und zur Ergänzung des Angebots an heimischer Kohle ist die bis 1980 begrenzte Einfuhr von Kohle aus Drittländern seit 1981 wesentlich erleichtert worden. Stark erweiterte und bis 1995 reichende, anwachsende Importkontingente sind danach für verschiedene Verbrauchergruppen vorgesehen. Ein seither zunächst rückläufiger Energiebedarf und die auch bei der Importkohle festzustellenden Schwierigkeiten einer verstärkten Penetration des Wärmemarktes haben aber bislang nur eine verhaltene Zunahme der Kohleimporte ermöglicht. Wie in einigen anderen Ländern, dürfte aber auch der Bedarf an Importkohle in den 80er und 90er Jahren weiter ansteigen (Bild IV.19).

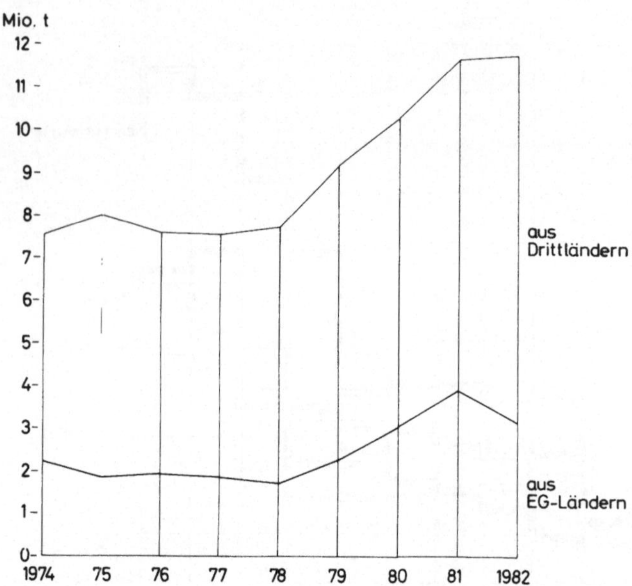

Bild IV.19 Steinkohleneinfuhren in die Bundesrepublik Deutschland

V Erdöl und Erdgas

W. Rühl[1)]

1 Einführung [1, 5, 10]

1.1 Kohlenwasserstoffe und Chemismus

Erdöle und Erdgase sind Gemische verschiedenartiger Kohlenwasserstoffe, deren Moleküle im wesentlichen aus Kohlenstoff (C) und Wasserstoff (H), vereinzelt mit Stickstoff-, Sauerstoff- und Schwefel-Verbindungen aufgebaut sind. Bei entsprechenden Druck- und Temperaturbedingungen können sie vom flüssigen in den gasförmigen Zustand oder umgekehrt überführt werden. In natürlichen Vorkommen treten sie gasförmig, flüssig, pastenartig oder fest auf. In der gleichen Reihenfolge steigt ihre Viskosität und ihre Molekülgröße an.

Die gesättigten *Paraffine* gehorchen der Summenformel C_nH_{2n+2}. Vertreter sind Methan (CH_4), Äthan (C_2H_6), Propan (C_3H_8), Butan (C_4H_{10}), Pentan (C_5H_{12}) usw. Während es für jede Molekülgröße nur 1 Normal-Paraffin gibt, kann die Zahl der möglichen Isomeriefälle mit der Zahl der C-Atome bzw. der Molekülgröße bis auf mehrere Tausend ansteigen. Bei somit gleichbleibender Summenformel verändern sich dabei Eigenschaften wie Siedepunkt, Flamm- und Stockpunkt, Viskosität, Oktanzahl usw.

Ungesättigte Kohlenwasserstoffe der Formel C_nH_{2n} mit Doppelbindungen bezeichnet man als *Olefine*. Sie kommen in natürlichen Ölen nur untergeordnet vor. *Naphthene* sind abgesättigte, ringförmig angeordnete Paraffine (Cycloparaffine). *Aromaten* mit der Formel C_nH_n sind dagegen ungesättigte ringförmige Kohlenwasserstoffe mit Doppelbindungen und chemisch recht stabil.

Im allgemeinen sind Paraffine, Naphthene und Aromaten in Rohölen unterschiedlich enthalten. Man spricht daher z.B. von paraffin- oder naphthenbasischen Ölen. Nach der Dichte lassen sich Schwer-, Mittel- und Leichtöle unterscheiden. Schweröle (Dichte $> 0{,}92$ g/cm³) enthalten etwa 0...10 % Benzinfraktion (bis Siedepunkt 180 °C) 20...30 % Mitteldestillate (180...350 °C) und 60...80 % Rückstandöle. Leichtöle bestehen zu 25...35 % aus Benzin, 35...40 % aus Mitteldestillaten und 25...40 % aus Rückstand. Es gibt alle Übergänge.

Im Rohöl gelegentlich vorhandene Naphthensäuren, Merkaptane, Asphaltene, Harzstoffe oder Spurenmetalle können sowohl die Aufbereitungstechnik wie die Wirtschaftlichkeit beeinträchtigen. Wenn z.B. Schwefel in paraffinösen Leichtölen meist nur in Spuren bis zu etwa 0,5 % vorhanden ist, so kann er bei Schwerölen bis zu 5 % (Athabasca) und mehr ansteigen.

---

1) Unter Mitarbeit von *H. W. Schünemann* (Abschn. V.3.2), *K. Böhm* (Abschn. V.5.1), *H. J. Klatt* (Abschn. V.5.4).

Der *Asphalt* von Trinidad besteht zu etwa je 1/3 aus hochmolekularem Bitumen, Mineralstoffen und emulgiertem Salzwasser neben Schwefel- und Sauerstoff-Verbindungen.

Ozokerite und Erdwachse dagegen sind die hochmolekularen Bestandteile von Paraffinen. Während Asphalte meist Sande oder Kalke zu Teersanden oder Asphaltiten imprägnieren, treten Erdwachse meist in Klüften auf.

Die im Erdöl gelösten und beim Fördern freiwerdenden *Erdölgase* unterscheiden sich von reinen Erdgasen ohne Kontakt zu Erdölen im wesentlichen durch einen höheren Gehalt an höheren Kohlenwasserstoffen bzw. größeren Heizwert.

Erdgase bestehen meist aus 80...99 % Methan, etwa 0,5...3 % Äthan, bis zu 1 % Propan und höheren Kohlenwasserstoffen und mitunter bis zu 15 % Stickstoff und/oder Kohlendioxid. In Ausnahmefällen steigt der Stickstoffgehalt bis über 60 % (deutsche Nordsee), und dann ist das Gas nicht mehr brennfähig.

Hohe Gehalte von H_2S, die z.B. im karbonatischen Zechstein des Weser-Ems-Gebiets bis über 20 Vol.-% ansteigen können, erfordern eine kostspielige Behandlung in Entschwefelungsanlagen.

Die inerten Gasbestandteile schwanken je nach regionalen Verhältnissen und Abhängigkeit vom Sedimentationsmilieu. Tabelle V.1 zeigt Unterschiede von norddeutschen Erdgasen.

Tabelle V.1 Verteilung und Zusammensetzung von Erdgasen in der Bundesrepublik Deutschland

	Anzahl der Lagerstätten	Reservenanteil (%)	Gaszusammensetzung (Vol.-%)			
			C_1	N_2	CO_2	H_2S
Buntsandstein	19	18	81–90	10–19	unter 1	–
Zechstein	39	54	59–93	2–6	4–20	0,1–25
Rotliegendes	14	21	42–80	20–80	unter 1	–

1.2 Physikalische Eigenschaften der Erdöle

Dichte und Viskosität als wichtigste Parameter nehmen mit steigendem Druck und steigender Temperatur sowie mit steigendem Gehalt an gelöstem Gas ab. Die Gaslöslichkeit steigt mit dem Druck an, während höhere Temperatur sie verringert. Mit der Menge des gelösten Gases vergrößert sich auch das Volumen (Formationsvolumenfaktor) der Flüssigkeit.

Oberhalb eines Sättigungsdrucks bleibt überschüssiges Gas ungelöst frei, in einer Öllagerstätte z.B. in Form einer Gaskappe über dem Öl. Die meisten Öle sind indessen aus Mangel an eingewandertem Gas untersättigt, z.B. in Nordwestdeutschland. Der kritische Druck, bei dem sich auch in untersättigten Öllagerstätten das gelöste Gas entlöst, wird als Gasentlösungsdruck (P_B in Bild V.1) bezeichnet.

Während in der Lagerstätte bei gleichbleibender höherer Temperatur der Lagerstättendruck infolge Ölförderung u.U. bis unter den Gasentlösungsdruck abfallen kann, tritt beim Aufstieg in den Steigerohren der Förderbohrungen eine weit-

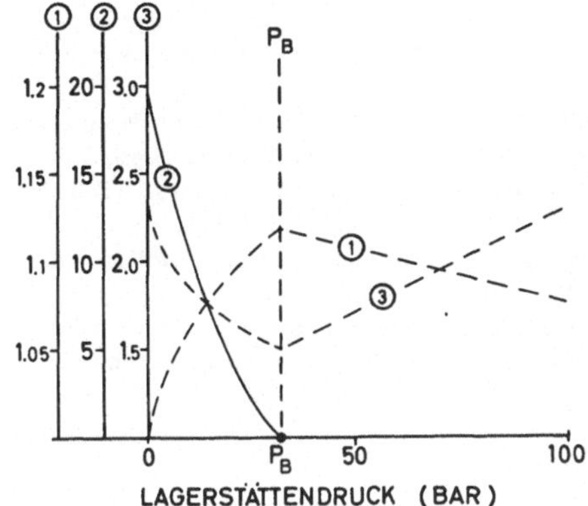

Bild V.1

Druck-Temperatur-Volumen-Beziehungen von Öl-Gas-Gemischen

1 Formations-Volumen-Faktor (F.V.F = B, β)

2 Gas-Öl-Verhältnis nach Gasentlösung

3 Ölviskosität (cP)

P_B Gasentlösungsdruck

gehende Druckentlastung und Temperaturerniedrigung ein. Die damit verbundenen Erscheinungen lassen sich aus Bild V.1 ablesen.

Die Dichte von Leichtölen beträgt 0,8...0,85 g/cm³, die von Schwerölen 0,9...0,98 g/cm³. Die Viskosität liegt zwischen etwa 2 cP und 10 000 cP oder mehr und der Stockpunkt, d.h., bei dem das Öl zu einer zähen Masse erstarrt, je nach Paraffingehalt zwischen −40 °C und +40 °C. Die Mineralölprodukte Fahr- und Flugbenzin, Petroleum und Düsentreibstoff, Heizöl leicht und Dieselkraftstoff, Schmieröl und Heizöl schwer ordnen sich hier sinngemäß ein.

1.3 Physikalische Eigenschaften der Erdgase

Die relative Dichte steigt von 0,56 (Luft = 1) für Methan auf 1,56 für Propan, 2,1 für Butan, 2,67 für Pentan usw., der Heizwert von 39,86 MJ pro m³ (V_n) für Methan über 101,82 MJ für Propan auf 160,15 MJ für Pentan usw. Der Gesamt-Heizwert richtet sich somit nach den einzelnen Komponenten.

Nichtbrennbare Gase wie Stickstoff, Kohlendioxid u.a. lassen den Heizwert von Erdgasen u.U. so stark absinken, daß eine wirtschaftliche Entwicklung solcher Lagerstätten nicht mehr gewährleistet ist.

Methan wird bei Normaldruck verflüssigt, wenn es auf die Siedetemperatur von −161 °C abgekühlt wird. Bei der Wiederverdampfung entstehen aus 1 m³ verflüssigtem ungefähr 600 m³ (V_n) gasförmiges Methan. Diese Beziehungen sind für Erdgas-Transport und Lagerung wichtig.

Schließlich muß auf das abweichende Verhalten in meist großer Tiefe von über 3000 m liegender sog. Kondensat-Lagerstätten hingewiesen werden. In ihnen kondensiert bei Druckabfall ein Teil der höheren Kohlenwasserstoffe „retrograd" in der Lagerstätte und geht dadurch verloren, sofern nicht der Druckabfall durch laufende Injektion eines Trockengases verhindert wird. Meist kommt dies nur bei großen Vorkommen und guten Flüssiggas-Erlösen in Betracht.

Darüber hinaus geben die Zusammenhänge zwischen Druck und Temperatur und die Phasenverhältnisse der Kohlenwasserstoffe einen eindeutigen Hinweis darauf, daß mit steigender Teufe die Tendenz zur Molekülverkleinerung und Einphasigkeit sichtbar wird. Außerdem zeigt die Erfahrung, daß ab 4 000...6 000 m nur in Ausnahmefällen noch Erdöl gefunden wird.

In arktischen Gebieten kommen ferner unterhalb etwa 2 500 m feste Gashydrate vor, deren Gewinnung nur bei Wärmezufuhr möglich wäre. Diese stillen Ressourcen werden allein im Bereich der UdSSR auf nicht weniger als etwa 15 Bill. m^3 (V_n) Erdgas geschätzt.

Bei der raschen Absenkung von gasführenden Sedimenten in große Tiefen können sich diese Erdgase mit zunehmendem Druck im Porenwasser einlösen (geopressured gas im Golf von Texas/Louisiana). Sie lassen sich nur bei Druckabsenkung oder Förderung großer Wassermengen gewinnen, was bis heute wirtschaftlich nicht möglich ist.

2 Lagerstättenbildung [2, 3, 6, 7]

2.1 Sedimentbecken und ihr Öl- und Gasinhalt (Bilder V.2 und V.3)

Die großen Sedimentgebiete der Welt umfassen mit 55 Mio. km^2 etwa 38 % der Landfläche. Jedes von ihnen ist indessen in eine ganze Anzahl kleinerer Beckeneinheiten unterteilt, die durch geologisch ältere Hoch- oder Schwellengebiete voneinander getrennt sind. Explorativ von Interesse sind davon z.B. in den USA etwa 5 Mio. km^2, in der UdSSR etwa 12 Mio. km^2.

Die heutigen Kontinentalränder einschließlich deren Schelfgebiete bis 200 m Wassertiefe müssen nicht die geologische Grenze für Erdöl- und Erdgasvorkommen darstellen. Die Forschungsergebnisse der Tektonik und Bewegung der Krustenplatten der Erde haben vielmehr die Wahrscheinlichkeit erhärtet, bis in große Wassertiefen Erdöl und Erdgas zu gewinnen und an einigen Kontinentalrändern sehr mächtige Sapropel-Tonsteine anzutreffen.

Man geht heute davon aus, daß unter bis zu etwa 1000 m tiefem Wasser noch ausreichend mächtige Sedimente zumindest mesozoisch-känozoischen Alters vorhanden sind, die eine Prospektion auf Erdöl und Erdgas sinnvoll erscheinen lassen. Weltweit entspricht dies etwa einer Fläche von 60 Mio. km^2, wovon wahrscheinlich aber nur 20...30 Mio. km^2 explorationswürdig sind.

Die Sediment-Mächtigkeit ist bei schnell einsinkenden Geosynklinalen oft außerordentlich groß. So erreicht sie im Golf von Mexiko Werte von weit über 20000 m für Jura bis Tertiär. Demgegenüber hat das riesige Amazonas-Becken auf dem alten Brasilia-Massiv im Laufe von 400 Mio. Jahren nur max. 4 000 m Sediment zurückgelassen.

In den Randmulden der jungen Kettengebirge zu beiden Seiten der Rocky Mountains, der Anden und des alpidischen Systems von Südeuropa über Kaukasus bis zum Himalaya können wir mit 5...20 km Mächtigkeit jüngerer Sedimente rechnen. Aber auch die mesozoisch-jungpaläozoischen Becken, wie z.B. das nordwestdeutsche, erreichen ähnliche Mächtigkeiten über dem gefalteten Untergrund.

Man hat berechnet, daß alle Sedimentbecken der Welt 3 000 Billionen t organisches Material enthalten haben, wovon 60 Billionen t, d.h. nur 2 % zu Kohlenwasserstoffen umgewandelt wurden. Von dieser Menge dürften nur wieder 1...3 %, d.h. 2 000 Mrd. t als Erdöl erhalten geblieben sein. Diese schlechte Bilanz ist auf die

Bild V.2
Erdöl- und Erdgashöffige Sedimentgebiete in Europa

wechselvolle geologische Geschichte der Becken und auf die Vergänglichkeit organischer Substanz zurückzuführen.

Von 82 % der Ölreserven der Welt, die in 42 Sedimentbecken mit 236 Vorkommen lagern, befanden sich 1963

2 %	oberhalb	300 m,
18 %	zwischen	300... 900 m,
50 %	zwischen	900...1 800 m,
26 %	zwischen	1 800...2 700 m,
4 %	unterhalb	2 700 m.

Davon fördern 63% Leichtöl mit Dichten unter 0,875 g/cm³ (81 % aller Reserven). 20,5% aller Felder haben Mittelöl mit Dichten von 0,875...0,920 g/cm³ (10 % aller Reserven), der Rest ist Schweröl (ohne Teersande).

		Groß-brit.	Holland	Nord-Dtschl.	Nordsee	Nord-Frankr	Süd-Frankr.	Süd-Dtschl.	Österr.	Italien	Ungarn Jugosl
TERTIÄR	Jung							☼	☼ ●	☼ •	●
	Alt				☼ ●			☼ ●	●	•	
KREIDE	Ober-			●	●		•				
	Unter-		☼ ●	●		•	● ☼				
JURA	Malm			☼ ●	●		☼				
	Dogger	•		●	●	●					
	Lias			●							
TRIAS	Keuper			☼ ●		•				●	•
	Muschelk.								☼ ●		
	Buntsandst.	☼		☼	☼ •						
PERM	Zechstein	☼ •	☼ •	☼	☼ •						
	Rotlieg.	☼	☼	☼	☼ •						
KARBON	Ober-	●	☼	☼							
	Unter-	☼ ●									
DEVON	Ober-								☼=GAS		
	Mittel-										
	Unter-								●=Öl		

Bild V.3 Stratigraphische Verteilung der Erdöl- und Erdgas-Lagerstätten in Europa

Kennzeichnend für die Bewertung der Aufschluß-Bemühungen und der Wirtschaftlichkeit ist die Verteilung von Feldern und Reserven gewinnbaren Öls. 430 Öl- und Gasfelder der Welt mit je über 90 Mio. t Öläquivalent enthalten 70...75% der Reserven der Welt, und selbst in den USA haben weniger als 1% der Felder 45% der gewinnbaren Reserven. 15 Riesenfelder der Welt enthalten allein 35% der Weltreserven. Davon liegen elf in Nahost und vier in der UdSSR, Venezuela und den USA.

Ferner enthalten in:

USA	5% aller Ölfelder	50% der Reserven,
	35% aller Ölfelder	45% der Reserven,
	60% aller Ölfelder	5% der Reserven;

Bundesrepublik Deutschland

5% aller Ölfelder (> 7,5 Mio. t)	38% Reserven,
35% aller Ölfelder (0,75...7,5 Mio. t)	42% Reserven,
60% aller Ölfelder (< 0,75 Mio. t)	20% Reserven.

In der UdSSR enthielten von 548 Gasfeldern:

9% Felder (je über 20 Mrd. m^3 (V_n))	81% Reserven,
37% Felder (je 1...20 Mrd. m^3 (V_n))	18% Reserven,
54% Felder (je unter 1 Mrd. m^3 (V_n))	1% Reserven.

In Kanada enthielten 1964 von 277 Gasfeldern mit 550 Lagerstätten:

10% Felder je über 5 Mrd. m^3 (V_n),
40% Felder je 0,5...5 Mrd. m^3 (V_n),
50% Felder je unter 0,5 Mrd. m^3 (V_n).

Unter den Gasfeldern Westeuropas überragt das 1956 entdeckte Slochteren mit etwa 2 000 Mrd. m^3 (V_n) Reserven alle anderen weit, wenn auch in den letzten

Jahren weitere bemerkenswerte Funde in den Niederlanden, der Bundesrepublik Deutschland und der Nordsee gemacht werden konnten. Die statistische Durchschnittsgröße der etwa 80 deutschen Felder liegt bei rund 7 Mrd. m^3 (V_n) Reserven.

2.2 Migration in Fallen

2.2.1 Migration

Das Problem der Lagerstättenbildung ist eng an die Migration organischer bzw. in Umsetzung begriffener Substanz aus kompaktierenden Tonen in poröse Gesteine unter sich laufend verändernden geochemischen und physikalischen Verhältnissen gebunden.

In einer ersten Phase der Ton-Kompaktion bilden sich aus im Ton vorhandenem oder aus bei der Umsetzung organischer Substanz freiwerdendem Wasser lösliche Micellen von Naphthensäure-Seifen, die Kohlenwasserstoffe und Asphaltene eingeschlossen halten. Diese, von hydrodynamischen Wasserbewegungen mitgeführten Micellen geben später ihre Kohlenwasserstoffe nach Koagulation als separate Phase in permeablen Speichersystemen frei. Nach anderer Auffassung wirken die im Wasser löslichen Alkalisalze organischer Säuren als Emulgatoren für eine kolloiddisperse Öl-in-Wasser-Emulsion (Asphaltene), die in dieser stabilisierten Form wandert.

Die zweite Migrationsphase erfolgt in Form freien Öls bzw. Gases im Wasser nach den physikalischen Prinzipien der kapillaren Verdrängung.

Die freien Kohlenwasserstoffe, die im hochporösen Speichergestein, hydrodynamisch unterstützt oder behindert, auf diese Weise weiterwandern, werden in Fallen gefangen oder wandern an die Erdoberfläche und asphaltieren dort unter Eintreten von Oxidations- und Polymerisationserscheinungen (Bildung von Schwerölsanden, Asphaltkalke).

Ob Strukturen als Fallen wirken können, hängt von ihrer Dichtigkeit nach oben bzw. dem Kapillar- bzw. Verdrängungsdruck zwischen dem in den wassergefüllten Porenraum einwandernden Öl und den hydrodynamischen Kräften im porösen System ab (Bild V.4). Fallen bilden sich in Richtung auf ein Potential-

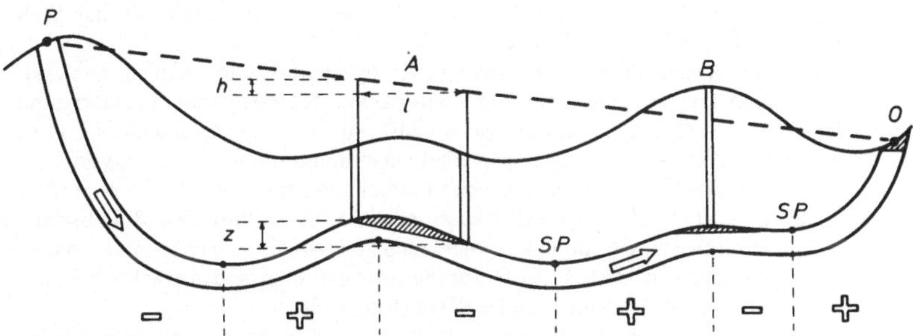

Bild V.4 Prinzipien der Hydrodynamik und Fallenbildung

PO potentiometrisches Niveau, SP Spill-Point, O Ölausbiß, dz/dt Ausdehnung der Ölansammlung, A Antiklinale unter Überdruck (A) bzw. Überdruck (B)

Minimum, das jeweils in tektonischen Strukturen ausgebildet ist. Während sich in faziellen und strukturellen Anomalien die wandernden Kohlenwasserstoffe entlösen, fließt das Migrationswasser mit 1...2 m/a Geschwindigkeit nach oben weiter.

Bei längeren Wanderwegen im porösen System kommt es ferner leicht zu gravitativen Differenzierungen der einzelnen Kohlenwasserstoffe des wandernden Gemisches und dabei zu stärkeren Auswirkungen des unterschiedlichen Auftriebs für Gas- und Ölphase. Die Wanderwege sind oft nur wenige Kilometer, in einigen Fällen aber wahrscheinlich über 100 km weit.

2.2.2 Fallentypen

Wir können fünf Typengruppen von strukturellen Fallen unterscheiden, in denen sich Öl und Gas gefangen haben können: 1. in *Domen, Falten, Antiklinalen* (Bilder V.6, V.8, V.10 und V.11), 2. an *Brüchen* (Bilder V.6 und V.9), 3. an *Diskordanzen* zwischen älteren und jüngeren Schichten (Bilder V.6 und V.9), 4. an *Faziesbarrieren* und in *Riffen* (Bild V.11) und schließlich 5. an den *Flanken* von oder auf *Salzstöcken* bzw. unter *Salzkissen* (Bilder V.5, V.7, V.8, V.10 und V.11).

Störungen können wenige bis mehrere hundert Meter Sprungbetrag und Neigungswinkel bis zu 50...60° haben. Flachgelagerte Überschiebungen können über 10...20 km Länge haben. Solche Vorgänge sind mit Stauchungen und Störungen verbunden, an denen sich Öl und Gas sammeln kann. Andererseits bieten stark gestörte Gebiete mit junger Tektonik (z.B. Oberrheintalgraben) oft keine günstigen Bedingungen für die Erhaltung von Öl-Lagerstätten.

Aufsteigende Salzstöcke sind meist von randparallelen oder radialen Störungen begleitet, die häufig die Abführwege für sich ansammelnde Öle oder deren leichte Komponenten sind. Daher finden sich auf Salzstöcken oft Schweröle.

Ebenso wie die Beträge der Brüche können die domartigen Aufwölbungen wenige bis mehrere hundert Meter betragen und Flächen mit Kohlenwasserstoff-Führung von ganz geringem Umfang bis mehrere 100 km² einschließen. Hier gibt es weder Regeln oder Grenzen, immerhin zählen schon Kohlenwasserstoff-führende Flächen von 50...100 km² zu den Ausnahmen. So erreicht die Ölführung des Burgan-Feldes in Kuwait etwa 270 km². Die größten deutschen Ölfelder sind nur wenige Quadratkilometer groß (Bilder V.8 und V.9). Gasführende Strukturen sind oft in ihrer flächenhaften Ausdehnung viel größer. Die vier größten Gasfelder der Welt haben Flächen von 1 500...17 000 km².

Eine besonders intensive Bewegungs-Komponente ist im diapirischen Aufstieg von Salzstöcken zu sehen. Im Zechstein-Becken Norddeutschlands sind rund 150 (Bild V.8), im Gebiet Texas-Louisiana 340, im russischen Emba-Gebiet etwa 1200 bekannt. Sie steigen oft aus großer Tiefe erst langsam unter Bildung von Salzkissen, dann schneller auf und durchbrechen dabei alle bereits abgelagerten Schichten (Bild V.10). Vereinzelt steigen sie heute noch mit 0,5...1 mm/a an. Z.T. bleiben sie in größerer Tiefe stecken oder kommen sogar bis zur Erdoberfläche, sie haben eine rundliche Form von etwa 1 km Durchmesser oder sind langgestreckt, z.B. mit 100 km Länge und 7 km Breite wie in Holstein (Bild V.8).

Während Gaslagerstätten oder gasgesättigte Öle an Salzstockflanken in Europa bisher unbekannt sind, gehören in schnell absinkenden jungen Becken wie im Golf von Mexiko 20 bis 30 Horizonte mit gasgesättigtem Öl nicht zu den Selten-

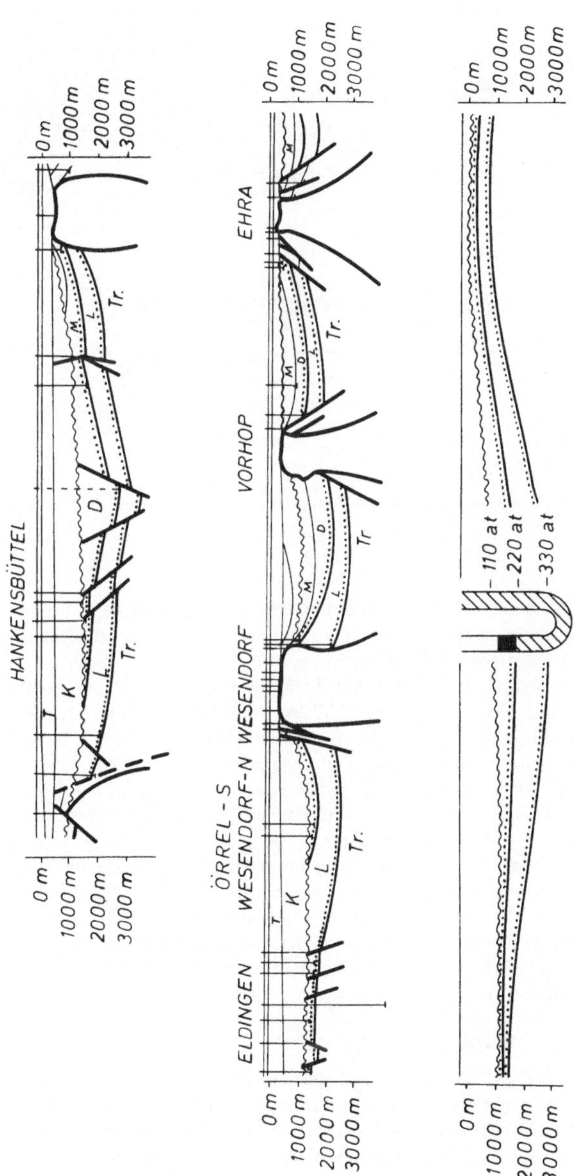

Bild V.5 Geologische Profile durch den Gifhorner Trog; Ölführung in Domungen (Eldingen), Transgressionsfallen mit Fangstörungen (Hankensbüttel, Örrel-Wesendorf), Salzstockflanken (Wesendorf, Vorhop, Ehra).

Unten Schema zur Erläuterung des hydrostatischen Drucks. T Tertiär, K Kreide, M Malm, D Dogger, L Lias, Tr Trias

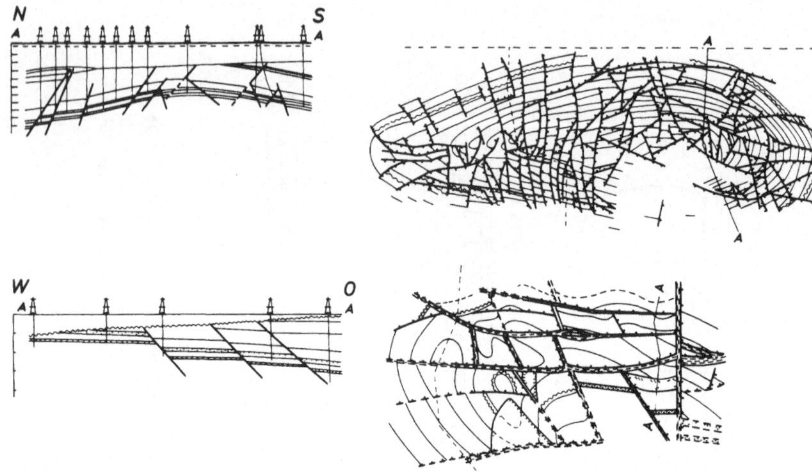

Bild V.6 Strukturkarten und Profile einiger deutscher Ölfelder (bezogen auf die Unterkreide-Transgression)

heiten. Teerkuhlen an der Oberfläche (Wietze, Hänigsen, Ölheim) oder Ölimprägnationen der hochporösen weißen Kreide in Holstein sind dagegen letzte Reste von an Salzstockflanken aufgestiegenen Ölmengen.

Im Nahen Osten, im Vorland der Tauriden-Kette, haben sich postmiozän parallellaufende Faltenzüge z.T. bis etwa 1500 m Höhe gebildet. Sie sind echte, z.T. asymmetrische Antiklinalen mit z.T. 40...50° einfallenden Flanken und beherbergen vorwiegend in Kreide- und Tertiär-Kalken Öl-Lagerstätten (Bild V.30).

Wesentlich ruhiger ging es demgegenüber auf der „stabilen" Seite des Persischen Golf-Beckens mit seinem metamorphen Untergrund des arabischen Schildes zu. Ganz flache Riesenstrukturen mit Sandspeichern in Trias, Jura, Kreide und Tertiär nahmen hier die vom Becken kommenden Kohlenwasserstoffe auf: die Öl-Lagerstätten von S-Irak, Kuwait, Saudi-Arabien, Abu Dhabi, Dubai usw.

Unter Faziesfallen versteht man Speicherkörper, die in bestimmter Richtung vertonen oder sekundär durch Auslaugung oder Dolomitisierung entstanden. Hierzu gehören auch Riffe, Sandlinsenkörper, Shoestring-Sande, Delta-Bildungen und Verwitterungszonen von Granitstöcken.

2.2.3 *Lagerstättendruck und -temperatur*

Aus Bild V.4 ist ersichtlich, daß der jeweilige Druck im porösen System des Speichers hydrostatisch ist. Damit herrschen in 2000 m Teufe bei Salzwasser (15...18 %) statische Drücke von etwa 220 bar. In von Ton abgeschlossenen Sandsteinlinsen können bei rascher Absenkung junger Sedimentbecken Unterdrücke,

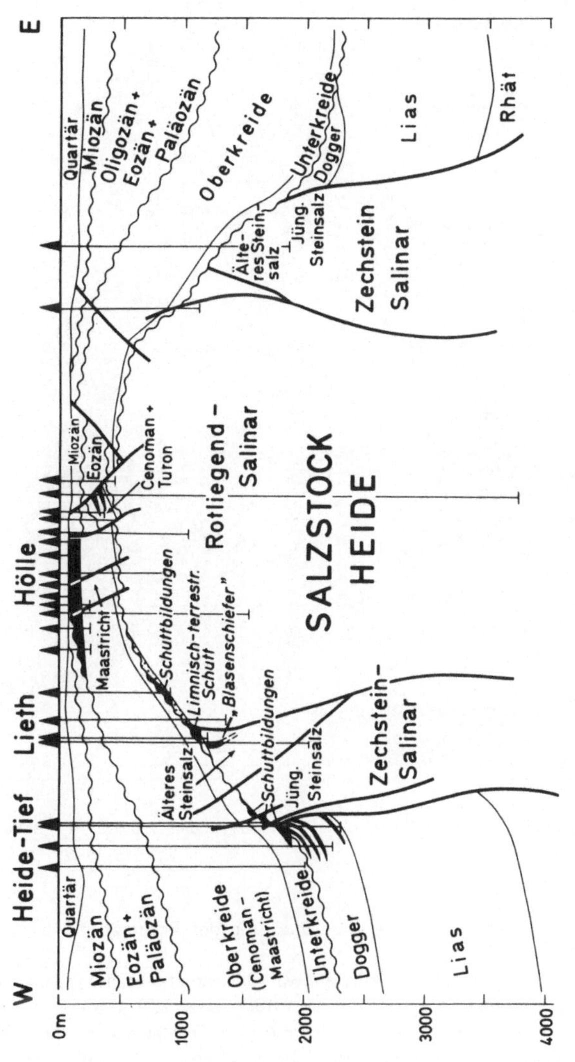

Bild V.7 Profil durch den Salzstock Heide (Holstein). (Nach Deecke 1949, Weber 1956)

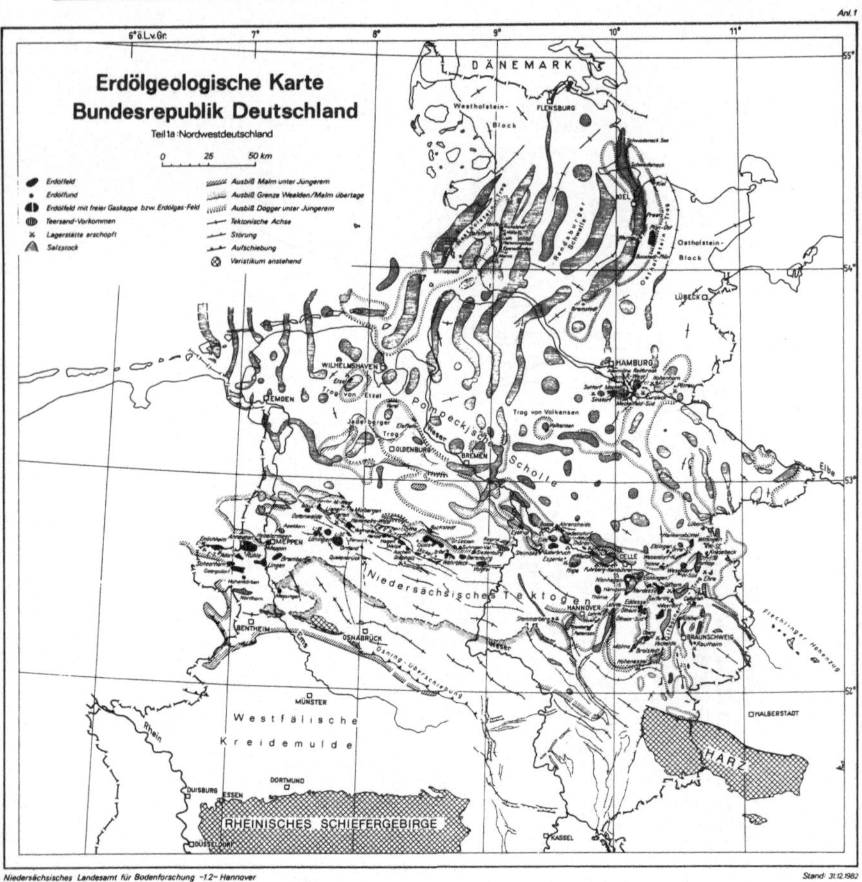

Bild V.8 Erdölgeologische Karte von Nordwestdeutschland (Nieders. Landesamt f. Bodenforschung, Abt. Erdöl)

bei starker späterer Kompaktion bzw. Verdichtung des Porenraumes Überdrücke auftreten.

Bei Oberflächentemperaturen von etwa 10 °C ergeben sich im Durchschnitt Lagerstättentemperaturen von 75...80 °C in 2000, bzw. 170...180 °C in 5000 m Teufe. Bei solchen Temperaturen und zugehörigen Drücken von 450...500 bar können sich schwere Kohlenwasserstoffe nicht erhalten. In Jahrmillionen spielen katalytische Vorgänge im feinporösen System eine so wesentliche Rolle, daß in größeren Teufen als 3000...4000 m Erdöle nur noch in geringem Umfang angetroffen werden können und stattdessen mehr Erdgase auftreten.

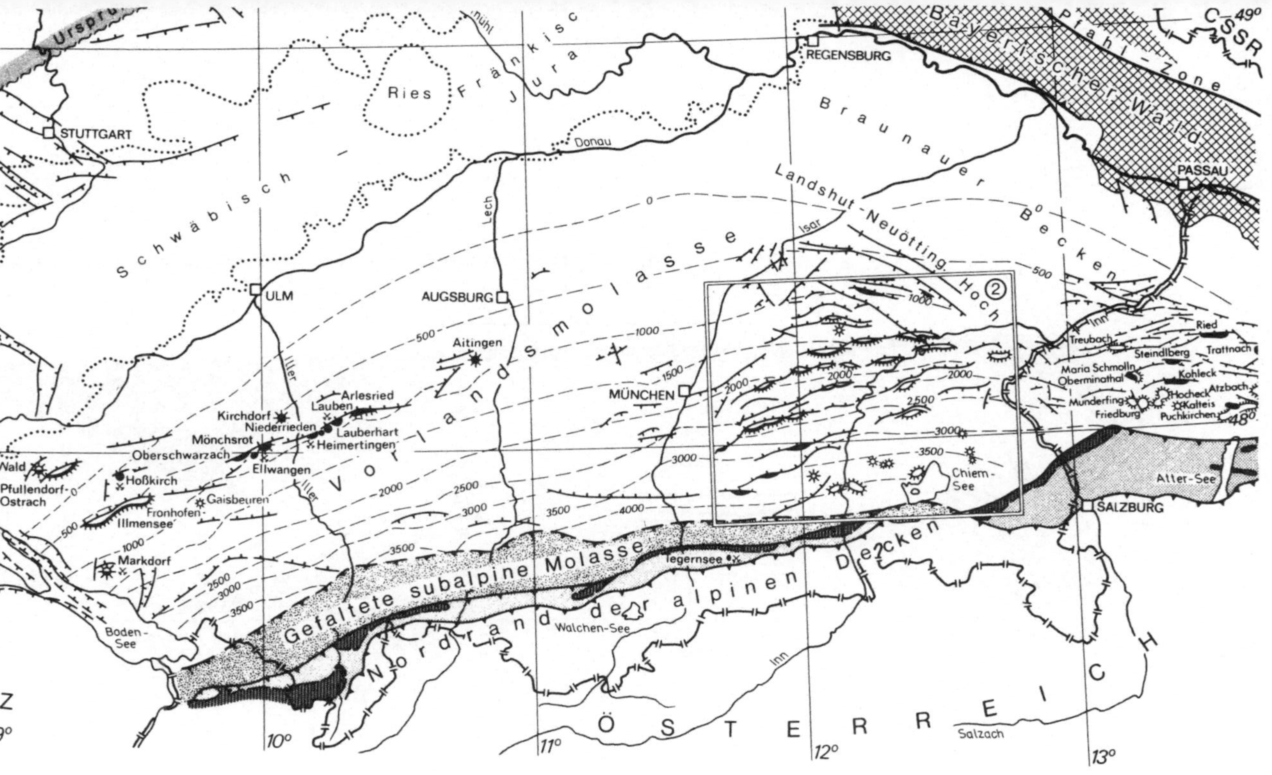

Bild V.9 Erdölgeologische Karte des Alpenvorlandes (Nieders. Landesamt f. Bodenforschung, Abt. Erdöl)

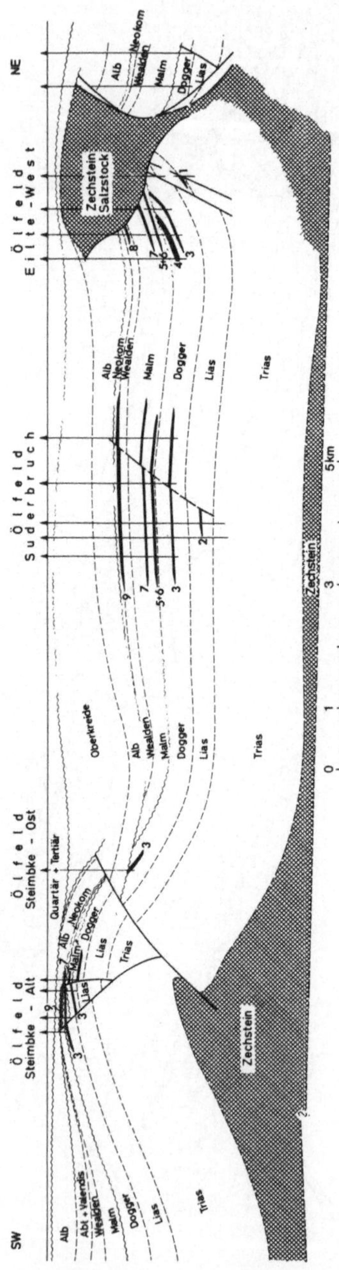

Bild V.10 Profil durch die Erdölstrukturen Steimbke, Suderbruch und Eilte [17]

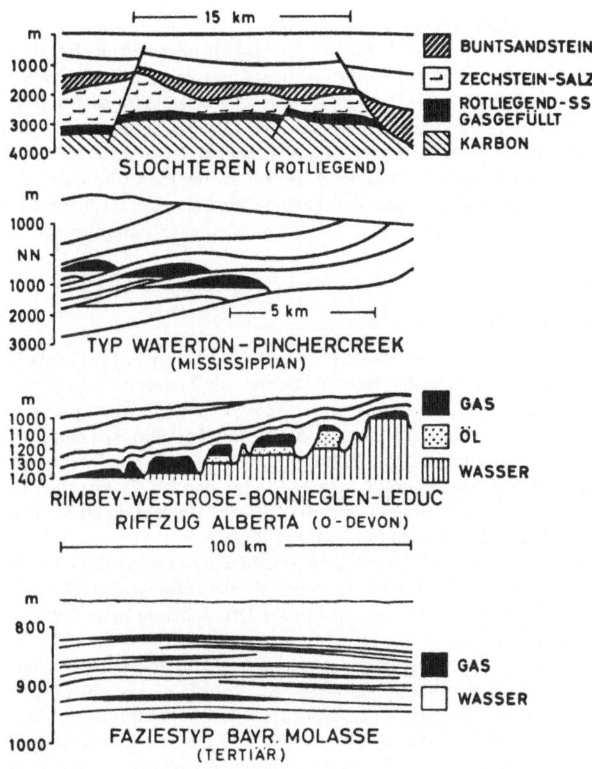

Bild V.11 Andere Strukturtypen (schematisch) von Erdgasfeldern

2.2.4 Lagerstätteninhalt

Unterhalb der Öl- oder Gasfüllung ist der Speicherraum zu 100% mit Wasser gefüllt. Man spricht von Bodenwasser, wenn die Lagerstätte über ihre ganze Erstreckung im unteren Teil mit Wasser gefüllt ist, andernfalls von Randwasser. An der Oberfläche rezenter Sedimente bis zum Grundwasserhorizont findet sich Süßwasser, das nach der Tiefe zu in Salzwasser mit 100...200 g/l Salzgehalt übergeht.

Wenn bei der Einwanderung der Kohlenwasserstoffe der Gasgehalt ausgereicht hat, kommt es neben einer Sättigung des Öls mit Gas zur Ausbildung einer mehr oder weniger großen Gaskappe. Auf diese Weise können in 1 m^3 Öl 100...200 $m^3(V_n)$ oder mehr Gas gelöst sein, das sich bei der Ölförderung bei starkem Druckabfall schon in der Lagerstätte oder aber in den Steigerohren entlöst und als Erdölgas mitgefördert wird. Andernfalls bleibt das Öl untersättigt. Bei tektonischen Bewegungen (z.B. an Salzstockrändern) entweichen leichte bzw. gasförmige Kohlenwasserstoffe vielfach, das Öl ist stark untersättigt oder sogar gasfrei und hochviskos und in seltenen Fällen u.U. für den untertägigen Ölsand-Bergbau geeignet. Durch Absinken von Beckenteilen mit in sich abgeschlossener Lagerstättenfüllung können gasgesättigte Öle das Gas einer Gaskappe in sich aufnehmen und dadurch sogar für die neue Teufe gasuntersättigt werden. Umgekehrt kann bei struktureller Aufwärtsbewegung eine sekundäre Gaskappe durch Gasentlösung gebildet werden.

2.3 Eigenschaften von Speichergesteinen [2, 3]

2.3.1 Porosität und Speicherpotential

Im allgemeinen kann man sagen, daß Sande terrestrisch-fluviatil bis küstennahe abgelagert wurden, und daß Tone den ferneren Schelf- bis Tiefseebereich kennzeichnen. Küstennahe Flachwassergebiete in ariden Zonen sind bevorzugt einer Karbonatfällung unterworfen. Zu dieser Fazies gehören auch Korallen-Riffzüge, die sich bei kontinuierlicher Absenkung in oft mehreren 100 m Höhe und mehreren 100 km Länge vor den Kontinentalrändern während der ganzen Erdgeschichte gebildet haben. Ihr hohes Speichervermögen und ihre direkte Beziehung zu organischer Muttersubstanz macht sie zu bevorzugten Aufschlußobjekten.

Der Absenkung eines Beckens geht eine starke Porositätsreduktion der Tone von etwa 80 % auf 5...15 % und eine Verfestigung dieser Tone, aber auch feinkörniger Sande zu Sandsteinen mit Silifizierung infolge Drucklösung oder anderer chemischer Reaktionen parallel.

Die Porosität lockerer, grober Sande oder Sandsteine beträgt meist zwischen 25 % und 35 %, die feinkörniger Sande oder Sandsteine oft nur 5...10 %. Gutporöse Sandsteine sind meist geologisch jünger als geringporöse. Für die Konfiguration des Porenraums und dessen für die Fließbewegung des Öls und Gases wichtige innere Oberfläche spielt der Sortierungsgrad der verschiedenen Sandkorngrößen eine besondere Rolle. Letztere liegen meist zwischen 0,01 mm und 1 mm. Die Durchmesser der Tonminerale sind kleiner (Bilder V.12 und V.13).

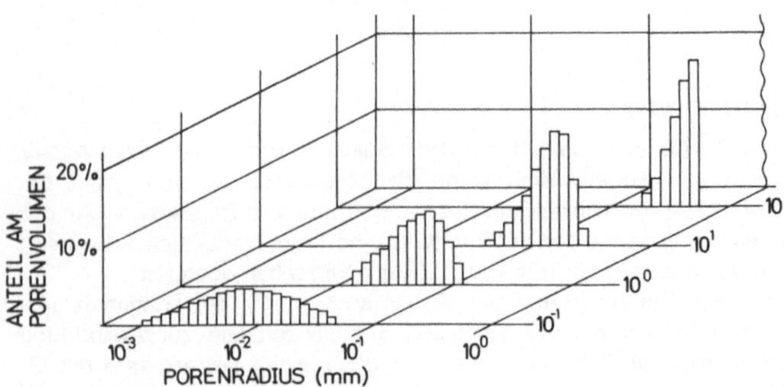

Bild V.12 Beziehungen zwischen Permeabilität und Porenverteilung

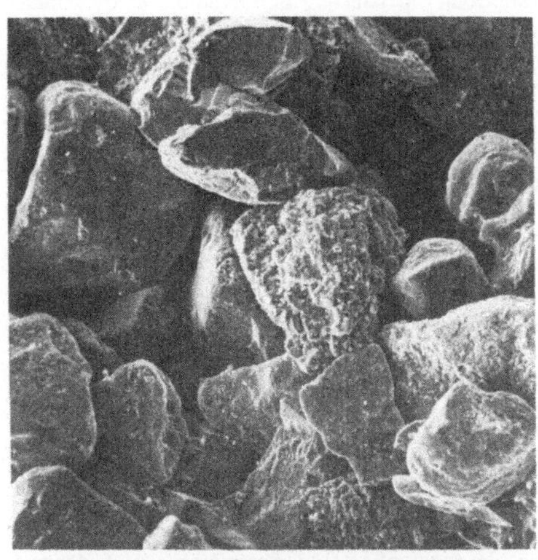

Bild V.13
Petrographie von Sandsteinen (Verg. etwa 350-fach)

a) Hochpermeabler Dogger beta-Sandstein (3 550 md)
b) Niedrigpermeabler Dogger beta-Sandstein (590 md)

Kluftbildung in Karbonaten oder silifizierten Sandsteinen erfolgt meist durch mechanische Beanspruchung. Der hierdurch entstehende geringfügige Porenraum von maximal 4...5 % läßt oberflächennahe Wasser zirkulieren und u.U. grobkavernöse Porosifizierung entstehen.

Der primär mit Wasser gefüllte Porenraum wird beim Einwanderungsprozeß von Öl oder Gas verdrängt. Für diesen Verdrängungsvorgang ist ein bestimmter Mindestdruck, der Kapillardruck zwischen Erdöl (oder Erdgas) und Wasser, erforderlich.

Nach

$$P_c = \frac{2\,\sigma\cos\varphi}{r(\gamma_w - \gamma_o)} \tag{1}$$

σ Grenzflächenspannung (10^{-3} N/m)
φ Benetzungswinkel
r Porenradius (mm)
$\gamma_{w/o}$ Dichte Wasser/Öl

ist er im wesentlichen vom Porenradius bzw. vom Radius der engsten Verbindungskanäle zwischen den Poren abhängig. Je enger diese sind, desto höher muß der aufzuwendende Druck sein, um das benetzende Medium Wasser vom nichtbenetzenden Kohlenwasserstoff verdrängen zu lassen.

Wir gewinnen zugleich zwei weitere wichtige Begriffe, den des *Haftwassers* und den der *Übergangszone des Öl- oder Gas-Wasser-Kontaktes.* Bei der Einwanderung bleibt stets ein nicht weiter reduzierbarer Haftwassergehalt übrig, der bei hochpermeablen Sanden etwa 5...10 Vol.-% des Porenraums, bei niedrigpermeablen 50...80 % betragen kann. Um ihn reduziert sich das Speichervolumen für Kohlenwasserstoffe bei deren Inhaltsberechnung.

Tone und Tonsteine mit sehr kleinem Porendurchmesser bzw. niedriger Permeabilität werden durch hohe bis sehr hohe Verdrängungsdrücke gekennzeichnet und bleiben daher wassergefüllt. Sie wirken deshalb auch als Sperren gegen Öl- oder Gasabfluß.

Je heterogener das Speichergestein bzw. dessen Porengeometrie ist, desto höher ist die Übergangszone, d.h. die vertikale Entfernung von der 100 %igen Wassersättigung bis zum minimalen Haftwassergehalt. Sie beträgt in gutpermeablen Sandsteinen nur etwa 1...2 m, in geringpermeablen oft 20...30 m oder mehr.

2.3.2 Durchlässigkeit und Fließkapazität

Während die Porosität das Speichervolumen repräsentiert, erhält man mit der Durchlässigkeit (Permeabilität) dessen Fließkapazität. Ihre empirisch ermittelte, in der Praxis benutzte Einheit (K) ist 1 Darcy (D) = 1 000 Millidarcies (mD).

Sande mit 30 % Porosität weisen etwa 10 000 mD, mit 20 % Porosität etwa 500 mD und mit 10 % Porosität etwa 1 mD Durchlässigkeit auf. Kalksteine und Tone haben eine Permeabilität von nur etwa $10^0 \ldots 10^{-4}$ mD (vgl. Bild V.12).

Die Durchlässigkeit ist der charakteristischste Begriff eines Speichergesteins. Bild V.14 zeigt die Beziehung zwischen Lagerstättendruck, Fließdruck und Fördermenge an Öl mit einer bestimmten Viskosität nach dem Darcyschen Gesetz für den Fall des linearen und radialen Flusses.

Der spez. „Produktivitäts-Index" (PI) ist das praktische Maß für die Permeabilität des Speichergesteins. Der absolute PI, auf die ganze Lagerstätte bezogen, beträgt bei 10...20 m Lagerstätte oft z.B. etwa 10...20 t/d/bar, bei 10 bar Druckgefälle die Fließrate daher 100...200 t/d. Wenn die gleiche Lagerstätte ein Öl mit 5fach höherer Viskosität abgeben würde, würde die Fördermenge nur 20...40 t/d betragen.

Die jurassischen Sandsteine der Ölfelder der britischen und norwegischen Nordsee haben so große Mächtigkeiten mit Ölführung, daß die damit verbundenen hohen Permeabilitäten zu Tagesförderraten von 500...1 500 t führen. Ähnlich liegen die Verhältnisse auf der Westseite des Arabisch-Persischen Golfes in den mesozoischen Sanden der Ölfelder Saudi-Arabiens und Kuwaits.

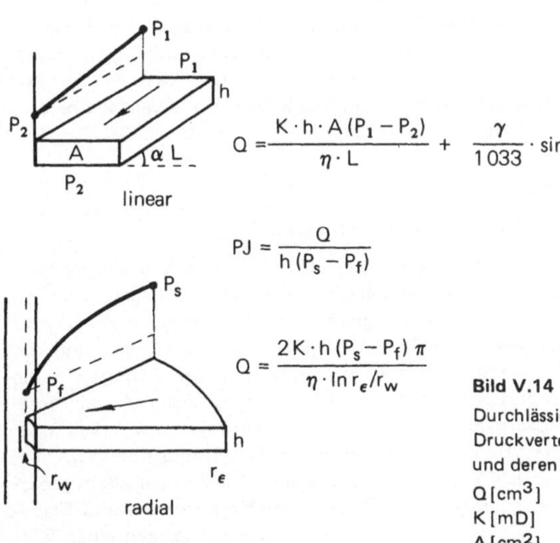

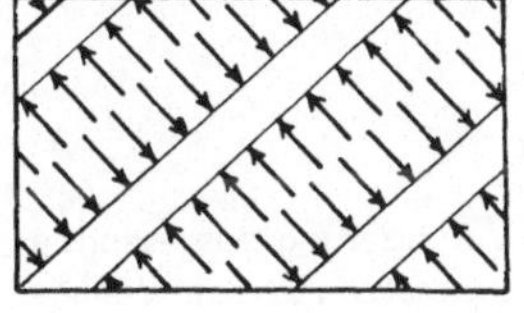

linear aus Kalkmatrix in Klüfte

Bild V.14

Durchlässigkeit von Speichergesteinen. Druckverteilung um eine Förderbohrung und deren Förderrate

$Q\,[cm^3]$	Zuflußmenge
$K\,[mD]$	Permeabilität
$A\,[cm^2]$	Zuflußquerschnitt
$P_1 - P_2$ [bar]	Druckdifferenz
h [cm]	Mächtigkeit
η [cP = mPa · s]	Viskosität Öl
r_e [cm]	Zuflußradius
r_w [cm]	Bohrlochradius

Dort kennen wir aus den Karbonat-Lagerstätten auf der Ostseite des Golfs 10...1 000 mal höhere Förderraten bzw. Produktivitäts-Indizes als bei Sandsteinen. 1 000...10 000 t/d/bar und Bohrung sind dort keine Seltenheit. Das Geheimnis dieser hohen Kapazitäten liegt fast stets in einer außerordentlich starken Klüftung dieser meist außerdem sehr mächtigen (50...300 m) Karbonatgesteine. Im Vorland junger Faltung gelegen, sind diese Strukturen als Antiklinalen meist einer Dehnung unterworfen gewesen, bei der die Scheitelzone völlig zerbrochen ist. Die riesige Klüftoberfläche erhält einen außerordentlich starken Zufluß und führt das Öl auf den hochpermeablen Klüften wie in Drainagekanälen ohne Druckverlust durch innere Reibung den Bohrungen zu.

Für Gasbohrungen wird die Zuflußrate ähnlich bestimmt, allerdings sind dabei die spezifischen physikalischen Eigenschaften des Erdgases zu berücksichtigen.

2.3.3 Mehrphasen-Fluß im porösen System

Wenn der Lagerstättendruck im Laufe der Förderzeit bis zum kritischen Druck absinkt, von dem ab in zunehmendem Maße sich das Gas entlöst, oder wenn infolge Druckabsenkung Rand- oder Bodenwasser in den öl- bzw. gasführenden Bereich eintritt, fließen beständig zwei Phasen durch den Porenraum. Dabei nimmt beim Öl-Gas-Fluß das Gas und beim Öl-Wasser-Fluß das Wasser beständig zu, das Öl hingegen beständig ab. Diese „effektiven bzw. relativen Durchlässigkeiten" für Gas, Öl oder Wasser sind also in Anwesenheit einer zweiten Flüssigkeit jeweils kleiner, als wenn nur eine Flüssigkeit den Porenraum durchfließt.

3 **Erkundungsverfahren** [2, 7, 8]

3.1 Geologische und geochemische Methoden

Natürlich läge es nahe, sich einer direkten Nachweismethode von Kohlenwasserstoffen an der Erdoberfläche zu bedienen, um auf tiefere Lagerstätten zu schließen. Abgesehen aber von der Schwierigkeit, die Diffusionsgeschwindigkeit aufsteigenden Gases mit der wahrscheinlichen Migrationszeit des Gases und des tektonischen Einflusses in Einklang zu bringen, treten noch andere Effekte ein, die eine Erschwerung der Interpretation nach sich ziehen. Dazu gehören chromatographische Wirkungen infolge Adsorption, Migrationsselektion infolge unterschiedlicher Löslichkeit der Kohlenwasserstoffe im Wasser, bakterielle Neuproduktion usw.

Man ist also auf indirekte Verfahren angewiesen, zu denen vor allem geologische Rückschlüsse aus den Ergebnissen von Oberflächen-Kartierungen und Flach- und Tiefbohrungen gehören. Wichtigste Vorarbeiten vor dem Ansetzen einer Tiefbohrung in noch unbekannten Gebieten sind allerdings geophysikalische Methoden.

3.2 Geophysikalische Methoden [5]

3.2.1 Seismik

Die Seismik untersucht die Ausbreitung und Veränderung ausgesandter Schallwellen. Wie in der Optik gelten in der Seismik die Gesetze über die Wellenausbreitung in geschichteten Medien (Reflexion, Refraktion). Man versucht, die Strahlenwege zu rekonstruieren, die Fortpflanzungsgeschwindigkeiten in den durchlaufenden Erdschichten zu ermitteln, die reflektierenden oder refraktierenden

Horizonte geologisch-lithologischen Schichtgrenzen oder -paketen zuzuordnen sowie Profilschnitte und Pläne der Horizonte darzustellen und so den Verlauf und die Änderungen der Erdschichten zu erkunden. Hierdurch werden Strukturen und Anomalien ermittelt, die mit Erdöl oder Erdgas gefüllt sein können.

Nahe der Erdoberfläche wird z.B. ein Schuß ausgelöst. Hierdurch entstehen Wellen, die sich im Untergrund ausbreiten, an den Horizonten reflektiert oder gebrochen und entlang einer Meßlinie an der Erdoberfläche durch Geophone entsprechend den durchlaufenen Wegen in zeitlicher Folge registriert werden (Bilder V.15 und V.16). Die Bodenbewegung wird in elektro-magnetische Wechselspannungen umgewandelt und auf Fotofilm sichtbar oder auf Magnetband aufgezeichnet. Das Magnetband wird im Rechenzentrum bearbeitet und dann gleichfalls auf Papier ausgespielt.

Eine genaue Navigation auf See (Satellit, Trisponder, Syledis, Pulse 8 u.a.) und eine genaue topografische Ortsbestimmung bei Landmessungen für Sender und Empfänger sind Voraussetzung für fehlerfreies Prozessing und Interpretation der Daten.

Als seismische Energiequellen dienen Sprengstoff, Fallgewicht, Preßluft, Gasexplosionen oder Funkenentladungen. Sie geben alle eine momentane Anregung an den Untergrund. Die Zeitdauer der Anregung ist sehr kurz, das abgestrahlte Frequenzspektrum breit. Ferner dienen Vibratoren mit einer Anregungszeit von mehreren Sekunden und einem auswählbaren Frequenzspektrum als Energiequellen (Vibroseis-Verfahren). Sprengstofflose Energiequellen haben sich in schwer zugänglichen Gebieten und bei Seemessungen als vorteilhaft erwiesen.

Während vornehmlich longitudinale Wellen wegen ihrer höheren Fortpflanzungsgeschwindigkeit und mit kürzesten Laufzeiten für die Seismik angewandt werden, gewinnt für die seismische Stratigraphie die Anwendung von Scherwellen an Bedeutung. Sie erlauben wegen ihrer geringen Fortpflanzungsgeschwindigkeit und der damit vergrößerten Laufzeitauflösung eine bessere Interpretation und Analyse von dünneren Schichten bzw. Schichtpaketen.

In einem Seismogramm werden alle Wellen aufgezeichnet, die an den Geophonen der Meßstrecke ankommen. Ein gutes Reflexionsseismogramm sollte möglichst nur die gewünschten reellen (primären) Reflexionen enthalten (Nutzenergie). Es enthält aber auch verschiedenartige Störenergien, wie selbsterzeugte (multiple Reflexionen, Refraktionswellen, Oberflächenwellen, Diffraktionen u.a.), fremderzeugte organisierte (Maschinen, Überlandleitungen, Wind u.a.) sowie statistisch zufällige Störenergie.

Um den Einfluß der Störenergie zu mindern, kann das Meßverfahren räumlich-geometrisch durch Vermehrung der gleichzeitig tätigen Sender und Empfänger wie auch durch zeitlich getrennte Anregung mit nachfolgender Addition auch energieschwacher Aufzeichnungen (Stapeln, Mehrfachüberdeckung) variiert werden. Bei großen Meßentfernungen können die Meßdaten telemetrisch oder auch über Satelliten übertragen werden. Ferner kann die Qualität der seismischen Profile mit den Mitteln und Methoden der Datenverarbeitung im Rechenzentrum verbessert werden.

Die Aufzeichnung auf digitalen Magnetbändern bietet den Vorteil des größeren Dynamik-Bereichs für die Aufzeichnung seismischer Schwingungen sowie die Freiheit von Zeitverzerrung und erlaubt Korrelationen und Konvolutionen, die wegen ihres Rechenaufwandes nur auf digitalen Rechenanlagen durchführbar sind.

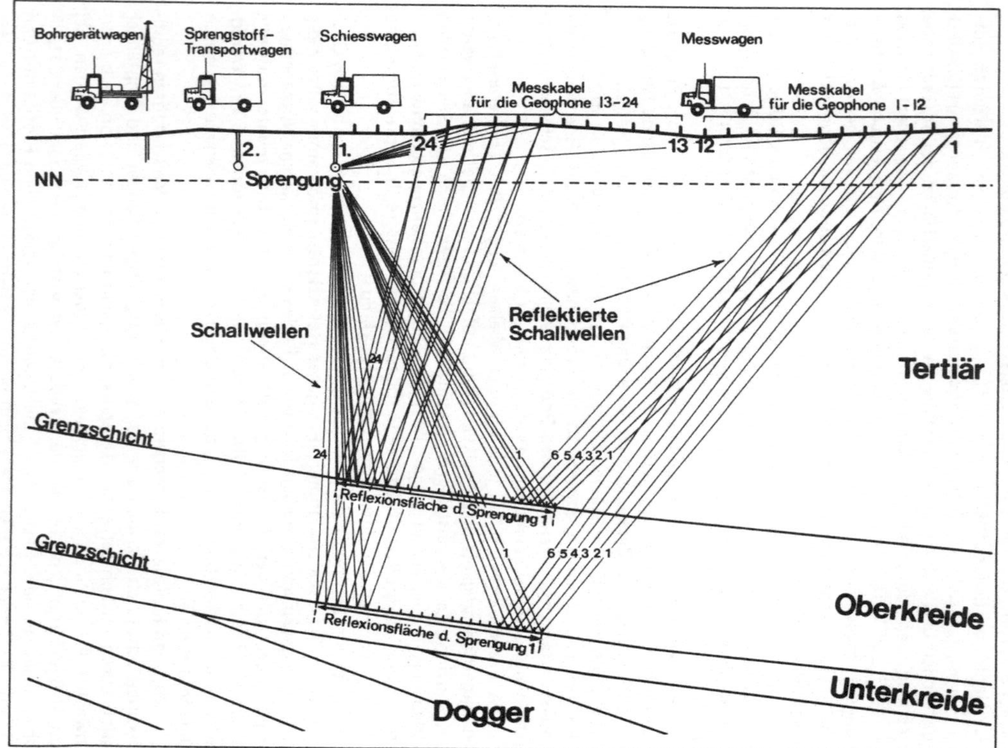

Bild V.15 Ausbreitung seismischer Wellen

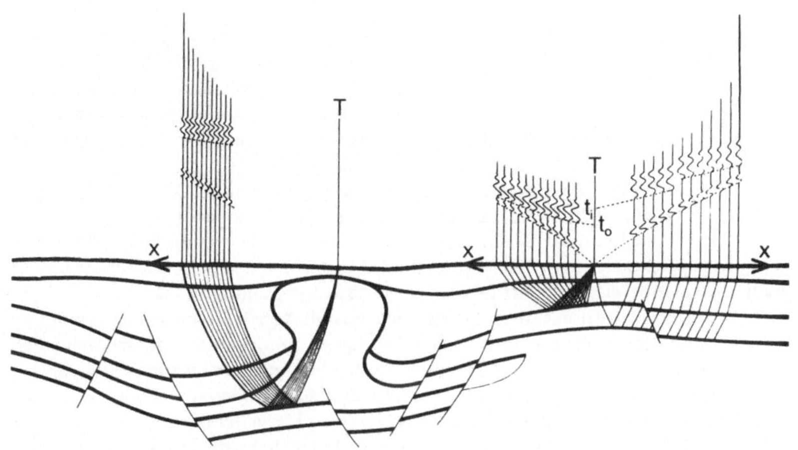

Bild V.16 Schema Refraktionsseismik (links) und Reflexionsseismik (rechts)

Die digitale Bearbeitung der seismischen Daten kann die Qualität der seismischen Profile wesentlich steigern. Damit können Gebiete und Tiefenbereiche erforscht werden, die früher keine deutbaren Informationen aufwiesen. Zur Diagnose werden u.a. Autokorrelation, Power-Spektrum, Kreuzkorrelation, Frequenzanalyse mit Amplitudenspektrum und Phasenspektrum sowie Retrokorrelation benutzt. Hiermit können multiple Reflexionen, Reverberationen und der Frequenzinhalt, ferner statische Zeitkorrekturen, dynamische Zeitkorrekturen, sowie Durchschnitts- und Intervallgeschwindigkeiten ermittelt werden.

Nach den berechneten Werten können Operatoren für Dekonvolution, Frequenzfilter und Mehrspurfilter berechnet und sowohl von der Reflexionszeit abhängig wie unabhängig auf die seismischen Daten angewandt werden. Auch selbstoptimierende Filterungen und Korrekturen sind möglich.

Mit dem Verfahren, die seismischen Amplituden in ihrem wahren Verhältnis herauszuarbeiten (real amplitude processing), ist es in günstigen Fällen möglich, Gasansammlungen aufgrund ihres Reflexionsverhaltens zu erkennen.

Für eine verläßliche Auswertung schließt man die seismischen Profile an vermessene Tiefbohrungen an (seismische Bohrlochmessung, Vertical Seismic Profiling = VSP, Sonic Log, Density Log). Aus den zahlreichen Geschwindigkeits- und Dichtesprüngen der Schichten im Bohrloch können Reflexionskoeffizienten bestimmt und daraus synthetische Seismogramme hergestellt werden, die erlauben, gemessene Reflexionen lithologischen Grenzen und Schichtpaketen zuzuordnen, die durch das Bohrergebnis geologisch datiert worden sind.

Lateral sich ändernde Schichtfolgen erzeugen sich systematisch ändernde seismische Schwingungsformen. Durch Wellenformanalysen (seismic modelling, wavelet processing) kann von bekannten Verhältnissen in einer Bohrung ausgehend die Wirkung einer solchen lithologischen Änderung (Auflösungsgenauigkeit, seismische Geschwindigkeiten und Amplituden) untersucht und mit den gemessenen seismischen Schwingungen bei hoher Auflösung (high resolution seismic) verglichen werden. Damit kann rückgeschlossen werden auf Änderungen prospektiver Schichten nach Mächtigkeit, Lithologie, Porosität und mögliche Porenfüllung mit Öl oder Gas (seismic stratigraphy, reservoir seismic).

Für die genaue Untersuchung und Ausgrenzung eines Öl- oder Gasfundes mit dem Ziel, ein Feld daraus zu entwickeln, kann flächendeckende, hochauflösende 3-D (dreidimensionale) Seismik angewandt werden. Sie erlaubt Darstellungen in zeitgleichen Schnitten, wie auch in vertikalen Schnitten, sowohl im Zeitbereich wie auch im Tiefenbereich migriert (= korrigiert) nach Lage und Neigung.

In den Profilsektionen werden die seismischen Horizonte in Verbindung mit benachbarten und kreuzenden Profilsektionen ausgewertet. Unterbrechungen der Horizonte an Störungen, Auskeilen, Ausbeißen unter Transgressionen werden ermittelt. Entsprechend den ermittelten Schichtgeschwindigkeiten können die ausgewerteten Horizonte nach Tiefe, Lage und Neigung in die richtige Position gebracht werden. Die Ergebnisse können in Schnitten und Plänen dargestellt werden, aus denen strukturgünstige Positionen für künftige Bohrprospekte ausgewählt werden.

Die ansteigende Menge der seismischen Meßdaten hat nicht nur bei der optimalen Bearbeitung (Prozessing) die Rechenanlage erforderlich gemacht. Als Folge geht auch bei der Interpretation wegen der wachsenden Anzahl der Informationen der Weg zunehmend in die automatische Datenverarbeitung unter Einbeziehung interaktiver graphischer Systeme.

Die Seismik ist zwar die aufwendigste geophysikalische Methode, aber auch die mit dem höchsten Aussagewert. Sie gibt ein recht genaues Bild vom Aufbau der Erdschichten und erlaubt Voraussagen über geologische Strukturen, Schichtgrenzen, Lithologie, gelegentlich auch Aussagen über Porenfüllungen. Sie ist eine indirekte Methode der Erdöl- und Erdgassuche, d.h. für den mit der regionalen Situation vertrauten Geowissenschaftler ein wichtiges Hilfsmittel zur Lokation von Bohrungen. Gegenwärtig können so Bohrprospekte bis etwa 7000 m Tiefe vorbereitet werden.

Seismische Verfahren wurden erstmals um 1920 für die Erdölsuche angewandt. Heute sind rund 600 Meßtrupps in vielen Ländern der Welt tätig. Sie sind in der Lage, monatlich rund 20000 km^2 Fläche zu vermessen. Etwa zwei Drittel der Trupps arbeiten in der Neuen Welt und ein Drittel in der Alten Welt.

Hinzu kommen rund 120 Meßschiffe, die auf den Meeren operieren. Ihre Meßleistung ist etwa 15mal diejenige eines Landtrupps. Die See-Seismik ist je Profilkilometer billiger als Land-Seismik und bezogen auf die Anzahl der Seismogramme je Stunde produktiver, denn die Profile können vom fahrenden Schiff mit nachgeschlepptem Meßkabel viel schneller vermessen werden.

3.2.2 Gravimetrie und Magnetik

Gravimetrie und Magnetik beschäftigen sich mit der Messung natürlicher Kraftfelder. Mit der einen Methode wird die Schwerebeschleunigung, mit der anderen Methode heute vor allem die magnetische Totalintensität gemessen. Die Schwerkraftmessungen werden mit Gravimetern an der Erdoberfläche oder auf See von fahrenden Schiffen ausgeführt. Ein Meßtrupp kann etwa 500...1500 Punkte pro

Monat auf dem Lande vermessen. Die magnetische Totalintensität wird vorwiegend von Flugzeugen aus mit Nuklear-Magnetometern gemessen. Die durch Flugvermessung erhaltenen Meßwerte werden in Lochstreifen oder auf Magnetband für die spätere Bearbeitung im Rechenzentrum aufgezeichnet. Das Vermessungsgebiet wird entlang von Profilen mit mehreren Kilometern Abstand überflogen und dabei alle 60...75 m ein Rechenpunkt ermittelt.

Nachdem die notwendigen Korrekturen angebracht worden sind, beschreiben die reduzierten Meßwerte in Profil- und Plandarstellung die räumlichen Variationen der Kraftfelder als „Bouguer-Anomalien" und magnetische Anomalien, die durch sogenannte Störmassen im Untergrund hervorgerufen werden.

Als Störmassen werden alle Abweichungen in einem einheitlich gedachten regioanlen Bau des Untergrundes bezeichnet, die durch abweichende Dichte oder abweichende magnetische Intensität eine Anomalie erzeugen.

Die Magnetik hat gegenüber der Gravimetrie den Vorteil, daß durch ihre Auswertung die Tiefenlage der Sedimentbasis und die Ausdehnung sedimentärer Becken für Übersichtszwecke brauchbar angegeben werden kann.

Die Genauigkeit von gravimetrischen und magnetischen Interpretationen für die Lokationen von Bohrprospekten ist naturgemäß geringer als bei der Seismik, da es sich bei der Messung von Kraftfeldern um Summenwirkungen handelt, deren Anteile zumeist nur angenähert bestimmt oder auch nur geschätzt werden können.

4 Erfolgsaussichten des Aufschlusses

Die fachlichen Grundlagen der Aufsuchung von Lagerstätten ermöglichen häufig eine gewisse Schwerpunktbildung derart, daß die „besten" Projekte bevorzugt abgebohrt werden. So sind große Strukturen mit mächtigen Speichern und hohen Förderraten leichten Öls in geringer Tiefe in Verbrauchernähe anderen Projekten vorzuziehen, die z.B. unter dem Meer oder in großer Tiefe liegen oder mit hohen Staatsabgaben belastet sind usw.; nicht immer läßt sich indessen genügend zu den geologischen Faktoren im voraus sagen, so daß Fehlschläge bei dem Mangel einer direkten Prospektionsmethode nicht zu vermeiden sind.

In der Bundesrepublik Deutschland wurden von 1941 bis 1982 1 851 Aufschlußbohrungen (neben 8 124 Erweiterungs- und Feldbohrungen) von denen 270 bzw. 14,6 % auf Öl oder Gas fündig wurden, durchgeführt. Diese Zahl reduziert sich weiter auf etwa 10 %, wenn man alle die Marginalfunde abzieht, die nicht zur Entwicklung von Förderfeldern führten. In diesen 40 Jahren stieg die Durchschnittsteufe der Aufschlußbohrungen von 1 400 m auf 3 470 m, die der Feldbohrungen lag dagegen in den letzten Jahren bei etwa 1 890 m. Die Aufschlußteufe ist damit wohl die tiefste aller Erdölländer.

Besonders interessant ist die Erfahrung, daß neben etwa 5 000 Tiefstbohrungen über 4 500 m in 1976 in den USA allein weitere 130 mit einer Durchschnittsteufe von 5 330 m gebohrt wurden, von denen 3 % bzw. 2,3 % auf Öl und 30 % bzw. 25,7 % auf Gas fündig wurden. Von diesen über 5 000 Tiefstbohrungen in aller Welt dürften etwa 70 Bohrungen in der westlichen Welt bisher tiefer als 6 000 m gebohrt worden sein. Davon wiederum liegen etwa 20 in Westeuropa.

Die tiefste Gasbohrung überhaupt ist z.Z. 7 992 m tief, die tiefste Fehlbohrung 12 000 m (HI. Kola). In der Bundesrepublik Deutschland ist die tiefste Bohrung 6 775 m, in Westeuropa 8 553 m (Österreich), in Osteuropa 7 100 m (DDR).

Besonders risikovoll ist die Exploration auf große Teufen auch aus geochemischen Gründen. Erstens ist die Ausbildung der Speichergesteine wegen der hohen petrostatischen Drücke und Temperaturen infolge Silifizierung der Poren meist schlecht, d.h., Potential und Kapazität sind niedrig, und zum zweiten kann schlechte Qualität von gefundenem Gas die Wirtschaftlichkeit entscheidend beeinflussen. So waren die Ergebnisse der ersten Bohrkampagne im deutschen Nordsee-Anteil deshalb enttäuschend, weil das angetroffene Erdgas in einigen Bohrungen bis zu 65 % Stickstoff enthielt. Ein solches Gas mit niedrigem Heizwert eignet sich allenfalls zum Verschneiden von hochkalorigem, in der Nähe vorbeitransportiertem Gas.

Risikomindernd ist allerdings die Tatsache, daß sich Gasfelder wegen der nur etwa 1 % betragenden Viskosität des Gases gegenüber Öl und damit wegen des möglichen weiteren Bohrabstandes (10fach größere Drainagefläche pro Bohrung) relativ billiger entwickeln lassen. Dieser wichtige Gesichtspunkt, daß Gasfelder wesentlich größere Bohrabstände als Ölfelder zulassen, wird durch die Druckabhängigkeit der in der Lagerstätte pro Flächeneinheit befindlichen Normkubikmeter noch unterstrichen. Diesen Vorteil kann eine Öl-Lagerstätte mit kaum kompressiblem Flüssigkeitsinhalt nicht aufweisen.

Der wichtigste Risikofaktor ist natürlich die *Fündigkeitsrate* als solche. Während sie in bekannten Öl- und Gasfeldern kaum niedriger als 75...85 % ist, liegt sie bei reinen Aufschlußbohrungen meist zwischen 10 % und 20 %.

Allgemein kann man davon ausgehen, daß die reine Aufsuchungsphase bis zum Fund im Durchschnitt bis zu 5 Jahren dauern kann, und daß die Entwicklung des Fundes bis zum fertigen Feld nochmals 5...10 Jahre dauert, je nachdem, welche Erschließungsprobleme dabei auftreten. Bei offshore-Gebieten und in abgelegenen arktischen Zonen können die Perioden noch länger dauern.

5 Gewinnung

5.1 Bohrtechnik

5.1.1 Rotary-Bohren [4]

Bei diesem Verfahren wird der auf der Bohrlochsohle arbeitende Meißel über ein hohles Bohrgestänge angetrieben, durch das kontinuierlich Spülflüssigkeit gepumpt wird, die zwischen Gestänge und Bohrlochwand wieder aufsteigt und dabei das Bohrklein zutage fördert (Bild V.17).

Die übertägige Ausrüstung besteht im wesentlichen aus dem Bohrturm oder Klappmast mit 30...50 m Höhe und einer Tragfähigkeit bis zu 680 t, dem Hebewerk von 368...2 208 kW (500...3 000 PS) (Seiltrommel mit Zahnradgetriebe oder Kettenvorgelege), das dem Ein- und Ausbau des Bohrgestänges und der Verrohrung dient, dem Drehtisch, der mit 80...200 U/min das Bohrgestänge in drehende Bewegung versetzt, den Spülpumpen, die die Spülflüssigkeit mit bis zu 4 m^3/min ins Bohrgestänge pumpen und den Antriebsmotoren für Hebewerk, Drehtisch und Spülpumpen mit einer Leistung bis zu 7 949 kW (10 800 PS).

Das Bohrgestänge mit einem Außendurchmesser zwischen $2\frac{7}{8}$ Zoll und $5\frac{1}{2}$ Zoll ist aus legierten Stählen mit hoher Zugfestigkeit gefertigt. Als Meißel werden Rollen- oder Diamantmeißel eingesetzt. Die Rollenmeißel haben mit Hartmetall besetzte Zähne, deren Länge und Anzahl sich nach der Härte der zu durchteufenden

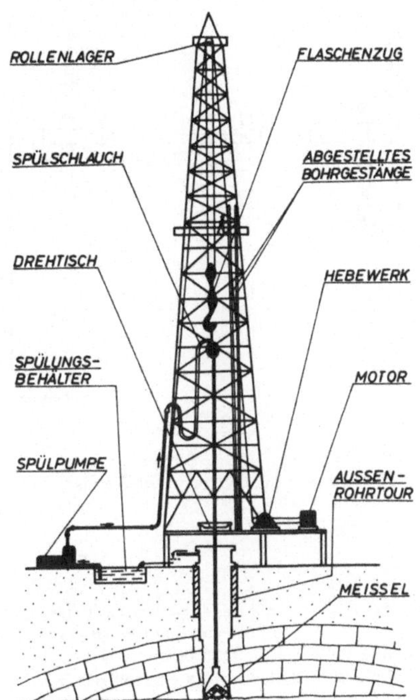

Bild V.17
Schema einer Rotary-Bohranlage

Gebirgsschicht richtet. Rollenmeißel müssen je nach Durchmesser und Gesteinshärte nach 10...30 h Bohrzeit gezogen und ausgewechselt werden. Dagegen können mit Diamantmeißel Bohrzeiten von 200 h und mehr erreicht werden. Hierdurch sind sie trotz des im allgemeinen geringeren Bohrfortschritts wirtschaftlich. Für das Ziehen von Kernen werden ausschließlich ringförmige Diamantkronen verwendet, in denen der zylindrische Kern stehenbleibt und mit dem Kernrohr in 9...18 m Länge zutage gebracht wird.

Ende 1982 waren 4 579 Bohrgeräte im Einsatz (1981: 6 246), davon 3 120 in Nordamerika, 500 in Südamerika, 305 in Fernost, 226 in Nahost, 220 in Europa, 208 in Afrika. Etwa 500 Geräte bohrten offshore, davon 90 in Europa. Rund 600 Bohrungen waren tiefer als 4 500 m, davon 60 % fündig. Etwa 20 % aller Bohrungen sind Aufschlußbohrungen in neuen Gebieten, davon meist 20...25 % fündig. Bohrteufen bis zu 13 000 m sind heute erreichbar.

5.1.2 Offshore-Bohren

Wir unterscheiden zwischen Bohrgeräten, die schwimmen und solchen, die auf dem Meeresboden abgesetzt werden (Bild V.18). Zu den letzteren zählen:

Die *feste Plattform* ist durch gerammte Pfähle mit dem Meeresboden verbunden, von der meist mehrere z.T. über 30 in verschiedene Richtungen abgelenkte Bohrungen abgeteuft werden. Zwei übereinanderliegende Decks mit Nutzflächen von jeweils 1 000...1 500 m^2 dienen

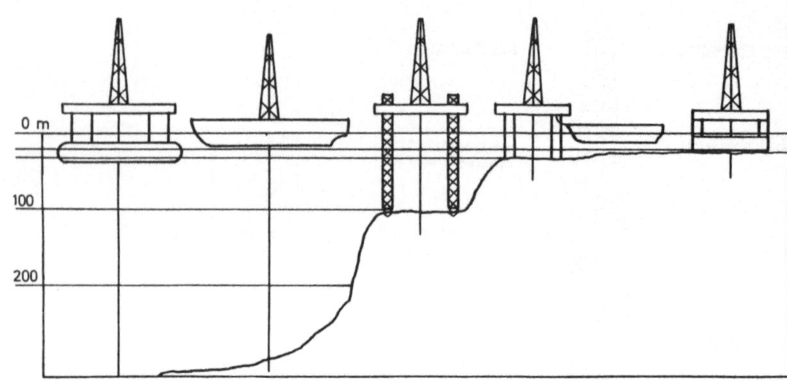

Bild V.18 Offshore-Bohrgeräte (Entwurf Blohm + Voss AG).
Von links nach rechts: Halbtaucher, Bohrschiff, Hubplattform, feste Plattform mit Tender, Flachwasser-Plattform

der Aufnahme der Rohre, Spülungsmittel, Treibstoffe, Wasser sowie der Quartiere für 40 bis 50 Mann. Die Energieversorgung erfolgt durch Dieselmotoren. Die größte ortsfeste Plattform für 160 m Wassertiefe hat eine Gesamthöhe von 270 m und ein Gewicht von 30 000 t.

Die *Tenderplattform.* Hier befinden sich nur der Bohrturm und ein Teil der Bohrausrüstung auf der ca. 150 m² großen Plattform, alles übrige auf einem Schiff (Tender), das mit der Plattform durch Rohre und Schläuche verbunden ist.

Die *Hubinsel.* Diese wird mit Hilfe von Schleppern in schwimmendem Zustand zur Bohrlokation gebracht. Dort werden die 3...12 Beine bis auf den Meeresboden ausgefahren, anschließend „klettert" die Plattform an den Beinen in die Höhe, um ausreichend Abstand von der Meeresoberfläche zu gewinnen. Moderne Hubinseln können in Wassertiefen bis 110 m arbeiten und haben dann mehr als 130 m lange Beine in Rohr- und Gitterkonstruktion. Das Gewicht betragt einschließlich Ausrüstung bis zu 15 400 t.

Der *versenkbare Leichter* (Bohrbarge). Dieser besteht aus zwei durch Gitterwerk verbundenen übereinanderliegenden Pontons, von denen der untere geflutet und damit auf den Meeresboden abgesenkt wird. Der Einsatzbereich dieser Konstruktion ist auf Flachwasser mit Tiefen bis zu 8 m beschränkt.

Bei den schwimmenden Bohrgeräten ist zu unterscheiden:

Bohrschiffe, die häufig unter Beibehaltung der vorhandenen Maschinenanlage für Bohrzwecke umgebaut wurden. Die größten Schiffe dieser Art haben 30...35 000 tdw bei einer Länge von etwa 200 m. Ihr Vorteil ist die schnelle Beweglichkeit, nachteilig die besonders starke Abhängigkeit von den Wetterverhältnissen.

Halbtaucher. Diese werden nach Erreichen der Lokation mit Hilfe eines Flut- und Verankerungssystems in halbgetauchtem Zustand gehalten, d.h., der aus Pontons bestehende Grundrahmen befindet sich dann 20...25 m unter der Wasseroberfläche. Durch dieses Eintauchen wird eine verbesserte Stabilität beim Angriff von Wind und Wellen erreicht. Halbtaucher können bis zu einer begrenzten Wassertiefe von 35...40 m auch auf dem Meeresboden abgesetzt werden und ähneln dann im Prinzip den „Bohrbargen".

Bei größeren Wassertiefen als etwa 150 m erweist sich eine Kombination zwischen schwimmendem Bohrgerät mit tauchender oder am Meeresboden abgesetzter Förderinstallation als wirtschaftlicher.

Mit dieser Vielzahl von Anlagentypen ist es heute möglich, jede Bohraufgabe im Bereich bis 1 500 m Wassertiefe zu lösen, wobei die Bohrteufen bis über 6 000 m gehen. Der Schwierigkeitsgrad ist naturgemäß unterschiedlich, je nachdem, ob es sich um Bohrungen in ruhigen Gewässern (Arabisch-Persischer Golf, Mittelmeer), in Meeren mit extremem Tidenhub (Alaska, franz. Atlantikküste), in Taifungebieten (Golf von Mexiko, Südostasien) oder z.B. in den wegen plötzlich aufkommender Stürme und oft schwieriger Untergrundbedingungen gefürchteten Wassern der Nordsee handelt. Ein besonderes Problem stellt die Versorgung der offshore-Bohrungen dar. Zum Mannschafts- und Materialtransport werden Hubschrauber, Schnellboote und sonstige Versorgungsschiffe eingesetzt. Die Bohrmannschaften wohnen an Bord, arbeiten in 12-Stunden-Schichten und werden in 1- bis 2-Wochen-Abständen abgelöst.

Der Bohrvorgang bei den offshore-Bohrungen ist der gleiche wie bei Landbohrungen. Während die Bohrlochköpfe bei Plattformen und Hubinseln hochgezogen werden, sind diese bei Bohrschiffen und Halbtauchern auf dem Meeresgrund abgesetzt. Ventile und Sicherheitseinrichtungen können von oben bedient und u.a. mit Fernseh-Kameras kontrolliert werden. Bei Störungen und Schäden werden Taucher eingesetzt, neuerdings auch speziell entwickelte Kleinst-U-Boote.

5.1.3 Bohrlochspülung

Die Spülung bringt das Bohrklein zutage, stützt laufend die Bohrlochwand ab und hält ungewollte Zuflüsse an Öl, Gas und Wasser aus dem Gebirge mittels ihrer Dichte von 1,15...2,0 g/cm^3 zurück.

Die Grundsubstanz der Spülung ist eine Aufschlämmung von quellfähigem Ton in Süß- oder Salzwasser. Dazu kommen Zusätze, mit deren Hilfe Dichte, Viskosität, Wasserbindevermögen und pH-Wert eingestellt werden können. Problematisch wird die Spülungsbehandlung in Bohrungen mit hoher Sohlentemperatur.

5.1.4 Verrohrung, Zementation

Zur Sicherung des Bohrlochs werden Rohre eingebaut, und zwar teleskopartig mit großem Durchmesser beginnend und dann nach Vertiefen der Bohrung mit jeweils kleinerem Durchmesser fortsetzend. Zwischen Rohrkolonne und Bohrlochwand wird mit Hilfe eines Zementierkopfes Zement gepreßt, der das ganze Bohrloch stabilisiert und gegen unerwünschte Zuflüsse schützt. Eine 5 000 m-Bohrung in der Bundesrepublik Deutschland hat z.B. etwa folgendes Verrohrungs-Schema:

$18\frac{5}{8}''$ bis 600 m,
$13\frac{3}{8}''$ bis 1 800 m,
$9\frac{5}{8}''$ bis 3 500 m,
$7''$ bis 5 000 m.

Gewöhnlich werden die kleineren Rohrtouren nur in den untersten 500 m zementiert, so daß im Falle einer Fehlbohrung die nicht zementierten Teile geschnitten, gezogen und wieder verwendet werden können.

Bei Antreffen von Öl oder Gas wird die ölführende Partie mit Kugel- oder Hohlladungs-Perforatoren durch die zementierte Rohrtour hindurch angeschossen.

Diese Projektile werden über ein Kabel gezündet und dringen 20...30 cm in den Ölsandstein ein. Durch Eigendruck der Lagerstätte oder Auszirkulieren der schwereren Spülung mit Wasser wird die Bohrung dann in Förderung genommen.

Schon beim Abbohren können ohne vorherige Verrohrung Openhole-Teste mit Hilfe dicht oberhalb der zur untersuchenden Partie vorübergehend fixierter Packer durchgeführt werden.

5.1.5 Bohrloch-Vermessung und -Perforation

Laufend wird das zerbohrte Spülgut geologisch untersucht. In wichtigen Bereichen, z.B. zur genauen Altersdatierung oder zur Erfassung von Speicherhorizonten usw., werden Kerne gezogen, wegen der hohen Kosten (Ein- und Ausbau eines Kernbohrgerätes) allerdings auf meist nur 1...2% der gesamten Teufe beschränkt. Es ist auch möglich, mit Hilfe eines am Kabel eingefahrenen Schußapparates Kerne seitlich aus der Bohrlochwand zu ziehen. Gaschromatographen an der Bohrung messen kontinuierlich Öl- oder Gasgehalt der Spülung, die Bohrfortschrittskurve unterscheidet die Gesteinsarten nach ihrer Härte.

In aller Welt verbreitet sind die unter der ursprünglichen Bezeichnung „Elektrisches Kernen" bekannten Bohrloch-Meßverfahren. Es gibt etwa 35 verschiedene Messungen zur Bestimmung zahlreicher, das Bohrloch und das durchbohrte Gestein charakterisierende Eigenschaften, von denen freilich nur meist fünf bis sieben durchgeführt werden. Hierbei werden am Kabel Meßsonden eingefahren. Man mißt z.B.:

1. Elektrischen Widerstand (Electric-, Micro-, Latero-, Microlatero-, Induction-Log),
2. Gesteinsdichte (Density-Log),
3. Schall-Laufzeit (Sonic-, Acoustic-Log),
4. Wasserstoff-Ionen-Konzentration (Neutron-Log),
5. Schichtneigung nach Prinzip 1 (Dipmeter),
6. Bohrlochdurchmesser (Kaliber-Log) und -abweichung,
7. Bohrlochtemperatur.

Mit Hilfe dieser im unverrohrten Bohrloch anwendbaren Methoden lassen sich Aussagen machen über

> Schichtmächtigkeit und -ausbildung, Lithologische Glieder der Gesteine, Geochemische Schichtcharakterisierung, Petrographische Eigenschaften, Poreninhalt, Interpretation seismischer Diagramme, Lagerstättentemperatur, Technische Angaben über den Zustand des Bohrloches.

Bohrlochmessungen im verrohrten Bohrloch ergänzen diejenigen im unverrohrten Bohrloch. Sie dienen der Bestimmung des Zementkopfes und der Zementbindung hinter den Rohren. Druckmessungen an der Bohrlochsohle zur Messung des Lagerstättendrucks und der Dichte des Steigerohrinhalts, Zuflußmessungen aus einzelnen Perforationen, Spiegelmessungen mittels Echolot und andere Prinzipien, selektive Injektionskontrolle von Flutwässern. Schließlich werden, am Kabel elektrisch gezündet, bis in größte Tiefen aus den elektrischen Logs als öl- oder gasführend erkannte Speichergesteine mittels Kugel- oder Hohlladungs-Perforatoren durch ein bis zwei zementierte Rohrtouren hindurch geöffnet.

5.2 Grundzüge der Öl- und Gasfeldentwicklung

Die Entwicklung einer fündigen Aufschlußbohrung zum Öl- oder Gasfeld erfolgt in zwei Hauptetappen. Zunächst wird in großen Schritten über Erweiterungsbohrungen Ausdehnung und Art der Kohlenwasserstoff-Füllung festgestellt. In gewöhnlich ein bis zwei Jahren erhält man Hinweise auf Schichtfolge, Tektonik, vor allem aber Mächtigkeit und petrophysikalische Eigenschaften der Speichergesteine und deren Inhalt. Bohrlochmessungen und -teste ergänzen möglichst umfassende Kernuntersuchungen und Flüssigkeitsanalysen. Ziel dieser Etappe ist eine erste Berechnung der Menge vorhandener Kohlenwasserstoffe. Die Förderung wird oft noch nicht aufgenommen.

Vom vorhandenen bzw. gewinnbaren Kohlenwasserstoffvorrat bzw. deren Erlös sind letzten Endes die zur Erzielung einer Mindest-Rentabilität aufwendbaren Kosten in Form von Investitionen für Bohrungen, Leitungen und Anlagen und Betriebskosten abhängig. Eine möglichst frühzeitige und richtige Berechnung und Bewertung der gewinnbaren Reserven und deren langfristige Nutzung sind Ausgangspunkt für eine rationelle Kostengestaltung.

Wegen der Mobilität von Öl und Gas, die den Bohrungen zentripetal auch aus großen Entfernungen zufließen, sind geologische Faktoren bei der Bestimmung des *Bohrabstandes* bzw. der Anzahl der Bohrungen für die öl- oder gasführende Fläche von vorrangiger Bedeutung.

Im allgemeinen liegen in den USA und Europa die Bohrabstände für Öl bei 300...500 m, in Nahost oder in der Nordsee bei 1...3 km.

Kennzeichnend für die Ölfeldentwicklung sind:

1. Weil Kohlenwasserstoffe mit Druck und Temperatur ihre physikalischen Eigenschaften verändern, können sogenannte Sekundär- und Tertiärverfahren einen primär nicht allzu hohen Entölungsgrad oft wesentlich erhöhen. Frühzeitige Kenntnis vom voraussichtlichen Verhalten einer Lagerstätte ist wichtig. Lagerstätten und ihr Verhalten sind also in hohem Grade beeinflußbar (vgl. Abschnitt V.5.3.4).
2. Die Bewertung jeder Lagerstätte erfolgt von übertage über hier registrierte Drükke, Mengen, Analysen, also indirekt. Analoge und digitale Modelle sind ein wichtiges Hilfsmittel zur Planung, Überwachung und Steuerung eines optimal zu entwickelnden Öl- oder Gasfeldes.
3. Aufschluß- und Entwicklungs-Stadium eines Fundes kann bis zu 10 Jahren oder länger dauern, bevor ein Geldrückfluß stattfindet. In Gasfeldern oder Ölfeldern in abgelegenen Gebieten kann die Förderung erst aufgenommen werden, wenn Leitungen gelegt, d.h., Reserven und Absatzverträge bekannt sind. Höhere Anfangs-Investitionen sind gerechtfertigt, wenn sie die Betriebskosten reduzieren helfen.
4. Die Planung eines Fundes zu einem fördernden Feld läuft auf Optimierungsmodelle hinaus, in denen die voraussichtlichen technisch gewinnbaren Reserven mit verschiedenen Investitionsmöglichkeiten unter Berücksichtigung der voraussichtlichen fixen oder variablen Kosten, Staatsabgaben usw. bewertet werden (vgl. Abschnitt V.11.2).

5.3 Lagerstättengrundlagen [1, 2, 6]

5.3.1 Natürliche Energieformen

Über ein kommunizierendes Porensystem zur Tagesoberfläche herrscht normalerweise in fast allen Lagerstätten etwa hydrostatischer Druck.

Wir können folgende *aktiven Energiearten* unterscheiden:

Expansion von Gas, Öl und Wasser,
Schwerkraft von Öl und Wasser.

In der Lagerstätte führen sie zu

Randwasser- oder Bodenwassertrieb,
Gaskappentrieb,
Gasentlösungstrieb,
Schwerkraftdrainage.

Passive Energiekräfte mit negativer Wirkung sind Ober- und Grenzflächenkräfte zwischen den beweglichen Phasen untereinander und dem Gestein sowie die Viskosität der Flüssigkeiten.

Aktiver Trieb des das Öl oder Gas meist unterlagernden Wassers, der mit fortschreitender Ölentnahme das Wasser immer stärker in den Öl oder Gas führenden Bereich hineinwandern läßt, so daß im Porensystem des Speichers dann zwei Phasen, nämlich Öl und Wasser oder Gas und Wasser, sich bewegen, ist weitverbreitet. Allerdings reicht die Expansion des Aquifers und damit die Druckergänzung meist nicht aus, um den fortschreitenden Druckabfall in der Lagerstätte zu ersetzen: Es kommt zu einem Abfall des Lagerstättendrucks. Bei aktivem primären oder sekundären Wassertrieb kann der Entölungsgrad über 50...60% betragen.

In einem Ölfeld mit gasgesättigtem Öl expandiert die Gaskappe bei Ölentnahme nach unten zu in die Ölzone. Ohne Hilfsenergie überschreiten die Entölungsgrade hierbei kaum 25...35%.

5.3.2 Fließverhalten in der Lagerstätte

Der eigentliche Verdrängungsvorgang von Öl durch expandierendes freies Gas oder Wasser äußert sich in der Formel

$$f_w = \frac{q_w}{q_w + q_o} = \frac{1}{1 + \frac{K_o}{K_w} \cdot \frac{\mu_w}{\mu_o}} \tag{2}$$

dabei sind

f_w Wasseranteil an der Förderung (%),
$q_{w/o}$ Zuflußmenge Wasser, Öl (cm^3/s),
$K_{w/o}$ Relative Permeabilität Wasser, Öl (Darcy),
$\mu_{w/o}$ Viskosität Wasser, Öl (cP).

In dieser Formel sind die Fließmengen für verdrängtes Öl und verdrängendes Wasser (oder Gas) durch ihre physikalischen Parameter, Viskosität und relative Permeabilität, in Form des Mobilitätsverhältnis zum Ausdruck gebracht.

Aus der Formel (2) folgt, daß der den Entölungsgrad bestimmende Wasseranteil vor allem vom Mobilitätsverhältnis abhängt. Je größer die relative Permeabilität für das Öl bzw. dessen Sättigung, bzw. je niedriger seine Viskosität ist, desto kleiner ist der Wasseranteil in der Förderung. Bei Schwerölen bzw. Ölen mit höherer Viskosität lassen sich daher frühe Wasserförderungen an den Bohrungen um so eher vermeiden, je mehr das Öl erwärmt bzw. die Viskosität des verdrängenden Wassers erhöht wird.

5.3.3 Entwicklung der Öl-, Gas- und Wasserförderung

An jeder Bohrung entsteht beim Fördern von Öl, Gas oder Wasser ein Druckgefälle zur Bohrung, das um so größer ist, je niedriger die Permeabilität des Sandsteins oder je höher die Förderrate oder die Viskosität des zufließenden Mediums sind.

Da nach dem Mobilitätsverhältnis das niedrigviskose Wasser oder das noch niedriger viskose Gas relativ schneller zur Bohrung wandert als das Öl, tritt also im Laufe der Förderzeit mit Annäherung des Randwassers oder der Gaskappe Wasser bzw. Gas neben Öl in die Bohrung ein. Sie fördert anfangs wenig, später zunehmend Wasser oder Gas mit. d.h., der Gas- bzw. Wasseranteil an der Gesamtförderung wird immer größer. Da ab etwa 10...20% Verwässerung die Bohrung gewöhnlich nicht mehr selbsttätig Öl fördert, und ab da Tiefpumpen installiert werden müssen, steigen die Förderkosten so stark an, daß dann bei 90...95%iger Verwässerung (d.h. 10 bis 20 mal so viel Wasser wie Öl) die Kosten nicht mehr getragen werden können. Die Förderung wird eingestellt.

Beim Gasentlösungstrieb steigen die Gas-Öl-Verhältnisse mit Unterschreiten des Entlösungsdrucks anfangs langsam, dann aber immer rascher an, bis sie von einem Maximum dann in kurzer Frist steil abfallen, und die Drainage des restlichen Öls nur mittels Schwerkraft erfolgt.

In gasuntersättigten Öllagerstätten dagegen, in denen ein Entlösungsdruck von 25...50 bar weit unter einem Lagerstättendruck von z.B. 150...300 bar liegt, tritt über das natürliche Löslichkeitsverhältnis von etwa 10...40:1 hinaus dann nie ein Anstieg der Gas-Öl-Verhältnisse ein, wenn der Lagerstättendruck wegen aktiven Randwassertriebs nie unter den Entlösungsdruck sinkt bzw. durch Wasserinjektion darüber gehalten wird. Hier bleibt also der Gasanfall über die ganze Lebensdauer des Feldes konstant.

5.3.4 Lagerstättentechnische Verfahren

Sekundär- und Tertiärverfahren

Sekundärverfahren umfassen im weitesten Sinne Methoden, die geförderte, d.h. der Lagerstätte verlorengehende oder -gegangene Substanzen durch Injektion von Gas oder Wasser wieder ersetzen, so daß zumindest der Druckabfall aufgehalten oder der Druck sogar wieder aufgebaut wird. Solche Maßnahmen können zu jedem Zeitpunkt begonnen werden, wenngleich ein möglichst früher Beginn empfehlenswert ist. Druckerhaltungs- und Sekundärmaßnahmen erhöhen also den wirtschaftlichen Entölungsgrad, halten die Bohrungen z.T. am eruptiven Fließen und verkürzen die Lebenszeit eines Ölfeldes (Bild V.19).

Als Injektionsmedium dient in den meisten Fällen Wasser, weil mit ihm Volumen gegen Volumen ersetzt wird. Es wird entweder in die Randwasserzone unter dem Öl oder in die ölführende Fläche direkt eingedrückt. Das erste Verfahren wird meist in relativ tiefen Lagerstätten (z.B. tiefer als etwa 1000 m), das zweite meist in flachen Lagerstätten angewendet.

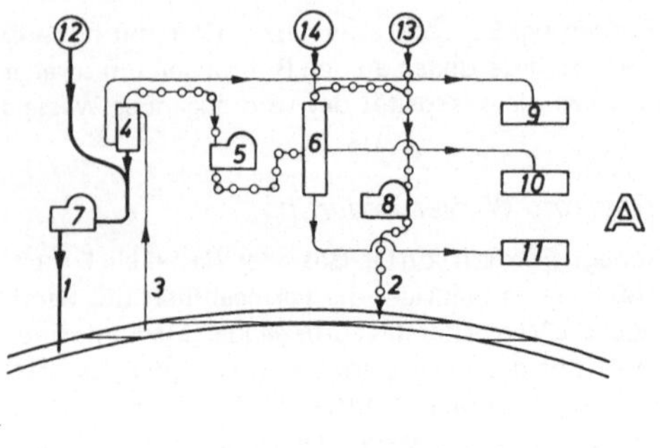

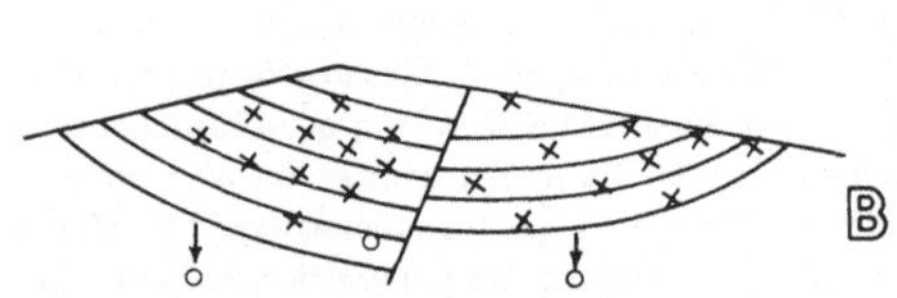

Bild V.19
Betriebsschema von Sekundärverfahren (A)
1 Injektionsbohrung Wasser
2 Injektionsbohrung Gas
3 Förderbohrung
4 Wasser- oder Gas-Separator
5 Kompressor
6 Gasaufbereitung
7 Injektionspumpe, Wasser
8 Gas-Kompressor
9 Reinöl
10 Flüssiggas
11 Gasolin
12 Fremdwasser
13 Fremdgas
14 Gasverbraucher
B. Ölfeld-Karte
Kreuze: Förderbohrungen
Pfeile: Wasser-Injektionsbohrung

Eine Injektion von Gas ist natürlich überhaupt nur dort möglich, wo es ausreichend vorhanden ist bzw. nicht einem besseren Zweck zugeführt werden kann. Sein Wirkungsgrad kann außerdem dem der Wasserinjektion meist nicht gleichgesetzt werden.

In der Bundesrepublik Deutschland werden rund zwei Drittel aller Ölfelder sekundär geflutet. Neben den bis 1982 kumulativ geförderten 190 Mio.t Reinöl und der etwa 2,5-fachen Salzwasserförderung wurde etwa die 3-fache Wassermenge unter Zuhilfenahme von Zusatzwasser wieder in die Lagerstätte zurückgedrückt. Damit wird nicht nur der Entölungsgrad des Leichtöls von primär rund 26% auf 44% des Ölinhalts, beim Schweröl von rund 12% auf 16% erhöht (vgl. Abschnitt V.12.2.7), sondern auch ein Umweltproblem gelöst.

Im Gegensatz zu den Sekundärverfahren werden bei den *Tertiärverfahren* die physikalischen Eigenschaften des Poreninhalts verändert, um den auch nach Sekundärverfahren noch hohen Restölgehalt weiter zu reduzieren. Man schätzt heute, daß damit im Weltmaßstab die Entölung bis zu einem Restölgehalt von etwa 50% heruntergedrückt werden kann sofern die mit diesem Verfahren verbundenen sehr hohen Betriebskosten mit den erwarteten Erfolgserlösen im Einklang stehen. Höfling [13] hat die Einsatzmöglichkeiten von Tertiärverfahren in der Bundesrepublik Deutschland analysiert und folgendes Potential dafür ermittelt:

Dampffluten	42,8 Mio.t,
Untertage-Teilverbrennung	0,2 Mio.t,
CO_2-Fluten	16,4 Mio.t,
Tensidfluten	18,9 Mio.t,
Polymerfluten	7,8 Mio.t.

Die Gesamtmenge von rund 86 Mio.t würde damit die primär und sekundär erzielbare Reservenziffer von rund 62 Mio.t mehr als verdoppeln, allerdings unter der Voraussetzung, daß die Neuregelung des Förderzinses ab 1983 dies zuläßt.

A Chemikalien-Anwendung

a) Polymer-Fluten: Durch Viskositätserhöhung des Injektionswassers mittels Polyacrylamiden wird das Mobilitätsverhältnis und damit der physikalische Verdrängungseffekt sowie die Flächenentölung zu den Bohrungen verbessert.
b) Tensid-Micellar-Fluten: Schon bei 0,5% Zugabe von Petroleumsulfonat-Derivaten zum Einpreßwasser werden die Grenzflächenkräfte und damit der Kapillardruck erniedrigt bzw. die Verdrängung des Öls verbessert.
c) Miscible-Fluten: Hierzu gehört die Injektion von Hochdruckgas, Flüssiggas, Leichtbenzin, Isopropylalkohol und CO_2. Sie sind nur in Lagerstätten mit Leichtöl wirksam, sofern sie aus Kosten- und Beschaffungsgründen überhaupt infrage kommen.

B Thermische Verfahren

Thermische Verfahren sollen die Viskosität des Öles so reduzieren, daß die Zuflußrate pro Bohrung umgekehrt proportional erhöht wird. Aus diesem Grunde sind diese Verfahren vorwiegend auf Schweröl-Lagerstätten, und zwar der besonderen technischen und wirtschaftlichen Eigenschaften wegen, in geringer Tiefe bis meist 500...800 m durchführbar.

Die Wärmezufuhr erfolgt durch Heißdampf-Injektion oder Teilverbrennung des Lagerstätteninhalts untertage (z.B. Schwerölfelder Emsland, Kalifornien, Orinoco).

C Bohrloch- und Lagerstättenbehandlungen

Neben den beschriebenen Lagerstättenverfahren kann die Rentabilität eines Öl- oder Gasfeldes auch durch kurzfristige Behandlungen der Bohrungen selbst gesteigert werden, sei es, um die Förderrate von Öl und Gas durch Erzeugung von zuflußsteigernden Rissen und Klüften (Fracturing) oder durch Säurung von Kalken oder kalkhaltigen, niedrigpermeablen Sandsteinen (meist mit Salzsäure) anzuheben. Umgekehrt kann dadurch in Injektionsbohrungen auch die Injektionsrate erhöht und in beiden Fällen somit die Rentabilität verbessert werden. Die Kosten eines Hochdruckfracs sind mit etwa 2...8 Mio.DM allerdings sehr hoch.

5.3.5 *Vorratsberechnungen und gewinnbare Reserven* [1, 2, 6]

A Berechnung des Lagerstätteninhaltes

Zusammen mit der anfangs seismisch fundierten und durch die zunehmende Anzahl von Bohrungen allmählich gesicherten Strukturkarte wird, sobald man die Lage des Randwasserkontaktes ermittelt hat, eine oil- oder gas-in-place-Berechnung möglich und nach den Formeln für *Erdöl* durchgeführt:

$$N_o = F \cdot h \cdot \Phi \, (1 - S_w) \, \frac{\gamma_o}{B} \tag{3}$$

F (m^2)	Fläche,	γ_o (t/m^3)	Dichte Öl,
h (m)	Mächtigkeit,	B (1,...)	Formationsvolumenfaktor,
Φ (0,...)	Porosität,	N_o (t)	Tanköl-in-place.
S_w (0,...)	Haftwasser,		

Für *Erdgas* gilt die gleiche volumetrische Beziehung

$$V_g = F \cdot h \cdot \Phi\,(1 - S_w) \cdot \frac{p_{0,1}}{1{,}033} \cdot \frac{273}{T_L} \cdot \frac{1}{z_{0,1}} \tag{4}$$

V_g ($m^3(V_n)$) Gasinhalt-in-place,
V_p ($m^3(V_n)$) Kumulierte Gasfördermenge,
$p_{0,1}$ (bar) Lagerstättendruck (Zeit 0,1),
$z_{0,1}$ (0,...) Abweichungsfaktor Gas (Zeit 0,1),
T_L (K) Lagerstättentemperatur (Kelvin).

Im fortgeschrittenen Stadium der Öl- oder Gasförderung lassen sich Material-Balance-Gleichungen anwenden, die sowohl der Berechnungskontrolle des ursprünglichen Inhalts an Öl oder Gas wie auch der Steuerung des Förderablaufs dienen. Die einfachste Formel einer Material-Balance-Gleichung für eine 1-phasige Öllagerstätte, der vom Zeitpunkt 0 bis 1 Öl entnommen wird, lautet:

$$N_0 = \frac{n_1 \cdot B_1}{B_0 \left[c_0 (p_0 - p_1) + \dfrac{(c_f + S_w \cdot c_w)(p_0 - p_1)}{(1 - S_w)} \right]} \tag{5}$$

N_0 (m^3) Ölinhalt (oil-in-place),
n (m^3) Kumulierte Ölförderung,
B (1,...) Formationsvolumenfaktor Öl,
c_0 (m^3/m^3/bar) Kompressibilität Öl,
c_f (m^3/m^3/bar) Kompressibilität Gestein,
c_w (m^3/m^3/bar) Kompressibilität Wasser,
S_w (0,...) Haftwassergehalt Porenraum.

Material-Balance-Gleichungen werden wesentlich komplizierter, wenn sich die Öllagerstätte im fortgeschrittenen Stadium des 2-Phasen-Flusses mit Randwassereinwanderung in die Öllagerstätte oder Expansion einer Gaskappe befindet. Für Erdgas gilt folgende Gleichung des Materialgleichgewichts:

$$V_g = V_p \frac{\dfrac{P_0}{Z_0}}{\dfrac{P_0}{Z_0} - \dfrac{P_1}{Z_1}} \tag{6}$$

B Gewinnbare Erdöl-Reserven

Der erreichbare Entölungsgrad schwankt je nach den Lagerstättenbedingungen in sehr weiten Grenzen. Im Einzelfall kann er bei niedrigpermeablen Lagerstätten mit hochviskosem Öl nur 5...10%, in hochpermeablen Lagerstätten mit niedrigviskosem Öl 70...80% vom Ölinhalt betragen. Im Weltdurchschnitt hat er sich von etwa 15% in 1930 auf etwa 35% anheben lassen.

Der Gesamt-Entölungsgrad besteht aus dem Produkt aus physikalischer, vertikaler und flächenhafter Entölung, also z.B. 53 × 80 × 70% = 30% wirtschaftlich gewinnbare Reserven. Die drei Entölungsfaktoren beziehen sich auf die Konfi-

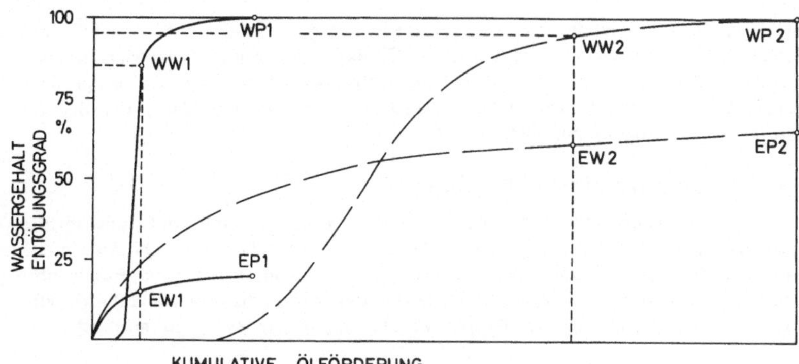

Bild V.20 Förder- und Verwässerungsverlauf eines Schweröl- und Leichtölfeldes (Schema)

EW	1	Schweröl:	wirtschaftlicher Entölungsgrad
EP	1	Schweröl:	physikalischer Entölungsgrad
EW	2	Leichtöl:	wirtschaftlicher Entölungsgrad
EP	2	Leichtöl:	physikalischer Entölungsgrad
WW	1	Schweröl:	Wassergehalt bis wirtschaftliches Ende
WP	1	Schweröl:	Wassergehalt bis physikalisches Ende
WW	2	Leichtöl:	Wassergehalt bis wirtschaftliches Ende
WP	2	Leichtöl:	Wassergehalt bis physikalisches Ende

guration des Porensystems, auf die vertikale Differenzierung der Lagerstätte und auf die geometrische Anordnung der Bohrungen. Aus einer Modellstudie, in der der Verdrängungsvorgang des Öles durch Wasser oder Gas simuliert wird, oder auf empirischem Wege der Extrapolation läßt sich die voraussichtlich gewinnbare Ölmenge berechnen. Bild V.20 zeigt den Förderverlauf schematisch.

Im Hinblick auf die vielen auf die Ölförderung einwirkenden Faktoren geologischer, physikalischer und wirtschaftlicher Natur nimmt die anfangs bestehende noch relativ niedrige Sicherheit in der voraussichtlich gewinnbaren Ölreserven-Aussage erst im Laufe der Förderjahre zu.

C Gewinnbare Erdgas-Reserven

Die volumetrische gas-in-place-Bestimmung von Erdgas-Lagerstätten mit einem abgeschätzten Entgasungsfaktor ist oft die einzige Grundlage für den Abschluß eines Gasliefervertrags. Im Gegensatz zum Öl muß beim Erdgas eine sichere Voraussage über 10...25 Jahre gemacht werden. Der Erdgasabsatz mit Transport über investitionsintensive Pipelines erfordert gewöhnlich eine derart weitgehende Sicherheit.

Nur bei konstantem Gasvolumen, d.h. ohne einwirkenden Wassertrieb mit in die Lagerstätte einfließendem Randwasser, ist die Druck-Volumen-Beziehung linear und die Extrapolation auf jedes Förderstadium relativ einfach. Bei Wassertrieb ist wegen des entstehenden 2-Phasen-Flusses der Entgasungsfaktor mit etwa 50...60% auffallend niedrig, während er bei reiner Gasexpansion ohne Wassertrieb im allgemeinen bei 70...90% vom Gasinhalt liegt. Im ersteren Falle steigt der Entgasungsgrad mit der Ausbeutegeschwindigkeit, weil das nachdrängende Wasser den Bohrungen nur relativ langsam zufließt.

5.4 Fördertechnische Verfahren

Die fertiggestellte Bohrung ist mit einer zementierten Produktionsrohrtour ausgerüstet, in die bis zur Lagerstätte Steigrohre von 5...12 cm Durchmesser eingebaut werden. Zur Aufnahme der Förderung wird die Lagerstätte durch Futterrohre und Zementmantel perforiert. Zur Sicherung des Bohrlochs und zur Beherrschung des Lagerstättendrucks werden Absperrarmaturen auf dem Bohrloch montiert.

5.4.1 Eruptiv-Förderung

Eine Eruptiv-Förderung ist möglich, wenn der an der Bohrlochsohle herrschende Fließdruck höher als der hydrostatische Druck der Flüssigkeitssäule im Bohrloch ist. Die Entlösung des im Öl gelösten Erdölgases unterstützt die Eruptiv-Förderung.

Der Steigrohrstrang einer Eruptiv-Bohrung mündet übertage in ein Eruptionskreuz. Mit Hilfe eingebauter Düsen läßt sich die Fördermenge regulieren. Die Eruptiv-Förderraten für Öl liegen in Deutschland zwischen 30...200 t/d, im Nahen Osten und in der Nordsee bei 500...5 000 t/d. Sofern es die Sicherheit erfordert, wird im unteren Bohrlochbereich ein Packer abgesetzt, der den Ringraum abdichtet (Bild V.21). Bei Offshore-Förderbohrungen werden aufgrund der besonderen Sicherheitsanforderungen in den Bohrungen automatische Absperrventile installiert.

5.4.2 Förderhilfsmittel

Der Anwendungsbereich von *Gestänge-Tiefpumpen* liegt zwischen 0 m und 2 400 m Teufe. Tiefpumpen sind an oder in den Steigrohren eingelassene Kolbenpumpen, deren Kolben über einen kombinierten Pumpgestängestrang durch einen übertage auf dem Bohrloch stehenden Tiefpumpenantrieb bis zu 30 mal je Minute auf und ab bewegt werden. Die Antriebe haben eine Tragfähigkeit bis zu 18 t. Der Antrieb erfolgt durch Elektro-, Diesel- oder Gasmotoren mit Leistungen bis 110 kW (150 PS). Im Durchschnitt wird mit 2...50 m^3/d gefördert. Häufige Pumpen- sowie Gestängedefekte können die Wirtschaftlichkeit dieser Methode stark beeinträchtigen.

Hydraulische Tiefpumpen sind gestängelose Kolbentiefpumpen, in denen der Kolben mit gereinigtem Rohöl oder Wasser angetrieben wird. Der von der Förderhöhe abhängige Betriebsdruck bis 350 bar wird von Hochdruckpumpen, die übertage zentral für mehrere Bohrungen installiert werden, erzeugt. Die Druckölzuführung geschieht über die Steigrohre, durch welche die Pumpen bei erforderlicher Reparatur zutage und wieder hinab gepumpt werden können.

Elektrisch angetriebene Tauchkreiselpumpen werden zur Hebung großer Fördermengen eingesetzt. Die aus bis zu mehreren 100 Stufen bestehende Pumpe wird von einem Elektromotor angetrieben, dem die Energie über ein an den Steigrohren befestigtes Spezialkabel zugeführt wird. Es sind Einbauteufen bis 4 200 m möglich, die Leistungen erreichen 200 kW. Der Einsatz ist durch die mit größerer

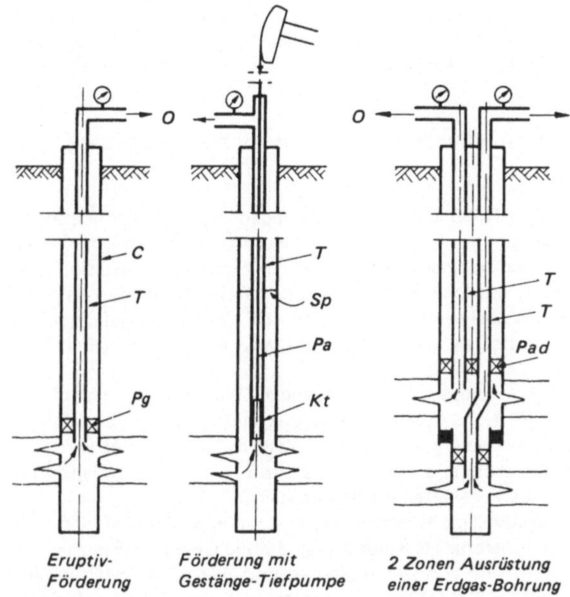

Bild V.21 Verschiedene Bohrlochinstallationen zur Förderung von Erdöl und Erdgas

O	Öl	Pa	Packer
W	Wasser	T	Steinrohre
C	Verrohrung	Sp	Flüssigkeitsspiegel
Pg	Pumpgestänge	Kt	Kolbentiefpumpe
Pad	Doppelpacker		

Teufe steigenden Temperaturen begrenzt. Sie finden am häufigsten Anwendung bis 1 500 m Teufe und Mengen bis 800 m^3/d.

Steht genügend Gas zur Verfügung, ist das *Gaslift-Verfahren* anwendbar. Hierbei wird über mehrere automatisch arbeitende Ventile, die im Steigrohrstrang angeordnet sind, Gas über den Ringraum in die Steigrohre injiziert. Das intermittierend oder kontinuierlich zufließende Gas bewirkt eine Reduzierung der Dichte der Flüssigkeitssäule und regt die Bohrung zur fortlaufenden Eruption an.

5.4.3 Erdgasbohrungen

Die technische Ausrüstung von Erdgasbohrungen ist ähnlich wie bei eruptiven Erdölbohrungen. Zu ihr gehört ein im Packer abgesetzter Steigrohrstrang, ein Bohrlochkopf mit Absperrarmaturen und automatische Sicherheitsventile untertage und/oder übertage, die einen sofortigen Abschluß bei Leitungsbruch gewährleisten. Aufgrund der meist höheren Drücke (bis 1000 bar) und den physikalischen Eigenschaften von Erdgas werden an die Ausrüstung besonders hohe sicherheitstechnische Anforderungen gestellt. Die Steigrohrverbindungen müssen gasdicht und das Rohrmaterial muß unempfindlich gegen Korrosion (Schwefelwasserstoff, Kohlendioxid) sein.

5.5 Erdöl- und Erdgasmanipulation einschließlich Aufbereitung

5.5.1 Erdöl

Das zutage gebrachte Rohöl der Förderbohrungen wird von Stichleitungen aufgenommen und Sammelpunkten zugeführt. Hier werden die Ströme mehrerer Bohrungen gemessen und dann in einer Hauptleitung zur zentralen Feldstation weiterbefördert. Dort durchläuft das Öl eine Aufbereitung, in der es von den Beimengungen Gas, Wasser und Feststoffen befreit und dadurch raffinerieeinsatzfähig gemacht wird (Bild V.22). Das freigewordene Erdöl-Gas wird einer industriellen Verwendung zugeführt.

Zur Entfernung von weiteren Ölbeimengungen, Wasser und Feststoffen, läßt man diese schweren Stoffe im Öl absinken und scheidet sie dann ab. Da der Zeitablauf des Trennvorganges wesentlich von der Ölviskosität bestimmt wird, erniedrigt man diese durch Erwärmung des Öls auf 50...100 °C, so daß Verweilzeiten und benötigter Tankraum niedrig gehalten werden können.

Die frühzeitige Zugabe von Chemikalien erlaubt eine Abscheidung von Wasser bereits bei Normaltemperatur als Kaltklärung. Stabile Öl-Wasser-Emulsionen lassen sich durch die Kombination von Demulgatoren und Wärme trennen oder im elektrischen Hochspannungsfeld (20 000 V). Der Salzgehalt des aufbereiteten Öls soll maximal bei 0,001 %, der Wassergehalt bei 0,2 % liegen.

Erdöl- und Erdgasfelder eignen sich wegen des kontinuierlichen Flusses und Verfahrensganges hervorragend für Fernsteuerung und Automation.

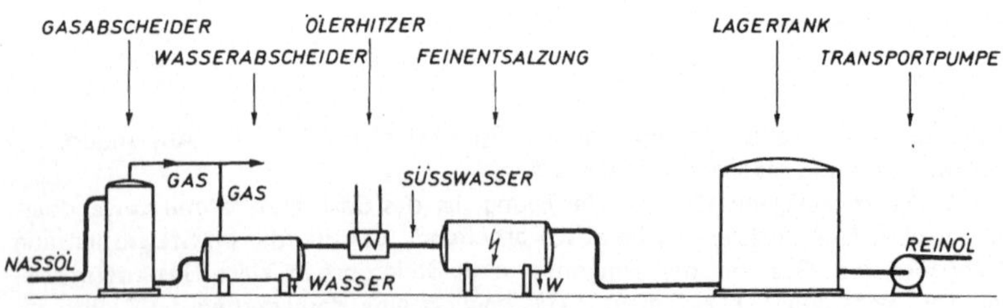

Bild V.22 Rohölaufbereitung mit elektrostatischer Feinentsalzung

5.5.2 Erdgas

Das Gas entströmt dem Bohrloch unter hohem Druck bis zu einigen 100 bar, von dem es auf einen für Behandlung und Weitertransport wirtschaftlichen Druck abgesenkt werden muß. Um Hydratbildung infolge Abkühlung zu vermeiden, läßt man den Entspannungsvorgang unter Wärmezufuhr in einem Erhitzer stattfinden. Das entspannte Gas wird in Wasserabscheidern von freiem Wasser und auch flüssigen Kohlenwasserstoffen, besonders Propan und Butan, befreit. Anschließend wird ihm in Trocknungsanlagen Wasserdampf entzogen.

Manche Erdgase enthalten einen hohen Anteil an Propan, Butan und Pentan, die oft in besonderen Extraktionsanlagen (Adsorption, Absorption, Tieftemperaturkondensation) als Flüssiggase (LPG) gewonnen und wegen ihrer Reinheit bevorzugt in der chemischen Industrie weiterverarbeitet werden. Als Adsorptionsmittel verwendet man oberflächenaktive Feststoffe sowie feste und flüssige hydrophile Mittel.

Stark störend macht sich ein anderer Gasbestandteil bemerkbar, der Schwefelwasserstoff, der wegen seiner toxischen und korrosiven Eigenschaften in kapitalintensiven Entschwefelungsanlagen entfernt werden muß. Technisch weniger störend sind der oft im Erdgas enthaltene Stickstoff sowie das Kohlendioxid, die aber bei größeren Mengen Aufbereitungs- und Transportanlagen belasten und dadurch zum entscheidenden wirtschaftlichen Problem eines Gasfeldes werden können.

Im Weser-Ems-Gebiet der Bundesrepublik Deutschland enthält das Erdgas aus dem Zechstein-Karbonat einen hohen Anteil an H_2S und sogar freiem Schwefel, so daß in diesem Gebiet in drei Großanlagen 872 000 t Schwefel in 1982, d.h. z.T. über 100 g/m^3 (V_n) gewonnen wurden [15].

5.5.3 *Injektionswasser*

Wegen der Empfindlichkeit quellender Tone in der Lagerstätte wird das Wasser vor dem Einpressen konditioniert (O_2-Entfernung zur Vermeidung von Fe_2O_3-Ausfällungen, pH-Wert-Einstellung auf leicht angesäuerten Bereich, Bakterizid-Korrosions-Inhibitor-Zugabe usw.). Bei Steigerohren und Armaturen haben sich als wirksamer Schutz Auskleidungen mit Kunststoff bewährt.

5.5.4 *Offshore-Anlagen*

Rohöl oder Erdgas wird nach Messung durch Unterwasser-Pipelines zu einer zentralen Produktions-Plattform gefördert. Die Produktions-Plattform enthält auf übereinanderliegenden Decks alle Aufbereitungs- und Manipulationseinrichtungen zur Trennung und Fortleitung von Öl, Gas und Wasser, eine eigene Energieversorgung, die zentrale Fernsteuerungs- und Überwachungsanlage sowie Quartiere für Mannschaften.

Plattformen für Wassertiefen von mehr als 150 m erfordern Investitionen, die eine Installation von Unterwasser-Bohrlochköpfen und Unterwasser-Produktionssystemen wirtschaftlicher werden lassen. Sämtliche hydraulisch oder elektrisch ferngesteuerten und fernüberwachten Anlagen sind nur mit Tauchkapseln erreichbar. Reparaturen sind ebenfalls nur unter Einsatz dieser Spezialkapseln möglich. An Unterwasser-Produktionssysteme werden daher höchste Anforderungen hinsichtlich Präzision und Zuverlässigkeit gestellt.

Modernste Konstruktionstechnik wird bei Offshore-Stapeltanks für Rohöl demonstriert. In der Nähe der Zentralplattform ist die Installation eines Unterwasser-Stapeltanks für die Aufnahme eines Teils der Ölförderung erforderlich. 100 km offshore Dubai im Persichen Golf hat man eine Batterie von Rohöltanks mit je 80 000 m^3

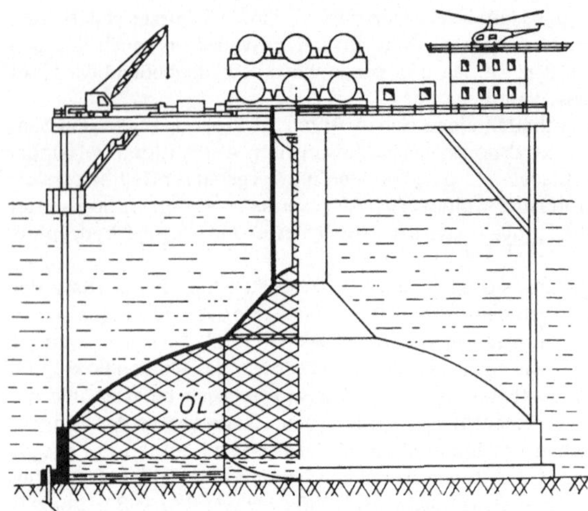

Bild V.23 Unterwasser-Speicherbehälter zur Zwischenlagerung von Rohöl vor der Küste von Dubai

Fassungsvermögen auf dem Meeresboden abgesetzt und verankert (Bild V.23). Der über das Wasser ragende Schaft des Behälters kann als Träger einer Produktionsplattform dienen. Die Tanks sind unten offen und arbeiten nach dem Verdrängungsprinzip zwischen Öl und Meerwasser. Die bisher größten Offshore-Tankanlagen wurden für den Einsatz in der Nordsee konstruiert. Hier werden 160 000 m^3 fassende Stahlbetonbehälter auf dem Meeresboden abgesetzt, die in ihren oberen Decks zahlreiche Produktionseinrichtungen aufnehmen. Die Verladung in Großtanker erfolgt über Unterwasser-Pipelines und Verlade-Bojen, die in sicherer Entfernung von den Plattformen verankert sind. Weitere Stapeltanks mit Gesamtbauhöhen bis 160 m für Wassertiefen bis 140 m sind im Bau.

6 Transport von Erdöl und Erdgas

6.1 Land- und Wasserfahrzeuge

Eine besondere Bedeutung kommt dem Tankschiff im Ferntransport über die Meere zu. Mit großen Einheiten kann der Seetransport wirtschaftlich gestaltet werden, wenn die Hafenanlagen und Wasserwege mit diesen Schiffsgrößen Schritt halten. Da jedoch die Großtanker nur noch wenige Häfen direkt anlaufen können, wird die Verladung über kombinierte Anker- und Ladebojen zunehmend an Bedeutung gewinnen: Die Beladung erfolgt über mächtige Leitungen von der Küste zu Bojen, die im Tiefwasser verankert sind und Schlauchanschlüsse für die Verbindung mit dem Tankschiff tragen. Die optimale Geschwindigkeit der Tanker liegt bei 15 Knoten.

Mitte 1983 waren immer noch 54% der Tankertonnage überschüssig, obwohl sie bereits auf etwa 3 185 Einheiten mit 292 Mio.tdw Ladekapazität geschrumpft war (1978: 380 Mio.tdw). Rund 68% fahren für Liberia, Japan, Großbritannien, Norwegen, Griechenland, USA und Panama. Rund 40% gehören Ölgesellschaften und 56% privaten Reedern.

Außerdem sind 60 LNG-Tanker mit etwa 6 Mio.m^3 Flüssigladeraum und 140 LPG-Tanker mit 6,4 Mio.m^3 Volumen in Fahrt, um 50 Mrd.m^3 (V_n) des Erdgaswelthandels zu transportieren; bis 1990 sollen es 130 Mrd.m^3 (V_n) sein. 80% davon gehen von Algerien, Indonesien und Brunei in die Hauptabnehmerländer Japan und USA, der Rest nach Westeuropa. In Planung sind ferner 450 m lange eisbrechende Unterseeboote mit je 140 000 m^3 Flüssigvolumen, um aus der kanadischen Arktis zum 6 600 km entfernten Europa zu fahren.

Die Wege auf dem Binnenmarkt sollen am Beispiel der Bundesrepublik Deutschland erläutert werden.

Das *Binnenschiff* ist das billigste Transportmittel für Mineralölprodukte. Hier ist eine Tragfähigkeit von 1 150 t optimal, aber auf dem Rhein kann die größte Einheit aus Schubboot und vier Leichtern 10 000 t befördern.

Kesselwagen von 40 m^3 Fassungsvermögen und Flüssiggas-Kesselwagen bis 110 m^3 versorgen Tanklager und Großverbraucher. 1981 gab es 42 000Wagen. Für schweres Heizöl und Bitumen sind die Wagen mit Heizschlangen und Wärmeschutzmantel ausgestattet.

Straßentankwagen beliefern vorwiegend die Tankstellen mit Treibstoff und die gewerblichen und privaten Verbraucher mit Heizöl. 1980 gab es etwa 20000 Einheiten mit einer Gesamtkapazität von etwa 300 000 m^3.

6.2 Rohrleitungen [9]

Rohrleitungen für den Rohöltransport sind relativ wenig flexibel. Das wirtschaftliche Optimum wird daher für jeden Betriebsfall einzeln berechnet.

Besondere Probleme des Drucks und der Temperatur stellen sich bei der Querung hoher Gebirgszüge. Da man derartige Großleitungen nicht für beliebige Drücke auslegen kann, muß der benötigte Druck in mehreren Pumpstationen erzeugt oder abgebaut werden. Noch größere Probleme stellen Tiefseeleitungen, die sich in Küstennähe entweder dem häufig zerfurchten Meeresboden anpassen oder aber schwebend aufgehängt werden müssen.

In Europa werden die Raffinerien durch die Leitungssysteme TAL (Triest – Ingolstadt – Karlsruhe bzw. Triest – Wien), SEPL (Marseille – Karlsruhe), NWO (Wilhelmshaven – Köln), RRP (Rotterdam – Frankfurt/M.), CEL (Genua – Ingolstadt) neben den Nordseeleitungen nach Schottland und England mit Rohöl versorgt.

Weltweit haben die großen Ölfernleitungen von durchschnittlich 800 km eine Gesamtlänge von 72 000 km bei 40...90 cm Durchmesser und jeweils 5...30 Mio.t Jahreskapazität. Davon verbinden allein etwa 25 000 km die russisch-sibirischen Ölfelder mit Osteuropa bei 100...120 cm Durchmesser und bis zu 100 Mio.t Jahresleistung. Mit ihnen sind in der übrigen Welt lediglich die Trans-Alaska-Pipeline von Prudhoe nach Valdes, die Interprovincial Pipeline von Edmonton nach Montreal, die nahöstlichen Großleitungen von Kirkuk, Abquaiq oder Ghawar zum Mittelmeer oder die von Texas zu den nordamerikanischen Industriestädten zu vergleichen.

Neben den bestehenden Leitungen für Öl aus der Ukraine nach Leuna bzw. nach Marktredtwitz für Gas ist das im Aufbau befindliche Leitungsnetz der UdSSR beeindruckend, das die riesigen Vorkommen des Wolga-Ural-Gebietes und W-Sibiriens mit den Ländern Europas und des Fernen Ostens verbindet. Mit Durchmessern von z.T. über 2 m verlaufen die Trassen durch Wüsten, Sümpfe und Tundra mit Temperaturunterschieden von −60 °C bis +50 °C.

In der Nordsee ist ein ausgedehntes Erdgas-Leitungsnetz im Aufbau, das die großen Gasfelder im Norden mit der 1000 km entfernten Küste bei Emden verbindet, um Westeuropa für Jahrzehnte mit Erdgas zu versorgen.

Am Land schreitet der 15...25 km lange Bauabschnitt täglich rund 2 km vorwärts. Das derzeit größte Verlegungsschiff verlegt am Tage etwa 2,5 km 30″-Rohre.

7 Verarbeitung von Erdöl [5, 19–23]

7.1 Technische Verfahren und Erdölprodukte (Bild V.24)

7.1.1 Destillation

Zur Gewinnung brauchbarer Produkte aus Erdöl dient als erste Stufe die *Kolonnen-Destillation*, die nach dem Prinzip der fraktionierten Kondensation arbeitet (Bild V.25).

Das Rohöl wird hier kontinuierlich in Röhrenöfen bis etwa 350 °C erhitzt. Alle Kohlenwasserstoffe mit niedrigeren Siedetemperaturen gehen dabei in Dampfform über. Dieses Dampf-Flüssigkeitsgemisch wird in das untere Drittel einer Fraktionierkolonne eingeführt. Die Dämpfe steigen nach oben und kondensieren fraktioniert auf den einzelnen Böden. Die niedrig siedenden Dämpfe des Benzins gehen über den Kopf der Kolonne ab und werden dann erst durch Luft- und/oder Wasserkühler kondensiert. Somit kann jedes Produkt mit gewünschten Siedegrenzen von einem bestimmten Boden der Kolonne abgenommen werden. Aus dieser „Atmosphärischen Kolonne" erhält man Naphta-, Petroleum- und Gasöl-Schnitte. Die nicht bis zur Dampfform erhitzten Erdöl-Kohlenwasserstoffe und hochsiedender Kondensat-Rücklauf werden am Boden der Kolonne abgezogen. Die atmosphärischen Gasöle werden hauptsächlich auf Dieselkraftstoff und leichtes Heizöl verarbeitet, doch finden Spezialschnitte auch als Schmieröle Verwendung.

Um auch höhersiedende Schmieröl-Destillate zu erhalten, wird der atmosphärische Rückstand unter möglichst hohem Vakuum in der *„Vakuum-Kolonne"* destilliert, wobei Spindelöl-Schnitte, die verschiedenen Maschinenöl- und Zylinderöl-Destillate anfallen. Als Rückstand aus den Vakuum-Kolonnen verbleibt bei Verwendung geeigneter Rohöle Bitumen oder ein mehr oder weniger hochviskoses Produkt, das durch Zusatz von Gasöl oder höhersiedenden Destillaten in bezug auf Viskosität und Schwefelgehalt auf die Normen des Heizölmarktes eingestellt werden muß.

Zu den Destillationsverfahren gehört auch die *Flüssiggas-Trennanlage*, um die Gase vom Kolonnenkopf in mehreren spezifischen Verfahren (De-Ethaniser, De-Propaniser, De-Isopentaniser) in Methan, Äthan, Propan und Butan unter

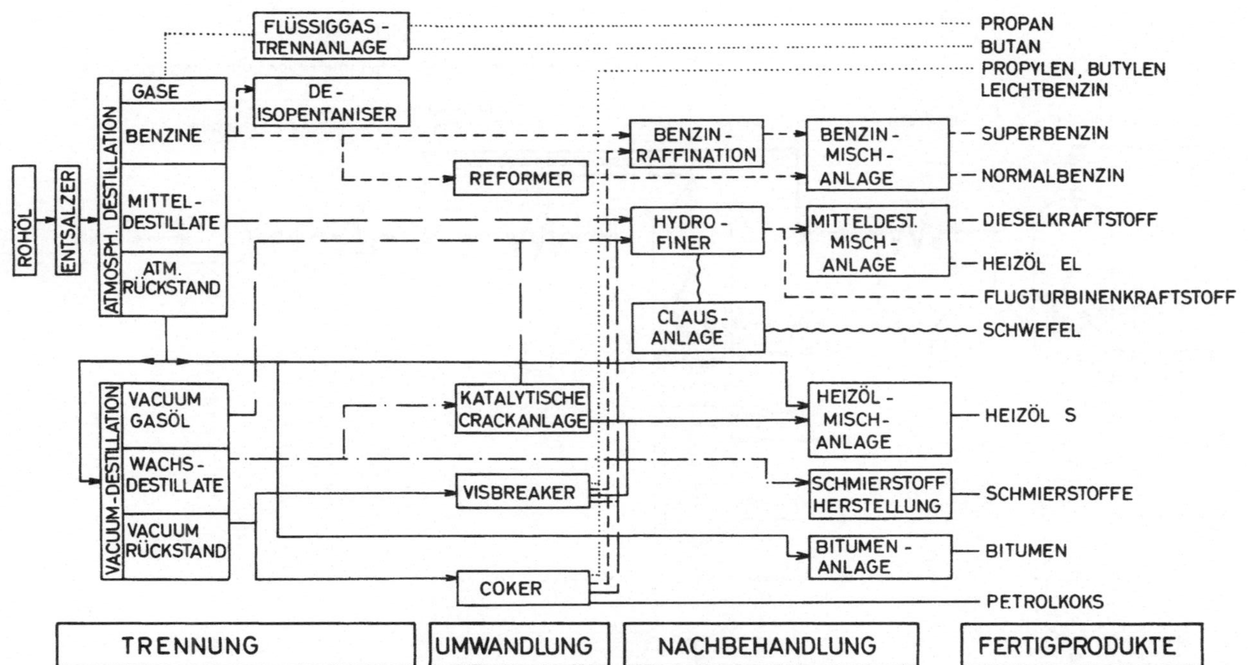

Bild V.24 Verarbeitungsschema einer Raffinerie (Nach Mineralölwirtschaftsverband 1983)

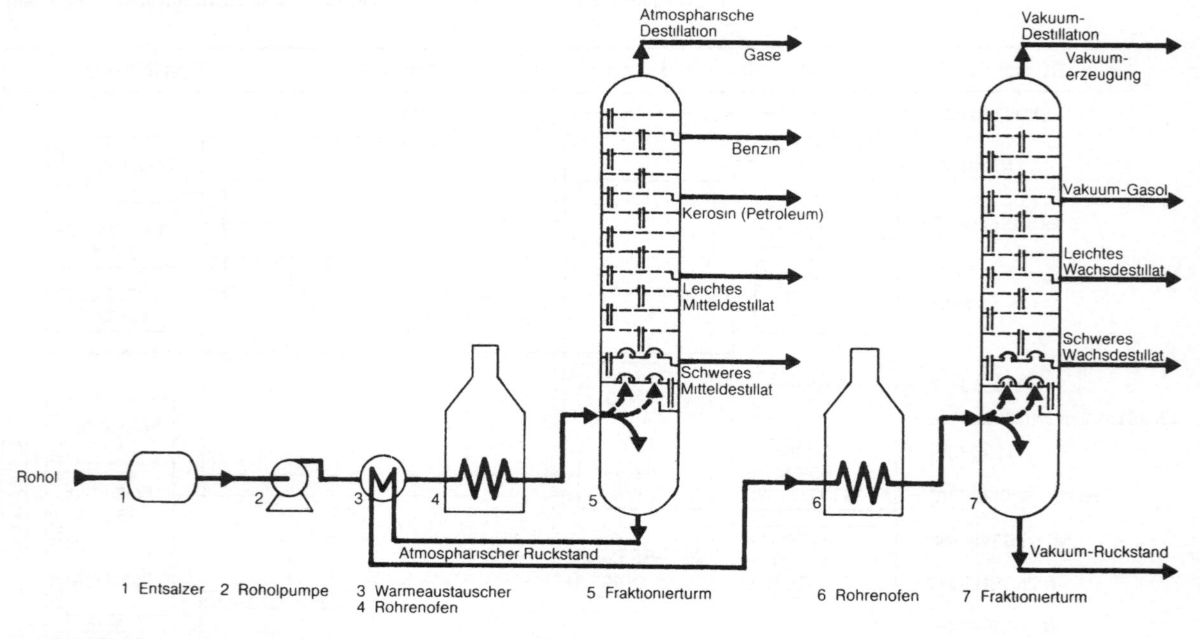

Bild V.25 Destillation von Rohöl (Nach Mineralölwirtschaftsverband 1983)

Druck von 5...15 bar voneinander zu trennen. Isopentan ist ein wichtiger Bestandteil des Superbenzins, um so eine hohe Oktanzahl zur Vermeidung des Beschleunigungsklopfens zu erreichen.

7.1.2 Konversion

Wenn die in den Destillationsanlagen erzeugten Produkte den Bedarf nicht mehr decken können und deren Eigenschaften verbessert werden sollen, spaltet man die großen Moleküle der schweren Primärprodukte in *Konversionsanlagen* in kleinere. Beim Kracken unterscheidet man thermisches, katalytisches und Hydrokracken.

Beim *thermischen Kracken* werden die eingesetzten Rückstände aus der Destillation zwischen 360...500 °C bei entsprechender Verweilzeit zu Gasen, Benzinen, Mitteldestillat bis wiederum zu schwerem Rückstand gespalten. Das Visbreaken ist eine milde Form des thermischen Krackens unter etwa 15 bar und 460 °C, um die Viskosität schwerer Öle zu senken.

Beim *katalytischen Kracken* (Bild V.26) erfolgt die Umwandlung bei etwa 500 °C in Gegenwart eines Katalysators, der die Reaktion beschleunigt oder in eine bestimmte Richtung lenkt. Es handelt sich um meist staubförmige Aluminiumsilikate von riesiger Oberfläche (100 m^2/g), die sich während der Spaltung aber mit Kohlenstoff aus Koks beladen, der in einem Regenerator abgebrannt wird. Der Katalysator läuft also im Kreislauf.

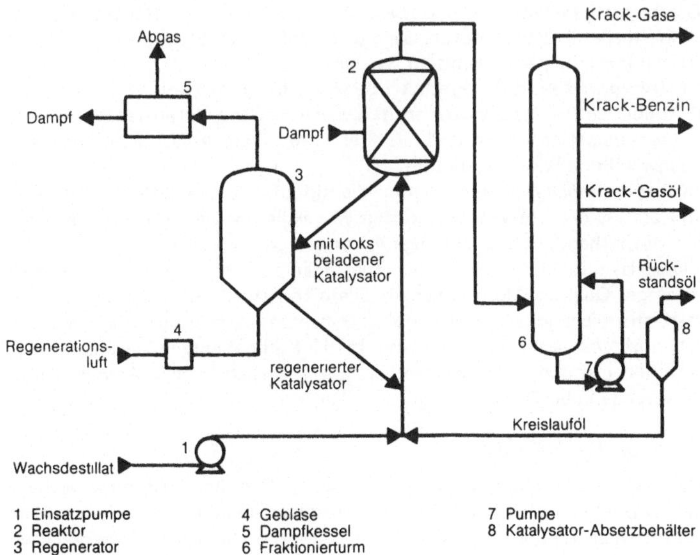

1 Einsatzpumpe
2 Reaktor
3 Regenerator
4 Gebläse
5 Dampfkessel
6 Fraktionierturm
7 Pumpe
8 Katalysator-Absetzbehälter

Bild V.26 Katalytischer Fließbett-Kracker (Nach Mineralölwirtschaftsverband 1983)

Als Einsatzprodukt für diesen Kracker wird Wachsdestillat verwendet, das hochsiedend kurz vor Eintritt in den Reaktor auf den erhitzten Katalysator trifft. Es verdampft sofort. Damit beginnt bereits der Spaltvorgang, der nach wenigen Sekunden bei Temperaturen zwischen 500 °C und 600 °C im Reaktor abgeschlossen wird. Die gekrackten Öldämpfe verlassen den Reaktor und werden in einem Trennturm in die einzelnen Produkte zerlegt. Bei dem Spaltvorgang wird der Katalysator mit Kohlenstoff beladen und verliert seine Aktivität. Aus dem Reaktor leitet man ihn in den Regenerator, wo mit Hilfe eingeblasener Luft der Kohlenstoff abgebrannt wird. Der Katalysator ist dann wieder aktiv und steht erneut für das Verfahren zur Verfügung.

Das flexibelste, aber auch teuerste Kracken ist das *Hydrokracken* (Bild V.27), ein katalytisches Kracken in Gegenwart von Wasserstoff unter etwa 100 bar. Durch Anlagerung von Wasserstoff an die schweren Ölmoleküle in Anwesenheit von Nickel-Molybdän-Katalysatoren erfolgt die hydrierende Spaltung in leichte Komponenten. Der Vorteil liegt in großer Flexibilität, erfordert aber hohe Kosten, weil die Reaktorwände bis zu 20 cm dick sein müssen, und weil eine Wasserstoff-Erzeugungsanlage nötig ist.

Rückstände aus dem thermischen und katalytischen Kracken mit hohen Anteilen unerwünschter Bestandteile wie Schwefel-, Stickstoff- und Metall-Verbindungen werden im *Coker* bei 500 °C in Gase, Benzine, Mitteldestillate und Petrolkoks umgewandelt (Verfahren des delayed und fluidized coking).

7.1.3 Veredlung und Nachbehandlung

Die bisher geschilderten Prozesse liefern noch keine für Dauerbetrieb geeigneten Kraftstoffe für Otto-Motoren. Sie müssen entschwefelt, entparaffiniert und zu einer breiten Produktpalette gemischt werden.

Im *Hydrofiner* wird das Produkt, Benzin oder Heizöl, mit Wasserstoff bei 300 ... 400 °C über einem Katalysator erhitzt, dabei der Schwefel an den Wasserstoff zu Schwefelwasserstoff gebunden und letzterer in der Claus-Anlage zu reinem, elementaren Schwefel und Wasser verbrannt.

Im *katalytischen Reformer* werden leichtklopfende geradkettige n-Paraffine über Platin-Katalysatoren in verzweigtkettige Molekule und gesättigte Ringkohlenwasserstoffe (Naphthene) in hochoktanige Aromaten umgewandelt.

Flüssiggas und Leuchtpetroleum erhält man aus den Verarbeitungsanlagen in verkaufsfähiger Qualität. Motorenbenzin, Dieselkraftstoff und Heizöl müssen den DIN-Normen entsprechend aus mehreren Komponenten zusammengemischt werden. Dies erfolgt in *Mischanlagen*, in denen aus 8 bis 12 Komponenten ein standardisiertes Marktprodukt gemischt wird, kontrolliert durch Dosierpumpen, Analysenautomaten und laufende Laborüberwachung.

7.1.4 Bitumen-Produktion

Der aus der Vakuum-Kolonne kommende Rückstand ist ohne weitere Behandlung als Bindemittel im Straßenbau verwendbar. Durch Verblasen mit Luft entsteht Blasbitumen für industrielle Zwecke. Additive können die Eigenschaften verändern.

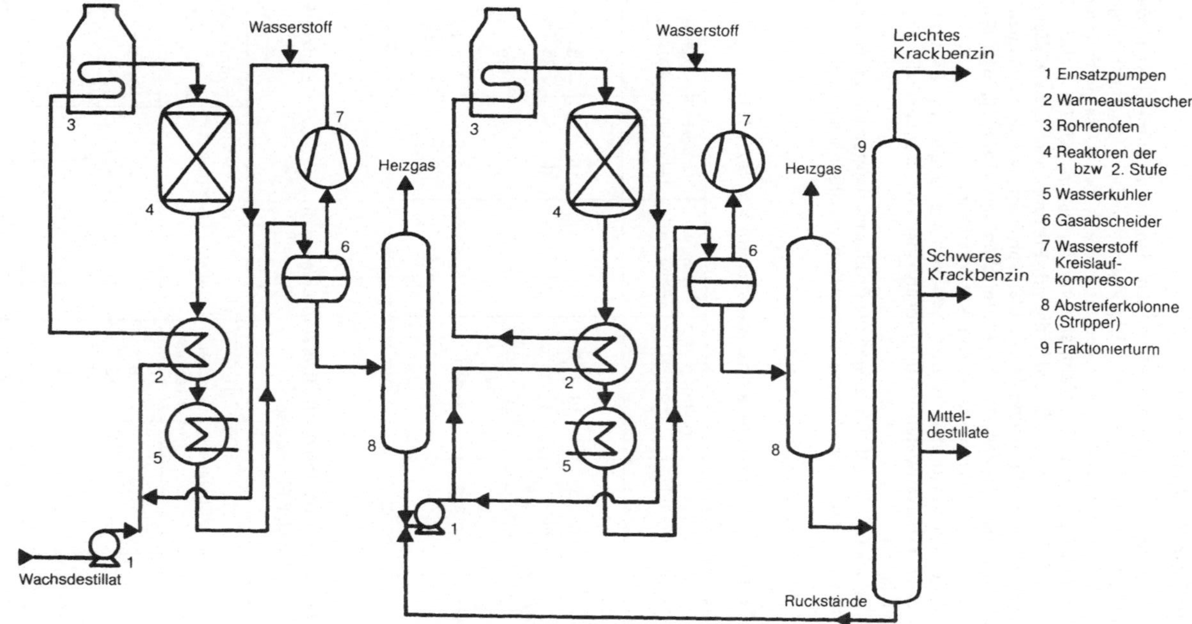

Bild V.27 Hydro-Kracker (Nach Mineralölwirtschaftsverband 1983)

7.1.5 Schmierstoff-Herstellung

Den aus der Vakuum-Destillation kommenden Wachsdestillaten werden die Aromaten und mit selektiv wirkenden Lösungsmitteln bei Tieftemperaturen von −15...−25 °C das Paraffinwachs entzogen, um die Viskositätseigenschaften zu verbessern und Stocken bei tiefen Temperaturen zu vermeiden. Als weitere Stufe schließt sich die Raffination mit Schwefeldioxid, Furfurol oder Schwefelsäure an, bei der Säureschlämme entfernt und Spezialöle, Turbinen-, Motoren-, medizinische Weißöle u.a.m. erzeugt werden. Durch Aufmischen der Grundöle und Additiv-Zugabe können etwa 500 verschiedene Produkte entstehen.

Durch Verdickungsmittel werden Schmierfette hergestellt. Es sind Fettsäure-Alkali- oder Erdalkalimetall-Verbindungen oder Polyurethane, die Schmierfette entstehen lassen.

Die Tabellen V.2 und V.3 zeigen die Produktausbeuten einiger charakteristischer Rohölsorten und den Wirkungsgrad von Konversionsanlagen [21].

Tabelle V.2 Produktausbeuten einiger Rohölsorten (in Vol.-%) [21]

	Libyen (Zueitina)	Großbritannien (Forties)	Nahost (Agha Jari)	Nahost (Arabian Heavy)	Nahost (Safaniya)
Gase	1	3	2	2	2
Benzin	22	19	20	15	13
Mitteldest. (z.B. Heizöl El)	39	37	30	26	25
Rückstand (z.B. Heizöl S)	38	41	48	57	60
Dichte (g/cm^3)	0,817	0,840	0,855	0,887	0,890
Schwefel (Gew.-%)	0,21	0,3	1,4	3,0	2,8

Tabelle V.3 Produktausbeuten der Konversionsanlagen (in Vol.-%, A = Benzin-Fahrweise, B = Mitteldestillat-Fahrweise)

	Visbreaker	Thermischer Kracker	Coker	Katalytischer Kracker	Hydrokracker A	Hydrokracker B
Gase	2	8	7	21	18 oder	7
Benzine	5	12	20	47	55	28
Mitteldestillate	13	35	27	20	15	56
Heizöle schwer	80	45	17	7	12	11
Koks	–	–	29	5	–	–
Nachbehandlung	ja	ja	ja	z.T.		nein

Die Wandlung des Mineralölmarktes und der Raffinerie-Struktur ist durch folgende Tendenz gekennzeichnet: Es wird zunehmend mehr schweres Rohöl auf den Markt kommen und gleichzeitig der Bedarf an leichten Produkten wachsen, insbesondere auf dem petrochemischen Sektor. Zwangsweise ergibt sich eine Stilllegung alter Raffinerien bzw. Umstellung auf moderne Konversionsanlagen mit Nachbehandlung. Flexibilität und Anpassungsfähigkeit an kurzfristigen Bedarf werden zunehmend gefragt.

7.2 Eigenschaften und Einsatz primärer Fertigprodukte

Die Eigenschaften der Kraftstoffe und des Heizöls werden durch DIN-Normen festgelegt (Tabelle V.4). Die Qualität des Benzins im Otto-Motor wird durch die Klopffestigkeit mittels der Oktanzahl bestimmt, wobei als Klopfbremse ein Zusatz von Bleiverbindungen von maximal 0,15 g/l wirkt. Ähnlichen Erfolg erzielt man durch Zusatz von 15...20% Äthanol, einem aus pflanzlichem Material (z.B. Zuckerrohr) gewonnenen Alkohol, oder Methanol, aus Kohle, Erdgas oder Müll erzeugt. Außerdem wird am Problem der Kraftstoff-Einsparung durch elektronische Steuerung der Gemischzusammensetzung und des Zündzeitpunkts gearbeitet.

Die Oktanzahl des betreffenden Benzins wird nach einer prozentualen Gemischpalette aus klopffestem Iso-Oktan (OZ = 100) und klopffreudigem n-Heptan (OZ = 0) geeicht.

Dieselkraftstoff (DK) muß zündwillig sein. Er wird durch die Cetan-Zahl charakterisiert, d.h. nach einer prozentualen Gemischpalette aus zündunwilligem alpha-Methyl-Naphthalin (CZ = 0) und zündwilligem Cetan (CZ = 100). Je höher die Cetan-Zahl, desto geringer ist die Korrosion, desto sauberer die Einspritzdüse, desto geringer die Ölverschmutzung und um so schonender für die Ventile.

Schmierstoffe sollen ausreichende Gleitgeschwindigkeit und minimale Reibung bewirken, was durch Zusätze aus der organischen Synthese erreicht wird. Daher werden auch die Primärprodukte nach der Vakuum-Destillation von Fremdstoffen und Aromaten mit selektiven Lösungsmitteln wie Furfurol bei paraffinbasischen und SO_2 bei naphthenbasischen Ölen extrahiert und danach mit Schwefelsäure raffiniert. Das dabei anfallende Säureharz wird mit Kalk neutralisiert und bei hoher Temperatur mit Bleicherde behandelt.

Schmierfette entstehen aus einer Behandlung des Mineralöls mit Seife (Fett + NaOH + Kalk).

Die folgende Zusammenstellung soll lediglich einige Hinweise auf die wesentlichsten Verwendungsmöglichkeiten der Fertigprodukte geben:

Flüssiggas	Stadtgaserzeugung, Flaschengas, chemische Weiterverarbeitung,
Motorenbenzin	Normal-, Superbenzin Otto-Motor,
Flugbenzin	Propellerflugzeug-Kraftstoff,
Spezial- und Testbenzin	Reinigungs-, Lösungs-, Verdünnungsmittel für Lacke, Farben, Creme,
Petroleum (Kerosin)	Düsenkraftstoff, Leuchtpetroleum,
Heizöl leicht	Haushalt und Gewerbe,

Heizöl schwer Industrie, Kraftstoff für Schiffe, Lokomotiven usw.,

Schmieröle Motoren-, Getriebe-, Schneid-, Spindel-, Leichtlauf-, Transformatoren-, Zylinder-, Achsen-, Turbinen-, Kältemaschinen-, Feinmechanik-, Hydraulik-, Textilöle usw.,

Schmierfette Pasten, Staufferfett, Höchstdruckfett,

Weißöle Nahrungsmittel, Medizin, Salben,

Paraffin, Wachse Kerzen, Imprägnierung, Polituren, Bodenpflege, Pharmazeutika, Kosmetik,

Tabelle V.4 Eigenschaften von Erdöl-Fertigprodukten (DIN 51600, 51601, 51603)

	Ottokraftstoff		Diesel	Heizöl			
	Super	Normal	DK	Extra Leicht EL	Leicht L	Mittel M	Schwer S
Dichte (15 °C) (g/ml)	0,730–0,780	0,715–0,755	0,815–0,855	0,860	1,10	1,20	nach Angabe
Klopffestigkeit min. ROZ	97,4	91,0					
MOZ	87,2	82,0					
Bleigehalt max. (g/l)	0,15	0,15					
Siedeverhalten (Vol.-%)							
– 70 °C	15–45	15–45					
–100 °C	42–70	42–70					
–180 °C min.	90	90					
–250 °C max.			65	65			
–350 °C max.			85	85			
Siedeendpunkt max. (°C)	215	215					
Destillationsrückstand max. (Vol.-%)	2	2					
Schwefel max. (Gew.-%)	0,1	0,1	0,5	0,3			2,8
Flammpunkt min. (°C)			55(60)	55	55	65	65
Kinemt. Viskosität max. (20 °C) (mm^2/s)			2–8	6	17	75 (50 °C)	450 (50 °C)
Heizwert (MJ/kg) min				42,0	37,7	37,7	39,8
Koksrückstand max. (Gew.-%)			0,1	0,1	2	12	15
Asche max. (Gew.-%)			0,02	0,01	0,04	0,15	0,15
Wassergehalt max. (Gew.-%)			0,05	0,05	0,3	0,5	0,5

Bitumen	Straßen- und Wasserbau, Isolierung, Dachpappen, Tränkmittel,
Petrolkoks	Elektrodenherstellung, Ruß für Farben,
Extrakte	Gummiverarbeitung,
Raffineriegas	Eigenverbrauch, Stadtgaserzeugung.

7.3 Petrochemische Produkte Bild V.28)

Die unterschiedlichen physikalischen Eigenschaften der das Rohöl zusammensetzenden Kohlenwasserstoffe bei verschiedenen Drücken und Temperaturen ermöglichen eine große Variabilität in bezug auf Zerlegung der einzelnen Bausteine wie auch deren Zusammenführung zu bestimmten chemischen Sekundärprodukten. In den letzten 20 Jahren hat sich auf diese Weise ein neuer chemischer Sektor, die Petrochemie, herausgebildet, der in unserer modernen Welt nicht mehr wegzudenken ist und etwa 90% der Produkte der organischen Chemie umfaßt.

Die petrochemischen Grundstoffe sind dabei die bei den Spaltprozessen anfallenden Moleküle des Methan, Äthan, Propan und Butan und deren ungesättigten Olefine Äthylen, Propylen und Butylen sowie die ringförmigen Aromaten wie

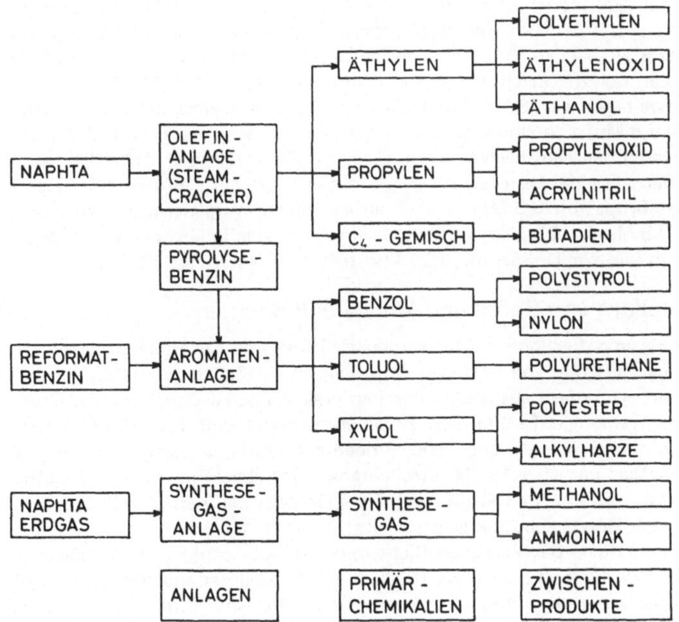

Bild V.28 Petrochemische Veredelung (Schema) (nach Mineralölwirtschaftsverband 1983)

Benzol, Toluol und Xylol mit ihren isomeren Abkömmlingen. Die Zerlegung erfolgt in *Pyrolyse*-Anlagen bei über 850 °C in Anwesenheit von Wasserstoff und Katalysatoren mit einer Nachbehandlung in aufwendigen Tieftemperatur-Kondensationsanlagen und Feinfraktionierkolonnen.

Durch Aneinanderketten einzelner Olefine im *Polymerisierungs*-Verfahren können dann wieder je nach Kettenlänge der Moleküle oder Molekülgruppen eine große Anzahl von Fertigprodukten hergestellt werden. Ihre Zahl liegt etwa bei 5 000.

Kunststoffe auf Polyethylen-Basis und Polyvinylchlorid nach Chlor-Behandlung sind auf technischem Gebiet und Kunstfasern für die Textil- und Gewebe-Industrie sind durch ihre guten Eigenschaften in bezug auf Resistenz gegen Beanspruchung weit verbreitet. Synthese-Kautschuk dient der Fabrikation von Autoreifen, Förderbändern, Dichtungen usw., Lösungsmittel werden für die Herstellung von Druckfarben, Polituren, Schutzanstriche, Haarwässer usw. verwendet, Agrochemikalien wie Pflanzenschutzmittel, Insektizide, Unkrautvernichter auf Mineralölbasis sind in weitem Einsatz, und eine lange Liste von Alkoholen, Frostschutzmitteln, Verpackungsmaterial, Isolierstoffen, Kosmetika und sogar Arzneimitteln ergänzen die große Palette, die fast beliebig erweitert werden kann.

Die Entwicklung auf diesem Gebiet geht stürmisch weiter und läuft auf eine enge Zusammenarbeit von Raffinerie und petrochemischer Fabrik hinaus, wobei Flexibilität und Marktlage eine wichtige Rolle spielen werden. Bei dieser Sachlage werden den Raffinerien und petrochemischen Anlagen hohe Investitionskosten auch dadurch entstehen, um die gesetzgeberischen Auflagen zur Einhaltung des Umweltschutzes zu erfüllen (Bleigehalt im Benzin, Schwefel im Heizöl, Reinhaltung des Wassers, Lärmschutzeinrichtungen, Abfallverbrennung usw.).

Weltweit gab es 785 Raffinerien Ende 1982 mit einer Jahresdurchsatzkapazität von 3,8 Mrd.t, wovon aber nur rund 75% ausgelastet waren. Die Ostblock-Raffinerien waren der Zahl nach mit nur 12%, der Kapazität nach mit 19% beteiligt und standen mit einer Durchschnittskapazität von 7,8 Mio.t pro Raffinerie und Jahr vor Westeuropa mit 6,3 Mio.t weit an der Spitze, vergleichsweise zu Nordamerika mit 3,5 Mio.t. Die drei größten Raffinerien liegen in Niederländisch-Westindien mit 19,5 Mio.t/a, UdSSR mit 15,7 Mio.t/a und Bahrein mit 12,5 Mio.t/a.

7.4 Verteilung von Rohöl und Mineralöl-Produkten

Rohöle und Fertigprodukte werden in Tanks und Behältern unterschiedlicher Größe gelagert und von dort zu den jeweiligen Großabnehmern bzw. -verteilern abtransportiert, sofern aus geographischen oder wirtschaftsstrukturellen Gründen nicht noch regionale Tankfarmen zwischengeschaltet sind. Produkten-Leitungen von beachtlicher Länge, über 500 Binnentankschiffe, Kesselwagenzüge mit 43 000 Kesselwagen und über 18 000 Straßentankwagen übernehmen die Verteilung zu den Direktabnehmern, den Groß- und Kleinhändlern und den 23 000 Straßen-Tankstellen in der Bundesrepublik Deutschland.

Die gesetzliche Bevorratungspflicht in der Bundesrepublik Deutschland in Höhe eines 65-Tage-Bedarfs bzw. etwa 18 Mio.t wird z.Z. unter anderem durch 119 unterirdische Salzkavernen mit einem Aussolvolumen von 35 Mio.m^3 gewährleistet. Weitere Pflichtvorräte über 25 Tage werden von den Raffinerien gehalten.

7.5 Die Mineralölversorgung in der Bundesrepublik Deutschland [19, 20]

Während noch vor einigen Jahren die OPEC-Länder etwa die Hälfte des Welt-Erdölverbrauchs deckten, ist dieser Anteil durch die verstärkte Förderung in der Nordsee und in Mexiko im Rückgang begriffen. Damit ist neben den internen wirtschaftspolitischen Problemen der Einfluß und Preisdruck der OPEC-Länder gesunken. Hinzu kommt, daß der Mineralölabsatz stark zurückgeht und sich auf den Rückgang der Raffinerieauslastung auf z.B. 57% in 1981 auswirkt.

Eine wesentliche Rolle spielt dabei der US-$/DM-Kurs. Fällt er ab, verteuern sich die Kosten der Erdölprodukte, da Rohöl auf US-Dollar-Bais abgerechnet wird. Unterschiedliche Rohölpreise der Lieferländern führen zu Konkurrenzkämpfen in einer freien Marktwirtschaft der Verbraucherländer und zu Verlusten auf beiden Seiten.

Anpassungsmaßnahmen sind in einer investititionsintensiven Industrie, wie sie die Erdölindustrie darstellt, nur mit relativ langfristiger Wirkung möglich, denn sie bestehen nicht nur in einer Reduzierung der Raffineriekapazität, sondern vor allem auch in einer strukturellen Umstellung, z.B. in Form eines erweiterten Ausbaus der Konversionskapazität von schweren auf leichte Produkte. Die Kosten dafür sind außerordentlich hoch.

In den kommenden Jahren werden der Verkehrssektor und die petrochemische Industrie bevorzugte Einsatzorte des Mineralöls sein, wärend das Erdgas stärkere Verwendung als Wärmeenergie in Haushalt und Gewerbe und Kohle für die Strom-, Prozeß- und Fernwärmeerzeugung finden wird.

In den letzten Jahren stieg der Anteil der leichten Produkte beständig an, während die Mitteldestillate etwa auf gleicher Höhe blieben und das schwere Heizöl absank und mit dem verstärkten Einsatz von Konversionsanlage weiter absinken wird. Andererseits ist seit 1979 sparsameres Verhalten der Kfz-Benutzer für einen Rückgang des Verbrauchs an Motorenbenzin verantwortlich, obwohl der Pkw-Bestand noch gestiegen ist. Besonders deutlich ist auch der Rückgang beim leichten Heizöl, was neben wetterbedingten Gründen auf energiebewußteres Verhalten im Haushalt zurückzuführen ist.

Die Tabellen V.5 und V.6 geben einen Überblick über den Absatz der wesentlichsten Produkte im Inland, der Rohöl-Einfuhr und der Raffineriekapazität, die Rohöl-Versorgung nach Herkunftsländern und die Produktenpalette der Raffinerien der Bundesrepublik Deutschland.

Die Importe von Fertigprodukten kamen 1982 zu 61% aus EG-Ländern, davon fast zwei Drittel aus den Niederlanden und der Rest vor allem aus Belgien, Frankreich und Großbritannien. Die Ostblockländer waren 1982 mit 17% an den Einfuhren beteiligt.

Neben den lang- oder kurzfristig festgelegten Rohöl- oder Produktenmengen gibt es an einigen Plätzen mit starker Raffineriekonzentration, z.B. Rotterdam, Amsterdam, auch „Spot"-Mengen, die zu anderen Preisen an Großhändler abgesetzt werden, die von akuten wirtschaftlichen oder auch politischen Ereignissen bzw. von Angebot und Nachfrage bestimmt werden. Aber auch der schwankende US-Dollar-Kurs spielt hierbei eine Rolle, weil der internationale Ölmarkt auf US-Dollar-Basis abgerechnet wird.

Tabelle V.5 Überblick über die Rohölversorgung der Bundesrepublik Deutschland (in Mio. t)

	1980	1982
Rohöl-Einfuhr		
Nahost	42,1	24,9
Afrika	33,8	24,1
Westeuropa	17,6	18,1
Übrige	4,3	5,5
Eigenförderung	4,6	4,3
Summe Rohöl	102,6	76,8
Produkten-Einfuhr	37,0	36,2
Raffineriekapazität	ı81,5	157,6
Inlandabsatz		
Rohbenzin	11,6	10,2
Vergaser-Kraftstoff	23,7	22,7
Diesel-Kraftstoff	13,0	13,4
Heizöl leicht	41,2	33,4
Heizöl schwer	20,3	14,0
Nebenprodukte	11,7	11,3
abzüglich Recycling	4,1	4,0
Summe Inlandabsatz	117,9	101,6

Tabelle V.6 Unterteilung der Nebenprodukte (in 1000 t)

	1980	1982
Bitumen	3383	2991
Flugturbinen-Kraftstoff	2552	2452
Flüssiggas 1)	2305	2172
Petrolkoks	1397	1426
Schmierstoffe	1138	1032
Raffineriegas 2)	453	695
Übrige	482	574

1) ohne Butylen, Butadien und Propylen
2) ohne Äthylen

Letzten Endes wird der Preis des Mineralölprodukts vom Erlös und den Kosten der einzelnen Sektoren bestimmt, die im Bohr- und Förderbetrieb, bei den Abgaben an die Förderländer, im Tanker- und Pipeline-Transport, bei der Verarbeitung und Veredelung und Lagerhaltung, dem Vertrieb und der Verzinsung des eingesetzten Kapitals entstehen, und denen auf dem Vertriebsmakrt dann noch die Kostenstellen Brennstoffhändler, Tankstellenhalter, strategische Bevorratung, Mehrwertsteuer und Mineralölsteuer an den eigenen Staat hinzuzurechnen sind.

8 Lagerung von Erdöl und Erdgas

8.1 Oberirdische Lagerung in Behältern

Die Lagerung von leichtem Rohöl in Behältern ist vom technischen Standpunkt aus problemlos. Eine gewisse Restentgasung kann hingenommen werden. Bei größeren Mengen werden die entweichenden Gase u.U. in ein Rohrnetz geleitet und dem Verbraucher zugeführt. Eine Entgasung findet beim Schweröl auch bei höheren Temperaturen nicht mehr statt.

Rohöle und deren Derivate enthalten gelegentlich Spuren von Schwefel und anderen Stoffen, die in Gegenwart von Wasser auf Stahl korrosiv wirken können. Um auch bei möglichen Korrosionsdurchbrüchen das Auslaufen und Versickern von Öl zu verhindern, werden Behälter doppelwandig ausgeführt oder aber in Wannen aus Beton oder undurchlässigem Bodenmaterial (Lehm, Ton) gestellt.

Während Rohöl drucklos und damit billig gelagert werden kann, ist für die Speicherung seiner leichteren Bestandteile größerer Aufwand zu treiben. Unter geringem Überdruck ist die oberirdische Lagerung von Erdgas im Gasometer in Anwendung. Tiefgekühlt auf −160 °C unter Normaldruck kann Erdgas als LNG (liquid natural gas) gelagert werden und nimmt dabei nur 1/600 seines Normvolumens ein.

8.2 Unterirdische Lagerung [26, 27]

Erdgas und andere Gase werden in porösen Sanden erschöpfter Gasfelder oder in wassergefüllten Sanden (Aquifer-Speicher) unterirdisch gelagert. In geologisch geeigneten Situationen kann Gas auch in Salzkavernen gespeichert werden. Die Lagerung in Salzkavernen trifft besonders für Erdöl und seine Produkte zu. Aber auch andere dichte Gesteine (z.B. Granit) kommen hierfür infrage.

8.2.1 Porenspeicher für Gaseinlagerung

Gasspeicher dienen dem saisonalen Ausgleich Winter-Sommer oder Tag-Nacht oder Werktag-Sonntag. Ihr Volumen schwankt meist zwischen 50 Mio.m^3 und 5 000 Mio.m^3 (V_n), wovon etwa 25...50% regelmäßig bewegtes, im Sommer eingedrücktes, im Winter entnommenes Arbeitsgas sind. Der statistische Durchschnitt liegt weltweit bei 200 Mio.m^3 (V_n) Arbeitsgas. In den USA werden rund 10% des Gasverbrauchs aus 400 Untergrundspeichern meist in Verbrauchernähe gedeckt. In der Bundesrepublik Deutschland gibt es z.Z. 14 Porenspeicher und sieben Kavernenspeicher (mit 20 Kavernen, davon zwei für Druckluft) mit einem Inhalt von etwa 5 Mrd.m^3 (V_n). Das sind 4% des gesamten Erdgasverbrauchs der Bundesrepublik Deutschland. 50% davon sind Arbeitsgas. Die Porenspeicher fassen je 75...1 500 Mrd.m^3 (V_n), die Gaskavernen 30...100 Mio.m^3 (V_n). Der tiefste Gasspeicher der Welt wird mit dem 2 950 m tiefen ehemaligen Erdgasfeld Wolfersberg bei München betrieben.

In der Mehrzahl der Fälle erscheinen erschöpfte Erdgas-Lagerstätten am geeignetsten für Speicherung, sofern ihre alten Bohrungen technisch einwandfrei verwendbar sind. In Europa ist die Erschließung von Gasvorräten noch relativ jung, d.h., erschöpfte Gasfelder gibt es nur wenige; zum anderen liegen viele europäische Gaslagerstätten tief. Ihre spätere Umwandlung in Speicher wäre also u.U. mit hohen Investitionen und Betriebskosten verbunden.

Da in einer Saison etwa genausoviel injiziert und gefördert wird wie im Gasfeld gleicher Größe während der ganzen Lebensdauer, d.h. in 10...30 a, ist die Anzahl der Bohrungen in Gasspeichern stets um das Mehrfache größer als in Gasfeldern. Die Investitionen sind also höher, werden aber durch häufigen Gasumschlag auch entsprechend früher gedeckt.

8.2.2 Kavernen-Speicher

Unterirdische Kavernen dienen der Einlagerung von Rohöl, Heizöl, Flüssiggas bzw. Propan und Butan sowie von Stadtgas zur Abdeckung von Stunden- oder Tagesspitzen oder in größerer Anzahl sogar als Pufferspeicher für importiertes Erdgas. Schließlich sind bereits die ersten Anlagen für Luftspeicherung im Aufbau, die der Stromerzeugung dienen. Von über 600 in den USA bestehenden Kavernen sind 90% im Steinsalz angelegt mit einem Durchschnittsvolumen von etwa 30 000 m^3 zumeist für Fertigprodukte. Eine Reserve für strategische bzw. Notzwecke ist im Aufbau. In der Bundesrepublik Deutschland haben über 100 Kavernen in etwa zehn norddeutschen Salzstöcken ein Durchschnittsvolumen von etwa 300 000 m^3, zumeist für die Einlagerung von Rohöl. Damit werden mit 35 Mio. m^3 Vorräte für etwa drei Monate Verbrauch vorhanden sein. Die Nationale Reserve der USA soll über 100 Mio. m^3 umfassen und für knapp einen Monat Normalverbrauch ausreichen.

In den skandinavischen Ländern gibt es jetzt etwa 200 in Graniten in nur etwa 30...50 m unter der Erdoberfläche bergmännisch hergestellte Hohlräume von je etwa 250 000 m^3 Inhalt.

In zunehmendem Maße wird Erdgas oder Stadtgas ebenfalls in Salzkavernen aufbewahrt. Auch hier spielt die Bundesrepublik Deutschland mit etwa 25 bestehenden und geplanten Kavernen für etwa 1 275 Mio. m^3 (V_n) eine führende Rolle.

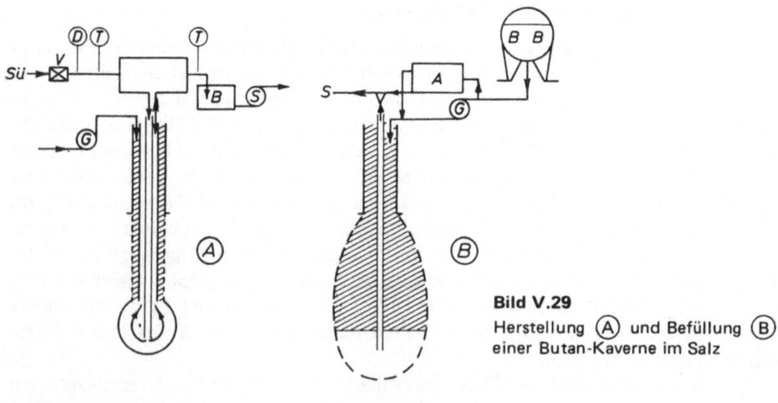

Bild V.29
Herstellung (A) und Befüllung (B) einer Butan-Kaverne im Salz

A Butan-Wasser-Abscheider
B Wasser-Behälter
D Druckschreiber
S Salzwasser
G Butan
T Thermoregler
V Sicherheitsventil
Sü Süßwasser
BB Butan-Behälter

Gaskavernen können allerdings wohl nur zu etwa zwei Drittel kurzfristig als Arbeitsgas aus Gründen der Standfestigkeit der Kaverne genutzt werden.

Die Anlage von zylindrisch-vertikalen oder zuweilen auch horizontalen Kavernen in Salzstöcken oder -lagern erfolgt mittels Ausspülen durch Süßwasser über eine oder im letzteren Fall zwei Bohrungen auf direktem oder indirektem Wege oder durch Bergbau in dichtem Gestein (Bild V.29). Das durchschnittliche Löslichkeits-Verhältnis von Wasser zu Salz beträgt 10:1. Besonders zu beachten sind gute Zementierung der Rohre oberhalb der auszuspülenden Kaverne sowie eine sichere Ableitungsmöglichkeit der anfallenden Sole. Beim Füllvorgang wird das in der Kaverne belassene Salzwasser vom Propan, Butan oder Rohöl verdrängt und übertage in Betonteichen solange aufbewahrt, bis der Kaverneninhalt benötigt wird.

Die Konvergenz einer Salzkaverne hängt von der Druckdifferenz zwischen Gebirge und Innendruck ab. Bei Wasser- oder Ölfüllung kann die Kaverne nur um das Kompressibilitätsvolumen des Inhalts schrumpfen. Eine „entleerte" Gaskaverne ist dagegen dem vollen Gebirgsdruck ausgesetzt. Anfänglich 3...6% pro Jahr fällt die Konvergenz so rasch ab, daß die Lebensdauer von Kavernen auch in Tiefen von 1 000...2 000 m viele Jahrzehnte betragen kann.

9 **Schweröle, Asphalte, Schieferöle** [11] (Tabelle V.7)

9.1 Schweröle, Teersande

Schweröl-, Teer- oder Asphaltsande sind entweder an oder nahe der Erdoberfläche gelegene, häufig flächenhaft ausgedehnte, ölimprägnierte Sande, deren hochviskoser Ölinhalt oft nicht fließfähig ist. Während in den tiefen Öllagerstätten das einwandernde Öl in Strukturen gefangen blieb, gelangte es im Falle der Teersande bis an die Erdoberfläche und oxidierte dabei hier zu Asphalten.

Der Ölinhalt der Schwerölsande weltweit beträgt etwa 680 Mrd.t, also Öl mit Dichten über etwa 0,980 g/cm^3 und außerordentlich hoher Viskosität, das ohne die Fließfähigkeit stimulierende Mittel wie Wärme praktisch ungewinnbar ist. Mit Hilfe des Tagebaus und oberirdischer Entölung durch Heißdampf ist wahrscheinlich eine Reserve von rund 150 Mrd.t in den nächsten Jahrzehnten zu erwarten, vorausgesetzt, daß die wirtschaftlichen Verhältnisse dies zulassen.

Darüber hinaus gibt es noch 770 Mrd.t Schweröl mit Dichten von 0,920... 0,980 g/cm^3 in vielen Ölfeldern, das durch Heißdampfinjektion in Bohrlöchern zu etwa 19% gewinnbar erscheint.

Tabelle V.7 Erdöl-Ressourcen und Reserven

	Ölinhalt Mio.t	bisherige Förderung Mio.t	Gewinnbare Reserven Mio.t	Entölungsgrad %
Schwerstölsande	680 000	80	150 000	22,1
Schweröle	770 000	7 700	140 000	19,2
Leichtöle	420 000	68 000	91 000	37,9
Schieferöl	850 000	100	85 000	10,0

Gegenüber diesen Vorräten nimmt sich der Leichtöl-Vorrat, der in vielen tausend Ölfeldern gewonnen wird, mit 420 Mrd.t bzw. derzeit noch 95 Mrd.t gewinnbarer Reserve, gering aus.

Etwa 25% des Ölsandöls entfallen auf die bekannten Vorkommen von Athabasca (N-Alberta, Kanada). Dieser bis zu 60 m dicke Ölsand zwischen Erdoberfläche und 600 m Tiefe erstreckt sich auf einem Gebiet von der Größe Bayerns. Obwohl dort seit 1967 die ersten Projekte im Tagebaubetrieb und mittels Heißdampfinjektion in Bohrungen angelaufen sind, geht die Entwicklung nur zögernd vorwärts, weil die Investitionskosten und die Betriebskosten der Aufarbeitung (Heißwassertrennung, Veredelung, Entschwefelung) und der Umwelt-Schutzmaßnahmen (hoher Wasserbedarf, Abraumsicherung) außerordentlich hoch sind.

Weitere Vorkommen von Schwerst- und Schwerölen liegen im Orinoco-Gebiet und anderen Ländern Südamerikas, auf den arktischen Inseln Kanadas, in Sibirien und europäischen Ländern wie der Bundesrepublik Deutschland, Italien u.a.m.

9.2 Asphalt, Ozokerit

Unter dieser Gruppe sind halbfeste bis feste natürliche Erdölbitumina zusammengefaßt, die entweder in Gangform auf Klüften und Spalten oder als feste Imprägnationen von Sand- und Kalksteinen (Asphaltite) vorkommen. Ozokerite, aus Paraffinölen entstanden, und Asphalte, von Asphaltölen abzuleiten, erweichen nur bei hohen Temperaturen. Die Imprägnierung von porösen Kalken erfolgte beim Aufstieg meist über Klüfte und Störungszonen aus ausgelaufenen Öllagerstätten der Tiefe. Daher liegen diese Vorkommen meist in jung gefalteten Gebirgen.

Die wirtschaftliche Bedeutung ist begrenzt. Das Tote Meer und Trinidad gehören zu den wenigen Asphalt-Abbaustellen der Welt. Der gewonnene Asphalt wird im Straßenbau und in der Bauindustrie verwendet.

9.3 Erdöl-Bergbau

Schweröl wurde von 1920 bis z.T. 1963 in Wietze (Hannover), Pechelbronn (Elsaß) und Heide (Holstein) zwischen 50...250 m aus Ölsand und Ölkreide sowie in der UdSSR und Rumänien bergmännisch gewonnen. Die Verfahren wurden aus wirtschaftlichen Gründen eingestellt. Neuerdings wird die Einführung des Erdöl-Bergbaus auch in anderen Ländern erwogen.

9.4 Ölschiefer

Im Gegensatz zum Ölsand ist beim Ölschiefer das Bitumen (Kerogen) fest mit der Tonschiefer-Substanz verbunden. Es kann nur durch Wärmeanwendung ausgeschwelt werden.

Den gesamten Schieferölvorrat der Welt schätzt man auf rund 850 Mrd.t, wovon z.Z. freilich nur etwa 85 Mrd.t gewinnbar erscheinen, und zwar durch obertägige Schwelverfahren nach bergmännischem Abbau. Der größte Teil wird solange ungewinnbar bleiben, bis das Problem der Untertage-Schwelung bzw. -Vergasung gelöst ist. Es ist dem der insitu-Kohlenvergasung direkt verwandt.

Ölschiefer treten oft bis an die Tagesoberfläche, so daß sie im Tagebau abgebaut werden können, oder fallen auch in große Tiefen bis zu 2000...3000 m ein, so daß für Vorratsberechnungen nur begrenzte Lagerstättenteile berücksichtigt werden können. Stark wechselnd sind die Brutto-Mächtigkeiten. Während sie in den meisten Fällen bei 3...10 m liegen, steigen sie in Brasilien und China bis auf 100 m an. Allerdings wechseln die einzelnen Pakete, die sich aus vielen dünnen Ölschieferlagen mit tonigen Zwischenlagen zusammensetzen, in ihrem Bitumen-Gehalt; so sind den 20 m dicken Greenriver-Shales (USA) 1...3 m dicke Bänke mit dem 2...3-fachen durchschnittlichen Ölgehalt eingelagert.

Höchste Bitumengehalte bis zu 500 l/t sind in Australien und Alaska bekannt, während der estnische Kukkersit 200...300 l/t Bitumen enthält. Als gut ölführend sind aber schon Ölschiefer ab etwa 100 l/t zu bezeichnen. Hierzu gehören die Ölschiefer von Colorado, Württemberg und Schottland. Ölschiefer verdienen ihren Namen dann, wenn sie mindestens 10...12 Gew.-% organische Substanz enthalten, von denen etwa die Hälfte, d.h. 40...50 l/t wirtschaftlich gewinnbar wird. Der Ölschiefer selbst weist Heizwerte von 2,09...20,9 MJ/kg auf, kann also als solcher u.U. auch als Brennmaterial verwendet werden.

Es werden folgende Gewinnungsverfahren unterschieden:

A. *Bergmännischer Abbau*, anschließend Zerkleinerung in 1...3 cm Brocken, Extraktion mittels *Schwelung* bzw. *Vergasung*, Veredelung der Rohprodukte, Versatz des entschwelten Schiefers. Die Schwelung bzw. Vergasung erfolgt in Horizontal- oder Vertikalöfen nach dem Prinzip Trocknung – Schwelung bei 450...550 °C – – Kondensation der entstehenden Dämpfe mit Öl- und Gastrennung.

Bei den *Horizontalöfen* läuft der Schiefer in einer Wagenkette oder über Transportroste durch die Trocknungs-, Schwel- und Kühlzone von insgesamt etwa 60 m Länge. Gewöhnlich werden mehrere dieser Retorten zu einer Batterie zusammengeschlossen.

Bei den *Vertikalretorten* wird Luft bzw. Brenngas von oben durch den von oben nach unten oder von unten nach oben auf Schrägrosten wandernden oder in bestimmten Chargen angeordneten Ölschiefer zum Aufbau einer Schwelfront hindurchgeschickt, oder aber das Brenngas durchzieht den abwärts wandernden Ölschiefer von unten her.

Die entsprechenden Schwelöle haben meist eine Dichte von 0,94... 0,96 g/cm^3 und einen Schwefelgehalt von 2...5%. Sie lassen sich zu Benzin, Heizöl und einen hohen Rückstandsanteil verarbeiten. Außerdem fällt eine erhebliche Menge Schwelgas neben Koks, Pech, Asphalt, Ammoniak, Paraffinwachs und hin und wieder Uran und Phosphat an. Auch durch die örtlich gegebenen Möglichkeiten der Verwertung des entölten Materials als Zement, Gesteinsplatten, Kunst- und Bausteine und Straßenschotter kann die Wirtschaftlichkeit verbessert werden.

B. *Insitu-Schwelung*

Bei diesem Verfahren muß der Schiefer mittels hydromechanischer oder elektrischer Frac-Behandlung von Bohrungen aufgebrochen, d.h. eine gewisse Durchlässigkeit erzeugt werden, um mit Hilfe eingepreßter Luft einen Teilverbrennungsprozeß mit Schweleffekt zu erzielen. Das Problem ist dem der untertägigen Kohlevergasung eng verwandt. Wenn auf dem Gebiet der Auflockerung bzw. Permeabilitätsverbesserung keine entscheidenden Fortschritte gemacht werden, so daß Rißsysteme mit sehr weitem Einzugsbereich entstehen, wird die insitu-Schwelung nicht zum entscheidenden Durchbruch kommen.

Das *Ljungström-Verfahren* im kambrischen Alaunschiefer zwischen Göteborg und Stockholm war über 20 Jahre in Betrieb und benutzte hexagonal in 2,2 m Abstand angeordnete Bohrungen, um den 17 m mächtigen, oberflächennahen Schiefer mittels Heizelektroden bei 400 °C in vier Monaten auszuschwelen.

10 Erdöl- und Erdgasrecht, Konzessionswesen

10.1 Konzessionsbedingungen

In manchen Ländern ist das Recht zum Aufsuchen und Gewinnen von Erdöl und Erdgas an das Grundeigentümerrecht gebunden, in anderen verleiht der Staat nach Erteilung einer Aufsuchungserlaubnis für meist 3 bis 6 Jahre mit Verlängerungsmöglichkeit das Recht der Ausbeutung an Erdölgesellschaften im Rahmen einer Konzession. Sowohl Aufsuchungslizenz wie Förderkonzession sind mit bestimmten Arbeitsverpflichtungen in Form geologischer, geophysikalischer oder bzw. und abzuteufender Bohrungen verbunden. Die Gewinnungserlaubnis wird meist auf 30 bis 50 Jahre erteilt, ist aber verlängerbar.

In konzessionsrechtlicher Beziehung wird meist die Drei-Meilen-Zone als zum festen Land gehörig angesehen, ebenso wie das bis 200 m Wassertiefe reichende Schelfgebiet des Festlandsockels. Dabei erfolgt die Grenzziehung durch direkte Übereinkunft bzw. nach dem Äquidistanzprinzip von Küsten-Fixpunkten aus. Diese Seegebiete werden dann entweder in Blocksysteme aufgeteilt (Golf von Mexiko, Nordsee) oder als größere Einheiten vergeben (Dänemark, Persischer Golf).

Zur Zeit wird ferner im Rahmen der UNO die Frage geklärt, ob die Richtlinien der Genfer Konvention sinngemäß auch auf die Gebiete der Kontinentalränder, d.h. bis zu Wassertiefen von etwa 3 000 m angewendet werden sollen; also Wassertiefen, bei denen nach dem heutigen und in Kürze zu erwartenden Stand der Technik mit guten geologischen Gründen Kohlenwasserstoffe erwartet und auch ausgebeutet werden können.

Sowohl der Staat wie auch der in alten Verträgen berechtigte Grundeigentümer erhält von der Förderung einen der Höhe nach unterschiedlichen Förderzins (Royalty bzw. Overriding Royalty), und zwar vom Bruttowert der Förderung. Er liegt zwischen etwa 5% und 40%. Daneben werden aber noch Gewinn- bzw. Erdölsondersteuern verschiedener Form und Höhe erhoben, die nach Abzug der Kosten wie Betriebskosten, Abschreibungen usw. vom Nettoerlös berechnet werden und bis zu 85% betragen können. So hat Großbritannien eine Petroleum Revenue Tax eingeführt, die ursprünglich 45% betrug, 1979 aber auf 60% und 1980 auf 70% erhöht wurde. Die Vielfalt der Staatsabgaben wird durch die Vielfalt der Partnerschaften zwischen Staat und Unternehmergesellschaft charakterisiert, die seit 1973 in einer Reihe von Ländern zur völligen Verstaatlichung bzw. Beteiligung von Staatsgesellschaften geführt haben (vgl. auch Abschnitt V.10.2).

In der Bundesrepublik Deutschland wurde der Förderzins ab 1983 differenziert. Er beträgt bei Ölfeldern bis 50 000 t/a Förderung 25% und steigt bis 36% bei Feldern über 200 000 t/a. Beim Erdgas gelten 25% bis zu einer Gasförderung unter 50 Mio. m^3 (V_n)/a mit Anstieg bis auf 38% bei über 1 000 Mio. m^3 (V_n)/a. Bei Anwendung kostenaufwendiger Tertiärverfahren, Ölförderung unterhalb 4 000 m und offshore-Feldern reduziert sich der Satz auf 10% bzw. 15%; Gaslagerstätten unterhalb 5 000 m werden mit 22% besteuert.

Im britischen und irischen Teil der Nordsee sind die auf dem Wege der Versteigerung erworbenen Konzessionsblocks etwa 250 km^2, im holländischen 400 km^2 und im norwegischen 520 km^2 groß. Im Gebiet der Bundesrepublik Deutschland und Dänemarks wurde ursprünglich das Offshore-Gebiet als Ganzes vergeben, inzwischen teilt man z.T. begrenzte Gebiete Interessenten zu. Die im britischen, holländischen und norwegischen Teil fälligen Oberflächengebühren erhöhen sich jährlich. Nach Ablauf der Explorationsphase müssen ein bis zwei Drittel des Gebiets zurückgegeben werden. Die Förderphase über 30...40 Jahre enthält ebenfalls Oberflächengebühren, aber darüber hinaus ebenfalls im britischen, holländischen und norwegischen Gebiet die Auflage einer Staatsbeteiligung in Höhe von 50...70%. Die Körperschafts- bzw. Erdölsondersteuer liegt zwischen 37...52%. Darüber hinaus werden die Gesellschaften verpflichtet, das gefundene Erdöl und Erdgas nur im eigenen Lande zu verwerten, es sei denn, es liegt eine Exportgenehmigung vor.

In anderen Ländern werden oft weitere Zusagen verlangt, so z.B. einen Großteil der verbleibenden Gewinne in die weitere Exploration des Landes zu stecken, Raffinerien oder Petrochemische Werke zu errichten oder für Schulen und fachliche Weiterbildung zu sorgen.

Seit 1971 haben sich die Besitzverhältnisse in den der 1960 gegründeten Organization of Petroleum Exporting Countries (OPEC) angehörenden Ländern Iran, Irak, Saudi-Arabien, Kuwait, Quatar, Abu Dhabi, Indonesien, Libyen, Nigeria, Ecuador, Gabun und Venezuele völlig verändert. So erfolgte ab 1971 außer einer Erhöhung der Listenpreise (posted prices), die seit Oktober 1973 einseitig von den Förderländern festgelegt werden, auch eine Heraufsetzung der Gewinnsteuer von zunächst 50% auf 55% und in 1974 über 65% auf sogar 85% und der Royalties von 12,5% auf 20%. Das lt. Beteiligungsabkommen ab Januar 1973 vorgesehene Participation-Abkommen zwischen den Nahost-Ländern und den Konzessionsinhabern wurde schon 1974 durch eine sprunghaft auf 60% angehobene Staatsbeteiligung abgelöst, der eine Vervielfachung der Listenpreise mit entsprechend gestiegenen Steuereinnahmen nebenher ging. Außerdem wurde der Prozentsatz für den Preis des rückzukaufenden Staatsöls erhöht. 1975 verstaatlichte Kuwait zu 100% und entschädigte die Konzessionäre nur mit dem Anlagen-Nettobuchwert in Höhe von etwa 190 Mio. US-$ und übernahm auch die technische Betriebsführung, während Saudi-Arabien zwar verstaatlichte, die Betriebsführung aber der ARAMCO überließ. Weitere Länder folgten diesem Beispiel.

Da die meisten Ölförderländer weder über ausreichende Raffineriekapazität noch eine entsprechende Vertriebsorganisation verfügen, werden die Fördergesellschaften verpflichtet, den auf die Staatsgesellschaft des Förderlandes entfallenden Ölanteil zu einem Preis, der nur knapp unter dem Posted Price liegt, zurückzukaufen.

Durch alle diese Bedingungen stiegen die Einnahmen der OPEC-Länder von 22,5 Mrd. US-$ in 1973 auf 255 Mrd. US-$ in 1981. Die Hauptempfänger waren dabei Saudi-Arabien mit 116 Mrd. US-$ und etwa zu gleichen Teilen VAE, Venezuela, Nigeria und Libyen mit zusammen 72 Mrd. US-$.

10.2 Beteiligungsformen von Gesellschaften

Im allgemeinen wird ein Konzessionsgebiet an nur eine Gesellschaft als Konzessionsträger verliehen. Bewerben sich mehrere Gesellschaften um dasselbe Gebiet, kann es von vornherein zur Bildung von Konsortien kommen. In geologisch unbekannten Gebieten sucht sich der Konzessionsinhaber früher oder später mitunter auch Partner, die Risiko und Erfolg mit ihm teilen. Hier gibt es die unterschiedlichsten Aufteilungen.

Beim *Joint Venture* ist jeder Partner anteilsmäßig an Kosten und Gewinn bzw. dem gewonnenen Erdöl und Erdgas beteiligt. Ein Partner wird feder- bzw. betriebsführender Operator. Beim *Working Interest* kann sich der Konzessionsinhaber einen Förderanteil von x % und die Betriebsführung vorbehalten, während ein anderer Partner die oder einen Teil der Kosten trägt. Beim *Carried Interest* behält der Konzessionsinhaber sich ein stilles Recht vor, während dem anderen das unternehmerische Risiko obliegt. Die *Overriding Royalty* stellt einen Rechtstitel auf einen Förderanteil in Geld oder Natura dar. Die vollständige Abtretung eines Working Interest unter Zurückhaltung einer Overriding Royalty wird als *Farmout* bezeichnet.

Weitere Begriffe sind *Production Sharing* mit Kosten- und Förderbeteiligung (z.B. Libyen, Ägypten, Syrien, Malaysia), *Risk Sharing* (z.B. Brasilien, Peru, Argentinien), *Non-Risk Sharing*, wobei der Unternehmer im Service im Staatsauftrag arbeitet (z.B. Kuwait, Saudi-Arabien, Bahrain, Qatar, Abu Dhabi) u.a.m.

11 Finanzierung und Wirtschaftlichkeit

11.1 Investitionen der Mineralölwirtschaft

Die Investitionen der westlichen Welt stiegen von 21 Mrd. US-$ in 1970 auf 149 Mrd. US-$ in 1981, wovon 70% auf Aufsuchung und Gewinnung, 8% auf Transport, 17% auf Verarbeitung und Chemie entfielen. 46% waren in den USA, 17% in Westeuropa und 10% in Nahost angesiedelt. Obwohl sich der Aufwand für Exploration und Gewinnung in diesen elf Jahren vervielfacht hat, werden die Anstrengungen auf diesem Gebiet weiterhin zunehmen. Die Gesamtinvestitionen 1971 bis 1980 in Höhe von 576 Mrd. US-$ (davon 313 Mrd. US-$ für Exploration und Gewinnung) sollen im Jahrzehnt 1981 bis 1990 voraussichtlich auf 2629 Mrd. US-$ (davon 2029 Mrd. US-$ für Exploration und Gewinnung) ansteigen (Schätzung Chase Bank).

11.2 Bewerten von Aufschlußprojekten und Öl- und Gaslagerstätten

Der Aufschluß auf Erdöl und Erdgas unterscheidet sich von dem der anderen Mineralien vor allem darin, daß Kohlenwasserstoffe im Gegensatz zu Kohle und Erzen von der Oberfläche aus nicht nachweisbar sind. Der Anteil der Aufschlußkosten ist daher von vornherein um das Vielfache höher. Je nach dem Schwierigkeitsgrad sind gewöhnlich etwa 20...40% des Rohölwertes erforderlich um 1 t geförderten Rohöls als oil-in-place wieder zu ersetzen. Von den restlichen 60...80% müssen Abgaben, Entwicklungs- und Gewinnungskosten abgedeckt und noch ein Gewinn herausgewirtschaftet werden. Natürlich bedingen steigende Kosten technische Rationalisierungsmethoden, bzw. hohe Rohöl- oder Produktenpreise ermöglichen die Anwendung komplizierter, aber mit höheren Entölungsgraden verbundener, nämlich sekundärer und tertiärer Lagerstättenmethoden. Der Zwang, größere Tiefen aufzuschließen, ist mit höheren Kosten verbunden, ohne die Gewähr höherer Erlöse zu haben, weil nämlich mit zunehmender Teufe die Lagerstätteneigenschaften schlechter werden. Andererseits steigen mit der Feldesalterung und fallenden Reinölraten die spezifischen Kosten.

Alle Bewertungs-Methoden dienen der Abschätzung der Ertragskraft und der Risiken, der Ermittlung des Kapitalrückgewinns, der abgezinsten Bargeldentwicklung usw. mit Hilfe von Wirtschaftlichkeitsindikatoren wie Rentabilitätsquote (Kapitalverzinsung als DCF-Rate). Wirtschaftlichkeits-Index (Profit-Ratio), Zeit bis zum Rückerhalt der Investitionen (Payout-Zeit). Welchem dieser Bewertungsmaßstäbe man Vorzug und Schwergewicht beimißt, hangt von den spezifischen Bedingungen ab.

In jedem Falle ist fast jedes Objekt der Erdölindustrie kapitalintensiv und evtl. recht risikoreich. Die Verzinsung wird besonders verbessert von steigenden Förderraten und Rohölpreisen bzw. Netto-Erlösen und verschlechtert von hohen Bohrkosten.

Wesentlich für jede Bewertung ist die Berücksichtigung der Vorhersage der Kosten- und Rohölpreisentwicklung und die erhebliche Vorfinanzierung während der Aufsuchungs- und Entwicklungsperiode. Erstere dauert meist 2...5 Jahre bis zur Fündigkeit, letztere 3...8 Jahre bis zur stabilen Förderhöhe, und erst danach setzt eine meist 20...30jährige Förderphase ein. In Offshore-Gebieten und bei Gasfunden oder abgelegenen Verbrauchsgebieten kann wegen der damit verbundenen u.U. langwierigen Vertragsverhandlungen und Leitungsverlegungen die Entwicklungsphase sogar noch länger dauern.

Als Beispiel für besonders erschwerte und risikoreiche Tätigkeit kann die Aufsuchung und Gewinnung in der Nordsee gelten. Ölfelder mit gewinnbaren Reserven über 75 Mio.t und Jahresförderraten von 7,5 Mio.t liegen schon an der Rentabilitätsgrenze, zumal wenn die Wassertiefen groß sind (z.B. 100 m) und die Entfernung zur Küste über 100 km liegt. Staatliche Abschöpfungssätze und strenge Konzessionsbedingungen, insbesondere Beschränkung der Förderhöhe und Exportmöglichkeit können diese Rentabilitätsgrenze noch hinausschieben und damit das Risiko vergrößern, da die Chance großer Funde naturgemäß gering ist. Um auch kleinere Vorkommen rentabel entwickeln zu können, sind besonders hohe Erlöse und/oder Steuerbegünstigungen erforderlich, wenn sie zur Erweiterung der Rohstoffbasis in Westeuropa beitragen sollen.

Bei der Gewinnrechnung für Auslandsprojekte stehen die Abgaben an das jeweilige Förderland im Vordergrund der Wirtschaftlichkeitsbetrachtung, wie das folgende Beispiel zeigen soll.

1	Posted Price (Listenpreis)	33,00 US-$/bbl	
2	Förderzins 20 %	6,60 US-$/bbl	
3	Betriebskosten	2,00 US-$/bbl	
4	Steuerbasispreis	24,40 US-$/bbl	
5	Einkommensteuer im Förderland (85 %)	20,74 US-$/bbl	
6	Gesamtabgaben (2+5)	27,34 US-$/bbl	= 82,8 %
7	Kosten des Unternehmers (3 + 6)	29,34 US-$/bbl	= 88,9 %
8	Überschuß des Unternehmers (1 – 7)	3,66 US-$/bbl	= 11,1 %

Für ein Ölfeld in der britischen Nordsee mit einer Förderleistung von 5 Mio. t/a gilt folgende Berechnungsmethode der staatlichen Steuereinnahmen (Erdölinformationsdienst **36** Nr. 16 v. 15.10.1982):

1	Erlös (Rohölpreis)	33,00 US-$/bbl
2	Förderzins 12,5 %	4,13 US-$/bbl
3	Petroleum Duty (20 % der Unkosten)	5,13 US-$/bbl
4	Petroleum Revenue Tax (70% vom Erlös – Unkosten)	5,13 US-$/bbl
5	Corporation Tax (52% vom Erlös – Unkosten – 4 – Zinsen)	2,18 US-$/bbl
6	Gesamtsteuerabgabe (2+3+4+5)	16,57 US-$/bbl = 50,2 %
7	Kosten des Unternehmers (6+Unkosten)	28,93 US-$/bbl = 87,7 %
8	Überschuß des Unternehmers (1–7)	4,07 US-$/bbl = 12,3 %

Die obige Rechnung für Nahost-Öl gilt zunächst nur für den Unternehmeranteil, z.B. 50 %. Ist er vertraglich verpflichtet, den Staatsanteil zurückzukaufen, verlangt der Staat von ihm einen Preis zwischen dem Listenpreis 1 und dem Kostenpreis 7. Für das gesamte Öl entsteht damit ein Mischpreis, der über dem Kostenpreis liegt.

12 Entwicklungstendenzen

12.1 Reservenentwicklung der Welt

12.1.1 Erdöl

Die in allen Ölfeldern der Welt bis 1982 geförderte Ölmenge von etwa 68 Mrd. t stellt nur einen Bruchteil der bisher entdeckten und noch entdeckbaren Resourcen dar. Z.Z. werden neben 420 Mrd. t entdeckten wenigstens weitere 330 Mrd. t oil-in-place für auffindbar gehalten. Die derzeitigen Reserven von etwa 91 Mrd. t, wobei 68% in Nahost und im Ostblock und nur 3,4% in W-Europa liegen, können unter Einsatz von Sekundarverfahren gewonnen werden. Aber in Erprobung stehende neue Verfahren, insbesondere Tertiärverfahren können wahrscheinlich weitere 45, möglicherweise auf lange Sicht sogar etwa 90 Mrd. t hinzufügen, sofern die wirtschaftlichen Bedingungen dies zulassen und neue Techniken gefunden werden. Damit steigt der Entölungsgrad von 16% der bisher geförderten Menge auf 38% mit den derzeitig ausgewiesenen Reserven bzw. auf 49% oder sogar 59% einschl. Tertiärverfahren. Sollten die potentiellen Resourcen von 330 Mrd. t in den nächsten Jahrzehnten gefunden werden, dann kann wahrscheinlich mit einem dann möglichen Entölungsgrad von 50% gerechnet und können damit weitere rund 165 Mrd. t hinzugefügt werden. (Vgl. hierzu auch Abschnitt V.9.1.)

12.1.2 Erdgas

Das *Erdgas* gewinnt mit jedem Jahr an weiter zunehmendem Interesse. Gründe dafür liegen auf fachlichem und wirtschaftspolitischem Gebiet. Fachlich insofern, als mit größer werdender Explorationsteufe die Chancen für Erdgasfunde steigen, und wirtschaftlich, weil mit dem Anstieg der Rohölpreise im Herbst 1973 auch die z.T. an den Heizöl S-Preis gekoppelten Erdgaspreise anzogen und damit die erheblichen Investitionen für Zubringer-Leitungen und Flüssigmethan-Tanker aus den Exportländern und den strukturellen Umbau in den Verbraucherländern rechtfertigen. Man kann daher absehen, daß die Deckung des Primärenergiebedarfs in der Bundesrepublik Deutschland mit Erdgas in Höhe von derzeit etwa 16% in Zukunft weiter steigen wird. In den USA liegt dieser Wert über 30%.

Die sicheren Erdgasreserven stiegen von 38 Bill.m^3 (V_n) in 1970 auf derzeit 86 Bill.m^3 (V_n), wozu noch etwa die doppelte Menge als wahrscheinlich bis möglich gelten kann. Zwei Drittel davon entfallen auf die UdSSR und Nahost. Westeuropa wird mit nur etwa 5% registriert, die Bundesrepublik Deutschland mit 0,2% bzw. dem etwa 10-fachen der derzeitigen jährlichen Förderung.

Die Erdgasförderung von insgesamt 1,6 Bill.m^3 (V_n) verteilte sich auf die USA (34%), die UdSSR (32%), die Niederlande (4%), Kanada (4%), Mexiko (3%) und Großbritannien (2%) usw. (1982).

12.2 Neuere Gebiete

12.2.1 Alaska

Mit Prudhoe wurde 1967 das größte Ölfeld Nordamerikas gefunden. Es liegt in der 1200 km langen, mit mesozoischen Sedimenten gefüllten Küstenebene nördlich der paläozoischen Brooks Range Mts. und besitzt mit Mittelöl gefüllte, bis zu 200 m mächtige Lagerstätten. 1980 wurden etwa 30 Mio.t gefördert, während die maximale Kapazität sogar bei etwa 100 Mio.t/a liegen soll. Wenn nach einem Bohraufwand von über 4 Mrd. US-$ und über 1 600 Bohrungen auch 1...2 Mrd.t Öl und 200 Mrd.m^3 (V_n) Gas gefunden wurden, so liegt doch das Potential einschließlich der Arktischen Inseln um das Vielfache höher. Von besonderem Interesse ist die kürzlich fertiggestellte 1 300 km lange Ölleitung von 1 m Durchmesser, die mit einem Aufwand von 8 Mrd. US-$ zur Südküste nach Valdez gelegt wurde. Gasleitungen von 4 000 km Länge und 1,2 m Durchmesser nach Ostkanada und USA für 3 Mrd. US-$ und von 2 500 km Länge nach Alberta für 1,5 Mrd. US-$ sind geplant.

12.2.2 UdSSR

Sowohl in der Ölförderung 1982 mit 612 Mio.t als auch in der Gasförderung mit 502 Mrd.m^3 (V_n) stand die UdSSR an der Spitze bzw. zweiter Stelle aller Länder. Die Ölreserven sind mit 8,6 Mrd.t etwa identisch mit denen von Kuwait (8,8 Mrd.t). An erster Stelle der Ölländer steht jedoch Saudi-Arabien mit über 22 Mrd.t nachgewiesener Reserven. Die sicheren Erdgasreserven der UdSSR sind mit 34 Bill.m^3 (V_n) höher als die aller anderen Länder. Dabei muß man berücksichtigen, daß die potentiellen Möglichkeiten der UdSSR besonders groß sind. Die UdSSR verfügt über 12 Mio.km^2 höffige Becken, von denen sich Westsibirien zwischen Ural und Jenissei als das bisher hoffnungsträchtigste erwiesen hat, aber z.B. Ostsibiriens höffige Fläche vorerst nur wenig untersucht wurde und trotzdem bereits etwa 30 Felder gefunden wurden. Westsibirien beherbergt rund zwei Drittel aller russischen Erdöl- und Erdgasreserven. Es gibt hier schätzungsweise 350 bis 400 Öl- und Gasfelder, die mit 3 800 Bohrgeräten gefunden wurden. Die Tjumen-Provinz fördert allein rund 325 Mio.t Öl pro Jahr (davon Samotlar 100 Mio.t/a Kapazität), das entspricht etwa 70 mal soviel wie die Förderung aller 100 Ölfelder der Bundesrepublik Deutschland zusammen. Die drei Riesen-Gasfelder Urengoy, Yamburg und Bovanenkova verfügen allein über die Hälfte aller russischen Reserven bzw. 60 mal soviel wie alle 80 Gasfelder der Bundesrepublik Deutschland zusammen.

Von besonderem Interesse für Westeuropa ist die Gasexploration der UdSSR. 1960 betrugen die Reserven zwischen dem europäischen und asiatischen Teil 1,6 Bill.m^3 zu 0,9 Bill.m^3 (V_n), 1980 dagegen 4,8 Bill.m^3 zu 25,9 Bill.m^3 (V_n), wurden in dieser Zeit also verdrei- bzw. verdreißigfacht. Von der Förderung kamen 1970 auf die asiatischen Provinzen noch 60 Mrd.m^3, 1980 dagegen bereits 280 Mrd.m^3 (V_n). Die Schwierigkeiten, die z.T. über 5 000 km entfernten Fördergebiete Sibiriens, Turkmeniens, Usbekistans u.a.m. an die westlichen Verbrauchergebiete anzuschließen, liegen auf der Hand. So soll das 1980 noch 130 000 km lange Gasleitungsnetz bis 1985 auf 180 000 km erweitert werden. Die Leitung nach Westeuropa führt über 850 km durch Permafrost- und Sumpfgebiete, und 450 Flüsse, Auto- und Eisenbahnen und 545 km Gebirge müssen gequert werden, um ab 1987 in vollem Betrieb zu sein. 1990 soll die Förderleistung 1 000 Mrd.m^3 (V_n) betragen [18].

12.2.3 VR China

1959 wurde man im intramontanen über 200 000 km^2 großen ostchinesischen Becken der Mandschurei auf der mit 30 000 km^2 Fläche riesigen Aufwölbung von Taching fündig. Seitdem haben 7 000 Bohrungen die 3 500 km^2 große ölführende Fläche abgebohrt. Aus bis zu 19 feinstsandigen Horizonten der U-Kreide in 1000... 1 200 m Teufe wurden 1978 42 Mio.t Öl mit der Dichte 0,86...0,88 g/cm^3 mit 0,5% Schwefel, aber bis zu 20% Paraffin gefördert. Die durchschnittliche Tagesförderung von 4 t/d macht die Anwendung von Wasserfluten verständlich. Die Reserven sollen bei 400...900 Mio.t liegen. Weitere Vorkommen bei Takan an der Küste in 1 000...3 000 m Teufe, Shengli an der Mündung des Gelben Flusses, Karamai, Yumen und Lenghu vervollständigen die Liste der über 50 Ölfelder. Die onshore-Reserven Chinas werden auf etwa 3...6 Mrd.t, die offshore-Reserven sogar auf das Doppelte geschätzt. Damit wird die 1982 erreichte Förderung von 102 Mio.t verständlich und ebenso eine beständig steigende Exportmenge nach Japan. Diese wird damit eine erhebliche Devisen-Quelle darstellen. Dem Abtransport dient eine 1200 km lange Pipeline zum Chinesischen Meer. Einen ähnlichen Aufschwung hat die Gasförderung in der Provinz Szetschuan genommen, wo 200 Strukturen bekannt wurden und 1974 120 Bohrungen 35 Mrd.m^3 (V_n) Erdgas förderten. Die Gasreserven werden auf 6 Bill.m^3 (V_n) onshore und 3 Bill.m^3 (V_n) offshore vom Pohai-Golf bis zur S-China-See geschätzt. Über 40 Raffinerien haben eine Kapazität von 1 000 Mio.t. 13 Gruppen von 33 Erdölgesellschaften haben sich um offshore-Konzessionen beworben, bzw. mit der Exploration begonnen.

12.2.4 Australien

Seit 1970 hat u.a. im Gebiet von Barrow Island im Nordwestschelf ein neuer Aufschwung der Exploration eingesetzt, so daß bis 1982 75 neue Aufschlußerfolge zu verzeichnen sind. 90% der derzeitigen Ölförderung von 17,5 Mio.t/a kommen von der offshore Bass Strait südlich Melbourne, und ein anderes prospektives Gebiet ist das Surat-Becken westlich Brisbane. Aber auch das Amadeus-Becken im Inneren Australiens und das Carnaryon-Becken nördlich Perth bieten Chancen.

12.2.5 Afrika

Als alter Gondwana-Kontinent hat Afrika Meeresüberflutungen und Beckenbildung weitgehend Widerstand geboten. Erst seit dem Mesozoikum haben sich jüngere zentrale flachgründige Sedimentbecken herausgebildet, die aber erdölgeologisch noch nicht gut bekannt sind. Dagegen haben sich auf den Kontinentalrändern im Küstenbereich jüngere Becken und Delta-Bildungen mit Horsten, Gräben und Abbruchzonen gebildet, die zu zahlreichen Öl- und Gasfeldern geführt haben. Das riesige Niger-Delta ist hierfür ein gutes Beispiel.

Heute produzieren aus solchen jungen Schelfsedimenten bereits mehrere Länder, wie Libyen, Ägypten, Tunesien, Nigeria, Gabun, Elfenbeinküste, Benin, Kamerun, Kongo (VR) und Angola.

Nigeria ist durch die etwa 115 Ölfelder im Niger-Delta on- und offshore vom Potential her etwa Libyen gleichwertig, obwohl seine etwa 1250 Förderbohrungen auf nur etwa 70 000 km^2 Konzessionsfläche verteilt sind. Um die jährlichen, durch Abfackeln von 90% des mit dem Öl mitgeförderten Gases verursachten hohen Verluste von etwa 20 Mrd.m^3 (V_n) – mit dieser Menge deckt die Bundesrepublik Deutschland 17% ihres Primärenergieverbrauchs – zukünftig zu vermeiden, ist eine Verschiffung als Flüssig-Erdgas mittels Tanker nach Europa im Aufbau.

Ein für Westeuropa ebenfalls wichtiges Exportland für Erdöl ist *Libyen*, dessen junges Kreide- und Tertiärbecken (Syrte-Becken) durch eine Vielzahl von Horsten und Riffen gekennzeichnet ist. Aus seinen etwa 900 Förderbohrungen wurde zwar in den letzten Jahren die Förderspitze von 1970 bei weitem noch nicht wieder erreicht, aber in seinen rund 700 000 km^2 vergebenen Konzessionsflächen verfügt Libyen noch über große Zukunftsmöglichkeiten. Libyen hat inzwischen ein von den übrigen OPEC-Ländern abweichendes Abgabe-System eingeführt. Danach übernimmt die Staatsgesellschaft bei neuen Funden bzw. Feldern 81%, während 19% bei der operierenden Gesellschaft abgabe- und steuerfrei verbleiben.

Im Gegensatz zu Nigeria und Libyen sind die bedeutenden Öl- und Gaslagerstätten *Algeriens* paläozoischen Alters und liegen im Inneren der Sahara, sind also keine jungen Schelfsedimente. Ihre Öle aus dichten Sandsteinen sind sehr leicht und qualitativ hochstehend. Algeriens Bedeutung liegt auf dem Gebiet des Erdgas-Exports. Rund 900 Bohrungen werden in der ersten Hälfte der 80er Jahre die Erfüllung der bereits abgeschlossenen Lieferverträge über etwa 71 Mrd.m^3 (V_n) pro Jahr erlauben, von denen zwei Drittel als Flüssig-Erdgas von 46 Tankern nach den USA und Westeuropa und der Rest über zwei Mittelmeer-Gasleitungen nach Italien und Spanien und von dort weiter in andere Länder geliefert werden.

Der Golf von Suez *Ägyptens* entstand im Oligozän als N-S-Graben und enthält zahlreiche Horste mit Öl und Gas in Sand- und Kalksteinen, die von miozänen Evaporiten abgedeckt sind.

Weitere Möglichkeiten bestehen an der Atlantikküste NW-Afrikas, an der Küste Ostafrikas, im kontinentalen Tschad-Becken und im SW-Sudan.

12.2.6 Nahost (Bild V.30)

Einen entscheidenden Anteil an der starken Erhöhung der Erdölreserven im Nahen Osten haben nach wie vor die Offshore-Gebiete des Arabisch-Persischen Golfs und die Scheichtümer im Osten der Arabischen Halbinsel. Explorationsobjekte

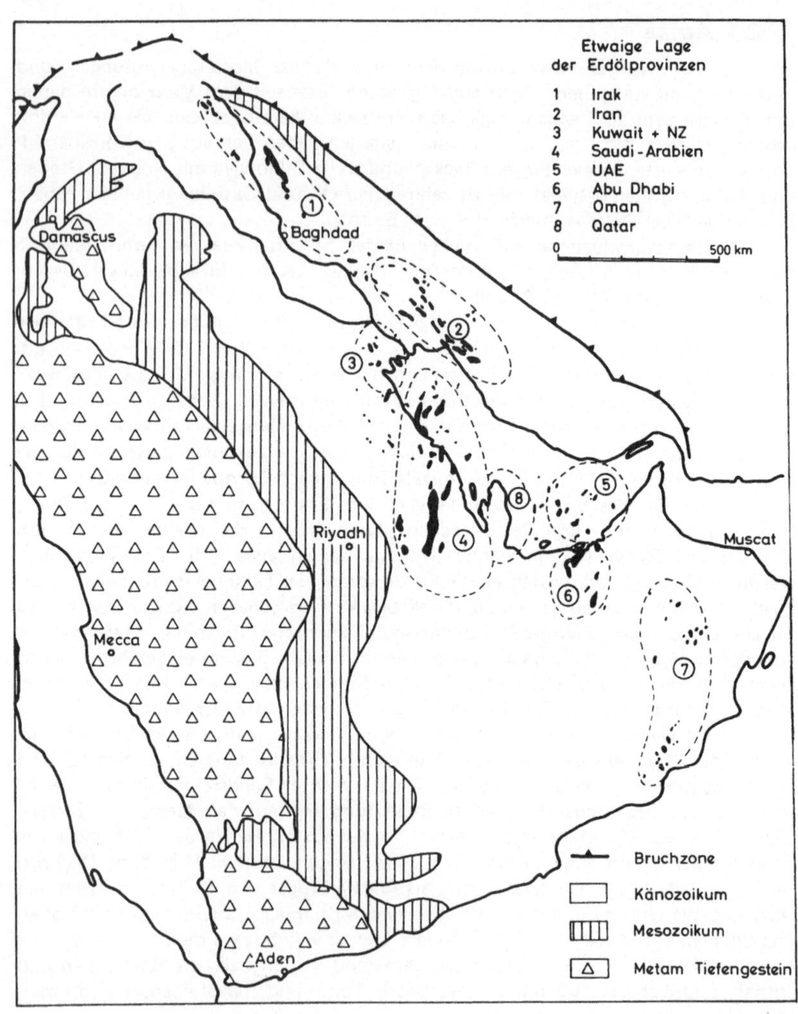

Bild V.30 Karte der Ölfelder Nahost

sind hier klüftige und poröse, meist recht mächtige Karbonate und Sandsteine im Jura und in der Kreide in meist flachen, großflächigen Aufwölbungen, die zuweilen auf kambrische Salzkissen zurückzuführen sind. Während das Golfgebiet selbst als relativ gut erschlossen gelten kann, dürften die weiten, schwer zugänglichen Wüstengebiete Arabiens, soweit in ihrem westlichen Teil nicht das unterlagernde Metamorphikum an die Oberfläche tritt, in Zukunft weiteren Untersuchungen unterzogen werden.

Geologisch handelt es sich um den Raum zwischen den Faltenketten des Zagros-Gebirges im alpidischen Gebirgssystem und dem Arabisch-Nubischen Schild bzw. seinem stabilen Platform-Schelf. Im Vorland der Zagros-Ketten sind die langgezogenen Antiklinalen Iraks und Irans mit tertiären Kalksteinen ölführend, während die großflächigen, flachgewölbten Dome Kuwaits, Qatars, Saudi-Arabiens und der Vereinigten Arabischen Emirate meist kretazische und jurassische oder sogar triassische Sandsteine in sehr oft großer Mächtigkeit von bis zu 100 m und mehr die Ölträger sind.

Die Besonderheiten liegen im Förderverhalten. Die irakisch-iranischen Antiklinalen sind bis zu 60° gefaltet, d.h., ihre karbonatischen Speicher sind im Scheitel aufgerissen und erlauben damit hohe Förderraten aus der an sich niedrigporösen (4...5%) und -permeablen (1 md) Matrix. In den arabischen Ölfeldern flacher Schildkröten-Strukturen wird derselbe Effekt durch große Mächtigkeit und höhere Porosität und Permeabilität der Speicher erreicht.

Im ganzen Raum gibt es etwa 150 Öl- und Gasfelder, von denen aber nur ein kleiner Teil in Förderung ist. Das größte Feld, Ghawar, in Saudi-Arabien, ist 230 km lang und fördert aus dem jurassischen Arab D-Kalkstein. Die meisten karbonatischen Öle haben 1...2% Schwefel. Neben einer Reihe noch nicht ausgebeuteter Schwerölvorkommen ist das 1972 in der permischen Khuff-Formation entdeckte NW-Dome Gasfeld von Qater mit 3...4 Bill. m^3 (V_n) Reserven, möglicherweise das größte Gasfeld der Welt. Ab 1992 sollen täglich 60 Mio. m^3 (V_n) verflüssigt exportiert werden.

Jedes Erdölland hat zwangsläufig sein „Gasproblem" in Gestalt des im Rohöl gelösten Erdölgases, das mit anfällt und nur dort verwertet werden kann, wo die Nähe eines Verbrauchers dies zuläßt. Allein in Nahost dürften das mindestens 50 Mrd. m^3 (V_n) im Jahr sein. Es ist daher nicht zu verwundern, daß in den nächsten Jahren verstärkte Bemühungen einsetzen werden, den riesigen Gasreichtum dieses Raumes ebenso wie Afrikas für die europäischen und nordamerikanischen sowie fernöstlichen Industriemärkte bereitzustellen.

12.2.7 Europa

Die Länder Westeuropas halten z.Z. nur etwa 4% der Rohöl- und 6% der Erdgasreserven der Welt, verbrauchen (Tabelle V.8) dagegen an Öl rund 23%, an Erdgas etwa 14% des Weltverbrauchs. Sie waren also stets Importländer und werden es bleiben. Die Schere zwischen Verbrauch und Eigendeckung entwickelt sich etwa wie folgt:

Tabelle V.8 Primärenergiebedarf und Eigendeckung Westeuropas (in %) [14]

	Verbrauch Primärenergie			Eigendeckung		
	1970	1980	1990	1970	1980	1990
Erdöl	57	53	41	6	26	30
Erdgas	7	15	19	17	33	23
Kohle	27	21	20	76	41	35
Kernenergie	1	3	12			
Mio.t SKE	1584	1850	2200	471	685	820

Man erkennt, daß Westeuropa seinen Primärenergiebedarf zu etwa einem Drittel aus eigenen Vorkommen decken kann.

Insgesamt gibt es in Westeuropa etwa 400 Erdöl- und 500 Erdgasfelder bzw. -funde, von denen rund ein Drittel noch nicht entwickelt sind oder eventuell auch nicht entwickelt werden können. Unter ihnen sind etwa 75 Schwerölfelder mit 300 Mio.t gewinnbarer Reserven, deren Entwicklung technisch und betriebswirtschaftlich mit besonders schwierigen Problemen verbunden ist.

Geologisch verteilen sich die Vorkommen auf alle Formationen vom Karbon bis zum Tertiär, wobei die älteren Formationen Karbon, Perm und Trias vor allem Erdgas, die jüngeren einschließlich oberster Trias, Jura, Kreide und Tertiär vorwiegend Erdöl enthalten. Letztere liegen meist zwischen 400 m und 4 000 m tief, erstere 1 000...5 000 m. Die ersten Erdölfunde gehen bis ins letzte Jahrhundert zurück, letztere zumeist auf die letzten 30 Jahre. Bezüglich des Erdgases ist diese Entwicklung zu einem guten Teil der Erkenntnis zu danken, daß das flözführende Karbon das Muttergestein ist, d.h. aus der Kohle-Diagenese hervorgegangen und in die terrestrischen Sandsteine des Rotliegenden und Buntsandsteins sowie die Zechstein Karbonate eingewandert ist. Hoher Stickstoffgehalt des Gases ist dabei auf selektive Abdichtung der Sandsteine durch überlagerndes Steinsalz zurückzuführen.

In der *Bundesrepublik Deutschland* [17, 25] gibt es z.Z. 100 Öl- und 80 Gasfelder, deren Ölförderung 1965 mit 7,9 Mio.t ihren Höchststand erreichte und 1982 bei 4,4 Mio.t aus 3600 Bohrungen bestand, während die Erdgasförderung sich z.Z. bei etwa 17 Mrd.m^3 (V_n) aus etwa 460 Bohrungen einpendelt. Ende 1982 waren kumulativ 190 Mio.t Öl und 273 Mrd.m^3 (V_n) Gas gefördert. Die Gesamtbilanz Erdöl läßt gut die unterschiedlichen Verfahrenserfolge in bezug auf den erzielten Entölungsgrad erkennen.

Von den kumulativ geförderten Mengen plus Reserven (Tabelle V.9) entfallen beim Leichtöl rund 25% auf Primär-, 18% auf Sekundär- und 6% auf Tertiärverfahren, beim Schweröl kommen 10% auf Primär-, 3% auf Sekundär- und 5% auf Tertiärverfahren, wobei allerdings weitere 6% dann auf Sekundär- und Tertiärverfahren entfallen können, wenn die wirtschaftlichen Bedingungen dies erlauben.

Beim Erdgas werden zusätzlich zu den bisher geförderten Mengen (rd. 290 Mrd.m^3) und verbliebenen sicheren Reserven von rund 275 Mrd.m^3 (V_n) weitere 200...400 Mrd.m^3 (V_n) als prospektiv und bis zu 150 Mrd.m^3 (V_n) als spekulativ angesehen.

Tabelle V.9 Entölungsverlauf bei den Leicht- und Schwerölllagerstätten in der Bundesrepublik Deutschland

		Leichtöl.		Schweröl		Gesamt	
		Mio.t.	%	Mio.t	%	Mio.t	%
1	Oil in place	370	100	380	100	750	100
2	Kumul. Förderung	151	41	39	10	190	25
3	2 plus Reserven	182	49	70	18	252	34
4	3 plus fraglich	200	54	90	24	290	39

Von der Gesamtmenge von 750...950 Mrd. m^3 (V_n) liegen [12]:

15% im Buntsandstein,
33% in Zechstein-Karbonaten,
37% im Rotliegend-Sandstein,
12% in Karbon-Sandsteinen,
3% in sonstigen Lagerstätten,

zwei Drittel entfallen auf das Gebiet Weser-Ems und ein Viertel auf Ost-Hannover mit seinem N_2-reichen Gas. Im Weser-Ems-Gebiet sind ein Drittel Sauergas aus dem Zechstein. Um zukünftig die Bohrtätigkeit wirtschaftlich zu gestalten, gilt folgendes Schema:

Teufe	Kosten/Bohrung (Mio. DM)	Mindestfundgröße (Mrd. m^3 (V_n)
bis 4 000 m	10	2... 3
bis 5 000 m	15	4... 6
bis 6 000 m	20...40	10...15

Um den Gasbedarf 1982 zu decken, wurden 1982 neben 16,6 Mrd. m^3 (V_n) Eigenförderung weitere 36,6 Mrd. m^3 (V_n) aus den Niederlanden, der UdSSR und Norwegen importiert.

Seit dem ersten Gasfund 1965 vor der englischen Küste und dem ersten Ölfund 1969 im norwegischen Teil hat sich die *Nordsee* (Bild V.31) als ein hochproduktives Gebiet erwiesen, das die Versorgung Westeuropas auf viele Jahre hinaus sichern kann. Mit knapp 30 Ölfeldern und 25 Gasfeldern sind heute noch nicht alle gemachten Funde in Förderung genommen worden, was z.T. auf wirtschaftliche Gründe (kleinere Vorkommen) oder technische Probleme (z.B. Leitungsanschluß) zurückzuführen ist.

Die zwischen Großbritannien und den Niederlanden liegenden Gasfelder fördern ihr Gas aus paläozoischen Sandsteinen, während die Sand- und Kalksteine des Jura bzw. der Kreide in einer zentralen Grabenzone auf fast 900 km N-S- und 100 km O-W-Erstreckung z.T. bis zu 200 m mächtig und mit Öl oder Gas gefüllt sind und besonders bei Leichtölinhalt z.T. sehr hohe Förderraten aufweisen. Bis 1982 wurden 605 Mio.t Öl (in 1982: 130 Mio.t bzw. 90% von der gesamten west-

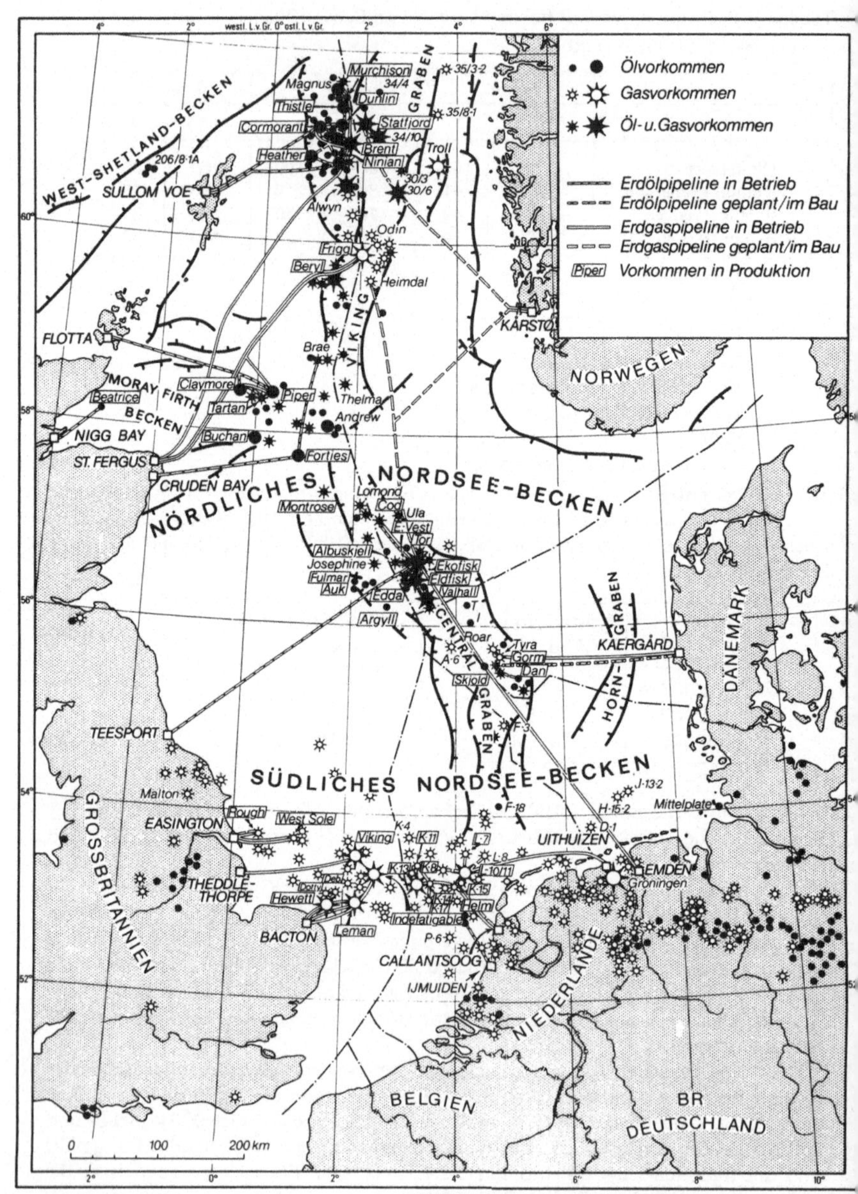

Niedersächsisches Landesamt für Bodenforschung –1.2–Hannover, Stand: 15.1.8

europäischen Produktion) und 604 Mrd. $m^3(V_n)$ Gas (in 1982: 72 Mrd. $m^3(V_n)$ bzw. 40 %) gefördert [16].

Das größte Ölfeld ist Statfjord mit 450 Mio.t Ölreserve und 30 Mrd. m^3 (V_n) Gas. Hier steht die Riesenplatform B von 816 000 t in 150 m tiefem Wasser. Sie ragt 120 m darüber hinaus und erlaubt 32 Richtbohrungen nach allen Seiten. Ab 1984 wird sie 9 Mio.t Öl fördern, d.h. doppelt soviel wie alle 100 Ölfelder der Bundesrepublik Deutschland zusammen. Sie kostete 5 Mrd. DM.

Das größte Gasvorkommen ist wahrscheinlich das von Troll vor Bergen, das mindestens 165 Mio.t Öl und mindestens 1000 Mrd. m^3 (V_n), möglicherweise sogar 2 000 Mrd. m^3 (V_n) Gasreserven besitzt (Erschließungskosten 15 Mrd. DM). Es liegt unter 300 m tiefem Wasser, so daß eine Förderung frühestens 1995 erfolgen kann.

Nördlich des 62. Breitengrads wurden die ersten Bohrungen abgeteuft. Zwei Funde vor Hammerfest in 270 m tiefem Wasser im 2 600 m tiefen Jura haben erwiesen, daß auch die nördliche Norwegen-See gute Aussichten bietet. Darüber hinaus sind Barent-See und das russische Eismeer sehr aussichtsreiche Prospektionsgebiete.

Aber auch im *Ostsee*-Raum wurden in den letzten Jahren Öl- und Gasfunde gemacht, nachdem schon seit längerer Zeit Öl in Litauen, Memelgebiet und auf Gotland bekannt ist. So bestehen jetzt fünf Felder bei Kaliningrad mit 80 Bohrungen, ferner bei Leba, auf Wollin und Usedom im bis zu 2 500 m tiefen Kambrium.

12.3 Vorstoß in große Tiefen

Mit zunehmender Teufe, d.h. höheren Drücken von 500...1 500 bar und Temperaturen von 150...200 °C oder mehr werden zunehmend Kohlenwasserstoffgemische kleinerer Molekülgröße angetroffen. Oberhalb etwa 200 °C sind bisher keine Gaslagerstätten bekannt geworden, wenngleich bis etwa 250 °C, also bis in Teufen von etwa 10 000...12 000 m Gasbildung und -erhaltung möglich sind. 99 % aller Ölvorkommen liegen demgegenüber bei Temperaturen niedriger als 150 °C, so daß man nur in Ausnahmefällen selbst leichtes Öl unterhalb etwa 5 000 m antrifft. Bei hohen Temperaturen und Drücken und oxidierendem Migrationsmilieu kann aus hochmolekularer Substanz auch eine stille Verbrennung zu CO_2 erfolgen. Außerdem können Karbonate und Sulfate zur Bildung von CO_2 und H_2S als wertminderde Gasbestandteile beitragen.

Ganz wesentlich ist aber die Diagenese der Speichergesteine. Während die Mineralisation des Porenwassers in 20...30 Mio. Jahren während des Tertiärs zu einer Verfestigung bzw. Verdichtung noch nicht ausreichte, haben 10...20 mal ältere Sandsteine des Meso- und Paläozoikums so drastische physiko-chemische Bedingungen durchlaufen, daß ihre Porosität von etwa 30% auf 2...3% und ihre Permeabilität von der Größenordnung 10^4 auf 10^{-3}, also um den Faktor 10^7 zurückging. Hoher Kapillardruck sorgt dabei in großer Teufe für höchste Haftwasserwerte, so daß das

◀ **Bild V.31** Öl- und Gasfelder in der Nordsee (Nieders. Landesamt f. Bodenforschung, Abt. Erdöl)

Volumen für Öl- und Gasinhalt ganz klein, und die relative Permeabilität als Maß für die Förderrate so stark abfällt, daß ohne Stimulationsmaßnahmen wie Fracturing kaum eine Förderung erwartet werden kann. Etwas günstiger mögen die Verhältnisse in Riffen oder in klüftigen Dolomiten sein, aber auch hier wird man voraussetzen müssen, daß die tektonische Motivation der Kluftbildung jung oder die Diagenese gering ist und danach noch die Einwanderung der Kohlenwasserstoffe erfolgte.

Beim Erdgas werden die Verhältnisse durch den in 4 000...5 000 m Tiefe kaum mehr über 300...400 m^3 $(V_n)/m^3$ ansteigenden Formations-Volumen-Faktor wesentlich verschlechtert, d.h., es findet sich im Porenraum primär in 7 000 m Teufe kaum mehr Gas als in 4 000 m. Bis dahin stieg der F.V.F. an. Demgegenüber steigt aber der Haftwassergehalt auch unterhalb 4 000...5 000 m infolge niedrigerer Permeabilität weiter an, bzw. die relative Permeabilität für das Gas nimmt weiter ab. Wenn man dazu die funktionell steigenden Kosten für Bohren, Fördern und Feldentwicklung und alle Materialprobleme nimmt, dann kommt man zu dem Ergebnis, daß die Summen der kompensationsfähigen Parameter, wie z.B. Speichermächtigkeit, Klüftigkeit und Fließdruckgefälle in einer 7 000 m tiefen Lagerstätte beim Erdgas etwa 50...100 mal, beim Erdöl sogar noch wesentlich größer sein müssen als in einer 1000 m tiefen Lagerstätte. Damit sinken die Aussichten auf in großen Tiefen wirtschaftlich erschließbare Lagerstätten ganz entscheidend.

Literatur

(ausführliches Verzeichnis in *Bischoff, G.* und *Gocht, W.*: Das Energiehandbuch, 4. Aufl. Vieweg, Braunschweig 1981)

1. Nachschlagebücher:

[1] *Laurien, H.*: Taschenbuch Erdgas. (Oldenbourg), Munchen 1966

[2] *Mayer-Gürr, A.*: Erschließung und Ausbeutung von Erdöl- und Erdgasfeldern, in: Bentz, A. und Martini, H. J.: Lehrbuch der Angew. Geologie (Enke). Stuttgart 1961 und 1968

[3] *Engelhard, W. v.*: Der Porenraum der Sedimente. (Springer), Berlin, Göttingen, Heidelberg 1960

[4] *Prikel, G.*: Tiefbohrtechnik. (Springer), Wien 1959

[5] *Neumann, H.J.* et al.: Composition and properties of Petroleum. (Enke), Stuttgart 1981

[6] *Mayer-Gürr, A.*: Petroleum Engineering. (Enke), Stuttgart 1976

[7] *Beckmann, H.*: Geological Prospecting of Petroleum. (Enke), Stuttgart 1976

[8] *Dohr, G.*: Applied Geophysics. (Enke), Stuttgart 1974)

[9] Zahlen aus der Mineralölwirtschaft. BP Hamburg, erscheint jährlich

[10] *Tissot, B. P. & Weite, D. H.*: Petroleum Formation and Occurrence. (Springer), Berlin, Heidelberg, New York 1978

[11] *Rühl, W.*: Tar (Extra heavy oil) sands and oil shales. (Enke), Stuttgart 1982

[12] *Lübben, H.*: Erdgas aus heimischen Quellen. Erdöl-Erdgas-Zeitschrift **98**, 225–232 (1982)

[13] *Höfling, B.*: Das Potential von tertiären Erdölgewinnungsverfahren in der Bundesrepublik Deutschland. Erdöl-Erdgas-Zeitschrift **95**, 407–412 (1979)

[14] *Brendel, G.*: Energiesperspektiven Westeuropas. ANEP Jb. Europ. Erdölind. 1981/82 (Vieth), Hamburg

[15] *Grothwold, G.* et al.: Umweltaspekte bei der Produktion und Aufbereitung von sauren Erdgasen in der Bundesrepublik Deutschland. Erdöl-Erdgas-Zeitschrift **98**, 323–327 (1982)

[16] *Schöneich, H.*: Erdöl und Erdgas in der Nordsee und vor der nördlichen norwegischen Küste. Erdöl-Erdgas-Zeitschrift **98**, 249–256 (1982)
[17] *Boigk, H.*: Erdöl und Erdgas in der Bundesrepublik Deutschland. (Enke), Stuttgart 1981
[18] *Fischer, A. K.*: Die sowjetische Erdgasindustrie. Erdöl-Erdgas-Zeitschrift **97**, 9–14 (1981)
[19] Oel – Ein Rohstoff und sein Markt. Mineralölwirtschaftsverband, Hamburg 1981
[20] Jahresbericht 1982 Mineralölwirtschaftsverband, Hamburg
[21] Mineralöl und Raffinerien. Mineralölwirtschaftsverband, Hamburg 1983
[22] Vom Erdöl – Ein Blick in die Welt eines Rohstoffs. Deutsche Shell AG 1976/77
[23] Fachprospekte, Deutsche Texaco AG, Hamburg
[24] Mineralöl und Umweltschutz. Mineralölwirtschaftsverband, Hamburg 1981
[25] *Bender, F. & Hedemann, H. A.*: Zwanzig Jahre erfolgreiche Rotliegend-Exploration in Nordwestdeutschland. Erdöl-Erdgas-Zeitschrift **99**, 39–49 (1983)
[26] *Rühl, W.*: Unterirdische Großraumlagerung gasförmiger und flüssiger Kohlenwasserstoffe. Erdöl und Kohle, Erdgas, Petrochemie **24**, 299–309 (1971)
[27] *Dreyer, W.*: Underground Storage of Oil and Gas in Satt Deposits and other non-hand rocks. (Enke), Stuttgart 1982

2. Zeitschriften mit zahlreichen Spezialaufsätzen

Erdöl und Kohle, Erdgas, Petrochemie. Verlag von Hernhaussen, Leinfelden-Echterdingen
Erdöl-Erdgas Zeitschrift. Urban-Verlag, Hamburg-Wien
Oel. Hrsg: A. M. Stahmer, Hamburg
Oil and Gas Journal (USA)
World Petroleum (USA)

VI Uran und Thorium

O. Arnold

1 Radioaktivität

Uran und Thorium, die beiden Elemente, die nach dem heutigen Stand der Technik die wichtigsten Rohstoffe zur Erzeugung von Kernenergie sind[1)], gehören zur Aktinidenreihe des periodischen Systems und zeigen in vieler Beziehung ähnliche chemische und physikalische Eigenschaften.

Infolge eines Überschusses an Kernbausteinen zerfallen diese „radioaktiven" Elemente spontan unter Aussendung von α-, β- und γ-Stahlung in immer leichtere, zunächst ebenfalls noch instabile Elemente. Die so entstehenden Zerfallsreihen der 3 natürlichen radioaktiven Elemente Uran 238, Uran 235 und Thorium 232 enden bei den stabilen Elementen Blei 206, Blei 207 bzw. Blei 208.

Die gasförmigen und festen Zwischenprodukte der Zerfallsreihe sollten, entsprechend ihrer Halbwertszeiten, in einem exakt berechenbaren Verhältnis zum Restbestand der Muttersubstanz vorhanden sein und mit dieser in „radioaktivem Gleichgewicht" stehen. Geochemische (Lösungsvorgänge) und physikalische Prozesse (Entweichen gasförmiger Zerfallsprodukte oder auch kernphysikalische Vorgänge wie die Abreicherung in einem „Naturreaktor in einem Lagerstättenfall in Gabon") führen jedoch zu Ungleichgewichten, die bei der Prospektion beachtet werden müssen. Naturgemäß sind diese Probleme bei oberflächennahen Sekundärerzlagerstätten größer als bei tieflagernden Primärerzlagerstätten.

2 Geochemie

Beide Elemente sind nicht ausgesprochen selten; Uran ist mit 4 ppm (g/t), Thorium mit 10 ... 15 ppm am Aufbau der äußeren Erdkruste beteiligt; das entspricht etwa der Häufigkeit der Metalle Sn, W und Mo bzw. Pb. Die Edelmetalle Au und Pt (0,005 ppm), Ag (0,1 ppm) sind seltener als U und Th. Die geochemische Verteilung im Bereich der äußeren Erdkruste ist in Bild VI.1 veranschaulicht, das gleichzeitig einen Überblick über die Vorgänge geben soll, die zur Bildung von U- und Th-Erzlagerstätten führen. Unter Erzlagerstätten sind hier solche geologischen Einheiten zu verstehen, die eines oder beide Metalle in gewinnbarer Form und Konzentration enthalten.

---

1) Gegenwärtig werden Kernreaktoren fast ausschließlich mit Uran betrieben. Erst die Einführung von HTR-Reaktoren, wie z. B. AVR-Reaktor in Jülich, Fort St. Vrain (Colorado, USA) und dem in Bau befindlichen Thorium-Hochtemperatur-Reaktor THTR 300 MW in Uentrop-Schmehausen, wird die Bedeutung von Th als Kernbrennstoff zunehmen lassen.

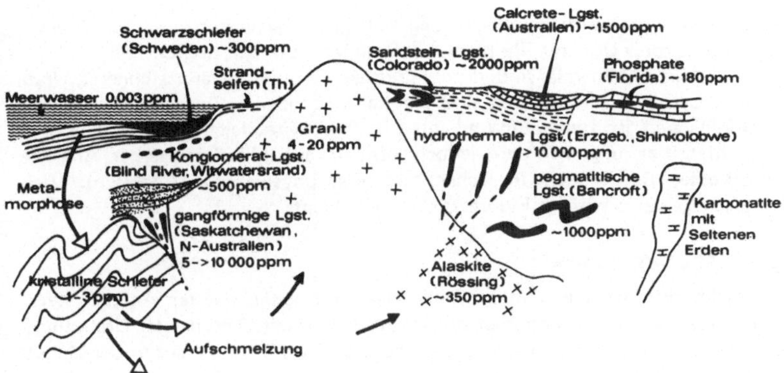

Bild VI.1 Schematisches Profil durch die äußere Erdkruste mit genetischen Lagerstättentypen des Urans

Für eine Lagerstätte mit einem Urangehalt von 0,06 % muß dementsprechend das Element Uran etwa um das 150-fache seiner geochemischen Normalkonzentration angereichert sein, während für Thorium ein Anreichungsfaktor < 100 ausreichend ist. Bei der kostengünstigen Gewinnung als Nebenprodukt (Uran in Phosphaten oder disseminated copper ores) sind weit geringere Anreicherungen notwendig (Uran in den Gold-Konglomeraten des Witwatersrandes liegt in Konzentrationen um 200 ... 300 ppm U_3O_8 vor, die Phosphate Floridas enthalten im Durchschnitt 100 ... 200 ppm U_3O_8). Vergleicht man diese Angaben mit den Anreicherungsfaktoren der Metalle Cu (60×), Zn (500×), Pb, Ag (1 000×), so wird ersichtlich, daß die Wahrscheinlichkeit der Bildung von U- und Th-Lagerstätten relativ hoch einzuschätzen ist.

Bemerkenswert ist die Fähigkeit des Urans – in geringerem Maße auch des Thoriums – in Mischkristallreihen und in Komplexverbindungen einzugehen. Das bewirkt eine leichte Mobilisierbarkeit, die zwar Konzentrationsvorgänge begünstigt, andererseits aber auch die Möglichkeit einer Tarnung in anderen Mineralen und einer diffusen Verteilung bietet.

3 Erzminerale

Beide Elemente sind lithophil, d. h., sie kommen vorwiegend in Oxiden und Silikaten vor; Sulfide sind nicht bekannt.

3.1 Uranminerale

Es sind über 200 definierte Minerale festgestellt, in denen Uran als wesentlicher Bestandteil auftritt; 29 davon sind als eigentliche Erzminerale zu bezeichnen, da sie höhere U-Gehalte aufweisen und bergtechnisch nutzbar gemacht werden können. Von wirtschaftlicher Bedeutung sind gegenwärtig nur etwa 10 Minerale, darunter besonders Uraninit (Pechblende), Brannerit, Euxenit und Carnotit.

Einige U-Minerale sind durch kräftige Färbung gekennzeichnet („Uranglimmer" Carnotit), die meisten sind grau-schwarz oder braun. Die Anwesenheit von U-Mineralen ist zwar aufgrund ihrer Radioaktivität leicht festzustellen, ihre exakte Identifizierung erfordert jedoch oftmals alle Mittel moderner Analytik (Mikroskopie, Röntgenbeugung, chemische und physikalische Analysen). Viele Minerale zeigen eine kräftige Fluoreszenz im UV-Licht.

3.2 Thoriumminerale

Thorium ist nur in etwa 30 Mineralen mit nennenswerten Anteilen beteiligt. Für die Gewinnung kommen derzeit allein Monazit, Thorit oder Uranothorit und Brannerit in Betracht. Monazit ist das wichtigste Erzmineral der Cer-Metalle (Lanthaniden-Gruppe); bei deren Verarbeitung werden 4 ... 9 % ThO_2 als Nebenprodukt nutzbar gemacht, d. h. etwa die Hälfte des vorhandenen Thoriumgehaltes. Durch die Einwirkung ihrer eigenen radioaktiven Strahlung wird das Kristallgitter vieler U- und Th-Minerale so gestört, daß sich ihre optischen (Farbe, Doppelbrechung) und mechanischen (Härte, Spaltbarkeit) Eigenschaften auffällig verändern. Dieser „metamicte" Zustand kann z. T. durch Erhitzen wieder rückgängig gemacht werden.

Das in den Erzen enthaltene Radium (bis 0,3 g/t U) war bis 1940 wirtschaftlich wichtiger als Uran.

4 Lagerstätten

4.1 Entstehung

Die Uran- und Thoriumlagerstätten entstehen im wesentlichen in zwei Bildungsbereichen (Bild VI.1):

In tieferen Zonen der Erdkruste

Anreicherung in magmatischen Gesteinen (Silikatschmelzen) und in von diesen abstammenden hydrothermalen Lösungen.

Eine Voranreicherung von Uran findet bereits bei der Differentiation der Silikatmagmen im Verlauf ihrer Erstarrung statt, da SiO_2-und K-reiche Gesteine (Granite) bis zu hundertfach höhere Gehalte aufweisen als kieselsäurearme Gesteine (Gabbros und Ultrabasite), wie die Tabelle VI.1 zeigt.

Diese Werte sind als Durchschnittsgehalte zu betrachten. Voranreicherungen in Granitmassiven bis zu 20 ppm („fertile Granite") sind wichtige Hinweise für die Prospektion.

Tabelle VI.1 Urangehalt ausgewählter Gesteine

Gestein	Urangehalt
Ultrabasite (Dunit)	0,03 ppm U
Gabbro, Norit	0,6 ... 2,0 ppm U
Diorit	1,4 ... 3,0 ppm U
Granit, Syenit	2,8 ... 8,4 ppm U

In den letzten Jahren erlangten präkambrische Alaskite (wahrscheinlich palingen gebildete, aus hauptsächlich Quarz und Alkalifeldspat bestehende, granitoide Gesteine) größere Bedeutung. Diese enthalten stellenweise durchschnittlich 0,04 % U_3O_8 (Grube Rössing, Namibia).

Die weitere Stufe der Konzentration wird dann in den Restschmelzen erreicht, die sich von granitischen Magmen abspalten (Pegmatite) und vor allem in den Hydrothermalen Lösungen, die nach Abkühlung auf 400 °C aus der erstarrten Silikatschmelze frei werden. Diese Lösungen führen neben Alkalichloriden, Karbonaten und Quarz auch Metalle bzw. Metallsulfide, die sie in tektonischen Spalten absetzen (Erzgänge).

Eine Sondergruppe bilden magmatische Gesteine, die vorwiegend aus Karbonaten bestehen, die „Karbonatite", in denen sich Konzentrationen von U und Th im Zusammenhang mit Niob-Tantalmineralen finden.

Die Pegmatite und Karbonatite liegen mit den U-Gehalten meistens unter der Bauwürdigkeitsgrenze; sie sind nur dann interessant, wenn sie lokale Anreicherungen aufweisen, leicht und in großen Mengen zu gewinnen sind (low grade-high tonnage ore) oder mehrere gewinnbare Minerale führen. In den hydrothermalen Erzgängen treten dagegen Reicherzkörper auf, die 1 ... 3 %, ja sogar 10 ... 15 % U_3O_8 im anstehenden Erz enthalten können. Bis 1940 waren diese Erze die Grundlage des Uranbergbaus. Die Erzkörper der Gänge sind jedoch unregelmäßig geformt, die Gehalte schwankend und die Vorräte sind begrenzt. Daher haben sie nur noch untergeordnete Bedeutung für die Uranproduktion der Welt.

Im Nahbereich der Erdoberfläche

Konzentration durch Verwitterungs- und Transportvorgänge bei der Bildung von Sedimenten (Festland-, Küsten- und Meeresablagerungen) und sekundäre Mineralisation älterer Gesteine oder Strukturen.

Die Konzentrationsvorgänge im zweiten Bereich, an der Erdoberfläche, haben die bedeutendsten U- und Th-Lagerstätten erzeugt. Werden bei der Verwitterung und Erosion die magmatischen Gesteine vollständig zerstört, so werden auch die in geringer Menge vorhandenen U- und Th-Minerale freigelegt. Je nach ihrer Widerstandsfähigkeit gegen mechanische und chemische Angriffe werden sie dann entweder abtransportiert und an anderer Stelle als Schwermineralsande („Seifenlagerstätten") wieder abgelagert oder aufgelöst und mit Oberflächenwässern weggeführt.

Der erste Fall gilt für manche Thorium-Minerale (z.B. Thorit, Monazit), die eine entsprechende Härte besitzen und schwer löslich sind; Uranminerale konnten nur unter speziellen Verwitterungsbedingungen in der Frühzeit der Erde (Präkambrium) den mechanischen Transport überstehen. Die U-Mineralkörner, vorwiegend Uraninit, wurden von dem damals noch vegetationslosen Festland durch Flüsse an die Küste verfrachtet und dort zusammen mit Schottermassen abgesetzt. Diese Konglomeratlagerstätten sind von bemerkenswerter Ausdehnung; sie gehören zu den wichtigsten Uranvorkommen der Erde.

Normalerweise geht Uran in Lösung und kann dann über große Entfernungen wandern. In Abhängigkeit von Änderungen der pH- und Eh-Bedingungen werden Komplexminerale aus U, V, K, Cu wieder ausgefällt und es können neue Anreicherungen, die den Schwellengehalt der Bauwürdigkeit überschreiten, entstehen.

Wenn diese Vorkommen in Sandsteinablagerungen auftreten, werden sie als „Sandsteinerze" bezeichnet (Bilder VI.2 und VI.3).

Weiterhin geht Uran aus der Lösung in organische Verbindungen (Humate) ein oder es wird von Tonmineralen absorbiert. Daher finden wir Anreicherungen in

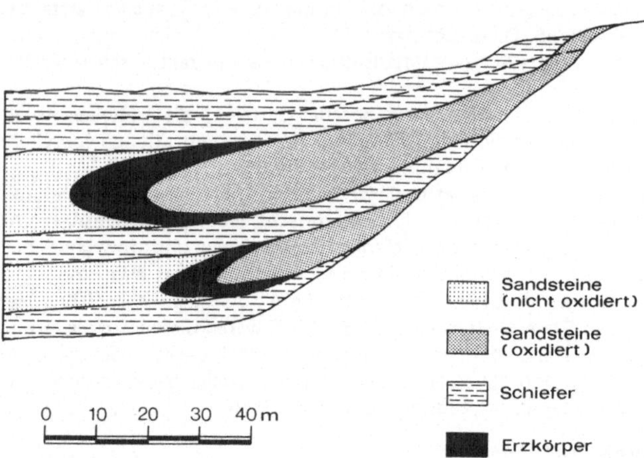

Bild VI.2 Profil durch eine „Roll-Front-Vererzung" des Powder River Beckens(Wyoming, USA

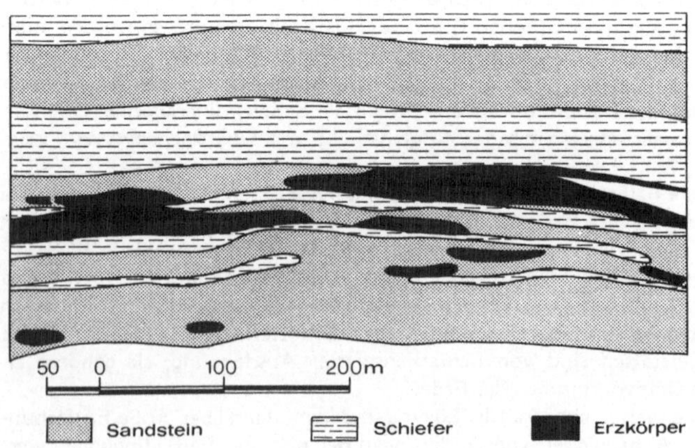

Bild VI.3 Längsschnitt durch eine Penekonkordante Lagerstätte in New Mexiko, USA

bituminösen Schiefern, Bauxiten, aschereichen Kohlen (reine Steinkohle ist jedoch fast uranfrei!) sowie in Phosphaten. Die Gehalte dieser Gesteine lagen bis vor kurzem noch unter der Bauwürdigkeitsgrenze, jedoch haben Preisentwicklung und Verarbeitungstechnologie z. B. die Alaunschiefer bei Ranstad/Schweden mit ca. 300 ppm U_3O_8 in den Bereich wirtschaftlicher Gewinnung gerückt.

In diesem Zusammenhang ist auch das Meerwasser als potentielle Rohstoffquelle zu erwähnen. Der sehr geringe Urangehalt von nur 3 ppm summiert sich auf insgesamt 4 Mrd. t Uran in den Weltmeeren! Forschungsarbeiten sind insbesondere in Japan weit vorangeschritten, aber auch in der Bundesrepublik Deutschland beschäftigt man sich mit der Herstellung von uranselektiven Absorbermaterialien. Die Gewinnungskosten werden allerdings immer noch mit mehr als 1 300 US-$/kg U veranschlagt.

Erst seit einigen Jahren, und zwar mit den Lagerstättenfunden in Saskatchewan (Rabbit Lake, Cluff Lake, Key Lake) und den Northern Territories in Australien (Jabiluka, Nabarlek, Ranger), hat ein neuer Lagerstättentyp, die sog. gangartigen Vererzungen („veinlike orebodies") an Bedeutung gewonnen. Nicht unwidersprochen werden diese Lagerstätten als sekundäre Vererzungen in kombinierten geochemischen-/Strukturfallen gedeutet. Bild VI.4 läßt als Querprofil durch den Gärtner-Erzkörper der Key Lake Lagerstätte den besonderen Charakter dieses Typs einer reichen Uranvererzung erkennen und Bild VI.5 die Abhängigkeit dieser Vererzung von der Tektonik und den geologischen Mulden- und Sattelstrukturen.

Lokal außerordentlich bedeutsam sind sogenannte Calcrete-Vererzungen; subrezente oberflächennahe Ausfällungen von Uran in flachen Salinarbecken subtropischer Klimate (Yeelirrie/Australien).

Neben der primären U-Anreicherung im magmatischen und der sekundären Anreicherung im sedimentären Kreislauf der Gesteine spielt die Bildung von Lagerstätten des Uran im metamorphen Bereiche keine Rolle.

Eine Übersichtskarte der wichtigsten Uranlagerstätten der Erde ist im Kap. I als Bild I.4 enthalten.

4.2 Vorräte und wirtschaftliche Bedeutung der Uranerzlagerstätten

Seit der Entdeckung des Urans im Jahre 1789 haben vier Ereignisse entscheidend die Kenntnis von der Bedeutung des Urans als Energieträger bestimmt und den Weg zur Nutzung des Urans in Kernreaktoren zur Stromerzeugung vorbereitet. Es waren dies: die Entdeckung der Radioaktivität im Jahre 1896 durch *Becquerel*, die Trennung des Radiums von Uran durch *P.* und *M. Curie* im gleichen Jahre; der Nachweis der Möglichkeit der Kernspaltung von Uranatomen durch *O. Hahn* und *F. Strassmann* im Jahre 1938 und der Aufruf des ehemaligen US-Präsidenten *Eisenhower* im Jahre 1953 unter dem Leitwort "atoms for peace".

1 t Uran hat als Brennstoff in Leichtwasserreaktoren derzeit ohne Rezyklierung von U und Pu einen nutzbaren Energieinhalt von 15 000 ... 17 000 t Steinkohleneinheiten (SKE)[1)]. In Brutreaktoren eingesetzt würde 1 t Uran das Energieäquivalent von nahezu 2 Mio. t SKE erbringen.

---

1) 1 t SKE = 29,31 GJ = 29,31 · 10^9 Joule.

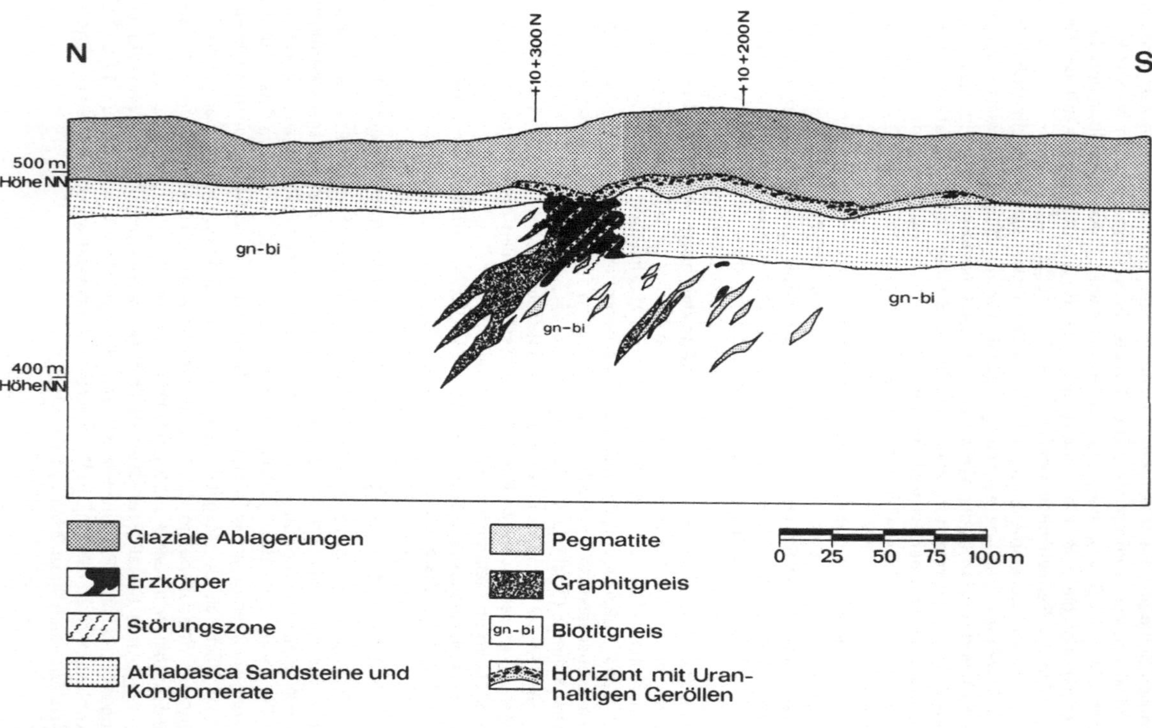

Bild VI.4 Querprofil durch den Gärtner-Erzkörper der Uranlagerstätte Key Lake

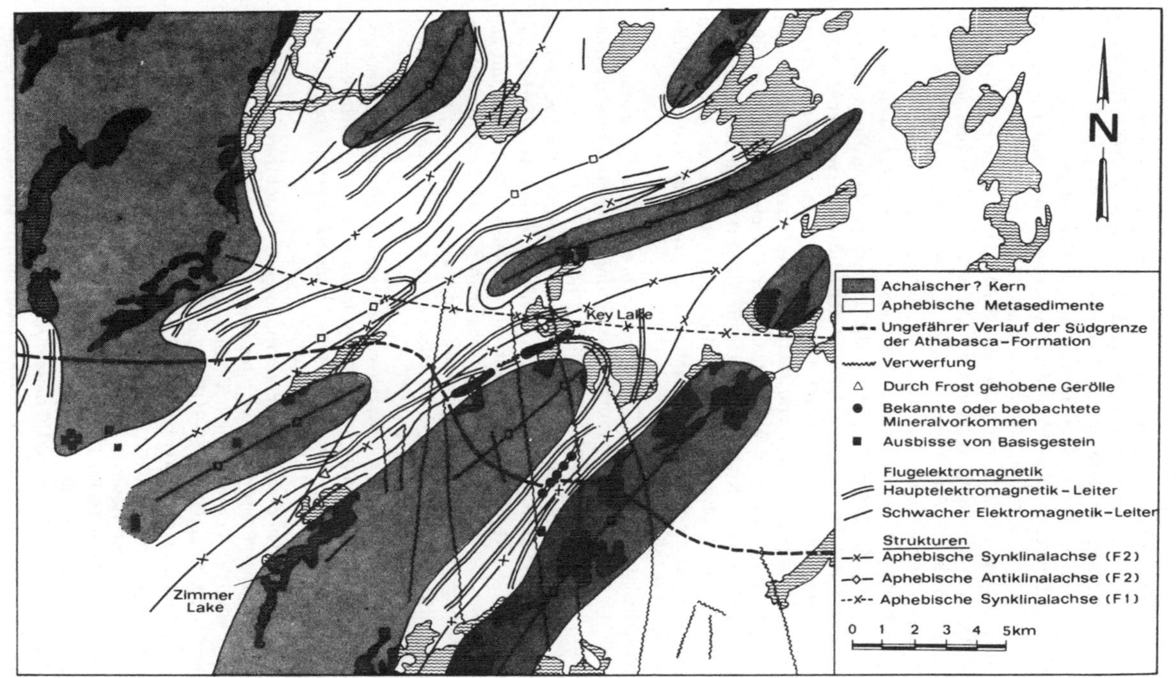

Bild VI.5 Key Lake-Gebiet, Saskatchewan: Grundgebirgsgeologie und Lage der Erzkörper

Die mengenmäßige Einstufung der U_3O_8-Reserven nach Kostenkategorien, früher von 8, 15, 30, heute von 30 bzw. 50 US-$/lb U_3O_8 in Kanada, läßt keine Aussage über den Umfang der tatsächlichen Reserven zu. Die Angabe der Kostenkategorien verleitet vielfach dazu, diese Angabe mit den Kosten gleichzusetzen, die den produzierenden Betrieben tatsächlich entstehen und daraus Rückschlüsse auf mögliche Gewinne bei den erzielten Verkaufserlösen zu ziehen. Die Kostenkategorien, basierend auf "forward cost" der früheren US AEC, beinhalten nur die direkten Betriebskosten und die damit verbundenen Steuern, Royalties und gewinnabhängigen Abgaben sowie die Abschreibungen der für den Betrieb unmittelbar erforderlichen Investitionen. Nicht enthalten sind die bis zur Inbetriebnahme für Prospektion, Feasibility-Studien, Engineering und Infrastruktur angefallenen Kosten, ebenfalls nicht Zinsendienst, ferner nicht die vollständigen Royalties, kalkulatorischer Gewinn und die Aufwendungen für das Aufsuchen weiterer Vorkommen als Ersatz für den Lagerstättenverzehr. Darüber hinaus ist naturgemäß nichts ausgesagt über die Randbedingungen und staatlichen Auflagen, unter denen Gewinnung und Produktion erfolgen bzw. überhaupt nur erfolgen können. Eine Einteilung der Uranreserven nach Kostenkategorien für die Erfassung der wirtschaftlich gewinnbaren Reserven ist außerdem deshalb wenig geeignet, da Änderungen aller Einflußfaktoren auf die Gesamtkosten schneller eintreten als Änderungen der Statistiken überhaupt möglich sind.

Aufschlußreich ist in diesem Zusammenhang auch die Begründung der Arbeitsgruppe 1 der INFCE (Internationale Bewertung des Kernbrennstoffkreislaufs), warum sie die Einteilung nach Kostenklassen beibehält:

„Die Kostenkategorien der NEA/IAEO für Uran sind recht willkürlich abgegrenzt und werden lediglich als Grundlage zur Klassifizierung der Vorräte verwendet. Diese Praxis wurde hier übernommen, um die Übereinstimmung mit anderen internationalen Studien zu wahren. Zu beachten ist, daß diese Kostenkategorien nicht unbedingt diejenigen Preise wiedergeben, die zur Sicherung der weiteren Lebensfähigkeit der Uranindustrie erforderlich sind, oder diejenigen, zu denen Uran dem Verbraucher zur Verfügung steht."

Aus diesem Grunde wird die derzeit verwendete Einteilung der Uranreserven nach Kostenkategorien übernommen. Eine Aufstellung über die sicheren und wahrscheinlichen Vorräte [A1], [A2] enthält Tabelle VI.2 und über die spekulativen Vorräte [A2] Tabelle VI.3.

Die im Gefolge der drastischen Preiserhöhung für Erdöl durch die OPEC ganz allgemein gestiegenen Preise für die verschiedenen Energieträger haben zu einer drastischen Erhöhung der Verkaufspreise für Uran geführt. Von einem Verkaufspreis von unter 6 US-$/lb U_3O_8 in 1969/1970 sind die Verkaufspreise für in 1977 abgeschlossene Lieferverträge bei Preisbasis 1977 auf gut 40 US-$/lb U_3O_8 gestiegen. Es kann heute von gut 5 Mio. t Uran wirtschaftlich gewinnbaren und der westlichen Welt zugänglichen Reserven gesprochen werden.

Von den mit knapp 15 Mt U angegebenen möglichen Vorräten dürften bis zum Jahre 2025 etwa 50 % erfaßt werden können. Die USA, Australien, Kanada und Südafrika verfügen über knapp 80 % dieser Vorräte. Für das westliche Europa ist die Situation hinsichtlich der Gesamtvorräte nicht ungünstig, wenn man insbesondere neben den französischen Vorräten die sehr großen Vorräte in den Schwarzschiefern in Schweden hinzurechnet. Hier erscheinen in der offiziellen Statistik nur

Tabelle VI.2 Geschätzte Uranvorräte nach Kontinenten (1 000 t U)

Kontinent	hinreichend gesicherte Vorräte bis zu 80 US-$/kg U	hinreichend gesicherte Vorräte 80 bis 130 US-$/kg U	geschätzte zusätzliche Vorräte bis zu 80 US-$/kg U	geschätzte zusätzliche Vorräte 80 bis 130 US-$/kg U
Afrika	591	134	168	132
Asien	42	13	1	24
Australien	294	23	264	21
Europa	81	100	44	101
Nordamerika und Mexiko	595	271	1 043	821
Südamerika	144	5	85	16
WOCA[1)] insges.	1 747	546	1 605	1 115

[1)] WOCA = World Outside Centrally Planned Economies Area

Quelle: NEA/IAEA, „Uranium Resources, Production and Demand", 1982

Tabelle VI.3 Spekulative Uranvorräte nach Kontinenten

Kontinent	Zahl der Länder	spekulative Vorräte (Mio. t U)
Afrika	51	1,3 ... 4,0
Nordamerika	3	2,1 ... 3,6
Süd- und Mittelamerika	41	0,7 ... 1,9
Asien und Ferner Osten	41	0,2 ... 1,0
Australien und Ozeanien	18	2,0 ... 3,0
Westeuropa	22	0,3 ... 1,3
WOCA insgesamt	176	6,6 ... 14,8

Quelle: NEA/IAEA, „World Uranium Potential, An international Evaluation", 1978

82 000 t Vorräte, während früher einmal 700 000 t als gewinnbar angegeben wurden und man heute davon ausgehen kann, daß bei einer entsprechenden Technik aus den großen Vorkommen in Schwarzschiefern in Schweden rund 1 Mio. t Uran gewonnen werden können.

Hinweise auf die bekannten Lagerstättentypen und bekannten Ressourcen bringt Tabelle IV.4.

4.3 Thoriumerzlagerstätten

Das Interesse an Lagerstätten des Thoriums ist nach wie vor begrenzt, da die Produktion von Thorium als Nebenprodukt aus der SE-Gewinnung aus Strandseifen vorwiegend in Australien und Asien den Bedarf der Industrie mehr als decken

Tabelle VI.4 Gehalte und Vorräte von Uran und Thorium Ressourcen

		Gehalte % U_3O_8	Gehalte % Th_2O	Erzvorräte einzelner Lagerstätten (Größenordnung) 1 000 t Roherz
I.	Magmatische Lagerstätten			
	Granite (Syenite)	0,002	0,01	unbekannt
	Pegmatite	0,05 ... 0,1	0,07 ... 0,5	< 100
	Karbonatite	0,05	0,05 ... 0,8	5 000 ... 50 000
	Hydrotherm. Gänge	0,3 ... 25,0	bis 3 %	100 ... 3 000
II.	Sedimentäre oder umgelagerte Lagerstätten			
	Gangförmige Lagerstätten	0,5 ... 25,0	bis 1,0	20 000
	Konglomerate	0,02 ... 0,2	0,5	50 000 ... 200 000
	Sandsteine (Colorado)	0,1 ... 0,3	–	300 ... 1 500
	Schwermineral-Sande	0,03 ... 0,1	0,1 ... 1,0	< 100 000
	Phosphate	0,01 ... 0,03	–	< 1 000 000
	Bitumin. Schiefer	0,001 ... 0,03	–	< 1 000 000
	Aschereiche Kohlen	0,001	–	< 1 000 000
III.	Meerwasser	3 ppb	–	$4 \cdot 10^9$ t U

konnte. Eine Änderung der Nachfragesituation wird wohl weitgehend von der weiteren Entwicklung der Technologie sog. „fortgeschrittener" Reaktoren abhängen.

Die BGR gibt 1977 „die mit heutigen Bergbau- und Aufbereitungsmethoden wirtschaftlich gewinnbaren" bekannten Vorräte mit ca. 4 Mio. t Thorium an. Sie verteilen sich vornehmlich auf Th-reiche Konglomerate in Kanada (bis zu 0,05 % Th im Blind River Revier) sowie Seifen in Südamerika, Südafrika, Australien, Indien und Malaysia.

Schließlich wären Thoriumerze auch aus den Primärlagerstätten, den Karbonatiten und Pegmatiten zu gewinnen.

4.4 Aufsuchung der Lagerstätten

Die Prospektion auf U- und Th-Erzvorkommen ist wegen der Radioaktivität der Erze im ersten Stadium einfacher als die Aufsuchung von anderen Metallerzen. Die großen Erfolge der Periode von 1945 bis 1957, die z. T. von Nichtfachleuten mit primitiven Mitteln errungen wurden, bewiesen dies. Damals wurden nahezu alle zu Tage ausgehenden Lagerstätten in den zugänglichen Gebieten Nordamerikas und vieler anderer Länder aufgefunden, die meisten sogar näher untersucht. Heute ist ein wesentlich größerer Aufwand erforderlich, um die tiefer liegenden Erzkörper zu erfassen.

Alle Verfahren in der Geophysik und Geochemie sind inzwischen zu einer Reife entwickelt worden, die die interdisziplinäre Zusammenarbeit von Geophysikern, Mineralogen, Chemikern, Elektronikern und Logistik-Managern mit den federführenden Geologen erforderlich machen. Airborne-Methoden der Spektrometrie, kombiniert mit magnetometrischen und geoelektrischen Verfahren, gehen i. a. den bodengebundenen Anwendungen der Geochemie, Geophysik und Prospektion voraus.

Die Verarbeitung der anfallenden Daten ist oft nur noch mit Hilfe von Rechenanlagen möglich. Immer wieder werden auch neue Verfahren der Exploration ausprobiert. So hat sich die Messung der gasförmigen Zerfallsprodukte des Urans (Radonemanometrie, Track-Etch-Verfahren) bereits einen festen Platz erobert. Messungen des Helium-Gehalts im Boden oder Wasser, Airborne-Methoden zur Erfassung von Wärmeanomalien über U-Lagerstätten sowie Auswertung von Satellitenphotos befinden sich bereits im Stadium der Anwendung.

Wie schwierig dennoch die Entdeckung neuer Lagerstätten ist, zeigt eine Angabe des US Geological Survey, wonach 1972 über 5 000 km an Explorationsbohrungen niedergebracht wurden, ohne einen einzigen neuen Erzkörper zu treffen; lediglich die Reserven der bekannten Lagerstätten konnten verbessert bzw. gesichert werden. Als Vergleich: von 1953 bis 1958 erforderte die Erschließung des gesamten Blind River Gebiets, einschließlich der genaueren Vorratsermittlung rd. 230 km Bohrlöcher von über Tage. Die Prospektionskosten werden hierbei entscheidend von der Entwicklung der Bohrkosten beeinflußt.

Der Auftrieb, den die Nachfrage nach Kernbrennstoff ungeachtet der für vorübergehend eingeschätzten Schwierigkeiten beim Abbau des Rohstoffs und der Errichtung von Verarbeitungsanlagen und Kernkraftwerken ausübt, veranlaßt die Bergbauindustrie zu beachtlichen Investitionen, zum erheblichen Anteil auch in der reinen Exploration. Während 1968 für die USA, Kanada, Afrika und Australien mit mehr als 100 explorierenden Unternehmen gerechnet wurde, sind es derzeit allein für Kanada rd. 150 mit einem Prospektionsbudget von gut 100 Mio. US-$. Die Ausgaben von 200 Mio US-$ im Jahre 1968 allein für die Uranprospektion haben in den WOCA[1]-Ländern 1980 über 630 Mio US-$ erreicht [A1] und [A2]. Ab 1981 erfolgte wegen des Preiseinbruchs für Uran auf dem Weltmarkt eine drastische Reduzierung der Prospektionsaufwendungen auf etwa 50 %. Mit dem Stagnieren der Uranprospektion auf diesem niedrigeren Niveau ist bis etwa 1990 zu rechnen.

5 Bergbau und Aufbereitung

5.1 Bergbau

Im Uranerzbergbau können bei der Vielfalt der Lagerstättentypen praktisch fast alle bekannten Abbauverfahren des Erzbergbaus, sowohl des Tagebaus als auch des Tiefbaus, angewandt werden[2]. Die Entwicklung der letzten Jahre zeichnet sich dadurch aus, daß vornehmlich für den Tiefbau neue technische Ausrüstungen und Maschinen entwickelt wurden, mit denen die bisher allgemein gebräuchlichen Abbauverfahren modifiziert und die Produktivität entscheidend erhöht werden

[1] WOCA = Welt mit Ausnahme der Länder mit Zentralverwaltungswirtschaft (WOCA = World Outside Centrally Planned Economy Areas)

[2] Eine zusammenfassende Darstellung dieser Abbautechniken bietet das Mining Engineering Handbook der Society of Mining Engineers.

konnten[1]. Als Beispiele für eine optimalere Rohstoffnutzung und damit beachtliche Vergrößerung der Reservebasis sei auf Entwicklungen im französischen und kanadischen Tiefbau hingewiesen. Bild VI.6 bringt eine Darstellung des Überganges vom Firstenstoßbau auf einen fallend geführten Stoßbau mit Betonschweben in Grubenbetrieben der Cogema in Frankreich bei Bessines im Departement Haute Vienne der Division La Crouzille. Bei diesem Abbauverfahren auf Vererzungen in Störungszonen mit Einfallen über 60^{g} werden 4 m Stöße hereingewonnen. Nach jedem abgebauten Stoß wird eine künstliche Firste in Form einer Stahlbetondecke über 50 cm losem Erz eingebracht. Für den nach 3 Wochen Abbindezeit unter dieser künstlichen Schwebe in Angriff genommenen Stoß ist damit bereits der Einbruch hergestellt. Damit wird sowohl die Betonschwebe geschont als auch die Leistung im Vortrieb bei 2 m Abschlägen wesentlich erhöht. Die Leistung, je Mann und Schicht, wurde von 6 t auf 12 t verdoppelt, wobei ein Ausbringen der Uranreserven der Tiefbaugrube von 95 % erreicht werden kann. Bei größeren Mächtigkeiten kommt auch ein Teilsohlenbau mit Betonversatz, so wie in Bild VI.7 dargestellt, zum Einsatz.

Die Probleme von Tiefbaugruben auf Ganglagerstätten können anhand des generalisierten Querprofils der Schwarzwalder Mine, Colorado, USA (Bild VI.8) erfaßt werden. Es ist verständlich, daß bei den derzeit vorübergehend rückläufigen Erlösen für Uran (Spotverkäufe für 20 US-$/lb U_3O_8, Stand 1982) viele Tiefbaugruben keine Gewinne erwirtschaften. Die ungefähren Produktionskosten liegen

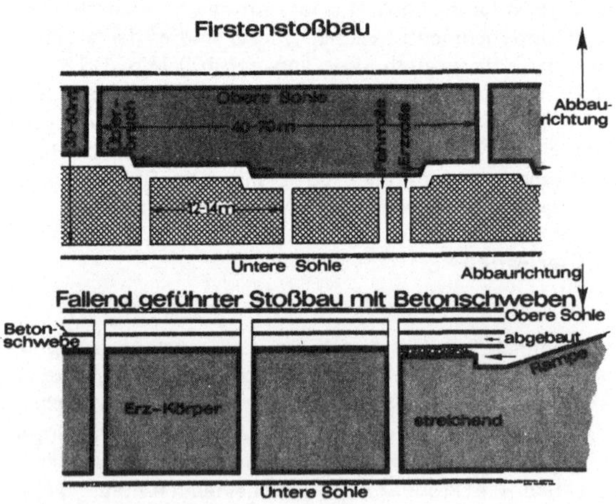

Bild VI.6 Abbauverfahren in Uran-Tiefbaugruben

[1] Hier sind vor allem zu nennen: LHD-Technik und die Einführung des Elektro-hydraulischen Bohrens.

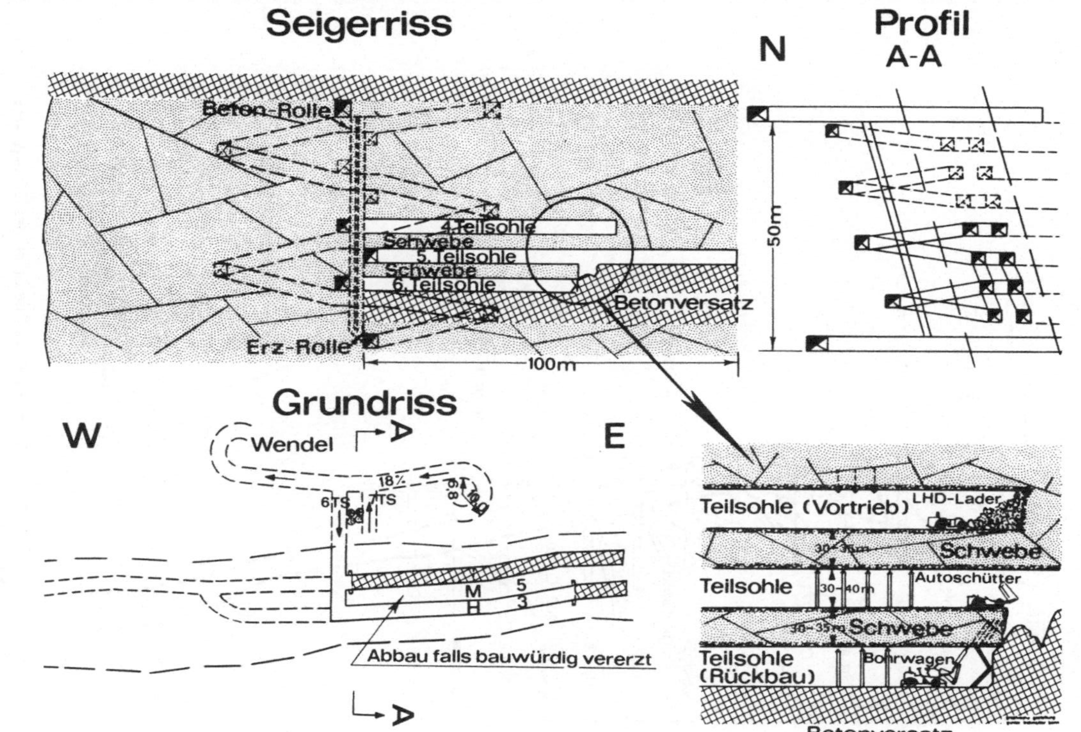

Bild VI.7 Teilsohlenbau mit Betonversatz

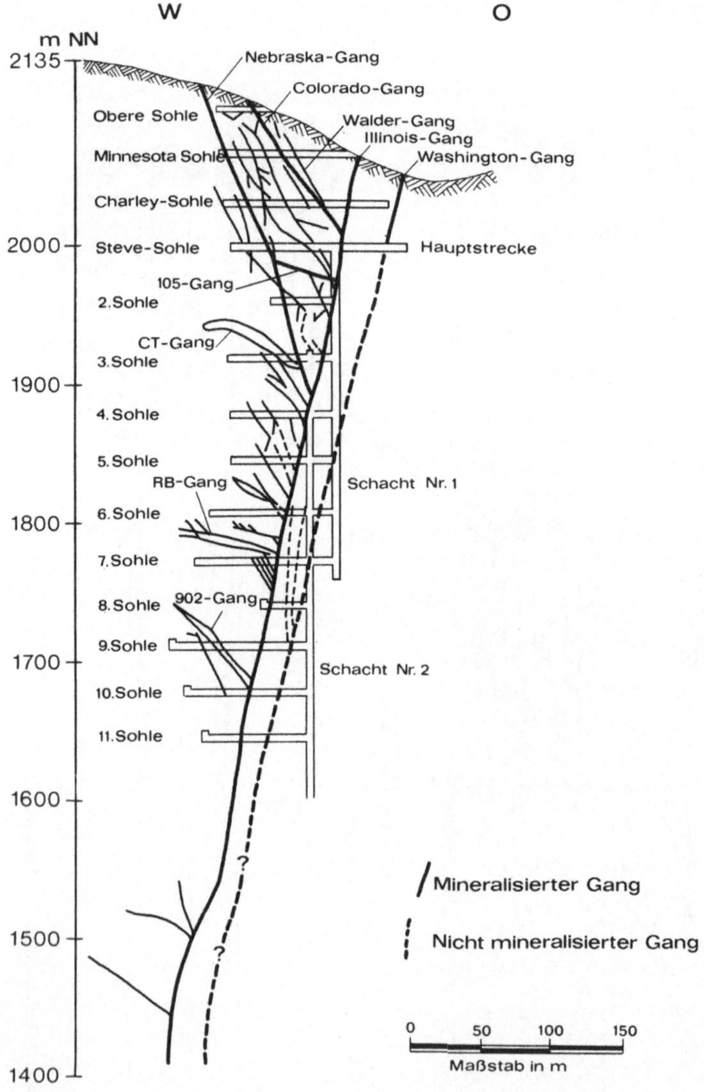

Bild VI.8 Schwarzwälder Mine, Colorado: Generalisiertes Querprofil des Gangsystems (Blickrichtung N 10° W) nach Lahr

Tabelle VI.5 Produktionskosten im Mittel für Urankonzentrat in US-$/lb U_3O_8

	Tagebau	Tiefbau
Prospektion	2,00	2,50
Grube	3,50	10,00
Aufbereitung einschließlich Unterbringung der Abgänge	3,70	4,50
Hilfsbetriebe, Verwaltung und Rekultisierungsverpflichtungen	3,80	5,00
Kapitalkosten[1)]	8,00	9,00
Summe	21,00	31,00

1) Kalkuliert auf den Anlagekosten Basis 1981

derzeit im Durchschnitt in der Größenordnung, wie sie in der Tabelle VI.5 dargestellt sind.

Je nach dem Zeitraum, in dem Produktionsbetriebe errichtet wurden und dem Stand der durchgeführten Abschreibungen liegen die Grenzkosten, zu denen ohne Verluste produziert werden kann, mehr oder weniger unter den oben angegebenen Durchschnittskosten.

Im südafrikanischen Goldbergbau wird derzeit Uran in wachsendem Umfange als Nebenprodukt und aus alten Halden bei Gehalten um 50 ppm wirtschaftlich gewonnen. Beachtliche Investitionen werden im Jahre 1985 eine Kapazität von 12 500 t U_3O_8/a erreichen lassen. Z. Zt. sind jedoch einige Produktionsstätten gestundet, da ihre Produktionskosten über den Erlösen liegen. Die Produktionskosten betragen derzeit rd. 60 US-$/kg U_3O_8. Hierbei ist die Produktion der Lagerstätte Rössing in Namibia, des größten Uranproduktionsbetriebs der westlichen Welt, eingerechnet. Ab 1984 wird KLMC (Key Lake Mining Corporation) in Saskatchewan/ Kanada mit 12 Mio. lb U_3O_8 (4 615 t U) Jahresproduktion größter Uranproduzent der Welt sein. Die 500-Mio. US-$-Key-Lake-Anlage wurde im Oktober 1983 angefahren.

In den USA wird Uran durch die Uranium Recovery Corp. bei Tampa/ Florida aus Naßphosphorsäure, die aus Phosphaten mit rund 200 ppm U_3O_8 hergestellt wurde, gewonnen. Es wird zunächst eine Jahresproduktion von 2 000 t Uran erwartet. Bis zum Jahre 2000 könnte in der westlichen Welt die Produktion aus Naßphosphorsäure auf rund 5 000 t Uran gesteigert werden. Geht man von der Weltphosphatfördermenge aus, die über 100 Mt/a liegt, dann wäre daraus theoretisch eine Jahresproduktion von rund 10 000 t U möglich.

Einen festen und bedeutsamen Platz als Uranproduktionsverfahren hat in den letzten Jahren die "in situ Laugung" in Sandsteinvorkommen in den USA erreicht. Knapp 8 % der Uranproduktion der westlichen Welt stammen aus "in situ Laugungsbetrieben".

Bild VI.9 bringt eine schematische Darstellung der Anordnung einer „in situ Laugung" aus Bohrlöchern. Neben der Wahl der geeigneten Laugungslösung in Abhängigkeit von der mineralogischen Zusammensetzung der zu laugenden Gesteinsschicht und des erforderlichen Drucks der Flüssigkeit spielt die Optimierung

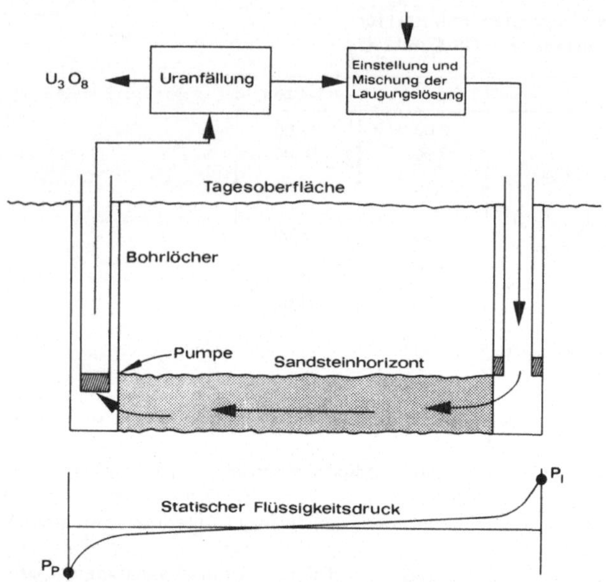

Bild VI.9 Prinzipskizze einer untertage „in situ Laugung" aus Bohrlöchern

der Bohrlochabstände eine entscheidende Rolle für das Uranausbringen und die Wirtschaftlichkeit des Verfahrens. Bild VI.10 zeigt den schematischen Grundriß eines Brunnenfeldes. Bei geeigneten Sandsteinhorizonten zwischen Wasser hemmenden Sedimenten können bei einer Urangewinnung im „in situ Laugungsverfahren" die Beeinflussung der Umwelt erheblich reduziert und die Investitionskosten je Einheit auf 20 ... 30 % eines normalen Urangewinnungsbetriebes reduziert werden. Nachteile sind:

1. geringes Uranausbringen,
2. keine exakt vorausbestimmbare Uranproduktion und
3. ein erheblich größerer Zeitbedarf für das Ausbeuten einer Lagerstätte.

Für die „in situ Laugung" haben sich folgende Laugungslösungen bewährt:

1. Bei Sandsteinerzen mit Karbonatgehalten über 10 %:

   NH_4HCO_3
   $NaHCO_3$
   $Mg(HCO_3)_2$
   $Ca(HCO_3)_2$

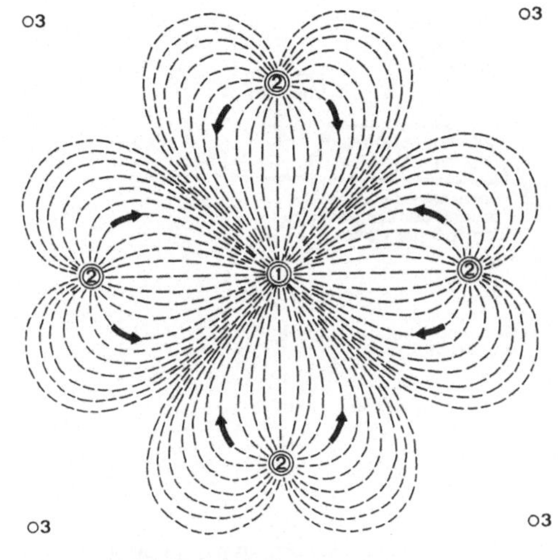

Bild VI.10
Schematischer Grundriß eines Brunnenfeldes zur „in situ Laugung"

Alkalische „in situ Laugung" mit Bikarbonat und CO_2 unter Auflösung von Kalk:

$$UO_2 + \frac{1}{2} O_2 \rightarrow UO_3$$
$$UO_3 + 2\,HCO_3 \rightleftharpoons (UO_2)\,(CO_3)_2^{2-} + H_2O$$
$$CaCO_3 + CO_2 + H_2O = Ca^{++} + 2\,HCO_3$$

Alkalische „in situ Laugung" mit Kalziumbikarbonat, das mit Kohlendioxid in der Lagerstätte gebildet wird, erfordert Zufuhr von Sauerstoff:

$$UO_2 + \frac{1}{2} O_2 + Ca\,(HCO_3)_2 \rightarrow [(UO_2)\,(CO_3)_2]^{2-} + Ca^{++} + H_2O$$

2. Bei Sandsteinerzen ohne nennenswerten Karbonatgehalt ($< 3\,\%$) erfolgt eine saure „in situ Laugung" mit Schwefelsäure unter Ausfällung von Gips:

$$UO_2 + \frac{1}{2} O_2 \rightarrow UO_3$$
$$UO_3 + H_2SO_4 = UO_2SO_4 + H_2O$$
$$UO_2SO_4 + 2\,H_2SO_4 = [UO_2(SO_4)_3]^{4-} + 4\,H^+$$
$$CaCO_3 + H_2SO_4 \rightarrow CaSO_4 \downarrow + CO_2 \uparrow + H_2O$$

Unter „in situ Laugung" versteht man auch das Laugen von Halden, die einen Urangehalt haben, der zu hoch für eine Einstufung als „Berge"-uranfreies Nebengestein und zu niedrig für eine wirtschaftliche Verarbeitung in einer konven-

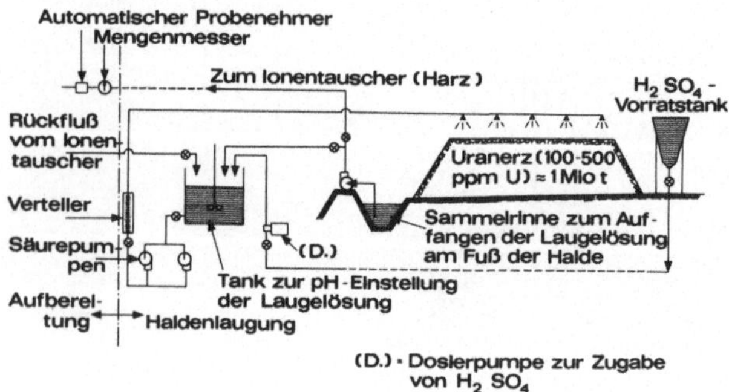

Bild VI.11 Prinzipschema der Haldenlaugung des Cogema/Frankreich bei Bessines

tionellen Aufbereitung ist, d.h. Gehalte zwischen 50 ppm bis etwa 500 ppm U_3O_8 (siehe hierzu Bild VI.11). Es kann unter „in situ Laugung" aber auch das Laugen von Resturanerzmengen in ausgeerzten Tagebauen erfaßt sein, wobei dann im Tagebautiefsten ein kleiner See aus Laugungslösung entsteht. Hierbei wird die Zirkulation entweder durch Abpumpen von der Oberfläche oder durch Abziehen aus einem tieferen Grubenbau hergestellt. Ähnlich kann man vorgehen, wenn ausgeerzte Grubenräume unter Tage mit zerkleinertem Uranerz gefüllt werden und dieses Erz mit Laugungslösung durchströmt wird.

Enthält das Erz Pyrit, dann kann der Laugungsprozeß entweder unterstützt oder bei günstigen Bedingungen (Temperatur, S- und O_2-Gehalte) vollständig durch die Bakterien Ferrobacillus ferro-oxidans, Thiobacillus ferro-oxidans und Thiobacillus thio-oxidans übernommen werden. Diese Bakterien produzieren aus S und O_2 H_2SO_4 und reduzieren damit den Bedarf an Säure zur Laugung. Hierdurch lassen sich die Reagenzienkosten senken.

Ein Problem des Uranbergbaus ist die Strahlungsgefahr als Betriebsrisiko. Um die Strahlungsgefahr zu kennzeichnen und meßbar zu machen, wurde für den kanadischen und amerikanischen Bergbau der Begriff "working level" eingeführt. Ein "working level" ist erreicht, wenn eine spezifische Aktivität von 3,7 reziproke Sekunden Radontöchterkonzentrationen in 1 l Luft enthalten ist, bei einer α-Strahlenenergie von $1{,}3 \cdot 10^5$ MeV. Ein Beschäftigter darf im Jahr nur insgesamt vier working level months ausgesetzt sein. Das bedeutet, daß er bei der oben genannten Konzentration und bei 173 Arbeitsstunden im Monat nur vier Monate im Jahr arbeiten darf. Bei ganzjähriger Tätigkeit darf demnach nur eine mittlere Aktivität von $1{,}11\ s^{-1}\ l^{-1}$ erreicht werden. Daher ist man beim Abbau bemüht, durch entsprechende Wettermengen, Wettergeschwindigkeiten, Zerstäubung von Wasser zur Staubniederschlagung und durch Frischwetterzufuhr die durchschnittliche Konzentration unter $1{,}11\ s^{-1}\ l^{-1}$ zu halten. Dabei werden Wetter mit höheren Radonkonzentrationen nicht mehr zu belegten Betriebspunkten geführt.

5.2 Bergrecht

Die Rechts- und Eigentumsverhältnisse des Bergbaus auf Uran in den westlichen Haupturanproduktionsländern Australien, Kanada und USA sind sehr vielgestaltig. Eine Konzessionskarte der uranhöffigen Bereiche in Nord-Saskatchewan/ Kanada (Bild VI.12) zeigt wie die claims die Grenze des prospektiven Athabascasandstein-Beckenrandes nachzeichnen. Entlang der unconformity aphebisches Becken/helikischer Sandstein wurden in den letzten Jahren die Lagerstätten Rabbit Lake, Key Lake und Cluff Lake gefunden. Weitere bekanntgewordene Funde, aber bisher ohne quantifizierte Uranvorräte sind: Collins Bay, Raven & Horseshoe, West Bear, Midwest Lake.

Die unregelmäßigen Formen der Konzessionen entstehen dadurch, daß stets Gruppen von Einheitsfeldern (claims, Permits oder Leases) aneinandergereiht

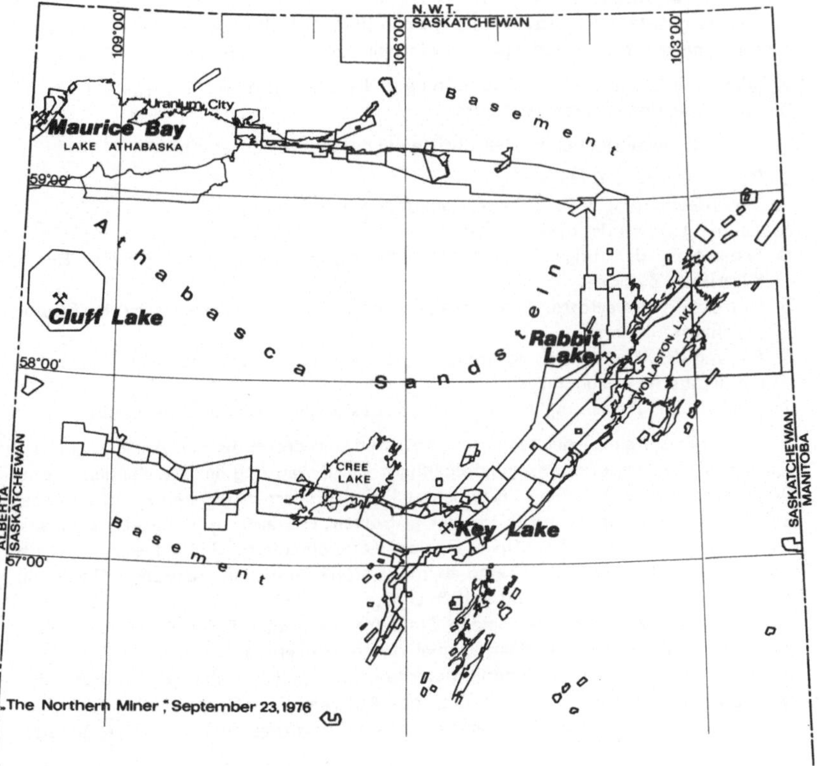

Bild VI.12 Urankonzessionen in Nord-Saskatchewan/Kanada

werden, um die Lagerstätte möglichst vollständig zu erfassen und auch, um weitere Aufschlußarbeiten abzusichern.

In den westlichen Ländern werden Rechte zur ausschließlichen Exploration meist befristet mit von Jahr zu Jahr steigenden Gebührensätzen erteilt, um ein Blockieren von höffigen Gebieten zu verhindern. Soll auf einer Lagerstätte ein Produktionsbetrieb errichtet werden, dann muß ein besonderes Genehmigungsverfahren eingeleitet werden. Die Genehmigung wird nur nach Prüfung der Solvenz des Bergbautreibenden und mit vielfachen Auflagen insbesondere auch im Hinblick auf den Schutz der Umwelt erteilt. Siehe hierzu die Aufstellungen in [A8].

5.3 Aufbereitung

Der Gehalt des Uranroherzes muß im Konzentrat auf das bis zu 1 500-fache angereichert werden. Da die Uranminerale in den meisten Fällen sehr feinkörnig im Gestein dispergiert und oft auch mit anderen Komponenten so intensiv verwachsen sind, daß mechanische Anreicherung als Verfahren bei der Aufbereitung des Uranerzes größtenteils ausscheidet, werden hydrometallurgische Aufbereitungsverfahren angewandt. Eingeführt und bewährt sind die beiden Standardverfahren

a) alkalische Laugung mit Ammonium oder Natriumkarbonat,
b) saure Laugung mit Schwefelsäure.

Die wesentlichen Prozeßschritte bei beiden Verfahren sind:

1. Zerkleinerung und Mahlung,
2. Voranreicherung, z. B. radiometrisch oder gravimetrisch,
3. Laugung sauer oder basisch,
4. Separation der ungelösten Rückstände durch Gegenstromeindicker, Filter, Klassierer, Zyklone,
5. Extraktion des gelösten Urans aus geklärten Lösungen durch feste oder flüssige Ionenaustauscher,
6. Fällung des Urans durch Ammoniak bei der sauren oder durch Natronlauge bei der alkalischen Laugung,
7. Eindickung, Trocknung und Verpackung des yellow cake als Endprodukt.

Ein Vergleich der technischen Kosten von drei typischen Anlagen, die verschiedene Erze verarbeiten, veranschaulicht die Bedeutung der verschiedenen Einflußgrößen. In der Tabelle VI.6 bedeutet I eine moderne Aufbereitung in USA, ca. 2 000 tato Sandsteinerz mit 0,2 % U_3O_8, Solvent Extraktion; II eine ältere kanadische Anlage aus dem Blind River Gebiet, Konglomeraterz, 3 000 tato mit 0,16 % U_3O_8, Ionen-Austauscher; III eine ebenfalls ältere Anlage in Australien, Gangerze, schlecht laugbar, 1 000 tato mit 0,18 % U_3O_8.

Modifizierungen der beiden Standardverfahren z. B. durch Drucklaugung bei höherer Temperatur können einmal durch schlecht aufschließbare Erze, z. B. Brannerit oder Davidit erforderlich werden, zum anderen aber auch durch neue Mineralkombinationen, wie z. B. durch das Auftreten von Graphit, Nickel, Kupfer, Kobalt, Arsen, die mehrere getrennte Abtrennungsstufen in der Aufbereitung erforderlich werden lassen.

Welche Reinheitsforderungen und Urankonzentrationen an den yellow cake bei Ablieferung von Konzentraten an die Konversionsanlage gestellt werden,

Tabelle VI.6 Kostenaufteilung von Uranerzaufbereitungen (in %)

	I		II		III
Vorzerkleinerung	6	11	6	19	12
Mahlung und Eindicken	5		13		
Laugung und Trübebehandlung	43		48		54
Separation	13		15		15
Fällung und Trocknung	10		3		12
Nebenarbeiten	13		15		7
Verwaltung	10				
	100 %		100 %		100 %

(Technische Betriebskosten, ohne Kapiteldienst usw.)

zeigt die Aufstellung (Tabelle VI.7) der Forderungen von Allied Chemical, USA und von Eldorado, Kanada.

In der Vergangenheit wurde fast ausschließlich zur Kennzeichnung des Urangehaltes im Erz und im Konzentrat die Rechengröße U_3O_8 benutzt. Sie ist eine rechnerisch ermittelte Größe zur Erleichterung von Mischrechnungen mit den verschiedenen Mineralzusammensetzungen und den unterschiedlichen Verbindungen zwischen Uran und Sauerstoff. Neuerdings werden bereits vielfach alle Angaben direkt auf das Element Uran bezogen.

Zur Einsparung von Schwefelsäure dient das Verfahren, den Pyrit, der in vielen Erzen als Begleitmineral auftritt, zu oxidieren, um direkt H_2SO_4 oder $Fe_2\ (SO_4)_3$ zu erzeugen.

Auf der gleichen Linie liegt die Laugung mit Hilfe von Bakterien (z. B. Thiobacillus ferro-oxidans), die im Kupfererzbergbau schon seit 20 Jahren verwendet wird. Nachdem die Methode zunächst nur für die Nachlaugung von Bergehalden oder von alten Abbauen eingesetzt wurde, wobei die erforderliche lange Einwirkungszeit und die Regelung des Ablaufs praktisch belanglos sind, bemüht man sich jetzt, die Reaktionen zu beschleunigen und die mikrobiologischen Prozesse unter Kontrolle zu bekommen. Es laufen Versuche mit Laugentanks, die nach biotechnischen, Gesichtspunkten abwechselnd statisch und dynamisch arbeiten, um den Lebensprozeß der Bakterien optimal zu gestalten, d. h. im wesentlichen ein Gleichgewicht zwischen der Erzeugung und dem Verbrauch von Schwefelsäure einzuhalten. Besonders schwierig scheint die genauere Erfassung der Azidität und des Redoxpotentials (pH und Eh) sowie der Enzymbildung zu sein, die sich ständig im Mikrobereich verändern. Die Möglichkeit einer beträchtlichen Verbilligung der Laugung ist zweifellos gegeben, da nicht nur ein Teil der Reagenzien eingespart werden kann, sondern auch oft die Feinmahlung. Das staatliche Bergbau-Forschungsinstitut in Ottawa (Department of Energy Mines & Resources, Research Branch), der British Columbia Research Council und das Baas Becking Laboratory in Canberra/ Australien besitzen Versuchsanlagen, die bereits unter technischen Betriebsbedingungen arbeiten.

Tabelle VI.7 Standard Yellow Cake
Anforderungen der Konversionsanlagen

	Konversionsanlage Allied Chemical (USA) Gehalte in Gew. %	Konversionsanlage Eldorado (Kanada) Gehalte in Gew. %
1. Uran (U)	75,00	60,00
2. Vanadium (V_2O_5)	0,10	0,10
3. Phosphor (PO_4)	0,10	0,35
4. Halogene (Cl, Br, J)	0,05	0,25
5. Fluor (F)	0,01	0,15
6. Molybdän (Mo)	0,10	0,15
7. Schwefel (SO_4)	3,00	*)
8. Eisen (Fe)	0,15	*)
9. Arsen (As)	0,05	1,00
10. Karbonate (CO_3)	0,20	2,00
11. Calcium (Ca)	0,05	1,00
12. Natrium (Na)	0,50	*)
13. Bor (B)	0,005	0,15
14. Kalium (K)	0,20	*)
15. Titan (Ti)	0,01	*)
16. Silicium (SiO_2)	0,50	*)
17. Magnesium (Mg)	0,02	*)
18. Wasser (H_2O)	2,00	5,00
19. Thorium (Th)	*)	2,00
20. Extrahierbare organische Substanz	*)	0,10
21. HNO_3-unlösliches Uran	*)	0,10

*) keine Standardwerte veröffentlicht

Unter Förderung durch das Bundesministerium für Forschung und Technologie (BMFT) werden in Bonn bakterielle Laugungsversuche mit Uranerzen mit 0,05 % U aus Österreich, Kanada und den USA durchgeführt, deren bisherige Ergebnisse eine beachtliche Senkung des H_2SO_4-Verbrauchs für die Uranlaugung armer Erze erwarten lassen.

Außerdem führt die Uranerzbergbau-GmbH, Bonn, im Auftrage des BMFT zusammen mit der Gesellschaft für Kernenergieverwertung in Schiffbau und Schifffahrt mbH (GKSS) Versuche zur Extraktion von Uran aus dem Meerwasser durch. Die ersten Testversuche mit einem mit der Fa. Kronos Titan entwickelten Adsorber auf Titanhydrooxidbasis auf dem Atom-Schiff Otto Hahn und in Helgoland verliefen ermutigend. Weitere Versuche haben vor Florida (USA) begonnen.

6 Brennstoffkreislauf

Bevor das Uran, das im yellow cake bereits konzentriert vorliegt, für die Energieerzeugung eingesetzt werden kann, muß es verschiedene Umwandlungsstufen durchlaufen und darüber hinaus zum Einsatz in Leichtwasserreaktoren das spaltbare Isotop ^{235}U eine Anreicherung von 0,7 auf rund 3 % erfahren. Es werden folgende Stufen des geschlossenen Brennstoffkreislaufes unterschieden:

a) Produktion von U_3O_8 nat-Konzentrat (yellow cake),
b) Reinigung des Urankonzentrats und Konversion zu UF_6 und Konversion zu U-Metall für die Magnox-Reaktoren bzw. UO_2 für Natururanreaktoren,
c) Anreicherung des Gases UF_6 von 0,7 % ^{235}U auf den gewünschten Prozentsatz ^{235}U,
d) Brennelementefertigung,
e) Energieerzeugung im Kernkraftwerk,
f) Wiederaufarbeitung der abgebrannten Brennelemente,
g) Endlagerung der Abgänge der Wiederaufbereitungsanlage oder der abgebrannten Brennelemente,
h) Abbruch von Kernkraftwerken.

Tabelle VI.8 bringt die Uranproduktion der WOCA bis 1982 und die voraussichtliche Produktion 1983. Tabelle VI.9 die erreichbaren Produktionskapazitäten bis 2025. Der Rückgang von 1959 ist überwunden und in aller Welt ein planmäßiger Ausbau des Uranerzbergbaus in Angriff genommen worden. Trotz Verzögerungen im Kernenergieausbauprogramm in einigen Ländern der westlichen Welt zwingt die voraussehbare Erschöpfung der Erdölvorkommen und die Verteuerung des Erdöls zumindest die Industrieländer zum zügigen Ausbau der Kernenergie, um die katastrophalen Folgen eines Energiemangels zu vermeiden, ihren Beitrag für die Entwicklungsländer leisten zu können und Verteilungskämpfe um Energiequellen überflüssig werden zu lassen. Die erwartete Entwicklung der Kernenergie in der Welt zeigt Tabelle VI.10.

Die Konversion zu UF_6 ist erforderlich, da nur in der gasförmigen Phase, die bei UF_6 unter günstigen allgemeinen Bedingungen erreichbar ist, eine Anreicherung derzeit möglich ist.

Die Urankonversionskapazität in der westlichen Welt ist in Tabelle VI.11 zusammengestellt.

Tabelle VI.8 Uranproduktion der westlichen Welt (in t U)

Jahr	t U	Jahr	t U
vor 1957	32 915 (insgesamt)	1970	18 615
1957	17 720	1971	18 931
1958	28 982	1972	19 880
1959	34 117	1973	19 773
1960	32 042	1974	18 472
1961	28 594	1975	19 142
1962	26 063	1976	23 055
1963	23 773	1977	28 349
1964	21 594	1978	33 891
1965	15 838	1979	38 109
1966	15 015	1980	43 965
1967	14 691	1981	44 047
1968	17 517	1982	41 310
1969	17 600	1983	38 500[1)]

[1)] geschätzt

Tabelle VI.9 Erreichbare Produktionskapazitäten in der WOCA, basierend auf bekannten Vorräten 1990–2025 (1 000 t U)

Land	1990	2000	2010	2020	2025
Australien	20,0	10,0	–	–	–
Kanada	15,5	12,5	10,7	10,5	10,4
Frankreiche	4,4	1,6	–	–	–
Namibia	5,0	4,6	–	–	–
Südafrika	10,4	10,0	10,0	10,0	10,0
Vereinigte Staaten	40,8	51,6	40,7	12,3	–
Niger[1)]	8,5	5,5	–	–	–
Andere	6,3	11,0	9,5	11,0	–
insgesamt ohne Phosphate	110,9	106,8	70,9	43,8	20,4
Phosphate[2)]	5,0	8,0	12,0	14,0	16,0
insgesamt	115,9	114,8	82,9	57,8	36,4

Quelle: Table XXIV, Chapter 4, Working Group 1 report INFCE

1) Niger hat für 1990 höhere Produktionszahlen angegeben (12 000 t U/a). Da für die Jahre danach keine Daten zur Verfügung standen, wurden in dieser Tabelle die US-DOE-Modell-Ergebnisse verwendet.

2) Uran als ein Nebenprodukt bei der Phosphorsäure-Herstellung

Tabelle VI.10 Kernenergieprogramm der Welt in GWe[1)]

Jahr	August 1982 in Betrieb	1985	1990	1995	2000
E.G.	45,6	74,1	117,6	186,5	271
sonstiges westliches Europa	11,3	20,8	31,8	53,0	75
USA	60,0	97,5	131,0	240,1	325
sonstige westliche Welt	30,4	39,3	68,3	98,5	157
UdSSR	17,1	25,5	40,5	115,0	188
sonstige Länder des Ostblocks	4,0	8,4	12,9	37,0	62
Summe	168,4	265,6	402,1	730,1	1 078

1) Mittel aus Statistiken: „Jahrbuch der Atomwirtschaft 1983", INFCE-Abschlußbericht Februar 1980, atw-Schnellstatistik in Atomwirtschaft März 1983 und Meldungen in Nuclear Fuel 1982/83

Tabelle VI.11 Urankonversionsanlagen in der westlichen Welt. Kapazität bezogen auf Konversion von U_3O_8 in UF_6

Land	Standort	Eigentümer	Kapazitäten in t U/a	
			1980	1985[1)]
Frankreich	Pierrelatte	Comurhex	12 000	15 000
Großbritannien	Springfields	British Nuclear Fuels Ltd.	10 000	16 000
Kanada	Port Hope, Ont.	Eldorado Nuclear Ltd.	6 000	14 500
USA	Metropolis, Ill.	Allied Chemical	14 000	22 500
USA	Sequoyah, Okl.	Kerr McGee	9 000	9 000

Quelle: Firmenangaben und Studie von Kreutz und Kuhrt

1) Informationstagung „Die Versorgung Europas mit Kernbrennstoffen". 5./6.3.1979 im Hotel International, Zürich-Oerlikon

Tabelle VI.12 Vergleich erprobter Anreicherungsverfahren

	Diffusion	Zentrifuge	Trenndüse
Kapitalkosten (%)	45	70	Genaue Zahlen liegen nicht vor, dürften aber etwa dem Diffusionsverfahren ähneln
Energiekosten (%)	53	3	
Betriebskosten (%)	2	27	
Energiebedarf (kWh/kg TAE)	2 300	ca. 200	2000 ... 3000
Zahl der Stufen für 3% Anreicherung ca.	1 000	ca. 10	ca. 500

Der rechtzeitige weitere Ausbau der Konversionskapazität in Abstimmung mit der Entwicklung der Uranproduktion scheint nach den bisherigen Planungen durchaus gesichert.

Für den Einsatz in Leichtwasserreaktoren ist im allgemeinen eine Anreicherung auf etwa 3 % ^{235}U erforderlich. Für die Anreicherung stehen derzeit 3 erprobte Verfahren zur Verfügung. Für neu errichtete Anlagen muß bei allen Verfahren heute mit einem erforderlichen Anreicherungspreis von 200 US-$/kg Trennarbeitseinheit gerechnet werden. Über die Aufteilung der Kosten, den Energiebedarf und die Anzahl der benötigten Stufen gibt die Tabelle VI.12 Auskunft.

Während Diffusionsanlagen wegen ihrer technischen Gegebenheit mit einer Mindestkapazität von etwa 8 000 t TAE/a gebaut werden müssen (Bedarf eines 1 300 MW Kernkraftwerkes liegt bei 140 t TAE/a) können Zentrifugen- und Trenndüsenanlagen mit ca. 200 t TAE/a begonnen und durch Parallelschaltung kontinuierlich erweitert werden. Die europäische Urencoanlage in Almelo und auch die erste in Brasilien geplante Trenndüsenanlage haben daher eine Kapazität von 200 t TAE/a, während die Eurodif-Anlagen sofort mit 8 000 t TAE/a geplant werden. Wegen des niedrigen Energiekostenanteils dürfte das Zentrifugenverfahren langfristig im Vorteil sein, wenn man die bisher nur im Labor getesteten Möglichkeiten, wie z. B. das Laser-Verfahren, nicht berücksichtigt. Dies zeigt auch die Entscheidung der US ERDA, eine neue Anlage mit 8 000 t TAE/a im Endausbaustadium nach dem Zentrifugenprinzip zu bauen.

In den vergangenen Jahren hatten die USA die Entscheidung über den Ausbau ihrer Anreicherungsanlagen immer wieder hinausgeschoben. Dadurch wurde es für die Länder der europäischen Gemeinschaft immer dringlicher, eigene Anreicherungsanlagen zu schaffen, um selbst über einen geschlossenen Brennstoffkreislauf zu verfügen und so in der Versorgung mit angereichertem Uran unabhängiger zu werden. Dieses Ziel wurde zwar bisher noch nicht erreicht, wird aber bis Mitte der 80er Jahre angestrebt. Ein Engpaß in der Verfügbarkeit von Trennarbeitsdienstleistungen konnte bisher vermieden werden, indem mehrere europäische Energieversorgungsunternehmen Anreicherungsdienstleistungsverträge mit der UdSSR abschlossen.

Nach einem Bericht des Wall Street Journal vom 18. Dezember 1977 soll Exxon Nuclear Co., eine Tochtergesellschaft der Exxon Corp., einen Durchbruch in der kommerziellen Gewinnung von ^{235}U mit Hilfe von Laserstrahlen erzielt haben. Die Einrichtung einer Versuchsanlage in Richland (Bundesstaat Washington), soll geplant sein. Nach einem Bericht in Nuclear Fuel vom 28. Februar 1983 wird auch in Großbritannien an der Anreicherung von ^{235}U durch Laser gearbeitet, wobei eine wirtschaftliche Nutzung gegen Ende dieses Jahrhunderts möglich erscheint. Es muß erwartet werden, daß, wenn die Isotopentrennung mit Laserstrahlen sich als großtechnisch realisierbar erweist, eine effizientere Nutzung des im Natururan enthaltenen ^{235}U (Abreicherungsgrad 0,035 % ^{235}U statt bisher 0,02 % bis 0,25 % ^{235}U, technisch möglich derzeit 0,1 % ^{235}U) und eine erhebliche Senkung der Trennarbeitskosten gelingt.

Nach der Rekonversion des an ^{235}U angereicherten UF_6 zu UO_2 erfolgt die Weiterverarbeitung in Brennelementefabriken. In der Brennelementefertigung besteht eine ausreichende Produktionskapazität, die dem Bedarf laufend angepaßt werden kann, da die Vorlaufzeit zur Errichtung neuer Brennelementefertigungen nur gut 2 Jahre beträgt. Bei reinen UO_2-Brennelementen rechnet man heute mit Herstellungskosten von 150 US-$/kg U. Bei der Herstellung von Mischoxidbrennelementen (UO_2/PuO_2) sind die Kosten um 25 ... 50 % höher.

7 Zukunftsaussichten des Urans

Die Kernenergie ist eine notwendige und unersetzbare Quelle für die Energieversorgung der Welt. Sie ist in der Lage, in die Lücke einzutreten, die sich schon heute in der Versorgung der Welt abzeichnet. Aufgrund der langfristig zu erwartenden Entwicklung des Energiebedarfs in der Welt, vor allem auch aufgrund des großen Nachholbedarfs an Energie der Entwicklungsländer, wird die Kernenergie immer stärker in den Vordergrund treten.

Die Nachfrage nach Uran ist seit 1967 ständig gestiegen und strebt mit großen Sprüngen auf einen Jahresbedarf von 100 000 t U zu. Die Produktion hat die Nachfrage bisher trotz der in zahlreichen Staaten praktizierten Reglementierung decken können. Die Verzögerung der Kernenergieausbauprogramme in einigen westlichen Industrieländern hat ab 1980 zu einem Überfluß an Uranproduktion geführt. Andererseits nimmt aber auch die Vorlaufzeit für die Inbetriebnahme neuer U-Produktionskapazitäten zu. Sie beträgt, von der Entdeckung eines Vorkommens bis zum Produktionsbeginn so wie bei Kernkraftwerken von der Bauentscheidung bis zur Aufnahme der Stromlieferung fast 10 Jahre. So ist zu erwarten, daß Produktion und Nachfrage mittel- und langfristig mit einer konstanten Aufwärtsentwicklung entsprechend dem wachsenden Energiebedarf der Welt in Übereinstimmung zu bringen sind. Wegen der rückläufigen Entwicklung der Ölförderung ist für die Uranproduktion mit überproportionalen Wachstumsraten von durchschnittlich 4,7 % jährlich zu rechnen.

Literatur

A *Institute, Organisationen, Zeitschriften*

[1] Uranium: Resources, Production and Demand. International Atomic Energy Agency (IAEA). Organisation for Economic Cooperation and Development (OECD). Paris 1982

[2] INFCE; Internationale Bewertung des Kernbrennstoffkreislaufs. Dokumentation 1980 der IAEO. INIS Section, Postfach 590, A-1011 Wien, Österreich

[3] Die zukünftige Entwicklung der Energienachfrage und deren Deckung. Bundesanstalt für Geowissenschaften und Rohstoffe. Hannover 1976

[4] Nuclear Fuel. – Nucleonics Week. 1981/1982

[5] Grundlinien u. Eckwerte für die Fortschreibung des Energieprogramms. Bulletin des Presse- und Informationsamtes der Bundesregierung. Bonn 1977

[6] International Symposium on Uranium. London 1977

[7] Jahrbuch der Atomwirtschaft 1983. Düsseldorf 1983

[8] Das Energiehandbuch. 4. Aufl. Vieweg Verlag, Braunschweig/Wiesbaden 1981

B *Autoren*

[1] *Berg, D.:* New Uranium Recovery Techniques. Internat. Conf. on Uranium, Genf 1976

[2] *Bowie, S.,* et al.: Existing and New Techniques in Uranium Exploration. IAEA Sympos. Wien 1976

[3] *Dahlkamp, F. J.:* Uranlagerstätten. Gmelin Handbuch der Anorganischen Chemie, U, Uran, Ergänzungsband A1, Springer Verlag, Berlin, Heidelberg, New York 1979

[4] *Dahlkamp, F.,* und *Tan, B.:* Geology and mineralogy of the Key Lake U – Ni deposits, northern Saskatchewan, Canada, The Institution of Mining and Metallurgy, London 1976

[5] *Gärtner, E.:* Die Bedeutung des Energieträgers Uran. „Braunkohle", Heft Nr. 1/2, 1977

[6] *Gärtner, E.:* Uran. Produktion und Gewinnung, Brennstoffkreislauf und möglicher Beitrag zur Energieversorgung. Jahrbuch für Bergbau, Energie, Mineralöl und Chemie 1977/78. S. 1–68

[7] *Mandel, H.:* Uranium Demand and Security of Supply. A Consumer's Point of View. Meeting of the Uranium Institute. 1976

[8] *Maucher, A.:* Die Lagerstätten des Urans. Vieweg Verlag, Braunschweig 1962

[9] *Strunz, H.:* Mineralogische Tabellen. 4. Auflage. Akademische Verlagsgesellschaft Geest & Portig KG., Leipzig 1966

VII Wasserkraft

E. Koros G. Rouvé

1 Grundlagen

1.1 Geschichtliches

Wasser gehört zu den ältesten und umweltfreundlichsten Energiequellen der Erde, die vom Menschen genutzt werden. Infolge des hydrologischen Kreislaufes erneuert sich das der Nutzung zur Verfügung stehende Potential dieses Primär-Energieträgers ständig, so daß bei richtiger Dimensionierung und solider Ausführung in der Investition aufwendige Anlagen über Jahrzehnte bei niedrigsten Betriebskosten genutzt werden können.

Einfache Vorrichtungen zur Nutzung der Wasserenergie finden sich schon um 500 v. Chr. zum Antrieb von Mühlen, von Schöpfwerken für Bewässerung und später für verschiedene mechanische Bearbeitungsvorgänge, zuerst in Ägypten, Persien und Mesopotamien. Die großen, heute noch funktionierenden Wasserräder von Hamma/Syrien werden als unterschlächtige Wasserräder betrieben und heben das Flußwasser für Bewässerungszwecke um etwa 16 m. Der Wirkungsgrad ist gering.

Über viele Jahrhunderte hinweg blieb die Technik des Baus von Stauanlagen und Wasserrädern etwa die gleiche. Die Stauanlagen, meist einfache Wehranlagen, ermöglichten die Entnahme in einem Seitenkanal, dessen Gefälle geringer ist als das des Flußlaufes. Die Höhendifferenz wurde dann als Bruttofallhöhe genutzt. Talsperren waren oft an der Oberfläche aus Quadermauerwerk gebaut, während der Kern aus Erdreich bestand. Die Wasserräder waren zunächst aus Holz, später aus Stahl und Holz gefertigt. Hierbei handelt es sich um stationäre Anlagen. Eine Ausnahme bilden die sogenannten Schiffsmühlen, bei denen die Maschine auf einem Schiff montiert ist. Das Laufrad wird durch die Fließgeschwindigkeit des Flusses angetrieben. Erst in der zweiten Hälfte des 19. Jahrhunderts wurden mit der Industrialisierung verschiedene Maschinentypen entwickelt. Heute sind folgende Wasserturbinen bekannt:

Durchströmturbine (auch Ossberger-Turbine, nach dem Hersteller in Weißenburg in Bayern benannt), für kleinere Fallhöhen und Abflüsse bzw. Durchflüsse;

Propellerturbine mit feststehenden Laufradschaufeln, für Fallhöhen von 3 ... 10 m und größere Durchflüsse,

Kaplanturbine mit beweglichen Laufradschaufeln, für Fallhöhen bis zu 70 m und sehr große Durchflüsse;

Rohrturbine eine nahezu gerade durchströmte Maschine mit Propeller- oder Kaplan-Laufrädern; die Fallhöhen bewegen sich zur Zeit zwischen 3 m und etwa 10 m;

Straflo-Turbine	eine Weiterentwicklung der sogenannten Arno-Fischer-Turbinen, die Laufradschaufeln sind verstellbar, der Generator ist als Ringgenerator angeordnet; die ersten Anlagen sind 1982 in Betrieb gegangen; Fallhöhe und Durchfluß entsprechen den Bereichen der Rohrturbine;
Francis-Turbine	mit feststehenden Laufradschaufeln;
Deriaz-Turbine	eine Maschine mit diagonal durchströmtem Laufrad mit verstellbaren Laufradschaufeln;
Pelton-Turbine	oder auch Freistrahlturbine, bis zu 2 Düsen bei horizontaler, bis zu 6 Düsen pro Laufrad bei vertikaler Welle, größte Fallhöhen, relativ kleine Abflüsse.

Die genannten Turbinentypen sind in Bild VII.1 Fallhöhe und Durchfluß zugeordnet.

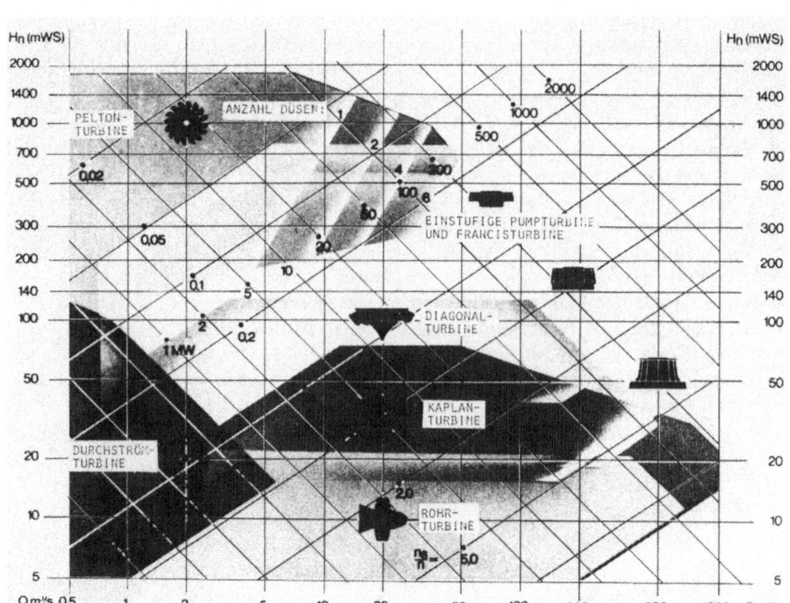

Bild VII.1 Anwendungsbereiche der Turbinentypen in Abhängigkeit von Netto-Fallhöhe H_N, Durchfluß Q (= Turbinen-Nenndurchfluß), Leistung je Turbine in MW und dem Verhältnis n_S/n der spezifischen zur natürlichen Drehzahl

1.2 Leistung einer Wasserkraftanlage (vgl. Bild VII.1)

$P = 9{,}81 \cdot \eta \cdot Q_a \cdot h_N$ in kW.

Hierin bedeuten

- P Leistung P_B in kW,
- η Wirkungsgrad einer Anlage oder Maschine,
- Q_a Ausbaudurchfluß in m^3/s, für den ein Kraftwerk ausgelegt ist,
- h_N Nennfallhöhe, das ist die Fallhöhe, für die eine Turbine bestellt ist,
- n Anzahl der Turbinen,
- Q_{TN} Turbinen-Nenndurchfluß ist der Durchfluß, für den die Turbine bestellt ist. Vielfach wird ein Bereich angegeben,
- Q_a $= n \cdot Q_{TN}$.

1.3 Ermittlung des Ausbaudurchflusses Q_a

Die genaue Kenntnis einer möglichst langen Datenreihe des Abflusses eines energiewirtschaftlich auszubauenden Flusses ist neben den topographischen und geologischen Gegebenheiten die wichtigste Voraussetzung für die Beurteilung der Ausbauwürdigkeit einer Wasserkraftanlage. Zur Ermittlung des Ausbaudurchflusses bedient man sich eines möglichst in der Nähe des geplanten Projektes liegenden Kontrollquerschnittes, in dem der Wasserspielgel h täglich mit Hilfe eines Pegels notiert wird. Aus der Eichkurve $Q = f(h)$ entnimmt man den Abfluß Q für den entsprechenden Wert h. Aus der Ganglinie der Wasserstände $h = f(T)$ ergibt sich unter Verwendung der Eichkurve die Ganglinie des Abflusses $Q = f(T)$. Mit Hilfe statistischer Verfahren wird aus den Abflußganglinien mehrerer Jahre oder Jahrzehnte die charakteristische Ganglinie der Abflüsse (Bild VII.2) für den Kontrollquerschnitt ermittelt. Aus der Ganglinie der Abflüsse wird die Dauerlinie der Abflüsse entwickelt (Bild VII.3). An 365 Tagen des Jahres ist der Minimalabfluß immer gesichert, während der Maximalabfluß nur an wenigen oder an einem Tag zu erwarten ist. $\underline{Q}_{65} = \overline{Q}_{300}$, d. h. es handelt sich um einen Abfluß, der an $\underline{n} = 65$ Tagen unterschritten oder an $\overline{n} = 300$ Tagen überschritten wird. Die Wahl von Q_a ist also überwiegend nach wirtschaftlichen Gesichtspunkten zu treffen: Ein großer Wert von

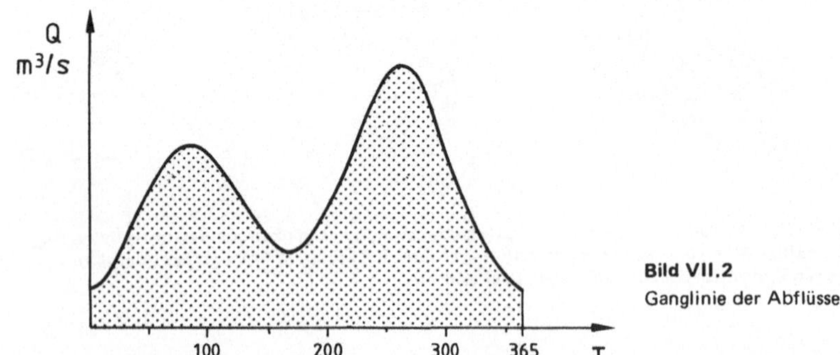

Bild VII.2
Ganglinie der Abflüsse

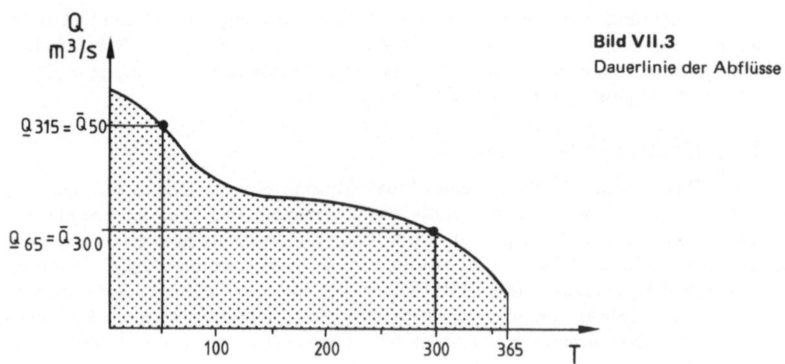

Bild VII.3
Dauerlinie der Abflüsse

Q_a, z. B. $\overline{Q}_{50}$, bedeutet, ein hoher Wert an installierter Leistung, d. h. hohe Kosten für eine installierte Leistung, die nur an wenigen Tagen z. B. 50 Tagen, voll zur Verfügung steht.

Bei vielen Projekten, insbesondere in Entwicklungsländern, werden die erforderlichen Datenreihen des Abflusses nicht zur Verfügung stehen. Die Messungen hydrologischer Daten wie Niederschlag, Abfluß, Verdunstung, Versickerung ist unmittelbar bei Planungsbeginn aufzunehmen.

Für die Entwicklung einer allgemein gültigen Beziehung zwischen Niederschlag und resultierendem Abfluß werden mathematische (stochastische oder deterministische) Modelle auf der Grundlage der einfachen Wasserhaushaltsgleichung eingesetzt.

$$N = A + V.$$

Hierin bedeuten

N Niederschlag,
A Abfluß,
V Verdunstung.

Die Energiebereitstellung durch Wasserkraftanlagen hängt von den ungleichmäßig über das Jahr anfallenden Niederschlägen ab. Zum Ausgleich werden Speicher S (Talsperrenspeicher) geschaffen, die auch dem Hochwasserschutz, der Bewässerung, der Trink- und Industriewasserversorgung, der Niedrigwasseraufhöhung und der Erholung dienen. In Talsperrenspeichern wird wie im Grundwasser ein Teil des Niederschlages als Rückhalt R gespeichert, bevor er wieder als Brauch B zum Abfluß kommt. Die erweiterte Wasserhaushaltsgleichung lautet dann:

$$A = N - V - (R - B)$$

$$R - B = \frac{dS}{dt} = \text{Speicheränderung}$$

$$A = N - V - \left(\frac{dS}{dt}\right).$$

Einen ersten Anhalt beim Fehlen jeglicher hydrologischer Daten bieten Erfahrungen aus Projekten mit vergleichbaren Grundlagen: Größe des Einzugsgebietes, geographische und topographische Lage, Niederschlagshöhe, Temperatur, Oberflächenbeschaffenheit, geologische Bedingungen usw.

1.4 Ermittlung der Nennfallhöhe

Das natürliche Gefälle I eines Flusses nimmt von der Quelle zur Mündung ab. Hieraus und aus der Topographie des Einzugsgebietes (tief eingeschnittene Täler am Oberlauf) sind Talsperren mit großen Fallhöhen und Speichervolumina in Gebieten mit großen Niederschlägen und geringer Verdunstung möglich, während am Unterlauf Wasserkraftanlagen mit kleineren Fallhöhen kaum eine Speichermöglichkeit bieten. Jahres- und Mehrjahresspeicher am Oberlauf bieten einen Hochwasserschutz für das gesamte Flußsystem bei gleichzeitiger optimaler Nutzung der Wasserkraft.

Die Definition der Nennfallhöhe geht von der Bruttofallhöhe oder der geodätischen Fallhöhe, das ist die geodätische Differenz zwischen den Wasserspiegeln im Ober- und Unterwasser, aus, die um die Fließ-(= Reibungs-)Verluste vom Einlauf

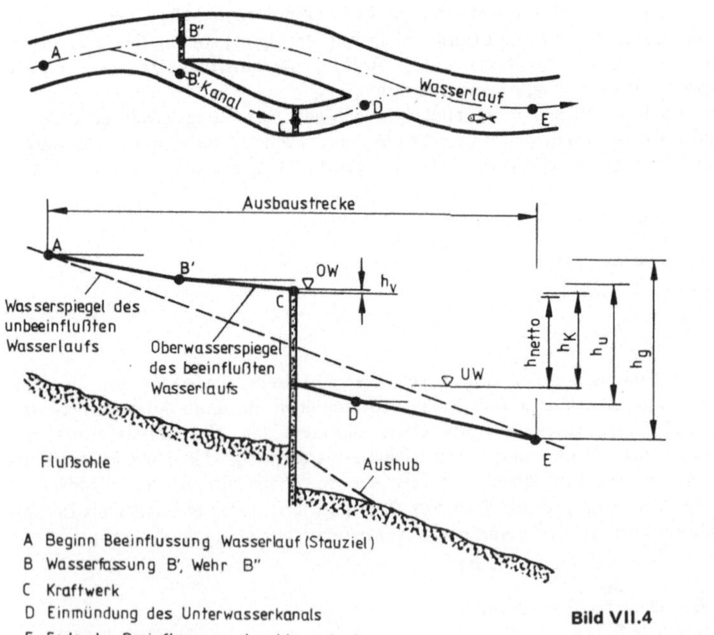

Bild VII.4
Prinzipskizze eines Kanalkraftwerkes

im Oberwasser bis zur Maschine und von der Maschine bis zum Unterwasser vermindert werden muß. Die Nennfallhöhe ist also die Differenz der Energiehöhen zwischen Eintrittsquerschnitt und Austrittsquerschnitt der Turbine.

Die Fallhöhen werden je nach Art der Wasserkraftanlagen definiert. Sie unterscheiden sich nach Hochdruckanlagen, Niederdruckanlagen (Flußkraftwerke und Umleitungs- oder Kanalkraftwerke) und Pumpspeicheranlagen. Bild VII.4 erläutert die verschiedenen Fallhöhenbegriffe, wobei h_g als Rohfallhöhe, h_u als Umleitungsfallhöhe und h_K als Kraftwerksfallhöhe bezeichnet wird.

Die entsprechenden Begriffe sind in Bild VII.5 für eine Pumpspeicheranlage in einer Prinzipskizze erläutert, die entsprechend für alle Hochdruckanlagen gilt.

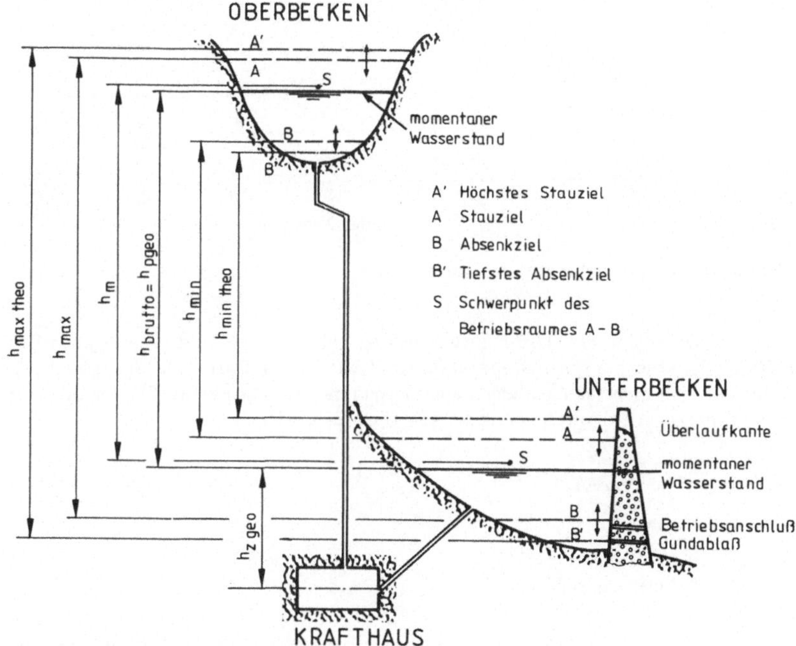

Bild VII.5 Prinzipskizze einer Pumpspeicheranlage

1.5 Auswahl des Turbinentyps

Aus dem bekannten Ausbaudurchfluß Q_a einer Wasserkraftanlage wird über die Anzahl der Maschinen der Turbinen-Nenndurchfluß bestimmt. Die Anzahl der Turbinen ergibt sich entweder durch Anpassung an die Dauerlinie der Abflüsse, aus Transport- oder Produktionsbeschränkungen. Nur in seltenen Fällen beträgt $n = 1$, meistens $n \geqslant 2$. Dies ist auch aus Gründen der Wartung und Reserve sinnvoll.

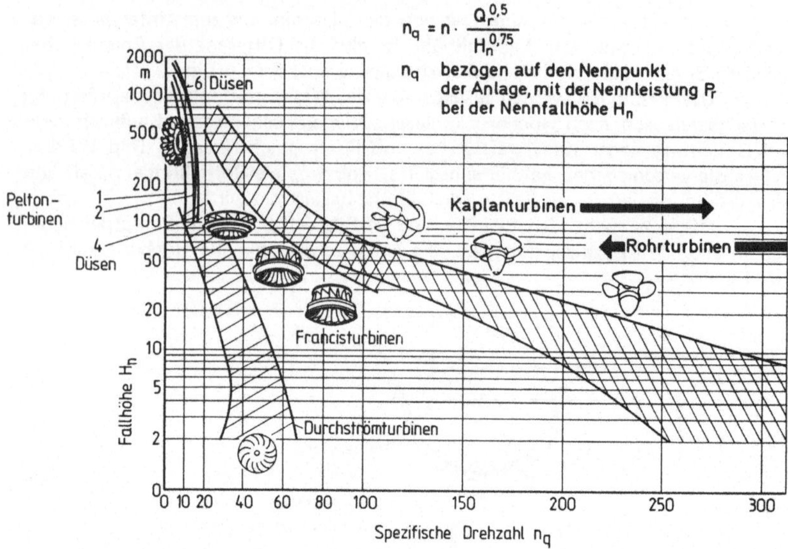

Bild VII.6 Anwendungsbereiche der Turbinentypen

Die Wahl des Turbinentyps erfolgt mit $Q_{TN} = Q$ und $h_N = H_N$ aus Bild VII.1 oder über die spez. Drehzahl n_q (Bild VII.6). Die Definition der spez. Drehzahl hat sich mehrfach geändert, auch wegen der Einführung der SI-Einheiten. Einige Unterlagen enthalten noch den Ausdruck (Bild VII.1)

$$n_S = n \cdot \frac{\sqrt{N}}{H \sqrt[4]{H}} \quad .$$

Hierin bedeuten

n Drehzahl in $\min^{-1}$,
N Leistung in PS (!),
$H = H_N$.

Es erscheint jedoch zweckmäßig, weiterhin zwei (2) Definitionen der spezifischen Drehzahl zu verwenden, wie dies auch in der Industrie gehandhabt wird:

die dimensionsbehaftete Drehzahl $n_q = n \cdot Q^{1/2} \cdot H^{-3/4}$, (Bild VII.6)

die dimensionsfreie Drehzahl $\omega_S = \omega \cdot Q^{1/2} \cdot (g \cdot H)^{-3/4}$.

1.6 Leistungsplan einer Wasserkraftanlage

Zur Ermittlung der zu installierenden Leistung wird ein Leistungsplan aufgestellt. In ihm werden die Dauerlinien des Ober- und Unterwasserstandes und als deren Differenz die Bruttofallhöhe als Ordinatenwerte h_b aufgetragen. Die Leistung

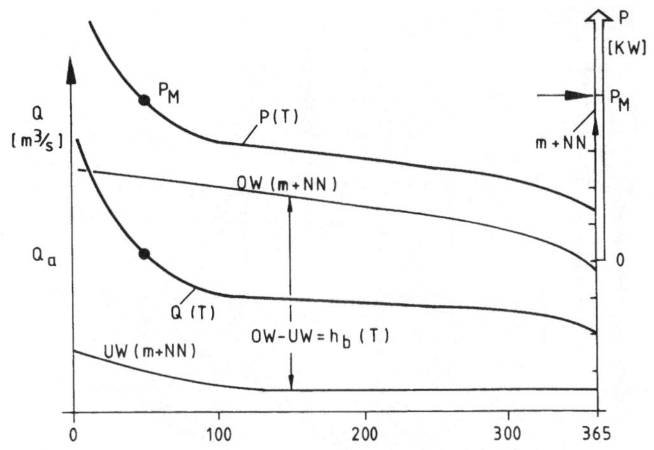

Bild VII.7 Leistungsplan

der Anlage *P (T)* ergibt sich als Produkt in der bekannten Weise (Bild VII.7). Im vorliegenden einfachen Beispiel hat die Überprüfung der Wirtschaftlichkeit zu einem Ausbaudurchfluß $Q_a = \overline{Q}_{50}$ geführt. Etwa ein Drittel der maximalen Leistung kann über das gesamte Jahr erzeugt werden. Leistungspläne von Laufwasserkraft-, Speicher- und Pumpspeicheranlagen sind entsprechend unterschiedlich. Der von der Beaufschlagung der Turbine abhängige Wirkungsgrad der Maschine wird in der Rechnung, die über EDV erstellt wird, ebenfalls berücksichtigt.

1.7 Kavitation

Bei großen hydraulischen Maschinen kann wegen großer Umfangs- und Fließgeschwindigkeiten die gefürchtete Kavitation auftreten, deren zusammenfallende Gasblasen auch hochwertige Metallegierungen zerstören. Eine sichere Maßnahme zur Vermeidung der Kavitation ist die zuverlässige Berechnung der sogenannten Saughöhe, deren Ergebnis zu kostspieligen aber unumgänglichen Baumaßnahmen führen kann. Bild VII.8 zeigt eine Maschinenanordnung etwa 10 m unterhalb des UW-Spiegels.

1.8 Wirtschaftlichkeit

Die Anlagekosten für Wasserkraftanlagen werden im allgemeinen etwa 2 bis 3 mal höher sein, bezogen auf die installierte Leistung, als bei konventionellen Dampfkraftwerken. Die Betriebskosten sind dagegen sehr gering. Die Lebenszeit einer Wasserkraftanlage liegt bei sinnvoller Dimensionierung und gutem Entwurf bei mehr als 50 Jahren. Bei einem Kostenvergleich muß beachtet werden, welche Positionen berücksichtigt werden oder von anderen Kostenträgern übernommen werden: Bewässerung, Hochwasserschutz, Landschaftsschutz und Erholung, Binnen-

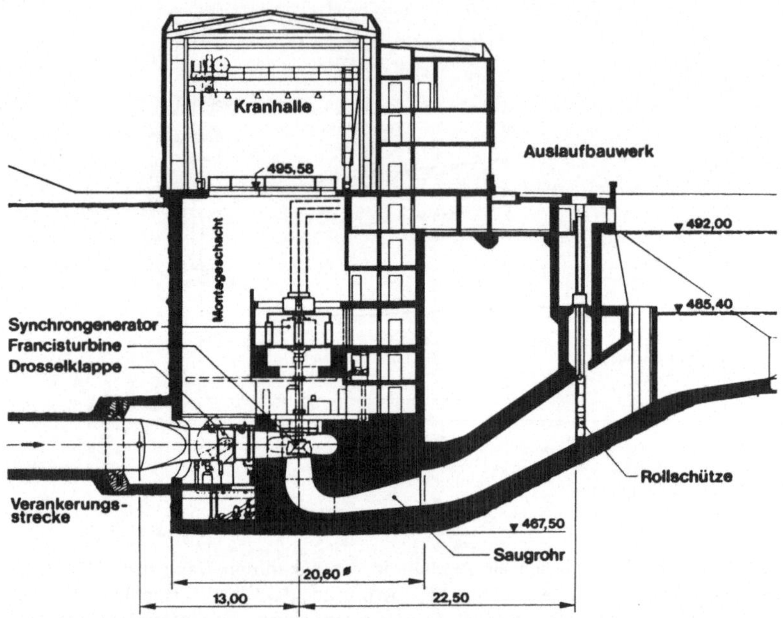

Bild VII.8 Tiefliegende Anordnung einer Maschine zur Vermeidung von Kavitation (Walgauwerk/Voralberger Illwerke)

schiffahrt, Trink- und Brauchwasserversorgung, Straßenbau, wenn z. B. über eine Wehranlage oder eine Talsperre eine Straße geführt werden kann und dadurch eine Brücke entfällt. Wasserkraftanlagen haben das investierte Kapital immer schneller zurückgeführt als dies bei der Planung angenommen worden war. Die schwankenden Ölpreise und die bei vernünftiger Planung gute Umweltverträglichkeit haben dem Ausbau der Wasserkraft einen starken Auftrieb verliehen.

Eine Ausbauplanung bestimmt rechtzeitig die Ausbaufolgen. Berechnet wird der Gegenwartswert der Kosten, wobei neben der Ausbauleistung die maximale Jahresarbeit, die tatsächlich erzeugte Arbeit, die Betriebskosten, leistungsab- und -unabhängige Kosten, Investitionskosten und der Zinssatz berücksichtigt werden. Die Ausnutzungsdauer einer Wasserkraftanlage ist in Bild VII.9 erläutert. Der Ausnutzungsfaktor n ist der Quotient aus A_B und $P_M \cdot (T_2 - T_1)$.

Einige Ausnutzungsfaktoren:

Pumpspeicherkraftwerk	$n = 0 \ldots 0{,}2$
Gezeitenkraftwerk	$n = 0{,}2 \ldots 0{,}3$
Speicherkraftwerk	$n = 0{,}2 \ldots 0{,}4$
Laufwasserkraftwerk	$n = 0{,}4 \ldots 0{,}9.$

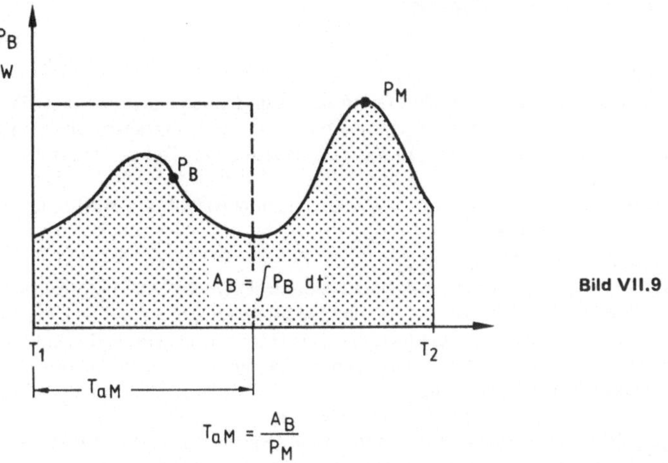

Bild VII.9

1.9 Wasserkraftpotential

Man muß zwischen dem Bruttowasserkraftdargebot (Bruttopotential), dem technisch ausnützbaren Dargebot (technical water power potential) und dem wirtschaftlich ausbauwürdigen Wasserkraftdargebot unterscheiden.

Unter dem Bruttopotential (gross water power potential) versteht man das theoretische Gesamtdargebot eines Flußgebietes.

Das technisch ausnützbare Potential beträgt jedoch nur ca. 50 % des Bruttopotentials. Diese Verringerung beruht hauptsächlich auf Wasserverlusten durch Versickerung, Bewässerung, Trink- und Brauchwasserentnahmen sowie auf ungenutzten Hochwässern, Fallhöhenverlusten, mechanischen Verlusten, Nichtausnutzung geringer Stromgefälle und geringe Oberlaufwässer.

Das wirtschaftlich ausbauwürdige Potential (economic water power potential) hängt u. a. von den topographischen und geologischen Geländegegebenheiten, den Kosten des Bauens, den Gestehungskosten der im Wettbewerb stehenden anderen Energiequellen, dem Stand der Verbundwirtschaft, der Anpassungsfähigkeit an die Bedürfnisse der Energieverbraucher usw. ab. Eine ECE-Studie des Jahres 1953 gibt für das wirtschaftlich ausbauwürdige Potential u. a. folgende Prozentzahlen vom Bruttopotential an:

Bundesrepublik Deutschland	16,5 %,
Frankreich	19,2 %,
Österreich	19,7 %,
Schweiz	18,7 %.

Diese Werte haben steigende Tendenz durch die Fortschritte in der Tiefbautechnik, die Entwicklung der elektrischen Verbundwirtschaft, besonders auch bei steigenden Gestehungskosten anderer Energiequellen.

2 Arten der Wasserkraftwerke

Man unterscheidet:

a) nach der Fallhöhe
Niederdruckwerke bis etwa 70 m Nutzfallhöhe. Sie sind einerseits durch den Maschinentyp (Straflo, Rohrturbine, Kaplanturbine und auch Francisturbine) gekennzeichnet, andererseits dadurch, daß das Krafthaus einen Teil der Stauanlage bildet.
Hochdruckwerke von 70 m bis etwa 1 000 m und mehr Nutzfallhöhe mit Francis-, Diagonal- und Peltonturbinen.

b) nach der geographischen Anordnung
Flußkraftwerke liegen im Fluß und sind Niederdruckwerke, Kanalkraftwerke (Bild VII.4) liegen in einem Kanal, der für die Energienutzung und in einigen Fällen auch für die Schiffahrt gebaut wurde. Das Hochwasser wird weiterhin im Fluß abgeführt. Aus ökologischen Gründen sollte diese vielleicht wirtschaftlichere Bauweise vermieden werden.
Talsperrenkraftwerke liegen am Fuß einer Talsperre.
Umleitungskraftwerke erhöhen die Nutzfallhöhe, indem aus dem Staubereich einer Talsperre der Ausbaudurchfluß umgeleitet und in einiger Entfernung von der Talsperre demselben oder einem anderen Fluß wieder zugeführt wird.

c) nach Art des Betriebes
Laufwasser-, Speicher-, Pumpspeicher- und Gezeitenkraftwerke.

In den folgenden Abschnitten wird besonders die Bedeutung von Punkt c) erläutert.

2.1 Laufwasserkraftwerke

Eine Bewirtschaftung des Abflusses ist mangels Speicherkapazität nicht möglich. Der natürliche Zufluß muß laufend verarbeitet werden. Laufwasserkraftwerke geben die Leistung als Grundlastdeckung in das Netz. Zur Ermittlung der möglichen Jahreserzeugung wird ein Leistungsplan (Bild VII.7) aufgestellt, der mit Annahmen von verschiedenen hohen Ausbaugraden das wirtschaftliche Optimum gegenüber den Anlagekosten erkennen läßt. Hierbei sollte die Entwicklung des Strompreises als Variante mit einbezogen werden. Als gesichert gilt im allgemeinen die 330-tägige Wasserführung. Laufwasser- oder Flußkraftwerke werden als Niederdruckanlagen auch an sogenannten Stützschwellen, die der Begrenzung der Tiefenerosion dienen, errichtet, um die Fallhöhe zu nützen (z. B. Iffezheim, Gambsheim am Rhein).

Als Schwellbetrieb bei einem oder einer Kette von Flußkraftwerken wird die diskontinuierliche Abarbeitung des natürlichen Zuflusses bezeichnet. Während der Nieder- oder Schwachlaststunden wird der Abfluß reduziert und das normale Stauziel überstaut, um während der Zeit hoher und Spitzenlast eine erhöhte Leistung abgeben zu können. Auf die Belange der Schiffahrt ist Rücksicht zu nehmen.

2.1.1 Krafthaus

Das Krafthaus kann in hoher Bauweise (z. B. Jochenstein/Donau) mit im allgemeinen senkrechten Kaplanturbinen und einer im Krafthaus untergebrachten

Krananlage ausgeführt werden. Diese Bauweise wurde bis etwa 1960 bevorzugt. Die Freiluftbauweise ist extrem flach. Der mit Deckeln verschlossene Kraftwerksbau reicht nur wenig über den Überwasserspiegel. Der fahrbare Portalkran steht im Freien. Mit der Einführung der Rohrturbinen auch für größere Einheiten wurde die halbhohe Bauweise entwickelt. Bei Flußkraftwerken ist das Krafthaus neben dem Wehr und evtl. der Schleuse ein wesentlicher Bestandteil der Stauanlage. Ein typisches Beispiel moderner Bauweise zeigt Bild VII.10.

2.1.2 Wehranlage

Die Wehranlage dient dem Aufstau und der Regulierung des Abflusses insbesondere bei $Q > Q_a$. Auf der festen Wehrschwelle werden bewegliche Wehrverschlüsse, heute meistens Druck- oder Zugsegmente, aufgesetzt, deren Breite und Höhe so bemessen sein muß, daß auch das Bemessungshochwasser bei gehaltenem Stauziel abgeführt wird. Zur Abführung von Treibzeug und Geschwemmsel werden oft auf die Segmente Klappen aufgesetzt, die bei Abflüssen Q wenig größer Q_a abgesenkt werden. In Flüssen mit Geschiebebetrieb eignen sich Segmentverschlüsse besonders gut, da sie vorzugsweise unterströmt werden (Bild VII.11). Bei Wehren mit außergewöhnlich hohem Aufstau kann ein Staubalkenwehr, das im unteren Teil durch ein Drucksegment und über dem Staubalken durch eine Klappe verschlossen ist, die wirtschaftlichste Lösung sein.

2.2 Talsperrenkraftwerke

Als Talsperren kommen in Frage Gewichtsstaumauern, Bogenstaumauern und Dämme. Das Kraftwerk liegt je nach Talsperrentyp in der Mitte oder seitlich am Fuß der Talsperre (Bild VII.12). Vom Gesamtspeicherraum V_G steht nur ein Teil als Nutzraum und hiervon nur ein Teil als Betriebsraum (Volumen) V_B zur Verfügung. Die Hochwasser-Entlastungsanlage sollte möglichst vom Kraftwerksbau entfernt liegen. Infolge der kurzen Verbindungsleitungen zwischen Stausee und Turbine sind meistens Maßnahmen zur Dämpfung des Druckstoßes bei Schnellstart oder Schnellschluß nicht erforderlich.

2.3 Umleitungskraftwerke

Das eigentliche Krafthaus liegt in einiger Entfernung vom Stausee mit dem Einlaufbauwerk der Triebwasserleitung. Die Verbindungsleitung zwischen Speicher (Stausee) und Kraftwerk ist sowohl für Überdruckstoß mit anschließender Entlastung bei Schnellschluß als auch für Unterdruckbelastungen beim schnellen Anfahren der Maschinen zu berechnen. Ein sogenanntes Wasserschloß möglichst nahe an der Maschine im Ober- und/oder Unterwasser ist eine wirksame Maßnahme zum Schutz der langen Stollen, Schächte und Schrägschächte. Die Berechnung und Dimensionierung des Wasserschlosses sollte einem erfahrenen Fachmann übertragen werden.

Das Krafthaus wird wie bei Pumpspeicherwerken häufig als Kavernenkrafthaus ausgeführt.

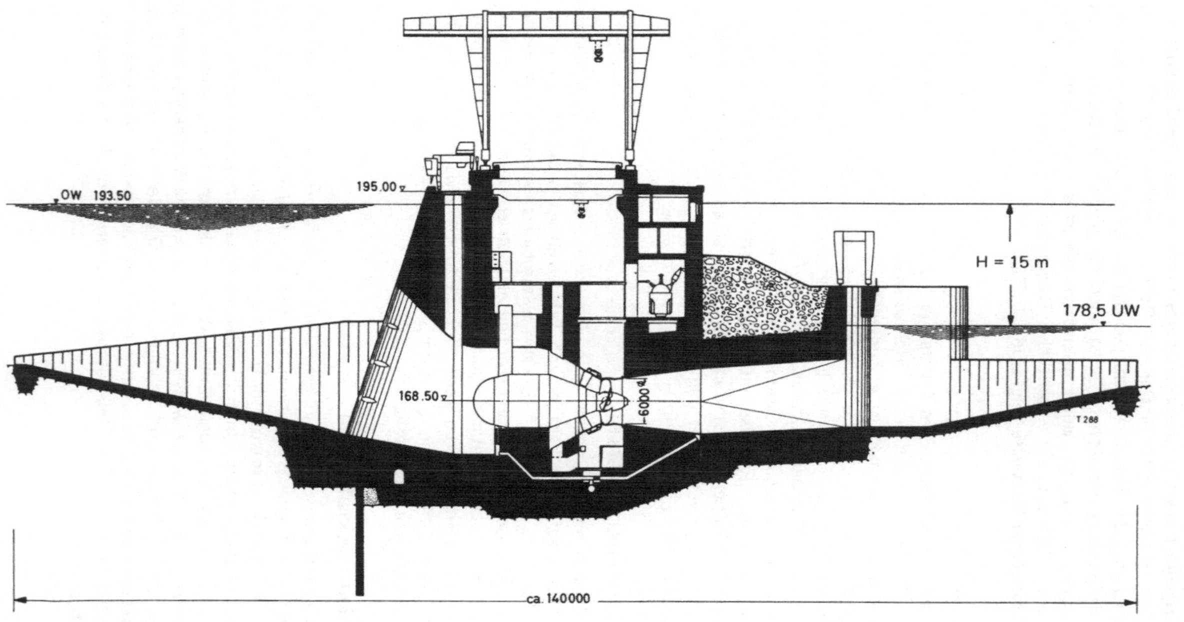

Bild VII.10 Schnitt durch das Flußkraftwerk Altenwörth/Donau mit 9 Rohrturbinen je 38,9 MW, $Q = 300\ m^3/s$, $H = 14$ m

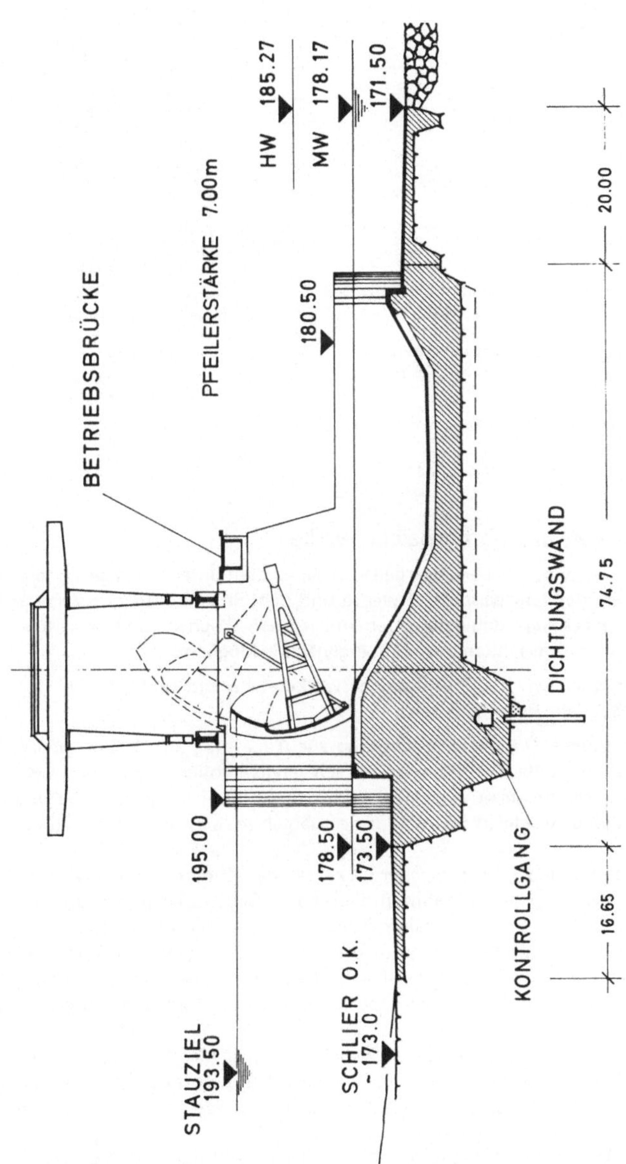

Bild VII.11 Schnitt durch das Wehr mit Drucksegment mit aufgesetzter Klappe, 6 Wehrfelder je 24 m breit, Leistung 9 800 m^3/s

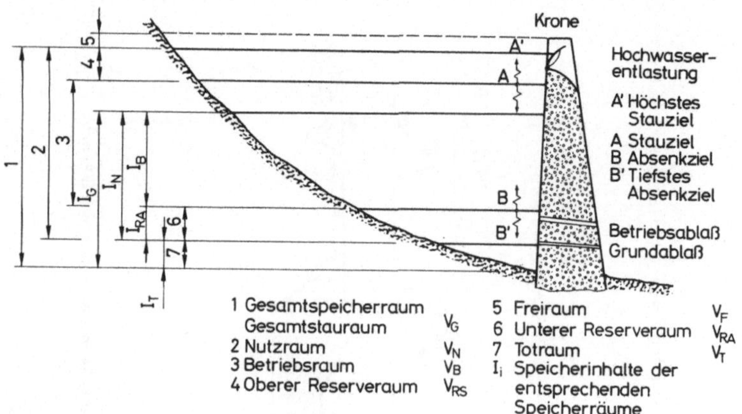

Bild VII.12 Prinzipskizze eines Talsperrenspeichers

2.4 Speicher- und Pumpspeicherwerke

Zur Überwindung der Divergenz zwischen dem unregelmäßigen Energiedargebot besonders der Laufwasserkraftwerke und dem Strombedarf der Verbraucher, der ebenfalls erhebliche Schwankungen mit Tages-, Wochen- und Jahresfrequenz aufweist, gibt es hauptsächlich zwei sich ergänzende Möglichkeiten:

- Einsatz von Speicher- und Pumpspeicherwerken einerseits und
- tarifliche Maßnahmen andererseits,

die Stromverbraucher in gewissem Umfang zur Anpassung an das Energiedargebot veranlassen sollen. Außerdem bewirkt der seit langem vollzogene Zusammenschluß von Erzeugern verschiedener Art und Verbrauchern in einem großen Verbundnetz einen bedeutenden Ausgleich sowohl auf der Dargebots- als auch auf der Abnehmerseite.

Speicher- und Pumpspeicherwerke sowie Kombinationen von beiden, haben in den letzten zwei Jahrzehnten dauernd an Bedeutung gewonnen, sei es zur Frequenzhaltung oder zum schnellen Einsatz bei Ausfällen thermischer Anlagen (Reservefunktion). Pumpspeicherwerke dienen darüber hinaus der Energieveredelung und zwar sind sie um so wertvoller, je freizügiger sie in der Wasserwirtschaft und Betriebsführung sind. Das bedeutet entsprechend große und teure Speicherbecken.

Pumpspeicherwerke haben entweder dreiteilige Maschinensätze, bestehend aus Turbine, Pumpe und Generator, der auch als Motor läuft oder aber es sind Turbine und Pumpe in einer einzigen Maschine vereinigt (reversible Pumpturbine), die meist mit stehender Welle angeordnet wird.

Der Wirkungsgrad moderner Werke liegt im Mittel bei 75 % und in der Spitze bei 80 %, d. h., es müssen rd. 1,3 kWh Pumpenergie aufgewendet werden, um eine Spitzen-kWh zu erzeugen. Hohe Wirkungsgrade werden durch kurze (soweit möglich) und reichlich bemessene Triebwasserwege begünstigt. Letzteres entschärft Druckstoßprobleme und begünstigt die Regulierbarkeit.

2.5 Luftpumpspeicherwerke

Der Vollständigkeit halber soll auch diese „neue" Art von Pumpspeicherwerken kurz erwähnt und erläutert werden, die technisch überwiegend zur Sparte Gasturbinenkraftwerk gehören. Wie bei vielen Verfahren und Entwicklungen ist der Grundgedanke schon lange bekannt; aber die Ausführbarkeit im großtechnischen Maßstab scheiterte bis vor kurzem an der wirtschaftlichen Speicherung großer Druckluftmengen.

Bekanntlich verbrauchen die weitgehend zur Deckung kurzer Belastungsspitzen eingesetzten Gasturbinenkraftwerke etwa 2/3 der Wellenleistung zur Förderung und Verdichtung der Verbrennungsluft. Wenn man nun zu dieser Verdichtungsarbeit elektrische Schwachlastenergie verwendet und die verdichtete Luft auf Vorrat hält, so kann man im Bedarfsfall mit derselben Gasturbine die rd. dreifache Leistung erzeugen, nachdem der gleichzeitige Antrieb des Luftverdichters entfällt.

Es gibt hauptsächlich zwei Arten dieser Luftspeicher: Gleichdruckspeicher und Gleitdruckspeicher. Hier pendelt eine vergleichsweise kleine Wassermenge auf und ab; sie hat nur die Aufgabe, im unterirdischen Luftspeicher bei wechselndem Luftvolumen immer den gleichen Druck zu halten. Bezogen auf 450 m Wassersäule ist die geringe Spiegelschwankung im oberirdischen Becken von untergeordneter Bedeutung. Für die zweite Art, die mit Gleitdruck arbeitet, ist ein Prototyp mit 290 MW Nutzleistung in Huntorf seit Ende 1977 in Betrieb. Zu einem zweistündigen Vollastbetrieb wird ein Luftspeicher von 300 000 m^3 Fassungsraum benötigt, dessen Druck zwischen 65 bar und 45 bar gleitet.

2.6 Gezeitenkraftwerke

Die durch Ebbe und Flut bewegten Wassermassen enthalten ungeheure Mengen an Bewegungsenergie. Kein Wunder, daß schon viele Pläne zur Nutzung dieser Gezeitenenergie gemacht worden sind. Wegen der enormen technischen Schwierigkeiten ist bisher nur ein winziger Bruchteil dieses Potentials genutzt. Da sich die Gezeiten täglich um etwa 50 min verschieben, aber auch wegen der großen Schwankungen des Tidenhubs ist keine gesicherte Leistung zu erzielen. Das erste große Gezeitenkraftwerk wurde 1961 bis 1966 in St. Malo an der Rance-Mündung (Bretagne) erstellt. Dort sind die Voraussetzungen verhältnismäßig günstig, weil die nach Norden vorsprigende Halbinsel Cotentin ein Hindernis für die vom Atlantik kommenden Flutwellen bildet. Der Tidenhub in St. Malo beträgt dadurch bis zu 13,5 m, während der Nipptide aber nur 3,3 m. Eingebaut sind 24 Maschinensätze zu je 10 MW Ausbauleistung, die entsprechend der unterschiedlichen Fließrichtung bei Ebbe und Flut beidseitig im Turbinenbetrieb gefahren werden können. Falls gerade billiger Pumpstrom zur Verfügung steht, können sie auch nach beiden Richtungen pumpen und dadurch in der Hochtarifzeit mehr Strom erzeugen.

In Anbetracht der bescheidenen Energiemengen aus den bestehenden und geplanten Gezeitenkraftwerken ist es in einem Taschenbuch nicht angebracht, die interessanten Einzelheiten zu beschreiben. Große Projekte bestehen an der Passamaquoddy-Bai zwischen USA und Kanada sowie an der Severn-Mündung, wo der Tidenhub bis zu 15,5 m erreicht. Bei ersterem soll durch eine Reihe von Becken die Stromerzeugung einigermaßen stetig gestaltet werden.

2.7 Gletscher-Schmelzwasserkraftwerk

Eine Energiequelle der Zukunft könnten unter Umständen auch einmal die Schmelzwässer der Gletscher Grönlands werden. Die schroffen Steilwände Südgrönlands bieten die Voraussetzung für Nutzfallhöhen von über 1 000 m. Sie haben große Niederschlagshöhen und verhältnimäßig hohe Sommertemperaturen. Der Schweizer Hydrogeologe Stauber hält eine Energieausbeute während der Sommermonate von etwa 200 Mrd. kWh in etwa 20 Großkraftwerken für möglich. Die Gewinnung des Stroms dürfte billiger sein, die Fortleitung bis nach Europa oder Kanada wird aber große Schwierigkeiten und Kosten verursachen.

3 Allgemeine Gesichtspunkte

3.1 Bewertung der Wasserkraft

Mit Recht wird auf die Langlebigkeit der Wasserkraft hingewiesen. Infolge des Wegfalls des Parameters Wärme sind die maschinellen Teile nur geringem Verschleiß unterworfen und den Betriebsstoff liefert die Natur umsonst. Im Gegensatz hierzu verbrauchen thermische Anlagen den Betriebsstoff (= Energieträger), bis er früher oder später aufgebraucht ist. Unbestritten ist auch die Umweltfreundlichkeit der Wasserkraft. Letztlich ist sie ja eine Art von Sonnenenergie, denn durch die Sonne wird der Wasserkreislauf kostenlos in Gang gehalten.

Dem Vollausbau des technisch nutzbaren Potentials sind besonders im dicht besiedelten Europa Grenzen durch andere Nutzungen und Ansprüche ans Wasser gesetzt. Laufwasserkraftwerke müssen sich außerdem der Konkurrenz thermischer Anlagen aller Art stellen, wobei die Langlebigkeit ersterer und ihre Umweltfreundlichkeit manchmal zu wenig gewichtet werden. Wenn nicht eine gewisse Hilfe aus dem Mehrzweckcharakter solcher Anlagen erwachsen würde, wäre heute kaum noch ein Projekt durchzubringen. An den Flüssen Lech, Isar und Inn sind es erforderliche Sohlschwellen und Einsparungen an Unterhaltungsarbeiten, an Rhein und Donau überdies die Schaffung und/oder Verbesserung der Wasserstraße nebst Hochwasserschutz, die den Staat zu fühlbaren Beiträgen bei der Schaffung von Staustufen veranlassen. Dadurch erreichen die Gestehungskosten zuweilen schon im Start das Niveau von thermischen Anlagen. Nach Maßgabe der Abschreibung, noch mehr jedoch durch die laufende Geldentwertung wird der Strom aus Wasserkraft nach Jahren und Jahrzehnten immer billiger. Als Paradebeispiel möge eines der ältesten, das Rheinkraftwerk Rheinfelden dienen, das seit rd. 80 Jahren ohne größere Erneuerungen in Betrieb ist. Auch Hochdruckwerke mit 50 bis 60 Betriebsjahren können hier angeführt werden.

3.2 Anlagekosten

Viele und vielfältige Parameter bestimmen die Anlagekosten einer Wasserkraftanlage. Die einflußreichsten sind wohl die Topographie und die geologische Beschaffenheit des Baugrundes, der sich besonders bei Hochdruckwerken mit großen

Speichern und langen Stollen über weite Strecken hinziehen kann. Erhebliches Gewicht besitzen sodann die Höhenlage und Zugänglichkeit der Baustellen (Erschließungskosten) sowie die Möglichkeit, geeignete Baustoffe zur Betonherstellung und/oder Dammschüttung in nicht allzugroßer Entfernung zu finden. Grunderwerb und Deponiesorgen können den Bauherren sehr zu schaffen machen.

Um die Eignung eines Standortes zu prüfen, sind meist jahrelange sorgfältige Vorarbeiten notwendig. Dazu gehört ein Team mit großer Erfahrung und reichlichem Fachwissen in den einschlägigen Disziplinen, um unter Auswertung und Abwägung aller Ergebnisse und Untersuchungen zu einer gültigen Aussage über die Baukosten zu kommen. Sie sind die Grundlage für den Baubeschluß. Im allgemeinen gilt: Je mehr Vorarbeit, desto genauer lassen sich die Baukosten vorausbestimmen.

Bei Niederdruckwerken (z. B. österreichische Donaukraftwerke) beeinflußt die lückenlose Beschäftigung eingespielter Baufirmen die Baukosten günstig. Hier wird etwa alle 3 Jahre ein neues Werk in Angriff genommen. In die gleiche Richtung zielen Fortschritte in der Bautechnik (Stollenbohrmaschinen, Ankertechnik in Kavernen, Erdbewegung mit Förderbändern in Tarbela). Auch die allgemeine Konjunkturlage der Bauindustrie sowie die Aufwendungen für Geldbeschaffungen, Bauzinsen, Preisgleitungen u. a. m. sind von beachtlichem Einfluß auf alle Investitionssummen.

3.3 Gestehungskosten

Infolge der Kapitalintensität der Wasserkraft resultieren die Gestehungskosten der Kilowattstunde während der Abschreibungszeit größtenteils aus Zins und Tilgung des investierten Kapitals. Neben angemessenen Baukosten sind daher die Finanzierungsbedingungen von erheblicher Bedeutung für die Höhe der Gestehungskosten. Entsprechend der langen Lebensdauer vor allem des baulichen Teils sollten je nach Bewilligungsdauer und Heimfallbescheid möglichst langfristige Gelder zu günstigem Zinssatz zur Verfügung stehen. Andererseits ist ein hoher Zinssatz in der Regel die Folge hoher Inflationsraten mit stärker steigenden Energiepreisen, so daß die beiden Wirkungen sich einigermaßen aufheben. Die Zeit der Preiskonstanz infolge Rationalisierung dürfte vorbei sein.

Zu beachten sind ferner – wenn auch mit geringerem Gewicht – die Kosten für Betrieb, Instandhaltung, Verwaltung (BIV) sowie die Steuern. Automatisierung spart per saldo Kosten. Es sollte beim Vergleich der Gestehungskosten mit denen adäquater thermischer Energie die hohe Verfügbarkeit und die Umweltfreundlichkeit gebührend berücksichtigt werden.

3.4 Mehrzweckanlagen

In § 36 des Bundes-Wasserhaushaltsgesetzes wird bestimmt, daß für Flußgebiete oder Wirtschaftsräume wasserwirtschaftliche Rahmenpläne aufgestellt und der Entwicklung fortlaufend angepaßt werden sollen, um die für die Entwicklung der Lebens- und Wirtschaftsverhältnisse notwendigen wasserwirtschaftlichen Voraussetzungen zu sichern. Damit sind die Mehrzweckanlagen gesetzlich fundiert. Sie dienen der Trinkwassergewinnung und -speicherung, der Hochwasserabminderung, der Niedrigwasseraufbesserung, der Abwasserverdünnung, der Bewässerung, der Schiffahrt, der Fischerei und – manchmal noch nebenbei – der Wasserkraftgewinnung.

Die besten Beispiele für eine Ordnung der Wasserwirtschaft umfangreicher Gebiete liefern die USA, die im Totalausbau ganze Flußsysteme erfaßt haben. Am Tennessee ist so aus einem Notstandsgebiet eine der bestentwickelten Regionen der USA geworden. Erwähnenswert ist in diesem Zusammenhang auch der Columbia-River, der das größte Wasserkraftpotential der USA aufweist. Große Mehrzweckanlagen sind in Indien, in Pakistan, in der UdSSR, am Euphrat, in Australien, am Mekong und in vielen anderen Gebieten in Planung und Ausführung begriffen.

In Deutschland gibt es zahlreiche kleinere Beispiele für Mehrzweckanlagen wie die Speicher im Ruhr- und Wuppergebiet. Das Wasserregime des Bodensees wurde durch die Überleitung von Wasser aus Tirol sowie durch die vielen Speicher in der Schweiz und in Voralberg mit einem Fassungsvermögen von insgesamt über 750 Mio. m^3 merklich verbessert, so daß die Mindererzeugung der Kraftwerke am Hoch- und Oberrhein infolge der großen Trinkwasserentnahmen aus dem Bodensee mehr als ausgeglichen ist.

4 Talsperren und Staudämme

Angesichts der enormen Bedeutung der Speicherseen für alle Sparten der Wasserwirtschaft verdienen die zu ihrer Errichtung erforderlichen Stauwerke besondere Beachtung, zumal sie viele öffentliche Belange berühren. Die Technik dieser Bauwerke – sei es in der Betontechnologie, in der Fels- und Bodenmechanik, in der Abdichtung des Untergrundes bis in Tiefen von 100 m – hat in den letzten Jahrzehnten so große Fortschritte gemacht, daß nunmehr Bauwerke riskiert werden, die man früher für unmöglich gehalten hat. Bogensperren werden bei widerstandsfähigen Felsflanken in erstaunlich geringer Dicke gebaut.

Die größte Staumauer in der Bundesrepublik Deutschland ist die Möhnetalsperre mit 267 000 m^3 Betonvolumen; der größte Staudamm mit dem größten Stausee – die Schwammenaueltalsperre in der Eifel – hat ein Schüttvolumen von 2,6 Mio. m^3 und ein Fassungsvermögen von 200 Mio. m^3.

Hinsichtlich der Sicherheit der Talsperren wird auf die größtmögliche Sorgfalt beim Bau sowie auf die laufende Überwachung aller für den Bestand relevanten Faktoren verwiesen. In Österreich ist für jede Talsperre ein Hauptverantwortlicher und ein Stellvertreter bestimmt. In einem Gefahrenfall, der außerhalb kriegerischer Ereignisse kaum denkbar ist, besitzen sie entsprechende Befugnisse und Vollmachten, um die Talbewohner vor Schaden zu bewahren. Man muß sich der Bedeutung von Staumöglichkeiten des wertvollen Gutes Wasser stets bewußt bleiben. Sie sind nicht nur die Voraussetzung für die Erzeugung wertvoller Spitzenenergien, sondern auch für die Befriedigung elementarer Lebensbedürfnisse, die Hoffnung hungernder Völker.

Nach N. Schnitter (Wasser- und Energiewirtschaft 1974) sind die drei *höchsten Staumauern* (in Klammern Fertigstellungsjahr):

Grande Dixence, Gewichtsstaumauer in der Schweiz	(1962)	285 m hoch,
Inguri, Bogenstaumauer in Georgien	(1976)	272 m hoch,
Vajont, Bogenstaumauer in Italien, außer Betrieb	(1961)	262 m hoch.

Die drei *größten Staumauern* sind:		Mauervolumen
Sayansk, Gewichtsstaumauer in Sibirien	(1977)	9,12 Mio. m^3,
Grand Coulee, Gewichtsstaumauer in USA	(1942)	7,45 Mio. m^3,
Grande Dixence, Gewichtsstaumauer in der Schweiz	(1962)	5,96 Mio. m^3.

Die drei *höchsten Staudämme* sind:

Nurek in Tadschikistan (UdSSR)	(1977)	317 m hoch,
Mica in Kanada (B. C.)	(1973)	242 m hoch,
Esmeralda in Kolumbien	(1975)	237 m hoch.

Die drei *größten Staudämme* sind:

		Schüttvolumen
Tarbela in Pakistan	(1976)	142 Mio. m^3,
Fort Peck in Montana, USA	(1940)	96 Mio. m^3,
Oahe in Süd-Dakota, USA	(1963)	70 Mio. m^3.

Die drei *größten Stauseen* sind:

		totaler Stauinhalt
Owen Falls (Aufstau des Victoriasees)	(1954)	204,8 Mrd. m^3,
Bratsk in Sibirien (UdSSR)	(1964)	169,3 Mrd. m^3,
Sadd-el-Aali in Ägypten (Assuan)	(1970)	164,0 Mrd. m^3.

5 Zukunftsaussichten der Wasserkraft

Vorhandene Wasserkraftwerke werden – wenn man von ausgesprochenen Kleinwasserkräften absieht – stets ein willkommenes Glied in der Reihe der Kraftwerksarten darstellen. Nach erfolgter Abschreibung liefern sie den billigsten Strom. Der Neubau von Laufwasserkraftwerken wird sich in Mitteleuropa auf Mehrzweckanlagen beschränken. In Ländern mit großen Flüssen hat der Ausbau von Laufwasserkräften noch beachtliche Möglichkeiten (Itaipu am Rio Paraná in Südamerika).

Thermische Grundlastwerke bedürfen der Ergänzung durch Spitzenkraftwerke. Wasserkraftspitzenwerke können auf Lastschwankungen weit schneller reagieren als solche auf thermischer Basis, sie haben den unbestritteten Vorteil raschester Einsatzbereitschaft in Störungsfällen und hohe Verfügungsgrade nebst langer Lebensdauer. Die gefürchteten Netzzusammenbrüche lassen sich am besten vermeiden, wenn genügend rasch regulierbare Speicherwerke zur Verfügung stehen. Namhafte Fachleute sind der Auffassung, daß mindestens 7 ... 10% der installierten Leistung in einem Verbundnetz von Speicher- und Pumpspeicherwerken stammen sollten. Hierbei stellen Langzeitspeicher mit einer Kapazität von 50 und mehr Volllaststunden eine besonders wertvolle Reserve dar.

Aufgrund der engen Verflechtung und Abhängigkeit von Energiewirtschaft und allgemeiner Volkswirtschaft (Bruttosozialprodukt), deren Wachstumsraten sich deutlich verflachen, wird die Entwicklung auch auf dem Sektor Wasserkraft in Zukunft voraussichtlich ruhiger verlaufen.

6 Einige internationale Projekte

Die lange und erfolgreiche Nutzung der Wasserkraft an den großen Flüssen Europas Wolga, Dnjepr, Donau, Rhein, Rhône usw. bestätigten die Bedeutung dieser umweltfreundlichen Energiequelle. Auch bei gewissenhafter Planung kann eine Veränderung der Landschaft nicht vermieden werden. Die Vorteile werden aber immer die Nachteile überwiegen.

Zum Abschluß des Kapitels Wasserkraftanlagen sollen einige internationale Projekte vorgestellt werden.

In Kanada wird im Norden der Provinz Quebec der Fluß „La Grande Rivière" (LG) über vier Wasserkraftanlagen genützt. Der Bauherr, das Unternehmen Hydroquebec in Montreal, plant 4 Staustufen LG 1 bis 4 mit den folgenden installierten Leistungen:

1. Phase:			
1979–82	LG 2	5328 MW	
1982–84	LG 3	2304 MW	
1984–85	LG 4	2637 MW	
2. Phase:			
1989–90	LG 1	1140 MW	
1992	LA 2	312 MW	benachbartes Flußgebiet
1993	EM 1	552 MW	benachbartes Flußgebiet
		12 273 MW	

Das gesamte Wasserkraftpotential der Provinz Quebec beträgt etwa 30 000 MW, dessen Ausbau zum geringen Teil wirtschaftlicher als Kernenergie ist, während ein großer Teil der Anlagen bis zu 4,5 mal teurer als Kernkraftwerke gleicher Leistung werden. Diese Projekte an der James Bay dienen ausschließlich der Erzeugung von Energie, die über mehrere über 1 000 km lange Freileitungen in die Städte Montreal und Quebec transportiert wird.

In Afrika wurde noch während der portugisieschen Kolonialherrschaft mit dem Bau der Bogenstaumauer Cabora Bassa im Zambesifluß begonnen. Der Bau dieser Wasserkraftanlage hat einen wesentlichen Beitrag zur frühzeitigen Erlangung der Selbständigkeit des Staates Mozambique geleistet. Der Export der Energie nach Zimbabwe und Südafrika finanziert den Aufbau des jungen Staates.

In 5 Generatoren mit je 408 MW wird eine Jahresarbeit von 16,5 TWh erreicht. Die Francisräder der Turbine haben 6,60 m Durchmesser und einen Durchfluß von je 450 m^3/s bei einer Nettofallhöhe von 103,5 m. Der Stausee weist eine Fläche von 2 700 km^2 bei einer Länge von 250 km und einem Volumen von $51{,}8 \cdot 10^9$ m^3 auf. Die Verbindung nach Apollo in Zimbabwe besteht aus zwei 1 395 km langen monopolaren Gleichstromfreileitungen. Die Stromrichterbrücken sind in der Halbleitertechnik mit Tyristorscheibenzellen ausgebildet.

In Südamerika ist wohl das spektakulärste Projekt im Bau: Die Wasserkraftanlage Itaipu am Rio Paraná, dem Grenzfluß zwischen Paraguay und Brasilien. Das Einzugsgebiet des Kraftwerkes beträgt 820 000 km^2 bei einem höchsten Abfluß von 61 400 m^3/s, die durch die Wehranlage abzuführen sind. Von den 18 Maschinen des Kraftwerkes liegen 14 Einheiten im Rio Paraná und 4 Einheiten im Umleitungskanal. Der größte Durchmesser der Francisläufer beträgt 8 100 mm bei einer Drehzahl von $n = 90{,}9/92{,}3$ min^{-1} und 50/60 Hz. Die Leistung beläuft sich auf maximal 715 MW je Turbine. Die installierte Generatorleistung ist etwa 12 600 MW.

Bild VII.12 zeigt, daß die Wasserspiegelhöhe in einem Stausee eine Funktion der Jahreszeit sein wird. Dies wirkt sich auf die Leistung der Maschinen aus:

Wasserspiegelhöhe H in m =	126,7	118,4	112,9	98,7
Leistung N in MW =	740	740	715	560

Die höchsten Gezeitenunterschiede finden sich in Kanada und zwar in Annapolis Royal. Dort wird noch in diesem Jahr als Versuchsanlage eine 20 MW-Strafloturbine mit einem Laufrad-Durchmesser von 7,6 m in Betrieb genommen. Der Einbau weiterer Einheiten ist vorgesehen, wenn der Versuchsbetrieb zufriedenstellend verläuft.

Wasserkraftanlagen sind heute wie alle technischen Großprojekte der Kritik von Publizisten ausgesetzt, die die Technik ablehnen (wobei man sich modernster Medientechnik bedient). Großprojekte verändern die Natur und die Landschaft. Talsperren schaffen ein großes Gefahrenpotential. Eine maßvolle und überlegte Planung von erfahrenen Ingenieuren und Fachleuten vieler Disziplinen, eine sorgfältige Bauausführung und gewissenhafte Betriebsüberwachung reduzieren das Risiko auf das normale Maß, vermeiden Umweltschäden und verbessern die Infrastruktur einer Flußlandschaft. Trotz hoher Investitionskosten liefern Wasserkraftanlagen nach einigen Jahren der Kapitaltilgung die mit Abstand umweltfreundlichste und billigste Energie

Literatur

(ausführliches Verzeichnis in Bischoff, G. und Gocht, W.: Das Energiehandbuch, Vieweg, Braunschweig, Wiesbaden 1981)

[1] *Christaller, H.:* Der Bau des Gezeitenkraftwerks an der Rance. Die Wasserwirtschaft, S. 67–72 (1965)

[2] *Mosony, E.:* Wasserkraftwerke. Band 1. Niederdruckanlagen, 1148 S.; Band II, Hochdruckanlagen, Kleinstkraftwerke und Pumpspeicheranlagen, 1243 S.; beide Bände VDI-Verlag, Düsseldorf 1966

[3] *Press, H.:* Talsperren, Wasserkraft- und Pumpspeicherwerke in der Bundesrepublik Deutschland. Deutsches Nationales Komitee der Internationalen Kommission für große Talsperren. 220 S. Ernst & Sohn, Berlin

[4] *Economic Commission for Europe:* The Hydro-Electric Potential of Europe's Water Resources. The Future Role of Pumped-Storage Schemes for Peak-Load Hydro-Electric Supply, United Nations, New York 1968

[5] *Weltenergiekonferenz Detroit 1974:* siehe BWK 1975

[6] *Mermel, T. W.:* New world register of dams reveals construction trends. Water Power 1973, S. 438 ff

[7] *Schnitter, N.:* Statistische Übersicht über den Stand 1973 des Talsperrenbaus der Welt. Wasser- und Energiewirtschaft 1974, S. 23 ff

[8] *Koros, E.:* Wasser- und Energiewirtschaft der Voralberger Illwerke. Wasserwirtschaft S. 67–70 (1973)

[9] *Frohnholzer, J.:* Wasserkraftausbau der nächsten 20 Jahre in der Bundesrepublik Deutschland. Energiewirtschaftliche Tagesfragen, 26. Jg. (1976), S. 653 ff.

[10] *Herbst, H. C.:* Luftspeicher-Gasturbinen-Kraftwerk, eine neue Möglichkeit der Spitzenstromerzeugung, VDI-Berichte Nr. 236, S. 133 ff.

VIII Regenerative Energiequellen

H. K. Schneider D. Schmitt M. Meliß

1 Allgemeines

Der Glaube, daß Energie praktisch unerschöpflich sei und jederzeit in den gewünschten Formen und preisgünstig zur Verfügung stehe, ist seit den umwälzenden Ereignissen auf dem Welterdölmarkt wachsender Skepsis gewichen. Zwar dürfte der Anstieg der Energiepreise, unterstützt durch inzwischen eingeleitete energiesparpolitische Maßnahmen, vor allem in den Industrieländern auch über das bereits erreichte Maß hinaus noch zu einem rationelleren Umgang mit Energie führen und energieintensive Prozesse wie Produkte zurückdrängen. Weiteres wirtschaftliches Wachstum, die Beseitigung des Hungers und die Linderung der Not in weiten Teilen der Welt sowie die Sicherstellung des Rohstoffbedarfs werden jedoch auch in Zukunft einen zumindest mittelfristig noch weiterhin ansteigenden Energieeinsatz erfordern.

Auch bei einem weiteren Anstieg des Energieverbrauchs der Welt ist zweifellos die Sorge um eine in absehbarer Zeit eintretende Erschöpfung der Weltenergiereserven insgesamt nicht akut. Die heute nachgewiesenen, „sicheren" Reserven stellen nur einen Bruchteil der gesamten Energieressourcen dar. Sie sind eine Funktion der bisher getätigten Investitionen in der Energiesuche und werden auf der Basis des jeweiligen Standes der Technik und des heutigen Preisniveaus geschätzt. Mit steigenden Energiepreisen, verbesserten Explorations- und Gewinnungstechniken und wachsenden Investitionen wird statt der Kategorie „sichere Reserven" die der um Größenordnungen größeren „insgesamt förderbaren Ressourcen" immer bedeutsamer.

Immerhin jedoch führt selbst die Annahme eines auf z.B. 3 %/a reduzierten Anstiegs des Energieverbrauchs (gegenüber 4 ... 5 %/a, in der Vergangenheit) bereits in der ersten Hälfte des kommenden Jahrhunderts zu einer Erschöpfung der gesamten heute als wirtschaftlich gewinnbar angesehenen fossilen Energiereserven der Welt, gegen Ende des kommenden Jahrhunderts zu einer Erschöpfung der insgesamt als gewinnbar angesehenen fossilen Energieressourcen und schon im Laufe des 22. Jahrhunderts zur Erschöpfung der insgesamt als gewinnbar angesehenen fossilen Energieressourcen sowie der Uranreserven, sogar wenn Brütereinsatz unterstellt wird.

Daher kommt unter längerfristigem Aspekt der Entwicklung und dem verstärkten Einsatz der bisher nicht oder nur in geringem Umfang genutzten regenerativen sowie quasi unerschöpflichen Energiequellen gravierende Bedeutung zu. Das Interesse an diesen Energiequellen ist aber auch deshalb in jüngster Zeit so gestiegen, weil sie dazu beitragen können, die mit steigendem Energieeinsatz verbundene Umweltbelastung zu reduzieren und die regionale Energieversorgungssicherheit insbesondere in energiearmen Ländern zu verbessern.

Wirtschaftlichkeit und Umweltverträglichkeit, die im einzelnen noch zu belegen sind, dürften jedoch auch bei den regenerativen Energiequellen langfristig die Kriterien sein, die über ihren zukünftigen Beitrag zur Energieversorgung und den Zeitpunkt ihres Einsatzes entscheiden werden.

Dei regenerativen Energieströme entspringen drei primären Energiequellen sehr unterschiedlicher Größe, wie Bild VIII.1 zeigt. Der Energiestrom, der uns jährlich von der Sonne in Form elektromagnetischer Strahlung zufließt, ist mit 5,6 Mio. EJ[1)] ($1{,}9 \cdot 10^{14}$ t SKE) um fast vier Größenordnungen größer als der aus der Temperaturdifferenz zwischen Erdinnerem und Erdoberfläche resultierende geothermische Wärmestrom (996 EJ/a bzw. $3{,}4 \cdot 10^{10}$ t SKE/a). Dieser wiederum übertrifft die aus der Planetenbewegung resultierende Gezeitenenergie noch um das Zehnfache (94 EJ/a bzw. $3{,}2 \cdot 10^{9}$ t SKE/a). Nicht nur von diesen theoretischen Potentialen, sondern auch von der Anzahl der Energieumwandlungsmöglichkeiten und der daraus resultierenden nutzbaren Energieformen her gesehen, weist die solare Strahlungsenergie die größere Bedeutung der drei Quellen auf (Bild VIII.2). Nur einer der in den Bildern angeführten Energieströme trägt bereits heute in nennenswertem Umfang zur Weltenergieversorgung bei: die Wasserkraft. Ihr ist aus diesem Grunde das Kapitel VII gewidmet. Alle übrigen Energiequellen sollen im folgenden kurz beschrieben werden, um die Frage ihrer möglichen energiepolitischen Bedeutung für die Bundesrepublik Deutschland zu beantworten.

2 Geothermische Energie

2.1 Überblick

Geothermische Energie kann — in einer weiten Definition — als die natürliche Wärme der Erde bezeichnet werden, deren Temperatur mit wachsender Tiefe zunimmt. Es handelt sich hierbei neben der Usprungswärme der Erde (30 %) um die beim Zerfall radioaktiver, in natürlichen Gesteinen enthaltenen Isotope (^{238}U, ^{235}U, ^{234}U, ^{232}Th u. a.), frei werdende Wärme (70 %). Der normale Wärmegradient der äußeren Erdschichten (Geothermische Tiefenstufe) — in Europa im Mittel ein Temperaturanstieg um 1 °C pro 30 m Teufe — läßt auf einen gewaltigen Energievorrat der Erde schließen. Dies ist jedoch kein Kriterium für eine wirtschaftliche Nutzung dieses Energiepotentials. Abgesehen von der Tatsache, daß selbst modernste Bohrverfahren kaum Teufen von über 7 000 m erreichen, bestehen erhebliche Zweifel, ob eine wirtschaftliche Nutzung der Erdwärme, vor allem aus sehr großen Tiefen, überhaupt möglich sein wird, weil die Wärme nur auf verhältnismäßig niedrigem Temperaturniveau vorliegt, mit sehr geringer Leistungsdichte (63 kW/km^2) auftritt und häufig wegen der geringen Wärmeleitfähigkeit des Gesteins lediglich ein intermittierender Betrieb möglich ist.

Die Nutzung geothermischer Energie konzentriert sich bislang auf Gebiete, in denen besonders günstige Bedingungen vorliegen, das Magma nahe an die Erdoberfläche tritt und zu einer anomalen Erwärmung des Gesteins oder im Gestein eingeschlossenen Wassers führt. Diese Vorkommen finden sich in Gebieten junger geologischer Aktivität (Vulkanismus, Gebirgsbildung), wie rund um den Pazifik, auf den Inseln im Mittelatlantik, in Ostafrika oder auch in Italien.

---

1) EJ = Exajoule = 10^{18} J

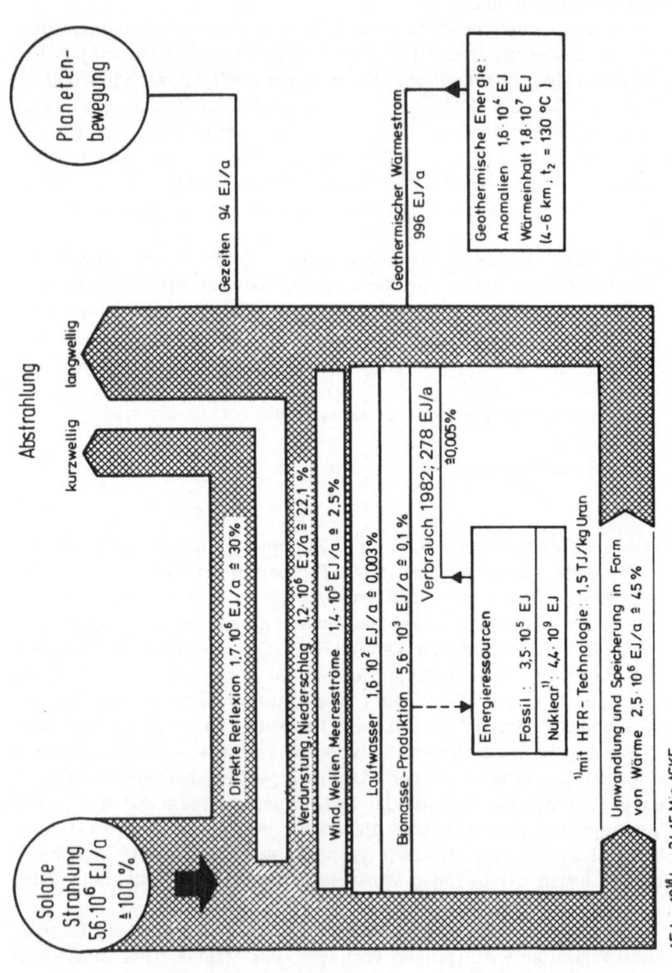

Bild VIII.1 Energieflußbild der Erde

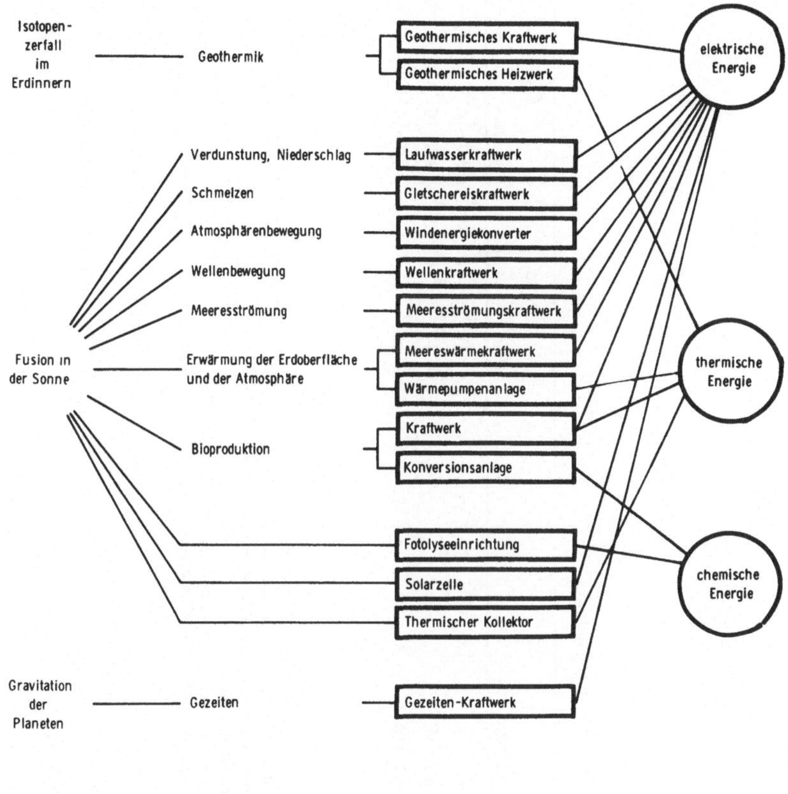

Bild VIII.2 Regenerative Energiequellen

2.2 Potential

Über das insgesamt vorhandene nutzbare Potential an geothermischer Energie liegen keine zuverlässigen Schätzungen vor. Dies hat im wesentlichen zwei Gründe:

- Geothermische Vorkommen wurden bislang wegen der hohen dafür erforderlichen Kosten nicht intensiv exploriert;
- das Potential kann ganz unterschiedlich definiert werden.

Tabelle VIII.1 Theoretische Potentiale der geothermischen Energie

	$E_{th,7}$		$E_{th,4-6}$		E_{Ano}		$P_{th,30}$		P_{HFU}	
	J	t SKE	J	t SKE	J	t SKE	J/a	t SKE/a	J/a	t SKE/a
Welt[1)]	$1{,}25 \cdot 10^{26}$	$4{,}3 \cdot 10^{15}$	$1{,}8 \cdot 10^{25}$	$6{,}1 \cdot 10^{14}$	$1{,}6 \cdot 10^{22}$	$5{,}5 \cdot 10^{11}$	$6{,}0 \cdot 10^{23}$	$2{,}0 \cdot 10^{13}$	$3{,}0 \cdot 10^{20}$	$1{,}0 \cdot 10^{10}$
EG	$1{,}25 \cdot 10^{24}$	$4{,}3 \cdot 10^{13}$	$1{,}8 \cdot 10^{23}$	$6{,}1 \cdot 10^{12}$	?	?	$6{,}0 \cdot 10^{21}$	$2{,}0 \cdot 10^{11}$	$3{,}0 \cdot 10^{18}$	$1{,}0 \cdot 10^{8}$
BRD	$1{,}70 \cdot 10^{23}$	$3{,}4 \cdot 10^{12}$	$3{,}1 \cdot 10^{22}$	$1{,}0 \cdot 10^{12}$	$> 3{,}5 \cdot 10^{17}$[2)]	$> 1{,}2 \cdot 10^{7}$[2)]	$1{,}0 \cdot 10^{21}$	$3{,}4 \cdot 10^{10}$	$5{,}0 \cdot 10^{17}$	$1{,}7 \cdot 10^{7}$

1) nur Landfläche

2) nur Oberrheingraben

$E_{th,7}$ = Thermisches Energiepotential bis 7 km Tiefe bei Abkühlung auf 80 °C
$E_{th,4-6}$ = Thermisches Energiepotential des Tiefenintervalls von 4 ... 6 km bei Abkühlung auf 130 °C
E_{Ano} = Thermisches Energiepotential der geothermischen Anomalien
$P_{th,30}$ = Jährliches Leistungspotential bei Nutzung von $E_{th,4-6}$ in 30a (ohne Warmestrom)
P_{HFU} = Jährliches Leistungspotential bei ausschließlicher Nutzung des Erdwärmestroms (HFU = Heat Flux Unit = 4,2 $\mu J/cm^2 s$)

Der letztgenannte Grund ist in Tabelle VIII.1 anschaulich dargestellt. Betrachtet man nur den aus der Temperaturdifferenz zwischen Erdinnerem und Erdoberfläche resultierenden Wärmestrom als Potential, so liegt dies weltweit nur in der gleichen Größenordnung wie der gesamte Energiebedarf. Auf die Bundesrepublik Deutschland bezogen wäre dieses Potential zu vernachlässigen (5 % des Primärenergieverbrauchs von 1982).

Sieht man dagen die in der Lithosphäre gespeicherte Wärme als geothermisches Potential an, so ergeben sich völlig andere Verhältnisse: Die bis 7 km Tiefe vorhandene Energie (bei Abkühlung auf 80 °C) liegt um mehr als fünf Größenordnungen über dem Weltenergieverbrauch, in der Bundesrepublik Deutschland beträgt das entsprechende Verhältnis fast vier Größenordnungen.

2.3 Bisherige Nutzung und Entwicklungsstand

Die bisherige Nutzung geothermischer Vorkommen beschränkt sich auf die ebenfalls in Tabelle VIII.1 aufgeführten Anomalien. Dies sind Orte, die einen überdurchschnittlich hohen Temperaturgradienten bei gleichzeitigen oberflächennahen Vorkommen von Wasser oder Dampf aufweisen. Weniger als zwei Dutzend derartiger Anomalien werden heute ausgebeutet. Am meisten fortgeschritten ist die Nutzung trockener Dampfvorkommen. Tabelle VIII.2 zeigt die Betriebsdaten der wichtigsten geothermischen Kraftwerke.

Auch die Bundesrepublik Deutschland verfügt über geothermische Anomalien. Die bisher durchgeführten und laufenden Explorationen lassen jedoch absehen, daß wegen der niedrigen Temperaturen und dem daraus folgenden schlech-

Tabelle VIII.2 Betriebsdaten von geothermischen Kraftwerken

Geothermisches Feld	Reservoir Temperatur °C	Fluid	Tiefe m	Gesamtleistung MWe	Stromerzeugungskosten Dpf/kWh
The Geysers (USA)	245	Trockendampf	2 500	908	1,63
Larderello (Italien)	245	Trockendampf	1 000	390	0,83 ... 1,05
Travale (Italien)	180	Trockendampf	688	15	–
Cerro Prieto (Mexiko)	300	Naßdampf	1 500	75	1,44 ... 1,72
Matsukawa (Japan)	230	Trockendampf	1 100	20	1,61
Wairakei (Neuseeland)	245	Naßdampf	–	290	1,8
Pautzhetsk (Kamchatka, UdSSR)	200	Naßdampf	600	5	2,5
Namafjall (Island)	280	Naßdampf	900	3	0,88 ... 1,23

ten Wirkungsgrad bei der Elektrizitätserzeugung Erdwärme voraussichtlich nur zu Heizzwecken eingesetzt werden kann. Dies setzt überdies voraus, daß trockenes, heißes Gestein zur Nutzung herangezogen werden kann.

2.4 Wirtschaftlichkeit und Ausblick

Die Wirtschaftlichkeit der bisher genutzten geothermischen Energie ist, wie Tabelle VIII.2 zeigt, erwiesen. Hierbei ist allerdings zu berücksichtigen, daß es sich bei den wenigen, bisher betriebenen geothermischen Kraftwerken im wesentlichen um Anlagen handelt, die trockene Dampfquellen nutzen, bei denen vergleichsweise geringe technische Probleme bestehen, obwohl die Dampfzustände bei weitem nicht mit denen moderner fossil gefeuerter Kraftwerke vergleichbar sind. Naßdampfquellen, deren Vorkommen wesentlich höher eingeschätzt werden, werfen demgegenüber größere technische Probleme auf, da eine Trennung des Wasser-Dampf-Gemisches erfolgen oder über einen Wärmetauscher die Energie an ein niedrig siedendes Medium übertragen werden muß. Niedrige Wirkungsgrade und hohe Kosten lassen die Nutzung dieser Quellen bereits wesentlich weniger aussichtsreich erscheinen. Eine Verwertung des hierbei anfallenden heißen Wassers kommt wegen der Transportkostenempfindlichkeit nur in unmittelbarer Nähe der geothermischen Lagerstätte infrage, kann hier aber häufig konkurrenzlos billig angeboten werden, wie die Nutzung in Island zeigt. Dennoch kommt dieser Nutzung nur lokale oder allenfalls regionale Bedeutung zu.

Am wenigsten weit entwickelt ist die Nutzung heißer Gesteinsformationen. Trotz der inzwischen erfolgreich durchgeführten Hot-Dry-Rock-Versuche erscheint es fraglich, ob eine Wirtschaftlichkeit dieser Art der Nutzung geothermischer Energie mit der im Zuge einer Verknappung fossiler Energieträger zu erwartenden Preissteigerung eintreten wird. Das liegt in der voraussichtlichen Kostenstruktur von Hot-Dry-Rock-Anlagen begründet, wo für die erforderlichen Förder- und Reinjektionsbohrungen etwa 80 % der gesamten Kosten anfallen. Die Kostenkomponenten umfassen hier überwiegend den Materialverschleiß der Bohreinrichtungen und den Treibstoffverbrauch, also Teilkosten, die von allgemeinen Kostensteigerungen mit betroffen sind.

Von erheblicher Bedeutung für die Entwicklung der geothermischen Energie kann die mit der Nutzung von Dampf- und Heißwasserquellen verbundene Umweltbelastung sein. Darüber hinaus führen Beimengen von Feststoffen und Chemikalien, wie Schwefel, Bor, Ammoniak, Schwefelwasserstoff und Salze teilweise zu Korrosion. Eine Abgabe an die Umwelt ist in der Regel untragbar, eine Reinjektion dieser Stoffe ist nicht mehr möglich und wirkt kostensteigernd. Schließlich sind die Probleme einer langfristigen Wasserentnahme hinsichtlich Bodensenkungen oder in ihrem Einfluß auf die Erdbebentätigkeit noch nicht hinreichend geklärt.

Die Möglichkeiten zur Nutzung dieser Energiequellen in der Bundesrepublik Deutschland müssen nach heutigem Kenntnisstand für die absehbare Zukunft als sehr begrenzt angesehen werden.

3 Gezeitenenergie

3.1 Beschreibung und Potential

Die Gezeiten entstehen durch die periodischen, auf der Erde wirksam werdenden Schwankungen der Gravitationskräfte von Erde, Sonne, Mond und Planeten. Diese Kräfteverschiebungen äußern sich im Steigen und Fallen des Meeresspiegels (Tidenhub).

Der Tidenhub beträgt weltweit im Mittel etwa 1 m. Das theoretische Potential der Gezeitenenergie wird auf etwa 95 EJ geschätzt, dies entspricht gut 30 % des gegenwärtigen Energieverbrauchs der Welt. Für eine Nutzung der Gezeitenenergie kommen jedoch nur wenige Standorte in der Welt infrage, an denen im Schnitt ein Tidenhub von mehr als 3 m auftritt und auch geeignete topographische Verhältnisse (enge Meeresbuchten und/oder Flußmündungen) vorliegen. Hierbei kann allerdings sowohl das in eine Bucht oder Flußmündung hinein – wie auch das herausfließende Wasser zum Antrieb von Wasserkraftturbinen herangezogen werden. Zwar werden an einzelnen Standorten Tidenhübe von max. ca. 20 m erreicht, dennoch muß auch das technisch nutzbare Potential wesentlich niedriger als das theoretische angesetzt werden. Erste Schätzungen beziffern es auf 160 ... 180 GW mit einem jährlichen Arbeitsvermögen von 320 ... 360 TWh; dies entspricht nur 1,5 % des gesamten theoretischen Potentials. Andere Schätzungen liegen noch wesentlich niedriger.

3.2 Bisherige Nutzung, Wirtschaftlichkeit und Ausblick

Bis heute ist lediglich an einer einzigen Stelle in der Welt ein größeres Gezeitenkraftwerk errichtet worden. Es handelt sich um die Anlage in der Rance-Mündung bei St. Malo in Nordfrankreich, die seit 1966 in Betrieb ist. Bei einem mittleren Tidenhub von rd. 8,5 m sind 240 MW installiert. Bei dem Kraftwerk handelt es sich um eine Prototypanlage, aus deren Betrieb sich keine detaillierten Aussagen über die Wirtschaftlichkeit solcher Kraftwerke ableiten lassen.

Weltweit wurden bislang etwa 3 Dutzend mögliche Standorte für Gezeitenkraftwerke untersucht.

Die Errichtung von Gezeitenkraftwerken führt, bedingt durch die außergewöhnlichen Umstände, zu außerordentlich hohen Baukosten, die Standortgebundenheit der Anlagen resultiert in hohen Fortleitungskosten. Wie bei Wasserkraftwerken sind auch bei Gezeitenkraftwerken die variablen Kosten vernachlässigbar gering, dennoch wird sich auch bei stark steigenden Preisen für fossile und fissile (spaltbare) Energieträger die Wirtschaftlichkeit kaum zugunsten der Gezeitenenergie verbessern. Für die Beurteilung der Wirtschaftlichkeit erweisen sich neben den Kosten die periodischen Verschiebungen der Tide als außerordentlich nachteilig, da hiermit die Stromerzeugung aus Gezeitenkraftwerken als nicht immer verfügbar angesehen werden muß, was die Bereitstellung entsprechender Reserven für Spitzenzeiten voraussetzt. Pläne, diesen Nachteil von Gezeitenkraftwerken durch den Bau von Mehrkammersystemen zu beheben, haben sich bis heute nicht als wirtschaftlich erwiesen.

Für die Bundesrepublik Deutschland kommt eine Nutzung der Gezeitenenergie aus technischen Gründen nicht in Betracht, da der Tidenhub hier noch nicht einmal 3 m beträgt.

4 Sonnenenergie

4.1 Überblick

Solare Strahlungsenergie kann, wie Bild VIII.2 zeigt, auf direktem und indirektem Wege genutzt werden. Die heute bekannten Technologien können die Strahlungsenergie dabei sowohl in elektrische, als auch in thermische und chemische Energie umwandeln. Die meisten dieser Technologien sind seit vielen Jahren bekannt.

Auch die chemische Energie von Kohle, Öl und Gas stellt im Grunde umgewandelte Sonnenenergie dar. Ihr „Produktionsprozeß" dauerte jedoch viele Millionen Jahre und kann sicherlich nicht als regenerative Energiequelle angesehen werden.

4.2 Potential

Der Strahlungsstrom, der die Sonne verläßt, beträgt an ihrer Oberfläche 63 000 kW/m^2. Den äußeren Rand der Erdatmosphäre erreicht zwar nur eine durchschnittliche Strahlung von 1,35 kW/m^2, doch entspricht dies immerhin rd. $4{,}3 \cdot 10^{10}$ $J/m^2 \cdot a$ (1,5 t SKE/m^2) oder rd. $5{,}6 \cdot 10^{24}$ J/a (190 000 Mrd. t SKE/a) insgesamt. Dieser Energiefluß übersteigt damit den jährlichen Primärenergieverbrauch der Welt um rund das 20 000fache.

Wie Bild VIII.3 zeigt, erreichen aber lediglich 47 % der an der Grenze der Erdatmosphäre einfallenden Sonnenenergie die Erdoberfläche und werden von den Land- und Wasserflächen der Erde absorbiert. Der größere Teil wird durch die Atmosphäre oder die Erdoberfläche zurückgestreut oder reflektiert (28 %) bzw. in der Atmosphäre absorbiert (25 %). Nach Hubbert wird nur ein Bruchteil (ungefähr 2,5 %) der die Erdoberfläche erreichenden Sonnenenergie in Windenergie sowie in die Energie der Meereswellen und Meeresströme umgewandelt. Ein noch geringerer Anteil (0,1 %) wird von Pflanzen in der Photosynthese eingefangen und gespeichert, und dennoch bildet dieser Prozeß die Basis für die heute und auf absehbare Zeit vorwiegend genutzten fossilen Energievorräte der Erde.

Das riesige Energiepotential der Sonne steht regional in unterschiedlichem Maße zur Verfügung. Die einfallende Sonnenstrahlung nimmt stark mit dem Breitengrad ab – dieser Effekt wird auf der nördlichen Erdhalbkugel im Winter durch den jahreszeitlichen Verlauf des Sonnenstandes noch verstärkt –, sie ist bei Bewölkung bzw. hoher Luftfeuchtigkeit diffus, wird teilweise absorbiert oder reflektiert und fällt in jedem Falle wegen des Tag-Nacht-Wechsels diskontinuierlich an. Von den 1,35 kW/m^2, die die äußere Erdatmosphäre im Mittel erreicht, verbleiben z. B. im Durchschnitt über ein Jahr gerechnet unter den optimalen Bedingungen der östlichen Sahara rd. 0,29 kW/m^2, in Berlin nur 0,114 kW/m^2. Ihre Verfügbarkeit ist zudem starken Schwankungen unterworfen. Je nach Bewölkungsdichte und Jahreszeit kann die Strahlungsintensität tagsüber bis auf 0,02 kW/m^2 absinken. Für die direkte Nutzung solarer Strahlungsenergie ergeben sich hieraus erhebliche Probleme.

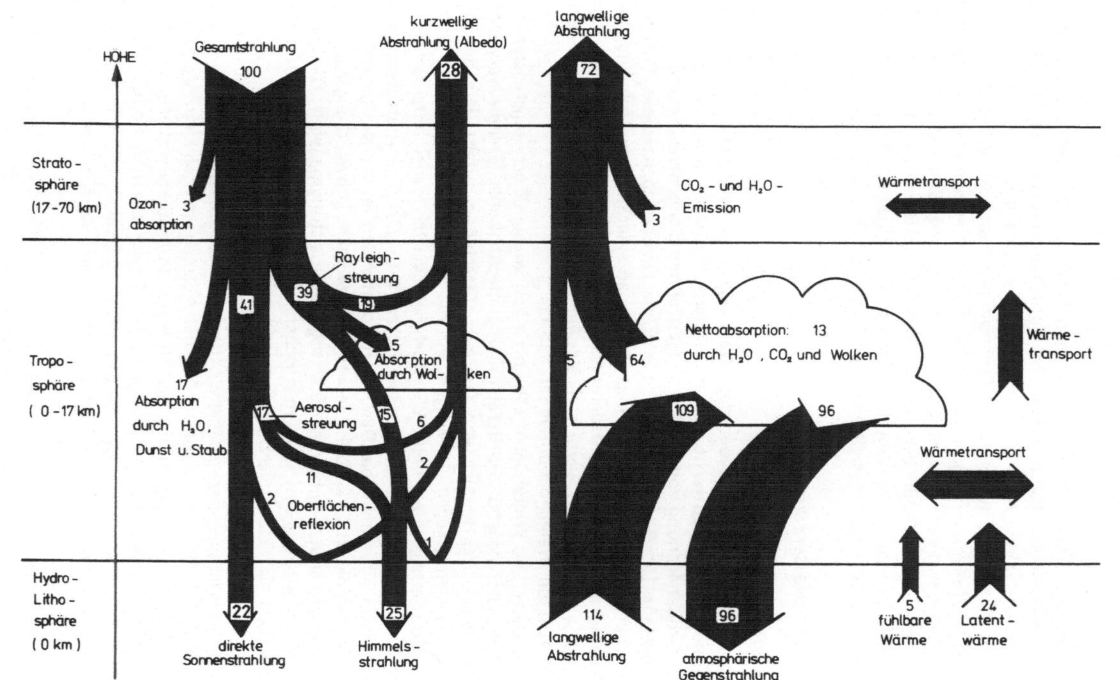

Bild VII.3 Strahlungsbilanz des Systems Erde-Atmosphäre (globale Mittelwerte)

4.3 Bisherige Nutzung und Entwicklungsstand

4.3.1 Allgemeines

Die einzigen heute in nennenswertem Umfang zur Energiebereitstellung eingesetzten Technologien zur Nutzung von Sonnenenergie sind Laufwasser- und Speicherkraftwerke, die in Kapitel VII dieses Buches ausführlich beschrieben sind. Die übrigen in Bild VIII.2 aufgeführten Technologien haben entweder ihre frühere Bedeutung in der Energieversorgung wieder verloren (wie etwa die Windenergiekonverter) oder befinden sich im Stadium der Entwicklung (wie etwa terrestrische Solarzellenanlagen). Der Stand der Technik der für die Bundesrepublik Deutschland wichtigsten Umwandlungen soll im folgenden kurz skizziert werden, wobei die Unterteilung gemäß der bereitgestellten Sekundärenergieträger gewählt wird.

4.3.2 Elektrizitätserzeugung

Windenergiekonverter

Solare Strahlung hält neben dem Wasserkreislauf der Erde auch die Bewegung der Erdatmosphäre aufrecht. Das theoretische Potential dieser Energiequelle liegt in der Größenordnung von 2 % der eingestrahlten Sonnenenergie und beträgt weltweit ungefähr 10^5 EJ/a ($3{,}6 \cdot 10^{12}$ t SKE/a). Tatsächlich ist dieses Potential der Windenergie jedoch nur bis in geringe Höhen, ab einer Mindestgeschwindigkeit des Windes und nur bis zu einer Höchstgeschwindigkeit nutzbar und kann auch nicht beliebig weit ausgebaut werden, da Windenergiekonverter (WEK) stets einen bestimmten Abstand zueinander aufweisen müssen.

Windräder und Windmühlen zählen zu den ältesten Energieaggregaten und wurden bislang überwiegend zur Bereitstellung mechanischer Energie verwendet (Be- und Entwässerung, Mahlen von Getreide, Maschinenantrieb). Die heutigen Entwicklungen zielen dagegen überwiegend auf die Stromerzeugung ab. Zwei unterschiedliche Konzepte freifahrender Windturbinen werden dabei untersucht: die Horizontalachsen- und die Vertikalachsenrotoren. Bild VIII.4 zeigt als Beispiel für den erstgenannten Typ einen sog. Darrieus-Rotor, für den letztgenannten ein zweiblättriges Kleinwindkraftwerk. Der theoretisch maximale Umwandlungswirkungsgrad der Windenergienutzung beträgt 59 % (sog. Betz-Leistungsbeiwert). Die bei der Energiewandlung auftretenden aerodynamischen und mechanischen Verluste reduzieren diesen Wert für die Stromerzeugung auf 25 % bis 32 %.

Die Vertikalachsen-WEK haben den Vorteil, daß sie nicht der ständig wechselnden Windrichtung nachgeführt werden müssen. Darüber hinaus ist von Vorteil, daß der Lastabgriff unmittelbar am Fuß der Anlagen erfolgen kann. Von Nachteil ist die erforderliche Abspannung der Rotoren, insbesondere aber das im Vergleich zu den Horizontalachsen-WEK ungünstigere Anlaufverhalten. So benötigt der in Bild VIII.4 dargestellte WEK zwei Savonius-Rotoren, um den Darrieus-Rotor in Gang zu setzen. Erst bei einer Windgeschwindigkeit von etwa 5 m/s an aufwärts gibt der Darrieus-Rotor Leistung ab.

Das Schwergewicht der technologischen Entwicklung von WEK zur Stromerzeugung lag eindeutig auf den Horizontalachsen-Maschinen. Zwei Zielrichtungen der Entwicklung zeichnen sich weltweit heute ab:

- Kleinwindenergiekonverter (Leistung bis max. 50 kW), die zur dezentralen Versorgung entlegener Verbraucher und in Gegenden mit fehlender Energie-Infrastruktur eingesetzt werden können. Einfache, robuste und wartungsarme Anlagen könnten erfolgreich in Entwicklungsländern eingesetzt werden.
- Großanlagen (Leistung von 1 MW an aufwärts) zur Elektrizitätserzeugung mit Netzeinspeisung.

Nur die letztgenannten könnten in Ländern wie der Bundesrepublik Deutschland in nennenswertem Umfang zur Stromerzeugung beitragen. Allerdings müßten zur Nutzung des für die Bundesrepublik Deutschland auf maximal 220 TWh/a geschätzten (Stromverbrauch 1982: rd. 370 TWh!) technischen Windenergiepotentials etwa 30 000 Einzelanlagen der Größe von GROWIAN (Bild VIII.5) errichtet werden. Dieser WEK befindet sich in der Nähe von Brunsbüttel. Frühestens Mitte der achtziger Jahre könnte nach dem erfolgreichen Probebetrieb der Anlage der

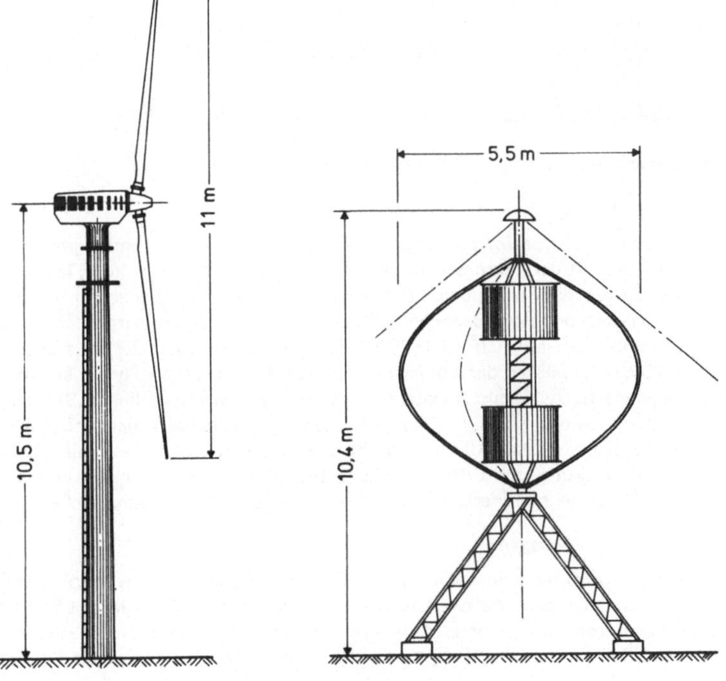

Bild VIII.4 Horizontalachsen- und Vertikalachsenrotor der kW_{el}-Leistungsklasse

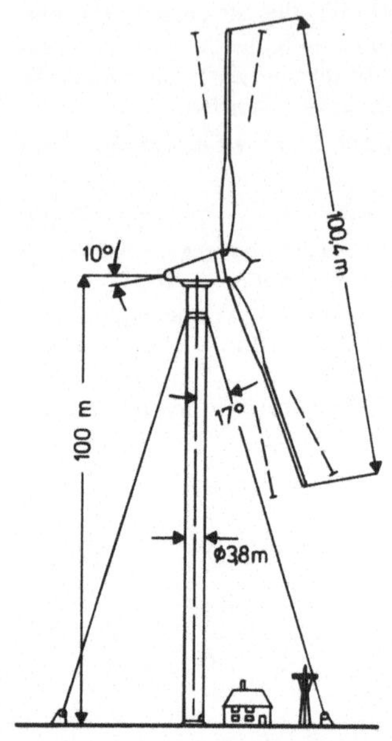

Installierte elektrische Leistung	3	MW
Mittlere Jahresenergieausbeute	12	GWh
Spezifische Flachenleistung	380	W/m^2
Nennwindgeschwindigkeit	11,8	m/s
Anfahrwindgeschwindigkeit	6,3	m/s
Maximale Betriebswindgeschwindigkeit	24	m/s
Nennrotordrehzahl	18,5	min^{-1}
Rotordurchmesser	100,4	m
Nabenhohe uber Grund	100	m
Maschinenhausmasse mit Rotor	240	t
Betriebsgrundstuck	ca 800	m^2

Charakteristische Daten von Growian I

Bild VIII.5 Konzeptvorschlag von „GROWIAN" (MAN)

Bau weiterer Prototypen erfolgen. Selbst ein danach gestartetes umfangreiches Bauprogramm würde in der Bundesrepublik Deutschland bis zum Jahr 2000 jedoch nur einen Beitrag der Windenergie zur Deckung des Primärenergiebedarfs in Höhe von 90 PJ/a[1] erwarten lassen. Bezogen auf den erwarteten Gesamtverbrauch von 12 ... 13 EJ/a sind dies lediglich rd. 0,70 %. Etwa 1 800 Anlagen der Leistungsklasse von GROWIAN müßten dazu betrieben werden. Vor einem erfolgreichen Abschluß der gegenwärtigen Versuchsphase sind Aussagen zum tatsächlichen Beitrag der WEK zur Deckung des mittel- und längerfristigen Energiebedarfs nicht möglich. Gemessen an heutigen Wirtschaftlichkeitsrelationen muß in jedem Falle eine beträchtliche Kostensenkung und/oder erhebliche Energiekostensteigerungen eintreten, um eine auch nur nennenswerte Ausschöpfung des Potentials zu ermöglichen.

Biokonversionsanlagen

Auch die Bioproduktion könnte zur Stromerzeugung in konventionellen Kraftwerken genutzt werden. Weltweit werden jährlich etwa 29 EJ (1 Mrd. t SKE) Biomasse in Form von Holz, Dung, Stroh und sonstigen landwirtschaftlichen und städtischen Abfällen verbrannt, dies jedoch überwiegend zur Wärmebereitstellung.

[1] PJ = Peta Joule = 10^{15} J

Lediglich in hochindustrialisierten Ländern wie in der Bundesrepublik Deutschland kommen Müllverbrennungsanlagen zum Einsatz, deren Stromerzeugung oft jedoch nur für den Eigenverbrauch der Anlage ausreicht. Pyrolyseanlagen und Fermentationsanlagen zur Erzeugung flüssiger oder gasförmiger Brennstoffe aus Biomasse, denen Stromerzeuger nachgeschaltet werden, befinden sich im kleinen Maßstab (kW-Bereich) in der Entwicklung.

Weltweit stehen etwa $1{,}6 \cdot 10^{11}$ t Trockensubstanz als Netto-Primärproduktion von Biomasse zur Verfügung. Bei vollständiger Verbrennung ergäbe dies ein theoretisches Potential von 2 930 EJ/a (10^{11} t SKE/a), also etwa das Zehnfache des Weltenergieverbrauchs. Das Pflanzen, Abernten, Einsammeln und Aufbereiten der Biomasse erfordert jedoch so große Energiemengen, daß diese Art der Energiebereitstellung auf Sonderanwendungen wie die Versorgung entlegener Gebiete oder die Beseitigung von Biomasse-Abfällen beschränkt bleiben wird. Angesichts der Ernährungssituation erscheint auch eine rein energetische Nutzung der Biomasse wenig sinnvoll. In dichtbesiedelten Ländern wie der Bundesrepublik Deutschland dürfte darüber hinaus der Mangel bebaubarer Nutzböden die Stromerzeugung aus Biomasse unrealisierbar machen.

Solarzellen-Generatoren

Neben den genannten indirekten Nutzungsmöglichkeiten der Sonnenenergie zur Elektrizitätserzeugung könnten auch direkte Verfahren zum Einsatz kommen. Hier sind an erster Stelle die sog. Solarzellen zu nennen, die als Energieumwandler im extraterrestrischen Bereich bereits lange ihre Bewährungsprobe bestanden haben (1958 erste Ausrüstung eines Satelliten mit Silizium-Zellen). Theoretisch steht einer solchen Direktumwandlung solarer Strahlung mit Hilfe photovoltaischer Prozesse die gesamte auf die Erdoberfläche einfallende Strahlung zur Verfügung: ca. $4 \cdot 10^6$ EJ/a ($1{,}4 \cdot 10^{14}$ t SKE/a). Technisch wird dieses Potential jedoch durch die niedrigen Wirkungsgrade der Solarzellen von etwa 10 % (maximal nur ca. 30 %) eingeschränkt. Einer Nutzung des damit immer noch außerordentlich hohen Potentials steht insbesondere die geringe Leistungsdichte solarer Strahlung und ihr diskontinuierlicher Anfall entgegen, die großflächige Wandler und effektive Energiespeicher erfordern. Angesichts der heutigen Kosten von Solarzellen (ca. 25 000 DM/kW) ist ein großtechnischer Einsatz in unserem Jahrhundert kaum zu erwarten.

Solarthermische Kraftwerke

Eine weitere Möglichkeit der Strombereitstellung aus Sonnenenergie ergibt sich durch den Einsatz thermischer Kollektoren bei entsprechender Nachschaltung eines Kraftwerksprozesses. Drei Systemtypen bieten sich hierfür an (Bild VIII.6): Niedertemperatur-(NT)-Kollektoranlagen, Solar-Farm-Systeme und Solar-Tower-Anlagen.

NT-Kollektoren werden üblicherweise zur Bereitstellung von Warmwasser eingesetzt (s. Abschnitt VIII.4.3.3), sie können jedoch auch ihre Wärme an eine niedrigsiedende Flüssigkeit abgeben und damit einen Kreisprozeß zur Krafterzeugung antreiben. Solche Kraftwerke im Leistungsbereich bis etwa 10 kW wurden in jüngster Zeit intensiv untersucht. Sie zeichnen sich allerdings durch sehr niedrige Wirkungsgrade (1 ... 3 %) und erheblichen apparativen Aufwand aus. Ihr Einsatz wird sich daher auf Sonderzwecke der Energieversorgung in abgelegenen Gebieten

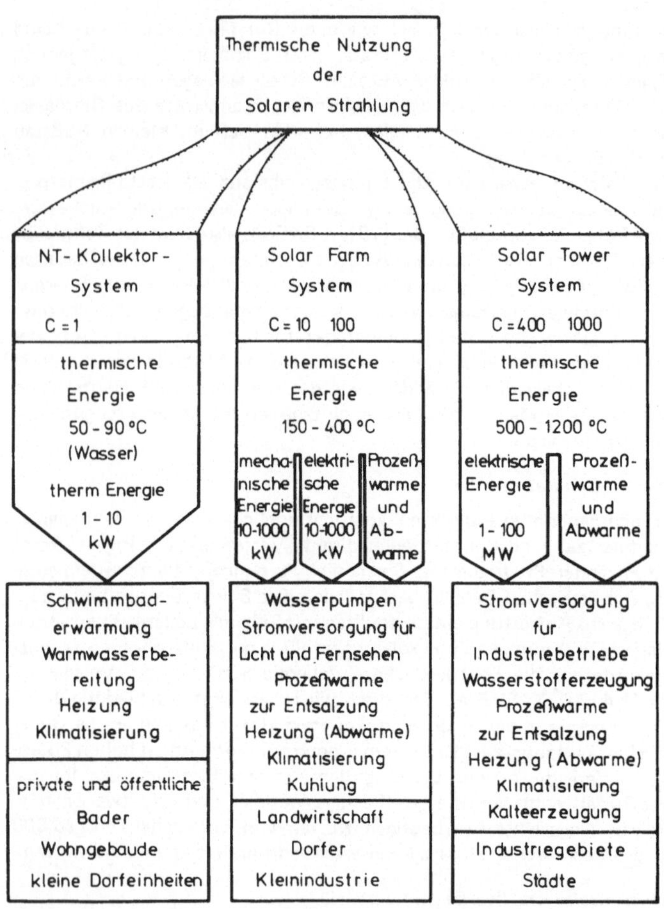

Bild VIII.6 Thermische Nutzungsmöglichkeiten der Solaren Strahlung

(z. B. in Entwicklungsländern) beschränken und keinen nennenswerten Beitrag zur Weltenergieversorgung leisten. Solar-Farm- und Solar-Tower-Anlagen arbeiten dagegen mit konzentrierenden Kollektoren. Diese müssen zwar stets der Sonne nachgeführt werden, erreichen jedoch je nach Konzentrationsverhältnis Arbeitstemperaturen von mehr als 1 000 °C. Damit können Prozesse, vergleichbar denen in fossilen Kraftwerken, betrieben werden. Weltweit befinden sich mehrere Dutzend solcher Anlagen in der Planung, im Aufbau bzw. im Probetrieb. Detaillierte Aussagen über das Betriebsverhalten und insbesondere die Wirtschaftlichkeit lassen sich allerdings noch nicht machen.

Da konzentrierende Kollektoren nur die direkte Strahlung nutzen können, bleibt ihr Einsatz auf Regionen mit hohem Anteil dieser Strahlung an der Gesamtstrahlung beschränkt. Messungen der direkten und diffusen Strahlungskomponente solarer Energie werden jedoch weltweit nur an wenigen Orten durchgeführt, so daß sich hieraus keine genauen Potentialabschätzungen ableiten lassen. In etwa korrespondiert die direkte Solarstrahlung jedoch mit der Anzahl der Sonnenscheinstunden, die fast an jeder meteorologischen Station der Welt gemessen wird. Als Einsatzort konzentrierender Kraftwerke ergibt sich daraus das Gebiet mit Sonnenscheinstunden von etwa 3 000 h/a.

In der Bundesrepublik Deutschland, die nur eine mittlere Sonnenscheindauer von etwa 1 600 h/a aufweist, würden diese Kraftwerke eine viel zu geringe Verfügbarkeit haben. Ihr Einsatz in unserem Lande ist daher nicht zu erwarten.

Von den insgesamt zur Verfügung stehenden Technologien könnten also aus den diskutierten Gründen neben den Laufwasserkraftwerken in der Bundesrepublik Deutschland nur noch Windenergiekonverter bis zum Jahr 2000 einen Beitrag zur Stromversorgung leisten.

4.3.3 Wärmebereitstellung

Windenergiekonverter

Die bereits in Abschnitt VIII.4.3.2 näher erläuterten Windenergiekonverter könnten auch zur Bereitstellung von Wärme eingesetzt werden. Dabei ist physikalisch sowohl die direkte (über Rührwerke) als auch die über eine elektrische Zwischenumwandlung indirekte Umsetzung (über Heizstäbe) der mechanischen Energie möglich. Intensiv verfolgt wird z. Z. nur der zweite Weg, wobei als Anwendungsgebiet die Hausheizung und Warmwasserbereitung untersucht wird. Windenergieheizungen dieser Art können zwar u. U. für abgelegene Einsatzorte genutzt werden, einen nennenswerten Beitrag zur Energieversorgung dicht besiedelter Gebiete wie der Bundesrepublik Deutschland ist jedoch schon wegen der Aufstellungsprobleme der WEK nicht zu erwarten.

Wärmepumpen-Anlagen

Wärmepumpen (WP) sind Anlagen, die die durch solare Strahlung hervorgerufene Erwärmung der Erdoberfläche und der Atmosphäre für die Wärmebereitstellung nutzen. Gegenwärtig werden vier Wärmepumpenarten verfolgt:

1. Brüdenverdichter-WP, 2. Dampfstrahl-WP,
3. Kompressions-WP, 4. Absorptions-WP.

Die drei erstgenannten werden bereits in größerer Anzahl in Industrie und Gewerbe eingesetzt, die Absorptionswärmepumpe befindet sich dagegen noch in der Entwicklung. Erst in jüngster Zeit wurden Anlagen zur Raumheizung und Warmwasserbereitung auch am deutschen Markt angeboten. Die größte Bedeutung besitzt z. Z. die elektromotorisch angetriebene Kompressionswärmepumpe.

In der Entwicklung befinden sich jedoch auch Gas- und Dieselmotorantriebe, diese werfen z. Z. noch insofern Probleme auf, als die für den Wärmepum-

Tabelle VIII.3 Primärenergienutzungsgrad verschiedener Heizungssysteme

Heizungssystem	Primärenergienutzungsgrad
Elektrische Wärmepumpe	0,9 ... 1,0
Öl- oder gasbetriebene Wärmepumpe	1,3 ... 1,5
Absorptionswärmepumpe	1,4 ... 1,6
Öl- oder Gasheizung	0,6 ... 0,8
Elektrische Widerstandsheizung	0,3

peneinsatz in kleinen Leistungsgrößen erforderlichen Standzeiten noch nicht sichergestellt werden können, was sich in mangelnder Verfügbarkeit – aber auch in hohen Anlage- und Wartungskosten niederschlägt. Gas- bzw. dieselbetriebene Wärmepumpen weisen aber den Vorteil auf, daß deren Abwärme gleichzeitig noch zur Wärmebereitstellung genutzt werden kann. Zur Beurteilung dieser Technologie dient der sog. Primärenergienutzungsgrad, d. i. das Verhältnis der abgegebenen Wärme zu der zum Betrieb der WP notwendigen Primärenergie, z. B. Naturgas, bzw. der zur Erzeugung der zum Betrieb der WP benötigten Sekundärenergie (für die Stromerzeugung z. B. erforderliche Kohle).

Die wichtigsten Primärenergienutzungsgrade weist Tabelle VIII.3 aus. Der Vergleich mit den konventionellen Heizungssystemen zeigt, daß der Einsatz der Wärmepumpe zu einer Senkung des Primärenergiebedarfs führen kann. Die elektromotorisch angetriebene Wärmepumpe kann jedoch bestenfalls diejenige Energiemenge in Form von NT-Wärme bereitstellen, die ihr in Form von Primärenergie zugeführt wird. Die dieselbetriebenen Kompressionswärmepumpen stellen etwa das Eineinhalbfache des Primärenergieeinsatzes als Sekundärenergie zur Verfügung. Absorptionswärmepumpen besitzen abgesehen von den Lösungsmittelpumpen keine bewegten Teile, weisen also noch den Vorteil möglicherweise geringerer Störanfälligkeit auf. Sie sind allerdings technisch einer hohen Subvention und/oder einer beträchtlichen Senkung der Kosten für Bau und Wartung der Anlagen unterwerfen. Es kann jedoch angesichts der gegenwärtigen Wirtschaftlichkeitsrelationen nicht erwartet werden, daß dieses Potential bis zur Jahrhundertwende auch nur annähernd ausgeschöpft wird.

Niedertemperatur-Kollektoranlagen

Neben der Wärmepumpe wird zur Wärmebereitstellung aus Solarenergie insbesondere der Niedertemperatur-Kollektor untersucht. Bild VIII.7 zeigt einige Ausführungsformen dieses im allgemeinen als Flachkollektor ausgeführten Energiewandlers. Die Arbeitsweise ist denkbar einfach: Die kurzwellige Gesamtstrahlung fällt durch lichtdurchlässige Abdeckungen (im Fall a von Bild VIII. 7 beispielsweise 2 Glasscheiben) auf einen Absorber. Dieses meist aus Metall, hier in Form einer speziell geformten Aluminiumplatine, bestehende Element wandelt die Strahlung in Wärme um, die es teilweise an ein Wärmeleitmedium abgibt, teilweise aber auch wieder in Form von langwelliger Wärmestrahlung abstrahlt. Diese Art der Strahlung kann jedoch die transparente Abdeckung nicht passieren, so daß die Energie zur

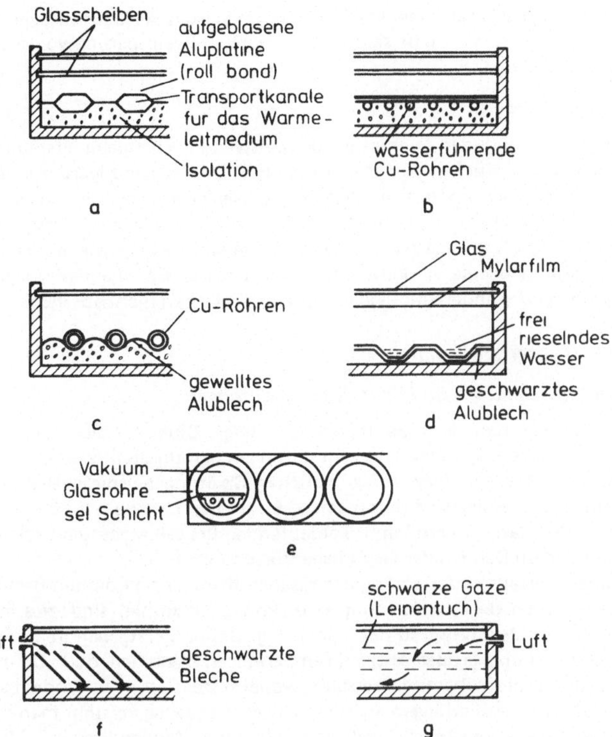

Bild VIII.7 Verschiedene Ausführungsformen von Flachkollektoren

Temperaturerhöhung im Kollektor führt (sog. Treibhaus-Effekt). Der Umwandlungswirkungsgrad des Kollektors kann dabei durch selektive Beschichtungen des Absorbers und/oder der Abdeckung verbessert werden.

Trotz des bereits angeführten recht hohen technischen Potentials der NT-Kollektoranlagen bleiben solche Systeme zumindest im betrachteten Zeitraum voraussichtlich ohne größeren Einfluß auf die Energiebilanz der Bundesrepublik Deutschland. Dies liegt insbesondere an der ungünstigen jahreszeitlichen Verteilung der solaren Strahlungsenergie in unserem Lande. Detaillierte Untersuchungen haben gezeigt, daß ein Einsatz von NT-Solaranlagen zur Brauchwasserbereitung im Sommer technisch möglich und nahezu wirtschaftlich ist. Bereits die Jahresbereitstellung von Brauchwasserwärme, mehr jedoch noch von Heizungswärme, stößt auf das Problem der saisonalen Energiespeicherung, das nach dem derzeitigen Stand wirtschaftlich unüberwindbar ist. Analysiert man ähnlich wie bei den Wärmepumpen den Beitrag, den NT-Kollektoranlagen im Fall der günstigsten Ausbaustrategie im Jahre 2000 leisten könnten, so ergibt sich eine Primärenergieeinsparung von etwa 0,09 EJ/a (3,2 Mio. t SKE/a).

Biokonversionsanlagen

Auf die Bedeutung der Biomasse zur weltweiten Energiebereitstellung wurde bereits hingewiesen. Auch in der Bundesrepublik Deutschland werden noch jährlich etwa 2 Mio. m^3 Brennholz zum Heizen und Warmwasserbereiten verwendet (1981: 1,54 Mio. t/a). Dies entspricht etwa 0,2 % des Primärenergiebedarfs. Obwohl in jüngster Zeit die Nachfrage nach Holz- und Vielstoffkesseln wieder erheblich gestiegen ist, läßt sich eine stärkere Entlastung unserer Energiebilanz durch Biomasse-Verbrennung oder andere biotechnologische Verfahren nicht absehen.

4.3.4 Brennstoffbereitstellung

Biomasse-Umwandlungs- und Photolyseeinrichtungen

Brennstoffe könnten aus Sonnenenergie über Biokonversionsanlagen, thermochemische Verfahren und Photolyseeinrichtungen bereitgestellt werden. Der letztere Weg erfordert Technologien zur künstlichen Spaltung beispielsweise von Wasser in Wasserstoff und Sauerstoff durch solare Strahlung. Bislang befinden sich Versuche, diesen in der Natur im großen Stil ablaufenden Prozeß technisch nachzuvollziehen, jedoch noch im Bereich der Grundlagenforschung.

Auch einige Verfahren der thermochemischen Konversion könnten Brennstoffe bereitstellen. Neben der Verbrennung (Holzkohle, Gaskohle) sind dies insbesondere Verfahren der Pyrolyse und der Vergasung. Bei den erstgenannten wird Biomasse durch Einwirkung großer Hitze (Temperaturen zwischen 500 °C und 1 000 °C) unter Luftabschluß chemisch zersetzt, wobei feste, flüssige und/oder gasförmige Kohlenwasserstoffverbindungen anfallen. Unter Vergasung versteht man die Umsetzung von Biomasse zu gasförmigem Brennstoff unter Verwendung von Vergasungsmitteln wie Luft und/oder Dampf (Teiloxidation). Die Fermentation baut Biomasse (meist anaerob, d. h. unter Luftabschluß) im wäßrigen Milieu mikrobiell ab, wobei nur Temperaturen zwischen 30 °C und 50 °C auftreten. Als Produkte fallen entweder Äthanol oder Biogas (Gasgemisch aus 60 ... 70 % Methan und 30 ... 40 % Kohlendioxid) an. Versuche, solche Brennstoffe beispielsweise im Verkehrssektor einzusetzen, laufen weltweit (z. B. Äthanol in Brasilien) und auch in der Bundesrepublik Deutschland. Aufgrund der noch nicht sehr weit fortgeschrittenen Entwicklung der Biokonversionsverfahren, der evtl. Konkurrenz der Biomasseproduktion zur Nahrungsmittelproduktion und der Wirtschaftlichkeit der Technologien kann der weltweite Beitrag dieser Energiequelle zur Energieversorgung nicht genau abgeschätzt werden.

4.4 Wirtschaftlichkeit und Ausblick

Generelle Aussagen über die Wirtschaftlichkeit der Sonnenenergie sind wegen der Vielfalt der zur Verfügung stehenden Technologien der stark divergierenden Einsatzbedingungen und dem unterschiedlichen Entwicklungsstand nicht möglich. Darüber hinaus sind die Kosten extrem standortabhängig, so daß selbst für relativ genau untersuchte Technologien, wie z. B. kleine Windenergiekonverter, die Strom- bzw. Wärmegestehungskosten stark schwanken können, je nachdem, wo sich der Konverter im Einsatz befindet. Ein genereller Nachteil von Wirtschaftlichkeitsaussagen etwa in Form spezifischer Investitionskosten liegt in der nicht einheitlichen Bezugsgröße. Kosten von Solarzellen werden beispielsweise stets auf Idealbedingungen des Strahlendurchgangs durch die Atmosphäre bezogen: etwa 1 kW/m^2, Kosten von Windenergiekonvertern dagegen auf die Auslegungsleistung der Anlage bei definierter Windgeschwindigkeit. Derartige Kostenangaben sind ohne ergänzende Aussagen über die Verfügbarkeit oder die Energiebereitstellungskosten weder vergleichbar noch allein aussagefähig.

Nach strengen betriebswirtschaftlichen Maßstäben arbeiten von den regenerativen Energiewandlern nur die Wasserkraft- und geothermische Kraftwerke wirtschaftlich. Windenergiekonverter, Biomasse-Fermenter und kleine Solargeneratoren können für die Versorgung entlegener Verbraucher relativ wirtschaftlicher sein als herkömmliche netzunabhängige Versorgungssysteme. Dabei liegt allerdings über die Lebensdauer der Anlagen noch keine ausreichende Erfahrung vor. Dies gilt auch für die Wärmepumpen- und Niedertemperatur-Kollektoranlagen, die ebenfalls unter bestimmten Betriebsbedingungen die Schwelle der Wirtschaftlichkeit erreichen können.

Einfache solare Warmwasserbereiter haben in millionenfacher Ausfertigung in den sonnenreichen Gebieten der Erde ihre Wirtschaftlichkeit bereits unter Beweis gestellt. Sie könnten unter günstigen Bedingungen auf absehbare Zeit auch in der Bundesrepublik Deutschland vor allem dort wirtschaftlich werden, wo fossil beheizte konventionelle Anlagen während der Sommermonate mit niedrigem Wirkungsgrad arbeiten. Bei den heutigen Preisrelationen sind aber in der Bundesrepublik Deutschland selbst Anlagen für die Warmwasserbereitung nicht wirtschaftlich, falls eine ganzjährige Deckung des Warmwasserbedarfs sichergestellt werden soll. Dies gilt in noch weit stärkerem Maße für die Nutzung der Sonnenenergie für Raumheizzwecke. Der völlig entgegengesetzte Verlauf von Sonnenenergieangebot und Raumwärmebedarf im Jahresverlauf, der Mangel an ausreichenden geeigneten Dachflächen für die Installation von Kollektoren, vor allem aber Kostenerwägungen lassen eine Nutzung der Sonnenenergie für diesen Anwendungsbereich bei uns realistischerweise zunächst nur als allenfalls allmählich penetrierende Zusatzheizung in der Übergangszeit erwarten.

Selbst erhebliche Kostensenkungen im Bereich der Sonnenenergienutzung zur Stromerzeugung, z. B. um den Faktor 10 für die Produktion von Solarzellen, ein erheblicher Anstieg des Wirkungsgrades und weitere Rationalisierungserfolge würden unter mitteleuropäischen Verhältnissen erst dann zu einer Kostengleichheit der solaren mit der nuklearen Stromerzeugung führen, wenn bei dieser mehr als eine Verdoppelung der Erzeugungskosten eintreten würde. Ein solcher Kostenanstieg müßte aber auch die Kosten von Sonnenkraftwerken stark beeinflussen, zumal für die Herstellung von Solarzellen erhebliche Energiemengen benötigt werden. In seiner wirtschaftlichen Auswirkung ungeklärt ist auch der Umstand, daß Sonnenenergiekraftwerke großen Ausmaßes Komponenten erfordern würden, die in Auslegung und Dimensionierung alles Bisherige übertreffen. Die hohen Übertragungskosten, die z. B. bei Errichtung von Sonnenkraftwerken in sonnenreichen Regionen für die Versorgung entfernter Verbraucher anfallen würden, sowie die Kosten für die Bereitstellung der entsprechenden Reserve, die bei Sonnen- und Windkraftwerken eine besondere Rolle spielen, sind in den Kalkulationen bisher viel zu wenig beachtet worden. Neue Übertragungssysteme, z. B. in Form von Wasserstoff, könnten diese Probleme voraussichtlich zwar stark mindern, doch stehen sie bisher nicht in anwendungsreifer Form zur Verfügung. Die Stromerzeugung auf Sonnenenergiebasis dürfte daher auf absehbare Zeit den Sonderbedingungen eines Einsatzes in abgelegenen Regionen bei kleinem Bedarf vorbehalten bleiben.

Die Kosten der Nutzung der Windenergie werden in erheblichem Maße durch die geringe Verfügbarkeit und Auslastung, die relativ niedrige Energiedichte und damit durch hohe spezifische Kapitalkosten bestimmt, die bisher die Vorteile einer Nutzung des „freien" Windenergieangebotes überkompensieren. Standortprobleme und bislang noch nicht ausreichend berücksichtigte Umweltprobleme für Windkraftsysteme wie für Sonnenenergiekraftwerke dürften in entlegenen Regionen keine große Rolle spielen, begrenzen jedoch in Gebieten wie Mitteleuropa die Einsatzmöglichkeiten solcher Energiewandler.

Für die vor uns liegenden 20 Jahre ist mit einem verstärkten Einsatz regenerativer Energiequellen in der Bundesrepublik Deutschland zu rechnen. Tabelle VIII.4 zeigt den nach heutigen Gesichtspunkten maximal möglichen Einfluß auf Primär- und Endenergiebilanz. Es wird ersichtlich, daß der stärkste Einfluß durch den Wärmepumpen-Einsatz zu erwarten ist. Dies liegt daran, daß hier eine Fülle reiner und kombinierter Systeme zur Verfügung steht, die einen großen Teil des Wärmemarktes der Bundesrepublik Deutschland abdecken können.

Der Beitrag sowohl der NT-Kollektoranlagen als auch der Windenergiekonverter und Biokonversionsanlagen (überwiegend Holz- und Vielstoffkessel) wird auf weniger als 1 % des Primärenergieverbrauchs geschätzt.

Insgesamt könnten regenerative Energiequellen maximal einen Beitrag von ca. 35 Mio. t SKE zur Deckung des Primärenergieverbrauchs einbringen, d. h. maximal einen Beitrag von 6 ... 8 % des erwarteten Primärenergieverbrauchs im Jahre 2 000. Vorbedingung hierfür ist neben der Überwindung der Wirtschaftlichkeitsschwelle jedoch, daß noch erhebliche Forschungs- und Entwicklungsarbeit verrichtet und begleitende Maßnahmen zur Standardisierung, Normung, Demonstration, Ausbildung und Information ergriffen werden.

5 Energiepolitische Würdigung

Damit dürfte selbst unter relativ optimistischen Annahmen in den nächsten Jahrzehnten nur ein insgesamt begrenzter, dennoch beachtenswerter Beitrag der regenerativen Energiequellen zur Deckung des Energiebedarfs in der Bundesrepublik Deutschland zu erwarten sein.

Große Hoffnungen werden auf die nunmehr auf breiter Ebene angelaufenen Forschungs- und Entwicklungsarbeiten gesetzt. Bemerkenswert ist hierbei neben der beträchtlichen staatlichen Förderung das Engagement der Wirtschaft. Schon bei relativ geringen zusätzlichen realen Preissteigerungen für fossile Energieträger, auf die sich Energiewirtschaft und Energiepolitik in jedem Falle einstellen sollten, dürften sich die bislang noch notwendigen Subventionen für die Einführung der am aussichtsreichsten erscheinenden Technologien zur Nutzung der regenerativen Energiequellen, vor allem der indirekten Nutzung der Sonnenenergie zur Deckung des Niedertemperaturbedarfs bereits weitgehend erübrigen. Die Aufnahme

Tabelle VIII.4 Maximale Erwartungspotentiale der Systeme zur Nutzung regenerativer Enerie-quellen für die Bundesrepublik Deutschland um das Jahr 2000 (gerundete Werte)

Nutzungssysteme	Energiebereitstellung	Endenergiesubstitution Mio. t SKE/a	Entlastung der Primarenergiebilanz Mio. t SKE/a
1 Biokonversion	10 Mio t SKE Abfall und Ruckstandsbiomasse	5[2]	10,0[2]
2. Wasserkraftwerke			
– große Anlagen (MW-Bereich)	23 TWh Strom	2,8	7,9
– kleine Anlagen (kW-Bereich)	10 TWh Strom und mechanische Energie	1,2	3,7
Meereskraftwerke			
3 Windkonverter			
– große Anlagen (MW-Bereich)	11 TWh Strom	1,3	4,1
– kleine Anlagen (kW-Bereich)	1,25 TWh Strom	0,2	0,5
4 Sonnenenergieanlagen			
Niedertemperatur-kollektoren	1,6 Mio t SKE Warme	2,9 ersetzt Gas/Heizol	3,2
Solarthermische Kraftwerke		–[1]	–
Photovoltaische Strom-erzeugungsanlagen		–[1]	
5 Warmepumpenanlagen			
elektrisch angetrieben	3,0 Mio t SKE Warme (Umwelt) 2,0 Mio. t SKE Warme (Antrieb)	7,2 ersetzt Gas/Heizol durch Strom	1,9 bei Berucksichtigung der Primarenergie zum Antrieb
fossil befeuert	1,2 Mio t SKE Warme (Umwelt) 3,0 Mio t SKE Warme (Antrieb)	3,0 Gas/Heizolein-sparung	3,3
6 Geothermische Heiz- und Kraftwerke		–[1]	–
Summe	–	23,6	34,6

1) Kein nennenswerter Beitrag bis zum Jahr 2000 zu erwarten

2) Nicht detaillierter Beitrag vieler verschiedener Umwandlungsverfahren zur Bereitstellung von Warme, sowie festen und flussigen Sekundarenergietragern aus Biomasse mit einem Heizwert an organischer Trockensubstanz in Hohe von 10 Mio. t SKE/a. Angenommener Umwandlungswirkungsgrad 50 %

der Massenproduktion entsprechender Geräte und Lernprozesse bei der Aggregatebauindustrie lassen eine Kostensenkung erwarten, die die Wirtschaftlichkeit dieser Anlagen weiter verbessern würden. Neben der hiermit erzielbaren Energieeinsparung erscheint unter gesamtwirtschaftlichen Aspekten vor allem die Umweltbelastung im Endenergiebereich sowie die nicht unbeträchtliche Möglichkeit zur Substitution von Mineralöl bedeutsam. Von den übrigen Technologien zur Nutzung der regenerativen Energiequellen kann gleichwohl angesichts der in der Bundesrepublik Deutschland vorliegenden natürlichen Bedingungen sowie des bislang erreichten Entwicklungsstandes z. Z. keine entscheidende Entlastung unserer durch die hohe – und noch zunehmende – Importabhängigkeit geprägten Energieversorgungsbilanz erwartet werden. Alleine das riesige Potential insbesondere der Sonnenenergie und die angesichts des relativ frühen Entwicklungsstadiums nicht auszuschließende Möglichkeit technologischer Durchbrüche rechtfertigen jedoch intensive öffentliche Hilfe für Forschung und Entwicklung sowie für die Markteinführung bereits entwickelter Technologien.

Hinzu kommt, daß regenerative Energiequellen für die Entwicklungsländer angesichts der immer problematischeren Deckung ihres Energiebedarfs mit fossilen Energieträgern zentrale Bedeutung besitzen und die Industrieländer aus der sozialen Verantwortung zur Entwicklung und Einführung entsprechender Technologien nicht entlassen werden können.

Es gilt angesichts der langfristig zunehmenden Verknappung fossiler Energieträger und der in Jahrzehnten zu bemessenden Ausreifungs- und Einführungszeiten neuer Technologien bereits heute die Grundlagen für den Übergang auf das Nachölzeitalter zu legen, in dem der Nutzung regenerativer Energiequellen entscheidende Bedeutung beizumessen sein wird.

Literatur

[1] *Brabandt, G.* und *Müller, U.:* Zur Wirtschaftlichkeit geothermischer Kraftwerke nach dem "Hot-dry-rock"-Verfahren, Elektrizitätswirtschaft, Jg. 78 (1979), Heft 5, S. 15–157

[2] BMFT/PLE: Jahresbericht 1979 über Rationelle Energieverwendung, Fossile Primärenergieträger, Neue Energiequellen, Bonn/Jülich 1980

[3] *Rademacher, H.:* Energie aus heißen Gestein entnommen. VDI-Nachrichten, 14.3.1980

[4] AGF/ASA: Energiequellen für morgen? Nichtnukleare-nichtfossile Primärenergiequellen. Programmstudie in 7 Einzelbänden, Umschau Verlag, Frankfurt 1976

[5] *Meliß, M.:* Möglichkeiten und Grenzen der Sonnenenergienutzung in der Bundesrepublik Deutschland mit Hilfe von Niedertemperaturkollektoren, Jül-Spez-25, Jülich, Dezember 1978

[6] *Kleemann, M.:* Energie aus solarthermischer Stromerzeugung, Vortrag auf der 3rd Miami International Conference on Alternative Energy Sources, 15-17 dec. 1980, Miami Beach, Florida

[7] *Meyer-ter-Vehn:* Sonnenenergie – Energie für die Zukunft, F. Dümmlers, Frankfurt 1979

[8] *Meliß, M.:* Regenerative Energiequellen, jährliche Veröffentlichung im April-Heft von BWK

[9] BMFT (Hrsg.): PESA – Praktische Erfahrungen mit bestehenden Solaranlagen, Promotor Verlag, Karlsruhe, März 1980

[10] *Jarass, L.* et al.: Windenergie: Eine systemanalytische Bewertung des technischen und wirtschaftlichen Potentials für die Stromerzeugung der Bundesrepublik Deutschland, Springer, Berlin/Heidelberg/New York 1980

[11] *Bostel, J.* et al: Möglicher zukünftiger Beitrag regenerativer Energiequellen zur Energieversorgung der Bundesrepublik Deutschland, Jül-Spez-156, Aktuelle Beiträge zur Energiediskussion Nr. 6, Jülich, Juni 1982

[12] *Schneider, H. K., Schmitt, D., Meliß, M.:* Sonstige Energieträger, in: Hrsg. Bischoff, G. und Gocht, W., Das Energiehandbuch, 4. Aufl., Braunschweig 1981

[13] *Kremers, W., Thiele, J., Wahl, F.:* Neue Wege der Energieversorgung, Braunschweig 1982

IX Kernenergie

G. Schmidt

Zur Lage

Prognosen über die Entwicklung des Energiebedarfs bilden die Grundlagen für Investitionsentscheidungen, so z.B. bei Kraftwerken (Bauzeit 7 ... 10 Jahre) und neuen Technologien wie Kohlevergasung und Kohleverflüssigung (1 ... 2 Jahrzehnte).

Mit einiger politischer Weitsicht hätten die politisch Verantwortlichen schon während der ersten Ölpreiskrise im Jahre 1973 die steigenden Ölpreise in den folgenden Jahren voraussehen müssen. Wieviel besser stünde die Bundesrepublik Deutschland da, wenn mehr für die Kohle, Kernenergie, Kohleveredlung sowie für Einsparung von Energie getan worden wäre. Statt wenig greifender Energieprogramme ist letztlich nur erreicht worden, daß z.B. der Bau neuer Anlagen zur Stromerzeugung nur sehr schleppend vorangekommen ist.

Wenn auch heute zu erkennen ist, daß der Höhepunkt der nuklearen Kontroverse überschritten ist, so ist doch festzuhalten, daß die Abhängigkeit vom Öl sich nur bescheiden vermindert hat. Allein Energiesparen sowie das Einsetzen von Wärmepumpen (Stromverbrauch) sowie von Alternativenergien wie Sonnen-, Wind-, Gezeiten-, Bioenergie und geothermischer Energie schließen die sich schon jetzt abzeichnende Energielücke nur in völlig unzureichendem Maße. Sie gaukeln — jedenfalls für unseren Lebensraum — nur den Ansatz einer Lösung des Problems vor. Was heute als hochaktuelles Energiesparen gepriesen wird, hat die Technik seit eh und je betrieben (z.B. Verbesserung der Wirkungsgrade). Ob gewünscht oder nichtgewünscht bleibt für die nächsten 10 bis 15 Jahre der einzige Ausweg aus der Energiemisere:

Kohle plus Kernenergie, letztere vorläufig noch in Form von Leichtwasserreaktoren später aber auch ergänzend in Form von Hochtemperaturreaktoren und Schnellen Brütern.

Kohle plus Kernenergie schaffen die Voraussetzungen nicht nur für das Fortbestehen sondern auch für die weitere Entwicklung einer leistungsfähigen Industriegesellschaft unter gleichzeitiger Loslösung vom Öl.

Die Sicherheit deutscher Reaktoren ist bereits auf einem hohen Niveau, weitere Verbesserungen erhöhen nicht immer die Sicherheit, wohl aber die Kosten der Anlagen. Ein Störfallablauf wie der in Harrisburg (USA, 1979) ist in deutschen Kernkraftwerken nicht denkbar. — Die Entsorgung deutscher Kernkraftwerke ist zu einem Politikum ausgeartet (Gorleben, 1979). Die technische Realisierbarkeit der für Kernkraftwerke erforderlichen Entsorgung unter Berücksichtigung sämtlicher Sicherheitsmaßnahmen ist gegeben. In jüngster Zeit bieten sich Teillösungen für die Entsorgung in Form von Zwischen- und Kompaktlagern an, die wahrscheinlich noch rechtzeitig so weit verwirklicht werden, daß der Betrieb bestehender Kernkraftwerke sowie der Bau und die Genehmigung neuer Anlagen nicht behindert werden.

Im Juni 1980 hat die Enquête-Kommission „Zukünftige Kernenergiepolitik" des Deutschen Bundestages zwar ein Votum für die Nutzung der Kernenergie abgegeben, gleichzeitig aber die Frage über den endgültigen Einsatz der Kernenergie unverständlicherweise bis 1990 zurückgestellt. Das mit Sicherheit zu erwartende Energiedilemma läßt sich nur vermeiden, wenn bereits in den 80er Jahren neben Kohlekraftwerken jährlich 1 bis 2 Kernkraftwerke mit je 1 300 MW elektrischer Leistung, – speziell für den Grundlastbereich – in Betrieb gehen. Volkswirtschaftlich gesehen besteht schon heute die Gefahr, daß stromintensive Industriezweige in Länder mit billigerem Kernenergiestrom abwandern.

Die Ende 1981 erfolgte 3. Fortschreibung des deutschen Energieprogramms hat keine neuen Impulse für die Kernenergie gebracht, da der Umfang des notwendigen Zubaus nuklearer Leistung bis 1995 nicht konkretisiert wurde.

Auf mittlere Sicht wird sich die Kernenergienutzung in den Industrieländern vorwiegend auf die Stromerzeugung konzentrieren. Angesichts der im Vergleich zu konventionellen Wärmeerzeugungsverfahren relativ niedrigen Brennstoffkosten kann auf längere Sicht die nuklear erzeugte Wärme auch in Form von Prozeßdampf oder – bei höheren Temperaturen – über ein Trägergas für verschiedene Prozesse mit hohem spezifischen Wärmebedarf eingesetzt werden.

Die Stromerzeugung aus Kernenergie ist heute wirtschaftlich so interessant, daß sich die Elektrizitätsversorgungsunternehmen mit dieser Stromerzeugung befassen müssen. In der Bundesrepublik Deutschland sind diese Unternehmen lt. Gesetz dazu verpflichtet, Strom ausreichend und rationell zu erzeugen und so preiswert wie möglich anzubieten. Auf Industriestaatenebene können auch Wettbewerbsfragen eine wichtige Rolle spielen.

Einen der bedeutendsten Schritte auf dem Wege der Verbesserung der Primärenergienutzung stellt fraglos die Auskopplung der Fernheizung aus dem Prozeß der Stromerzeugung dar. Die Einbeziehung der Kernkraftwerke in diesen Prozeß ist eine Zukunftsaufgabe, die jedoch eng mit der Realisierbarkeit von Kraftwerksstandorten in Verbrauchernähe und der Sicherheitsfrage verbunden ist (siehe Kraft-Wärme-Kopplung beim Kernkraftwerk Stade). Unabhängig vom Kernkraftwerksstandort kann der Strom bei ausreichender Netzkapazität schon jetzt für Heizzwecke in Form von Elektrospeicherheizungen und Wärmepumpen (Ausnutzung der Nachtlasttäler und Schwachlastzeiten) genutzt werden, ein weiterer lohnenswerter Ansatz, Öl vom Wärmemarkt nicht unwesentlich zu verdrängen.

1 Deckung des Energiebedarfs

1.1 Welt

Der Energiebedarf der Welt wird nahezu restlos durch die festen Brennstoffe Steinkohle, Braunkohle, Torf und Holz, die flüssigen bzw. gasförmigen Brennstoffe Erdöl und Erdgas, durch Wasserkraft und seit einiger Zeit zusätzlich aus den Kernbrennstoffen Uran und Thorium gedeckt. 70 ... 80 % des Energiebedarfs wird als Wärmeenergie benötigt. Für den weltweiten zwischenstaatlichen Handel mit primären Energieträgern haben bisher jedoch lediglich Steinkohle und

Erdöl erhebliche Bedeutung, während der Export von Erdgas und Kernbrennstoffen in größerem Umfang erst vor einigen Jahre begonnen hat.

Sichere Natururanreserven der westlichen Welt von ca. 2 Mio. t der Kostenkategorie unter 30 US-$/lb U_3O_8 können den Bedarf bei der augenblicklichen Leichtwasserreaktorstrategie bis weit über das Jahr 2000 decken.

Eine Strategie mit den in der Erprobung befindlichen Reaktoren, den Schnellen Brütern, würde eine wesentliche Schonung der Uranreserven bringen. Der Energiewert der Uranreserven ist nämlich beim vorgesehenen Einsatz im Schnellen Brüter mindestens 60 mal größer als bei der Verwendung in den z.Z. in Betrieb befindlichen Reaktoren.

Jährliche Zuwachsraten um 3 % lassen den Energiebedarf der Welt bis zur Jahrhundertwende voraussichtlich auf mehr als das Doppelte des heutigen Bedarfs ansteigen.

1.2 Bundesrepublik Deutschland

In der Bundesrepublik Deutschland steht langfristig an Primärenergien nur die heimische Kohle in Form von Steinkohle und Braunkohle zur Verfügung.

Erdgas wird ebenso wie Erdöl zum größten Teil importiert, sein Anteil zur Stromerzeugung wird unter 20 % liegen.

Die eigenen Vorräte an Uran sind unbedeutend. Auf dem Weltmarkt ist Uran ausreichend verfügbar.

Deutsche Bergwerksgesellschaften, die sich in aller Welt mit staatlicher Unterstützung an der Uranprospektion und -gewinnung beteiligen, sind allein in der Lage, über die Hälfte des deutschen Bedarfs zu decken.

Die Entwicklung der Mengenanteile der einzelnen Primärenergieträger geht aus Bild IX.1 hervor.

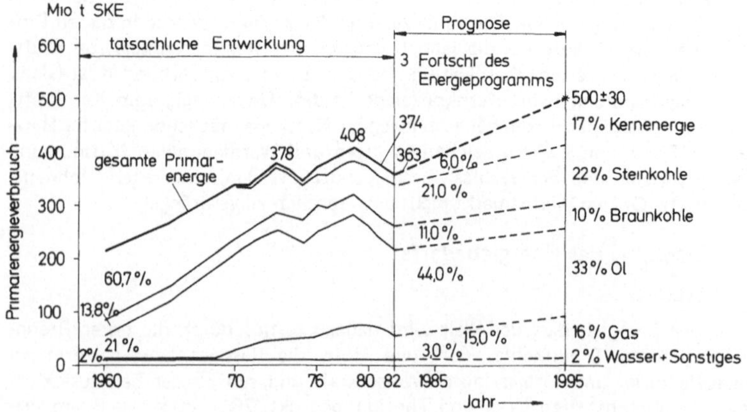

Bild IX.1 Primärenergieverbrauch in der Bundesrepublik Deutschland

Die Stromerzeugung benötigte in den letzten Jahren ca. 30 % des gesamten Energieverbrauchs. Die Elektrizitätswirtschaft hat sich entsprechend den verminderten Zuwachsraten des Bruttosozialproduktes in den letzten Jahren dem elektrischen Bedarf angepaßt und ihren Kraftwerksausbau verlangsamt (Bilder IX.2 und IX.3). Im Jahre 1982 betrug der Anteil der Stromerzeugung aus Kernkraftwerken an der gesamten Stromerzeugung 17,4 %, in Frankreich nahezu 40 %.

Aus dem Verlauf der Kurven für das Bruttosozialprodukt und den Bruttostromverbrauch (Bild IX.4) kann trotz aller Unsicherheit der Prognosen geschlossen werden, daß auch in den nächsten 10 Jahren die Wachstumsrate des Stromverbrauchs über der Wachstumsrate des Bruttosozialproduktes liegen wird.

Da in der Bundesrepublik Deutschland die Wasserkräfte ausgebaut sind, die Braunkohle, die evtl. auch zur Vergasung genutzt werden soll, nur noch wenig Erweiterungsmöglichkeiten aufweist, bieten sich für die Deckung des Elektrizitätsbedarfs nur noch Steinkohle und Kernenergie als Primärenergieträger an.

Die Errichtung zusätzlicher Öl- und Erdgaskraftwerke würde dem energiepolitischen Ziel der Bundesrepublik Deutschland, die Abhängigkeit insbesondere vom Mineralöl zu mindern, widersprechen. Steinkohlenkraftwerke allein bieten keine ausreichende Alternative, da die hier erforderlichen zusätzlichen Brennstoffmengen von der deutschen Steinkohle zu wettbewerbsfähigen Preisen nicht zur Verfügung gestellt werden können, von Standort- und Umweltproblemen (u.a. SO_2- und NO_x-Emissionen) für Kohlekraftwerke ganz zu schweigen.

Zur Sicherung der Stromversorgung hat aufgrund der Kostenstruktur die Kernenergie ihren Platz im Grundlastbereich, während die Steinkohle zur Deckung der Mittel- und Spitzenlast benötigt wird.

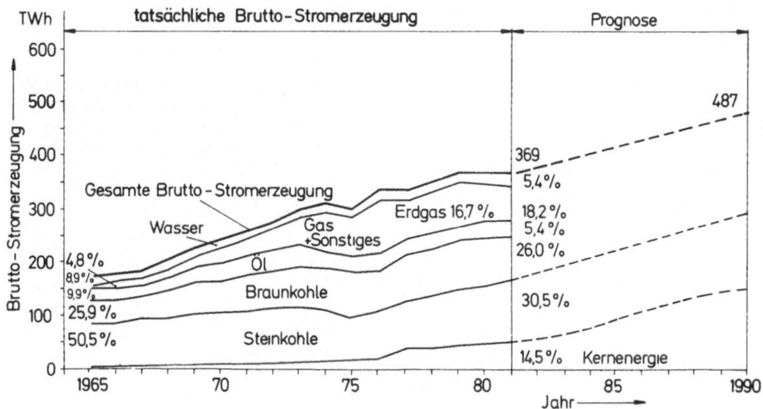

Bild IX.2 Bruttostromerzeugung in der Bundesrepublik Deutschland

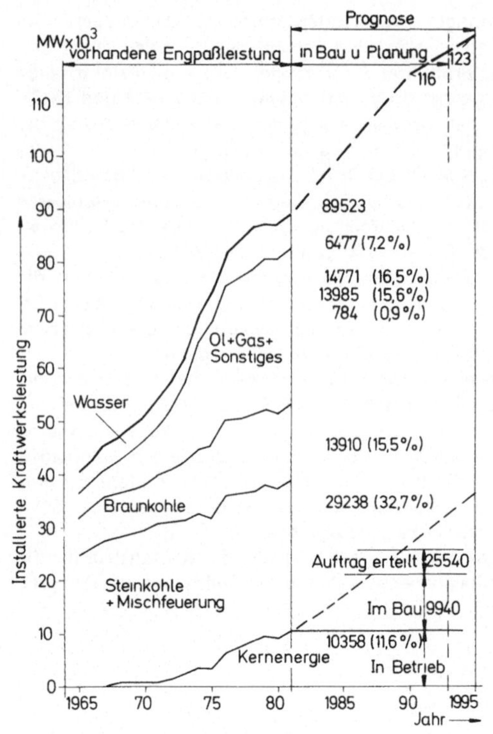

Bild IX.3
Installierte Kraftwerksleistung in der Bundesrepublik Deutschland

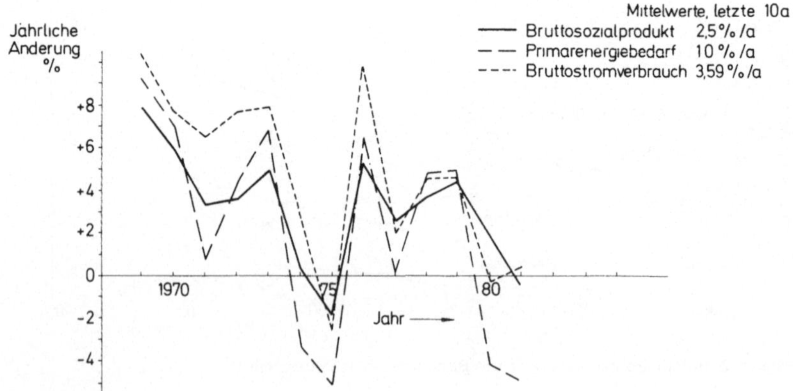

Bild IX.4 Entwicklung von Bruttosozialprodukt, Primärenergiebedarf und Bruttostromverbrauch

2 Kernkraftwerke: Technischer Teil

Die technische Erörterung der Kernenergienutzung geht von den Voraussetzungen aus, daß

1. die Kernenergie z. Z. nur zur Elektrizitätserzeugung einsetzbar ist, und daß
2. in Industriestaaten und bei ähnlichen klimatologischen Bedingungen wie in der Bundesrepublik Deutschland oder auch in den USA ca. 30 % der Primärenergie vom Elektrizitätsbedarf beansprucht werden.

2.1 Sicherheit der Kernkraftwerke

Die Elektrizitätswirtschaft bekennt sich seit jeher zu dem Grundsatz, daß der Sicherheit von Kernkraftwerken und dem Schutz der Bevölkerung vor etwaigen Gefahren der Kernenergie absolute Priorität zukommt. Dieser Forderung tragen die in der Bundesrepublik Deutschland geltenden Sicherheitsbestimmungen und nach diesen Vorschriften errichteten Kernkraftwerke in optimaler Weise Rechnung.

Das in den USA entwickelte Störungsmodell ist für deutsche Kernkraftwerke erweitert worden. Das bedeutet, daß beim Auftreten des größten anzunehmenden Unfalls (GAU) die deutschen Sicherheitsvorrichtungen den entsprechenden Vorschriften anderer Herstellerländer überlegen sind, was sich auch auf den Preis auswirkt.

Bei den heutigen Kernkraftwerken mit Leichtwasserreaktoren gilt als GAU der Bruch einer Kühlmittelleitung mit einem Freisetzen von Spaltprodukten durch ein Überdruckversagen der Sicherheitshülle (Volldruckcontainment). Neben den wichtigsten und aufgrund von theoretischen und experimentellen Untersuchungen gelösten Problemen (Notkühlung und Intaktbleiben der Sicherheitshülle) müssen alle Kernkraftwerke gegen Flugzeugabsturz, Erdbeben und Gaswolkenexplosion gesichert sein. Selbst dem eventuellen Eindringen von Saboteuren und Terroristen wird mit Maßnahmen begegnet.

Im Zuge der amerikanischen Reaktorsicherheitsstudie (WASH-1400, Rasmussen-Report) und der deutschen Risikostudie 1979 der Gesellschaft für Reaktorsicherheit in Köln zeigen verbesserte Computerprogramme (1981), daß Zuverlässigkeitsanalysen eine ausgewogene Beurteilung der sicherheitstechnischen Auslegung erlauben. Die gleichbleibende Sicherheit der Anlagen wird durch behördlich vorgeschriebene wiederkehrende Prüfungen gewährleistet.

Die Strahlenbelastung der in Kernkraftwerken Beschäftigten ist geringer als die für beruflich Strahlenbeschäftigte zulässige. Durch die Ableitung der radioaktiv kontaminierten Abluft und des radioaktiv kontaminierten Abwassers werden an keinem Ort in der Umgebung von einem oder mehreren Kernkraftwerken auch nur zeitweilig Personen zu mehr als einem Viertel der natürlichen Strahlenbelastung ausgesetzt.

2.2 Grundlagen der Kernkraftwerkstechnologie

Kernkraftwerke sind thermische Kraftwerke, die ihre Wärme aus der Kernspaltungsenergie beziehen. Die Wärme für den Kraftwerksprozeß entsteht bei der Spaltung des Urankerns zu über 90 % in den Brennelementen.

Natürliches Uran besteht zu 99,29 % aus dem schwer spaltbaren Uran-238 und zu 0,71 % aus dem spaltbaren Uran-235. Unter Uran-238 und Uran-235 werden zwei Isotope (Atome desselben chemischen Elements, jedoch unterschiedlicher Neutronenzahl) des Urans verstanden.

Zum Verständnis der Spaltung von Atomkernen sei vorausgesetzt, daß sich der Atomkern aus zwei Arten von Kernbestandteilen (Nukleonen) fast gleicher Masse, den Protonen und den Neutronen, zusammensetzt. Protonen besitzen eine positive Elementarladung, die Neutronen sind ungeladen. Zwischen Neutronen und Protonen herrschen starke Kernbindungskräfte. Um den positiv geladenen Kern bewegen sich auf bestimmten Bahnen in der Atomhülle die negativ geladenen Hüllelektronen. Im Normalzustand ist die Anzahl der Hüllelektronen gleich der Anzahl der Protonen im Atomkern (elektrisch neutrales Atom). Die Masse eines Elektrons beträgt etwa 1/1840stel der Masse eines Protons bzw. Neutrons. Die Anzahl der Protonen eines Elements wird als Kernladungszahl oder Ordnungszahl bezeichnet. Die Gesamtzahl der Protonen und Neutronen im Atomkern ist gleich der Massenzahl.

Die Kernspaltung selbst läßt sich durch das Modell eines flüssigen Tropfens zumindest qualitativ deuten. Das Tropfenmodell versagt jedoch gegenüber Feinheiten, die z.T. von anderen Kernmodellen (z.B. Schalenmodell, Kollektivmodell, Compoundkernmodell, optisches Modell) erfaßt werden können. Schwere Kerne neigen nach dem Tropfenmodell zu einer länglichen Form, was bei ausreichender Anregungs- bzw. Schwingungsenergie des beim Neutronenbeschuß gebildeten Zwischen- oder Compoundkerns über eine Einschnürung zu einer Spaltung führen kann.

Im Falle des Uran-235-Kerns (^{235}U oder U-235) fliegen zwei mittelschwere Atomkerne (z.B. Molybdän-95 und Lanthan-139) als Folge der elektrischen Abstoßung mit großer kinetischer Energie (ca. 10 % der Bindungsenergie der Kerne) als Bruchstücke davon; diese Energie wandelt sich in der umgebenden Materie (bei Kernkraftwerken vorwiegend im Brennelement des Reaktorkerns) durch Reibung in Wärme um. Die bei der Spaltung entstehenden Atomkerne werden Spaltprodukte oder Spaltfragmente genannt (Bild IX.5).

Neben den Spaltprodukten werden bei der Spaltung des ^{235}U-Kerns durch ein langsames (thermisches) Neutron zwei bis drei schnelle Neutronen (Spaltneutronen) frei, die weitere ^{235}U-Kerne spalten können. Die Wahrscheinlichkeit zur Fortsetzung der Kettenreaktion ist erst nach Abbremsung (Moderation) der Spalt-

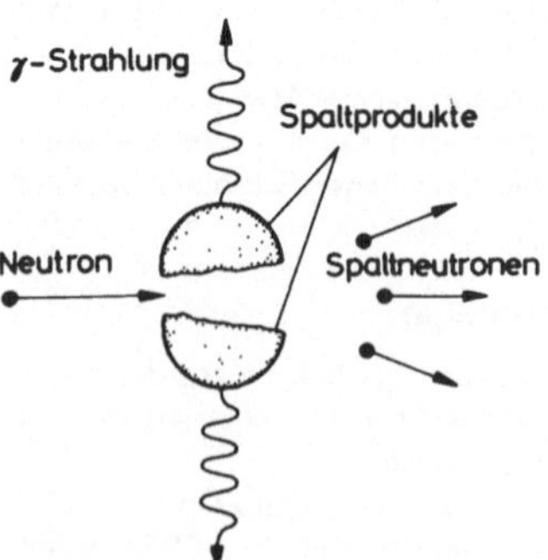

Bild IX.5
Spaltung des ^{235}U-Kerns durch thermische Neutronen

neutronen durch Stöße mit den Kernen eines Moderators (z.B. leichtes oder schweres Wasser, Graphit) bis auf thermische Geschwindigkeit (rd. 1/30 eV) besonders groß. Auch dieser kinetische Energieverlust wird zum größten Teil in Wärmeenergie umgewandelt.

Der überwiegende Teil der Energieumsetzung in Wärme erfolgt im Brennstoff, ein Teil wird im Kühlmittel und Moderator direkt absorbiert (4 ... 7 %) und der Rest im thermischen und biologischen Schild (1 %). Daher müssen nicht nur die Brennstäbe, in deren Achse beim Betrieb ca. 2 000 °C herrschen, sondern auch die Strahlung absorbierenden Teile gekühlt werden.

Innerhalb der Uranmasse ergibt sich die Möglichkeit für eine sich selbst unterhaltende Kettenreaktion, die bei genügend vorhandenen ^{235}U-Kernen lawinenartig anschwillt (Bild IX.6).

Will man jedoch keinen explosionsartigen Ablauf der Kettenreaktion sondern eine bestimmte Leistung, so bedarf es einer Anordnung, in der eine Kettenreaktion gesteuert und kontrolliert abläuft. Die Steuerung erfolgt durch Steuer- oder Regelstäbe aus neutronenabsorbierendem Material. In einer solchen Anordnung, einem Reaktor, überschreitet die Kettenreaktion weder alle Grenzen, noch kommt sie wegen Neutronenmangels zum Erliegen. Zur Unterhaltung der Kettenreaktion muß der Reaktor so gesteuert werden, daß stets eines der bei einer Spaltung freiwerdenden zwei bis drei Neutronen wieder eine Spaltung herbeiführt. Zum Anfahren eines Reaktors bedient man sich einer zusätzlichen Neutronenquelle.

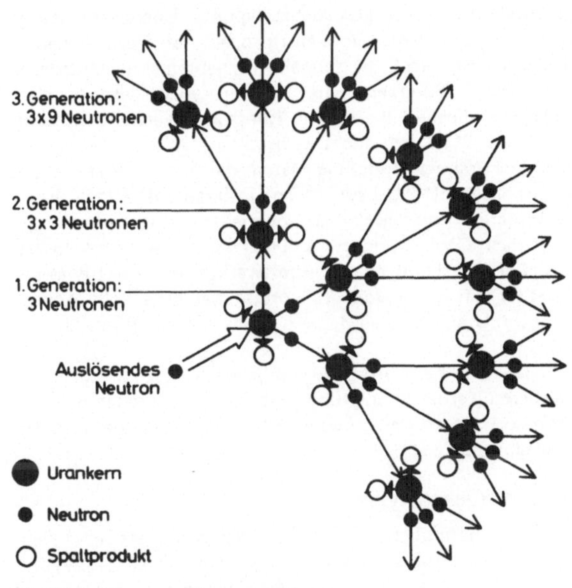

Bild IX.6 Schema der Kettenreaktion

In den meisten der heute arbeitenden Kernkraftwerke werden die Spaltneutronen im Reaktor durch Wasser abgebremst (moderiert), ehe sie die Kettenreaktion fortführen können. Wasser (H_2O = Leichtwasser) wird nur dann als Moderator verwendet, wenn die Neutronenbilanz dies zuläßt, wenn z.B. mit ^{235}U angereichertes Uran als Brennstoff genügend Spaltneutronen zur Aufrechterhaltung der Kettenreaktion liefert. Bei Leichtwasserreaktoren muß das seltene Isotop ^{235}U gegenüber seiner natürlichen Häufigkeit (0,71 %) auf 2 ... 3 % angereichert werden.

Neben der Wärmeenergie durch Kernspaltung mittels thermischer Neutronen wird in jedem Reaktor, der mit einem Isotopengemisch aus ^{238}U und ^{235}U arbeitet, in geringem Maße auch das Plutoniumisotop ^{239}Pu erzeugt, das durch Anlagerung eines Spaltneutrons an den ^{238}U-Kern über Zwischenkerne gebildet wird. Der ^{239}Pu-Kern wiederum läßt sich ebenso wie der ^{235}U-Kern mit thermischen Neutronen spalten. Durch weitere Neutronenanlagerungen an den ^{239}Pu-Kern entsteht ein Gemisch aus verschiedenen Plutoniumisotopen, das nur nach aufwendigen Trennverfahren (^{239}Pu-Anreicherung) kernwaffentauglich gemacht werden kann. Ein ähnlicher Umwandlungsprozeß ist mit dem in der Natur ebenso häufig wie Uran vorkommenden Element Thorium (Th) möglich. Durch Anlagerung eines Neutrons an den ^{232}Th-Kern entsteht über Zwischenkerne der ^{233}U-Kern, der ebenfalls durch thermische Neutronen spaltbar ist.

Zur Aufrechterhaltung der Kettenreaktion wird, wie Bild IX.6 zeigt, ein Neutron gebraucht. Da bei der Spaltung des ^{235}U-Kerns zwei bis drei Neutronen frei werden, besteht grundsätzlich die Möglichkeit, mittels eines Reaktors unter bestimmten physikalischen Voraussetzungen aus dem schwer spaltbaren ^{238}U bzw. ^{232}Th mehr spaltbares Material zu erzeugen als gleichzeitig unter Energieerzeugung verbraucht wird. In diesem Fall spricht man vom Brutprozeß, den Reaktor nennt man Brüter. Bei den „Schnellen Brütern", die schnelle (ungebremste) Neutronen verwenden, wird mehr spaltbares ^{239}Pu erzeugt, als ^{238}U verbraucht wird, bei den „Thermischen Brütern", die überwiegend thermische Neutronen verwenden, wird mehr spaltbares ^{233}U erzeugt, als ^{232}Th verbraucht wird.

Das Ziel ökonomischer Brennstoffnutzung besteht darin, möglichst den gesamten schwer spaltbaren Brennstoff (^{238}U bzw. ^{232}Th) in Spaltstoff (^{239}Pu bzw. ^{233}U) umzuwandeln. Die bisherige Entwicklung der Schnellen Brüter läßt eine je nach gewählter Brutrate (Brutverhältnis) mindestens 60mal bessere Ausnutzung des nuklearen Brennstoffes als bei den heutigen Kernkraftwerken mit Leichtwasserreaktoren erkennen. Das hat für den Abbau von Uranvorkommen erhebliche Konsequenzen; Funde mit geringem Urangehalt sind dann noch wirtschaftlich abbauwürdig.

Schnelle Brüter haben eine hohe Brutrate, die je nach Typ zwischen 1,1 und 1,5 neu erzeugten spaltbaren Kernen je Spaltung liegt. Bei Thermischen Brütern wird eine Brutrate erwartet, die wegen der größeren Absorption der thermischen Neutronen nur knapp 1 überschreitet.

2.3 Reaktoraufbau und Reaktortypen

Die in Betrieb und Bau befindliche Kernkraftwerksleistung erstreckt sich überwiegend auf die Druck- und Siedewasserreaktoren, die wegen ihrer Wasserkühlung und -moderierung als Leichtwasserreaktoren bezeichnet werden.

2.3.1 Druckwasserreaktoren

Bei Kernkraftwerken mit Druckwasserreaktoren (Bild IX.7) wird die im Reaktor (a) durch Kernspaltungen erzeugte Wärme mittels eines geschlossenen Reaktorkühlsystems (Primärkreislauf) in den Dampferzeugern (b) an den Speisewasser-Dampfkreislauf (Sekundärkreislauf) übertragen. Der in den Dampferzeugern erzeugte Dampf treibt den Turbogenerator (d) wie im herkömmlich fossil geheizten Dampfkraftwerk an. Der Umlauf des Primärwassers wird durch die Hauptkühlmittelpumpen (c) erzwungen. Durch einen an das Primärkreislaufsystem angeschlossenen elektrisch beheizten Druckhalter wird ein hoher Überdruck (z.B. 155 bar) erzeugt und so ein Sieden des Wassers trotz der relativ hohen Reaktoraustrittstemperatur (z.B. 320 °C) verhindert. Die Wände der Rohre im Dampferzeuger trennen die beiden Kreisläufe druckdicht. Dadurch können keine radioaktiven Stoffe aus dem Reaktorbereich direkt in den Speisewasser-Dampfkreislauf gelangen, was als ein gravierender Vorteil dieses Reaktortyps angesehen wird.

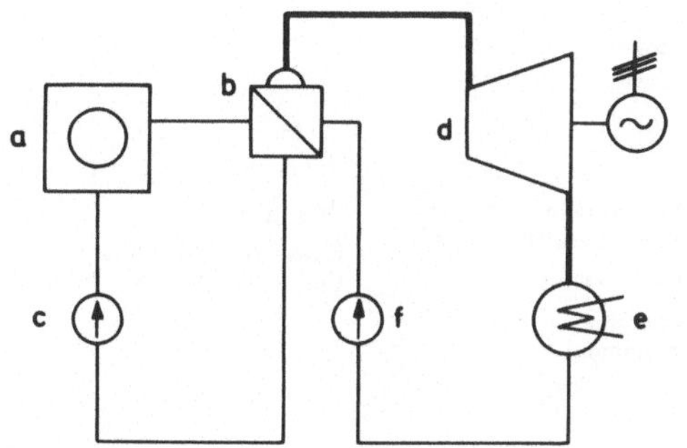

Bild IX.7
Schaltbild eines Kernkraftwerkes mit Druckwasserreaktor
a Reaktor
b Dampferzeuger
c Hauptkühlmittelpumpe
d Turbine mit Generator
e Kondensator
f Speisewasserpumpe

In den Dampferzeugern wird Sattdampf oder schwach überhitzter Dampf (z.B. 54 bar, 269 °C) erzeugt. An einen Reaktor sind mehrere (2 bis 4) Primärkreisläufe (Loops) mit einer entsprechenden Anzahl von Dampferzeugern und Umwälzpumpen angeschlossen.

Der Reaktorkern (Core) befindet sich innerhalb des Reaktordruckbehälters (Bild IX.8). Bei den heutigen Druckwasserreaktoren besteht das Core aus einer größeren Anzahl meist äußerlich gleicher Brennelemente, die ihrerseits aus einzelnen Brennstäben von rd. 1 cm Durchmesser zusammengesetzt sind. Ein Teil der Brennelemente enthält Steuerstäbe, deren Neutronen-absorbierende Finger von oben in das Brennelement eingreifen.

Die Brennstäbe enthalten als Brennstoff gesinterte Tabletten (Pellets) aus angereichertem UO_2 mit etwa 3 % ^{235}U-Gehalt. Als Hüllrohrwerkstoff für die Brennstäbe werden heute nur noch Zirkonlegierungen verwendet.

Die Reaktorleistung wird mit Hilfe von Neutronenabsorbern geregelt. Für schnelle Reaktivitätsänderungen werden die bereits erwähnten Steuerstäbe eingesetzt. Langsamer erfolgende Reaktivitätsänderungen werden in der Regel mit flüssiger, im Wasser gelöster Borsäure beherrscht, deren Konzentration mit Hilfe geeigneter Hilfssysteme in weiten Grenzen variiert werden kann.

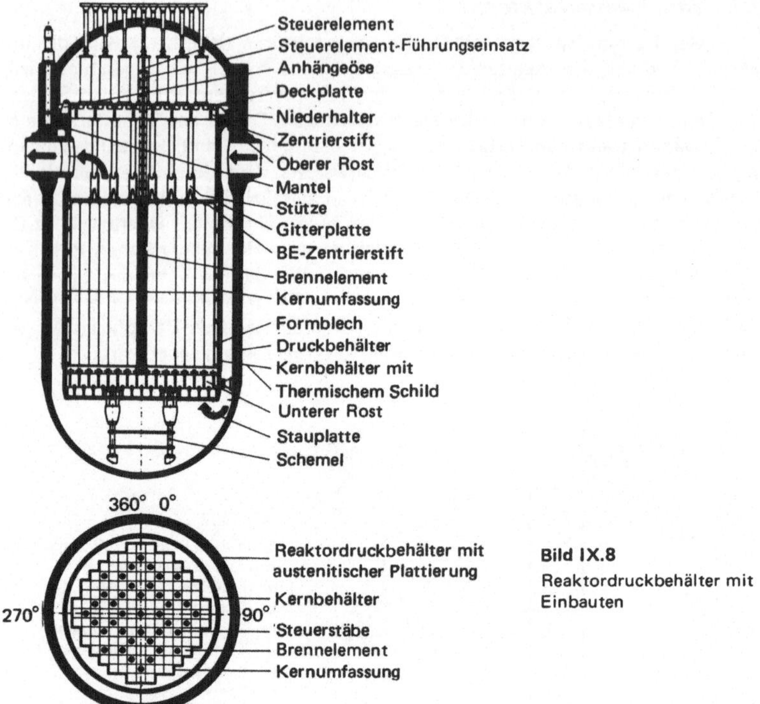

Bild IX.8
Reaktordruckbehälter mit Einbauten

Die Reaktordruckbehälter bestehen bei allen Druckwasserreaktoren aus Stahl. Der Druckbehälter-Innendurchmesser beträgt beispielsweise beim 1 300-MW-Kernkraftwerk Biblis 5 000 mm, die Wanddicke des Zylindermantels 243 mm, die Gesamtmasse 530 t.

Alle unter Druck stehenden Komponenten des Primärkreislaufes befinden sich im allgemeinen in einem zylindrischen oder kugelförmigen Reaktorgebäude aus Stahlbeton, das zusätzlich einen leckdichten Sicherheitsbehälter (Containment) enthält. Der Sicherheitsbehälter, in der Bundesrepublik Deutschland als Volldruckcontainment ausgelegt, kann auch im Falle des größten anzunehmenden Unfalls (GAU) noch diesen inneren Störfall beherrschen. Längsschnitte durch das Reaktorgebäude in Dampferzeugerachse bzw. in der Achse des Brennelementlagerbeckens sind in den Bildern IX.9a und 9b wiedergegeben (KWU-Konvoi-Konzept 1981/82).

2.3.2 *Siedewasserreaktoren*

Die ebenfalls mit H_2O moderierten und gekühlten Siedewasserreaktoren unterscheiden sich von den Druckwasserreaktoren vor allem dadurch, daß im Reak-

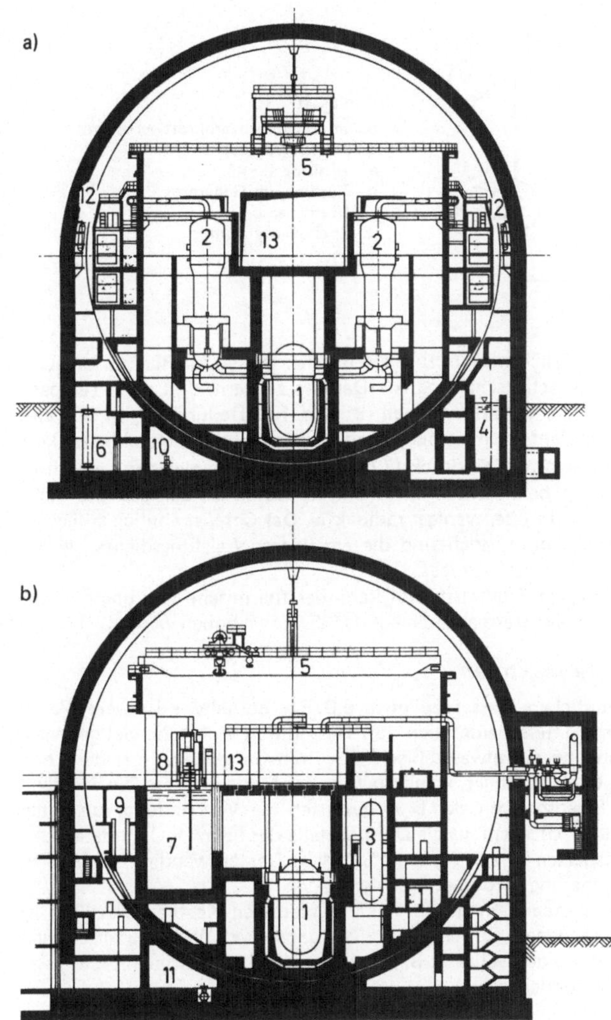

Bild IX.9a und 9b Reaktorgebäude (Druckwasserreaktor)

1 Reaktor
2 Dampferzeuger
3 Druckhalter
4 Flutbecken
5 Rundlaufkran
6 Nachwärmekühler
7 Brennelement-Becken
8 Lademaschine
9 Brennelement-Lager
10 Nukleares Nachkühlsystem und Beckenkühlsystem
11 Anlagen- und Gebäudeentwässerung
12 Ausgleichsbehälter nukleares Zwischenkühlsystem
13 Beckenflur

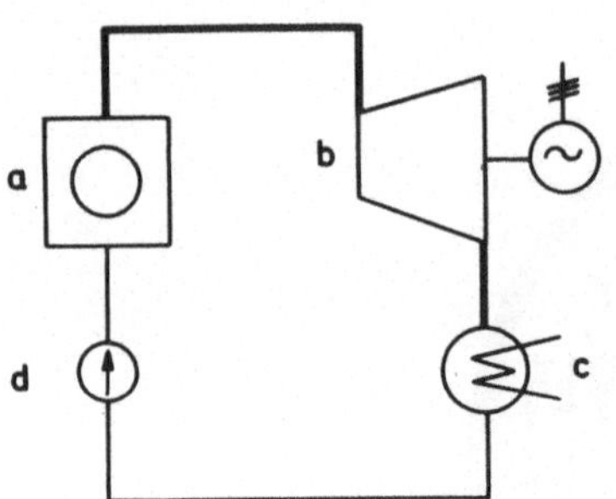

Bild IX.10
Schaltbild eines Kernkraftwerkes mit Siedewasserreaktor
a Reaktor
b Turbine mit Generator
c Kondensator
d Speisewasserpumpe

tor ein Sieden des Primärkühlwassers zugelassen wird. Der so im Reaktor erzeugte Dampf kann – ohne Zwischenschaltung von Dampferzeugern, d.h. ohne Temperaturverluste – direkt in die Turbine strömen (Bild IX.10). Dadurch ergibt sich eine Vereinfachung des Kreislaufs, d.h., große Dampferzeuger und der Druckhalter können entfallen. Der Reaktorbetriebsdruck (72 bar) ist bei etwa gleicher Kühlmitteltemperatur niedriger als beim Druckwasserreaktor. Dafür ist der gesamte Kühlmittel-Dampfkreislauf mehr oder weniger radioaktiv. Das Core ist ähnlich aufgebaut wie bei Druckwasserreaktoren, doch sind die erzielbaren Leistungsdichten wegen des Dampfanteils im Kühlmittel geringer.

Durch das direkte Einkreissystem kann der thermische Wirkungsgrad um 1 ... 2 % gegenüber Druckwasserreaktoren auf ca. 35 % angehoben werden.

2.3.3 Schwerwasserreaktoren

Das im natürlichen Wasser zu etwa 0,015 % enthaltene schwere Wasser D_2O (D = Deuterium) unterscheidet sich von H_2O durch eine sehr viel geringere Neutronenabsorption und ein etwas schlechteres Bremsvermögen. In reiner Form bietet sich daher D_2O als günstiger, wenn auch teurer Moderator an. Die angeführten physikalischen Eigenschaften des D_2O gestatten die Verwendung von natürlichem Uran (0,71 % ^{235}U) ebenfalls als Oxid anstelle des beim H_2O-Moderator erforderlichen angereicherten Urans (etwa 3 % ^{235}U). Der aufwendige Verfahrensschritt der Urananreicherung wird hierdurch vermieden.

Nur in den Ländern, in denen D_2O zu niedrigen Kosten herstellbar ist (z.B. Kanada) und in denen auf eine Anreicherungs- und Wiederaufarbeitungstechnologie verzichtet werden sollte (z.B. Atucha I und II, Argentinien), hat dieser Reaktortyp Eingang gefunden.

2.3.4 Graphitmoderierte Reaktoren

Graphit hat neutronenphysikalisch ähnliche Eigenschaften wie D_2O. Graphitmoderierte Reaktoren können daher grundsätzlich ebenfalls mit natürlichem Uran betrieben werden. Sie erfordern jedoch ein 50- bis 100-fach größeres Moderatorvolumen und eine 10fach größere kritische Natururanmenge als D_2O-Reaktoren.

2.3.5 Anreicherungsverfahren

Zur erforderlichen Anreicherung des Urans bei Leichtwasserreaktoren sind z.Z. nachstehende Verfahren möglich:

Das *Diffusionsverfahren* bringt in der Einzelstufe höchstens 0,4 % Anreicherung, benötigt deshalb mehr als 1 000 Stufen hintereinander und verbraucht 3,1 MWh/Uran-Trennarbeitseinheit (UTA), das entspricht etwa 3 ... 4 % der aus dem Uran erzeugten elektrischen Energie. Nach diesem Verfahren können in USA $17 \cdot 10^6$ UTA/a erzeugt werden, die europäische Anlage Eurodif in Frankreich ist für $10 \cdot 10^6$ UTA/a ausgelegt.

Das *Trenndüsenverfahren* hat eine Anreicherung von 3 % in der Einzelstufe, benötigt nur einige hundert Stufen, hat einen ähnlichen Energieverbrauch wie die Diffusion, aber keine beweglichen Teile und ist für kleinere Anlagen wirtschaftlich.

Die *Gaszentrifuge* erreicht bei 500 m/s Umfangsgeschwindigkeit 15 % Anreicherung in der Einzelstufe, bereitet Schwierigkeiten in der Lagerung, Dämpfung und Fertigungsgenauigkeit, ist aber heute dank der Verbundwerkstoffe, die genügende Reißlänge haben, einsatzbereit. Dieses Verfahren benötigt 250 kWh/UTA (8 % des Diffusionsverfahrens), kann aber in einer Zentrifuge nur bis 100 UTA/a leisten, weshalb für 10^6 UTA 100 000 Einheiten nötig sind. Die gemeinsam von der Bundesrepublik Deutschland (Gronau), den Niederlanden (Almelo) und Großbritannien (Capenhurst) entwickelten Anlagen (URENCO) könnten bei Bedarf bis zu $10 \cdot 10^6$ UTA/a leisten.

Im Versuchsstadium sind weitere Verfahren, und zwar das Trennverfahren mittels eines *rotierenden Plasmas*, das *Trennscheibenverfahren*, das *Trennverfahren durch Laserstrahlen* sowie ein *chemisches Austauschverfahren*.

2.3.6 Standardisierung der Kernkraftwerke mit Leichtwasserreaktoren

Die angestrebte Standardisierung von Kernkraftwerken würde sowohl für Hersteller als auch für Betreiber Vorteile in Abwicklung und Betrieb ergeben. Der Wiederholungseffekt dürfte etwa gleiche spezifische Investitionsersparnisse ergeben wie die Kostendegression durch Verdopplung der Leistungsgröße. Daher ist vorläufig in der Bundesrepublik Deutschland vorgesehen, die 1 200 ... 1 400-MW-Kernkraftwerksblockgröße nicht weiter zu steigern. Kernkraftwerke mit Leistungen um 1 300 MW werden künftig nach dem von der Kraftwerk-Union (KWU) entwickelten Konvoi-Konzept gebaut. Vorbild hierfür ist das französische Kernenergieprogramm (KWU-report vom März 1982).

Für Länder ohne eigene Ölvorkommen mit relativ kleinen Versorgungsnetzen werden standardisierte Kleinkernkraftwerke mit einem Zweikreis-Siedewasserreaktor mit Naturumlauf des Kühlmittels und Leistungen von 200 ... 400 MW angeboten (evtl. auch zur Meerwasserentsalzung und Fernwärmeerzeugung).

2.3.7 Neue Reaktorkonzepte

Als neue Reaktorkonzepte, die in den nächsten 10 bis 15 Jahren den Kernkraftwerksmarkt beeinflussen können, sind die *Hochtemperaturreaktoren* und die *Schnellen Brüter* anzusehen. Wegen der hohen Anlagekosten sind die Finanzierungsprobleme für beide Konzepte, wenn auch nicht unüberwindlich, doch sehr groß.

A Hochtemperaturreaktoren

Kernkraftwerke mit Hochtemperaturreaktoren lassen große Brennstoffabbrände erwarten und arbeiten mit einem verbesserten thermischen Wirkungsgrad um 40 %.

Mit dem Bau des ersten Hochtemperaturreaktors, AVR (Arbeitsgemeinschaft Versuchsreaktor GmbH), mit einer elektrischen Leistung von 15 MW wurde Ende 1961 in Jülich begonnen. Charakterisiert wird der AVR durch Verwendung von Graphit als Moderator und Helium als Kühlmittel.

Die Brennelemente des AVR bestehen aus Graphitkugeln von 6 cm Durchmesser und 1 cm Wanddicke. Sie enthalten in ihrem Innern Brennstoffkörnchen aus hochangereichertem UO_2 (93 % ^{235}U) oder aus UO_2-ThO_2-Mischungen, die mit einer praktisch gasdichten Hülle aus pyrolytisch abgeschiedenem Kohlenstoff umgeben sind (beschichtete Teilchen, „coated particles"). Das Brennelement wird mit einem Gewindestopfen verschlossen.

Der Reaktorkern besteht aus einem zylindrischen, nach unten konisch zulaufenden Raum, der mit 100000 Brennstoff- und Moderatorkugeln gefüllt ist. Durchmesser und Höhe des Zylinders betragen jeweils 3 m. Der gesamte Primärkreislauf, bestehend aus Kugelhaufen, Dampferzeuger und Kühlgasgebläse, wird von einem Druckbehälter umschlossen (Bild IX.11).

Die Erfahrungen mit einem 950-°C-Gasbetrieb versprechen einen großen technologischen Entwicklungssprung, der für die Kohledruckvergasung von Bedeutung sein kann.

Der im Bau befindliche Thorium-Hochtemperaturreaktor mit einer Blockgröße von 300 MW (THTR-300) in Uentrop-Schmehausen stellt eine Weiterentwicklung des AVR dar. Das im Reaktorkern erhitzte Primärgas Helium gibt im Dampferzeuger seine Primärenergie an den sekundärseitigen Wasser-Dampf-Kreis ab.

Die Core-Austrittstemperatur des als Kühlgas verwendeten Heliums beträgt über 750 °C, die Turbineneintrittstemperatur des Wasserdampfes 530 °C. Der thermische Wirkungsgrad liegt bei 40,5 %.

Hinsichtlich der Stromerzeugung sind Hochtemperaturreaktoren den derzeitigen Leichtwasserreaktoren nicht überlegen.

B Schnelle Brüter

Schnelle Reaktoren arbeiten mit schnellen, nicht abgebremsten Neutronen, sie enthalten daher keinen Moderator. Da die Wahrscheinlichkeit von Kernspaltungen bei hohen Neutronengeschwindigkeiten relativ klein ist, erfordern Schnelle Reaktoren einen relativ hoch mit Spaltstoff angereicherten Brennstoff und ein kompaktes Core (10fache Leistungsdichte gegenüber Leichtwasserreaktoren). Als Kühlmittel kommen nur Substanzen, die nicht moderieren, z.B. Natrium, in Frage.

In der Bundesrepublik Deutschland wurde – wie auch in den USA, der UdSSR, Großbritannien und Frankreich – bereits 1960 im Kernforschungszentrum Karlsruhe begonnen, einen Schnellen Brutreaktor zu konzipieren und wesentliche Vorarbeiten zur Entwicklung einer solchen Anlage zu leisten (KNK s. Abschnitt IX.2.4). Aufbauend auf diese Arbeiten wurde im April 1973 unter niederländischer und belgischer Beteiligung mit dem Bau des Prototyp-Kernkraftwerks Kalkar am Niederrhein mit einer elektrischen Leistung von 300 MW (SNR-300) begonnen. Die Inbetriebnahme ist für 1987 vorgesehen.

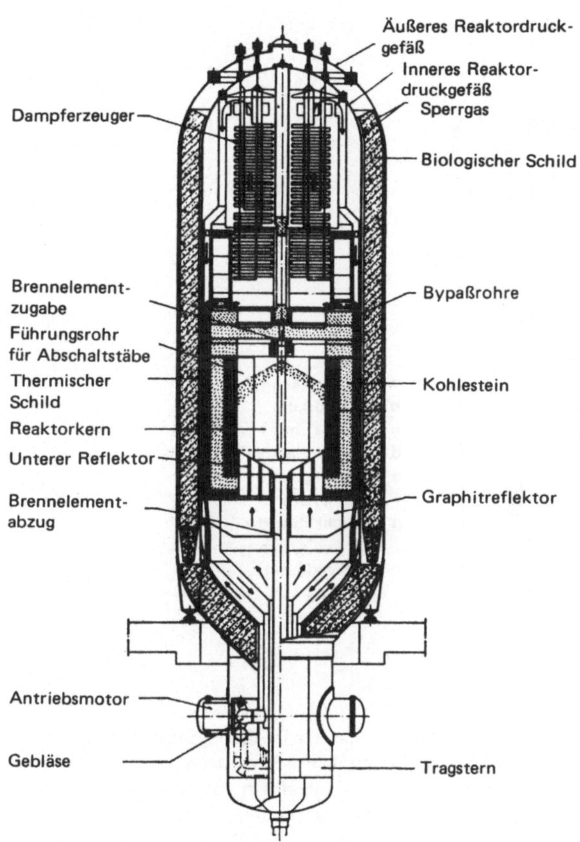

Bild XI.11 AVR, Reaktor

Der unmoderierte Reaktorkern des SNR-300 ist sehr kompakt aufgebaut. Das Volumen des Reaktorkerns beträgt ca. 7 m^3 bei einem Durchmesser von ca. 2,6 m und einer Höhe von ca. 1,35 m. Im Innern des zylinderförmigen Kerns befinden sich die Brennelemente (Spaltzone), an die sich radial nach außen die Brutelemente anschließen (Brutzone, Brutmantel, Blanket). Als Brennstoff wird Uran-Plutonium-Mischoxid, als Brutstoff Uranoxid mit abgesenktem Gehalt an ^{235}U (abgereichertes Uran) eingesetzt. Die zylinderförmigen Brenn- und Brutstäbe sind mit Edelstahl umhüllt (Bild IX.12).

Mit dem kommerziellen Einsatz von Brüterkraftwerken der Leistungsklasse ab 1000 MW ist zu Beginn der 90er Jahre zu rechnen.

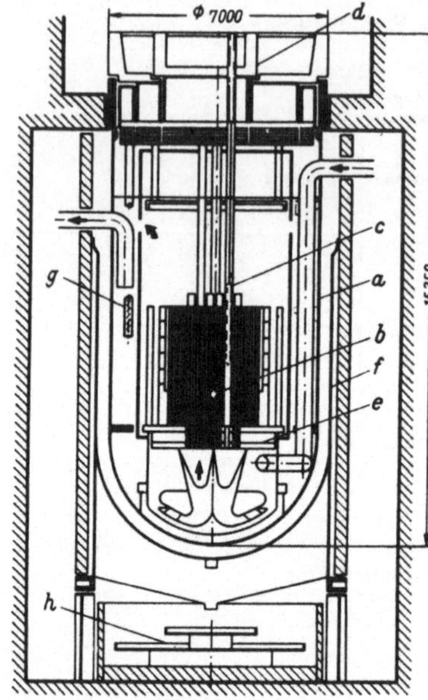

a Reaktortank
b Reaktorkern
c Abschaltstab
d Drehdeckelsystem
e Kerntragplatte
f Doppeltank
g Tauchkühler des Notkühlsystems
h Bodenkühleinrichtung

Bild IX.12 Schnitt durch den SNR-300

Am erfolgreichsten hat sich bisher das französische Brüterprogramm erwiesen. Der 250-MW-Prototyp Phénix in Marcoule erreichte nach nur 5 jähriger Bauzeit im März 1974 Vollast und arbeitet seitdem bei einem Lastfaktor um 0,8 nahezu ungestört. Brennelementschäden sind nicht aufgetreten. Natrium-Leckageschäden konnten behoben werden. Der Bau eines 1 200-MW-Demonstrations-Kraftwerkes Superphénix unter deutscher Beteiligung schreitet zügig voran.

2.4 Kernkraftwerke in der Bundesrepublik Deutschland

In der Bundesrepublik Deutschland waren Anfang 1983 insgesamt 15 Kernkraftwerksblöcke mit einer elektrischen Bruttoleistung von 10 360 MW in Betrieb, 12 Blöcke mit 12 500 MW sind im Bau. In der Tabelle IX.1 sind die inzwischen hauptsächlich aus wirtschaftlichen Gründen stillgelegten nuklearen Anlagen Niederaichbach, Lingen und Gundremmingen-A sowie das Nuklearschiff „Otto Hahn" nicht aufgeführt.

Drei verschiedene, als Demonstrationskraftwerke deklarierte Reaktorkonzepte (Gundremmingen, Obrigheim und Lingen) brachten den Betreibern und den deutschen Kernkraftwerksherstellern so viele Erfahrungen und Betriebsergebnisse, daß der kommerzielle Durchbruch mit der Bestellung der Kernkraftwerke Stade (Druckwasserreaktor) und Würgassen (Siedewasserreaktor) gelang.

Tabelle IX.1 Kernkraftwerke in der Bundesrepublik Deutschland (Stand Anfang 1983)

	Kraftwerke	elektr. Bruttoleistung in MW
	Siedewasserreaktoren (SWR)	
x	Versuchsatomkraftwerk Kahl	16
x	Kernkraftwerk Würgassen	670
x	Kernkraftwerk Brunsbüttel	806
x	Kernkraftwerk Philippsburg I	900
x	Kernkraftwerk Isar I (Ohu)	907
xx	Kernkraftwerk Krümmel	1 316
xx	Kernkraftwerk Gundremmingen, Block B	1 310
xx	Kernkraftwerk Gundremmingen, Block C	1 310
	Druckwasserreaktoren (DWR)	
x	Kernkraftwerk Obrigheim	345
x	Kernkraftwerk Stade	662
x	Kernkraftwerk Biblis, Block A	1 204
x	Kernkraftwerk Biblis, Block B	1 300
x	Kernkraftwerk Unterweser (Esensham)	1 300
x	Gemeinschaftskernkraftwerk Neckar I	855
xx	Gemeinschaftskernkraftwerk Neckar II	1 300
xx	Kernkraftwerk Philippsburg II	1 300
xx	Kernkraftwerk Mülheim-Kärlich	1 295
x	Kernkraftwerk Grafenheinfeld	1 300
xx	Kernkraftwerk Brokdorf	1 362
xx	Kernkraftwerk Grohnde	1 362
xx	Kernkraftwerk Isar II (Ohu)	1 350
xx	Kernkraftwerk Emsland (Lingen)	1 300
	Schwerwasserreaktoren	
x	Mehrzweckforschungsreaktor Karlsruhe	57
	Gasgekühlte Reaktoren	
x	Hochtemperaturreaktor der Arbeitsgemeinschaft Versuchsreaktor (AVR), Jülich	15
xx	THTR-Prototyp-Kernkraftwerk, Uentrop	300
	Natriumgekühlte Reaktoren	
x	Kompakte Natriumgekühlte Kernreaktoranlage II, Karlsruhe	20
xx	SNR Prototyp-Kernkraftwerk, Kalkar	300

x im Betrieb xx im Bau

Die neue Linie von Kernkraftwerken mit Siedewasserreaktoren (Tabelle IX.2) ist von dem großen, stählernen Sicherheitsbehälter (Containment) abgegangen, sie verwendet statt dessen ein Druckabbausystem.

Mit dem Bau des Kernkraftwerks Biblis, Block A am rechten Rheinufer (1 204 MW) wurde bereits eine Verdopplung der Leistungsgröße des mit einem Druckwasserreaktor ausgerüsteten Kernkraftwerks Stade vorgenommen. Mit dieser Anlage wurde der amerikanische Technologievorsprung durch deutsche Firmen eingeholt (Tabelle IX.3).

Besondere Kernkraftwerksanlagen sind

a) das mit Kernenergie getriebene Schiff N. S. „Otto Hahn" (1980 stillgelegt),
b) der Mehrzweckforschungsreaktor (MZFR) Karlsruhe (57 MW), ein mit schwerem Wasser (D_2O) moderierter und gekühlter Druckwasserreaktor, in dem Natururan als Brennstoff verwendet wird, und
c) die Kompakte Natriumgekühlte Kernreaktoranlage (20 MW) im Kernforschungszentrum Karlsruhe (KNK) als Vorstufe für den Bau schneller Brutreaktoren in der Bundesrepublik Deutschland. Die Anlage ist seit 1971 in Betrieb.

2.5 Kernkraftwerke anderer Länder

Seit Mitte 1974 arbeitet die erste exportierte deutsche Anlage, das 340-MW-Kernkraftwerk Atucha (Argentinien), mit sehr hoher Verfügbarkeit.

Nach den europäischen Exporterfolgen in Holland (Borselle), Österreich (Tullnerfeld) und Schweiz (Gösgen) sind weitere große Exporterfolge in außereuropäischen Ländern zu verzeichnen.

Mitte 1982 waren weltweit außerhalb der Bundesrepublik Deutschland 15 deutsche Kernkraftwerke im Betrieb, im Bau oder in der Planung.

In der DDR arbeiten Kernkraftwerke (Typ Nowo Woronesch, UdSSR) bei Rheinsberg (80 MW) und bei Greifswald (4 Blöcke à 440 MW). Weitere Kernkraftwerke sind vorgesehen.

Kommerziell konnten sich bisher nur die Leichtwasserreaktoren in Druck- und Siedewasserbauart in allen Ländern durchsetzen, wobei die Anzahl der Druckwasserreaktoren deutlich über der Anzahl der Siedewasserreaktoren lag.

Schwerwasserreaktoren erreichten nur in Kanada und Argentinien größere Bedeutung. Die gasgekühlten Natururan-Reaktoren wurden in Frankreich und Großbritannien nach anfänglichen Erfolgen aufgegeben. Großbritannien setzt in den letzten Jahren verstärkt auf fortgeschrittene Gas-Graphit-Reaktoren mit 2 % Anreicherung (AGR). Der Einsatz von Druckröhrenreaktoren ist auf Kanada und auf die UdSSR (und damit auf die DDR) beschränkt.

Weltweit betrug Ende 1982 die installierte nukleare Leistung 190 000 MW aus nahezu 300 Kernkraftwerksblöcken mit überwiegend Leichtwasserreaktoren, ca. 330 Blöcke mit einer elektrischen Gesamtleistung von über 300 000 MW sind im Bau oder bestellt.

In Europa treiben nur die Franzosen den Kernkraftwerksbau und damit ihre Unabhängigkeit vom Öl – wenn auch z.Z. gedrosselt – systematisch voran. Nahezu 30 zeichnungsgleiche Blöcke sind im Bau oder in der Planung. Frankreich gilt als potentieller Stromexporteur.

Tabelle IX.2 Kernkraftwerke (Siedewasserreaktoren) in der Bundesrepublik Deutschland – Hauptdaten

Kurzbezeichnung Standort Betreiber Inbetriebnahme		KRB Gundrem- mingen RWE/BAG 1966	KWL Lingen VEW 1968	KWW Wurgassen Preag 1973/75	KKB Brunsbuttel HEW/NWK 1976	KKP 1 Philipps- burg EVS/BW 1978/79	KKI Ohu BAG/Is. Amp. 1979	KKK Krümmel HEW/NWK 1984
el. Leistung (netto)	MWe	237	256	640	771,2	864	870	1 260
el. Leistung (brutto)	MWe	252	267/162	670	806,2	900,3	907	1 316
Reaktor-Warmeleistung	MWth	801	520	1 912	2 292	2 575	2 575	3 690
Wirkungsgrad (brutto)	%	31,5	32,6	33,4	35,17	34,96	35,2	35,4
Leistungsdichte	kW/l Core	40,9	38,7	50,6	50,6	51,1	51,1	51,6
Leistungsdichte	kW/kg Uran	17,1	16,2	22,1	22,1	22,3	22,3	23,7
Wärmeverbrauch (brutto)	kcal/kWh	2 730		2 454	2 445	2 460	2 442	2 412
Wärmeverbrauch (netto)	kcal/kWh	2 900	2 900	2 570	2 560	2 570	2 545	2 520
Menge	t U	46,7	32,2	86,6	103,74	115,44	115,44	155,82
Anreicherung (Nachladg.)	% U 235	2,3	2,2	2,6	2,66	2,23	2,63	2,6
Verhältnis Moderator/Brennstoff							2,38	2,38
BE-Zahl	Zahl	368	284	444	532	592	592	840
Stäbe je BE	Zahl	36	36	7 × 7	8 × 8	8 × 8	8 × 8	8 × 8
Abbrand	MWd/kg U	16,5	17,4	27,5	27,5		27,5	27,5
Kühlmittel	10^3 t/h	12,250	12,000	26,500	34,000	38,200	37,300	55,600
Kühlmittel t_E	°C	266	280	272		278,1	287	278
Kühlmittel t_A	°C	286	286,5	285,4	285,4	285,4	286,5	286,4
Kühlmitteldruck	bar	70	70,5	70	70	70	70,5	70,6
Kühlkreisläufe	Zahl	3	2	2	8	9	8	10
FD-Menge	t/h	1 020	1 756	3 522	4 097,3	4 600	5 007	7 185,5
FD-Druck	bar	69,5	50/42	65,7	65,7	67	67	67
FD-Temperatur	°C	284	530/230	281,5	281,5	281,5	280	281,5
Containment $Ø_i$/Hohe	m/m	30/60	30/63	27	27	27	27	26,9/51,3
Auslegungsdruck	bar	3,55	3,8	4,35	3,4	3,4	3,0	4,6
Kuhlwassertemperatur	°C	8,6	11,5	9,5	11	10		11
Kühlwassermenge	t/h	47 000	33 000	95 000	120 000	154 000		225 000
Druckgefaß $Ø_i$	m	3,710	3,6000	5,300	5,800	5,85	5,85	6,780
Druckgefaß Gesamthohe	m	16,410	14,750	20,300	21,095	21,1	21,4	22,380
Gewicht	t	282	210	528	545	620	570	790

Tabelle IX.3 Kernkraftwerke (Druckwasserreaktoren) in der Bundesrepublik Deutschland – Hauptdaten

Kurzbezeichnung		KWO	KKS	RWE A	GKN	RWE B	KKU	Mulheim-
Standort		Obrigheim	Stade	Biblis	Neckar-westheim	Biblis	Unterweser	Kärlich
Betreiber		EVS/BW	NWK/HEW	RWE	TWS/NW/DB	RWE	Preag/NWK	RWE
Inbetriebnahme		1969	1972	1974	1976	1977	1978	1986
el. Leistung (netto)	MWe	328	630	1 150	805	1 240	1 230	1 215
el. Leistung (brutto)	MWe	345	662	1 204	855	1 300	1 300	1 295
Reaktor-Wärmeleistung	MWth	1 050	1 900	3 540	2 510	3 752	3 733	3 760
Wirkungsgrad (brutto)	%	32,85	34,8	34,9	34,1	34,9	34,8	34,7
Leistungsdichte	kW/l Core	66,3	85,6	85,3	94,6	92,3	92	104
Leistungsdichte	kW/kg U	29,9	33,7	34,7	38	36,7	36,7	39,4
Wärmeverbrauch (brutto)	kcal/kWh	2 617	2 468	2 467	2 521	2 470	2 470	2 460
Warmeverbrauch (netto)	kcal/kWh	2 750	2 600	2 720	2 581	2 600	2 660	2 800
Urangewicht des Kerns	t U	35,2	56,2	102,7	61,9	102,7	102,7	95
Anreicherung (Folgekern)	% U 235	3,0	3,0	3,0		3,0	3,0	3,27
Wasser-Brennstoff-Volumenverhaltnis			2,09	2,06		2,06	2,06	
BE-Zahl	Zahl	121	157	193	177	193	193	205
Stäbe je BE	Zahl	180	205	236	205	236	236	208
Abbrand (Gleichgew.-Kern)	MWd/kg U	25,2	31,5	31,5				34,3
Kuhlmittel	t/h	22 000	44 000	72 000	52 000	72 000	72 000	68 400
Kühlmittel t_E	°C	283	288,4	284,6	290,5	290,1	290,1	297
Kuhlmittel t_A	°C	312	316,4	316,6	316,6	322,9	322,9	329
Kuhlmitteldruck	bar	144	155	155	155	155	155	155
Kühlkreislaufe	Zahl	2	4	4	3	4	4	2
FD-Menge	t/h	1 706	3 592	6 540	4 544	7 160	7 160	7 180
FD-Druck	bar	50	53	51	55	54	54	69
FD-Temperatur	°C	262,7	265	265	270	266,7	268,7	312
Containment $Ø_i$/Höhe	m/m	44	48	56	50	56	56	56
Auslegungsdruck	bar	3,04	3,85	4,8	4,8	3,8	4,7	5,68
Kuhlwassertemperatur	°C	12	9,8	9,5	13,5	12	11	24,9
Kuhlwassermenge	t/h	52 000	107 000	190 000	141 300	220 000	212 000	121 800
Druckgefäß $Ø_i$	m	3,44	4,08	5,0	4,30	5,0	5,0	4,63
Druckgefäß Gesamthohe	m	9,83	10,4	13,25	10,949	13,247	13,247	12,9
Gewicht ca.	t	195	280	530	350	530	490	480

3 Kernkraftwerke: Wirtschaftlicher Teil

3.1 Strom- und Wärmebedarf

In der Bundesrepublik Deutschland gehen z. Z. gegen 30 % des Verbrauches an Primärenergie in die Elektrizitätserzeugung, der größte Primärenergieanteil entfällt auf den Wärmeenergiebedarf. Andererseits fallen bei der Stromerzeugung bis zu 65 % des gesamten Energieeinsatzes als Abwärme im Turbinenkondensator an.

Neueste Studien über eine sinnvolle Verwendung der in Kraftwerken anfallenden Abwärme führen zu dem Ergebnis, daß schon in 10 bis 12 Jahren die technischen und ökonomischen Voraussetzungen erfüllt sein könnten, über 20 % der Wohnungen mit Fernwärme zu beliefern. Das würde eine Einsparung an fossilen Brennstoffen von 15 ... 20 Mio. t SKE pro Jahr bedeuten. Eine Fernwärmeversorgung aus Kernkraftwerken kommt erst dann in Frage, wenn die Standorte für diese Anlagen sich den Ballungszentren mit großem Wärmebedarf unter 10 ... 20 km nähern.

Da die Bundesrepublik Deutschland große Vorkommen an Braun- und Steinkohle hat, bietet es sich an, Erdöl und Erdgas möglichst weitgehend durch Kohlevergasung und -verflüssigung zu substituieren. Speziell durch den Einsatz von nuklearer Prozeßwärme aus Hochtemperaturreaktoren können diese Kohleveredelungsprozesse kostengünstig, kohlesparend und umweltfreundlich durchgeführt werden. Solche Prozesse verlaufen um so wirtschaftlicher, je höher die Prozeßtemperatur ist; daher werden bereits für eine erste Anlage 950 °C Gastemperatur angestrebt. Als Veredlungsprodukte kommen hauptsächlich Methan (CH_4), Reduktions- bzw. Synthesegas (H_2 + CO), Wasserstoff, synthetisches Benzin und Methanol in Betracht.

3.2 Stromerzeugungskosten (Kostenanalyse)

Ein Überblick über die Stromerzeugungskosten bei Kernkraftwerken soll am Beispiel der Leichtwasserreaktoren gegeben werden, für die sich bereits ein betriebswirtschaftlich genau kalkulierbarer Strompreis gebildet hat.

3.2.1 Anlagekosten

Als Richtwert für die spezifischen Anlagekosten eines 1 300-MW-Kraftwerks mit Druck- oder Siedewasserreaktor gilt z. Z. ein Betrag um 2 600 DM/kW (ohne Erstkern). Hiervon entfallen ca.

20 % auf das nukleare Dampferzeugungssystem,
20 % auf den Turbosatz und die Nebenanlagen,
10 % auf die elektrische Ausrüstung,
17 % auf den Bauteil und
33 % auf Grundstückskosten, Bauzinsen, Nebenkosten u. a.

3.2.2 Betriebs- und Unterhaltungskosten

Erfahrungswerte zeigen, daß trotz erschwerter Wartungs- und Reparaturmöglichkeit im nuklearen Teil die Betriebs- und Unterhaltungskosten von Kernkraftwerksblöcken in der gleichen Größenordnung wie diejenigen konventioneller Anlagen liegen.

Bei einer Aufteilung der Stromerzeugungskosten in Anlage-, Brennstoff- und Betriebskosten würden auf letztere 10 ... 15 % entfallen.

3.2.3 *Brennstoffkreislaufkosten*

Die Berechnung der Brennstoffkreislaufkosten bei Kernkraftwerken ist zweifelsohne komplizierter als bei den mit fossilen Brennstoffen betriebenen Kraftwerken. Während die Brennstoffkosten fossil betriebener Kraftwerksblöcke nur aus den reinen Primärenergiekosten ab Zeche oder Raffinerie plus Transport- und Lagerkosten bestehen und zeitlich kurzfristig (ca. 1/2 Jahr) angepaßt werden können, muß für Kernkraftwerke der Brennstoff erheblich länger disponiert werden. Dieses Verfahren schließt eine größere Versorgungssicherheit mit ein.

Im Falle eines mit angereichertem Uran arbeitenden Kernkraftwerkes ist jede Brennstoffcharge Gegenstand einer Reihe von Operationen, die sich über eine ziemlich lange Zeit, im Mittel 4 bis 6 Jahre, erstrecken. Alle diese Operationen verursachen letztlich Kosten, in einigen Fällen auch Gutschriften des Restbrennstoffs. Bei Verwendung von Uran als Brennstoff handelt es sich dabei im wesentlichen um die aus Bild IX.13 hervorgehenden Operationen.

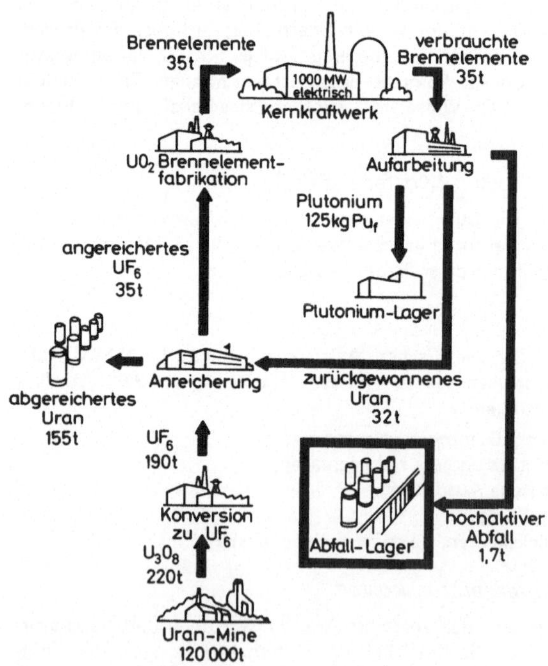

Bild IX.13 Brennstoffkreislauf mit Rückführung von Uran

Der Wert des bei der Aufarbeitung in Form von Nitraten gewonnenen Resturans und Plutoniums kann nur durch eine Wiederverwendung des Kernbrennstoffs realisiert werden. Das Resturan, das etwa 0,8 ... 1,0 Gew. % ^{235}U enthält, wird nach seiner Konversion von Uranylnitrat zu UF_6 als Ausgangsmaterial für die Anreicherung verwendet und kann dann als angereichertes Uran wieder in den Reaktor eingesetzt werden.

Das Plutonium kann sowohl in Schnellen Brutreaktoren als auch in Leichtwasserreaktoren als Kernbrennstoff verwendet werden. Bis ein nennenswerter Bedarf an Plutonium für Schnelle Brutreaktoren existiert, kann eine Realisierung des Plutoniumwertes nur über einen Einsatz des Plutoniums in thermischen Reaktoren, das Pu-Recycling, erfolgen, z.B. im Kernkraftwerk Obrigheim.

3.2.4 Aufschlüsselung der Brennstoffkreislaufkosten

Bei der preislichen Aufschlüsselung der Brennstoffkreislaufkosten soll von einem Natururanpreis von 30 US-$/lb U_3O_8 (im Tagebau gewonnen) ausgegangen werden, dieser Preis hat seit Jahren eine sinkende Tendenz (Bild IX.14).

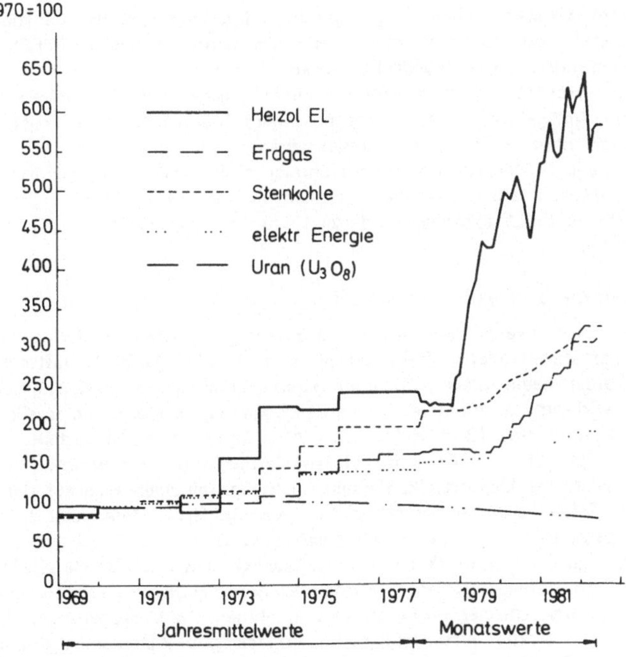

Bild IX.14 Preisentwicklung verschiedener Energieträger

Die Rückvergütungspreise für Uran und Plutonium aus der Wiederaufarbeitungsanlage hängen nicht nur von der Funktionsfähigkeit der Anlagen sondern auch vom Natururanpreis ab. Der Wert des Urans aus der Wiederaufarbeitung wird wahrscheinlich um einen Faktor 2 unter dem von Natururan liegen.

Die Brennstoffkreislaufkosten (U_3O_8, Trennarbeit, Brennelementfertigung) einschließlich Wiederaufarbeitung und Entsorgung liegen z.Z. bei ca. 20 % der Stromerzeugungskosten.

3.2.5 Stromerzeugungskostenvergleich von Kernkraftwerken und konventionellen Wärmekraftwerken

Nach dem heutigen Stand der Technik und den augenblicklichen Preisen für Stromerzeugungsanlagen und Brennstoffe liegen die spezifischen Stromerzeugungskosten (Pf/kWh) bei einem Lastfaktor von 0,7 für Kernkraftwerke um 30 ... 40 % unter den Stromerzeugungskosten für Kohle- und Öl- bzw. Erdgaskraftwerke. Diese Stromkostendifferenz vergrößert sich zugunsten des Kernenergiestroms bei mit Sicherheit zu erwartenden steigenden Preisen für die fossilen Energien. Die gesetzlich geforderte Rauchgasentschwefelung wird den Kohlestrom in der Folgezeit zusätzlich mit bis zu 3 Pf/kWh belasten.

Vom rein wirtschaftlichen Gesichtspunkt müßte demnach der künftige Strombedarf überwiegend durch Kernkraftwerke im Grundlastbereich (4 500–7 000 Benutzungsstunden pro Jahr) gedeckt werden.

Künftige Hochtemperaturreaktoren dürften gegenüber Leichtwasserreaktoren höhere Anlagekosten aber etwas niedrigere Brennstoffkreislaufkosten infolge des besseren thermischen Wirkungsgrades haben.

Für Schnelle Brüter gilt im Prinzip ähnliches. Die Erwartung niedriger Brennstoffkreislaufkosten stützt sich hier vor allem auf die zu erreichende Brutrate und die weitgehende Unabhängigkeit dieser Kosten von den Preisen für Natururan und Trennarbeit.

3.3 Kernenergie und Volkswirtschaft

Die Stromkostenverbilligungen durch Kernenergie werden zweifellos der gesamten Wirtschaft direkt oder indirekt zugute kommen. Eine die Wirtschaftsentwicklung eines Landes beeinflussende Strompreisstabilität läßt sich mittelfristig nur erreichen, wenn wirksame Alternativen zu den sich ständig verteuernden fossilen Brennstoffen vorhanden sind (Bild IX.14). Eine Alternative ist mit Sicherheit die Kernenergie, sie zeigt mit ihrer Technik und dem dazugehörigen Know-how (vorläufig noch ein wichtiger Exportartikel) einen, nicht den einzigen Weg aus dem energiepolitischen Dilemma, vorausgesetzt, daß der Bau moderner Referenzanlagen im eignen Land aus politischen Gründen nicht gestoppt wird.

Die bisherige Energiepolitik hat bereits bewirkt, daß in vielen Bereichen der Wirtschaft Produktionen ausgelagert wurden. Weitere heimische Betriebe werden gezwungen sein, Investitionen im Ausland vorzunehmen. Die Verzögerungen im Kernkraftwerksbau haben die Leistungsbilanz der Bundesrepublik Deutschland sehr ungünstig beeinflußt, Schäden in zweistelliger Milliardenhöhe sind entstanden.

4 Ökologie (Umweltbeeinflussung)

Die Emissionen von Gasen und Staub sowie die Abwärme, die als Verlustwärme beim Energieumwandlungsprozeß entsteht, sind die unsere Umwelt beeinflussenden Größen. Die Wahl der Kraftwerksstandorte wird in zunehmendem Maße von den zulässigen Immissionen für die Kraftwerksumgebung bestimmt. Selbst bei modernen Feuerungsanlagen rufen Kohle und Öl Umweltbelastungen hervor, die nicht nur im Verursacherland Gesundheitsschäden bewirken, während Kernenergie und auch Erdgas sehr gut abschneiden.

4.1 Emissionen

Untersuchungen der letzten Zeit führen zu der Erkenntnis, daß es noch vor der Jahrhundertwende notwendig werden könnte, fossile Rohstoffe nicht mehr zu verbrennen, weil die Anreicherung der Atmosphäre mit Kohlen- und Stickoxiden sowie mit Schwefeldioxid (SO_2) dann existenzbedrohende Auswirkungen zeitigen könnte.

Die bisherigen Betriebserfahrungen mit Kernkraftwerken weisen Abgaberaten für radioaktive Stoffe in Höhe von etwa 1 % der natürlichen Strahlenbelastung (Bild IX.15) auf. Selbst bei einer Anhäufung von kerntechnischen Anlagen werden die Ganzkörperdosisraten, überwiegend durch das Radionuklid Krypton-85 (^{85}Kr) hervorgerufen, noch erheblich unter den zulässigen Werten liegen, lokal sind aber wesentlich höhere Konzentrationen möglich. Daher ist langfristig eine verstärkte Rückhaltung des ^{85}Kr zu beachten.

Für die Ableitung radioaktiver Stoffe mit dem Abwasser gilt, daß die Anreicherung von Nukliden hier über mehrere Größenordnungen verschieden sein kann, sie wird durch eine Vielzahl von Parametern, wie die Wasserqualität, die Temperatur, die Trübheit des Wassers, die Fließgeschwindigkeit und die Sedimentationsvorgänge, bestimmt.

Die 1981 erstellte deutsche Reaktorsicherheitsstudie „Umgebungsüberwachung von Kernkraftwerken" hat bestätigt, daß durch radioaktive Ableitungen

Quelle	von	bis
Kosmische Strahlung	30 (Meeresniveau)	60 (1500 m)
Boden	40 (Sedimente)	150 (Granit)
Körpereigene Stoffe	20	20
natürlich	90	230
Hauswände	20 (Holz)	50 (Ziegel)
Röntgendiagnostik	25 (BRD)	55 (USA)
Bombenfallout	5	5
künstlich	50	110
Summe	140	340
Kernkraftwerke	0,2 (Menschheit im Jahr 2000)	1 (Anrainer)

Bild IX.15 Strahlenbelastung des Menschen in mrem pro Jahr

eine Gefährdung der Umwelt ausgeschlossen ist. Zum gleichen Ergebnis kommt der Bericht (1982) über „Umweltradioaktivität und Strahlenbelastung" des Bundesinnenministeriums.

4.2 Abwärme

Bei der Umwandlung von Primärenergie in elektrischen Strom entstehen nichtvermeidbare Abwärmeverluste. Diese Abwärme wird je nach Umweltbedingung an einen Fluß oder die Umgebungsluft abgegeben. Als Möglichkeiten der Wärmeabfuhr bieten sich

die Frischwasserkühlung,
die Kreislaufkühlung mit Naßkühltürmen,
die Kreislaufkühlung mit Trockenkühltürmen
und Kombinationen an.

Das Auftreten von Wärmeverlusten ist das zentrale Problem der Umweltbelastung in den nächsten Jahrzehnten. Ein Weg zur Lösung dieses Problems wäre die verstärkte Abwärmenutzung z.B. durch die Kraft-Wärme-Kopplung.

5 Nukleare Entsorgung

Die Entsorgung von Kernkraftwerken, d.h. die Wiederaufarbeitung der abgebrannten Brennelemente, die Konditionierung und Endlagerung radioaktiver Abfallstoffe, ist z.Z. das leider viel zu stark politisch als sachlich diskutierte Thema.

Das eigentliche Risikopotential bei der Entsorgung bezieht sich auf die hochradioaktiven Spaltprodukte (ca. 4 %) und Transurane (1 % Plutonium) im Brennelement, die bei der Wiederaufarbeitung meist in flüssiger Form anfallen. Die nichtwiederverwendbaren hochradioaktiven Spaltprodukte (Abfälle, waste) müssen durch eine geeignete Endlagerung vom biologischen Lebensraum des Menschen für lange Zeiträume isoliert werden.

Die Schlüsselfunktion für die langfristige und zuverlässige Isolierung hat das Endlager selbst. Für die Bundesrepublik Deutschland ist auf Grund eingehender Untersuchungen festgelegt worden, daß dies eine tiefliegende Steinsalzformation (Salzstock) sein wird, in der bergmännisch Hohlräume für die Einlagerung der hochaktiven Abfälle geschaffen werden.

Das gesamte nukleare Entsorgungskonzept sieht drei Verfahrensschritte vor:

1. Zwischenlagerung der abgebrannten Brennelemente in Wasserbecken über längere Zeiträume, evt. bis zu 30 Jahren (Kompaktlager); Trockenlagerung mit Luftkühlung ist ebenfalls möglich,
2. Wiederaufbereitung der Brennelemente in der Wiederaufarbeitungsanlage,
3. Endlagerung des radioaktiven Abfalls.

5.1 Zwischenlagerung

Das vielfach erwogene System von vergrößerten Zwischenlagern im Kraftwerk oder als Eingang zur Wiederaufarbeitungsanlage könnte das Brennelement-Aufarbeitungssystem vereinfachen, denn bei einer Lagerung der Brennelemente von ca. 5 Jahren sinkt deren Radioaktivität auf ca. 10 % des Ausgangswertes. Eine Handhabung innerhalb der Anlage wäre dann einfacher.

Die Zwischenlagerung verbrauchter Kernbrennstoffe ist für die Umwelt gefahrlos. Auch bei der Lagerung defekter Brennelemente werden die sogenannten beweglichen Spaltprodukte Jod, Cäsium und Tritium wegen ihrer festen chemischen Bindung im Brennstoff und im Hüllmaterial nur in sehr geringen Mengen freigesetzt und können mit den üblichen chemischen Wasserreinigungsverfahren problemlos beherrscht werden.

5.2 Wiederaufarbeitung

Im Wiederaufarbeitungsprozeß werden vorerst das Strukturmaterial (Brennelementköpfe und Hüllen) und dann die Spaltprodukte von nicht ausgenutztem Brennstoff getrennt. Nach Auflösung der Brennelemente in Salpetersäure werden Uran und Plutonium durch Extraktion mit einem organischen Lösungsmittel (PUREX-Prozeß) abgetrennt, sie können für neuen Brennstoff nach Anreicherung wieder genutzt werden (ca. 30 % Brennstoffersparnis). Der anfallende hochradioaktive Abfall ist eine salpetersaure Lösung mit einer Aktivität von 10^4 Ci/Liter und einer durchschnittlichen Wärmeentwicklung von 10 ... 20 W/Liter. Man lagert und kühlt ihn einige Jahre in dieser wäßrigen Form. Kernstück der Behandlung ist die Überführung dieser für die Endlagerung ungeeigneten Flüssigkeit in ein festes und stabiles Produkt. Dabei wird das Volumen der Lösung stark reduziert und verfestigt.

Der Vorteil der Wiederaufarbeitung läßt sich am Beispiel eines 1 300-MW-Kernkraftwerks verdeutlichen: Es verbraucht jährlich bei normaler Auslastung 34,2 t Kernbrennstoff. Daraus lassen sich zur Wiederverwendung 32,7 t Uran und 0,3 t Plutonium zurückgewinnen. Dieses Plutonium ist ein nichtwaffentaugliches Isotopengemisch. Übrig bleiben 1,2 t Spaltprodukte, die dann (weiterbehandelt) in Form von schwach-, mittel- und hochaktivem Abfall gelagert werden müssen. Der hochaktive Abfall hat – in Glas eingeschmolzen – ein Volumen von ca. 4 m^3/a.

Das Wiederaufarbeiten von Brennelementen ist in der Bundesrepublik Deutschland z.Z. nur in sehr geringem Umfang in einer Versuchsanlage in Karlsruhe möglich, die seit 1971 erfolgreich arbeitet. Größere Mengen von Brennelementen müssen vorläufig noch zur Wiederaufarbeitung zu industriellen Anlagen im Ausland transportiert werden, so z.B. nach Frankreich (Cap de la Hague) und Großbritannien (Windscale); in Hessen, Bayern (Schwandorf), Rheinland-Pfalz und Niedersachsen (Dragahn im Kreis Lüchow-Dannenberg) werden z.Z. geeignete Standorte für Wiederaufarbeitungsanlagen mit einer Jahreskapazität von je 350 t technisch und politisch getestet (s. Tätigkeitsberichte der Deutschen Gesellschaft für Wiederaufarbeitung von Kernbrennstoffen mbH, DWK).

Das Risiko des Entsorgungskonzepts beruht auf folgenden Fakten:

1. Abgabe von Radioaktivität aus der Wiederaufarbeitungsanlage,
2. Plutoniumverwendung außerhalb des Brennstoffkreislaufs und
3. Isolierung der hochradioaktiven Abfälle aus unserer Biosphäre.

Das Risiko bei der Wiederaufarbeitung liegt nicht in der Wiederaufarbeitungsanlage selbst, sondern in der Plutoniumverwendung außerhalb des Brennstoffkreislaufs. Die Verhinderung einer Plutonium-Entwendung und des Plutonium-Mißbrauchs sind die eigentlichen Probleme.

Aus diesem Grunde wird sich beim weiteren internationalen Ausbau der Kernenergienutzung die Risikofrage im wesentlichen auf die Beherrschung der Plutonium-Flußkontrolle des Spaltstoffinventars sowohl im Kernkraftwerk als auch in der Wiederaufarbeitungsanlage konzentrieren.

5.3 Endlagerung

Die Einlagerung der Abfälle zur Endlagerung kann auf zweierlei Weise erfolgen, in Salzkavernen und in stillgelegten Bergwerken. Der grundlegende Unterschied zwischen beiden Lagerungsstätten ist, daß die Kaverne im Gegensatz zum Bergwerk ein einziger großer, nicht begehbarer Raum ist.

Für den in der Bundesrepublik Deutschland geplanten Entsorgungspark ist die behälterlose Endlagerung schwach- und mittelaktiver Abfälle in Salzkavernen vorgesehen, während die verfestigten hochaktiven Abfälle in einem eigens dafür konzipierten und errichteten begehbaren Bergwerk zur Endlagerung gelangen sollen. Vorgesehen ist u.a. ein größerer Salzstock im Land Niedersachsen. So werden bei Gorleben ab 1980 Testbohrungen durchgeführt, deren Ergebnisse zwar keinen Zweifel an der Eignung dieses Salzstockes begründen, die aber auch noch nicht zu einer abschließenden Beurteilung geführt haben. Eine bergbauliche Erschließung soll weitere Erkenntnisse bringen.

Die Bundesrepublik Deutschland ist bisher bei der Lösung des Entsorgungsproblems im Vergleich zu anderen Industriestaaten am weitesten fortgeschritten.

Bild IX.16 gibt einen vereinfachten geologischen Schnitt durch das Salzbergwerk Asse wieder. Hier wurde seit 1967 die Versuchslagerung schwach- und mittelaktiver Abfälle mit Erfolg erprobt.

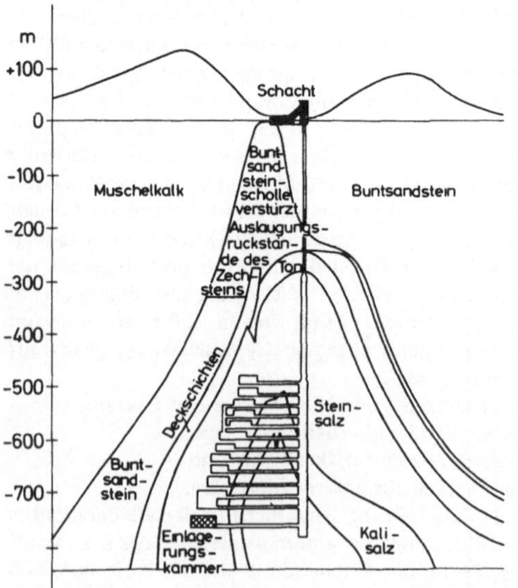

Bild IX.16
Geologischer Schnitt durch das Salzbergwerk Asse

Das Risiko der Endlagerung besteht darin, daß über das Transportmittel Wasser starke Abfallradioaktivität langfristig in unseren menschlichen Lebensbereich zurückgelangen kann. Das Konzept der Endlagerung im Steinsalz sieht daher drei Barrieren vor, die diesen Transport verhindern, und deren Wirksamkeit auch ohne menschliche Eingriffe erhalten bleibt.

A Verfestigung: Der ursprünglich flüssige Abfall wird verglast. Die extrem geringe Löslichkeit von Gläsern sorgt dafür, daß durch Wasser nur 1/10 000 bis 1/100 000 der ursprünglichen Aktivität ausgelaugt werden kann.

Für die Verglasung der hochradioaktiven Abfallstoffe kann unter drei Verfahren gewählt werden, wobei dem PAMELA-Verfahren (Eurochemic-Anlage Mol) große Bedeutung beigemessen wird.

B Lagertiefe: Die Einlagerung der Abfall-Glasblöcke in ca. 1 000 m Tiefe eines Salzstocks verlangsamt und erschwert ein Einspülen von Radioaktivität durch das Grundwasser an die Oberfläche.

C Salzformationen: Die Steinsalzformationen befinden sich nicht in einer für Wasser zugänglichen Boden- oder Gesteinsschicht. Die Salzmassen wirken für die Glasblöcke wie Gefäße und verhindern entweder überhaupt den Zutritt von Wasser oder einen Austausch. Die zur Endlagerung vorgesehenen Salzstöcke haben erdgeschichtliche Katastrophen über Millionen von Jahren unberührt und unbeschadet überstanden. Bis zur Fertigstellung der endgültigen Lagerstätte im tiefen geologischen Untergrund können die verglasten Produkte gefahrlos in oberirdisch angelegten bunkerartigen Gebäuden zwischengelagert werden.

6 Nichtverbreitungsvertrag (Kernwaffensperrvertrag)

Der am 1. Juli 1968 gleichzeitig in London, Moskau und Washington unterzeichnete Vertrag über die Nichtverbreitung von Kernwaffen (NV-Vertrag) ist am 5. März 1970 in Kraft getreten. Die Ratifizierung des Vertrags durch Japan und die im Mai 1975 erfolgte Ratifizierung durch die Mitglieder des Gemeinsamen Marktes (bzw. von EURATOM) bedeuten, daß alle großen Industriestaaten, die keine Kernwaffenstaaten sind, dem Vertrag beigetreten sind und sich verpflichtet haben, ihre Nuklearindustrie der Sicherheitskontrolle durch die Internationale Atomenergie-Organisation (IAEO) in Wien zu unterstellen.

Trotz des NV-Vertrages wird eine große Anzahl von Ländern in naher Zukunft in der Lage sein, sich ein Kernwaffenarsenal zuzulegen, so z.B. der Irak, Pakistan, Indien, Taiwan, Argentinien, Israel und Südafrika. Die dem NV-Vertrag zuwiderlaufenden Vorhaben hätten verhindert werden können, wenn die IAEO von Anfang an mit größeren Vollmachten ausgestattet worden wäre.

7 Ausblick: Die kontrollierte Kernfusion

Die Lage auf dem Energiemarkt spricht dafür, die Kernenergie nach Abwägen sämtlicher Risiken als zusätzlichen Primärenergieträger einzusetzen. Lokalpolitische Einwände gegen diesen Einsatz müssen nicht nur beachtet sondern auch geprüft werden.

Eine Prognose für das Jahr 2000 fällt schwer. Der Stromverbrauch wird – orientiert an dem Bruttosozialprodukt – mehr oder weniger steigen, da Elektrizität u.a. auch eine bequeme Energie ist und zur Erhaltung und Steigerung der Lebensqualität beiträgt. Es sprechen wichtige Gründe dafür, daß die Kernenergie neben der Kohle einen großen Teil des Mehrbedarfs an Primärenergie decken muß.

Die Kernfusion könnte eine Möglichkeit zur langfristigen Energieversorgung für die Zeit nach dem Jahre 2000 bieten, wenn es gelingt, die komplizierten physikalischen, aber auch technischen Probleme des stabilen Einschlusses heißer, dichter Plasmen, des Energietransfers und der Werkstoffe zu lösen.

Von den verschiedenen Richtungen, die auf dem Weg zum Fusionsreaktor bisher beschritten wurden, haben sich in den letzten Jahren als erfolgversprechend herausgestellt: der Stellarator, das Tokamak-Prinzip und die sogenannte Laser-Fusion. Aufgrund sehr ermutigender Ergebnisse wird heute das Tokamak-Prinzip favorisiert. Gegenwärtig wird in der EG ein großer Tokamak, der Joint European Torus (JET), als Gemeinschaftsprojekt (Fusionsforschungszentrum Culham) gebaut. Im Max-Planck-Institut für Plasmaphysik (Garching) werden in Gemeinschaft mit dem Kernforschungszentrum Karlsruhe die verschiedenen Entwicklungsrichtungen intensiv verfolgt. Nach dem jetzigen Stand der Entwicklung ist mit der Errichtung eines Fusions-Versuchsreaktors erst nach 1990 zu rechnen.

Neben der Kernfusion bietet sich für die Zukunft die verstärkte Nutzung von Sonnenenergie, Windenergie, geothermischer Energie sowie von Bio- und Gezeitenenergie an. Das Interesse an diesen Energieträgern ist aber auch deshalb so stark gestiegen, weil diese Energiequellen dazu beitragen können, die Umweltbelastung des steigenden Energieeinsatzes zu reduzieren und insbesondere die Energieversorgung der an traditionellen Energieträgern armen Länder zu verbessern.

Literatur

(ausführliches Verzeichnis in *Bischoff, G.* und *Gocht, W.:* Das Energiehandbuch 4. Aufl., Vieweg, Braunschweig/Wiesbaden 1981)

Baumgärtner, F. (Hrsg.): Chemie der Nuklearen Entsorgung, Teile I bis III, Thiemig-Taschenbücher, München 1978/80.

Herrmann, A. G., Radioaktive Abfälle – Probleme und Verantwortung, Springer-Verlag, Berlin – Heidelberg – New York 1983.

Knizia, K.: Energie – Ordnung – Menschlichkeit, Econ Verlag, Düsseldorf – Wien 1981.

Koelzer, W.: Lexikon zur Kernenergie, Kernforschungszentrum Karlsruhe 1980.

Michaelis, H.: Handbuch der Kernenergie. 2 Bd., Deutscher Taschenbuch Verlag, München 1982.

Oldekop, W.: Einführung in die Kernreaktor- und Kernkraftwerkstechnik, Teile I und II, Thiemig-Taschenbücher Bd. 53 und 54, München 1975.

Schmidt, G.: Problem Kernenergie – Eine kritische Information, Vieweg, Braunschweig 1977.

Waas, U.: Kernenergie – ein Votum für Vernunft, Deutscher Instituts-Verlag, Köln 1981.

Winnacker, K.: Schicksalsfrage Kernenergie, Econ-Verlag, Düsseldorf – Wien 1978.

Der Rasmussen-Bericht WASH-1400 (NUREG 75/014) Übersetzung der Kurzfassung: Hrsg. Institut für Reaktorsicherheit, Köln 1976 (IRS-S-13).

Energie durch Kernfusion: Hrsg. Max-Planck-Institut für Plasmaphysik, Garching/München.

Wie sicher ist der Schnelle Brüter?: Hrsg. Kernforschungszentrum Karlsruhe 1981.

Wie sicher ist die Entsorgung?: Hrsg. Kernforschungszentrum Karlsruhe 1982.

Radioaktivität und Strahlung im Alltag: Hrsg. Kraftwerk Union AG, Mühlheim an der Ruhr 1981/82.

Jahresgang Kerntechnik '83: Deutsches Atomforum, Bonn 1983.

X Elektrizitätsversorgung

W. Mackenthun A. Mareske

1 Allgemeines

Die Elektrizitätsversorgung ist für jede Volkswirtschaft ein entscheidender Faktor. Die Elektrizitätswirtschaft ist ein Wirtschaftszweig, der sich mit der Erzeugung und Verteilung der elektrischen Energie befaßt. Die elektrische Energie ist die Sekundärenergie, die sich am vielseitigsten verwenden läßt. Im Unterschied zu anderen Primär- und Sekundärenergieträgern sind fünf wesentliche Merkmale bestimmend. Es sind dies

- die Leitungsgebundenheit bei der Fortleitung und Verteilung elektrischer Energie,
- die mangelnde Speicherfähigkeit elektrischer Energie in nennenswertem Umfang, (nur über andere Energiespeicherformen möglich, z.B. Pumpspeicherung, Dampfspeicherung, Luftspeicherung, Schwungradspeicherung),
- die allgemeine Anschluß- und Versorgungspflicht der Unternehmen der öffentlichen Energieversorgung mit dem sich daraus ergebenden Investitionszwang,
- die außergewöhnliche Kapitalintensität der öffentlichen Elektrizitätsversorgung,
- die staatliche Fach-, Preis- und Kartellaufsicht über die Versorgungsunternehmen.

Die Bundesrepublik Deutschland wird mit Elektrizität sowohl durch öffentliche und industrielle Unternehmen als auch durch die bundesbahneigenen Werke versorgt. Öffentliche und industrielle Kraftwerke speisen vorwiegend auf den Hoch- und Höchstspannungsebenen in ein Verbundnetz ein und werden bei einer Frequenz von 50 Hz betrieben. Die Kraftwerke der Deutschen Bundesbahn oder der von ihr bezogene Strom versorgen ein eigenes, separates 110-kV-Netz.

Das Schwergewicht liegt mit über 80 % auf den Unternehmen der öffentlichen Versorgung (EVU), in deren Netze auch große industrielle Kraftwerke vorwiegend aus dem Steinkohlenbergbau einen über den Eigenbedarf hinausgehenden Anteil ihrer Erzeugung einspeisen.

Die Struktur der öffentlichen Elektrizitätsversorgung der Bundesrepublik Deutschland ist pluralistisch und dezentral im Vergleich zu vielen zentralen Strukturen im Ausland. Die EVU sind recht unterschiedlich hinsichtlich der rechtlichen Organisationsform als auch nach der wirtschaftlichen Aufgabenstellung und Bedeutung. Es gibt alle Arten der rechtlich möglichen Organisationsformen, wobei die Aktiengesellschaften – am Stromabsatz gemessen – vorherrschen. Auch die Betriebsverhältnisse sind verschieden; ein großer Teil des Kapitals der Gesellschaften befindet sich im Besitz von öffentlich-rechtlichen Körperschaften, wie Bund, Bundesländer, Kreise, Städte und Gemeinden, jedoch sind auch Privatbeteiligungen bei den bedeutenderen Unternehmen häufig anzutreffen, wobei der Aktienbesitz breit gestreut sein kann. Unternehmen in reinem Privatbesitz sind dagegen in der Minderheit und nur von geringerer Bedeutung für die Gesamtversorgung. Generell werden die Versorgungsunternehmen unabhängig von den Besitzverhältnissen nach wirtschaftlichen Grundsätzen im Rahmen der für die Elektrizitätswirtschaft geltenden Gesetze und Verordnungen geführt.

Auch die wirtschaftliche Bedeutung der einzelnen Unternehmen ist sehr unterschiedlich, da die Versorgungsbetriebe entsprechend ihrer geschichtlichen Entwicklung nach Art und Umfang sehr ungleich sind. So versorgen gewisse Unternehmen große Teile von Bundesländern (z.B. die 9 Verbundunternehmen), andere mittlere und kleinere Regionen (sogenannte Regionalunternehmen) oder nur einzelne Gemeinden (z.B. die Kommunalunternehmen). Ferner gibt es reine Erzeuger- und Verteilerwerke und reine Verteilerunternehmen. Eine weitere Unterteilung läßt sich in solche Unternehmen vornehmen, die nur Elektrizitätsversorgung betreiben, und in sogenannte Querverbundunternehmen (meist auf kommunaler Ebene), zu deren Aufgabe neben der Elektrizitätsversorgung in örtlich jeweils verschiedenen Kombinationen die Fernwärmeversorgung, die Gasversorgung, die Wasserversorgung und sogar Verkehrsbetriebe gehören können.

Die drei an der Gesamtstromversorgung der Bundesrepublik Deutschland beteiligten Gruppen – die Unternehmen der öffentlichen Versorgung, die industriellen Eigenanlagen und die Bundesbahn – sind getrennt organisiert. 729 Unternehmen der öffentlichen Versorgung sind in der *„Vereinigung Deutscher Elektrizitätswerke e.V. (VDEW)"* und ihren angegliederten Landesverbänden zusammengeschlossen (Stand 1.1.1983). Neben den VDEW-Mitgliedswerken gibt es zwar noch etwa 300 weitere, meist kleine und kleinste Unternehmen, deren geringe Bedeutung schon daraus hervorgeht, daß sie 1982 nur mit 0,4 % an der Stromlieferung an Verbraucher beteiligt waren. Der Trend zur Konzentration und Rationalisierung hält weiter an.

Die zweite große Gruppe der Stromversorgungsanlagen bilden die industriellen Eigenanlagen mit einem im Unterschied zu anderen Ländern verhältnismäßig hohen Versorgungsanteil, der absolut zwar ständig zugenommen hat, relativ jedoch rückläufig ist (1950 noch 39,2 % und 1982 15,6 %). Ende 1982 waren 214 Unternehmen in der *„Vereinigung Industrieller Kraftwirtschaft e.V. (VIK)"* als Mitglied vertreten. Industrieeigene Kraftwerksanlagen werden auch in Zukunft, besonders bei gleichzeitigem Auftreten von Kraft- und Wärmebedarf und einer Abwärmenutzung ihre Bedeutung behalten. Ein Teil der in Eigenanlagen erzeugten elektrischen Energie wird aufgrund privatwirtschaftlicher Verträge in das Netz der öffentlichen Versorgung abgegeben; 1982 waren es 7,0 % der Stromabgabe aus den öffentlichen Netzen, während die gesamte industrielle Eigenerzeugung sich mit einem Anteil von 15,6 % an der gesamten Netto-Stromerzeugung von 1982 beteiligte.

Wenn auch die *Deutsche Bundesbahn (DB)* 1981 nur einen geringen Anteil von 1,8 % der Netto-Stromerzeugung in der Bundesrepublik Deutschland beisteuerte, so leistet sie doch mit dem weiteren Ausbau der Elektrifizierung des Streckennetzes einen wichtigen rationalisierenden und umweltverbessernden Beitrag. Ende 1981 waren einschließlich der Hamburger S-Bahn 11 195 Streckenkilometer elektrifiziert, das sind 39,3 % des Gesamtstreckennetzes der DB. Der Anteil der elektrischen Transporte von Personen und Gütern betrug jedoch schon rd. 85 %. Der Strom wird aus bahneigenen Wärme- und Wasserkraftanlagen sowie bahneigenen Maschinen in Kraftwerken der öffentlichen Versorgung und über Umformeranlagen zur Verfügung gestellt; er wird z.T. mit 16 2/3-Hz-Einphasenmaschinen, z.T. aus dem 50-Hz-Netz über Bahnstromumformer – und über bahneigene Netze – den Einspeisepunkten in der Fahrleitung zugeführt [3].

Wegen der großen Bedeutung für die Sicherheit und Wirtschaftlichkeit der Elektrizitätsversorgung darf ferner der Stromaustausch mit dem benachbarten Ausland nicht außer Acht gelassen werden, auf den in Abschnitt X.5.3 näher eingegangen wird.

Als ein Maßstab für die Einflußnahme der Elektrizitätsversorgung auf die Gesamtwirtschaft kann ihr Anteil am Primärenergieverbrauch der Bundesrepublik Deutschland angesehen werden (Bild X.1). Er betrug vor 10 Jahren erst 26 % und

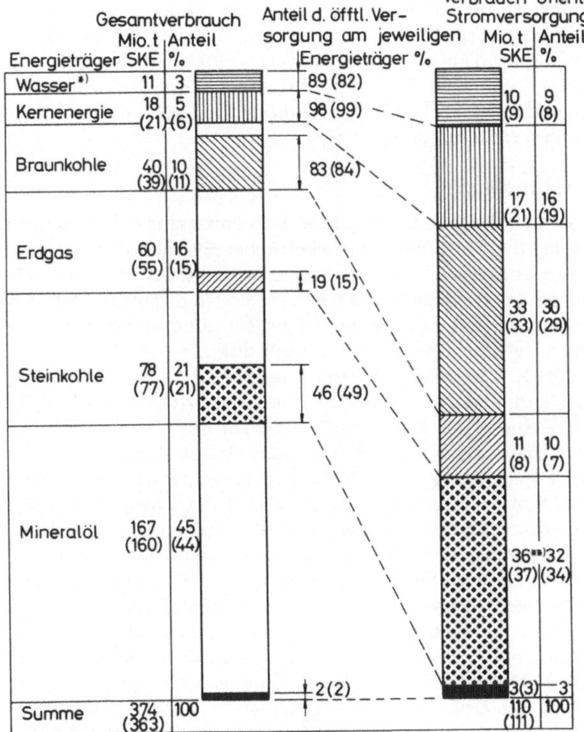

Bild X.1 Primärenergieverbrauch in der Bundesrepublik Deutschland im Jahre 1981 (1982) [10]

liegt heute bei über 30 %. Die einzelnen Primärenergieträger sind an der Erzeugung von Elektrizität sehr unterschiedlich beteiligt und entsprechend den Brennstoffpreisen erheblichen Schwankungen unterworfen. Der starke Anteil der Stein- und Braunkohle von über 70 % im Jahre 1965 ist trotz absolut gleicher Abnahme auf rd. 60 % zurückgefallen. Der Ölanteil nahm von 10 % auf 5 % ab. Das Erdgas ist Anfang der 70er Jahre stark angestiegen. In der Elektrizitätswirtschaft hat es seinen Kulminationspunkt mit über 18 % wahrscheinlich schon überschritten. In den letzten drei Jahren haben die Brennstoffkosten für Erdgas um 7 Dpf/kWh zugenommen, während sie für Steinkohle um 2 Dpf/kWh und bei der Kernenergie nur um 0,5 Dpf/kWh anstiegen. Die stärksten Zuwächse werden in den Industriestaaten von der Kernenergie erwartet, die in der Bundesrepublik Deutschland die 15-%-Marke überschritten hat. Die neue Umweltschutz-Gesetzgebung mit ihren Änderungen in der Technischen Anleitung zur Reinhaltung der Luft (TA Luft) und der Großfeuerungsanlagenverordnung (GfA-VO) wird besonders den kohlegefeuerten Kraftwerksanlagen eine zusätzliche Investition auferlegt, die zu einer verstärkten Kostendifferenz in den Stromerzeugungskosten zwischen Steinkohle und ölgefeuerten Anlagen zur Kernenergie führt und den Primärenergieanteil der Steinkohle nicht wesentlich ausweiten wird. Die Devise „weg vom Öl" ist mit Ausnahme von regionalen Ausnahmen in der Elektrizitätswirtschaft bereits verwirklicht und auch der Erdgaseinsatz scheint sich in gleicher Weise zu reduzieren.

2 Rechtliche Grundlagen

In der Bundesrepublik Deutschland gibt es kein umfassendes Energierecht. Die Rechtsgrundlagen für die Versorgung mit elektrischer Energie richten sich im wesentlichen danach, ob es sich um das Verhältnis zwischen EVU und Staat oder zwischen EVU und seinen Kunden handelt. Je nachdem finden öffentlich-rechtliche oder privat-rechtliche Vorschriften Anwendung. In jüngster Zeit werden Fragen im rechtspolitischen Bereich zwischen Energie und Umwelt diskutiert [7, 8].

Die in Abschnitt X.1 geschilderten besonderen Merkmale der Elektrizitätsversorgung führten zu Ordnungsvorschriften für die Elektrizitätsversorgung (zugleich auch für die Gasversorgung) in Form des Gesetzes zur Förderung der Energiewirtschaft (Energiewirtschaftsgesetz von 1935). Dieses Gesetz definiert zunächst den Begriff „Öffentliche Versorgung", führt für Unternehmen der öffentlichen Versorgung eine Anschluß- und Versorgungspflicht ein und räumt Energieaufsichtsbehörden eine besondere Kontrolle über Aufnahme der Energieversorgung und den Betrieb von Energieversorgungsunternehmen ein. Dazu gehören u.a. die sogenannte Investitionskontrolle (eine Anzeigepflicht für Erzeugungs- und Fortleitungsanlagen) sowie das Recht des Staates, Unternehmen, die ihrer Versorgungsaufgabe nicht gerecht werden, von der weiteren Versorgung der Allgemeinheit auszuschließen. Andererseits können Versorgungsunternehmen die Enteignung von Grundeigentum sowie die Berechtigung zur Mitbenutzung (Durchleitung oder Leitungsüberquerung) von öffentlichen und privaten Grundstücken und Straßen beantragen und erhalten, wenn ein Nachweis der Notwendigkeit zur Erfüllung der Versorgungsaufgabe erbracht wird und privatrechtliche Konzessions- oder Gestattungsverträge auf Widerstand der Grundstückseigentümer stoßen.

Zusammen mit anderen Gesetzen, z.B. mit dem für die Gesamtwirtschaft geltenden Preisgesetz, enthält das Energiewirtschaftsgesetz die Rechtsgrundlage für eine Reihe von preisrechtlichen Verordnungen, die im wesentlichen das Verhältnis der EVU zu ihren Kunden regeln. Zu der Energieaufsicht aufgrund des Energiewirtschaftsgesetzes kommt durch die bindende Vorschrift des Preisgesetzes für weite Teile der Strompreisbildung noch eine Preisaufsicht. Weiterhin unterliegt die Elektrizitäts-, Gas- und Wasserwirtschaft auch einer besonderen Mißbrauchsaufsicht der Kartellbehörden als Ausgleich für die Ausnahmestellung, die den Unternehmern der öffentlichen Energieversorgung nach dem Gesetz gegen Wettbewerbsbeschränkungen aufgrund ihrer technisch-wirtschaftlichen Besonderheiten eingeräumt ist.

Weitere Einflußnahmen des Staates auf die Erzeugung und Verteilung elektrischer Energie ergeben sich u.a. aus dem Bundesbaugesetz, aus dem Wasserhaushaltsgesetz, aus dem Bundesimmissionsschutzgesetz und dessen Verordnungen sowie den Naturschutzgesetzen der Länder, ferner aus dem Gesetz über das Meß- und Eichwesen (Eichgesetz).

Hinsichtlich des Einsatzes von Primärenergieträgern sind von einschneidender Bedeutung die drei Verstromungsgesetze vom 12.8.1965 bis hin zur Fassung vom 29.3.1976, die den verstärkten Einsatz von Gemeinschaftskohle und die Einschränkung des Verbrauchs von Mineralölerzeugnissen und Erdgas in den Kraftwerken der Bundesrepublik Deutschland bezwecken.

Im April 1980 wurde eine Ergänzungsvereinbarung zwischen dem Gesamtverband des deutschen Steinkohlenbergbaus (GVSt) und der VDEW, VIK und DB über den verstärkten Einsatz deutscher Steinkohle in der Elektrizitätswirtschaft abgeschlossen. Für den Bau und Betrieb von Kernkraftwerken ist das Gesetz über die friedliche Verwendung der Kernenergie und den Schutz gegen ihre Gefahren (Atomgesetz) und den Allgemeinen Verwaltungsvorschriften, Richtlinien, Sicherheitskriterien, Empfehlungen erlassen worden. Es regelt zusammen mit der Strahlenschutzverordnung sowie der Atomrechtlichen Verfahrensverordnung, der Atomrechtlichen Deckungsvorsorge-Verordnung technische und rechtliche Probleme auf dem Kernenergiegebiet.

Für das Verhältnis der EVU zu ihren Kunden gibt es eine Reihe grundsätzlicher Bestimmungen. Gestützt auf das Energiewirtschaftsgesetz wurden z.B. die Bundestarifordnung Elektrizität mit der Änderungsverordnung, gültig ab 1.4.1980, und eine Reihe weiterer preisrechtlicher Verordnungen erlassen. Heute ist die „Verordnung über Allgemeine Bedingungen für die Elektrizitätsversorgung von Tarifkunden (AVB-EltV)" im Niederspannungsbereich in Kraft.

Soweit Sonderabnehmer, d.h. also Abnehmer von elektrischer Energie, die nicht als Tarifabnehmer anzusehen sind, beliefert werden, wird der Inhalt ihrer Verträge ebenfalls weitgehend in Anlehnung an die Allgemeinen Versorgungsbedingungen gestaltet. Abweichungen ergeben sich entweder aus wirtschaftlichen oder aus technischen Gesichtspunkten.

Aufgrund der Preisfreigabeanordnung (VOPR 1/82) ist das alte Preisrecht entfallen. Im Sonderkundenbereich bedarf es keiner preisrechtlichen Genehmigung. Für die gesamte übrige Preisbildung im Tarifabnehmerbereich unterliegen die EVU der Preisaufsicht. Hier sind z.B. in der Bundestarifordnung Elektrizität gewisse Höchstarbeitspreise vorgeschrieben.

Die Rechtsgrundlagen für die Elektrizitätswirtschaft haben sich seit der Jahrhundertwende vielfach gewandelt und wurden laufend ausgebaut. Mit neuen Änderungen sind die TA Luft und die Großfeuerungsanlagenverordnung (GfA-VO) 1983 erlassen worden.

3 Planungsgrundsätze und Investitionen

Die Planungen der EVU für den Ausbau ihrer Erzeugungs-, Fortleitungs- und Verteilungsanlagen haben Prognosen für den Strombedarf zur Grundlage, da vorausgesetzt wird, daß auch in Zukunft jederzeit die Stromversorgung der zu versorgenden Gebiete mit elektrischer Energie sicherzustellen ist. Die Anforderungen an die öffentliche Stromversorgung werden zukünftig ganz wesentlich davon abhängen, welche Aufgaben ihr im Rahmen der Gesamtstromversorgung (öffentliche Versorgung, Industrie u. DB) sowie der gesamten Energieversorgung der Bundesrepublik zugewiesen wird. Es müssen trotz aller wirtschaftlichen Unsicherheiten Entwicklungen über 10 bis 12 Jahreszeitspannen abgeschätzt werden, um die Bauvorhaben rechtzeitig realisieren und auch die notwendigen Primärenergien beschaffen zu können. Die langfristige Vorschau umfaßt daher Planungen der Kraftwerksleistungen, des Strombedarfs und der benötigten Primärenergien. Für eine gesicherte Stromversorgung ist in der erforderlichen Kraftwerksleistung über die erwartete Höchstlast hinaus eine ausreichende Reserveleistung mitzubilanzieren.

Die Bedarfsentwicklungen werden anhand der bisherigen Zuwachsraten korrigiert und fortgeschrieben. Die Zuwachsraten der Elektrizitätswirtschaft zeigt Tabelle X.1.

Tabelle X.1 Jährliche Änderungsraten in der Elektrizitätswirtschaft

	Durchschnitt 1950/60 %	Durchschnitt 1960/70 %	Durchschnitt 1970/80 %	1980/81 %	1981/82 %
Brutto-Erzeugung					
öffentliche Versorgung	+ 10,1	+ 8,3	+ 6,3	+ 1,2	+ 0,6
gesamte Elektrizitätswirtschaft	+ 9,8	+ 7,4	+ 4,3	+ 0,0	− 0,5
Gesamte Stromverwendung (Brutto-Erzeugung + Einfuhrüberschuß)	+ 10,0	+ 7,3	+ 4,1	+ 0,6	− 0,8
Verbrauch einschl. Netzverluste					
öffentliche Versorgung	+ 11,0	+ 8,2	+ 5,1	+ 1,3	− 0,0
gesamte Elektrizitätswirtschaft	+ 9,9	+ 7,4	+ 4,2	+ 0,4	− 0,9
Netto-Verbrauch					
öffentliche Versorgung	+ 11,8	+ 8,4	+ 5,4	+ 1,2	− 0,0*
gesamte Elektrizitätswirtschaft	+ 10,3	+ 7,5	+ 4,4	+ 0,2	− 1,0*
Verbrauch der Industrie					
insgesamt	+ 9,9	+ 5,7	+ 2,9	− 2,2	− 3,4*
aus Netz der öffentl. Versorgung	+ 12,1	+ 6,7	+ 4,2	− 0,7	− 2,2*
aus Eigenanlagen	+ 7,0	+ 3,9	− 0,7	− 7,7	− 8,3*
Verbrauch der Haushalte	+ 14,5	+ 12,8	+ 7,1	+ 1,5	+ 1,9*

*) 1982 teilweise geschätzt

Quellen: Bundesministerium für Wirtschaft, III B2; Statistisches Bundesamt; VDEW; UNIPEDE. Vorläufige Zahlen für 1982

Da der größte Teil der Investitionsgüter Nutzungsdauern von 25 bis 50 Jahren aufweisen sollen, sind die Entscheidungen mit langfristigen Auswirkungen verbunden. Derartige Prognosen sind daher nicht als zuverlässige Vorhersagen, sondern als Anhaltswerte zu verstehen. Die Verzahnung der Weltwirtschaft, unvorhergesehene Ereignisse im politischen und wirtschaftlichen Raum beeinflussen wesentlich den Strombedarf. Daher orientieren sich meist die Zielvorstellungen der EVU wegen der Verpflichtung zu einer gesicherten Stromversorgung an den oberen Prognosedaten, die dann kurzfristig korrigiert werden, wie dies in den letzten Jahren geschah. Dieser schwierige Steuerungsprozeß wirkt sich bei starker positiver wie negativer Abweichung von den Prognosen, besonders durch die kapitalintensiven Bauten wie Kraftwerke, Umspannwerke und Hochspannungsleitungen infolge langer Bauzeiten, hoher Investitionen und Bauzinsen nachteilig aus. Als besonders belastendes Element zeigen sich in den letzten Jahren die Kraftwerksneubauten auf der Kernenergie- und Kohlebasis.

Die Investitionen der öffentlichen Elektrizitätsversorgung in der Bundesrepublik Deutschland betragen rd. 10 Mrd. DM [2]. Im Erzeugungsbereich werden nach Abbau der Genehmigungshemmnisse und der GfA-VO die Investitionen stark ansteigen. Im Verteilungsbereich werden sie mit einer Zuwachsrate von 2 %/a fortgeschrieben und damit der Strombedarfsentwicklung angepaßt. Die Aufteilung auf die Bereiche Erzeugungsanlagen, Fortleitungs- und Verteilungsanlagen und Sonstiges zeigt Bild X.2.

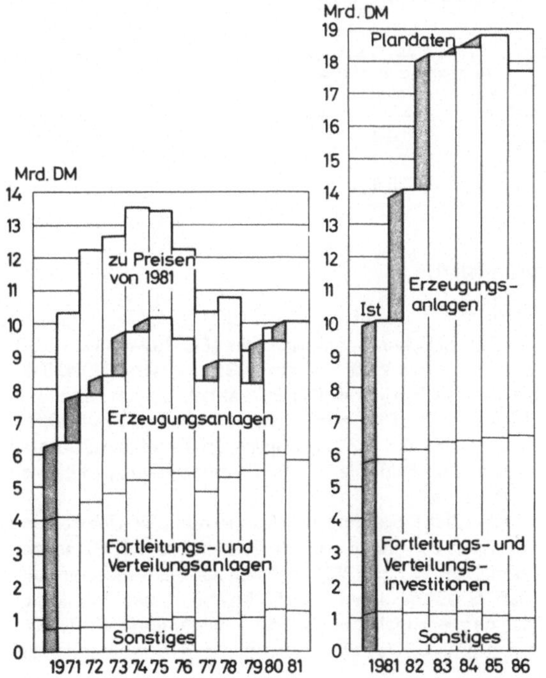

Bild X.2
Investitionen der öffentlichen Elektrizitätsversorgung 1971 bis 1981 (nominell zu jeweiligen Preisen und real zu Preisen von 1981) und Investitionsplanungen bis 1986 [2]

Die öffentliche Elektrizitätsversorgung steht unter zunehmendem Kostendruck. Die Brennstoffkosten schlagen auf die Stromerzeugung voll durch und führten zu erheblichen Strompreiserhöhungen von über 10 %. Außerdem sind im Kraftwerks- und Verteilungsanlagenbau erhebliche Aufwendungen für Umweltschutzmaßnahmen erforderlich, die nicht nur die Investitionen erhöhen, sondern auch Verzögerungen und damit höhere Bauzinsen verursachen.

Die Mittel für die Investitionen werden zum einen Teil aus erwirtschafteten Eigenerträgen (darin Abschreibungen und Rücklagen), zum anderen Teil durch Inanspruchnahme des allgemeinen Kapitalmarktes aufgebracht. Die Aufrechterhaltung der Kreditwürdigkeit der EVU in der Öffentlichkeit und die Höhe der heutigen Kreditzinsen mit der sich daraus ergebenden Verteuerung der Bauvorhaben erfordern einen möglichst hohen Anteil der Eigenleistungen. Ausreichende Erträge sind aber auch im Stromgeschäft nur über eine Anpassung der Strompreise an die allgemeine Kostenentwicklung zu erreichen.

Der Investitionsbedarf der industriellen Kraftwirtschaft hat durch den Kraftwerksausbau im Bergbaubereich in den letzten Jahren wieder zugenommen, um einen eigenen verstärkten Kohleabsatz sicherzustellen. Die Investitionsentwicklung ist aus Tabelle X.2 zu ersehen. Für 1979 war wieder ein Rückgang um 34,8 % zu verzeichnen; ab 1980/81 ist ein Anstieg festzustellen.

Tabelle X.2 Investitionen der industriellen Kraftwirtschaft [1]

Jahr	Investitionen Mio. DM	Änderung zum Vorjahr %
1975	271	+ 6,3
1980	378	+ 74,2
1981	476	+ 25,9

4 Stromerzeugungsanlagen

4.1 Allgemeiner Überblick

Nach der Statistik der Europäischen Gemeinschaften (EG Bulletin Nr. 12/82) betrug die Netto-Stromerzeugung in der Welt im Jahr 1981 insgesamt 7 970 TWh und lag damit um 2,2 % über der des Vorjahres. Die EG hat dabei einen Anteil von 27 %, Amerika 39 % und Afrika 2,2 %. Der Anteil der USA allein lag mit 29,6 % noch etwas über dem EG-Anteil (1982 um 0,2 % geringer), der Anteil der gesamten UdSSR betrug rd. 16 %. Ein ähnliches Bild wie bei der Stromerzeugung ergibt sich für die installierten Kraftwerksleistungen.

Die elektrizitätswirtschaftliche Stellung der Bundesrepublik Deutschland läßt sich unter den Mitgliedstaaten der Europäischen Gemeinschaft (EG) an den Netto-Engpaßleistungen ablesen. Von 231 355 MW entfallen auf die Bundesrepublik Deutschland 89 631 MW, auf Großbritannien 76 753 MW und auf Frankreich 70 837 MW. Die DDR hat nach dem europäischen Teil der Sowjetunion (46 197 MW) und Polen (25 523 MW) die drittgrößte Kraftwerksleistung (21 419 MW) in den zu-

Tabelle X.3 Brutto-Engpaßleistung der Kraftwerke in MW in den Jahren 1980 und 1981 [1]

Energieträger	1980				1981			
	öffentliche Kraftwerke	Industrie-Kraftwerke	Deutsche Bundesbahn Kraftwerke[1)]	insgesamt	öffentliche Kraftwerke	Industrie-Kraftwerke	Deutsche Bundesbahn Kraftwerke[1)]	insgesamt
Laufwasser	2 231	216	146	2 693	2 330	221	146	2 697
Speicher	1 124	–	43	1 167	1 123	–	43	1 166
Pumpspeicher	2 474	–	150	2 624	2 475	–	150	2 625
Braunkohle	13 238	742	–	13 980	13 110	775	—	13 885
Steinkohle	9 321	5 814	435	15 570	10 059	5 856	435	16 350
Steinkohle/ Mischfeuerung	10 948	1 892	223	13 063	11 027	1 807	223	13 057
Kernenergie	8 905[2)]	–	158	9 063	10 205[2)]	–	158	10 363
Öl	11 686	3 028	–	14 714	10 930	2 985	–	13 915
Gas	10 867	2 490	215	13 572	11 943	2 589	215	14 747
Sonstige	317	494	–	811	341	485	–	826
insgesamt	71 211	14 676	1 370	87 257	73 543	14 718	1 370	89 631

1) einschließlich Einphasen-Maschinen in Kraftwerken der öffentlichen Versorgung

2) etwa 1 % anteilige Leistung des 855-MW-Kernkraftwerks Neckarwestheim der Industrie ist statistisch in der öffentlichen Versorgung mit erfaßt

sammengeschalteten Netzen der Ostblockstaaten. Wie sich die Engpaßleistungen der Bundesrepublik Deutschland auf die einzelnen Versorgungsträger und nach der einsetzbaren Primärenergie aufteilen, ist der Tabelle X.3 [1] zu entnehmen.

Die relativ kleine Kraftwerksleistung von rd. 6 000 MW aus Wasserkraftanlagen ist in rd. 280 Anlagen installiert. In der gleichen Anzahl (240) jedoch mit einer Blockanzahl von 510 (Stand 31.12.1980) sind thermische Kraftwerke zur Zeit verfügbar. Die Struktur thermischer Kraftwerksblöcke zeigt die Aufstellung in Tabelle X.4 aus dem Jahre 1980 für die öffentliche Versorgung.

Tabelle X.4 Struktur der thermischen Kraftwerksanlagen

	Netto-Leistung GW	Blockanzahl	mittlere Blockleistung MW
Kernenergie	8,6	14	614
Braunkohle	12,2	63	193
Steinkohle	18,9	209	94
Gas	12,8	94	137
Öl	9,9	118	94
Sonstiges/Müll	0,45	12	38
gesamt	62,8	510	123

Im industriellen Bereich befinden sich viele kleine Kraftwerksanlagen einschließlich Diesel- und Dampfmotore.

Das Streckennetz der Deutschen Bundesbahn wird aus einer Vielzahl kleinerer Blöcke gespeist, die in eigenen oder separaten Kraftwerken der öffentlichen Versorgung in Form von 16 2/3-Hz-Einphasen-Stromerzeugern installiert sind.

Nur die Kraftwerksleistungen der öffentlichen Versorgung haben in den letzten Jahren wesentlich zugenommen, wobei in den letzten Jahren der Zubau von Steinkohlenkraftwerken der STEAG (Steinkohlen-Elektrizitäts AG) der öffentlichen Versorgung zugerechnet wurde. Die zehnjährige Entwicklung zeigt die Tabelle X.5 [2]. Die wirtschaftliche Stromerzeugung wird zunehmend durch große Blockleistungen aus den Primärenergiebereichen Kernenergie und Kohle beeinflußt. Die Kernkraftwerksleistung ist infolge der verzögerten Genehmigungsverfahren zur Zeit erst mit einem Leistungsanteil von rd. 12 % vertreten, während in Frankreich inzwischen dieser Anteil auf rd. 35 % angestiegen ist. Weltweit sind im Kohle- und Kernenergiebereich, wenn kein Wasserkraftausbau mehr möglich ist, die größten Zubauleistungen zu erwarten. Dies sieht auch die 3. Fortschreibung des Energieprogramms der Bundesregierung von 1982 vor. In der Bundesrepublik Deutschland ist durch die Ergänzungsvereinbarung zwischen VDEW und GVSt zur Verstromung und Fernwärmeauskopplung heimischer Kohle vom April 1980 ein Kohleabsatz von mindestens 33 Mio. t SKE für die nächsten 15 Jahre sichergestellt. Der Zubau von Kohleleistung erfolgt jetzt wieder kontinuierlich, wobei nach Abbau der Genehmigungsschranken durch die erforderlichen Rauchgasentschwefelungsanlagen nach der neuen GfA-VO kostensteigernd wirken und damit den wirtschaftlichen Einsatzbereich reduzieren (s. Bild X.3).

Tabelle X.5 Brutto-Engpaßleistung nach Auslegung der Kraftwerke für die Energieträger 1971 bis 1981 [2]

	1971 MW	1973 MW	1975 MW	1977 MW	1979 MW	1980 MW	1981 MW	Ausnutzungsdauer 1981 h/a[2)]
Wasserkraftwerke								
Laufwasser	2 110	2 106	2 159	2 172	2 283	2 304	2 318	6 140
Speicherwasser	245	245	250	257	226	226	226	3 562
Pumpspeicher mit natürlichem Zufluß	919	912	922	922	922	932	932	1 032
Pumpspeicher ohne natürlichen Zufluß	1 126	1 128	1 820	2 502	2 502	2 476	2 476	589
Zusammen	4 400	4 391	5 151	5 853	5 933	5 938	5 952	2 933
Wärmekraftwerke								
Kernenergie	963	2 415	3 504	7 217	9 150	8 905	10 205	5 895[4)]
Braunkohle und Torf[3)]	8 358	10 413	12 729	13 290	13 290	13 238	13 078	7 021
Steinkohle	7 135	8 552[1)]	8 297	9 610[1)]	9 636	9 331	10 067	4 647
Mischfeuerung Steinkohle mit Heizöl oder Gas[3)]	10 162	10 775	10 467	9 978	11 234	10 958	11 009	4 227
Heizöl einschl. Mischfeuerung Heizöl mit Gas	2 588	4 979	8 503	10 901	11 436	11 686	10 930	1 227
Erdgas einschl. Mischfeuerung Erdgas mit Heizöl	1 943	3 968	8 746	9 806	10 522	10 860	11 942	2 835
Sonstige	130	132	266	294	350	361	370	1 319
Zusammen	31 279	41 234[1)]	52 512	61 096[1)]	65 618	65 339	67 601	4 309
Insgesamt	35 679	45 625[1)]	57 633	66 949[1)]	71 551	71 277	73 553	4 195
Jährliche Änderung	+ 1 968	+ 3 957	+ 4 242	+ 2 006	+ 2 271	− 274	+ 2 276	
Netto-Engpaßleistung Insgesamt			54 809	63 581	67 921	67 677	69 808	

1) Ab Januar 1972 bzw. ab Januar 1976 zählen bisherige Bergbaukraftwerke zur öffentlichen Versorgung, als Zunahme ist nur der Neuzugang ausgewiesen

2) Bei Berechnung der Ausnutzungsdauer sind Leistungsänderungen im Berichtsjahr berücksichtigt

3) Tschechische Hartbraunkohle bis 1974 unter Mischfeuerung Steinkohle, ab 1975 unter Braunkohle aufgeführt

4) beeinflußt durch Forschungsreaktoren, Anlagen im Probebetrieb und Anlagen, die infolge behördlicher Auflagen nicht voll eingesetzt werden konnten

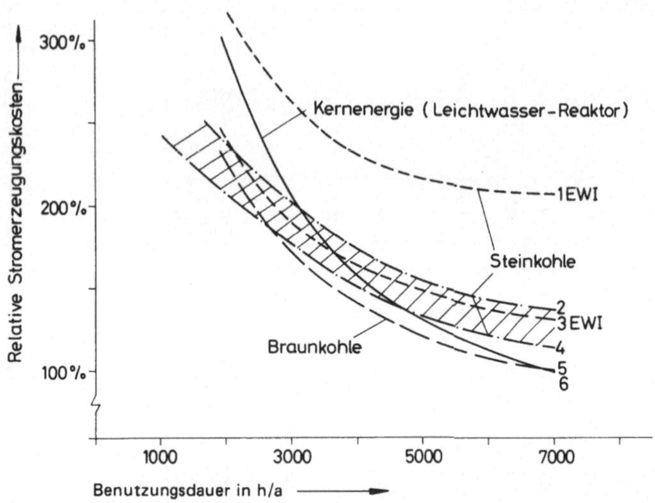

2,4 Steinkohle: Blockgröße 750 MW Wärmepreis (heim/import) 7,85/5,80 DM/GJ (80 % REA)

5 Braunkohle: Blockgröße 600 MW Wärmepreis: (heim) 4,50 DM/GJ (30 % REA)

6 Kernenergie: Blockgröße 1300 MW Wärmepreis 1,50 DM/GJ

1,3,6 EWI Köln 1981 (Inbetriebnahme 1969)

Bild X.3 Stromerzeugungskosten

Die Ausnutzungsdauer für die einzelnen Kraftwerkstypen wird beeinflußt von den Brennstoffkosten, der Verfügbarkeit der Anlagen, den Revisionen und Nachrüstmaßnahmen älterer Anlagen infolge sicherheitstechnischer (Kernenergie) und umwelttechnischer (Kohle) Maßnahmen und dem Leistungszugang. Für die einzelnen Primärenergieträger ist sie ein Maß für den wirtschaftlichen Einsatz in den Lastbereichen Grundlast, Mittel- und Spitzenlast. Für die gesamte Erzeugerleistung schwankt die Ausnutzungsdauer in den letzten 10 Jahren zwischen 4 000 h/a und 5 000 h/a.

Ein Zubau an Kraftwerksleistung wird notwendig, wenn die installierte Kraftwerksleistung (Engpaßleistung) abzüglich der nichteinsetzbaren Kraftwerksleistung der erforderlichen Kraftwerksleistung nicht mehr entspricht. Je nach Genehmigungs- und Bauzeit der Anlage ist die Entscheidung vom EVU 6 bis 10 Jahre vorher zu treffen. Die erforderliche Kraftwerksleistung, die mindestens zur gesicherten, erwarteten Verbraucherlast verfügbar sein muß, setzt sich aus der Netzhöchstlast (Summe der Kraftwerkseinspeisungen) und einer Reserveleistung von 20 ... 25 % der Höchstlast (in der Bundesrepublik Deutschland) zusammen. Durch die Reserveleistung können Unsicherheiten im Verbraucherverhalten und im meteorologischen Bereich sowie erfahrungsgemäß auftretende Blockausfälle und andere

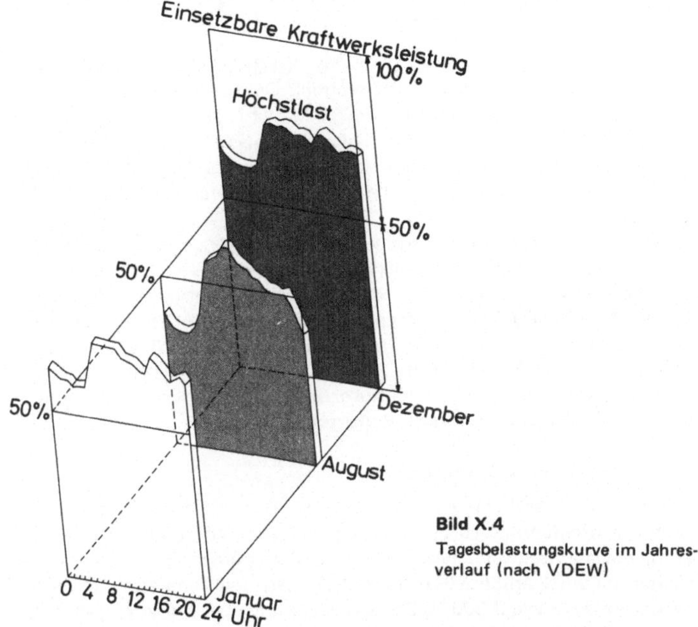

Bild X.4
Tagesbelastungskurve im Jahresverlauf (nach VDEW)

betriebsmäßig einzukalkulierende Störungen abgedeckt werden. Die Veränderung der Tagesbelastungen des Bedarfs im Jahresverlauf zeigt Bild X.4. Nur durch das Absinken der Tageshöchstlast bis zu 18 % in den Sommermonaten sind Revisionen der Kraftwerksanlagen möglich. Die amtlich gemessene zeitgleiche Höchstlast trat am 16.12.1981 mit 53 250 MW auf, was einer Benutzungsdauer der Höchstlast von 6 196 h entspricht. Die verfügbare Grundleistung der Kraftwerke auf der Primärenergiebasis Laufwasser, Kernenergie und Braunkohle war mit rd. 6 000 h/a voll ausgenutzt. Ihr Leistungsanteil sollte aus wirtschaftlichen Gründen, wie Bild X.3 zeigt, ca. 50 % der einsetzbaren Kraftwerks- und Bezugsleistung ausmachen. Dieser Wert differiert in jedem Versorgungsgebiet je nach Verbraucherlast und Kraftwerksstruktur.

Folgende maximale Blockleistungen sind für die einzelnen Primärenergien im Einsatz:

Primärenergie	Blockleistung brutto MW	Blockleistung netto MW
Kernenergie (Biblis B)	1 300	1 240
Steinkohle (Bergkamen A)	747	705
Braunkohle (Neurath)	600	567
Heizöl (Scholven)	692	640
Erdgas (Meppen)	600	585
Wasser (Pumpenspeicher Hotzenwald)	235	235
Gasturbinen (Walheim)	120	120
Luftspeicher (Huntorf)	290	290

Die Turbinenleistungen der Laufwasserkraftwerke liegen bei maximal 28 MW. In der Leistungsbilanz der Bundesrepublik Deutschland ist zwar noch ein weiterer Ausbau der Laufwasserkapazität um 160 MW bis 1985 geplant, doch kann man dann von einer Erschöpfung ausbaufähiger Wasserkraftleistungen in unserem Lande sprechen. Das schließt zwar eine Beteiligung an ausländischen Alpenwasserkräften nicht aus, jedoch bilanzieren die daraus resultierenden Stromeinfuhren generell als Importe (s. Kap. VII).

Sogenannte „regenerative" Stromerzeugungsanlagen, wie Windkraftwerke, Wellen- und Gezeitenkraftwerke und Solarkraftwerke, werden in den nächsten zehn Jahren kaum nennenswerte Beiträge zur Stromerzeugung liefern. Das 3-MW-Modellprojekt GROWIAN (30 000 DM/kW) kann z.B. nur über 30 % der Jahresdauerlinie seine volle Leistung erbringen und den Strom zu etwa 85 Dpf/kWh erzeugen. Auch die Sonnenkraftwerke nach dem Turm- oder Farmkonzept liegen erst im Bereich von wenigen Megawatt und werden im europäischen Raum, mit Ausnahme von Almeria Spanien (80 000 DM/kW) kaum Bedeutung haben.

4.2 Kraftwerksbau und -betrieb

Die thermodynamische Ausschöpfung des Wasser-Dampf-Prozesses ist in der praktischen Durchführung so gut wie abgeschlossen. In Kohlekraftwerken ist infolge der Rauchgasentschwefelungsanlagen (REA) mit einem Eigenbedarfsanstieg zu rechnen, der nur durch erhöhte FD-Drücke (245 bar) und Temperaturen (560 °C) sowie einer Carnotisierung auf 300 °C Speisewasserendtemperatur auszugleichen ist. Anzustreben sind die Verbesserung der physikalischen und strömungstechnischen Vorgänge in herkömmlichen Kraftwerken, die Erhöhung der Leistungsdichte des Stromerzeugungsblocks (kW/m^3) bzw. des Strömungsquerschnitts (kW/m^2) und eine Verringerung der wärmedurchströmten Trennflächen zwischen den einzelnen Arbeitsstoffen. Weitere Möglichkeiten zur Senkung der spezifischen Herstellungskosten liegen im Normungs- und Typisierungsbereich (z.B. Baukastensystem, Konvoi-Projekte).

Die wirtschaftliche Arbeitsweise eines Dampfkraftwerks ist durch seinen thermischen Wirkungsgrad gekennzeichnet, der in modernen konventionellen Anlagen bei 40 % liegt. Die Kombination mit einer vorgeschalteten Gasturbine kann einen um 3,5 % höheren Wirkungsgrad erbringen. Die erfolgreiche Entwicklung der Dampfkrafttechnik läßt sich allein schon daraus erkennen, daß der spezifische Brennstoffverbrauch der Steinkohlekraftwerke in der öffentlichen Versorgung im Jahresdurchschnitt von 1948 bis 1981 auf die Hälfte verringert werden konnte, wenn auch in immer langsameren Schritten (Tabelle X.6).

Tabelle X.6 Spezifischer Brennstoffverbrauch der Steinkohlenkraftwerke in der öffentlichen Versorgung

Jahr	1948	1955	1960	1965	1970	1975	1980	1981
kg SKE/kWh	0,654	0,490	0,402	0,360	0,344	0,333	0,322	0,320
MJ/kWh	19,17	14,36	11,78	10,55	10,08	9,76	9,43	9,37
kcal/kWh	4578	3 430	2 814	2 520	2 408	2 331	2 245	2 240

In den Braunkohlekraftwerken wurden 1981 zur Erzeugung einer Kilowattstunde im Mittel 1,323 kg Rohbraunkohle benötigt. Auf Steinkohleeinheiten (SKE) umgerechnet lag der Rohbraunkohleverbrauch 1981 mit 33 Mio. t SKE bereits in gleicher Größenordnung wie der Steinkohleverbrauch mit 36 Mio. t SKE (s. Bild X.1).

Der thermische Wirkungsgrad eines Kernkraftwerkes mit einem Leichtwasserreaktor liegt, da nur Sattdampf bis leicht überhitzter Dampf erzeugt wird, bei ca. 30 %. Wirkungsgrade konventioneller Dampfkraftwerke werden dagegen erreicht und sogar überschritten bei der Baulinie der gasgekühlten Hochtemperaturreaktoren, die mit dem 15-MW-AVR in Jülich begonnen hat, mit dem 300-MW-Prototyp in Schmehausen fortgesetzt wird und zu einem 1 000-MW-HTGR-Demonstrationskraftwerk mit Heliumturbine führen soll (s. Kap. IX).

Ende 1981 waren in der öffentlichen Versorgung 85 Gasturbinen mit zusammen 4 678 MW und 2 Heißluftturbinen mit zusammen 34 MW in Betrieb. Eine Weiterentwicklung von Gas- und Luftturbinen für die Zwecke der öffentlichen Stromerzeugung besitzt jedoch wegen der Bindung an die gestiegenen Öl- und Gaspreise nur noch wenig Anreiz. Als selbständige Aggregate ist ihr Einsatz im wesentlichen auf Spitzen- und Reserveanlagen beschränkt, denn zu den hohen Brennstoffkosten kommen ein geringerer thermischer Wirkungsgrad und die kleinen Einheitsleistungen. Infolge der hohen Abgastemperaturen der Gasturbinen ($>$ 400 °C) werden zur Wirkungsgradverbesserung die Abgase in Dampf- oder Abdampfprozessen genutzt. Solche Anlagen sind als sog. Kombi-Anlagen verwirklicht z.B. im Gersteinwerk (60 MWGT + 365 MWDT), als G- u. D-Anlagen im Kraftwerk Korneuburg (30 MWGT + 26 MWDT), im Kraftwerk München Süd (2 × 99 MWGT + 28 MWDT) und als Abwärmeverwertung für die Fernheizung z.B. im Kraftwerk München Freimark, Berlin Charlottenburg (67 MWGT + 96 MW_{th} Hz.) und Wilmersdorf (93 MWGT + 105 MW_{th} Hz.).

Die elektronische Leittechnik und Prozeß-Datenverarbeitung eines vollautomatisierten Wärmekraftwerkes gewährleistet bestmögliche Ausnutzung des Brennstoffs, vermindertes Auftreten von Störungen durch rechtzeitige Warnung, Verhinderung von Fehlschaltungen durch einen weitgehenden Fehlerschutz, rasches und schonendes An- und Abfahren des Kraftwerksblocks sowie eine Darstellung und Aufzeichnung des Betriebsgeschehens. In Wasserkraftwerken ist ein vollautomatisierter Betrieb schon lange üblich.

Für die Erfüllung der Lastanforderungen unter wirtschaftlichen Einsatzbedingungen mangelt es zur Zeit noch an Grundleistung. Grundleistungen sind Kraftwerksanlagen mit möglichst niedrigen Brennstoff- bzw. Primärenergiekosten und zwangsläufig hohen Investitionskosten. Dies sind in der Bundesrepublik Deutschland vor allem Laufwasserkraftwerke und thermische Kraftwerke auf der Basis Braunkohle und Kernenergie. Dies zeigen die relativen Stromerzeugungskosten als Funktion der Ausnutzungsdauer (s. Bild X.3). Bei Steinkohle sind die Brennstoffpreise für Ruhrkohle (230 DM/t) und Importkohle (170 DM/t) und außerdem in den Betriebskosten die angegebenen Anteile einer Rauchgasentschwefelung, die ohne Wiederaufheizung möglich ist, berücksichtigt. Der Vergleich bezieht sich auf das Inbetriebnahmejahr 1981, während die Kurven nach [11] die Perspektive für 1989 aufzeigen.

Der geplante Zubau an Kraftwerksleistung in der öffentlichen Stromversorgung bis 1995 wird nach [5, 10] wie folgt abgeschätzt:

Kernenergie 21 600 MW,
Steinkohle 12 000 MW,
Wasserkraft 270 MW.

An Braunkohleleistung werden im wesentlichen moderne Blöcke von ca. 2 500 MW für stillzusetzende alte Leistung errichtet werden, um die Altersstruktur langfristig nicht zu verschlechtern. Für alte Kohlekraftwerke wird sich nach der Erklärungsfrist infolge von Nachrüstmaßnahmen zur Rauchgasentschwefelung nach der GfA-VO eine neue Disponierung ergeben.

Neue Entwicklungsansätze im Zusammenhang damit, daß der Wasser-Dampf-Prozeß nicht weiter verbessert werden kann und mit konventionellen Mitteln eine hinreichende Senkung der Brennstoffkosten von Kraftwerken auf der Grundlage fossiler Brennstoffe kaum erreichbar ist, zielen auf die Energiedirektumwandlung ab. Hauptsächlich folgende fünf Verfahren werden untersucht:

das thermische Verfahren,
die thermischen Radionuklid-Batterien,
die thermischen Konverter,
die galvanischen Brennstoffzellen und
der magneto-hydrodynamische Generator.

Für die Elektrizitätserzeugung im großen werden sie bis zum Ende dieses Jahrhunderts kaum Bedeutung erlangen.

5 Netzanlagen

5.1 Allgemeines

Um die elektrische Energie von den Kraftwerken zu den Verbrauchern zu bringen, haben die EVU ein dichtes Leitungsnetz aufgebaut. Die Investitionen in den Netzen aller Spannungsstufen übersteigen bisher die der Kraftwerke. Seit Beginn der 70er Jahre zeichnet sich allerdings die gegenteilige Tendenz ab. Die Ausbauentwicklung der öffentlichen Freileitungs- und Kabelnetze in der Bundesrepublik Deutschland geht aus der Tabelle X.7 hervor.

Tabelle X.7 Stromkreislängen von Freileitungen und Kabeln in den Netzen der öffentlichen Versorgung der Bundesrepublik Deutschland, Stand Ende 1971 und Ende 1981 [2]

Betriebsspannung	Stromkreislängen in km			
	von Freileitungen		von Kabeln	
kV	1971	1981	1971	1981
bis 20	408 765	407 675	302 454	564 886
über 20 bis 60	15 543	11 002	7 360	7 635
110	34 407	45 077	1 753	3 027
220 und 380	16 892	26 878	18	40
insgesamt	475 607	490 632	311 585	575 588
Niederspannungs-Freileitungen	266 000	253 575	192 122	394 824

Der Rückgang der Niederspannungs-Freileitungen ist auf fortschreitende Verkabelungen zurückzuführen.

Das 380- und 220-kV-Netz mit seinen Leitungen und Umspannanlagen dient dem weiträumigen Transport zwischen den Kraftwerken und den Verbraucherschwerpunkten. Auf dieser Spannungsebene wird vorwiegend der Energieaustausch auch mit dem Ausland abgewickelt.

Das unterlagerte 110-kV-Hochspannungsnetz übernimmt die regionale Verteilung. In den großen Städten wird diese Spannungsebene verstärkt ausgebaut und auch einige Großbetriebe haben einen direkten Versorgungsanschluß.

Beim Vergleich des Erscheinungsbildes deutscher Netze mit dem ausländischer Netze fällt auf, daß die Verteilungsnetze mit 220/380 V und 10 kV bzw. 20 kV in geschlossenen Ortschaften, selbst in kleinen Orten, weitgehend verkabelt sind und die Hochspannungsleitungen mit zwei, heute aber meistens mit vier oder noch mehr Stromkreisen ausgerüstet werden. Damit trägt der Leitungsbau den Anforderungen des ästhetischen Aussehens und der Knappheit an Leitungstrassen Rechnung.

5.2 Das deutsche Verbundnetz

Im Jahre 1882, also vor gerade 100 Jahren, wurden mit der gelungenen Gleichstromübertragung von Miesbach nach München und mit der im Mai 1891 durchgeführten Drehstromübertragung von Lauffen am Neckar nach Frankfurt am Main die Grundsteine für den heutigen großräumigen Verbundbetrieb im Inland und über die Ländergrenzen hinweg gelegt.

Der Ausbau von Kraftwerken orientierte sich bisher nach dem Gewinnungsort der Primärenergie und einer günstigen Lage zu den Verbraucherschwerpunkten. Diese beiden Kriterien schließen eine Reihe von speziellen Standortproblemen mit ein, z.B. die Brennstofftransport- und Lagerprobleme, die Kühlungs- und Entsorgungsbedingungen und andere verschiedenartige Umweltbedingungen sowie die Lage zum überregionalen Höchstspannungsnetz.

Durch den wirtschaftlichen Einsatz großer Kraftwerkseinheiten $\geqslant$ 300 MW auf der Basis Braunkohle, Kernenergie und Steinkohle muß die erzeugte elektrische Energie über große Entfernungen transportiert werden. Zur Zeit speisen über 25 000 MW Engpaßleistung in die 380-kV-Ebene ein. Auf dieser Spannungsebene wird die stärkste Einbindung neuer Kraftwerksleistung erwartet. Vorwiegend kleinere (100 MW bis 300 MW) und ältere thermische Kraftwerksblöcke, Gasturbinen, Laufwasser- und Pumpspeicher-Kraftwerke sind in die 110- bzw. 220-kV-Netze eingebunden. Ihr Anteil beträgt zur Zeit rd. 40 % der installierten Kraftwerksleistung.

Das deutsche Verbundnetz nimmt aufgrund seiner Lage und seiner Struktur eine zentrale Position innerhalb des Westeuropäischen Verbundnetzes ein (Bild X.5 [5]).

Die Kraftwerke und Höchstspannungsnetze sind meist im Eigentum der 9 Verbundunternehmen. Jedes Verbundunternehmen ist dementsprechend auch für die Planung und den Betrieb seiner Erzeugungs- und Übertragungsanlagen selbst verantwortlich. Innerhalb der Deutschen Verbundgesellschaft (DVG) koordinieren die Verbundunternehmen alle mit dem Verbundnetz zusammenhängenden Aufgaben. Der Verbundbetrieb hat seine Vorteile vor allem beim Stromaustausch über große

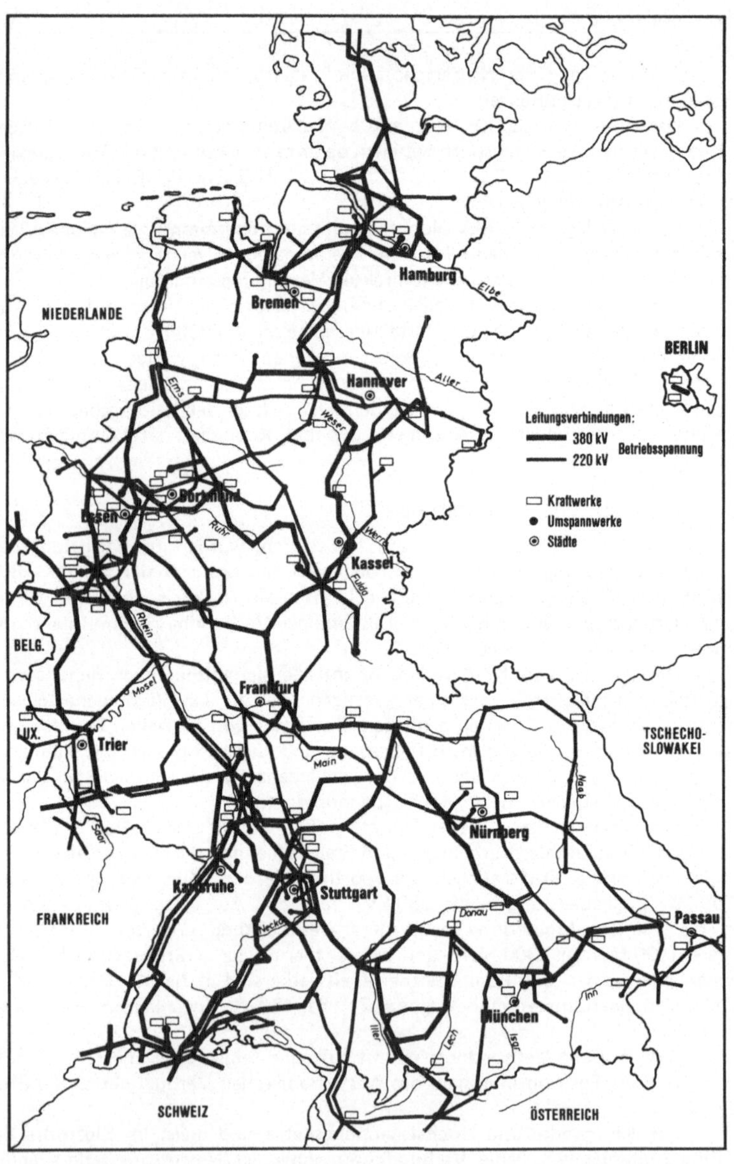

Bild X.5 Leitungsverbindungen mit Betriebsspannungen von 380 kV und 220 kV sowie große Kraftwerke der öffentlichen Stromversorgung (Stand: 1.1.1983: rund 9 600 km 380-kV-Stromkreise und rund 17 400 km 220-kV-Stromkreise)

[*Quelle:* Deutsche Verbundgesellschaft, Heidelberg]

Räume. Beim Parallelbetrieb der Netze kann ein Belastungsausgleich zwischen klimatischen und strukturellen Unterschieden oder bei Störungen erfolgen, und so sind die Betriebsmittel wirtschaftlich und mit größerer Versorgungssicherheit einsetzbar.

So können ungeplant anfallende Überschußenergien aus Wasserkraftanlagen weitgehend genutzt werden. Der Stromaustausch mit den Nachbarländern im Jahre 1981 zeigt Bild X.6. Er hängt stark von den Wasserverhältnissen ab. Der Austausch mit Luxemburg ist auf die Pumpstromlieferung und den Speicherleistungsbezug aus Vianden zurückzuführen. Außerdem laufen über das deutsche Verbundnetz auch Lieferungen aufgrund von Verträgen zwischen ausländischen Partnern, z.B. der Schweiz und den Niederlanden.

Bei Blockausfällen in Kraftwerken, besonders bei der zunehmenden Anzahl großer Einheiten, kann der Leistungsmangel durch die Gesamtheit der im Parallelbetrieb betriebenen Kraftwerksblöcke nach Maßgabe ihrer Leistungszahlen zum größten Teil ausgeglichen und damit die Frequenzeinbrüche oberhalb der Grenzen gehalten werden, die sonst zu einem frequenzabhängigen Lastabwurf führen würden.

Längerfristige Kraftwerksreserven für den Minuten- und Stundenbereich können durch benachbarte Partner leichter, teilweise gemeinsam und damit in geringerer Höhe vorgehalten werden. So erfüllen die zusammengeschalteten Höchstspannungsnetze im Verbundbetrieb neben reinen Transportaufgaben noch weitere vielfältige technische und wirtschaftliche Versorgungsaufgaben.

Die wirtschaftliche 380-kV-Spannungsebene wird in Deutschland für die Verbundaufgaben noch sehr lange, voraussichtlich über das Jahr 2000 hinaus, als höchste Spannungsebene ausreichen. Durch Mehrfachleitungen, z.B. mit vier 380-kV-Stromkreisen auf einem Mastgestänge, werden die wenigen verfügbaren Trassen optimal genutzt.

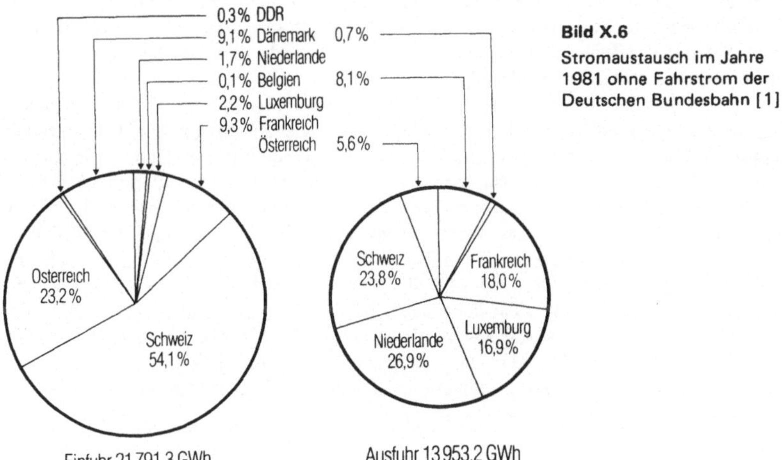

Bild X.6
Stromaustausch im Jahre 1981 ohne Fahrstrom der Deutschen Bundesbahn [1]

5.3 Das westeuropäische Verbundnetz

Das deutsche Verbundnetz bildet einen Teil des westeuropäischen Verbundnetzes, das sich von Dänemark bis Portugal und Süditalien erstreckt. Alle Netze in Westeuropa sind zusammengeschaltet, alle Kraftwerke Westeuropas fahren parallel und damit die gleiche Frequenz. Großbritannien und die skandinavischen Länder Schweden/Norwegen sind über Hochspannungs-Gleichstrom-Übertragungsanlagen mit diesem Netz verbunden. Dagegen besteht mit der DDR und mit dem Verbundnetz der COMECON-Länder kein Parallelbetrieb. Österreich tauscht zwar mit einigen Ländern des Ostblocks Strom aus, aber nur im Richtbetrieb mit getrennt geschalteten Maschinen oder über HGÜ-Kurzkupplungen.

Die Lastverteiler der westeuropäischen Verbundunternehmen arbeiten auch im westeuropäischen Verbundnetz gleichrangig und ohne eine zentrale europäische Lastverteilung zusammen. Zur Zeit der Jahreshöchstlast 1981 waren die Verbundnetze der westeuropäischen EVU mit rd. 182 500 MW im Parallelbetrieb zusammengeschaltet (zum Vergleich: Engpaßleistung der Bundesrepublik Deutschland zum gleichen Zeitpunkt 79 000 MW). Die Transportkapazität der Verbindungsleitungen zwischen den UCPTE-Mitgliedsländern ist in den letzten zwanzig Jahren um fast das Zehnfache auf 37 600 MVA gestiegen (Stand 1.7.1976). Die Primärregelung des UCPTE-Netzes bei einem Anteil von 25 % der Netzleistung zeigt, daß bei der heutigen Netzkennzahl im Winter von ca. 26 000 MW/Hz selbst Ausfalleistungen von 3 500 MW (Winter) bis 2 800 MW (Sommer) verkraftet werden können. Mit dem Ausbau der Kraftwerkskapazität wird das UCPTE-Netz noch stabiler.

Die Richtlinien für den Stromaustausch und den gemeinsamen Betrieb des Verbundnetzes, z.B. für den Stromaustausch bei unterschiedlichem Wasserdargebot oder für die Erfassung und den Ausgleich des ungewollten Stromaustausches, werden von den Organisationen UCPTE (Union pour la Coordination de la Production et du Transport de l' Electricité), UFIPTE (Union Franco-Ibérique pour la Coordination de la Production et du Transport de l'Electricité), SUDEL (Groupe Régional pour la Coordination de la Production et du Transport de l'Electricité) und NORDEL (Regionalgruppe der nordischen Länder für den Stromaustausch) gemeinsam beraten (Bild X.7).

„Die Statistiken der UCPTE erfassen 8 Mitgliedsländer und 4 weitere an das westeuropäische Verbundnetz angeschlossene (assoziierte) Länder. Alle anderen westeuropäischen Länder werden als Drittländer gerechnet, z.B. Dänemark, Großbritannien und Skandinavien. Nach den Angaben des UCPTE-Jahresberichts 1981 bis 1982 erreichte die am 3. Mittwoch eines jeden Monats erfaßte eingesetzte Leistung des Drehstrom-Verbundnetzes Westeuropas einen Höchstwert von 191 300 MW (am 16.12.1981, um 11.00 Uhr). Die Engpaßleistung der Kraftwerke hatte am Ende 1981 einen gegenüber 1980 um 11 608 MW erhöhten Wert von 299 200 MW (davon UCPTE: 246 300 MW). An dem Zuwachs war Frankreich allein mit 7 055 MW beteiligt. Die Zuwachsrate der Kernkraftwerke war 33,1 %, wovon ebenfalls Frankreich mit 7 240 MW den Hauptanteil ausmachte. Zum gleichen Zeitpunkt betrug die im Parallelbetrieb aufgetretene Höchstlast 188 800 MW (davon UCPTE: 158 500 MW).

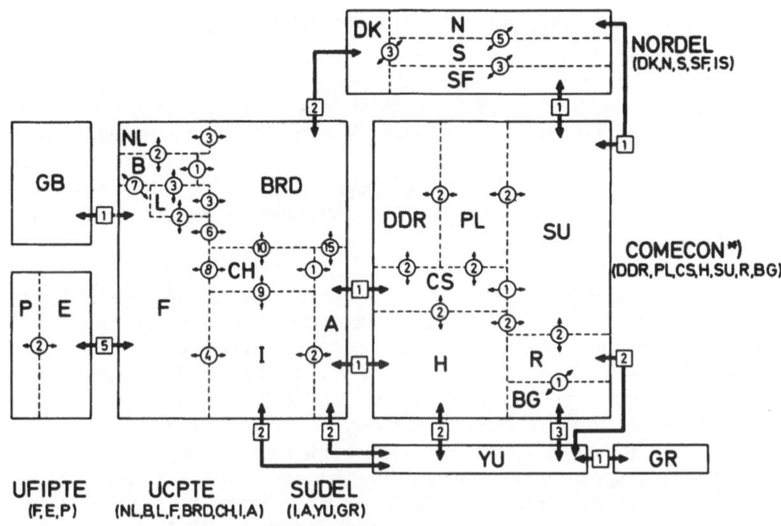

65-, 110-, 130-, 150-, 220-, 380 kV-Leitungen

←[2]→ Zahl der Verbindungsleitungen zwischen verschiedenen Verbundsystemen

←(6)→ Zahl der grenzüberschreitenden Leitungen zwischen Ländern desselben Verbundsystems

*) Angaben von COMECON aus den Jahresberichten der Länder

Bild X.7 Internationale Verbundsysteme in Europa

Der gesamte Stromaustausch in Westeuropa im Jahre 1981 betrug 78 500 GWh (davon UCPTE: 72 500 GWh), was einem Anstieg von 2,7 % gegenüber dem Vorjahr und 7 % des Gesamtstromverbrauchs in dem erfaßten Gebiet entsprach; dazu kommen noch etwa 3 % aus dem Kleinaustausch über Leitungen unter 100 kV.

Die durchschnittlichen Zuwachsraten in den 12 UCPTE- und assoziierten Ländern betrugen zwischen 1963 und 1973 7,3 %, nach der Erdölkrise 1973 nur noch 4 % und erreichten im Berichtsjahr 1981/82 nur 1,4 %. Der Bedarf konnte deshalb ohne Schwierigkeiten gedeckt werden. Langfristig vorausschauend muß jedoch wieder mit höheren Zuwachsraten gerechnet werden, die nur mit weiteren Ausbauten an Erzeugungs- und Übertragungsanlagen befriedigt werden können. Deshalb bemängelt auch die UCPTE die weitverbreiteten Schwierigkeiten durch langwierige Genehmigungsverfahren, verschärfte Umweltschutzauflagen und heftige Kostensteigerungen.

5.4 Hochspannungs-Gleichstrom-Übertragung

Die besonderen Eigenschaften der Hochspannungs-Gleichstrom-Übertragung (HGÜ) haben in der Welt bisher überwiegend zu Anwendungen geführt, bei denen die HGÜ sowohl technische als auch wirtschaftliche Vorteile gegenüber einer Drehstromübertragung aufweist oder sogar die einzige technisch mögliche Lösung darstellt, und zwar

- bei der Übertragung über größte Entfernungen,
- bei der Notwendigkeit zur leistungsfähigen Verkabelung, z.B. bei längeren Seekabelübertragungen,
- zur Kopplung asynchroner Netze.

Deutschland war in der Entwicklung der HGÜ-Technik führend (erste Versuchsanlage 200-kV-Verbindung Kraftwerk Elbe – Berlin, vor Inbetriebnahme 1945 demontiert) und spielt auch heute wieder mit dieser Technik eine wichtige Rolle auf dem Weltmarkt. Die weitere Forschung wird von der Forschungsgemeinschaft für Hochspannungs- und Hochstromtechnik e.V. (FGH) getragen, in der Elektrizitätsversorgung und Großfirmen der Elektroindustrie zusammenarbeiten.

In der Bundesrepublik Deutschland werden vorläufig keine Aufgaben für eine HGÜ-Übertragung gesehen, weil sie gegenüber der Drehstrom-Übertragung bei den im Verbundnetz vorhandenen Entfernungen wirtschaftlich keinen Vorteil bringt. Jedoch kann für besondere technische Aufgaben, z.B. Entkopplung von Netzgruppen, Leistungsflußregelung, Verminderung der Kurzschlußleistung und Kabelübertragung, die HGÜ-Technik nützlich sein.

6 Stromwirtschaft

Während die Elektrizitätswirtschaft Anfang dieses Jahrzehnts noch überdurchschnittlich hohe Zuwachsraten zu verzeichnen hatte, trat infolge der Ölkrise 1973 mit ihren negativen Auswirkungen auf die Gesamtwirtschaft auch ein Rückgang der Zuwachsraten beim Stromverbrauch ein. Im Zuge der nachfolgenden Konjunkturbelebung stieg die Stromzuwachsrate 1976 erstmals wieder auf über 8 %, um mit dem erneuten Abflauen der allgemeinen Konjunktur auf Werte um 4 % (1977: 2,7 %, 1978: 4,9 %, 1979: 4,6 %) abzusinken. Die letzten 3 Jahre zeigten eine quasi Stagnation (Zuwachsraten um 0,5 %). Dies ist jedoch noch positiv zu deuten, da die Abnahme des Primärenergieverbrauchs und des Bruttosozialprodukts viel stärker ausfielen. Die vielfältigen Bemühungen, mit der knapper und teurer werdenden Energie sparsam umzugehen und sie möglichst wirkungsvoll einzusetzen, lassen für den Wirtschaftsraum der Bundesrepublik Deutschland weiterhin durchschnittliche Zuwachsraten langfristig von 2 % erwarten. Die Daten zeigen die starke Abhängigkeit der Elektrizitätswirtschaft von der allgemeinen Wirtschaftsentwicklung. Einen Rückgang im Netto-Stromverbrauch hat zur Zeit die Industrie. Der Haushaltsbereich kann zur Zeit infolge der wesentlich geringeren Zuwachsraten gerade noch den Ausgleich zu den vorangegangenen Jahren herbeiführen. Bisher hat der Haushaltsbereich mit einem Anteil von 26 % des gesamten Nettoverbrauchs einen stabilisierenden Effekt (Tabelle X.8).

Das Beispiel einer Strombilanz für die Bundesrepublik Deutschland zeigt die Darstellung der Einzelsparten von Herkunft und Verbleib der elektrischen Energie im Jahre 1982 (Bild X.8). Aus diesem Flußbild gehen sowohl die Beiträge der drei Versorgungsträger (öffentliche, industrielle und bahneigene Versorgung) an

Tabelle X.8 Netto-Verbrauch der Verbrauchergruppen [4]

Verbrauchergruppen	1950 GWh	1960 GWh	1970 GWh	1980 GWh	1981 GWh	1982 GWh	Anteile 1982 Gesamt %	Anteile 1982 öffentl. Vers. %	Änderung 1982 %
Industrie	29 360	75 455	131 782	175 392	171 502	165 597*	50		– 3,4*
aus Netz der öffentl. Versorgung	(15 368)	(47 980)	(91 587)	(138 053)	(137 026)	(134 000)*	(40)	45	– 2,2*
aus Eigenanlagen	(13 992)	(27 475)	(40 195)	(37 339)	(34 476)	(31 597)	(10)		– 8,3
Verkehr	1 712	3 859	7 928	10 646	10 765	10 413*	3		– 3,3*
aus Netz der öffentl. Versorgung	(1 283)	(2 408)	(3 292)	(4 399)	(4 515)	(4 500)*	(1)	2	– 0,3*
aus Eigenanlagen	(429)	(1 451)	(4 636)	(6 247)	(6 250)	(5 913)	(2)		– 5,4*
Öffentliche Einrichtungen	2 060	4 370	11 333	24 069	25 499	26 100*	8	9	+ 2,3*
Landwirtschaft	760	1 956	5 053	7 099	7 214	7 200*	2	2	– 0,1*
Haushalt	3 334	12 949	43 075	85 551	86 841	88 500*	26	30	+ 1,9*
Handel und Gewerbe	2 641	7 935	19 405	34 162	35 687	36 400*	11	12	+ 1,9*
Öffentliche Versorgung gesamt	25 446	77 598	173 745	293 333	296 782	296 700*	89	100	– 0,0*
Eigenanlagen gesamt	14 421	28 926	44 831	43 586	40 726	37 510	11		– 7,9
Insgesamt	39 867	106 524	218 576	336 919	337 508	334 210*	100		– 1,0*
Verluste und Nichterfaßtes gesamt	4 661	7 652	13 975	14 523	15 167	15 126*			

*) Geschätzte Angaben, da die endgültigen Ergebnisse noch nicht vorliegen

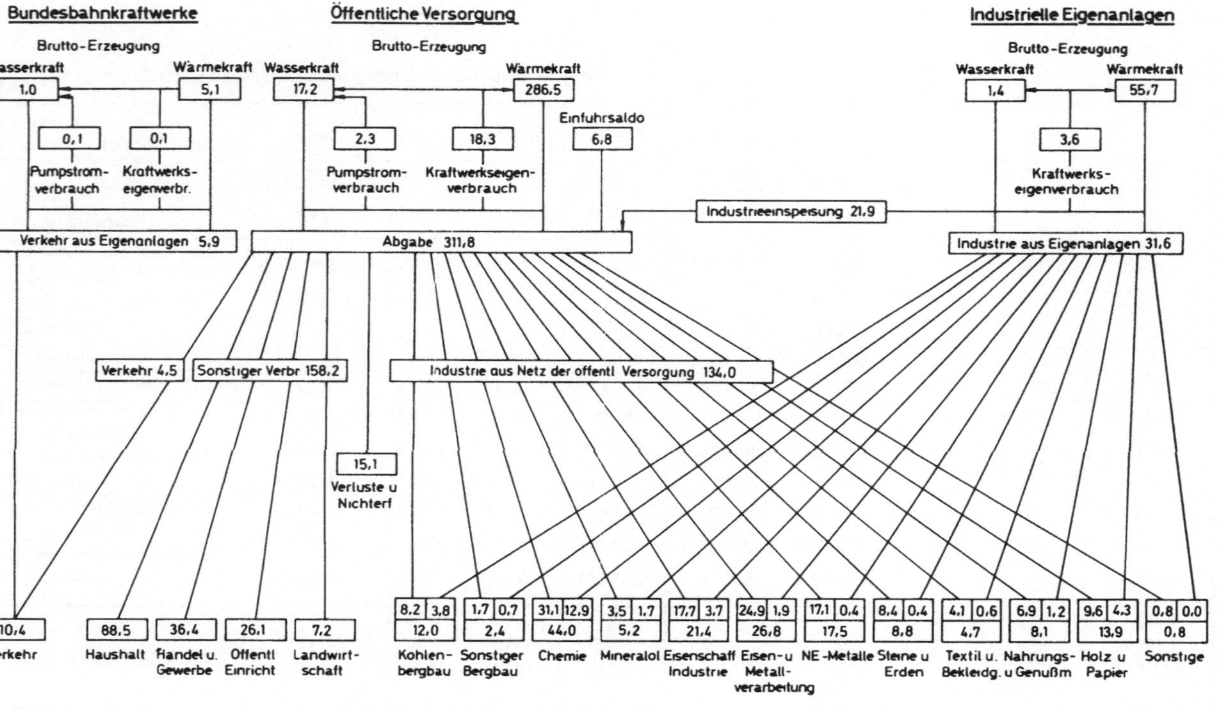

Bild X.8 Die Elektrizitätsversorgung der Bundesrepublik Deutschland 1982 einschl. Berlin (West) in Milliarden kWh [4]

dem Gesamtstromaufkommen als auch deren Anteile an der Bedarfsdeckung der einzelnen Verbrauchergruppen und Industriezweige hervor.

Für die EVU gilt nach § 6 des Energiewirtschaftsgesetzes (EnWG) die allgemeine Anschluß- und Versorgungspflicht. Aus dem Netz der öffentlichen Versorgung wurden 1981 rd. 297 TWh elektrischer Energie an 28,8 Mio. Tarifkunden und 0,2 Mio. Sondervertragskunden geliefert. Die Tarifkunden werden nach den „Allgemeinen Bedingungen für die Elektrizitätsversorgung von Tarifkunden AVB-Elt V" und nach den veröffentlichten Allgemeinen Tarifen versorgt. Zu den Tarifkunden zählen Haushalte sowie gewerbliche und landwirtschaftliche Betriebe. Auf die Tarifkunden entfallen etwa 48 % der gesamten Stromabgabe aus dem öffentlichen Netz, auf die Sondervertragskunden rd. 41 %. Der Rest setzt sich aus Pumpenstrom, Ausfuhr und Eigenverbrauch der Kraftwerke sowie Netzverlusten zusammen. Größere Anlagen, vor allem Industriebetriebe, werden nach einzeln abgeschlossenen Sonderverträgen versorgt.

Entsprechend der Zusammensetzung der Kosten aus leistungs- und arbeitsabhängigen Kosten sehen die Preisregelungen für beide Kundengruppen im allgemeinen zwei Preisbestandteile vor:

- einen festen Betrag als Grundpreis bei den Allgemeinen Tarifen und als Leistungspreis entsprechend der in Anspruch genommenen Leistung bei den Sonderverträgen,
- einen Preis für die abgenommene elektrische Arbeit (Arbeitspreis je kWh).

Im Interesse der Kunden mit ihren sehr unterschiedlichen Abnahmeverhältnissen werden überwiegend zwei, häufig drei Preisregelungen mit unterschiedlicher Steilheit zur Wahl angeboten. Die steilere Preisregelung enthält jeweils einen niedrigeren Arbeitspreis und einen höheren Grundpreis oder Leistungspreis als die flachere Preisregelung. Das EVU muß den für den Kunden günstigsten Tarif verrechnen. Der Grundpreis wird seit Inkrafttreten der Bundestarifordnung Elektrizität gewöhnlich in einen Verrechnungspreis (für Messung, Verrechnung und Inkasso) und einen Bereitstellungspreis aufgeteilt. Während bestimmter tariflicher Schwachlaststunden – vor allem in der Nacht – wird gewöhnlich ein niedrigerer Arbeitspreis als in der übrigen Zeit angeboten; hieraus ergeben sich Vcrteile, wenn die Mehrkosten (u.a. für die Messung) durch die Höhe des Nachtstromverbrauchs in Verbindung mit der Arbeitspreisdifferenz aufgewogen werden. Daneben muß ein Kleinverbrauchstarif angeboten werden, der neben dem (entsprechend höheren) Arbeitspreis nur einen Verrechnungspreis enthält.

Die wesentlich langsamere Verteuerung der Strompreise im Vergleich zu deren Energieträgern seit 1976 geht aus Bild X.9 hervor. Der Strompreisindex gibt die Preisentwicklung bei bestimmten Abnahmeverhältnissen wieder.

Verfolgt man die Entwicklung der Strompreise in den vergangenen zwei Jahrzehnten (Bild X.10), so erkennt man, daß sie viele Jahre hindurch nahezu stabil waren und erst Anfang der siebziger Jahre wieder verstärkt in Bewegung geraten sind. Die rasch angestiegenen Kostenerhöhungen konnten auch von der übrigen Wirtschaft nicht mehr aufgefangen werden. In starkem Maße verteuerte sich die Errichtung von Kraftwerken und Netzanlagen, nicht zuletzt durch die gleichzeitig beträchtlich angestiegenen Zinssätze, die sich um so stärker auswirkten, als sie für immer längere Bauzeiten zu zahlen sind. Als weitere Zusatzkosten treten wachsende Aufwendungen für Umweltschutzmaßnahmen hinzu. Diese Verteuerungen

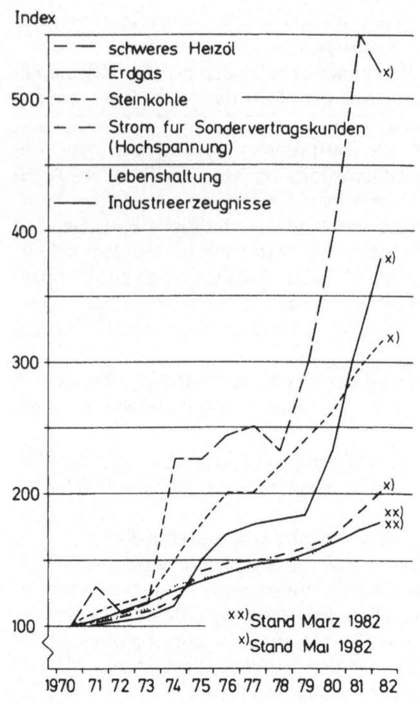

Bild X.9
Preisentwicklung der Lebenshaltungskosten, Primärenergieträger, Industrieerzeugnisse und Durchschnittserlöse aus dem Stromverkauf an Sondervertragskunden 1970 bis 1982 (Preisindex 1970 = 100)
[*Quelle:* VDEW]

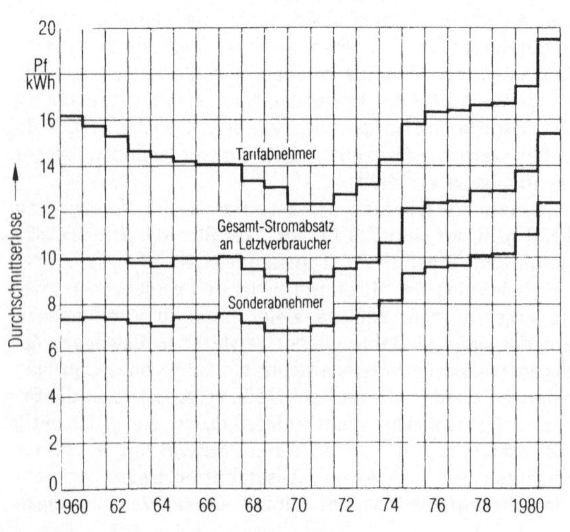

Bild X.10
Durchschnittserlöse aus der Stromabgabe der öffentlichen Elektrizitätsversorgungsunternehmen (ab 1968 ohne Mehrwertsteuer) [1]

wirken sich stärker als die kostendämpfenden Maßnahmen aus. Wie stark der Preis, der im Durchschnitt von sämtlichen Tarifkunden wirklich gezahlt worden ist – der sog. Durchschnittserlös –, sich im Laufe der vergangenen 20 Jahre verändert hat, zeigt Bild X.10 [1]. Von den 1981 an Letztverbraucher gelieferten 286,2 TWh erzielten die öffentlichen Elektrizitätsversorgungsunternehmen Erlöse in Höhe von 44,1 Mrd. DM. Der spez. Erlös (ohne Ausgleichsabgabe und Mehrwertsteuer) betrug 15,4 Pf/kWh. Die Durchschnittserlöse sind für die Abnehmergruppen zeitgleich angestiegen. Eine Aufteilung nach einzelnen Kundengruppen zeigt Tabelle X.9.

Seit dem 1.1.1975 wird nach dem Gesetz über die weitere Sicherung des Einsatzes von Gemeinschaftskohle in der Elektrizitätswirtschaft (3. Verstromungsgesetz) auf die Verkaufserlöse aus der Stromlieferung an Endverbraucher sowie auf den Eigenverbrauch der Unternehmen eine Ausgleichsabgabe erhoben, die für 1982 auf 4,2 % festgesetzt wurde, jedoch regional gestaffelt ist (zwischen 4,8 % in Nordrhein-Westfalen und dem Saarland als oberem Wert und 3,2 % in Berlin und Schleswig-Holstein als unterem Wert für 1982).

Tabelle X.9 Durchschnittserlöse aus der Stromabgabe nach einzelnen Kundengruppen (ohne Mehrwertsteuer) in Pf/kWh

Kundengruppe / Jahr	1971	1975 1)	1979 1)	1980 1)	1981 1)
Tarifkunden	12,32	15,93	16,69	17,44	19,50
darunter Haushaltbedarf (ohne Heizstrom)	11,12	16,12	16,94	17,66	19,83
Haushaltbedarf (einschließlich Heizstrom)	11,03	14,11	14,69	15,46	17,45
Heizstrom	3,99	5,75	6,40	6,94	8,34
landwirtschaftlicher Bedarf	11,78	15,57	15,80	16,75	18,51
gewerblicher Bedarf	15,70	21,46	23,04	23,87	26,35
Sondervertragskunden (Hoch- und Niederspannung)	7,08	9,40	10,15	11,07	12,41
darunter Industrie	6,56	8,55	9,11	10,01	11,20
Verkehr	7,55	10,17	11,32	12,00	13,61
öffentliche Einrichtungen	9,94	12,84	13,83	14,69	16,03
landwirtschaftlicher Bedarf	9,21	10,43	14,10	14,42	16,43
gewerblicher Bedarf	10,97	14,16	15,71	16,70	18,18
Sondervertragskunden (Hochspannung)	6,65	8,83	9,50	10,43	11,69
darunter Industrie	6,29	8,24	8,76	9,67	10,83

1) Ohne Ausgleichsabgabe nach dem 3. Verstromungsgesetz.

Quelle: BMWi, III B2

7 Elektrizitätsanwendung

Die elektrische Energie wird vielseitig in der Industrie, im Handel und Gewerbe, der Landwirtschaft, dem Verkehr, der Medizin und verstärkt im privaten Bereich, dem Haushalt, verwendet. Der Katalog des Einsatzes dieser Energieart erweitert sich ständig mit dem Bedürfnis nach Substitution anderer Energieträger, sauberer und bequemer Energieumwandlung am Verwendungsort, Einsparung von Arbeitskräften, besserer Primärenergieausnutzung, neuartigen technologischen Anwendungen, Erhöhung des Komforts im Verkehr und im privaten Lebensbereich. Diese Tendenz läßt sich bei einer Analyse sowohl der bisherigen als auch der künftigen Verbrauchsentwicklung erkennen, wenn auch die einzelnen Verbrauchersparten unterschiedliche Zuwachsraten aufweisen.

Eine Übersicht des Stromverbrauchs der Hauptabnehmergruppen vermittelt Tabelle X.8. Aus ihr sind nicht nur die absolute Zunahme jeder Gruppe, sondern auch die Verschiebungen der Verbrauchsanteile zwischen den einzelnen Gruppen in dieser Zeitspanne abzulesen. Z.B. weisen in den letzten 10 Jahren Handel und Gewerbe und der Haushaltssektor etwa gleiche Zunahmen des Verbrauchs auf. Letzterem soll deshalb eine kurze Sonderbetrachtung gewidmet werden, weil er nach der Industrie die stärkste Abnehmergruppe ist (26 % bzw. 29 %).

Einerseits hat die Anzahl der Haushaltskunden in dieser Zeitspanne zugenommen. Darüber hinaus hat sich der mittlere Jahresstromverbrauch je Haushaltskunde in dem Jahrzehnt 1971/81 von 2 349 auf 3 462 kWh/a erhöht. Ohne Nachtstromspeicherheizung stieg der Verbrauch von 1981 auf 2 740 kWh/a. Eine Verbrauchsstagnation ist in den letzten 3 Jahren festzustellen.

Zwei Umstände spielten bei der bisherigen ungewöhnlichen Zunahme eine wichtige Rolle: der Elektrifizierungsgrad mit Haushaltsgeräten und die Verbreitung der elektrischen Raumheizung. Vom Ende der 50er Jahre bis zum Ende 1982 entwickelte sich die Ausstattung mit den wesentlichen Elektrohausgeräten pro 100 Haushalte wie es Bild X.11 zeigt.

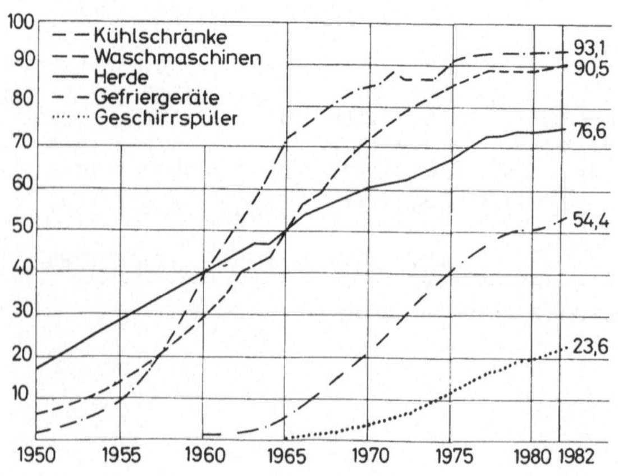

Bild X.11
Entwicklung der wichtigsten Elektrogeräte in den Haushalten der Bundesrepublik Deutschland seit 1950
[*Quelle:* HEA]

Vergleicht man den Bestandszuwachs an Elektrohaushaltsgeräten mit den Zuwachsraten des Haushaltsstromverbrauchs, so kann man feststellen, daß der Stromverbrauch der Haushalte insbesondere in den letzten Jahren wesentlich schwächer zugenommen hat im Vergleich zur starken Zunahme des Elektrogerätebestandes in den Haushalten. Hieraus geht deutlich hervor, daß einerseits die Informations- und Beratungstätigkeiten der Elektrizitätsversorgungsunternehmen für eine sinnvolle Gerätenutzung und andererseits die Bemühungen, im Zusammenwirken mit den Geräteherstellern eine Verbesserung des Wirkungsgrades elektrotechnischer Gebrauchsgüter herbeizuführen, erfolgreich waren.

Der Substitutionswettbewerb der elektrischen Energie mit anderen Energieträgern wie Mineralöl, Gas und Fernwärme tritt derzeit in erster Linie im Wärmemarkt in Form von Raum- und Prozeßwärme (z.B. Warmwasserbereitung) auf. Rund 45 % des gesamten Stromabsatzes der öffentlichen Versorgung geht in den Wärmemarkt. Der Raumheizungsmarkt wird von der Nachtstromspeicherheizung und der Elektro-Wärmepumpe beeinflußt. Die Heizstruktur der privaten Haushalte für 23,9 Mio. Wohnungen in der Bundesrepublik Deutschland sieht derzeit wie folgt aus:

Ölheizungen	48 %
Gasheizungen	24 %
Kohleheizungen	11 %
Fernwärme (Dampf, Heizwasser)	9 %
Elektrospeicherheizungen, Elektro-Wärmepumpenheizungen (0,2 %)	8 %

Die Entwicklung der elektrischen Anschlußleistung seit 1960 zeigt Bild X.12. Kostengünstige Tarife haben den Ausbau beeinflußt.

Seit 1976 wird die elektrisch angetriebene Wärmepumpe verstärkt zu Heizzwecken und zur Brauchwassererwärmung eingesetzt. Sie substituiert vorwiegend in Ein- und Zweifamilienhäusern Heizöl durch Strom. Die Anlagenanzahl ist zur

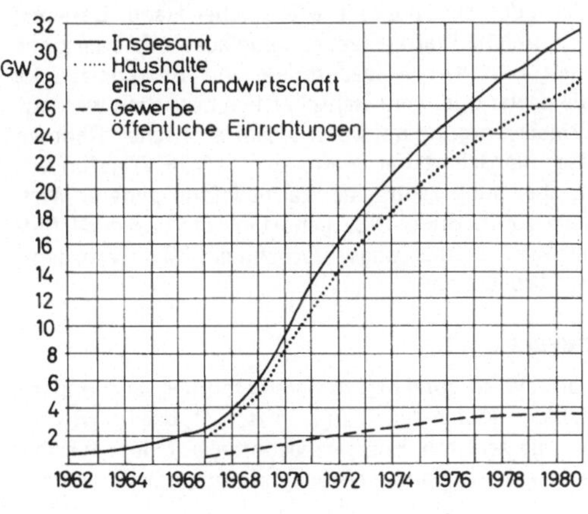

Bild X.12

Entwicklung der Anschlußleistung elektrischer Raumheizung im öffentlichen Netz seit 1962 [12]

Zeit auf rd. 50 000 Anlagen angestiegen, wobei sich die Anlagenanzahl etwa hälftig auf die beiden Verwendungszwecke aufteilt.

Je nach Entwicklung der Primärenergiepreise Heizöl/Gas im Vergleich zu den entsprechenden Stromtarifen wird sich ein weiterer Zuwachs ergeben. Für 1995 wird ein Anteil an der Heizstruktur für Nachtstromspeicheröfen von ca. 12 % und für Elektro-Wärmepumpen als bivalente Heizung von 6 ... 12 % prognostiziert. Voraussetzung für die wirtschaftliche Anwendung der Nachtstromspeicherheizung und der Elektro-Wärmepumpe ist eine besonders gute Wärmedämmung der Gebäude. Hier konnte schon vor Jahren die Elektrizitätswirtschaft der Bautechnik Impulse geben, ehe der derzeitige Zwang zum Energiesparen gleiche Entwicklungen beeinflußt.

8 Fernwärmeversorgung

8.1 Allgemeines

Von dem Gesamtenergieverbrauch in der Bundesrepublik Deutschland entfallen über 70 % auf den Wärmeverbrauch für Raumheizung und Prozeßwärme in Haushalten, öffentlichen Gebäuden, industriellen und gewerblichen Betrieben. Es ist deshalb verständlich, daß gerade auf dem Wärmesektor der Druck zu Einsparungen an Primärenergie, vor allem an Importenergien, besonders stark ist. Hinzu kommen die wachsenden Anforderungen an den Schutz vor Umweltbelastungen und -schäden.

Neben anderen Möglichkeiten zur Verringerung des Energieaufwandes und zur Umweltentlastung von Schadstoffen spielt die Fernwärmeversorgung eine wichtige Rolle, da mit ihr bevorzugt heimische Brennstoffe, Abwärme aus öffentlichen und industriellen Kraftanlagen sowie Müll und sonstige Abfallstoffe Verwendung finden können. Wird Wärme aus den Stromerzeugungsprozessen ausgekoppelt und zeitgleich für Fernheizzwecke verwandt, so spricht man von Kraft-Wärme-Kopplung. Unter Fernwärmeversorgung versteht man die Lieferung von Wärme in Form von Heizwasser oder Dampf sowohl für Raumheizzwecke und Brauchwassererwärmung als auch für Produktionszwecke aus zentralen Heizkraftwerken und Heizwerken. Diese befinden sich meist in öffentlicher Hand. Daneben gibt es im industriellen Bereich zahlreiche Wärmeerzeugungsanlagen mit oder ohne Kraft-Wärme-Kopplung. Zusätzlich bestehen Heizzentralen und Blockheizwerke vorwiegend kleinerer Leistung, die privat oder genossenschaftlich betrieben werden.

Die öffentliche Fernwärmeversorgung hat ihren organisatorischen Rahmen in der 1971 gegründeten Arbeitsgemeinschaft Fernwärme e.V. (AGFW) gefunden, die der VDEW angeschlossen ist, aber auch zahlreiche Wärmelieferer anderer Wirtschaftszweige zu ihren Mitgliedern zählt. Ende 1982 gehörten der AGFW 84 Mitglieder der VDEW, 14 private Fernwärmeversorgungsunternehmen, 30 außerordentliche Mitglieder und 21 fördernde Mitglieder an.

8.2 Stand der Fernwärmeversorgung

Eine öffentliche Fernwärmeversorgung gibt es bereits seit der Jahrhundertwende; aber zu einem leistungsfähigen Zweig der Energiewirtschaft, der im Wettbewerb und im Leistungsvergleich mit anderen Energieangeboten auf dem Wärmemarkt seinen Anteil an der Bedarfsdeckung ständig erhöhen konnte, hat sie sich mit

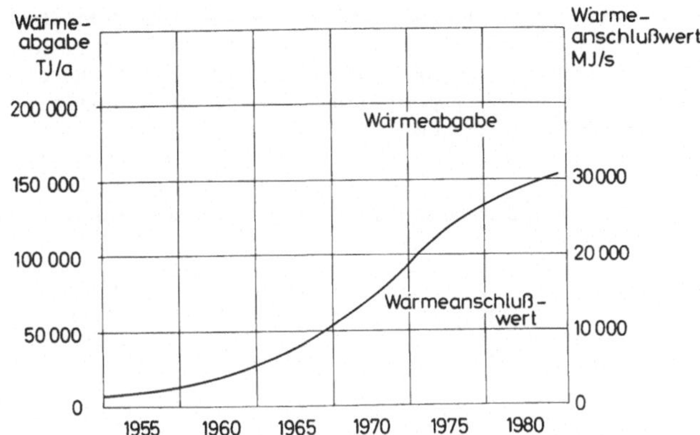

Bild X.13 Entwicklung der öffentlichen Fernwärmeversorgung in der Bundesrepublik Deutschland seit 1955 (*Quelle:* AGFW)

Ausnahme einiger großer Städte besonders in dem letzten Jahrzehnt entwickelt, wie aus Bild X.13 hervorgeht. Während seit jeher die Heizkraftwerke nahe dem Verbraucher mit gekoppelter Kraft-Wärme-Erzeugung den Hauptanteil der Wärmelieferungen ausmachen, wurden seit 1960 zumeist von privaten Gesellschaften der Kohle- und Mineralölwirtschaft zunehmend auch Heizwerke zur Versorgung neuer geschlossener Siedlungsgebiete errichtet. Heute werden etwa 2 Millionen Wohneinheiten unmittelbar mit Fernwärme versorgt, während sich der Rest auf öffentliche Gebäude, Krankenhäuser, Kaufhäuser und sonstige Gewerbebetriebe verteilt.

Die Erhebung der AGFW für das Jahr 1981, mit der über 90 % der gesamten Wärmenetzeinspeisung aus Heizkraftwerken, Heizwerken und industriellen Abwärmelieferanten in der Bundesrepublik Deutschland erfaßt wurden, bezog sich auf 116 Unternehmen mit zusammen 185 000 TJ/a Wärmenetzeinspeisung. Die wichtigsten Ergebnisse der Auswertung dieser Erhebung gehen aus Tabelle X.10 hervor.

Der Brennstoffeinsatz der Fernwärmeerzeuger ergibt sich aus Tabelle X.11. Gegenüber dem Vorjahr hat sich 1981 bei den Heizkraftwerken der Kohleeinsatz von 43 % auf 52 % erhöht, der Gaseinsatz von 38 % auf 28 % und der Öleinsatz von 19 % auf 15 % reduziert. Bei den Heizwerken ist ein Rückgang des Öls von 40 % auf 36 % und der Kohle von 19 % auf 15 % zu verzeichnen, während das Gas von 37 % auf 40 % sowie der Anteil von Müll und sonstigen Brennstoffen von 4 % auf 9 % gestiegen sind. Diese Zahlen bestätigen die angestrebte Tendenz in Richtung auf eine Bevorzugung heimischer Brennstoffe und Einsparung an Importbrennstoffen.

8.3 Entwicklungsmöglichkeiten

Trotz volkswirtschaftlicher und ökologischer Vorteile der Fernwärmeversorgung durch Heizkraftwerke, die einen beschleunigten Ausbau wünschenswert erscheinen lassen, bleibt der Einsatz von Fernwärme im wesentlichen auf Gebiete mit hoher Wärmedichte – insbesondere große und mittlere Städte – beschränkt. Dies hat seine Ursache darin, daß die Wärmeverteilkosten mit abnehmender Wärmedichte ansteigen. Ausgehend von den jeweiligen örtlichen Bebauungsstrukturen und der Wärmebeschaffungssituation muß daher geprüft werden, inwieweit eine Fernwärmeversorgung auf- bzw. ausgebaut werden kann.

Tabelle X.10 Ergebnisse der Fernwärmeversorgung 1981 in der Bundesrepublik Deutschland [14]

Bezeichnung	Einheit	Wert
Anzahl der beteiligten Unternehmen	–	116
(bezogen auf die Netzeinspeisung: über 90 %)		
Heizkraftwerke	–	117
Heizwerke	–	438
Anschlußwert der Abnehmer von Raum- und Gebrauchswärme sowie Produktionswärme	MJ/s	29 162,8
davon Produktionswärme	%	8
Wärmeengpaßleistung zuzügl. Bezugsleistung	MJ/s	31 091,4
davon aus eigenen Heizkraftwerken	%	59
aus Heizwerken	%	30
aus fremden Werken	%	11
Wärmehöchstlast	MJ/s	16 403,2
Koppelprodukt Strom: Nennleistung	MW	6 831,8
Netto-Erzeugung	GWh/a	9 860,9
Wärmenetzeinspeisung	TJ/a	184 737,1
davon aus eigenen Heizkraftwerken	%	66
aus Heizwerken	%	20
aus fremden Netzen	%	14
Netzverluste aus 276 von 483 Netzen	%	11,4
bezogen auf m^2 Rohroberfläche	GJ/m^2	3,1
Benutzungsdauer der Höchstlast aus 428 Netzen	h/a	2 888

Tabelle X.11 Brennstoffeinsatz in öffentlichen Heizkraftwerken und Heizwerken in der Bundesrepublik Deutschland 1981

Brennstoff	Heizkraftwerke (HKW)			Heizwerke (HW)		
	Mio. t SKE	TJ	%	Mio. t SKE	TJ	%
Kohle	1,63	47 787,5	52	0,26	7 625,2	15
Heizöl	0,48	13 983,0	15	0,62	18 096,2	36
Erdgas	0,90	26 499,9	28	0,68	20 014,0	40
Sonstige	0,14	4 124,5	5	0,15	4 314,2	9
Gesamt	3,15	92 394,9	100	1,71	50 049,6	100
Gesamter Brennstoffeinsatz HKW + HW: 4,86 Mio. t SKE = 142 444,5 TJ						

Quelle: AGFW

Nach der Ölpreiskrise des Jahres 1973 wurde in mehreren Studien unterschiedlichen Detaillierungsgrades untersucht, inwieweit Fernwärmeversorgung durch Heizkraftwerke im Bereich der Niedertemperaturwärme zur Bedarfsdeckung unter wirtschaftlichen Gesichtspunkten beitragen kann. Umfangreiche Angaben finden sich in der Gesamtstudie Fernwärme, die vom Bundesministerium für Forschung und Technologie in Auftrag gegeben worden war und deren Ergebnisse seit Ende 1976 vorliegen. Für vier ausgewählte Ballungsgebiete wurden gesonderte Einzelanalysen — vor allem im Hinblick auf eine Versorgung mit nuklear erzeugter Wärme — durchgeführt.

Eine sinnvolle Einfügung der Fernwärmeversorgung über Heizkraftwerke als Möglichkeit der rationellen Energieverwendung in den Gesamtkomplex leitungsgebundener Energieträger erfordert eine sorgfältige und vorausschauende Planung, sowohl im Bereich der jeweils zuständigen Versorgungsunternehmen als auch der Gebietskörperschaften. Hierfür bieten energiewirtschaftliche Versorgungskonzepte eine gute Voraussetzung, die vielerorts in den letzten Jahren erstellt wurden.

Die Nutzung der Kernenergie für die Fernwärmeversorgung wird zwar häufig diskutiert, aber noch nicht in größerem Umfang verwirklicht. Einerseits stehen noch psychologische Bedenken und genehmigungstechnische Probleme der Errichtung eines Kernkraftwerks in der Nähe von Wohngebieten mit größerer Wärmeverbrauchsdichte entgegen, andererseits würde die größere Entfernung eines abseits gelegenen nuklearen Heizkraftwerks die Wärmetransportkosten zu hoch belasten. Um so erfreulicher ist ein ernsthaftes schweizerisches Projekt zu verzeichnen, bei dem zunächst acht Gemeinden im unteren Aaretal mit rund 15 000 Einwohnern und einige Industriebetriebe mit Abwärme aus dem Kernkraftwerk Beznau II der NOK ab 1985 versorgt werden sollen. Ähnliche Entwicklungen sind in der UdSSR und in Finnland zu verzeichnen.

9 Elektrizitätsversorgung und Umweltschutz

Die EVU werden stets mit den Problemen des Umweltschutzes konfrontiert, da sie in ihren Prozessen der Strom- und Fernwärmeerzeugung und -verteilung große Energiemengen umwandeln. Lange Jahre war es nur der Feinstaub-Auswurf aus den Kaminen, der zu Auflagen für Filteranlagen in fossil gefeuerten Kraftwerken führte. Heute ist es eine Vielzahl von Einflüssen, unterschiedlich je nach Übertragermedium wie Luft oder Wasser, gegen die unter dem Begriff Umweltschutz Maßnahmen ergriffen werden. Es wird unterschieden in

- Maßnahmen zur Reinhaltung und Entlastung der Luft,
- Maßnahmen zur Reinhaltung und Entlastung der Oberflächengewässer,
- Maßnahmen zur Lärmbegrenzung.

Besonders bei Industrieanlagen, zu denen baurechtlich auch Kraftwerke zu zählen sind, gehören der Flächenbedarf und die ästhetischen Aspekte, z.B. auch Freileitungen, indirekt zu Umweltbedingungen, die bei Baugenehmigungen beachtet und bewertet werden.

Im Vordergrund der Diskussionen stehen die Begrenzung und die Zusammensetzung der Abgase aus Verbrennungsvorgängen. Die atmosphärische Belastung eines Versorgungsgebietes hängt im wesentlichen vom Energieumsatz ab, d.h. also nicht nur vom Elektrizitätsbedarf. Es ist bei den Maßnahmen und ihren Wirkungen zu unterscheiden zwischen Emissionen und Immissionen. Die Mengen an Schadstoffen, die von den einzelnen Verbrauchssektoren emittiert werden, sind sehr unterschiedlich groß. Die spezifischen Abgas-Emissionen in kg Schadstoff je t Brennstoff (SKE) zeigen Bild X.14. Hauptemittenten von Schwefeldioxid (SO_2) und Stickoxiden (NO_x) sind Kraftwerke und Industrieanlagen, beim Staub sind es Haushalte und Kleinverbraucher. Der Verkehr emittiert überwiegend Kohlenmonoxid (CO) und Kohlenwasserstoffe.

Die Immission an Schadstoffen, d.h. die unmittelbare Einflußnahme vor Ort, wird von den meteorologischen Ausbreitungsbedingungen, den Quellstärken und Kaminhöhen sowie den Abgastemperaturen beeinflußt. Maximal zulässige Immissionen von Schadstoffen sind gesetzlich im Bundes-Immissionsschutzgesetz (BImSchG) durch Grenzwerte festgelegt. Die bei der Verbrennung fossiler Primärenergieträger freigesetzten Schadstoffe kommen auch in der Natur vor. Sie werden, sofern es sich um chemische Verbindungen wie SO_2 oder Kohlenwasserstoffe handelt, auch durch natürliche Vorgänge im Laufe der Zeit wieder abgebaut.

Das BImSchG von 1974 mit seiner jetzt neu novellierten Verordnung, der Technischen Anleitung zur Reinhaltung der Luft (TA Luft) setzt ab 1983 neue Grenzwerte für die verschiedenen Schadstoffe fest. Für fossil gefeuerte Kraftwerksanlagen, vorwiegend auf Kohle- und Schwerölbasis, werden diese Änderungen einschließlich der neuen Verordnungen über Großfeuerungsanlagen (GfA-VO bzw. 13. BImSchV) – in dieser erfolgt erstmals eine Festsetzung von Emissionswerten – Entschwefelungsanlagen und Staubfilter mit hohen Abscheidegraden erfordern. Auch alte Kraftwerksanlagen sind von diesen neuen Auflagen betroffen.

Die Umweltschutzauflagen wirken sich im Genehmigungsverfahren meist erschwerend aus, weil ihre zwar geringen aber zusätzlichen Emissionen oft auf eine

Emittenten	Brennstoff	SO_2 (0 10 20 30)	Feststoffe (10 20)	NO_x (0 5 10)	CO (0 50)	C_mH_n (0 5)
Industrie	Steinkohle					
	Steink.-Koks					
	Braunkohle					
	Heizöl S					
	Heizöl L					
	Gas				–	–
Haushalte und Kleinverbrauch.	Steinkohle					
	Steink.-Koks					
	Braunkohlebriketts					
	Heizöl L					
	Gas					
Kraftwerke	Steinkohle					
	Braunkohle					
	Heizöl S					
	Gas	–	–		–	–
Straßenverkehr	Vergaserkraftstoff				270	9,6
	Dieselkraftstoff					

Bild X.14
Spezifische Emissionen in kg Schadstoff je t SKE (*Quelle:* Umweltbrief Nr. 9, Bundesministerium des Innern, Bonn 1974)

schon sehr hohe Immissionsvorbelastung in der Umgebung stoßen. Umweltschutzmaßnahmen sind sehr kostenintensiv. Die finanziellen Auswirkungen lassen sich an Beispielen neuerrichteter 750-MW-Steinkohlenblöcke (Scholven F, Bergkamen A und Voerde A) zeigen:

Baukosten des Kraftwerks (Preisstand 1982)	rd. 1 Mrd. DM
davon entfallen auf den Umweltschutz	26 %
und zwar für Wärme- und Schallschutz	5 %
für Staubfilter (Abscheidegrad 99 %), stickoxidarme Verbrennung	5 %
für Rauchgasentschwefelung (REA)	16 %

Die Auswirkungen auf die Stromerzeugungskosten einschließlich der Betriebskosten liegen bei rd. 15 %, d.h. abhängig von der Benutzungsdauer des Blockes z.Z. bei 1,5 ... 3 Dpf/kWh.

In diesem Zusammenhang sollte nicht unerwähnt bleiben, daß der Einsatz von leitungsgebundenen Energien zur Raumheizung (Strom, Gas, Fernwärme) und die damit verbundene Verringerung von umweltbelastenden Einzelfeuerstellen erheblich zur Herabsetzung der Immissionen in Ballungsräumen beigetragen haben und künftig in zunehmendem Maße beitragen werden.

Der Betrieb von Wärmekraftwerken erfordert eine Kondensation des Turbinenabdampfes. Die Abwärme eines reinen Kondensationskraftwerks wird aber mit einer Temperatur abgegeben, die nur wenige Grade über der Umgebungstemperatur liegt und daher kaum nutzbar zu machen ist. Wärmewirtschaftlich am günstigsten ist die Flußwasserkühlung (z.Z. noch etwa 50 % aller Kraftwerke der öffentlichen Versorgung). Wo diese wegen zu hoher Vorbelastung des Flusses oder wegen zeitweise zu geringer Wasserführung nicht in vollem Umfang und zu jeder Jahreszeit ausreicht, muß entweder auf eine Mischkühlung (im Kühlwasser-Rücklauf) oder ganz auf einen geschlossenen Kühlkreislauf mit künstlich oder natürlichen belüfteten Kühltürmen (bis über 200 m Bauhöhe bei Naturzug) zurückgegriffen werden. Dies ist leider nicht nur mit erheblichen Anlagemehrkosten, sondern auch mit einer Verschlechterung des Gesamtwirkungsgrades (wegen der gegenüber Flußwasser meist höheren Lufttemperatur) verbunden. Heute wird kaum noch ein Neubau ohne Rückkühlanlage oder Mischkühlung genehmigt.

Soll jedoch die Abwärme eines Dampfkraftwerkes für Fernwärmezwecke nutzbar gemacht werden, so muß sie teilweise (Entnahme-Kondensation-KW) oder voll (Gegendruck-KW) mit einer höheren Temperatur der Turbine entnommen werden, was eine geringere Stromerzeugung aus der gleichen Brennstoffmenge, aber einen wesentlich höheren Gesamtwirkungsgrad zur Folge hat.

Zum Umweltschutz gehört auch der Lärmschutz. Eine Verringerung von Geräuschbelästigungen und Erschütterungen in der Umgebung eines Kraftwerkes wird z.B. durch Erhöhung der Laufruhe der Maschinenaggregate und durch bauliche Schutzmaßnahmen (z.B. fensterlose Maschinensäle) erreicht.

Kernkraftwerke weisen nach den Kriterien des Umweltschutzes günstigere Emissionen als fossile Kraftwerke auf. Es entfallen, da kein Verbrennungsprozeß stattfindet, die Sauerstoffentnahme und die Schadstoffabgabe von Staub, SO_2, NO_x und CO_2. Dafür sind die genau zu messenden Emissionen radioaktiver Stoffe mit der Abluft oder dem Abwasser Umweltschutzauflagen unterworfen. Die so verursachte Strahlenbelastung muß gemäß Strahlenschutzverordnung „so gering wie möglich" gehalten werden. Die Emissionen aus Kernkraftwerken liegen meist unter 1 mrem/a und sind vergleichsweise zur natürlichen Strahlenexposition für die innere und äußere Strahlenbelastung des Körpers ohne signifikante Bedeutung (siehe Kapitel IX). Nach neueren Messungen der Physikalisch-Technischen Bundesanstalt (PTB, 1978) ist das Strahlenrisiko in der Umgebung eines modernen Steinkohlenkraftwerks – auf gleiche elektrische Leistung und gleichen Einsatz bezogen – etwa 100 mal so groß wie in der Umgebung eines Kernkraftwerks.

Im Bereich der Energieanwendung dürfte die elektrische Energie wohl die umweltfreundlichste Energieform sein, denn sie bietet sich dem Verbraucher für fast alle Anwendungsgebiete jederzeit ausreichend und gebrauchsfertig an, ohne vor Ort Schadstoffe oder lästige Abfälle zu hinterlassen. Hierin ist auch der Hauptgrund für einen überproportionalen Zuwachs des Strombedarfs gegenüber anderen Energieträgern zu suchen. Deshalb würde es unübersehbare Folgen haben, wenn es durch Fehlbeurteilungen oder äußere Widerstände und Erschwernisse zu einem Elektrizitätsmangel kommen sollte, der langfristig und unausweichlich mit drastischen Einschränkungen in der Wirtschaft und im persönlichen Bereich verbunden wäre, denn ein solcher Zustand kann nicht kurzfristig, sondern infolge langer Bauzeiten der Kraftwerke und Verteilungsanlagen erst im Laufe vieler Jahre beseitigt werden.

Literatur

[1] Bundesministerium für Wirtschaft, Ref. III B2: Die Elektrizitätswirtschaft in der Bundesrepublik im Jahre 1981. Z. Elektrizitätswirtschaft 81 (1982), H. 21.

[2] VDEW – Vereinigung Deutscher Elektrizitätswerke, Frankfurt/Main: Die öffentliche Elektrizitätsversorgung im Bundesgebiet 1981.

[3] *Harprecht, W.* und *Klein, W.*: Der elektrische Zugbetrieb der Deutschen Bundesbahn im Jahre 1982, Z. Elektrische Bahnen 81 (1983), H. 1.

[4] VDEW: Das schlaue Blättchen 1982.

[5] Deutsche Verbundgesellschaft – DVG –, Heidelberg: Bericht 1981

[6] UCPTE Jahresbericht 1981–1982. Union pour la coordination de la production et du transport de l'electricité, Paris 1982.

[7] *Antoni, W., Diescher, R., Hermann, H. P., Herzog, M., Schmidt, K.*: Das Recht der Elektrizitätswirtschaft 1982, Z. Elektrizitätswirtschaft Jg. 82 (1983), H. 1/2.

[8] *Tegethoff, Büdenbender, Klinger:* Das Recht der öffentlichen Energieversorgung. Kommentar als lose Blattsammlung, 2 Bände. Energiewirtschaft und Technik Verlagsgesellschaft, Gräfelfing.

[9] Energiebilanzen in der Bundesrepublik Deutschland 1950–1981 der Arbeitsgemeinschaft Energiebilanzen. VDEW, Frankfurt/Main, Fortsetzungswerk in jährl. Teillieferungen.

[10] *Schnug, A.*: Elektrizitätswirtschaft, Z. Brennstoff–Wärme–Kraft, Jg. 35 (1983), H. 4.

[11] *Schmidt, D.* und *Jung, H.*: Kostenvergleich der Stromerzeugung auf der Basis von Kernenergie und Steinkohle, ZfE 2/82, S. 77–86.

[12] Statistisches Faltblatt 1981. Hauptberatungsstelle für Elektrizitätsanwendung e.V., Frankfurt/Main 1982.

[13] *Busch, H. G.*: Stand und Entwicklung der Stromerzeugung in der Bundesrepublik Deutschland (DVG-Bericht), CIGRE, Studienkomitee Nr. 31, Sitzung Juli 1979.

[14] *Kröhner, P.*: Hauptbericht der Fernwärmeversorgung 1981. Fernwärme international – FWI 11 (1982), 5, S. 348–357.

XI Gasversorgung

Chr. Brecht G. Hoffmann

1 Die Gasquellen

1.1 Allgemeine Angaben

Bis in die 20er Jahre wurde das für die öffentliche Versorgung benötigte Gas aus Kohle bzw. Koks durch Entgasung oder Vergasung erzeugt. Dieses Gas diente der lokalen Gasversorgung und wurde für Brenn-, Koch- und Beleuchtungszwecke eingesetzt. Ein überregionales Gasnetz entstand erst Mitte der 20er Jahre, und zwar im Zusammenhang mit dem Bau von Großkokereien. Das bei der Erzeugung von Koks anfallende Kokereigas wurde nach Reinigung und Kompression in dieses ständig wachsende Ferngasnetz eingespeist und so für die allgemeine Versorgung nutzbar gemacht.

Ende der 50er Jahre wurde in Westeuropa die Gaserzeugung aus Kohle wegen der niedrigen Erdölpreise unwirtschaftlich. Von Sonderfällen abgesehen, wurden Erdölfraktionen – vom Flüssiggas über Rohbenzin bis zum Schweröl – die Rohstoffe für die Erzeugung von Stadtgas (mittelkaloriges Brenngas). In Italien und Frankreich begann der Ausbau der Versorgung mit Erdgas aus inländischen Lagerstätten. Von 1960 an wurde auch in anderen Ländern Europas – wie zuvor in den USA – Erdgas die Basis der Gaswirtschaft. Wesentlich trug hierzu die Entdeckung der riesigen Gasvorkommen in Nordholland bei.

Z.Z. werden nur noch in wenigen Ländern Brenngase in speziellen Anlagen erzeugt, so z.B. in der CSSR und DDR durch Druckvergasung von Braunkohlen. Das Kokereigas wird allerdings weiterhin ein Bestandteil der öffentlichen Gasversorgung bleiben; in diesem Zusammenhang sei auf die separaten Kokereigasnetze im Ruhr- und Saargebiet sowie in Teilen der DDR, der CSSR und in Polen verwiesen.

1.2 Erdgas

Über das Vorkommen und die Gewinnung des Erdgases ist bereits in den Abschnitten I.9 und V.5 ausführlich berichtet worden. Aufgrund der großen Funde in den Niederlanden, in Frankreich, in Norddeutschland und vor der norwegischen, britischen und dänischen Nordseeküste ist Erdgas zur Basis der Gaswirtschaft fast aller westeuropäischen Staaten geworden. Hinzu kommen Lieferungen aus der Sowjetunion und in Form von verflüssigtem Erdgas (LNG) aus Algerien und Libyen. Seit 1982 fließt algerisches Erdgas auch pipelinegebunden nach Europa.

1.3 Kokereigas

Koks ist Grundstoff bei der Roheisenerzeugung in Hochöfen und wird durch Erhitzen von Steinkohlen bestimmter Qualität unter Luftabschluß auf über

900 °C in gemauerten, außen beheizten Kammern der Koksofenbatterien erzeugt. Hierbei zersetzt sich die Kohlesubstanz unter Bildung von Koks und flüchtigen dampf- und gasförmigen Substanzen, wie Teere, Teeröle, Benzol und anderen Kohlenwasserstoffen sowie Kokerei-Rohgas.

Aus diesem Rohgas werden in verschiedenen Verfahrensstufen Staub, Teere, Schweröle, Naphthalin, Benzol, Schwefelwasserstoff, Ammoniak, Cyanwasserstoff und Wasser entfernt. Dieses fein gereinigte Gas wird auf etwa 8 bar komprimiert und an die öffentliche Kokereigasversorgung abgegeben. Kokereigas ist ein mittelkaloriges Brenngas. Anhaltswerte über Zusammensetzung und brenntechnische Eigenschaften sind Tabelle XI.1 zu entnehmen.

Tabelle XI.1 Anhaltswerte für die Eigenschaften von Gasen der öffentlichen Versorgung

	Erdgas (2. Gasfamilie, Gruppe L)	Erdgas (2. Gasfamilie, Gruppe H)	Kokereigas (1. Gasfamilie, Gruppe B)
Gaszusammensetzung (Vol.-%)			
CH_4	82,0	85,4	24,5
C_2H_6 [1)]	3,3	8,0	–
C_3H_8 [1)]	0,6	2,9	–
C_4H_{10} [1)]	0,3	1,0	–
N_2	12,6	0,7	6,9
CO_2	1,2	2,0	2,0
C_{2+} [1)]	–	–	2,6
O_2	–	–	1,0
CO	–	–	5,5
H_2	–	–	57,5
$H_{o,n}$ kWh/m³	10,0	12,2	5,5[2)]
MJ/m³	36,0	43,92	19,80
$H_{u,n}$ kWh/m³	9,03	11,04	4,88
MJ/m³	32,51	39,74	17,57
Relative Dichte *d*	0,65	0,66	0,36
Wobbe-Index kWh/m³	12,4[2)]	15,0[2)]	9,17
MJ/m³	44,6	54,0	33,0
Max. Zündgeschw. des Gas-/Luft-Gemisches m/s	0,41	0,43	0,95
Min. Luftbedarf (stöch.) m³/m³ Gas	8,6	10,5	4,2
Flammentemp. °C (mit Dissoziation)	1 930	1 940	1 975

1) Bei Kokereigas werden höhere Kohlenwasserstoffe nicht aufgeschlüsselt angegeben. Bei Erdgasen sind die über C_4H_{10} hinausgehenden Kohlenwasserstoffe in der Angabe für C_4H_{10} enthalten.

2) Nennwert entspr. DVGW-Arbeitsblatt G 260, Ausgabe April 1983.

1.4 Flüssiggas (LPG)

Zu den Flüssiggasen (LPG = Liquefied Petroleum Gas) zählen Propan und Butan sowie Gemische aus beiden. Diese fallen in Raffinerien sowie bei der Erdöl- und in vielen Fällen auch bei der Erdgasgewinnung als Nebenprodukte an. Insbesondere in den Erdölgewinnungsländern des Nahen Ostens wurden lange Zeit die Flüssiggase abgefackelt. Z.Z. werden hier – aber auch in der Nordsee – LPG-Sammelsysteme mit großer Kapazität in Betrieb genommen. LPG läßt sich bei Umgebungstemperatur in Druckgefäßen lagern, während die Einlagerung in drucklosen Großbehältern eine Kühlung erforderlich macht (Propan auf – 42 °C, Butan auf – 10 °C).

Beim Einsatz von Flüssiggas sind infolge unterschiedlicher brenntechnischer Kennwerte gegenüber Erdgas modifizierte Brennersysteme und Gasvordrücke erforderlich.

Ein in seinem Brennverhalten erdgasähnliches Austausch- bzw. Zusatzgas läßt sich aus Flüssiggas auf 2 Arten herstellen, einmal durch Mischung mit Luft und zum anderen durch Spaltung mit nachgeschalteter Methanisierung.

1.5 Gaserzeugung durch Spaltung von flüssigen Kohlenwasserstoffen

Die Gaserzeugung durch Spalten von Kohlenwasserstoffen hat z.Z. in einigen Ländern, wie den USA, Japan und Großbritannien zur Spitzenbedarfsdekkung eine gewisse Bedeutung. Die meisten der früher erstellten Anlagen arbeiten heute aufgrund des hohen Preisniveaus der flüssigen Kohlenwasserstoffe nicht mehr. Bei diesen Verfahren werden höhere Kohlenwasserstoffe an Nickelkatalysatoren gespalten. Das in diesem Schritt erzeugte Gas (Reichgas) kann anschließend durch Hydrierung, Methanisierung und CO_2-Auswaschung in Erdgasaustauschgas (SNG) überführt werden.

1.6 Gaserzeugung durch Kohlevergasung

Um der Verknappung von Erdöl und Erdgas in den nächsten Jahrzehnten entgegenzuwirken, wird die Kohle wieder stärker an unserer Energieversorgung teilhaben müssen, insbesondere auch auf Verbrauchssektoren, die heute durch Erdölprodukte und Erdgas versorgt werden. Die derzeit wirtschaftlich gewinnbaren Weltkohlenvorräte reichen unter Zugrundelegung des derzeitigen Verbrauchs für ca. 250 Jahre.

Erdölprodukte und Ergas werden im überwiegenden Maß auf dem Wärmemarkt – und hier insbesondere für Heizzwecke – eingesetzt. Aus Umweltschutz- und Komfortgründen ist auf diesem Sektor ein direkter Kohleeinsatz nicht möglich. So wird bei der direkten Verbrennung von Steinkohle oder Koks unter der Voraussetzung der gleichen erzeugten Wärmemenge 300 bis 1 000 mal soviel Schwefeldioxid freigesetzt wie bei der Verbrennung von Erdgas. Vielmehr ist es hierfür erforderlich, die Kohle in gasförmige oder flüssige Produkte umzusetzen, die den heutigen Umweltanforderungen voll gerecht werden.

Die Anfänge der großtechnischen Umsetzung von Kohle in Kohlegas und flüssige Kohlewertstoffe liegen mehr als 50 Jahre zurück, und es gibt bereits seit langem ausgereifte Verfahren zur Herstellung von Gas aus Kohle, das als Brenngas oder als Synthesegas Verwendung findet. Synthesegas, hauptsächlich aus Wasserstoff und Kohlenmonoxid bestehend, ist der Ausgangsstoff vieler chemischer Produkte, z.B. Ammoniak und Methanol. Mittels der Fischer-Tropsch-Synthese kann aus Synthesegas auch Benzin hergestellt werden. Mit der Entwicklung des Mobil-Oil-Verfahrens – der Benzinerzeugung aus Methanol – ergibt sich ein weiterer Weg der Gewinnung von Vergasertreibstoffen aus Synthesegasen. Zur Zeit wird auch der direkte Methanoleinsatz in Kfz-Motoren in Versuchsflotten erprobt.

Drei Verfahren, das Lurgi-Verfahren, das Winkler-Verfahren und das Koppers-Totzek-Verfahren sind großtechnisch bewährte und derzeit eingesetzte Verfahren zur Kohlevergasung [1]. Das Lurgi-Verfahren hat – vom Mengendurchsatz her betrachtet – mit Abstand die weiteste Verbreitung in der Welt gefunden. So werden heute in Südafrika 10 Mio. t/a Steinkohle in der Lurgi-Druckvergasung eingesetzt. Das erzeugte Synthesegas wird mittels der Fischer-Tropsch-Synthese vorwiegend zu flüssigen Brenn- und Kraftstoffen weiterverarbeitet. Von 1955 bis 1967 wurde im Ruhrgebiet großtechnisch (max. 900 Mio. m^3/a) Gas aus Steinkohle nach dem Lurgi-Verfahren erzeugt und in das Kokereigasnetz abgegeben. Die Kohlegasproduktion wurde jedoch aus wirtschaftlichen Gründen wegen des Vordringens des billigeren Erdgases eingestellt. Die drastischen Erdölpreiserhöhungen während der letzten 10 Jahre haben das Interesse an der Kohlevergasung zeitweise wieder aufleben lassen. Allerdings ist auf absehbare Zeit eine Wirtschaftlichkeit gegenüber dem Erdgas nicht zu erwarten.

Insbesondere in den USA, in Großbritannien und in der Bundesrepublik Deutschland werden die genannten Verfahren der Kohlevergasung weiter entwickelt. Zusätzlich befinden sich auch neue Verfahrensprinzipien in der Erprobung [2].

Zur Zeit sind in der Bundesrepublik Deutschland 10 Pilotanlagen zur Weiterentwicklung der Kohlevergasung mit Durchsätzen bis zu 11 t/h Kohle in Betrieb. Im Rahmen des Kohleveredelungsprogramms der Bundesregierung lagen Ende 1980 7 Vorprojekte für großtechnische Kohlevergasungsanlagen vor, von denen sich derzeit (Anfang 1983) die Realisierung von 3 Projekten abzeichnet. Die Anlagen werden – abgesehen von dem Projekt der Rheinischen Braunkohlenwerke AG – mit Bundesmitteln bezuschußt und sollen etwa ab 1984/85 in Betrieb gehen. Es sind dies

- das Ruhrkohle/Ruhrchemie-Vorhaben zur Kohlestaubvergasung nach dem Texaco-Verfahren, um Synthesegas als Chemierohstoff herzustellen (Steinkohledurchsatz: 0,25 Mio. t/a);
- die Braunkohlevergasung in der Wirbelschicht nach dem Hochtemperatur-Winkler-Verfahren zur Synthesegasproduktion für die Methanolerzeugung (Trockenbraunkohle-Durchsatz: 1,5 Mio. t/a);
- die Kohlevergasung im Eisenbadreaktor von Klöckner (Steinkohledurchsatz: 0,85 Mio. t/a).

Über die verschiedenen Verfahren der Kohlevergasung wird auch in den Kapiteln III und IV berichtet, während hier die Einbindung des Vergasungsteils in den viel umfangreicheren Komplex einer Gesamtanlage zur Kohlevergasung behandelt werden soll.

In Bild XI.1 ist das Fließschema einer konventionellen Kohlevergasungsanlage wiedergegeben. Daraus ist zu ersehen, daß neben dem eigentlichen Vergaser, dem Herzstück der Kohlevergasungsanlage, eine Reihe weiterer Verfahrensstufen erforderlich sind, um aus Kohle Erdgasaustauschgas (SNG) oder Gas für andere Ein-

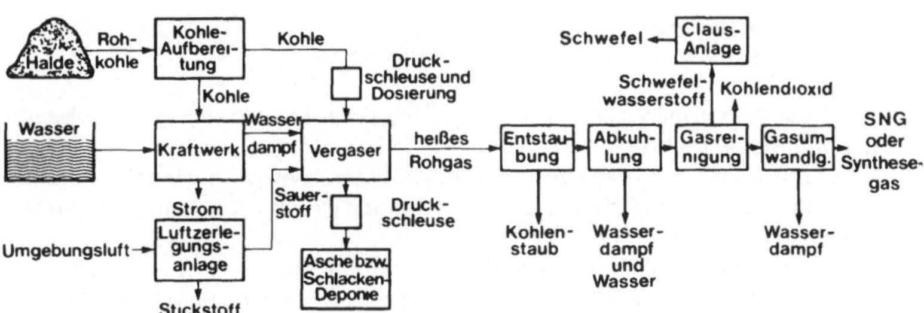

Bild XI.1 Fließschema einer konventionellen Kohlevergasungsanlage

satzzwecke, wie z.B. chemische Synthesen, zu erzeugen. Die Vergasung erfordert nur 15 ... 20 % der Gesamtinvestitionen. Allerdings beeinflußt das gewählte Kohlevergasungsverfahren in den meisten Fällen auch Art und Größe der dargestellten weiteren Verfahrenskomplexe, wirkt sich also stark auf deren Investitions- und Betriebskosten aus.

Als Sekundärenergien, die aus Kohle erzeugt werden können, kommen Gas, flüssige Brenn- bzw. Kraftstoffe und Strom in Frage.

Hinsichtlich der Erzeugung einer umweltfreundlichen Sekundärenergie auf Kohlebasis konkurrieren diese Energieträger miteinander. Aufgrund der unterschiedlichen Verfahrenswege zur Erzeugung ergeben sich allerdings erhebliche Unterschiede in

- der Primärenergienutzung,
- der Umweltfreundlichkeit der Erzeugung und
- den spezifischen Investitionskosten je Einheit nutzbarer Sekundärenergie beim Verbraucher.

Von allen Kohleumwandlungsverfahren ermöglicht die Kohlevergasung die höchste Primärenergienutzung. Verglichen mit dem Einsatz der Kohle zum Zweck der Stromerzeugung ist die bei der konventionellen Vergasung der Kohle gewinnbare Energiemenge in Form von SNG mehr als doppelt so hoch. Selbst unter Einbeziehung aller Transportverluste (Gas für den Antrieb von Kompressoren) und des Wirkungsgrades beim Endverbraucher ist die gewinnbare Energiemenge aus der Kohle beim SNG um mehr als die Hälfte höher als beim Strom. Amerikanische Untersuchungen haben gezeigt, daß gas- und staubförmige Emissionen bei der SNG-Erzeugung 5- bis 10mal geringer als bei der Erzeugung der gleichen Energiemenge in Form von Strom sind [3]. Hierbei ist eine Kraftwerksausrüstung mit modernsten Rauchgas-Entschwefelungseinrichtungen vorausgesetzt. In diesem Zusammenhang ist zu erwähnen, daß etwa die Hälfte des heute erzeugten Stroms auf dem Wärmesektor Anwendung findet, also hier mit Öl und Gas konkurriert.

1.7 Sonstige Brenngase

Zu den sonstigen Brenngasen zählen:

- Grubengase,
- Gase aus Kläranlagen,

- Biogase und Deponiegase
- Raffineriegase und Restgase der chemischen Industrie,
- Gichtgase.

Diese Gase haben stark unterschiedliche Heiz- bzw. Brennwerte (zwischen 0,9 kWh/m^3 und 20 kWh/m^3).

Unter Grubengas, das auch als Flözgas bezeichnet wird, versteht man das bei der Kohleflözerschließung aus Sicherheitsgründen (Vermeidung von schlagenden Wettern) abgesaugte, stark methanhaltige Gas.

In Kläranlagen wird der anfallende Restschlamm einem Faulungsprozeß unterworfen, bei dem sich Methan bildet. Dieses Gas wird hauptsächlich für den Eigenbedarf der Kläranlagen eingesetzt, z.B. in Gasmotoren für den Antrieb der Belüfter.

Biogas wird vorwiegend aus tierischen und pflanzlichen Abfällen gewonnen (vgl. Abschnitt XI.6.3). Deponiegase entstehen beim Faulungsprozeß in Mülldeponien. Sie müssen aus Umweltschutzgründen einem Sammelsystem zugeführt werden. In mehreren Fällen werden sie auch schon als Brennstoff genutzt.

Raffinerierestgase sind Nebenprodukte der Rohölverarbeitung und bestehen hauptsächlich aus Äthan, Propan, Butan und Pentan. Restgase ähnlicher Zusammensetzung fallen auch in der chemischen Industrie, z.B. Äthylenproduktion, an.

Gichtgas fällt beim Hochofenbetrieb an. Es hat einen relativ niedrigen Brennwert (ca. 0,95 kWh/m^3), so daß eine geringe Erdgaszumischung erforderlich ist, um es brennfähig zu machen. Gichtgas dient hauptsächlich dem Hütteneigenbedarf.

2 Die Gasarten, -eigenschaften und -qualitäten

2.1 Allgemeine Angaben

Der brennbare Anteil der verschiedenen technischen gasförmigen Brennstoffe besteht im wesentlichen aus einem Gemisch verschiedener Kohlenwasserstoffverbindungen sowie aus Wasserstoff und Kohlenmonoxid. Die beiden letzteren sind in Naturgasen normalerweise nicht enthalten. Die wichtigsten Komponenten sind in Tabelle XI.2 zusammengefaßt. Es gehören auch einige höhere, ungesättigte und aromatische Kohlenwasserstoffe dazu, die meist nur in sehr kleinen Anteilen im Gas vorliegen.

Weiterhin können als Verunreinigungen in technischen Brenngasen Schwefelwasserstoff (H_2S) und organische Schwefelverbindungen vorkommen. Bei Kokereigas treten weitere Verunreinigungen auf. Bei Schwefelverbindungen darf ein bestimmter oberer Wert aus Gründen der Korrosion der Rohrleitungen nicht überschritten werden. Diese sind in der DVGW-Vorschrift G 260 spezifiziert (DVGW = Deutscher Verein des Gas- und Wasserfaches).

Die Brenngase enthalten auch in z.T. relativ hoher Konzentration nicht brennbare Einzelgase, wie Stickstoff (N_2) und Kohlendioxid (CO_2). In einigen Gasen, z.B. in Kokereigas, können auch geringe Anteile an Sauerstoff (O_2) vorhanden sein. Die reinen Einzelkomponenten werden nur in Ausnahmefällen (Wasserstoff, Propan, Acetylen) als technische Brenngase verwendet.

Tabelle XI.2 Brennwerte, Heizwerte und relative Dichte der wichtigsten Brenngaskomponenten

		Brennwert $H_{o,n}$ kWh/m^3	Heizwert $H_{u,n}$ kWh/m^3	relative Dichte d
Wasserstoff	H_2	3,541	2,996	0,0695
Kohlenmonoxid	CO	3,509	3,509	0,9671
Methan	CH_4	11,062	9,968	0,5549
Äthan	C_2H_6	19,527	17,875	1,048
Äthylen bzw. Äthen	C_2H_4	17,616	16,517	0,9753
Propan	C_3H_8	28,125	25,895	1,555
Propylen bzw. Propen	C_3H_6	25,995	24,328	1,479
iso-Butan	iC_4H_{10}	36,980	34,144	2,086
n-Butan	nC_4H_{10}	37,242	34,339	2,094
Butylen bzw. Buten[1)]	C_4H_8	34,883	32,614	2,015
Acetylen	C_2H_2	16,244	15,694	0,906

1) Mittelwert aus n – 1 Buten, n – 2 Buten und i – Buten

Die Angabe m^3 bezieht sich auf trockenes Gas im Normzustand (0 °C, 1,01325 bar)

Das Brennverhalten der technischen Brenngase wird durch ihre Zusammensetzung, d.h. durch den Anteil der einzelnen Komponenten, bestimmt. Für Gase, die im Rahmen der öffentlichen Gasversorgung an Verbraucher der Industrie, des Gewerbes oder an Haushalte geliefert werden, sind verbindliche Richtlinien über die Gasbeschaffenheit vom DVGW aufgestellt worden.

Viele Brenngase, die bei technischen Verfahren in der Industrie, wie in Raffinerien, der chemischen Industrie und der eisenschaffenden Industrie als Nebenprodukte anfallen, werden vornehmlich im Werk selbst verbraucht oder an spezielle, darauf eingerichtete Abnehmer geleitet. Für diese Brenngase bestehen keine Qualitätsvorschriften.

Für Umrechnungszwecke und statistische Angaben verwendet man in der Bundesrepublik Deutschland folgende Werte:

- Erdgas: $H_{o,n}$ = 9,7692 kWh/m^3 (8 400 kcal/m^3)
  $H_{u,n}/H_{o,n}$ = 0,903,
- Kokereigas u. Stadtgas: $H_{o,n}$ = 5,000 kWh/m^3 (4 300 kcal/m^3).

2.2 Die wichtigsten Kenndaten

Der Brennwert ($H_{o,n}$)

Der Brennwert – auch früher als oberer Heizwert bezeichnet – ist die Wärmemenge (Reaktionsenthalpie), die bei der vollständigen Verbrennung von 1 m^3 trockenem Gas im Normzustand (1 m^3 bei 0 °C, 1,01325 bar) frei wird. Hierbei wird vorausgesetzt, daß die Verbrennungsprodukte auf die Ausgangsbedingungen von 1,01325 bar und 25 °C zurückgeführt werden und daß das bei der Verbrennung sich bildende Wasser vollständig kondensiert wird, also im flüssigen Zustand vorliegt. Der Brennwert läßt sich sehr genau mit eichfähigen Kalorimetern bestimmen und wird deshalb für Abrechnungszwecke herangezogen.

Der Heizwert ($H_{u,n}$)

Der Heizwert – auch früher als unterer Heizwert bezeichnet – ist bis auf eine Ausnahme wie der Brennwert definiert; es wird vorausgesetzt, daß das gesamte sich bei der Verbrennung bildende Wasser dampfförmig vorliegt, also keine Auskondensation stattfindet. Brenngase enthalten im allgemeinen freien oder gebundenen Wasserstoff, der sich bei der Verbrennung in Wasserdampf umsetzt. Da beim Heizwert per Definition keine Kondensationswärme freigesetzt wird, liegt er unter dem Brennwert. Beim Einsatz der Brenngase ist – abgesehen von einer neueren technischen Entwicklung, dem Brennwertgerät – nur der Heizwert ausnutzbar.

Die Angabe von $H_{o,n}$ und $H_{u,n}$ erfolgt in kWh/m^3 oder MJ/m^3, wobei der erstgenannten Maßeinheit im Rahmen der Gaswirtschaft der Vorzug gegeben wird. Die früher verwendete Angabe in kcal/m^3 oder Mcal/m^3 ist gesetzlich nicht mehr zulässig. Die Definition von Brennwert und Heizwert ist auch in DIN 51850 festgelegt.

Die relative Dichte d

Die relative Dichte oder auch das Dichteverhältnis ist der Quotient aus der Dichte des Gases und der Dichte der trockenen Luft unter gleichen atmosphärischen Druck- und Temperaturbedingungen (s. DIN 1871). Sie ist maßeinheitslos.

Der Wobbe-Index ($W_{o,n}$)

Der Wobbe-Index gilt als Kennwert für die Wärmebelastung. Verschieden zusammengesetzte Brenngase mit gleichem Wobbe-Index und unter gleichem Druck (Fließdruck) ergeben am Brenner annähernd die gleiche Wärmebelastung. Solche Gase sind somit austauschbar, falls nicht zu große Unterschiede in anderen Kennwerten, z.B. der Zündgeschwindigkeit, auftreten. Im allgemeinen wird der obere Wobbe-Index $W_{o,n}$ verwendet, der wie folgt aus dem Brennwert $H_{o,n}$ und der relativen Dichte gebildet wird:

$$W_{o,n} = \frac{H_{o,n}}{\sqrt{d}}.$$

Der untere Wobbe-Index, der selten verwendet wird, bildet sich analog aus dem Heizwert $H_{u,n}$ und d. Der Wobbe-Index hat die Maßeinheit kWh/m^3 oder MJ/m^3.

Der Gasgeruch

Viele Gase der öffentlichen Gaswirtschaft sind im Ausgangszustand geruchsfrei. Diesen Gasen wird aus Sicherheitsgründen in Spuren ein geruchsintensiver Stoff zudosiert (Odorierung). Hierdurch kann der Gasabnehmer unverbrannt austretendes Gas schon in kleinsten Mengen erkennen.

Weitere Kennwerte

Hierzu zählen u.a. Zündtemperatur, Zündgrenzen, Zünd- bzw. Flammengeschwindigkeit, Flammentemperatur, Verbrennungsluftbedarf, Abgasvolumen und Abgaszusammensetzung.

2.3 Die Gasfamilien

Gase, die sich brenntechnisch ähnlich verhalten, also ähnliche Wobbe-Indizes und Zünd- bzw. Flammengeschwindigkeiten aufweisen, lassen sich in Gasfamilien zusammenfassen. Die für die öffentliche Gaswirtschaft bindende DVGW-Vorschrift G 260 (Ausgabe April 1983) nennt 4 Gasfamilien. Innerhalb der ersten und zweiten Gasfamilie sind die Gesamtbereiche der Wobbe-Indizes aus gerätetechnischen Gründen in weitere Gruppen unterteilt worden. Verschiedene, aber jeweils zur gleichen Gruppe gehörende Gase, sind austauschbar. Gase verschiedener Gruppen können gegeneinander nur ausgetauscht werden, wenn sie umgewandelt oder durch Zusätze, z.B. Flüssiggas oder Luft, einander angepaßt werden.

Anhaltswerte für die Eigenschaften von Gasen der öffentlichen Versorgung sind in Tabelle XI.1 wiedergegeben, während Tabelle XI.3 die Kenndaten der 1. und 2. Gasfamilie wiedergibt.

Tabelle XI.3 Kenndaten der 1. und 2. Gasfamilie[1)]

			Erste Gasfamilie		Zweite Gasfamilie	
			Stadtgas	Kokereigas	Erdgas	
Gruppe			A	B	L	H
Wobbe-Index	$W_{o,n}$	kWh/m^3	6,4 ... 7,8	7,8 ... 9,3	10,5 ... 13,0	12,8 ... 15,7
(Gesamtbereich)		MJ/m^3	23,0 ... 28,1	28,1 ... 33,5	37,8 ... 46,8	46,1 ... 56,5
Brennwert	$H_{o,n}$	kWh/m^3	4,6 ... 5,5	5,0 ... 5,9	8,4 ... 13,1	
(Gesamtbereich)		MJ/m^3	16,6 ... 19,8	18,0 ... 21,2	30,2 ... 47,2	
Relative Dichte	d		0,4 ... 0,6	0,32 ... 0,55	0,55 ... 0,70	
Schwefelwasserstoff, max.		mg/m^3	2		5	
Schwefel, gesamt, max.		mg/m^3	200		150	

1) Auszug aus DVGW-Arbeitsblatt G 260, Ausgabe April 1983

Die erste Gasfamilie

In ihr sind Gase zusammengefaßt, die jahrzehntelang – bis Mitte der 60er Jahre – die Basis der öffentlichen Gaswirtschaft bildeten. Es handelt sich hierbei um wasserstoffreiche Brenngase, die entweder durch Entgasung von Kohle bei der Kokserzeugung oder durch Kohle- bzw. Ölvergasung erzeugt werden.

Des weiteren können in dieser Gasfamilie auch Gase vertreten sein, die durch Spaltung von flüssigen Kohlenwasserstoffen und Einstellung auf den entsprechenden Wobbe-Index gewonnen werden.

Die zweite Gasfamilie

Die zweite Gasfamilie umfaßt Naturgase. Das sind im wesentlichen aus natürlichen Vorkommen stammende Erdgase und Erdölgase, die ab 1960 zunehmend an Bedeutung gewannen. Flözgase und Gase aus Kläranlagen haben nur ein sehr geringes Mengenaufkommen.

Die einzelnen Erdgas- und Erdölgaslagerstätten enthalten Gase stark unterschiedlicher Zusammensetzung. „Trockenes" Erdgas weist einen geringen Gehalt an höheren Kohlenwasserstoffen auf, während dieser Anteil bei Erdgasen aus Kondensatlagerstätten und Erdgasen, die bei der Erdölproduktion anfallen (Erdölgas), höher ist. Des weiteren ergeben sich große Unterschiede im Kohlendioxid- und Stickstoffgehalt. Wegen sich daraus ergebender stark unterschiedlicher Wobbe-Indizes und somit der Brenneigenschaften dieser Gase ist eine Unterteilung in zwei Gruppen (L und H) erforderlich.

In der Bundesrepublik Deutschland werden im Ferngasverbund neben Erdgasen vom Typ L aus den norddeutschen Feldern und aus dem holländischen Vorkommen Groningen/Slochteren in zunehmendem Maße Erdgase vom Typ H aus der Sowjetunion, der holländischen und norwegischen Nordsee und in Zukunft auch aus Nigeria (LNG) und möglicherweise auch aus Algerien verteilt.

Wie vorher erwähnt, sind Gase verschiedener Gruppen nicht gegeneinander austauschbar. Mit der Sommers/Ruhrgas-Methode wurde ein z.Z. schon häufig verwendetes Verfahren zum flexiblen Gaseinsatz im haushaltlichen und gewerblichen Bereich gefunden.

Die dritte und vierte Gasfamilie

In der dritten Gasfamilie sind Flüssiggase (LPG) vertreten. Sie sind nicht mit Erdgas, das zu Transportzwecken verflüssigt wird (LNG), zu verwechseln. Sie umfassen:

- Propan (nach DIN 51622),
- Propan-Butan-Gemische für Haushaltszwecke (nach DIN 51622 mit höchstens 60 Gew.-% an Butan).

In der vierten Gasfamilie sind Flüssiggas/Luft- und Erdgas/-Luft-Gemische wiedergegeben. Flüssiggas/Luft-Gemische können im kommunalen Netz dem Erdgas zugemischt werden (vgl. Abschnitt XI.3.5).

3 Gastransport, -verteilung und -speicherung

3.1 Allgemeine Angaben

Gasquellen und Gasverbraucher liegen nur in seltenen Fällen nahe beieinander, so daß das Gas oft über erhebliche Entfernungen zu den Verbrauchern transportiert werden muß. In den meisten Fällen erfolgt der Ferntransport in Stahlrohrleitungen unter hohem Druck. Es werden auch in zunehmendem Maße die Erdgasvorkommen überseeischer Gebiete genutzt. In diesem Fall wird Erdgas im verflüssigten Zustand (LNG) zu den Verbraucherländern transportiert.

Auf dem Gebiet des rohrleitungsgebundenen Gastransports werden z.Z. große Fortschritte gemacht. Akzente sind hier die Verwendung höherer Drücke und größerer Rohrnennweiten sowie die Unterwassertechnologie.

Da sich je nach Herkunft die Zusammensetzung des Erdgases ändern kann und damit auch Brennwert und Wobbe-Index, sind die Erdgase für den Verbrauch nicht allgemein einsetzbar bzw. können nicht gegenseitig ausgetauscht werden. Dies hat dazu geführt, daß die Versorgungsgebiete der meisten westeuropäischen Länder zweigeteilt wurden. Ein Teil wird mit niedrigkalorigem Erdgas (L-Gas), z.B. Gronin-

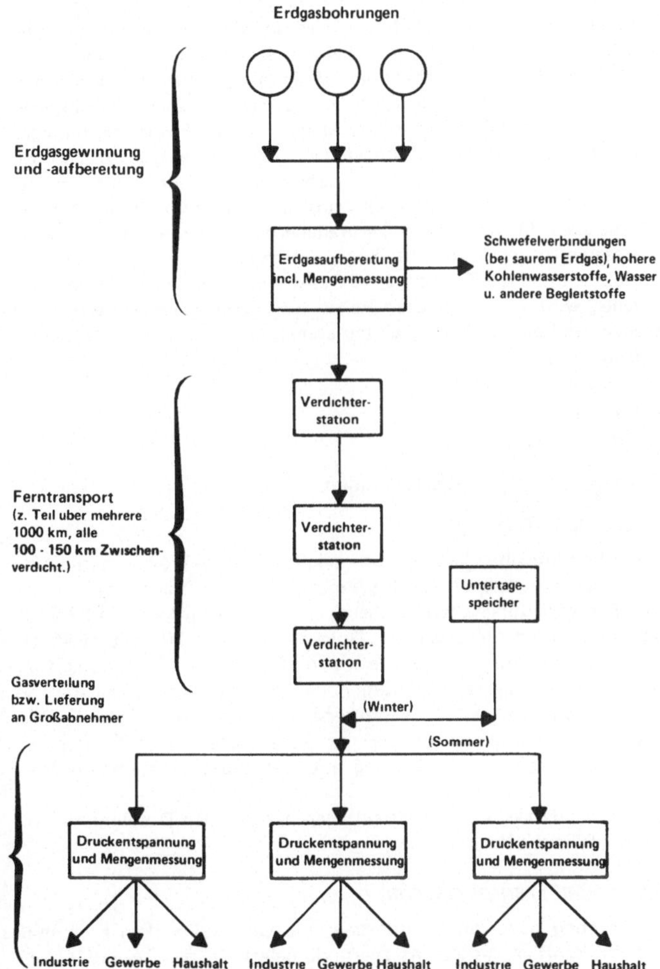

Bild XI.2 Schematische Darstellung des Erdgasweges von der Quelle bis zum Endverbraucher

ger Erdgas, versorgt, während der andere Teil hochkaloriges Erdgas (H-Gas), z.B. aus der Nordsee oder UdSSR erhält. Durch Konditionierung (z.B. Rauchgaszumischung, Luftzumischung oder andere Maßnahmen) kann der Brennwert des H-Gases auf den des L-Gases abgesenkt werden, während der Stickstoffentzug eine praktizierte Maßnahme der Umwandlung von L- in H-Gas ist.

3.2 Struktur der Transport- und Verteilungssysteme

Die Nutzung der Energie- und Rohstoffart Gas setzt eine kontinuierliche Belieferung der Verbraucher voraus, die auch bei Ausfall von Gasbezugsquellen gesichert sein muß. Die von den Verbrauchern geforderte Menge ist saisonal und tageszeitlich sehr unterschiedlich. Der Gasbezug von den Erdgasquellen erfolgt hingegen in der Mehrzahl der Fälle mit fast konstanter Menge, um die Erdgasgewinnungs-, Aufbereitungs- und Ferntransporteinrichtungen technisch und wirtschaftlich optimal zu nutzen. Der Mengenausgleich zwischen dem weitgehend konstanten Bezug und dem variablen Verbrauch erfolgt über eine größere Anzahl von unterirdischen Erdgasspeichern, die nach Möglichkeit in Verbrauchernähe angeordnet sind. Diese dienen auch der Reservehaltung beim Ausfall von Lieferquellen.

Die Produktion und der Transport des Gases – vornehmlich des Erdgases – zum Endverbraucher wird in den meisten Fällen nicht von einem Unternehmen durchgeführt. Häufig sind daran bis zu 3 Unternehmen mit folgenden Aufgabengebieten beteiligt (Bild XI.2):

- Erdgasgewinnung und -aufbereitung,
- Erdgasferntransport,
- Erdgasverteilung.

3.3 Der Ferntransport in Rohrleitungen

3.3.1 Transportkapazitäten

Gas ist ein kompressibles Medium. Um möglichst kleine Transportvolumina zu erhalten, ist man bestrebt, es bei möglichst hohen Drücken zu transportieren.

Moderne Ferngasleitungen werden heute mit Höchstdrücken von 67,5 bar bzw. 80 bar betrieben, ältere Leitungen bei Drücken zwischen 20 bar und 40 bar [4]. Bei Offshore-Leitungen kommen Drücke bis zu 180 bar zur Anwendung. Gastransportleitungen verfügen über eine extrem hohe Energietransportkapazität. So transportiert eine moderne, derzeit in Westeuropa in Betrieb befindliche Erdgasleitung mit 1 200 mm Durchmesser und 80 bar Betriebsdruck ca. 20mal soviel Energie wie die größte Strom-Überlandleitung mit drei 380-kV-Systemen je Mast (Bild XI.3).

Die größten landverlegten Ferngasleitungen haben einen Durchmesser von 1 420 mm bei 80 bar Betriebsdruck.

3.3.2 Planung neuer Transportsysteme

Bei der Planung neuer Gastransportsysteme wird außer dem konkreten Momentanbedarf die künftige Auslastung zugrunde gelegt. In der Regel wird versucht, einen Zeitraum von mindestens 25 Jahren zu berücksichtigen. Anhand langfristiger Bedarfszahlen wird die technisch/wirtschaftlich optimale Auslegung der

Transporteinrichtungen geplant. Hierbei wird auch untersucht, in welchem Maße der Einsatz von Spitzengasanlagen bzw. Gasspeichern zur Abdeckung von Verbrauchsspitzen und zum saisonalen Ausgleich sinnvoll ist und bei der Auslegung des Transportsystems Berücksichtigung finden muß.

Die wichtigsten variablen Faktoren bei der Planung eines aus Leitungen, Verdichteranlagen und Spitzengasanlagen bzw. Gasspeichern bestehenden Versorgungssystems sind:

- Einzelleitung oder parallel verlegte Leitungen,
- der Leitungsdurchmesser,
- der maximale Betriebsdruck,
- die Anzahl und der Abstand erforderlicher Zwischenverdichtungsanlagen,
- das Verdichtungsverhältnis der Zwischenverdichtungsanlagen,
- Einsatz von Spitzengasanlagen oder Gasspeichern.

Da sich diese Faktoren gegenseitig beeinflussen, hängt die Dimensionierung der Leitungen im wesentlichen vom vorgesehenen Maximaldruck, dem Verdichtungsverhältnis sowie dem Abstand der geplanten Zwischenverdichtungsanlagen ab.

ruhr gas 1980

Energietransport

Energieart	Öl	Gas	Strom	Fernwärme
Primärenergie / Sekundärenergie	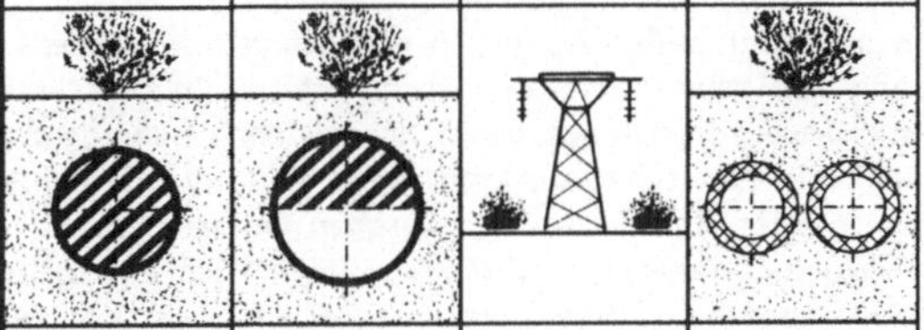			
Technische Daten	NW 1000 max. 60 bar	NW 1200 max. 80 bar	380 kV	2 x NW 600 max. 16 bar
Maximal transportierte Energie	95 Mio kWh/h 7500 t/h (H_o = 12,7 kWh/kg)	25 Mio kWh/h 2,2 Mio m³/h (H_o ≡ 11,5 kWh/m³)	1,4 Mio KWh/h	350000 kWh/h 2500 m³ Wasser/h Vorlauf 180°C Rücklauf mind. 60°C
Verhältnis der transportierten Energien	270	71	4	1

Bild XI.3 Transportkapazitäten bei den verschiedenen Energiearten

3.3.3 Bau von landverlegten Gastransportleitungen

Die allgemeine Linienführung einer Gasfernleitung wird – nach Geländeerkundung – zunächst mit den zuständigen Landesplanungsstellen abgestimmt. Aus Kostengründen wird die Anzahl von schwierigen Leitungspassagen, wie Bahn-, Straßen- und Flußunterquerungen so gering wie möglich gehalten. Nach Zustimmung aller zuständigen Behörden kann die Leitungsführung im Gelände vermessen werden. Die Leitungsverlegung erfolgt unterirdisch in einem 10 ... 15 m breiten Schutzstreifen, in dem auch nach erfolgter Rohrleitungsverlegung die Nutzungsrechte des Besitzers eingeschränkt sind. Im allgemeinen ist eine uneingeschränkte landwirtschaftliche Nutzung möglich, während eine Bebauung nicht zulässig ist.

Durch Verhandlungen – insbesondere auch über entsprechende Entschädigungen – muß erreicht werden, daß sich die Grundeigentümer mit dem Bau einer Leitung einverstanden erklären. Nach dem Energiewirtschaftsgesetz ist es für die öffentliche Gasversorgung auch möglich, Teilenteignungsverfahren anzustreben, bei denen der Eigentümer verpflichtet wird, den Bau einer Leitung und deren späteren Bestand auf seinem Grundstück gegen Entgelt zu dulden.

Mit Ausnahme der Ortsgasverteilung, wo auch Kunststoffrohre, Graugußrohre und Rohre aus duktilem Gußeisen verwendet werden, kommen für den Erdgastransport nur hochfeste Stahlrohre in Frage. Alle Stahlrohre werden werksseitig innen und außen mit einem Kunststoffüberzug versehen.

Nach Aushebung des ca. 2 ... 2,5 m tiefen Grabens und Antransport der einzelnen, ca. 16 m langen Rohrleitungsschäfte, werden diese zu einem kontinuierlichen Strang verschweißt. Die einzelnen Schweißnähte werden geröntgt, evtl. wärmebehandelt und dann außen isoliert. Anschließend wird dieser kontinuierliche Rohrleitungsstrang von schweren Seitenbaumtraktoren in den Graben abgesenkt und dann mit steinfreiem Boden überdeckt, so daß nach Beendigung dieser Arbeiten der ursprüngliche Landschaftszustand weitgehend wiederhergestellt ist, ein sicherlich herausragender Beitrag zum „optischen Umweltschutz". Auch bei der Kreuzung von Flüssen, Straßen und Eisenbahnlinien wird eine unterirdische Leitungsverlegung vorgenommen. Mit Ferntransportleitungen können auch große Höhenunterschiede überwunden werden, was anschaulich durch die Alpenüberquerung in 2 500 m Höhe im Rahmen des europäischen Erdgasverbundes demonstriert wird.

Nach einer Wasserdruckprobe zum Nachweis der Festigkeit und Dichtheit und einer Überprüfung der Leitung auf Beulenfreiheit wird die Leitung von inneren Verunreinigungen befreit und getrocknet. Anschließend wird sie auf den erforderlichen Betriebsdruck gebracht und ist damit in Betrieb. Auf der Baustelle einer großen Ferngasleitung, die pro Tag 500 ... 800 m fortschreitet, sind ca. 450 Leute beschäftigt.

Mit der Leitung werden – zumindest in der Bundesrepublik Deutschland – elektrische Kabel verlegt, die der Übertragung von Meßwerten und der Übermittlung von Steuerbefehlen sowie des gasnetzeigenen Fernsprechverkehrs dienen. Für den kathodischen Korrosionsschutz werden in Abständen von ca. 30 km Gleichstrom-Einspeisestellen vorgesehen. Hierunter versteht man einen Korrosionsschutz durch einen an die Gasleitung angelegten Gleichstrom niederer Spannung, der Korrosion an Isolierungsfehlstellen mit Sicherheit verhindert.

An den Tiefpunkten der Leitung sind Kondensattöpfe angeordnet, die der Abscheidung von geringeren Mengen an höheren Kohlenwasserstoffen dienen, die beim Transport auskondensiert sind.

So wird bei entsprechender Wartung der Rohrleitung und durch Transport von Gas, das weitestgehend frei von korrodierenden Bestandteilen ist, erreicht, daß Gasfernleitungen mit Sicherheit eine Lebensdauer haben, die mehr als 50 Jahre beträgt. Heute noch sind Stahl-Gasleitungen aus dem Jahre 1912 in Betrieb.

Mit den modernen Transportsystemen ist man heute in der Lage, Entfernungen von 6 000 km und mehr über Land zu überbrücken. Dafür stehen Transportsysteme mit Leitungsdurchmessern bis 1 420 mm und Betriebsdrücken von rd. 80 bar zur Verfügung. Die Durchmesserobergrenze wird in der näheren Zukunft bei 1 620 mm gesehen. Das heutige Interesse gilt mehr der Betriebsdruckerhöhung (bis max. 120 bar) und der Kühlung des transportierten Gases. Beide Maßnahmen ermöglichen es, bei vorgegebenem Leitungsdurchmesser die Gastransportleistung erheblich zu erhöhen. Die Gaskühlung, bei der minimale Temperaturen von $-30\ ^{\circ}C$ dargestellt werden, verhindert auch das Einsinken von Leitungen in Permafrostgebieten.

3.3.4 Bau von Offshore-Leitungen

Die Erdgasgewinnung in den Schelf-Gebieten der Erde befindet sich zur Zeit in einer expansiven Entwicklungsphase. Ein erheblicher Teil der zukünftigen Erdgasmengen wird aus dem Meeresboden gefördert werden.

Für die Verlegung von Offshore-Leitungen ist eine besondere Technik entwickelt worden. Auf einem Spezialschiff werden die betonummantelten Rohre in waagerechter Position aneinandergeschweißt, in S-Form auf den Meeresgrund abgesenkt und anschließend eingespült.

Eine der größten heute betriebenen Offshore-Leitungen ist die Ekofisk-Leitung, die über eine Länge von 440 km aus dem norwegischen Teil der Nordsee nach Emden führt. Weitere Daten sind: 914 mm (36″) Rohrleitungsdurchmesser, 110 m max. Verlegungstiefe, 132 bar Eingangsdruck, 2 Zwischenverdichterstationen auf Plattformen und 22 Mrd. m^3/a Transportleistung. Durch ein in Bau befindliches Projekt wird zukünftig Erdgas aus weiter nördlich liegenden norwegischen Offshore-Feldern (Statfjord, Heimdal, Gullfaks) in die Ekofisk-Leitung eingeschleust werden.

Offshore-Leitungen werden heute über größere Entfernungen in Tiefen bis zu ca. 150 m verlegt. Leitungen in Tiefen bis zu 300 m befinden sich in der Planung. Hierfür sind auch wegen des höheren Stranggewichtes größere Verlegungsschiffe erforderlich. Über kürzere Entfernungen ist es allerdings auch heute schon möglich, Leitungen in tieferen Gewässern zu verlegen. 1982 wurde z.B. eine Leitung zwischen Tunesien und Sizilien in Betrieb genommen, die in bis zu 608 m Wassertiefe verlegt ist.

3.3.5 Verdichteranlagen

Bei Erdgastransport nimmt infolge innerer und äußerer Reibungsverluste in der Rohrleitung der Druck bei gleichzeitiger Volumenzunahme ab. Um ihn jeweils wieder auf das ursprüngliche oder ein höheres Niveau anzuheben, müssen in gewissen Abständen Gasverdichter eingesetzt werden.

Bild XI.4 Große Turboverdichteranlage mit Gasturbinenantrieb (Verdichterleistung: 3 × ca. 10 MW)

Als günstige Lösung hat sich z.B. bei Erdgasleitungen von 900 mm Durchmesser und 67,5 bar max. zulässigem Betriebsdruck ein Druckabfall von 67,5 bar auf 50 bar bei einer Distanz zwischen 2 Verdichterstationen von etwa 100 km herausgestellt. Die transportierte Erdgasmenge liegt in diesem für den Erdgastransport in Westeuropa typischen Beispiel bei etwa 1 Mio. m^3/h (8 Mrd. m^3/a).

Zum Antrieb der Gasverdichter werden entweder Gasturbinen oder Gasmotoren verwendet, bei denen als Brennstoff das Erdgas der Transportleitung eingesetzt wird. Hieraus resultiert auch die Umweltfreundlichkeit der Verdichterstationen.

Der Treibgasanteil für eine Transportentfernung von 1000 km liegt heute bei 1,8 ... 3 % des transportierten Gases. Hier sind in der Zukunft noch erhebliche Einsparungen zu erwarten (Bild XI.4).

3.3.6 Gasmengenmessung

Im Bereich der Ferngaswirtschaft müssen sehr große Gasmengen unter Drücken bis zu 85 bar gemessen werden. Im Zusammenhang mit Kavernenspeichern wird heute schon die Gasmengenbestimmung bei Drücken bis zu 250 bar durchgeführt. Die vom Produzenten an die Ferngasgesellschaften sowie von diesen an die

Verteilungsgesellschaften und Großabnehmer gelieferten Gasmengen und deren Brennwerte müssen für die Abrechnung genau erfaßt werden. Bei Gaslieferungen wird die gelieferte Energiemenge bezahlt, die ein Produkt aus Normvolumen (bezogen auf 0 °C und 1,01325 bar) und Brennwert darstellt ($m^3 \times kWh/m^3 = kWh$). Für die Messung ist der Einsatz eichfähiger Meßverfahren erforderlich.

Während bei großen Gasmengen das Volumen mittels Blendenmessung bestimmt wird, werden kleinere Gasmengen meistens mit Drehkolben oder Turbinenrad-Gaszählern gemessen.

In einem Zustandsmengenumwerter erfolgt die Umrechnung von Betriebs- auf Normzustand. Hierbei spielt die Kompressibilität von realen Gasen eine wichtige Rolle.

3.3.7 Überwachung und Instandhaltung

Ebenso wie der Bau von Hochdruck-Gasleitungen unterliegt auch die Rohrnetzüberwachung und -instandhaltung besonderen Richtlinien. Sie beinhalten die Maßnahmen, die der Betreiber von Ferngasleitungen zur ordnungsgemäßen Durchführung seiner Aufgaben zu ergreifen hat.

Die Hochdruckleitung ist im Gelände durch gelbe Schilderpfähle gekennzeichnet. Es wird einmal eine regelmäßige Streckenkontrolle durch Überfliegen mit dem Hubschrauber durchgeführt, und zum anderen werden – insbesondere schwierige Leitungsabschnitte – durch Begehung oder Befahrung inspiziert. So kann die Leitungsdichtheit überprüft werden. Des weiteren kann festgestellt werden, ob bauliche Veränderungen in der Nähe der Leitung diese gefährden können. Die Leitungsüberwachung erfolgt von Betriebsstellen aus, die bei Tag und Nacht besetzt sind. Zur Leitungswartung gehört auch die kontinuierliche Überprüfung des kathodischen Schutzpotentials.

Die Beschädigung einer Leitung durch äußere Einflüsse, z.B. durch Bagger, kann nicht vollkommen ausgeschlossen werden. Kleinere Gasundichtigkeiten können durch Reparaturüberwürfe bei vollem Gasfluß provisorisch abgedichtet werden. Ist eine größere Rohrleitungsreparatur, z.B. das Einschweißen eines neuen Rohrleitungsstückes erforderlich, so ist es in vielen Fällen aufgrund des stark vermaschten Gasnetzes möglich, den entsprechenden Rohrleitungsteil außer Betrieb zu nehmen. Die Verbraucher werden dann über einen anderen Leitungsteil versorgt. Ist aus Versorgungsgründen eine Außerbetriebnahme nicht möglich, so hat man mit dem – allerdings recht aufwendigen – Stoppleverfahren eine Möglichkeit, die Gasfernleitung ohne Unterbrechung des Gasflusses instandzusetzen.

Gasfernleitungen sind bei sachgemäßer Wartung mit Abstand das sicherste Energieversorgungssystem, und hierbei ist nicht nur die Versorgungssicherheit angesprochen. Insbesondere der harte Winter 1978/79 hat die Zuverlässigkeit der Gasversorgung im gesamten Bundesgebiet demonstriert. Die Versorgung von der Außenwelt abgeschnittener Verdichterstationen und Betriebsstellen erfolgte hierbei über Hubschrauber.

3.3.8 Gasnetzsteuerung

In Bild XI.11 (s. Abschnitt XI.4.3) ist das Ferngasleitungsnetz der Bundesrepublik Deutschland dargestellt, das von mehreren Ferngasgesellschaften betrieben wird. Dieses Leitungsnetz fordert mit seiner Vielzahl von Einspeisestellen, Speichern und Abgabestellen eine weitgehend zentrale Überwachung und Steuerung, die auch als „Dispatching" bezeichnet wird. Die Gasabnehmer der Ferngasgesellschaften, wie regionale und kommunale Gasgesellschaften sowie Kraftwerke und große Industriebetriebe, verfügen ebenfalls über solche Dispatching-Zentralen.

Die hauptsächliche Aufgabe dieser Dispatching-Zentralen ist die technische Abwicklung des Gastransports, und hier soll im folgenden in erster Linie der Gasferntransport beschrieben werden.

Rahmenbedingungen für diese technische Abwicklung sind die Verträge der Gaslieferanten auf der einen und der Gasabnehmer auf der anderen Seite. In Abschnitt XI.5 wird auf die sehr unterschiedliche Struktur dieser Verträge eingegangen. Kernpunkte sind die sehr gleichmäßige Lieferstruktur der Produzenten und unterbrechbare Liefer- und Abnahmeverträge. Wichtigstes Planungselement für die Dispatching-Zentrale einer Ferngasgesellschaft ist die Bedarfsprognose der Abnehmer. Auf der Basis einer solchen Prognose wird vom Dispatcher eine bedarfsdeckende Erdgasmenge von den Produzenten angefordert. Um die Transport- und Speicherkosten zu minimieren, wird durch Optimierungsprogramme vorgegeben, wie dabei der Gasfluß von den einzelnen Netzeinspeisestellen und Speichern zu erfolgen hat. In den Programmen wird durch Strategieüberlegungen berücksichtigt, daß bei Eintreten einer Störsituation die geforderte Gaslieferung im Rahmen des technisch Möglichen noch aufrechterhalten werden kann.

Wie aus Bild XI.10 (s. Abschnitt XI.4.3) zu erkennen, hat die Bundesrepublik Deutschland eine zentrale Stellung im europäischen Erdgasverbund. Aus diesem Grunde sind die Dispatching-Zentralen der Bundesrepublik Deutschland mit denen der umliegenden Länder verbunden.

Zur Bewältigung der genannten Aufgaben ist des weiteren ein ständiger kommunikativer Verbund mit sämtlichen Punkten des Gasnetzes (Informationspunkten) erforderlich, an denen Änderungen auftreten können. Hierzu zählen Änderungen der Gasmenge, der Gasqualität und des Gaszustandes, z.B. Druck und Temperatur, sowie Änderungen der Betriebszustände, einmal ausgehend von technischen Aggregaten, z.B. Verdichtern und Regler-Anlagen, und zum anderen Stör- und Alarmmeldungen. In der Bundesrepublik Deutschland werden meist kabelgebundene, mit der Leitung verlegte Informationssysteme eingesetzt.

Die Dispatching-Zentrale der einzelnen Ferngasgesellschaften wie der regionalen und kommunalen Gasgesellschaften sind untereinander verbunden und rund um die Uhr mit Personal besetzt.

Die Ausgestaltung der Dispatching-Zentralen richtet sich nach dem Umfang der gestellten Aufgaben. Während bei den regionalen und kommunalen Gasgesellschaften kleinere Zentralen ausreichen, die sich allerdings auch schon einfacher Prozeßrechner bedienen, ist die Dispatching-Zentrale einer großen Ferngasgesellschaft ein komplexes Gebilde, bestehend aus mehreren Prozeßrechnern, Anzeigetafeln und Monitoren, die von einer Anzahl von Operateuren überwacht und bedient werden. Der Dispatching-Zentrale einer großen Ferngasgesellschaft werden z.B. Daten von ca. 12 000 Informationspunkten zugeführt, die dort verarbeitet und gespeichert werden.

Resultierend aus diesen Informationen kann von der Dispatching-Zentrale die Ausgabe von ca. 600 verschiedenen Befehlen erfolgen, z.B. die Leistungserhöhung eines oft Hunderte von Kilometern entfernt liegenden Verdichters.

Mögliche, der Dispatching-Zentrale gemeldete Betriebsstörungen werden sofort an die entsprechende Betriebsstelle gemeldet, die sich dann unverzüglich mit der Behebung des Schadens befaßt.

3.4 Gasverteilung

Während der Gasferntransport aus wirtschaftlichen Gründen bei hohen Drücken erfolgt, liegen die Drücke der Gasverteilungsnetze der Stadtwerke und der industriellen Großabnehmer zwischen 0,1 bar und 6 bar (Überdruck). Die Übernahme aus dem Fernleitungsnetz erfolgt in einer Gasdruckregelanlage, die allerdings in den meisten Fällen auch noch andere Aufgaben, wie die der Staubentfernung, Mengenmessung, Odorierung und eventuell der Gasbefeuchtung übernimmt. Vor der Einspeisung in ältere Verteilungsnetze muß Erdgas in vielen Fällen befeuchtet werden, um ein Austrocknen der Stemmuffenverbindungen bei alten Gußeisenleitungen zu verhindern.

In vielen Fällen ist eine Gasvorwärmung erforderlich, um ein zu starkes Abkühlen des Gases bei hoher Druckabsenkung zu vermeiden. Infolge der Abkühlung könnten Rohrleitungsverstopfungen durch Hydratbildung auftreten. Zum Schutz nachgeschalteter Einrichtungen und zur Vermeidung von Versorgungsstörungen werden Sicherheits-Absperreinrichtungen eingebaut, die unzulässige Drucküber- und -unterschreitungen vermeiden. In dem eigentlichen Gasdruckregelgerät erfolgt die Druckreduzierung auf den erforderlichen Ausgangsdruck.

3.5 Reservehaltung und Spitzenbedarfsdeckung

Im Gegensatz zur Elektroenergie besitzt Gas den Vorzug der Speicherfähigkeit. Wie bereits in Abschnitt XI.3.2 erwähnt, ist nur durch relativ konstante Belieferung aus den Erdgasquellen eine wirtschaftlich optimale Nutzung der Erdgasgewinnung, Erdgasaufbereitungseinrichtungen sowie der Ferntransportleitungen möglich. Dies gilt insbesondere für Lieferungen aus fernen Ländern (z.B. der UdSSR) oder für von Offshore stammendes Gas, dessen Anteil in den Jahren noch zunehmen wird. Die neuen Erdgasimporte sind mit einer sehr gleichmäßigen Bezugsstruktur vereinbart worden. Sie verpflichten das Ferngasunternehmen, das Gas an jedem Tag des Jahres in annähernd gleich hohen Mengen abzunehmen – mit 7 000 bis 8 000 Benutzungsstunden im Jahr. Hieraus ergibt sich für die Erdgasimporteure die Notwendigkeit, die Bezugsstruktur an die stark schwankende Abnahmestruktur der Kunden anzupassen, die im wesentlichen von den Temperaturschwankungen im jahreszeitlichen und täglichen Rhythmus, aber auch vom industriellen Nachfragerückgang am Wochenende abhängig ist.

Bild XI.5 gibt den monatlichen Gasabgabeverlauf der Jahre 1979 bis 1981 wieder. In Zukunft ist – bedingt durch eine erwartete Zunahme des Heizgasanteils – mit einer noch ausgeprägteren Winterspitze zu rechnen.

Im folgenden wird diskutiert, welche Maßnahmen zum Ausgleich dieser täglichen und saisonalen Schwankungen des Gasverbrauchs ergriffen werden. Hierzu zählen:

- Erdgasspeicherung in unterirdischen Speichern,
- unterbrechbare Gaslieferverträge,
- Abdeckung kurzzeitiger Verbrauchsspitzen durch LPG/Luft-Mischanlagen, oberirdische Gasspeicher und LNG-Peakshaving-Anlagen.

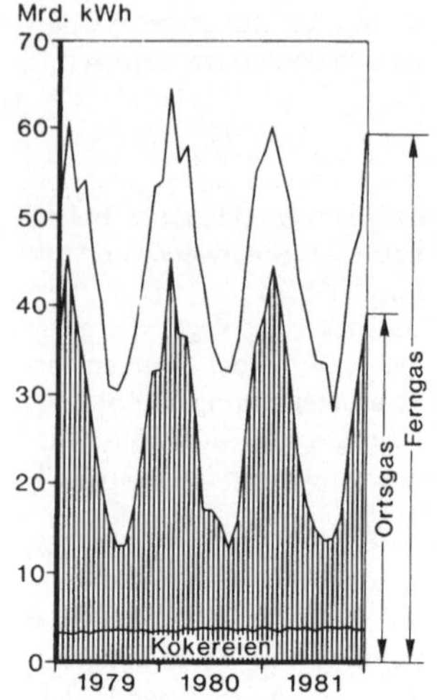

Bild XI.5
Monatliche Gasabgabe der Fern- und Ortsgasgesellschaften sowie der Kokereien (in Mrd. kWh)

Die mit Abstand größte Bedeutung bei der Gasspeicherung haben Untertagespeicher, die in Schwachlastzeiten – insbesondere im Sommer – gefüllt werden. Ihre Standorte liegen im Idealfall in den regionalen Verbrauchsschwerpunkten oder an den Endpunkten großer unterirdischer Transportleitungssysteme. Solche Untertagespeicher bieten auch die Gewähr der gesicherten Gasversorgung bei Ausfall von Gasbezugsquellen.

Bei der Untertagespeicherung unterscheidet man zwischen Porenspeichern und Kavernenspeichern. Bei der Porenspeicherung wird Gas in poröse durchlässige Gesteinsschichten eingespeist, die in Tiefen bis zu 3 000 m liegen. Das Speichergestein lagert in einer geschlossenen geologischen Struktur, von einer undurchlässigen Schicht – im allgemeinen aus Tonstein – überdeckt. Zu den Porenspeichern gehören einmal Aquiferspeicher, bei denen die Poren ursprünglich mit Wasser gefüllt waren – das Speichervolumen wird durch Verdrängung des Wassers geschaffen – und zum anderen ehemalige Erdgas- bzw. Erdölfelder.

Nur 40 ... 60 % des gesamten Gasinhalts eines Porenspeichers stehen als Nutzgas oder Arbeitsgas zur Verfügung; die restliche Menge bleibt als Kissengas zur Vermeidung von Wasserüberflutung des Speichers im Untergrund.

Bei der Kavernenspeicherung werden in Salzvorkommen künstliche Hohlräume durch Ausspülung geschaffen. Die dafür geeigneten Salzlager oder Salzstöcke befinden sich fast ausschließlich in Norddeutschland und ermöglichen noch das Anlegen von weiteren zahlreichen Speichern. Die Kavernen haben ein Hohlraumvolumen von bis zu 400 000 m^3 und weisen im allgemeinen einen höheren Arbeitsgasanteil als Porenspeicher auf.

Porenspeicher mit ihrer geringen Entnahme- und Einpreßleistung werden hauptsächlich für den saisonalen Ausgleich eingesetzt, während Kavernenspeicher sich, auch aufgrund ihrer hohen Entnahmeleistungen, zur Deckung kurzfristiger Abnahmespitzen eignen.

In der Bundesrepublik Deutschland waren Ende 1981 17 Untertagespeicher mit einem max. Arbeitsgasvolumen von 2 329 Mio. m^3 in Betrieb. (Erschöpfte Lagerstätten 1 387 Mio. m^3, Aquiferspeicher 435 Mio. m^3, Salzkavernen 507 Mio. m^3).

Wie bereits erwähnt, nimmt in der Zukunft der Anteil der Erdgaslieferungen mit gleichmäßigem Bezug zu, während beim Verbrauch eine gegenläufige Entwicklung erwartet wird. Aller Voraussicht nach wird also die Speicherkapazität noch erheblich vergrößert werden.

Es ist einmal möglich, durch Speicherung Verbrauchsspitzen auszugleichen, zum anderen kann man diese durch unterbrechbare Lieferverträge dämpfen. Sie beruhen auf vertraglichen Vereinbarungen zwischen den Gasverbrauchern – insbesondere industriellen Großabnehmern – und den liefernden Ferngasgesellschaften, die diesen das Recht gibt, in den kalten Monaten des Jahres – nach entsprechender Vorankündigung – die Gaslieferungen zu unterbrechen. Der Verbraucher verwendet statt dessen andere Brennstoffe, z.B. Heizöl oder Flüssiggas. Derartige Verträge sehen für die Verbraucher besonders günstige Tarife vor, da die Ferngasgesellschaften anderweitige Maßnahmen zur Deckung des Spitzenbedarfs einsparen.

Flüssiggas/Luft-Mischanlagen sind wegen ihres relativ geringen Investitionsaufwandes für kurzzeitige und in der Menge begrenzte Liefermengen vorteilhaft. In der Bundesrepublik Deutschland sind ca. 100 Anlagen mit Mischgasabgabeleistungen zwischen 200 m^3/h und 15 000 m^3/h installiert. Ein Teil der Mischanlagen beliefert unabhängige, nicht an das Ferngasnetz angeschlossene Gasversorgungsunternehmen, die anderen dienen der Abdeckung von Verbrauchsspitzen. Bei der Spitzenversorgung wird dieses brennwertgleiche Mischgas nur in einem bestimmten Verhältnis dem Erdgasstrom zugemischt.

3.6 Verflüssigtes Erdgas (LNG)

In sehr vielen Fällen sind die großen verwertbaren Erdgaslagerstätten weit von den Verbrauchern entfernt und oft durch Weltmeere getrennt. Daher hat es schon früh nicht an Anstrengungen gefehlt, auch eine Überseeversorgung mit Erdgas aufzubauen, für die nur der Transport von verflüssigtem Erdgas (LNG) in Frage kommt. Allerdings macht der leitungsgebundene Unterwasser-Erdgastransport große Fortschritte, so daß sich in einigen Fällen gegenüber dem Transport von verflüssigtem Erdgas eine Konkurrenzsituation ergibt. So wird in Zukunft ein Teil des algerischen Erdgases nicht mehr verflüssigt und als LNG transportiert werden, sondern leitungsgebunden nach Europa fließen.

Das auf den Erdgasfeldern gewonnene Erdgas wird nach Reinigung und Trocknung per Pipeline zur Küste des Produzentenlandes transportiert. Dort wird es auf -161 °C abgekühlt, wobei es sich verflüssigt. Es nimmt dann bei atmosphärischem Druck etwa 1/600 seines ursprünglichen Volumens ein. Das verflüssigte Erdgas enthält aufgrund der Verfahrensführung der Verflüssigungsanlagen keine Verunreinigungen. Das Verhältnis von Methan zu höheren Kohlenwasserstoffen ist sowohl von der Zusammensetzung des Eingangsgases als auch von der Betriebsweise der Verflüssigungsanlage abhängig. Bei der Erdgasverflüssigung werden gleichzeitig auch oft höhere Kohlenwasserstoffe, wie Äthan, Propan usw. abgetrennt und separat vermarktet. Die neuesten Anlagen, die in Algerien und anderen Ländern in Betrieb genommen wurden, haben eine Kapazität von rd. 10 Mrd. m^3/a und bestehen aus 6 voneinander unabhängigen Straßen.

Interesse finden z.Z. auch die Pläne zum Bau schwimmender Verflüssigungsanlagen zur Nutzung von Offshore-Erdgasfeldern, für die sich eine Pipeline-Verlegung aus wirtschaftlichen Gründen ausschließt.

In wärmegedämmten Tanks wird das LNG bis zur Verschiffung zwischengespeichert. Anschließend wird es mit Spezialtankern zum Bestimmungsort transportiert. Diese haben mehrere voneinander getrennte wärmegedämmte Tanks. Völlig läßt sich ein Verdampfen trotz bester Wärmedämmung nicht unterbinden. Die verdampfte Gasmenge wird als Brennstoff an Bord verbraucht. LNG-Tanker mit einem geometrischen Fassungsvermögen von 75 000 m^3 sind seit ca. 10 Jahren im Einsatz, während neuere Tanker ein Fassungsvermögen von 125 000 m^3 aufweisen und somit 75 Mio. m^3 Gas transportieren können.

Im Entladeterminal des Empfängerlandes wird das LNG – ähnlich wie im Produzentenland – in flüssiger Form zwischengelagert, um anschließend – je nach

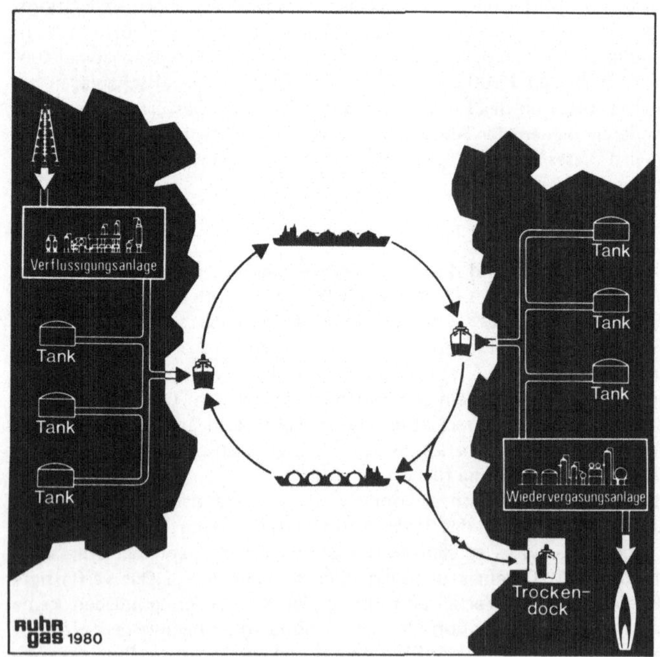

Bild XI.6 Schematische Darstellung einer LNG-Kette

Bedarf – in einer Wiederverdampfungsanlage in den gasförmigen Zustand gebracht zu werden. Hierbei wird das LNG im flüssigen Zustand auf den Leitungsdruck des Gasnetzes gebracht (60 ... 80 bar) und anschließend unter Zuführung von Wärme verdampft. Der Gesamtverlust, d.h. der Energieverlust von der Erdgasquelle bis zum wiederverdampften Erdgas liegt bei 15 ... 20 % und höher, je nach Länge der Seereise. Der LNG-Transport erfolgt heute in festen Transportketten. Das heißt, eine gewisse Anzahl von Tankern fährt nach einem festen Fahrplan zwischen Verflüssigungsanlage und Entladeterminal (Bild XI.6).

Wie bereits erwähnt, konkurrieren in vielen Fällen der Pipeline- und LNG-Transport miteinander. In Bild XI.7 sind die Transportkosten von LNG und rohrleitungsgebundenem Erdgastransport in Abhängigkeit von der Transportentfernung aufgetragen.

Es lassen sich die folgenden Feststellungen treffen:

- Der eigentliche LNG-Seetransport ist weitaus kostengünstiger als der Gastransport per Pipeline. Beim LNG-Transport kommen jedoch die Verflüssigungs- und Wiederverdampfungskosten hinzu.
- Die Technologie für LNG-Systeme ist aufwendiger als die für Pipelinesysteme.
- Das LNG bietet eine höhere Transportflexibilität.

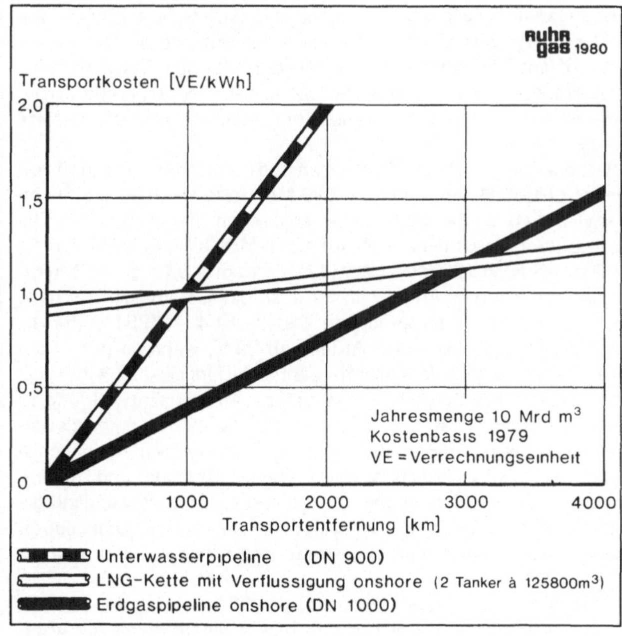

Bild XI.7 Kostenvergleich LNG-Kette gegenüber Pipeline-Transport

Der LNG-Transport kommt daher in Betracht, wenn die Pipeline-Alternative aus technischen oder politischen Gründen nicht gegeben ist oder wenn – wegen entsprechend großer Transportentfernung – der LNG-Transport wirtschaftlich günstiger als der Pipeline-Transport ist.

Die LNG-Zwischenlagerung in einem Anlandeterminal bietet auch die Möglichkeit, LNG per LKW oder Bahn zu den Verbrauchern zu transportieren; einmal zum Abdecken extremer Winterspitzen und zum anderen zur Versorgung von Insellagen, die noch nicht durch eine Ferngasleitung erschlossen sind.

LNG-Peakshaving Anlagen sind im Erdgasnetz angeordnete Anlagen, die im wesentlichen aus einer klein dimensionierten Verflüssigungsanlage, einem LNG-Tank und einer groß dimensionierten Wiederverdampfungsanlage bestehen. Kleinere Erdgasmengen werden über einen längeren Zeitraum verflüssigt, um dann – zur Abdeckung von Bedarfsspitzen – kurzzeitig mit relativ großer Menge wieder abgegeben zu werden. LNG-Peakshaving-Anlagen haben aus Wirtschaftlichkeitsgründen in der Bundesrepublik Deutschland keine größere Bedeutung.

4 Die Gaswirtschaft

4.1 Allgemeine Angaben zur Gaswirtschaft

Die Gaswirtschaft der Bundesrepublik Deutschland unterteilt sich in die öffentliche und übrige Gaswirtschaft. Zur öffentlichen Gaswirtschaft gehören die Erdgasproduzenten, die Ferngaswirtschaft, die Ortsgaswirtschaft und die Kokereien, soweit sie Gas an das öffentliche Netz abgeben. Mit der „übrigen Gaswirtschaft" wird einmal die Verwertung von Raffineriegasen, z.B. in der chemischen Industrie, und zum anderen die Nutzung von Hochofengasen und nicht ins öffentliche Netz eingespeisten Kokereigasen erfaßt.

In Bild XI.8 ist die Gasabgabe der öffentlichen und übrigen Gaswirtschaft von 1966 bis 1981 dargestellt [5]. 1981 wurden rund 590 Mrd. kWh (60,5 Mrd. m^3) von der öffentlichen Gaswirtschaft an die Verbraucher abgegeben bzw. exportiert. Die Gasabgabe der übrigen Gaswirtschaft belief sich auf 129,6 Mrd. kWh (13,3 Mrd. m^3), so daß der gesamte Gasverbrauch 720 Mrd. kWh (73,7 Mrd. m^3) betrug. Die öffentliche Gaswirtschaft hat somit einen Anteil von 82 % an der Gesamtgaswirtschaft. An diesem Gasaufkommen hatte – entsprechend Tabelle XI.4 – 1981 Naturgas, fast ausschließlich Erd- und Erdölgas, einen Anteil von 73 %, während der Anteil aus Gasen aus Mineralölprodukten sowie Kokerei- und Hochofengasen 27 % betrug.

Die Erdgaswirtschaft hat dabei eine beachtliche Aufwärtsentwicklung zu verzeichnen. Der Erdgasverbrauch hat sich in den letzten 12 Jahren mehr als verzehnfacht. Der Anteil des Erdgases am Primärenergieverbrauch wuchs in der gleichen Zeit dementsprechend auf ca. 16 %. Erdgas ist somit – neben Mineralöl und Kohle – zum dritten Eckpfeiler der Energieversorgung der Bundesrepublik Deutschland geworden. Auch in der Zukunft ist mit einer weiteren Erhöhung des Erdgasangebotes zu rechnen. So wird von der Gaswirtschaft angestrebt, einen steigenden Beitrag zur Energieversorgung zu leisten.

Aufgrund bereits abgeschlossener Verträge, die 20 bis 25 Jahre Laufzeit haben, und realistisch erscheinender neuer Importprojekte dürfte dieses das wahrscheinliche Ergebnis der Entwicklung bis Anfang der 90er Jahre sein.

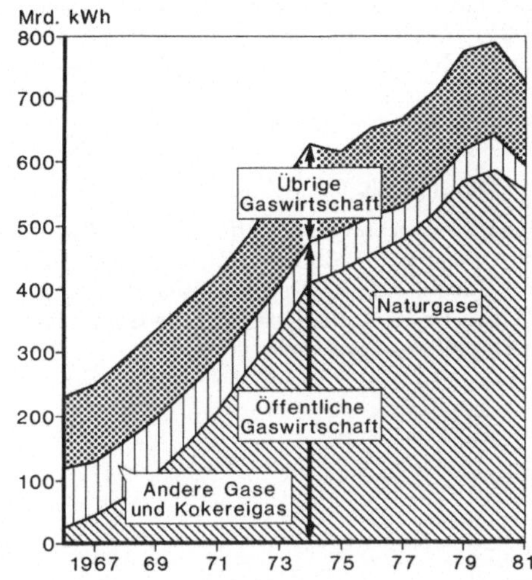

Bild XI.8
Gasabgabe der öffentlichen und übrigen Gaswirtschaft 1966–1981 (in Mrd. kWh)

Tabelle XI.4 Anteil der Gasarten am Gesamtaufkommen in %

	1980		1981	
Naturgas	72,2		73,0	
Erd- und Erdölgas		71,3		72,1
Gruben- und Klärgas		0,9		0,9
Hergestelltes Gas	27,8		27,0	
Gas aus Mineralölprodukten		13,5		12,6
Kokereigas		7,8		8,0
Hochofengas		6,5		6,4

Es erscheint heute ebenfalls möglich, daß Erdgas auch langfristig – und das heißt über das Jahr 2000 hinaus – einen Anteil von etwa 18 % am gesamten Primärenergieverbrauch der Bundesrepublik Deutschland deckt. Hierfür sind hinreichende Erdgasreserven in der Welt vorhanden, die für einen Verbrauch auch in der Bundesrepublik Deutschland in den kommenden Jahren erschließbar sein dürften.

Auch künftig wird sich die Erdgasversorgung auf einer breitgefächerten Palette von Bezugsquellen abstützen, die sich deutlich von der Verteilung der Ölimportquellen der Bundesrepublik Deutschland unterscheidet.

1982 kam das Erdgas zu 31 % aus inländischer Förderung und zu 69 % aus Importen, aus den Niederlanden (34 %), der Sowjetunion (20 %) und Norwegen (15 %). Insgesamt wurde das Erdgasaufkommen 1982 zu 80 % aus westeuropäischen Vorkommen gedeckt.

Die Gasversorgung Westeuropas und auch der Bundesrepublik Deutschland basiert auf 2 Erdgasqualitäten, dem H-Gas mit einem Brennwert von durchschnittlich 12 kWh/m^3 und dem L-Gas mit durchschnittlich 10 kWh/m^3. Außerdem wird in einigen Regionen, so z.B. im Ruhrgebiet und im Saarland, auch Stadtgas bzw. Kokereigas eingesetzt mit Brennwerten von durchschnittlich 5,5 kWh/m^3.

4.2 Anteile der verschiedenen Gasverbraucher

In Bild XI.9 ist die Entwicklung des Gasabsatzes der öffentlichen Gaswirtschaft an die wichtigsten Verbrauchergruppen von 1969 bis 1981 dargestellt. Gekennzeichnet ist dieser durch eine starke Zunahme des Gasverbrauchs im Haushaltsbereich. Es wird erwartet, daß dieser Trend in der Zukunft anhält. Die Gasabgabe an Kraftwerke hat hingegen in den letzten Jahren abgenommen.

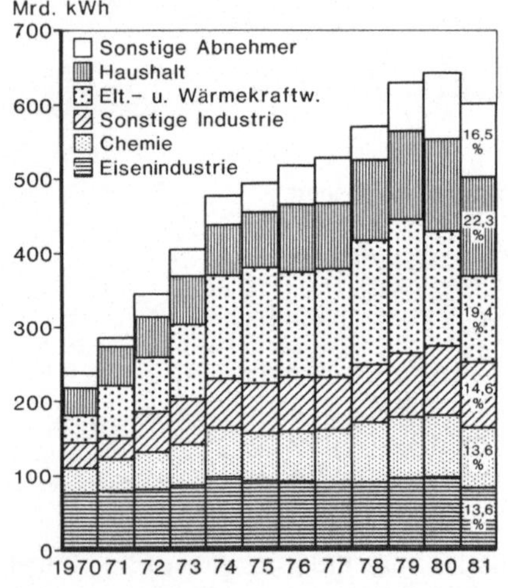

Bild XI.9
Entwicklung des Gasabsatzes der öffentlichen Gaswirtschaft an die wichtigsten Verbrauchergruppen von 1969–1981 (in Mrd. kWh)

4.3 Europäischer Erdgasverbund

Für die Einschleusung der Erdgasmengen aus allen Himmelsrichtungen nach Westeuropa und damit auch in die Bundesrepublik Deutschland steht das weiträumige europäische Erdgasverbundnetz (Bild XI.10) zur Verfügung, das fast alle Länder des westeuropäischen Kontinents miteinander verbindet. Über diesen Erdgasverbund sind die Länder des Kontinents bereits heute per Pipeline oder über LNG-Terminals mit den Regionen verbunden, in denen rd. die Hälfte der gesamten Welterdgas-Ressourcen liegt, in der Nordsee, auf dem Kontinent, in der Sowjetunion und in Nordafrika.

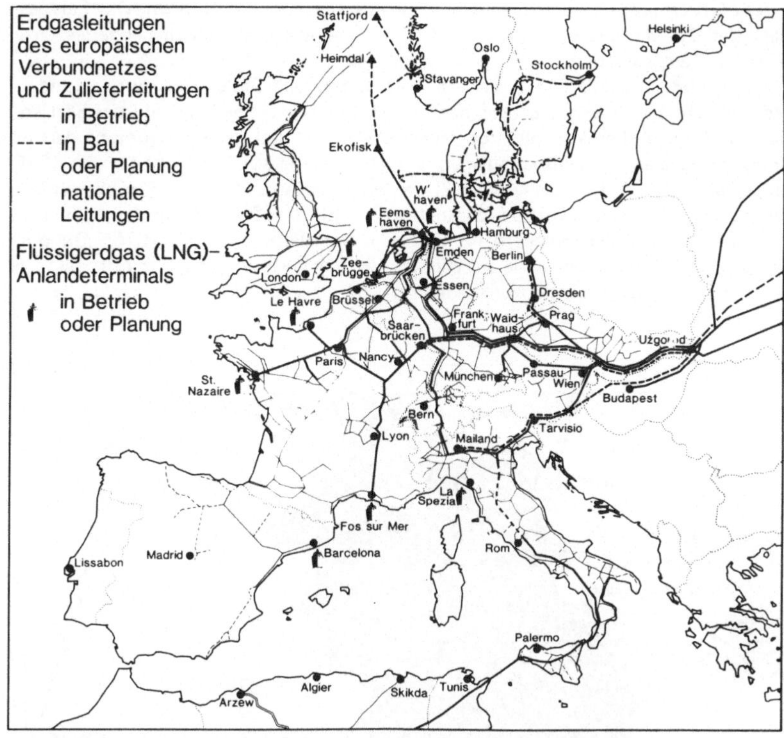

Bild XI.10 Europäischer Erdgasverbund

Technisch und wirtschaftlich ist es heute auch bereits möglich, den europäischen Erdgasverbund über Transportschienen an die sehr großen Erdgasvorkommen der Region um den Persischen Golf anzuschließen.

Positive Perspektiven für die „Erdgaszukunft" Westeuropas ergibt auch eine Gegenüberstellung der geographischen Verteilung der Welterdgasreserven mit den heute realistisch erscheinenden Transportwegen: etwa 3/4 der gesamten nachgewiesenen Welterdgasreserven liegen näher zu Westeuropa als zu den anderen großen Energieverbrauchsschwerpunkten der Welt.

4.4 Das Ferngasnetz der Bundesrepublik Deutschland

Die Erdgas- und Kokereigasleitungen der Ferngasgesellschaften in der Bundesrepublik Deutschland hatten 1979 eine Leitungslänge von 13918 km und die der Erdgasförder- bzw. Liefergesellschaften eine Länge von 4894 km. Hierbei handelt es sich ausschließlich um Hochdruckleitungen, d.h. Leitungen, die mit einem Druck größer 1 bar (Überdruck) beaufschlagt werden können. Das Ferngasnetz der Bundesrepublik Deutschland steht in einem Verbund mit anderen europäischen Ferngassystemen.

Wie aus Bild XI.11 zu erkennen ist, werden alle Ballungsräume der Bundesrepublik Deutschland mit Erdgas bzw. im Falle des Ruhrgebietes und des Saarlandes auch mit Kokereigas versorgt. In Westberlin erfolgt die Gasversorgung derzeit noch mit Gas aus Benzinspaltanlagen. Die Umstellung auf Erdgas ist fest für 1985 eingeplant. Das Erdgasnetz wird z.Z. weiter ausgebaut. Ziel ist es, auch weniger dicht besiedelte Gebiete an das Erdgasnetz anzuschließen. Es steht mit einer größeren Anzahl von Untertagespeichern im Verbund. Das Ferngasleitungsnetz der Bundesrepublik Deutschland ist – wie aus Bild XI.10 zu ersehen ist – auch mit den Netzen anderer europäischer Länder verbunden.

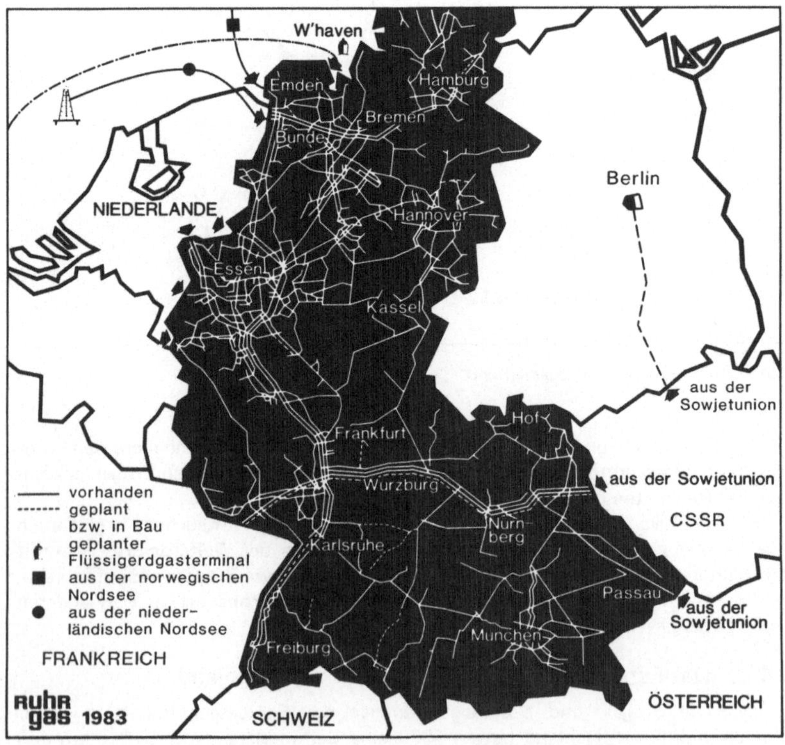

Bild XI.11 Das unterirdische Ferngasleistungsnetz der Bundesrepublik Deutschland

5 Gasverwendung

5.1 Allgemeine Angaben

Die technischen Brenngase – und hier hat Erdgas eine dominierende Bedeutung – werden sowohl als Brennstoff als auch als Rohstoff verwendet. Bei dem Einsatz als Rohstoff ist die Zusammensetzung der Erdgase von Bedeutung. Allerdings ist die Menge des Erdgases, die als Rohstoff eingesetzt wird, sehr beschränkt und beträgt nur etwa 3 % des gesamten Erdgasverbrauchs.

Beim Einsatz als Brennstoff ist die Zusammensetzung ebenfalls wichtig, weil sich aus ihr die Brenneigenschaften ergeben, die durch Kennzahlen, wie Brennwert, Heizwert, Wobbe-Index, Zündgeschwindigkeit und Flammentemperatur charakterisiert werden.

Erdgas als Brennstoff sowie andere technische Brenngase und Flüssiggase weisen eine Reihe von Vorzügen gegenüber festen und flüssigen Brennstoffen auf. Diese beruhen unter anderem auf dem unterschiedlichen Aggregatzustand, der Zusammensetzung und der Umweltfreundlichkeit. Bedingt durch die saubere Verbrennung und genaue Regulierbarkeit lassen sich bei Gas unter bestimmten Voraussetzungen höhere Wirkungsgrade als bei festen und flüssigen Brennstoffen erreichen. Des weiteren entfallen Kosten für Transport, Lagerung und Aufbereitung des Brennstoffes. Zur Aufbereitung zählen, je nach Brennstoffart, Mahlung, Vorwärmung, Zerstäubung und Verdampfung. Es ist auch keine Rückstandsbeseitigung erforderlich. Der Wartungsaufwand für die Brennstellen vermindert sich ebenfalls erheblich.

Erdgas zeichnet sich durch eine hohe Umweltfreundlichkeit aus. Bei gleicher Wärmemenge und gleicher Luftzahl wird z.B. bei der Verbrennung von leichtem schwefelarmem Heizöl ca. 80mal soviel Schwefeldioxid (SO_2) an die Umgebung abgegeben wie bei der Erdgasverbrennung. Feststoffauswurf in Form von Staub und Ruß findet nicht statt. Es werden weder Schwermetalle, Fluoride, Chloride, Kohlenmonoxid oder Kohlenwasserstoffe emittiert. Bei der Erdgasverbrennung bilden sich aus dem Sauerstoff und Stickstoff der Luft Stickoxide, und zwar in ähnlicher Menge wie bei der Verbrennung von Öl und Kohle.

Mehr als 50 % der Immissionen in den Städten und Ballungsgebieten werden durch Kleinfeuerstätten verursacht. Durch verstärkten Erdgaseinsatz in Haushalten, im Gewerbe und bei öffentlichen Einrichtungen wird die Umweltbelastung der Städte und Ballungsgebiete erheblich verringert.

Erdgas ist ungiftig. Sollte es infolge eines Leitungsschadens einmal zu einer Gasleckage kommen, so ist diese im Verteilungsnetz durch den typischen Geruch des odorierten Gases schon bei sehr kleinen austretenden Gasmengen sofort feststellbar. Bei Gasaustritt ist keine Verschmutzungsgefahr von Boden und Gewässern gegeben.

5.2 Gasverwendung im Haushalt und Gewerbe

Gas wird in diesem Sektor vorwiegend zur Raumbeheizung, Warmwassererzeugung sowie zum Kochen und Backen verwendet.

Bei der Hausbeheizung wird am häufigsten die Gaszentralheizung eingesetzt, zu der auch die Etagenbeheizung zählt. Die Gasheizung zeichnet sich gegenüber der Ölheizung durch größere Umweltfreundlichkeit, höheren Jahreswirkungsgrad, höheren Bedienungskomfort, geringeren Wartungsaufwand und Raumersparnis durch entfallende Brennstofflagerung aus. Bei der Etagenheizung wird ein hoher Wirkungsgrad erreicht, da hier die bei der Zentralheizung entstehenden Wärmeverluste durch längere Transportwege entfallen und Stillstandsverluste des Gerätes als Nutzwärme der Wohnung zugute kommen. Der gesamte Wärmebedarf einer Wohnung wird nach dem tatsächlich gemessenen Verbrauch abgerechnet, so daß sich hier eine wesentlich größere Energieeinsparungsmöglichkeit für den Wohnungsinhaber ergeben kann als bei einer konventionellen Heizungsabrechnung, die nur zu max. 60 % nach dem Energieverbrauch erfolgt.

Gas wird schon seit über 80 Jahren zum Kochen und Backen verwendet. Kochen mit Gas ist wirtschaftlich, weil keine Wärmeverluste durch Speicherung in Kochplatten auftreten, die nicht ausgenutzt werden können. Die zugeführte Wärme läßt sich schnell und stufenlos regulieren.

Die Sicherheitseinrichtungen bei Gasheizungen und Gasherden sind heute so hoch entwickelt, daß ein unbeabsichtigter Austritt von unverbranntem Gas praktisch ausgeschlossen werden kann.

Aus den genannten Gründen ist Gas auch im Gewerbe, z.B. in Bäckereien, Fleischereien und in der Gastronomie vielseitig verwendbar und führt oft zu betriebswirtschaftlichen Vorteilen. Durch den Einsatz von Gas lassen sich sehr gleichmäßige Produktqualitäten erzielen.

5.3 Gasverwendung in der Industrie und in Kraftwerken

Erdgas und Kokereigas werden in der Industrie für viele Anwendungsfälle eingesetzt. Für die Gasverwendung sprechen neben wirtschaftlichen Gesichtspunkten auch Aspekte des Umweltschutzes und hohe Produktqualität.

In der Eisen- und Stahlindustrie wird Gas hauptsächlich zur Erzeugung der notwendigen Wärme eingesetzt, z.B. für Schmelzprozesse und zum Beheizen von Glühöfen. Von Vorteil ist hier die gute Regelbarkeit der Erdgasverbrennung, die sowohl weite Regelbereiche ermöglicht als auch die genaue Einhaltung bestimmter Temperaturen und Ofenatmosphären gestattet. Hohe Abgastemperaturen können durch Hochleistungsrekuperatoren zur Verbrennungsluftvorwärmung genutzt werden. Die genaue Einhaltung der notwendigen Prozeßtemperaturen bzw. Temperaturprofile verbessert bei den meisten Wärmebehandlungsverfahren die Produktqualität oder vermindert den Ausschuß. Sie wäre in vielen Fällen bei Verwendung der meisten flüssigen oder festen Brennstoffe nicht in dem geforderten Maße gegeben.

Bei bestimmten Wärmebehandlungsverfahren, z.B. in der Eisen- und Stahlindustrie und der keramischen Industrie, werden oft reduzierende Rauchgasatmosphären verlangt, die beim Einsatz von Erdgas bei Einhaltung eines bestimmten Temperaturbereiches ohne störende Rußbildung eingestellt werden können. Hierdurch kann in vielen Fällen ebenfalls eine bessere Produktqualität erreicht werden.

Bedingt durch die rückstandslose Erdgasverbrennung ist auch eine weitgehende Wärmerückgewinnung aus den Abgasen möglich, da hier keine Wirkungsgradverschlechterung durch Belegen der Wärmetauscherflächen mit Feststoffen, wie Staub, Asche oder Ruß, erfolgt. Aus dem gleichen Grunde ist es auch nicht erforderlich, Staubfilter auf der Abgasseite nachzuschalten. Bei der Verbrennung von Erdgas ist aufgrund des extrem niedrigen Schwefelgehaltes auch keine rauchgasseitige Hoch- und Niedertemperaturkorrosion zu befürchten, wodurch niedrigere

Abgastemperaturen möglich sind, die die Abgasverluste vermindern und den Wirkungsgrad verbessern.

Gasfeuerstätten haben gegenüber Ölfeuerungen – insbesondere bei kleinen und mittleren Leistungen – wesentliche Vorzüge. Zu nennen wären geringere Umweltbelastungen sowie ein sehr geringer Aufwand für die Brennstoffaufbereitung, -zuführung und -dosierung. Aufgrund der extrem niedrigen Umweltbelastungen bei der Gasverbrennung können Industriebetriebe mit Gasfeuerungen auch in Gebieten mit relativ hoher Immissionsvorbelastung neu angesiedelt werden. Des weiteren können in vielen Fällen geringere Schornsteinhöhen erforderlich sein.

Bei der industriellen Großraumbeheizung können durch den Einsatz von Gas-Infrarot-Deckenstrahlern wesentliche Einsparungen gegenüber konventionellen Heizungsarten erreicht werden, weil die Wärmeübertragung durch Strahlung direkt und weitgehend verlustlos erfolgt.

Gas wird auch in erheblichem Umfang in Kraftwerken – insbesondere zur Spitzenstromerzeugung – eingesetzt. Hier konkurriert die Stromerzeugung aus Gas mit der aus Öl und Kohle. Als Vorzüge sind hier für Gas die relativ niedrigen Investitionskosten pro erzeugter Stromeinheit, die Umweltfreundlichkeit, die den Einsatz von kleineren dezentralen Stromerzeugungseinheiten in immissionsvorbelasteten Gebieten möglich macht, sowie die schnelle Betriebsbereitschaft zu nennen, ein wichtiges Kriterium zur Abdeckung von kurzzeitigen Verbrauchsspitzen.

5.4 Gas als Rohstoff

Gas – insbesondere Erdgas – wird als Rohstoff in der Chemie und in der Stahlindustrie eingesetzt. In der chemischen Industrie wird Erdgas überwiegend für die Erzeugung von Synthesegas für die Methanol- und Ammoniakproduktion verwendet.

In der Zukunft könnte in den erdgasproduzierenden Ländern auch der großtechnischen Proteinerzeugung aus Erdgas eine besondere Bedeutung zukommen.

In der Stahlindustrie gewinnt in Ländern mit einem niedrigen Erdgaspreisniveau in zunehmendem Maße die Direktreduktion von Eisenerzen zu Eisenschwamm gegenüber dem klassischen Hochofenverfahren an Bedeutung. Die dabei eingesetzten kohlenmonoxid- und wasserstoffhaltigen Reduktionsgase werden durch Erdgasspaltung erzeugt.

Kokereigas enthält einen größeren Anteil an Wasserstoff, der sich nach dem heutigen Stand der Technik abtrennen läßt. Es werden Überlegungen angestellt, diesen Wasserstoff bei der Kohlehydrierung bzw. bei der Schwerölkonversion einzusetzen.

Zusammenfassend kann gesagt werden, daß die Nutzung von Erdgas und Kokereigas als Rohstoff auch in der Zukunft anteilmäßig recht beschränkt bleiben wird.

5.5 Gas als Treibstoff

Gas – insbesondere Erdgas – ist ein ausgezeichneter Motortreibstoff, der eine hohe Klopffestigkeit besitzt und sehr sauber verbrennt, so daß niedrige Schadstoff-Emissionswerte erreicht werden. Da Erdgas im Schmieröl des Motors nicht gelöst wird, führt der Einsatz von Erdgas gegenüber dem Betrieb mit anderen Brennstoffen zu einer merklichen Motorschonung. Wie in Abschnitt XI.5.6 erwähnt, wird bei gasmotorgetriebenen Wärmepumpen und Blockheizkraftwerken Gas in größerem Umfang als Treibstoff in stationären Motoren eingesetzt. Die Umstellung eines Vergasermotors auf Erdgas ist einfach und billig, während an Dieselmotoren größere Veränderungen vorzunehmen sind. Allerdings ergeben sich bei der Erdgasverwendung in Kraftfahrzeugen – bedingt durch andere Tanksysteme – Zusatzkosten, die geringfügig höher sind als die Umrüstkosten auf LPG-Betrieb.

Für den Motorbetrieb ist es gleich, ob das Erdgas gasförmig komprimiert oder im tiefkalten Zustand – verflüssigt in einem wärmeisolierten Tank – mitgeführt wird. In der Praxis hat sich allerdings der Einsatz von komprimiertem Erdgas (CNG = Compressed Natural Gas) in Kraftfahrzeugen durchgesetzt. Erdgas wird in 2 oder mehreren Druckflaschen (200 ... 250 bar) mitgeführt, womit Reichweiten von 120 ... 200 km erreicht werden. Es kann – falls erforderlich – während der Fahrt auf Benzinbetrieb umgestellt werden.

In mehreren Ländern, vornehmlich in denen die Erdgasvorräte wesentlich größer als die Erdölvorräte sind, werden mit staatlicher Förderung Kraftfahrzeugflotten auf CNG-Betrieb umgerüstet. In Neuseeland sind z.B. derzeit 12 000 CNG-betriebene Fahrzeuge im Einsatz. Das Ziel ist hier, 1985 150 000 solcher Fahrzeuge zu betreiben [6]. Ähnliche Programme gibt es in den USA, Kanada und der UdSSR.

5.6 Technologien zur Einsparung von Erdgas

Der Einsatz der Primärenergie Erdgas stellt von Natur aus eine sparsame Form der Energieverwendung dar, da außer vergleichsweise kleinen Aufwendungen für Aufbereitung und Transport bei dieser Primärenergie nur geringe Energieverluste durch Umwandlung in eine Sekundärenergie, z.B. Wärmeenergie, entstehen. Erdgas ermöglicht daher bei richtiger Anwendung bereits in konventionellen Gasgeräten eine sehr sparsame Ausnutzung der Primärenergie.

Sinnvollerweise setzen die Bemühungen zur Energieeinsparung dort an, wo aufgrund des hohen Einsparpotentials der volkswirtschaftliche Nutzen am größten ist. Da ca. 3/4 des Gesamtenergieverbrauchs der Bundesrepublik Deutschland in den Wärmemarkt fließen, müssen die Schwerpunkte der Energieeinsparmaßnahmen auf diesem Sektor liegen.

Ca. 70 % des Energieverbrauchs von Ein- und Mehrfamilienhäusern dienen der Heizung. Für dieses Gebiet sind in den letzten Jahren neue, auf Gas basierende Technologien entwickelt und z.T. schon bis zur Anwendungsreife gebracht worden, die beachtliche Energieeinsparungen ermöglichen. In diesem Zusammenhang sollen kurz Gaswärmepumpe, Gaswärmezentrum, Brennwertgerät und Blockheizkraftwerke vorgestellt werden.

Bei den Gaswärmepumpen unterscheidet man zwischen Kompressions- und Absorptionswärmepumpen. Bei der Kompressionswärmepumpe dient ein Verbrennungsmotor, in dem Gas eingesetzt wird, als Kompressorantrieb. Gleichzeitig werden die heißen Motorabgase und das zur Motorkühlung erforderliche Wasser energetisch genutzt. Bei der Absorptionswärmepumpe wird anstelle eines mechanischen Kompressors ein „thermischer" Kompressor verwendet, der mit einer Gasbeheizung arbeitet. Die Absorptionswärmepumpe, die wesentlich weniger bewegliche Teile als die Kompressionswärmepumpe aufweist, arbeitet nach einem ähnlichen Prinzip wie ein gasbetriebener Kühlschrank.

Mit einem Ausnutzungsgrad von 130 % bis über 180 % der eingesetzten Primärenergie Erdgas ermöglicht die gasmotorgetriebene Kompressionswärmepumpe im Jahresdurchschnitt Energieeinsparungen von mehr als 50 % gegenüber konventionellen Heizgasanlagen. Heute sind bereits über 350 Gasmotorwärmepumpen in der Bundesrepublik Deutschland erfolgreich im Einsatz, und zwar vorwiegend in Leistungsbereichen mit einem Wärmebedarf ab 100 kW bis in den Megawattbereich.

Mit Blick auf den Bereich der Ein- und Zweifamilienhäuser – mit einem Wärmebedarf unter 40 kW – sind Absorptionswärmepumpen bis zur Marktreife entwickelt worden. Sie ermöglichen gegenüber konventionellen Heizungen eine Energieeinsparung von 35 ... 45 %.

Wie bei allen neuen Technologien ist die Frage der Wirtschaftlichkeit für ihre Durchsetzung am Markt entscheidend. Es kann angenommen werden, daß die Gaswärmepumpe bei steigenden Energiepreisen gute Chancen im Vergleich zur Elektrowärmepumpe haben wird. Aus volkswirtschaftlicher Sicht ist erwähnenswert, daß die Elektrowärmepumpe gegenüber der Gaswärmepumpe den ca. 1,6fachen Primärenergiebedarf erfordert.

Mit dem Gaswärmezentrum wurde die Möglichkeit geschaffen, alle großen Wärmeverbraucher im Haushalt – dazu zählen die Raumbeheizung, die Brauchwassererwärmung, aber auch der Warmwasserbedarf von Wasch- und Spülmaschine – von einer zentralen Wärmequelle aus zu versorgen. Durch die Leistung des Wärmeerzeugers von max. 11 kW – ausreichend für Wohnungen bis zu 110 m^2 Wohnfläche – wird die in der Bundesrepublik Deutschland für größere Leistungen vorgeschriebene jährliche, mit Kosten verbundene, Wirkungsgradüberprüfung überflüssig. Durch die geringe Leistung – in Verbindung mit dem integrierten 90-Liter-Brauchwasserspeicher – ergeben sich ferner sehr günstige Jahreswirkungsgrade sowohl im Heizungsbetrieb als auch für die Warmwassererzeugung. Das Gaswärmezentrum ermöglicht Energiekosteneinsparungen bis zu 25 % und führt gleichzeitig – durch Verkürzung der Aufheizzeiten – zu kürzeren Zykluszeiten bei Geschirrspül- und Waschmaschinen. In der Bundesrepublik Deutschland sind bereits über 2000 Einheiten erfolgreich im Einsatz. Hier werden derzeit Gaswärmezentren von über 5 verschiedenen Herstellern angeboten.

Der Brennwertkessel bezieht seinen Namen aus der Tatsache, daß bei der Kondensation von Abgasen der Brennwert (H_o) des Gases und nicht nur der Heizwert (H_u) ausgenutzt wird. Damit sind – auf den Heizwert (H_u) bezogene – Wirkungsgrade von über 100 % möglich. Die Ausnutzung des Brennwertes erfolgt über eine Kondensation des Wasserdampfanteils im Abgas, die über einen zusätzlichen Kondensationswärmeaustauscher oder eine gegenüber dem konventionellen Heizbetrieb stark vergrößerte Heizfläche erfolgt. Der Brennwertkessel arbeitet am günstigsten in Verbindung mit einem Niedertemperaturheizungssystem, da damit während der gesamten Heizperiode ein für die Kondensation der Abgase günstiges Temperaturniveau im Kondensationswärmetauscher erreicht wird.

Infolge des geringen Auftriebs der stark abgekühlten Abgase sind Brennwertkessel mit einem Ventilator ausgerüstet, der auch die Überwindung höherer Strömungswiderstände gestattet. Hierdurch ist es möglich und notwendig, für die

Abgasabführung dichte, korrosionsbeständige Rohre mit relativ kleinen Querschnitten zu verwenden, die sich auch nachträglich in bestehende Schornsteinsysteme einziehen lassen.

Infolge der außerordentlich niedrigen Betriebsbereitschaftsverluste erreichen Brennwertkessel nicht nur hohe Betriebswirkungsgrade, sondern auch sehr günstige Jahreswirkungsgrade.

Beim Betrieb eines Brennwertkessels werden geringe Mengen an Kondensat gebildet. Bei Gas-Brennwertkesseln bis zu einer Leistung von 50 kW wird wahrscheinlich eine Ableitung über die öffentliche Kanalisation ohne Neutralisation möglich sein. Die geltenden Bestimmungen hierzu werden z.Z. von den Abwasserbehörden in der Bundesrepublik Deutschland überarbeitet.

Anzumerken ist, daß in anderen Ländern Europas, z.B. in den Niederlanden, die Markteinführung schon weiter als in der Bundesrepublik Deutschland fortgeschritten ist.

Für den Einsatz bei Gasherden, in Raumheizern und bei Gaswasserheizern sind in der letzten Zeit neue Brennertypen entwickelt worden, die nach dem Prinzip der Luftvormischung bei relativ hohen Luftzahlen arbeiten. Mit diesen Brennern werden – insbesondere im Teillastbereich – gegenüber konventionellen Brennern wesentlich höhere feuerungstechnische Wirkungsgrade erreicht, so daß insgesamt – über 1 Jahr gesehen – ca. 10 % Erdgas eingespart werden. Diese Brenner sparen nicht nur Energie, sondern sind auch ausgesprochen umweltfreundlich, da sie nur 10 .. 20 % der Stickoxidmenge herkömmlicher Brenner emittieren.

Mit der dezentralen Kraft-Wärme-Kopplung auf der Basis Erdgas ist eine erhebliche Energieeinsparung möglich. Zur Zeit befinden sich in der Bundesrepublik Deutschland ca. 200 gasmotorgetriebene Blockheizkraftwerke mit einer elektrischen und thermischen Leistung von bis zu 12 MW im Einsatz, wobei grundsätzlich mehrere Module zusammengeschaltet werden.

Diese dezentrale gleichzeitige Erzeugung von Wärme und Strom auf der Basis Erdgas führt zu Nutzungsgraden von mehr als 80 %, während bei der reinen Stromerzeugung nur ca. 35 % ausgenutzt werden könnten. Die Kraft-Wärme-Kopplung in einem Blockheizkraftwerk ist ein Beispiel dafür, daß unter gewissen Umständen die Erzeugung von Strom und Wärme – in den meisten Fällen heißes Wasser für Beheizungszwecke – in der Nähe des Verbrauchers betriebswirtschaftlich und energiepolitisch sinnvoll sein kann.

Neben diesen technischen Neuentwicklungen, die aber in vielen Einzelaggregaten aus technisch bewährten Komponenten bestehen, sei auf die zahlreichen Maßnahmen hingewiesen, die der Wirkungsgradverbesserung von konventionellen Gasfeuerstätten dienen und die den spezifischen Energieverbrauch reduzieren. Zu den Maßnahmen, die zwischenzeitlich von der Geräteindustrie, z.T. bereits bis zur Marktreife, entwickelt wurden, gehören spezielle Gaszentralheizungsgeräte für Niedertemperaturheizungen, die gleitende Leistungsanpassung an den tatsächlichen Wärmebedarf bei Gaszentralheizungsgeräten, die integrierte Regelautomatik bei Gasheizungsautomaten, die verbesserte Wärmedämmung der Geräte sowie der Einsatz von thermisch oder motorisch gesteuerten Abgasklappen, die die Abgaswärmeverluste verringern.

Die Geräteindustrie hat sich das Ziel gesetzt, durch gerätetechnische Weiterentwicklung den mittleren Jahreswirkungsgrad neuerstellter konventioneller Wärmeerzeugungsanlagen bis 1985 um 10 ... 12 % zu erhöhen.

Des weiteren ergeben sich auch im industriellen Bereich erhebliche Energieeinsparungsmöglichkeiten. Ein wichtiger Ansatzpunkt ist hierbei die Vorwärmung der Verbrennungsluft durch die in den heißen Abgasen enthaltene Wärme. Insbesondere bei industriellen Wärmebehandlungsprozessen, z.B. Glühöfen in der eisenverarbeitenden Industrie, ergeben sich dadurch Brennstoffersparnisse von 20 ... 30 % bei einer Verbrennungsluftvorwärmung auf 400 ... 600 °C.

Im Hochtemperaturbereich kann durch den Einsatz von Sauerstoff-Erdgasbrennern elektrische Energie eingespart werden. In Japan werden Systeme zur Schrottvorheizung bei Lichtbogenöfen betrieben, die Flammentemperaturen von ca. 2 800 °C erreichen. Neben der Einsparung an elektrischer Energie ist auch eine wesentliche Verkürzung des Schmelzprozesses möglich.

Ein erheblicher Energieanteil wird bei verschiedenen industriellen Prozessen für die Aufheizung von Flüssigkeiten in Tanks und Wärmebehandlungsanlagen benutzt. In der Vergangenheit wurde die Flüssigkeitsaufheizung im wesentlichen durch dampfbeheizte in die Flüssigkeit eingetauchte Wärmeaustauschrohre erreicht. Der Gesamtwirkungsgrad solcher Systeme unter Berücksichtigung der Verluste im Dampferzeuger und des Leitungssystems lag oft – bezogen auf den oberen Heizwert – unter 50 %, der durch neu entwickelte Tauchbrennersysteme auf über 80 % gebracht werden kann. Solche Direktbeheizungssysteme können im wesentlichen nur mit Gas realisiert werden, da andere Brennstoffe zu Produktverunreinigungen führen würden.

Für Unterglas-Gewächshäuser wird zur Zeit ein auf Gas basierendes kombiniertes Beleuchtungs- und Direktbeheizungssystem entwickelt. Hierdurch erhöht sich auch der CO_2-Gehalt im Gewächshaus, was zu einer wesentlichen Ertragssteigerung, Qualitätsverbesserung und Kulturzeitverkürzung führen kann. Gegenüber konventionellen Heizsystemen ergibt sich eine Heizenergieeinsparung von 25 ... 35 % bei gleichzeitiger Einsparung von elektrischer Energie für die Beleuchtung.

Von der Gasindustrie wird zur Zeit eine Serie von stickoxidarmen Brennern – insbesondere auch für industrielle Anwendungen – entwickelt, die die Stickoxidemissionen gegenüber konventionellen Erdgasbrennern auf ein 20tel und weniger reduzieren. Diese stickoxidarmen Brenner, die mit Luftvormischung bei relativ hohen Luftzahlen arbeiten, ermöglichen die Direkttrocknung von Lebensmitteln, eine Direktbeheizung von Gewächshäusern sowie zukünftig auch eine weitgehende Reduzierung der Stickoxidemissionen bei Gasturbinen und anderen industriellen Prozessen. Bei vielen potentiellen Anwendungsfällen ist gleichzeitig eine erhebliche Energieeinsparung möglich.

Im industriellen Bereich können Energieeinsparungen auch durch den Einsatz von neu entwickelten energieeinsparenden Brennern bzw. Brennstoff/Luft-Regeleinrichtungen sowie Isolierungen aus hochtemperaturbeständigen keramischen Fasermatten erreicht werden. Wesentliche Energieeinsparungen sind auch durch verfeinerte Regelungstechnik und Aufspüren und Beseitigen von „Wärmelöchern" mit Infrarotkameras möglich. Des weiteren ist es in vielen Fällen sinnvoll, die Prozeß- und Produktabwärme für industrielle Raumheizungszwecke einzusetzen und gezielte Wartungsarbeiten turnusmäßig durchzuführen.

Kostenrechnungen zeigen, daß sich bei dem heutigen Energiepreisniveau Investitionen für Energieeinsparungen oft in relativ kurzer Zeit amortisieren.

Es sollte auch nicht unerwähnt bleiben, daß Energieeinsparung praktizierter Umweltschutz ist.

6 Neue, auf Gas basierende Energiesysteme

6.1 Wasserstoff

Großes Interesse findet als Zukunftsprojekt eine mögliche Gasversorgung mit Wasserstoff – entweder dem Erdgas zugemischt oder in separaten Rohrleitungen transportiert. Wasserstoff ist der umweltfreundlichste Brennstoff, nur ist seine Erzeugung z.Z. noch viel zu teuer. Der Rohrleitungstransport von Wasserstoff scheint, soweit es den Ferntransport angeht, mit überwindbaren technischen Problemen behaftet zu sein. So wird in der Bundesrepublik Deutschland seit vielen Jahren Wasserstoff über eine Pipeline von den Chemischen Werken Hüls (nordöstliches Ruhrgebiet) in den Kölner Raum transportiert. Wasserstoff könnte u.U. auch in Erdgas-Transportsystemen eingesetzt werden. Da Wasserstoff und Erdgas etwa den gleichen Wobbe-Index haben, ist auch die Energietransportkapazität für eine gegebene Leitung – bei gleichen Anfangs- und Enddrücken – für Wasserstoff und Erdgas annähernd gleich. Beim Wasserstoff muß allerdings das 3- bis 3,5fache Volumen in den Zwischenverdichterstationen komprimiert werden. Da Wasserstoff unterschiedliche physikalische Eigenschaften als Erdgas aufweist, ist gegenüber Erdgas mit einem ca. 5,5fachen höheren Verdichtungsaufwand zu rechnen. Desgleichen ergeben sich aufgrund des größeren Volumens wesentlich höhere Speicherkosten. Abschätzungen in den USA haben allerdings ergeben, daß die Transportkosten je Energieeinheit beim Wasserstoff immer noch erheblich unter den Stromtransportkosten liegen.

Bei der Weiterverteilung und Verwendung sind allerdings noch manche Fragen offen (Verhalten von Kunststoffrohren, Entwicklung neuer Brennertypen).

Das Hauptproblem liegt jedoch in der Wasserstofferzeugung. Hier wird in mehreren Pilotanlagen versucht, den Bedarf an elektrischer Energie bei der Elektrolyse zu senken. Ein anderer Weg wäre die thermolytische Spaltung von Wasser mittels nuklearer Prozeßwärme, doch sind die bisher experimentell untersuchten chemischen Kreisprozesse alle recht kompliziert, so daß heute die Entwicklungspriorität bei der elektrolytischen Wasserstofferzeugung liegt. In diesem Zusammenhang sind französische Erwägungen zu erwähnen, den Schwachlaststrom von Kernkraftwerken zur Wasserstofferzeugung zu nutzen.

Wasserstoff wird aus wirtschaftlichen Gründen vor einem Einsatz in der Gaswirtschaft ein breiteres Abnehmerfeld in der chemischen Industrie sowie bei der Kohleveredelung und in Raffinerien zur Aufarbeitung von schweren Ölfraktionen finden. Im Rahmen der Kohleveredlung werden bei der Kohlehydrierung und bei der hydrierenden Kohlevergasung zur Erzeugung von Erdgasaustauschgas (SNG) größere Mengen Wasserstoff benötigt.

Beim Einsatz in der Gaswirtschaft ist eine Zumischung bis zu einem Anteil, bei dem weder Leitungssysteme noch Verbrauchereinrichtungen modifiziert werden müssen, die präferierte Alternative.

6.2 Biogas

Unter Biogas versteht man Gas, das aus pflanzlichen und tierischen Abfällen gewonnen wird. Es wird aber auch in der Zukunft daran gedacht, schnell wachsende Pflanzen – insbesondere Unterwasserpflanzen – zu züchten, um diese zur Biogaserzeugung einzusetzen.

Die pflanzlichen und tierischen organischen Materialien werden in speziellen Anlagen mit Hilfe von anaeroben Mikroorganismen sauerstofflos vergoren. Es entsteht dabei Gas, das zu 50 ... 60 % aus Methan besteht. Der Rest ist vorwiegend Kohlendioxid sowie Spuren von Wasserstoff, Wasserdampf und Schwefelwasserstoff. Weiterhin fällt ein Restschlamm an, der sich in vielen Fällen für Düngezwecke einsetzen läßt.

In der Bundesrepublik Deutschland werden in einer Anzahl von Biogas-Anlagen hauptsächlich tierische Abfälle eingesetzt. Weit größere Bedeutung haben Biogas-Anlagen in Entwicklungsländern. So gibt es z.B. in Indien und China mehrere 100 000 kleine Biogas-Anlagen zur Erzeugung von Brenn- und Leuchtgas.

6.3 Brennstoffzellen

Eine ähnliche Aufgabe wie gasmotorgetriebene Blockheizkraftwerke erfüllen Brennstoffzellenaggregate, die sich insbesondere in den USA in der Entwicklung befinden. Bei ihnen wird auch gleichzeitig elektrischer Strom und für Heizungsanlagen nutzbare Wärme erzeugt. In der Brennstoffzelle wird aus Erdgas erzeugtes wasserstoffreiches Gas mit Luft in Gleichstrom und Wärme umgesetzt. Es handelt sich hierbei technisch um die Umkehrung der Wasserelektrolyse. Aus dem Gleichstrom wird in einem nachgeschalteten Inverter Wechselstrom erzeugt.

Der Nutzungsgrad liegt, bezogen auf die Energie im eintretenden Erdgas bei ca. 85 %, wobei etwa die Hälfte der Energie in Form von elektrischem Strom abgegeben werden kann. In den USA werden derzeit ca. 50 Aggregate mit einer elektrischen Leistung von 40 kW in einem Feldtest in Restaurants, Krankenhäusern usw. ausgetestet. Derzeit werden in New York und Japan jeweils ein Brennstoffzellen-Kraftwerk mit einer elektrischen Leistung von ca. 5 MW in Betrieb genommen.

Literatur

[1] Rohstoff Kohle, Eigenschaften, Gewinnung, Veredlung, Verlag Chemie, Weinheim, New York 1978, S. 176–184.

[2] *Brecht, Chr., Hoffmann, G.*: Vergasung von Kohle – Eine tabellarische Übersicht der in- und ausländischen Entwicklungen sowie der großtechnisch eingesetzten Verfahren. gwi gas wärme international (1983). Heft 1, S. 7–24.

[3] Why coal gasification is superior to electrification, Pipe Line Industry, Sept. 77, S. 46/48.

[4] *Tuppeck, F.*: Perspektiven für den internationalen Transport von Energieträgern, dargestellt am Beispiel des Erdgastransportes, Erdöl-Erdgas-Zeitschrift, 95. Jg. Juni 1979, S. 189/95.

[5] *Pfletschinger, W., Ritzmann, G., Kegel, W.*: Die Entwicklung der Gaswirtschaft in der Bundesrepublik Deutschland im Jahre 1981. gwf-gas/erdgas 123. Jg. 1982, Heft 9.

[6] Energy Topics of IGT Highlights, Jan. 18, 1982 (IGT = Institute of Gas Technology, Chicago).

Handbücher und Zeitschriften

Das Gas- und Wasserfach, später: gwf-gas/erdgas, Verlag R. Oldenbourg, München.

gwi gas wärme international, Vulkan-Verlag Essen.

Erdöl und Kohle, Erdgas, Petrochemie vereinigt mit Brennstoff-Chemie. Industrie-Verlag von Herrenhausen, 7022 Leinfelden.

Erdöl-Erdgas-Zeitschrift, Urban Verlag, Hamburg/Wien, GmbH.

Brennstoff-Wärme-Kraft (BWK). VDI-Verlag, Düsseldorf.

Berichte der Internationalen Gas Union, (IGU), in 3jährigem Turnus veröffentlicht. International Gas Union, London SW 1 X 7ES 17 Grosvenor Crescent.

Taschenbuch Erdgas, herausg. von H. Laurien, 2. Auflage 1970. Verlag R. Oldenbourg, München.

Gas Engineers Handbook, herausg. von American Gas Association, Inc., Verlag The Industrial Press, New York 1965.

Gasversorgungstechnik, VEB Deutscher Verlag für Grundstoffindustrie (1979). Herausg. W. Altmann, M. Engshuber und Kowaczeck.

Gas-Verbrennung-Wärme (GWI-Arbeitsblätter), Bd. I, II und III, Schuster, F., Leggewie, G., Škunca, I., Vulkan-Verlag, Essen.

Grundlagen der Gastechnik, Carl Hanser Verlag, München (1981). Herausg. G. Cerbe.

XII Rationelle Energieverwendung

H. Schaefer

1 Einführung

Der Begriff der rationellen Energieverwendung ist für den Fachmann keineswegs neu: Schon Leonardo da Vinci konzipierte eine Abgasturbine, die, den Auftrieb in einem Kamin nutzend, einen Bratenspieß antreiben sollte. Und das „Grandl" in den Küchenherden unserer Großeltern entsprach im Prinzip der komplizierten Speisewasservorwärmung moderner Dampfkessel.

Politiker und Öffentlichkeit entdeckten die rationelle Energieverwendung erst nach der Ölversorgungskrise des Jahres 1973. Nie zuvor gab es eine derartige Fülle von Hinweisen darauf, was verbessert, wo und wie Energie zweckentsprechender verwendet werden sollte.

In der Tat ist es heute wichtiger denn je, mit der uns zur Verfügung stehenden Energie sinnvoller und sparsamer umzugehen. Unsere Energieversorgung ist zu 95 % auf quantitativ begrenzte, nicht reproduzierbare fossile und nukleare Brennstoffe angewiesen. Insbesondere die westlichen Industriestaaten sind in hohem Maße von der Zufuhr flüssiger Energieträger abhängig. Wohin solche Abhängigkeit führen kann, erwies sich im Winter 1973, als uns die Ölförderländer des Nahen Ostens den Boykott erklärten.

Energie rationeller zu verwenden bedeutet nicht, wie vielfach angenommen wird, auf bestehende Annehmlichkeiten zu verzichten. Wie die folgenden Ausführungen zeigen, läßt sich Energie einsparen, ohne die individuelle Freizügigkeit durch administrative Regelungen einzuengen, ohne die Güterproduktion zu drosseln oder den Komfort zu schmälern. Wo gibt es Ansatzpunkte für einen rationelleren Energieeinsatz? Hierzu zunächst eine kurze Übersicht über die Struktur unserer Energieversorgung.

Vom gesamten Primärenergieaufkommen der Bundesrepublik Deutschland (12 992 PJ im Jahr 1980) dienen etwa 58 % zur Deckung des Endenergiebedarfs. Rund 18 % werden exportiert, gebunkert oder nichtenergetischen Zwecken zugeführt; der Rest ist im Wirtschaftszweig Energieversorgung als Verluste und Eigenbedarf bei der Umwandlung von Primär- in Sekundärenergieträger und den Energietransport ausgewiesen. Eine aus Einzeluntersuchungen hochgerechnete Aufteilung des Endenergieumsatzes auf die einzelnen Anwendungsarten ist in Bild XII.1 dargestellt. Der Bedarf für die Raumheizung beträgt 36 %, wovon die Hälfte auf die privaten Haushalte entfällt. Der Anteil für Prozeßwärme einschließlich Kochen, Waschen und Trocknen erreicht 36 %. Davon gehen rund drei Viertel in die Industrie, der Rest wird in den Sektoren Haushalt und Kleinverbrauch benötigt. Von den verbleibenden 28 % des gesamten Endenergiebedarfs entfallen vier Fünftel auf den

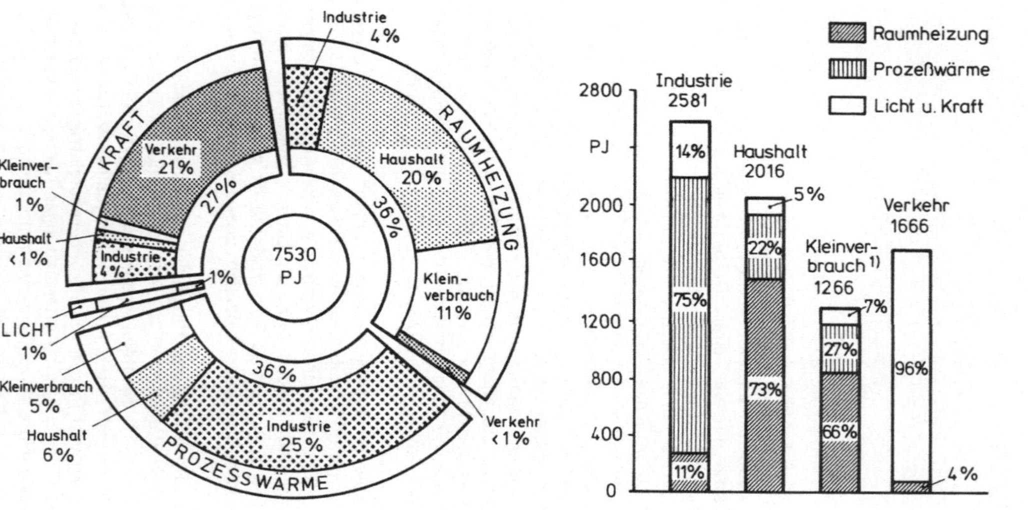

1) einschl. militärischer Dienststellen

Bild XII.1 Aufteilung des Energiebedarfs auf Verbrauchersektoren und Bedarfsarten in der Bundesrepublik Deutschland 1980

Verkehr. Für den Licht- und Kraftbedarf in Industrie, Haushalt und Kleinverbrauch werden nur rd. 7 % des Energieverbrauchs aufgewendet. Die Umwandlung der Endenergie in die vom Verbraucher gewünschte Nutzenergie ist natürlich nicht vollkommen. Der Nutzungsgrad, der die Effizienz dieser Umwandlung beschreibt, erreicht im Gesamtbereich der Industrie rund 55 %, im Haushalt und Kleinverbrauch 45 % und im Verkehr gar nur 17 %. Somit entstehen bei der Nutzenergieerzeugung, die zum Zeitpunkt des Bedarfs beim Endverbraucher stattfindet, Verluste, die fast 40 % des Primärenergieumsatzes ausmachen. Das zeigt schon, daß die größten Rationalisierungsreserven im Bereich der Anwendungstechnik stecken.

Die Möglichkeiten eines rationelleren Energieeinsatzes liegen teilweise im nichttechnischen, vielfach im technischen und überwiegend im energetischen Bereich. Sie lassen sich folgendermaßen beschreiben:

- Unnötigen Nutzenergieverbrauch vermeiden,
- den spezifischen Nutzenergieverbrauch für bestimmte Anwendungszwecke senken,
- den Primärenergieaufwand pro Einheit an Nutzenergie verringern,
- regenerative Energiequellen stärker nutzen,
- Energie rückgewinnen, wo es technisch und wirtschaftlich sinnvoll ist.

2 Wege zu rationellerem Energieeinsatz

2.1 Vermeiden unnötigen Nutzenergiebedarfs

Unter unnötigem Nutzenergieeinsatz ist der Verbrauch an Licht, Kraft, Wärme oder auch Kälte zu verstehen, der nichts dazu beiträgt, den Komfort zu erhalten oder zu steigern, die Produktion zu erhöhen oder Dienstleistungen zu verbessern. Gemeint sind also jene Energiemengen, die meist aus Gleichgültigkeit oder Unkenntnis verschwendet werden.

Der leerlaufende Fahrzeugmotor, die im Leerbetrieb gefahrene Trockenanlage, das Beheizen nicht benutzter Räume, das Zapfen von unnötig großen Warmwassermengen sind Beispiele für die Verschwendung von Energie, ebenso wie der zusätzlich Verbrauch, der bei Prozeßanlagen durch bewußt zu hoch angesetzte Forderungen an die Zustandsparameter („Angstzuschläge") verursacht wird. Diese Nutzenergieverschwendung ist häufig die Folge einer allgemeinen Fehleinschätzung von Energie und insbesondere einer falschen Bewertung der verschiedenen Nutzenergiearten. Irrige Vorstellungen über den Endenergiebedarf führen oft zu einem „Spartick" bei der Beleuchtung und einem leichtsinnigen Umgang mit Heizwärme und Warmwasser.

2.2 Verringerung des Nutzenergiebedarfs

Der Nutzenergiebedarf ist im allgemeinen durch den jeweiligen Anwendungszweck und die gewählten Prozeßparameter festgelegt.

Will man beispielsweise einen Wohnraum temperieren, so ist der hierzu erforderliche Betrag an Wärme u. a. abhängig von der gewünschten Raumtemperatur, vom Heizungssystem, von der Wärmedämmung und der Speicherfähigkeit der Wandflächen und von der durch Beleuchtungskörper, Sonneneinstrahlung und Bewohner freiwerdenden Abwärme. Eine Verringerung dieses Energiebedarfs ist vor allem durch technische Maßnahmen zu erreichen. Hierzu gehört z. B. die Verringerung des

Wärmebedarfs für die Raumheizung durch bessere Wärmedämmung der Raum- bzw. Gebäudeumschließungsflächen, durch besseres Steuern und Regeln der Raumheizsysteme und durch möglichst optimale Nutzung der aus der Sonneneinstrahlung gewinnbaren freien Wärme.

Bei manchen fertigungstechnischen Prozessen kann der Nutzenergiebedarf gesenkt werden, indem man zu anderen Technologien übergeht. So ist z. B. der Energieaufwand bei der mechanischen Trocknung um etwa zwei Größenordnungen geringer als bei der Anwendung thermischer Verfahren. Einschränkend muß jedoch gesagt werden, daß diese Substitutionsmöglichkeit von der Art des Trockengutes abhängt und nicht generell anwendbar ist.

Eine Stoffrückführung (Recycling) kann den Energiebedarf für die Herstellung neuen Materials wesentlich senken. So liegt der Endenergieverbrauch für die primäre Aluminiumherstellung aus Bauxit bei etwa 24 000 kWh/t, während er für die Aluminiumgewinnung aus Aluminiumschrott nur rd. 750 kWh/t, also 3 % beträgt. In der Stahlerzeugung erreicht der Endenergiebedarf für die Herstellung aus Schrott im Elektrostahlofen mit etwa 780 kWh/t nur knapp 15 % des Aufwandes für die Roheisengewinnung aus Erz im Hochofen mit anschließender Oxygen-Stahlerzeugung.

Wie schon erwähnt wurde, spielt der Energieaufwand für Beleuchtungszwecke eine untergeordnete Rolle. Doch gibt es auch hier Einsparungsmöglichkeiten durch eine günstige lichttechnische Konzeption der Räume, durch optimale Auswahl und Anordnung von Lampen und Leuchten und durch die räumliche und farbliche Gestaltung der Umschließungsflächen im Hinblick auf einen hohen Beleuchtungswirkungsgrad. Im übrigen gilt hier die Regel, daß oft ein Mehr an Lichtstrom zu rationellerem Gesamtenergieeinsatz führt. Durch richtige Beleuchtung eines Arbeitsplatzes läßt sich nämlich Energie einsparen, wenn die Produktivität erhöht bzw. die Produktion von Ausschuß verringert werden kann.

Weitere Möglichkeiten, den Nutzenergiebedarf zu senken, liegen in einer zweckmäßigen Gestaltung der Betriebsmittel. So kann man z. B. im Verkehrsbereich durch aerodynamisch günstige Gestaltung der Fahrzeugkarosserien und Verringerung des Gewichts den Fahrenergiebedarf beträchtlich vermindern.

2.3 Reduzierung des spezifischen Primär- und Endenergiebedarfs

Eine Reduzierung des auf die Nutzenergie bezogenen End- und Primärenergiebedarfs läßt sich durch höhere Nutzungsgrade in allen Stufen der Energieumwandlung und -anwendung erzielen. Besonderes Augenmerk ist hier auf die Anwendungstechnik zu richten, denn die bei der Umwandlung von End- in Nutzenergie auftretenden Verluste sind etwa doppelt so hoch wie die, die bei der Primärenergieumsetzung auftreten.

Die Nutzungsgrade energietechnischer Anlagen können durch energetisch günstigere Auslegung und sinnvolleren Betriebseinsatz verbessert werden. Bei den heutigen Energiepreisen lohnt sich mancher zusätzliche gerätetechnische Aufwand, der vor einigen Jahren zwar technisch realisierbar, wirtschaftlich aber nicht vertretbar war.

Eine einfache und bei allen modernen Anlagen und Maschinen sehr wirksame Maßnahme, den Endenergiebedarf für bestimmte Anwendungszwecke zu ver-

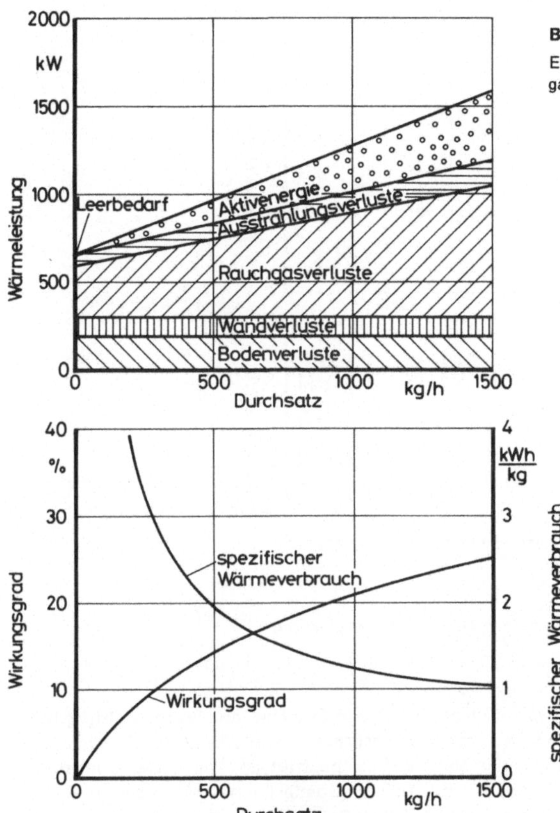

Bild XII.2

Energetische Kennlinie eines gasbeheizten Schmiedeofens

ringern, besteht in einer möglichst hohen Auslastung. Nur selten wird erkannt, wie entscheidend der relativ hohe Grundbedarf moderner Fertigungsanlagen für den spezifischen Energieverbrauch ist. Bild XII.2 zeigt Wärmeleistung, spezifischen Wärmeverbrauch und Wirkungsgrad eines gasbeheizten Schmiedeofens abhängig vom Gutsdurchsatz. Da der lastunabhängige Grundbedarf einen hohen Anteil am Gesamtbedarf hat, ergibt sich mit steigendem Durchsatz eine Absenkung des spezifischen, auf die Gutsmasse bezogenen Verbrauchswertes. Eine gute Auslastung von Anlagen kann daher entscheidend zur Verringerung des spezifischen Energieaufwandes beitragen.

Möglichkeiten der rationelleren Kraftbedarfsdeckung ergeben sich aus der Tatsache, daß bei Werkzeugmaschinen ca. 30 % des Energiebedarfs durch Leerbetrieb in Pausenzeiten bedingt sind. Hinzu kommt die Unkenntnis des tatsächlichen Kraftbedarfs der einzelnen Produktionsschritte, die zu einer Überdimensionierung der Antriebe und somit zu größeren Verlusten führt. Verbesserungen sind hier

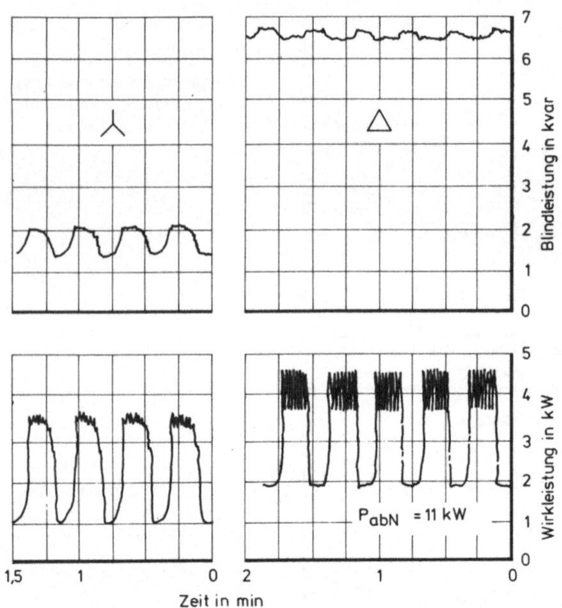

Bild XII.3 Leistungsaufnahme einer Kurbelpresse beim Stanzen

durch die Umschaltung des Elektroantriebs von Dreieck- auf Sternschaltung möglich, sofern dies die technischen Daten des Motors erlauben und der Antrieb nicht mit mehr als einem Drittel seiner Nennleistung belastet ist. Die Auswirkungen dieser Maßnahme auf den Energie- bzw. Leistungsbedarf eines Motors sind in Bild XII.3 veranschaulicht. Neben einer deutlichen Senkung der Wirkleistungsaufnahme und damit einer Verbesserung des Wirkungsgrades geht der Blindleistungsbedarf auf ca. ein Drittel zurück. Somit können die Verluste verringert und das Betriebsnetz besser ausgelastet bzw. geringer dimensioniert werden.

Im Bereich der Raumheizung lassen sich durch richtige Dimensionierung, regelmäßige Wartung und optimale Einstellung sowie fachgerechten Betrieb der Feuerung und des Kessels in vielen Fällen die Rauchgasverluste vermindern. Gleiches gilt für brennstoffbeheizte Industrieöfen.

Welchen Einfluß die Betriebsweise einer Maschine auf den Nutzungsgrad haben kann, sieht man am deutlichsten im Bereich des Straßenverkehrs. Vergleichstests haben gezeigt, daß der persönliche Fahrstil den Kraftstoffverbrauch eines Fahrzeugs in weiten Grenzen beeinflußt. Bei gleichen Fahrzeugen und identischen Fahrstrecken, aber verschiedenen Fahrern können die Unterschiede im Kraftstoffverbrauch bis zu 50 % ergeben. Hochtouriges Ausfahren der Gänge, abruptes Beschleunigen und Bremsen und unnötiger Leerlauf im Stand bringen keinen nennenswerten Zeitgewinn, führen aber zu erhöhtem Kraftstoffverbrauch und vorzeitigem Verschleiß.

2.4 Nutzung regenerativer Energiequellen

Die natürlichen Energiequellen Wind, Wasser, Erdwärme und Sonnenstrahlung bilden ein nahezu unerschöpfliches Energiereservoir. Ihre Nutzung wirft allerdings große technologische und wirtschaftliche Probleme auf, zudem wird ihre Umweltfreundlichkeit häufig überschätzt. Die Chancen der genannten Energiequellen, zu unserer Energieversorgung beizutragen, lassen sich kurz folgendermaßen beschreiben:

- Solare Strahlungsenergie kann auch bei uns Wärme für Heizzwecke und zur Warmwasserbereitung bereitstellen. Durch den Einsatz von Hochtemperatur-Kollektoren eröffnen sich darüber hinaus Energieimport- und Technologieexportmöglichkeiten. Eine wirtschaftliche Direktwandlung der solaren Strahlungsenergie in elektrische Energie ist erst in weiter Zukunft zu erwarten. Dies gilt ebenso für biologische und chemische Nutzung solarer Strahlung.
- Windenergie kann einen Beitrag zur dezentralen Energieversorgung leisten.
- Wellenenergie wäre aufgrund ihrer relativ hohen Energiedichte eine interessante Möglichkeit dezentraler Stromerzeugung. Der Stand des Wissens läßt heute noch keine detaillierten Aussagen über die technisch-wirtschaftlich ausschöpfbaren Potentiale zu.
- Gezeitenkraftwerke können in der Bundesrepublik Deutschland nicht und weltweit nur an wenigen, meist verbraucherfernen Standorten installiert werden. Ihr Einsatz wird sich wegen des geringen Potentials und aus wirtschaftlichen und ökologischen Gesichtspunkten auf Sonderfälle beschränken.
- Meereswärmekraftwerke sind in unseren Breiten nicht einsetzbar. Ihre Nutzung wird, wenn man die dagegensprechenden ökologischen Bedenken ausräumen könnte, auf wenige klimatisch ausgeprägte Regionen beschränkt bleiben.
- Geothermische Energie kann in der Bundesrepublik Deutschland nur an wenigen Stellen genutzt werden. Eine etwas breitere Anwendung ist erst durch Erschließung trockenen, heißen Gesteins (Hot-Dry-Rock-Technologie) zu erwarten. Weltweit wird die Nutzung geothermischer Anomalien weiter ausgebaut werden, stößt jedoch zunehmend auf umweltbedingte Ausbaurestriktionen.
- Laufwasserenergie bietet in der Bundesrepublik Deutschland kaum noch Ausbaumöglichkeiten. Weltweit existieren jedoch – insbesondere in weniger industrialisierten Regionen – erhebliche Nutzungspotentiale.
- Umgebungswärme, gebunden an Luft, Wasser oder an Erdreich, ist eine Form der Solarenergie. Sie kann mit Hilfe von Wärmepumpen auf ein nutzbares Temperaturniveau angehoben werden und so einen Beitrag zur Raumheizung oder zur Warmwasserbereitung leisten.

2.5 Energierückgewinnung

Vielfältige Ansatzpunkte zur verbesserten Energienutzung bieten sich durch die Energierückgewinnung. Sie ist – sieht man von der Rückgewinnung kinetischer Energie beim Bremsen bewegter Massen an Maschinen ab – meist eine Rückgewinnung von Abwärme.

Für eine Wärmerückgewinnung kommen grundsätzlich nur an ein flüssiges oder gasförmiges Medium gebundene, konzentrierte Wärmeströme in Frage. Abwärme von hoher Temperatur kann mit relativ geringem Aufwand entweder direkt oder durch einfachen Wärmetausch genutzt werden. Bei Wärme von niedriger Temperatur ist eine unmittelbare Nutzung häufig nicht möglich, hier bieten sich folgende Alternativen an:

- die Verwendung von Wärmepumpen, mit deren Hilfe Wärme von höherer Temperatur gewonnen werden kann,
- die Anpassung des Wärmeabnehmers an das verfügbare Temperaturniveau.

Die letztgenannte Möglichkeit eignet sich besonders für die Raumkonditionierung. Üblicherweise liegen die Temperaturen der Heizkörper erheblich über der Raumtemperatur. Durch Vergrößerung der Heizflächen, d. h. letztlich durch Einführung von Flächenheizsystemen mit niedrigeren Temperaturen, kann die Raumheizung verstärkt zur Abwärmenutzung beitragen.

Bevorzugte Zielgebiete einer Abwärmenutzung sind die Bereiche der Stromerzeugung, der Raumheizung, der Warmwasserbereitung im Haushalt und der industriellen Prozeßwärme. Die in herkömmlichen Wärmekraftwerken anfallende Abwärme kann meist nicht direkt genutzt werden, weil ihre Temperatur für übliche Raumheizungssysteme zu niedrig ist und weil dem hohen, konzentrierten Abwärmeanfall im Kraftwerk meist kein Bedarf mit ausreichender Lastdichte in genügender Nähe gegenübersteht.

Projekte, die die Kraftwerksabwärme niedriger Temperatur für die Landwirtschaft, den Unterglasgartenbau oder für die Fischzucht nutzen, befinden sich gegenwärtig im Versuchs- und Erprobungsstadium und werden vom Bundesministerium für Forschung und Technologie gefördert.

Aus Gründen des rationellen Energieeinsatzes kann es durchaus sinnvoll sein, neben Kraftwerken hoher Einheitsleistung, kleine Anlagen mit Verbrennungskraftmaschinen (sog. Blockheizkraftwerke) zur gekuppelten Erzeugung von Strom und Wärme zu errichten. Diese können den Bedarfsverhältnissen nahegelegener Verbrauchsschwerpunkte angepaßt werden und gestatten bei möglichst einfachem Anlagenaufbau einen automatisierten Betrieb. Die Krafterzeugung erfolgt mit Gas- bzw. Dieselmotoren oder kleinen Gasturbinen, deren Abwärme zu Heizzwecken verwendet wird und die darüberhinaus Strom mit gutem Nutzungsgrad der eingesetzten Primärenergie liefern. Heizkraftwerke dieser Art, deren Entwicklung vom Bundesministerium für Forschung und Technologie unterstützt wurde, werden heute vorzugsweise in Form von Mehrmotorenanlagen realisiert.

Im Industriebereich häufig anzutreffende Anlagen zur Wärmerückgewinnung sind Rekuperatoren an Industrieöfen, mit deren Hilfe ein Teil der fühlbaren Rauchgasverluste zur Vorwärmung der Verbrennungsluft genutzt und dadurch der spezifische Brennstoffverbrauch verringert wird. Außer einer derartigen Wärmerückgewinnung zur Nutzung im gleichen Prozeß besteht bei entsprechendem Bedarf auch die Möglichkeit, Abwärme aus Hochtemperaturprozessen zur Versorgung von Niedertemperaturprozessen einzusetzen. So werden z. B. in der keramischen Industrie die Abgase aus den Brennöfen z. T. zur Vortrocknung der Rohware eingesetzt. Eine solche Verkettung der Bedarfsdeckung läßt sich in vielen Fällen noch erheblich erweitern, wirkt jedoch einschränkend auf die Flexibilität des Betriebsablaufes.

Zusammenfassend läßt sich zur Wärmerückgewinnung sagen, daß es sicher immer zweckmäßiger ist, die Entstehung der Abwärme durch geeignete Maßnahmen zu verringern, bevor man ein System mittels Abwärmenutzung energetisch zu optimieren versucht.

3 Grenzen rationeller Energieverwendung

Alle angesprochenen Maßnahmen zum Zweck der rationelleren Energienutzung erfordern einen zusätzlichen Materialaufwand, oft auch zusätzliche apparative Einrichtungen. Dies setzt in jedem Fall eine eingehende Kosten-Nutzen-Analyse voraus. Vielfach wird man feststellen, daß manche technisch realisierbaren Maßnahmen unter wirtschaftlichen Gesichtspunkten nicht realistisch sind.

Der zusätzliche apparative Aufwand führt häufig dazu, daß bestimmte Anwendungstechniken immer komplexer werden, für den Benutzer kaum mehr durchschaubar sind und gleichzeitig zu einem höheren Wartungsaufwand führen.

Die größere Komplexität der einzusetzenden Technik ist zumindest in manchen Fällen auch mit einer größeren Störanfälligkeit verbunden. Dies wird um so gravierender, als der Hauptanteil des Endenergieverbrauchs sich in immer stärkerem Umfange von Industrie und Gewerbe weg, hin zum Kleinverbrauch und zum privaten Haushalt verlagert. Techniken rationeller Energieanwendung, die im Industriebetrieb unter ständiger fachkundiger Aufsicht einwandfrei funktionieren, haben damit noch nicht ihre Eignung für den privaten Hausgebrauch bewiesen. Oft sind erhebliche Modifikationen in vielen Details notwendig, um auch bei fachunkundiger Benutzung hohe Betriebssicherheit mit geringem Wartungsbedarf zu verbinden.

Bei den natürlichen Energiequellen unserer Erde sind es vor allem drei Gründe, die ihre Nutzung einschränken:

- Das Energieangebot schwankt zeitlich sehr stark, vor allem durch die Erdrotation und durch unberechenbare meteorologische Einflüsse. Dies führt zu dem Problem der Energiespeicherung, für das die Technologie im großen Maßstab noch keine befriedigende Lösung anzubieten hat.
- Die Leistungsdichten sind im Vergleich zu fossilen Energieträgern gering, deshalb erfordern die Technologien zur Nutzung der natürlichen Energiequellen einen hohen räumlichen und materiellen Aufwand.
- An den Stellen, an denen sich natürliche Energiequellen zur Nutzung anbieten, herrscht oft kein entsprechender Bedarf. Das ist durchaus einleuchtend, denn Gebiete mit hohem natürlichem Umsatz regenerativer Energien sind meist nicht lebensfreundlich.

4 Resümee

Insbesondere im Bereich der Energieanwendungstechnik, in dem die Nutzungsgrade vielfach recht gering sind, gibt es eine Reihe von Möglichkeiten zu rationellerem Energieverbrauch. Allerdings kann man in der Praxis weder mit einer sofortigen noch mit einer vollständigen Realisierung rechnen. Die Gerätegebundenheit der Energieumsetzung beinhaltet neben wirtschaftlichen auch rein technische Probleme, durch die mancher Vorschlag sich als unrealistisch erweist.

Der Weg zu neuartigen oder verbesserten Technologien besteht in der Regel nicht in großen Sprüngen nach vorne, sondern in einer stetigen Entwicklung in Form von vielen kleinen Einzelschritten. Vieles baut dabei auf Erkenntnisse auf, die oft schon sehr alt sind und nun unter neuen Gesichtspunkten weitergeführt werden.

Der Energieanwender ist in der Regel Laie. Wenn er die physikalisch-technischen Zusammenhänge soweit verstehen lernt, daß er die einzelnen Nutzenergiearten richtig erkennt und bewerten kann, wie er durch die Handhabung energietechnischer Anlagen und Geräte den spezifischen Energieaufwand senken kann, so ist ein großes Potential für rationelleren Energieeinsatz freisetzbar.

Literatur

[1] *Rumpf, H.-G.* u.a.: Energie und sinnvolle Energieanwendung, Energie Verlag, Heidelberg 1976

[2] BMW: Energie verbrauchen, aber mit Vernunft

[3] *Hugel, G.* und *H. Schmitz:* Betriebliche Energiewirtschaft. Anleitung für Klein- und Mittelbetriebe. Beuth Verlag, Berlin, Köln 1977

[4] *Riesner, W.:* Rationelle Energieanwendung. VEB Deutscher Verlag für Grundstoffindustrie, Leipzig 1974

[5] VDI: Aktuelle Wege zu verbesserter Energieanwendung, VDI-Berichte Nr. 250, Verlag des Vereins Deutscher Ingenieure, Düsseldorf 1975

[6] VDI: Möglichkeiten und Grenzen der rationellen Energieverwendung, VDI-Berichte Nr. 275, Verlag des Vereins Deutscher Ingenieure, Düsseldorf 1976

[7] VDI: Energieanwendung im Endverbrauch. Analyse – Planung – Technik, VDI-Berichte Nr. 282, Verlag des Vereins Deutscher Ingenieure, Düsseldorf 1977

[8] Forschungsstelle für Energiewirtschaft: Technologien zur Einsparung von Energie in den Endverbrauchssektoren Haushalt und Kleinverbrauch, Industrie und Verkehr (insgesamt 5 Bände), Studie im Auftrag des BMFT, Munchen 1975

[9] *Schaefer, H.:* Verbesserung der Energienutzung – Heutige und zukünftige Möglichkeiten, atomwirtschaft – atomtechnik 20 (1975), Nr. 9

[10] *Schaefer, H.:* Energienutzung und -einsparung, VDI-Berichte Nr. 236, Verlag des Vereins Deutscher Ingenieure, Düsseldorf 1975

XIII Energieweltwirtschaft

U. Lantzke

1 Energie- und Weltwirtschaft

Weltweit ist Energie eine grundlegende Voraussetzung für das Funktionieren und die Entwicklung der Wirtschaft und damit für die Versorgung der Bevölkerung sowie für sozialen Fortschritt. Es besteht ein enger Zusammenhang zwischen Energieverbrauch und wirtschaftlicher Aktivität. In den letzten 50 Jahren stieg der Weltenergieverbrauch durchschnittlich ebenso schnell wie das Wachstum des Weltbruttosozialprodukts.

Die Abhängigkeit der Weltwirtschaft von Energie haben die Ölkrisen in den Jahren 1973 und 1979 drastisch vor Augen geführt. Infolge des arabischen Ölembargos 1973 eskalierten die Ölpreise innerhalb weniger Monate auf das Vierfache. Im Bereiche der 24 Industriestaaten der OECD stieg die Inflationsrate von jährlich durchschnittlich ca. 4 % in den Jahren 1960 bis 1973 auf ca. 8 % im Jahre 1978. Die Arbeitslosenquote erhöhte sich von ca. 11 Mio. im Jahre 1973 auf etwa 19 Mio. im Jahre 1978. Die Wachstumsrate des Bruttosozialprodukts fiel in dem selben Zeitraum von über 6 % auf unter 4 %. Die zweite Ölkrise als Folge der iranischen Revolution in den Jahren 1978/79 führte von 1978 auf 1979 zu einer Ölpreiserhöhung um 170 %. Die jährliche Wachstumsrate sank von durchschnittlich 3,6 % in den Jahren 1977 bis 1979 auf 1 % in den Jahren 1980 und 1981. Während die Verlangsamung des wirtschaftlichen Wachstums nach dem ersten Ölpreisschock auch wesentlich anderen wirtschaftlichen Faktoren zugerechnet werden kann – Abkühlungsprozeß der Wirtschaft nach dem Boom vorangegangener Jahre – ist das Wachstum in den Jahren 1980 bis 1981 zu einem ganz erheblichen Teil allein auf die drastischen Ölpreiserhöhungen von 1979 zurückzuführen; denn sie trafen eine Wirtschaft mit noch ungenutzten Kapazitäten und brachten die Aufschwungphase zu einem abrupten Ende. Nach Schätzungen der OECD haben ihre Mitgliedsländer aufgrund des zweiten Ölpreisschocks und der daraus resultierenden strengen Geld- und Fiskalpolitik zur Bekämpfung der Inflation Verluste des Bruttosozialprodukts von 5 % im Jahre 1980 und fast 8 % im Jahre 1981 gegenüber sonst erreichbarer Einkommen hinnehmen müssen.

Durch fortschreitende Industrialisierung und Verstädterung hat die Bedeutung von Energie auch in den Entwicklungsländern zugenommen. Die rund 100 Entwicklungsländer hatten 1982 einen Anteil von fast 25 % an der Weltenergieproduktion und 15 % des Weltenergieverbrauchs. Davon entfallen allerdings 3/4 auf nur 15 Länder. Die beiden Ölkrisen haben die ölimportierenden Entwicklungsländer stark getroffen und erheblich in ihren wirtschaftlichen und sozialen Entwicklungsprogrammen zurückgeworfen. Die erhöhten Kosten für Energie – insbesondere Ölimporte – haben einige Länder (z.B. Tansania) zur Drosselung von Ölimporten auf Kosten wirtschaftlichen Wachstums, andere (z. B. Brasilien, Philippinen) zur Aufnahme von Schuldenbergen zur Finanzierung der Importe veranlaßt, während ein weiterer Teil der Entwicklungsländer die Kostenlast für Energieimporte zur industriellen Entwicklung durch anderweitigen Verzicht, insbesondere auf soziale Programme oder die Einfuhr von teurem, energieintensivem Kunstdünger vermindert hat. Die Bedeutung von Energie für die Wirtschaft der Entwicklungsländer ist gerade deshalb sehr groß, weil die meisten dieser Länder noch am Anfang ihres Industrialisierungs- und Entwicklungsprozesses stehen, in dem der Energieverbrauchszuwachs erfahrungsgemäß besonders hoch ist. So hat von 1973 bis 1980 der kommerzielle Energieverbrauch der Entwicklungsländer trotz der Preiserhöhungen jährlich zwischen 5 % und 6 % zugenommen.

Auch in den Planwirtschaftsländern besteht ein enger Zusammenhang zwischen Wirtschaftswachstum und Energieverbrauch. Die Verwendung von Energie wird in diesen Ländern nicht durch den Preismechanismus sondern durch Wirtschaftspläne bestimmt. Dabei soll der Einsatz von Energie mit der geplanten Produktion Schritt halten. Die Planziele werden aber zum Teil in der Praxis nicht erreicht. Die Folge sind Versorgungsengpässe, die zu vermindertem Energieverbrauch und damit auch geringerem Bruttosozialprodukt führen.

2 Energieverbrauch und -einsparung infolge der Ölkrisen

In den letzten 10 Jahren sind beträchtliche Fortschritte in der Einsparung von Energie, insbesondere Öl, erzielt worden, die zu einem wesentlichen Teil auf energiepolitische Entscheidungen infolge der beiden Ölkrisen zurückzuführen sind.

Als Reaktion auf die erste Ölkrise gründeten westliche Industriestaaten die Internationale Energie-Agentur (IEA) in Paris, um zunächst ein gemeinsames Ölvereilungssystem für Versorgungskrisen zu entwickeln, mit dessen Hilfe kurzfristig auf Versorgungsengpässe reagiert werden kann. Dann kam als wesentliches Element der Kooperation die Erarbeitung einer langfristigen Politik zur Verringerung des Energieverbrauchs hinzu. So einigten sich die Mitgliedsstaaten im Jahre 1977 auf 12 energiepolitische Grundsätze, die noch heute Gültigkeit haben. Der Schwerpunkt dieser Grundsätze für nationale Programme und energiepolitische Maßnahmen liegt in einer Verminderung der Ölimporte durch Energieeinsparung, Ausbau einheimischer Energiequellen und Substitution von Öl durch andere Energieträger. Im Vordergrund stehen Maßnahmen zur Umstellung von Industrie- und Kraftwirtschaft von Öl auf Kohle, ein verstärkter Ausbau von Kernkraftwerkskapazitäten, erhöhte Verwendung von Gas und Entwicklung neuer Technologien. Noch bevor diese Politik nachhaltig Erfolge zeitigen konnte, wurden die Verbraucherländer von der zweiten Ölkrise getroffen. Ihre Auswirkungen veranlaßten die westlichen Industrienationen, ihre Aktivitäten zur Verminderung der Energieabhängigkeit verstärkt fortzuführen. Das Preisniveau machte Öleinsparung für den Verbraucher attraktiv und begünstigte Investitionen zur Energieeinsparung und Ölsubstitution. Energiepolitische Maßnahmen wurden darauf konzentriert, weitere Anreize durch geeignete Preispolitik, steuerliche Maßnahmen und Subventionen zu schaffen.

Die Anstrengungen zur Energieeinsparung haben bereits erhebliche Erfolge gezeigt. In der OECD sank in der Zeit von 1973 bis 1982 der Energieverbrauch im Verhältnis zum Bruttosozialprodukt um rund 15 % und der Ölverbrauch sogar um etwa 29 %.

Eine effizientere Verwendung von Energie und Fortschritte in Richtung Ölsubstitution sind in allen Sektoren zu verzeichnen. Im Transportsektor, der zwar weiterhin zu 99 % durch Öl versorgt wird, konnte der Treibstoffverbrauch durch effizientere Verwendung und die Neuorientierung zum kleineren Auto erheblich vermindert werden. In den Sektoren Industrie und private Haushalte hat eine recht beträchtliche Abwendung vom Öl eingesetzt. Dabei hat sich in der Industrie der Ölverbrauch von 1973 bis 1981 um 21 % und der Ölanteil am Gesamtenergieverbrauch um 43 % auf 38 % vermindert. Diese Entwicklung ist auf verstärkten Einsatz von Elektrizität, Kohle und Gas zurückzuführen. In privaten Haushalten hat neben energiesparenden Technologien ebenfalls eine erhöhte Nutzung von Elektrizität zur Verringerung des Ölverbrauchs beigetragen. Kohle und Kernenergie haben Öl bei der Elektrizitätserzeugung in erheblichem Maße verdrängt.

Auch in den Staatshandelsländern und Entwicklungsländern sind Anstrengungen zur Energieeinsparung und Ölsubstitution unternommen worden. Die Fortschritte sind bisher allerdings noch recht gering.

3 Verbrauch und Produktion von Energie heute

3.1 Überblick

Verbrauch und Produktion von Energie variieren erheblich in den Regionen der Welt. Das zeigt Tabelle XIII.1 in Millionen Tonnen Öleinheiten (OE).

Tabelle XIII.1 Weltenergieverbrauch und -produktion (1980) (Mio. t OE)

	Verbrauch[1]	Produktion[1]	Importe (Exporte)[1]
OECD	3 812	2 605	1 207
Entwicklungsländer	991	2 147	(1 156)
OPEC	218	1 450	(1 232)
Übrige	773	697	76
Staatshandelsländer	2 200	2 301	(101)
insgesamt	7 003	7 053	1 207 (1 257)

[1] Unterschiede in Verbrauch einerseits und Produktion und Importen andererseits ergeben sich aus Vorratsveränderungen

3.1.1 OECD

Die OECD-Länder konsumierten 3 812 Mio. t OE im Jahre 1980. Das sind 55 % des Weltenergieverbrauchs und 80 % des Weltverbrauchs außerhalb der Staatshandelsländer. Die Produktion innerhalb der OECD lag im selben Jahr dagegen bei nur 2 605 Mio. t OE, etwa 35 % der gesamten Weltproduktion und ca. 55 % der Produktion außerhalb der Staatshandelsländer.

Der Hauptanteil am Verbrauch entfällt mit 1 628 Mio. t OE oder 45 % auf Öl (Jahr 1982), während in der Förderung Kohle mit 816 Mio. t OE oder fast 1/3 der Energieproduktion vor Öl und Gas liegt, die jeweils ca. 1/4 der Förderung ausmachen (Tabelle XIII.2). Die OECD ist daher zu ihrer Energieversorgung ganz erheblich auf Ölimporte angewiesen.

Tabelle XIII.2 OECD-Verbrauch, Produktion und Nettoimporte nach Energiearten (1982)

	Verbrauch Mio. t OE	Produktion Mio. t OE	Nettoimporte Mio. t OE
Öl	1 628	724	862
Kohle	808	816	24
Gas	700	661	47
Kernenergie	191	191	–
Andere	264	264	–

Tabelle XIII.3 OECD-Primärenergieverbrauch nach Regionen (1982)

	Nordamerika		Europa		Pazifik	
	Mio. t OE	%	Mio. t OE	%	Mio. t OE	%
Öl	788	42	581	48	261	57
Kohle	413	21	283	23	112	24
Gas	501	26	165	14	34	7
Kernenergie	85	4	80	7	26	6
Andere	140	7	96	8	28	6

Der Verbrauch ist innerhalb der OECD regional unterschiedlich (Tabelle XIII.3).

Die regionalen Unterschiede spiegeln sich im wesentlichen auch im sektoralen Verbrauch wider mit Ausnahme des Transportsektors, in dem im gesamten Bereich der OECD fast ausschließlich Öl eingesetzt wird (Tabelle XIII.4). Nordamerika ist die einzige Region, in der im Industriesektor und in den privaten Haushalten der Gasverbrauch vor Öl an erster Stelle steht. In Europa und im Pazifischen Raum überwiegt dagegen Öl in beiden Sektoren. Kohle kommt in allen Regionen im wesentlichen in der Industrie und zur Stromerzeugung erhebliche Bedeutung zu, wobei im Pazifischen Raum in der Stromerzeugung mehr Öl verwendet wird.

Auch die Energieproduktion variiert stark in den einzelnen Regionen:

Nordamerika hat den weitaus größten Anteil an der Förderung in allen Energiequellen. Der Pazifische Raum als Ganzes ist dagegen wegen des Schwergewichts von Japan sehr energiearm. Europa trägt ca. 1/4 zur OECD-Produktion bei, insbesondere durch Kohleförderung und in den letzten Jahren durch die Ölförderung in der Nordsee.

3.1.2 Entwicklungsländer

Der Energieverbrauch der Entwicklungsländer betrug im Jahre 1980 ca. 950 Mio. t OE (15 % des Weltverbrauchs), wobei 217 Mio. t OE auf die OPEC-Länder und 733 Mio. t OE auf die übrigen Entwicklungsländer entfallen. Dem steht eine Energieproduktion von 1 450 Mio. t OE der OPEC-Länder und 658 Mio. t OE der übrigen Entwicklungsländer gegenüber. Verbrauch und Produktion ist innerhalb der

Tabelle XIII.4 Energiearten nach Sektor (1981)

	Öl %	Gas %	Kohle %	Strom %	Insgesamt Mio. t OE
Industrie					
Nordamerika	30,2	35,6	17,0	17,1	461,4
Europa	43,4	19,1	19,0	18,0	344,0
Pazifik	49,4	3,9	28,2	18,5	166,7
OECD	38,2	24,3	19,7	17,7	972,1
Transport					
Nordamerika	99,5	0,4	–	0,1	473,8
Europa	97,9	0,2	0,3	1,7	197,9
Pazifik	98,0	–	–	2,0	68,3
OECD	98,9	0,3	0,1	0,7	740,0
Private Haushalte/ Dienstleistungen					
Nordamerika	29,5	42,9	0,8	26,6	486,6
Europa	44,1	24,7	10,8	18,9	327,1
Pazifik	56,9	12,7	2,7	27,6	76,2
OECD	37,2	33,6	4,6	23,9	889,9

Tabelle XIII.5 Regionale Anteile in der OECD-Produktion (1982) (% von OECD)

	Öl	Gas	Kohle	Kernenergie	Andere	Insgesamt
Nordamerika	76	77	60	44	53	67
Europa	21	21	29	42	36	26
Pazifik	3	2	11	14	11	7

Entwicklungsländer von erheblichen Unterschieden gekennzeichnet, wobei der Verbrauch entscheidend von dem Grad der Industrialisierung der Länder abhängt. Neben den OPEC-Ländern sind 16 weitere Entwicklungsländer Netto-Ölexporteure, mit der weitaus größten Förderung in Mexiko. Die Gasförderung der OPEC-Länder liegt bei 7 % der Weltproduktion und innerhalb der übrigen Entwicklungsländer ist ebenfalls besonders die Förderung von Mexiko beachtlich. Kohle wird hauptsächlich in Südafrika, Indien und Korea zu Tage gebracht.

3.1.3 Staatshandelsländer

Die Gruppe der Staatshandelsländer ist Selbstversorger und sogar Nettoexporteur von Energieträgern. Die Sowjetunion verfügt über reiche Energiequellen, mit denen sie weitgehend energiearme Länder des Comecon versorgt. Die Länder außerhalb des Comecon haben sich zum Teil auf die Verwendung einheimischer Energiequellen konzentriert, z. B. China und Nordkorea auf Kohle.

3.2 Die einzelnen Energiearten

3.2.1 Öl

Die Bedeutung von Öl an der Weltenergieversorgung ist bei weitem am größten. In der OECD hat sich der Ölanteil von 39 % im Jahre 1960 auf 53 % im Rekordjahr 1973 erhöht und ist dann infolge der Ölkrisen auf 45 % im Jahre 1982 gesunken. Im Gegensatz zu der erheblichen Steigerung im Verbrauch hat sich die Ölförderung in der OECD in den letzten 20 Jahren nicht wesentlich vermehrt. Während die Förderung in Nordamerika leicht abnahm, erhöhte sie sich zwar in Europa und im Pazifischen Raum; die Förderung überstieg aber in der OECD niemals 30 % der gesamten Energieproduktion. Die OECD konsumierte 76 % des Weltölangebots im Jahre 1982; ihr Anteil an der Weltversorgung lag jedoch nur bei 25 %. Als Folge des erhöhten Verbrauchs verdoppelten sich die Ölimporte in dem Zeitraum 1960 bis 1973 und betrugen im Jahre 1982 trotz der Fortschritte in der Öleinsparung fast ein Viertel des OECD-Primärenergieverbrauchs. Der Pazifische Raum ist mit ca. der Hälfte seines Energiebedarfs am importabhängigsten. Europa deckt über ein Drittel seines Energiebedarfs durch Ölimporte und Nordamerika, der größte Ölkonsument der OECD, ca. ein Zehntel.

Die Weltölförderung ist mit fast 40 % stark in den OPEC-Ländern – insbesondere im Nahen und Mittleren Osten (31 %) – konzentriert. Allein im Nahen und Mittleren Osten befinden sich 56 % der Weltölvorkommen (Bild XIII.1). Erheblichen Anteil an Förderung und Vorkommen haben daneben insbesondere die Sowjetunion und Nordamerika.

Innerhalb der OPEC-Länder setzte in den 50er und 60er Jahren ein erheblicher Wachstumssprung in der Ölförderung ein. Von 1960 bis 1970 verdoppelten sich die nachgewiesenen Ölvorkommen von 29 Mrd. t auf 57 Mrd. t. Die Ölförderung stieg auf 1 500 Mio t im Jahre 1973. Nach der Vervierfachung des Ölpreises infolge der Ölkrise im Jahre 1973 sank die Förderung zunächst, stieg aber 1976 wieder an, als die realen Preise ein niedrigeres Niveau erreicht hatten und die Wirtschaft der OECD-Länder sich langsam erholte. Die OPEC setzte die Exploration neuer Energiefelder in dieser Zeit beständig fort, konnte das höchste Niveau von 63 Mrd. t an Ölvorkommen von 1974 wegen der hohen Ölausbeute allerdings nicht mehr ganz erreichen. Im Jahre 1981 betrugen die Ölvorkommen 62 Mrd. t.

Die jährliche OPEC-Spitzenproduktion war 1977 mit 1 500 Mio. t, wobei die höchsten Anteile auf Saudi-Arabien (445 Mio. t), den Iran (273 Mio. t) und den Irak (110 Mio. t) entfielen. Infolge des Kriegs zwischen dem Iran und dem Irak hat die Förderung in diesen beiden Ländern nachgelassen. Insgesamt ist die Förderung der OPEC wegen des Nachfragerückgangs in den Ölimportstaaten auf ca. 950 Mio. t im Jahre 1982 zurückgegangen.

In der OECD hat sich die Ölförderung in den letzten 2 Jahrzehnten jährlich durchschnittlich um 2,8 % von ca. 385 Mio. t im Jahre 1960 auf über 675 Mio. t im Jahre 1980 erhöht. Der Anteil der OECD an der Weltölversorgung ist in dieser Zeit allerdings von 38 % auf 23 % gesunken. Nordamerika ist mit 555 Mio. t im Jahre 1980 die stärkste Ölförderregion in der OECD. Rund 482 Mio. t entfallen auf die Vereinigten Staaten und ca. 75 Mio. t auf Kanada. Seit 1973 ist hier jedoch eine durchschnittliche jährliche Verminderung der Ölvorkommen von ca. 170 Mio. t zu verzeichnen, wenn auch neue erhebliche Vorkommen in Alaska aufgefunden worden sind. In Kanada sind zwar beträchtliche Ölvorkommen vorhanden, doch handelt es sich dabei zum großen Teil um Vorkommen aus Schweröl und Teersanden, deren Ausbeute mit erheblichen Kosten verbunden ist. Nordamerika importierte 1982 28 % seines Ölbedarfs.

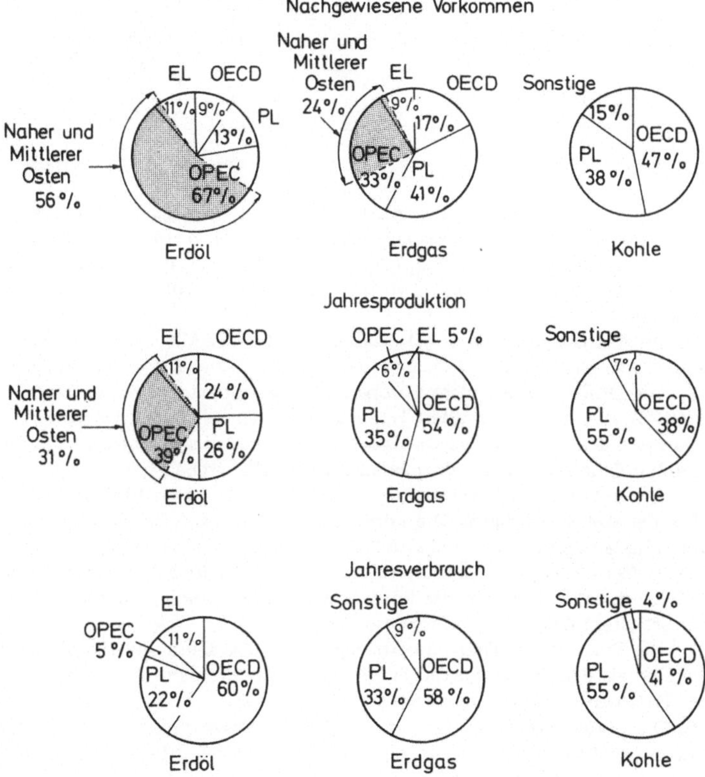

Bild XIII.1 Geopolitische Verteilung der Energiearten (Verbrauch und Produktion in ungefähren prozentualen Anteilen auf der Basis der neuesten verfügbaren Zahlen
EL = Entwicklungsländer
PL = Planwirtschaftsländer (im wesentlichen COMECON und VR China)

Anmerkung:
Auf Schaubilder für die Reserven, die Produktion und den Verbrauch an Uran und Kernbrennstoffen sowie über die Kernenergieerzeugung mußte verzichtet werden, da für einige Regionen außerhalb des OECD-Raums keine Daten vorliegen und die Definition der entsprechenden Meßgrößen Schwierigkeiten bereitet.

Tabelle XIII.6 OECD-Ölimporte (1982) (Mio. Jahrestonnen)

	Europa	Nordamerika	Pazifik	OECD
Mittlerer Osten	183	53	150	386
Afrika	96	48	5	150
Lateinamerika	34	82	5	120
Südostasien	10	24	58	87
Staatshandelslander	77	5	10	92
Andere	106	29	–	135
Gesamtbruttoimporte	506	241	228	970

Europa deckt trotz des jüngsten erheblichen Anstiegs der Förderung von Nordseeöl nur 1/5 seines Ölverbrauchs selbst. Gegenüber 20 Mio. t im Jahre 1972 konnte die Förderung auf 150 Mio. t im Jahre 1982 gesteigert werden. Über 85 % der Förderung und ca. 90 % der Ölvorkommen entfallen auf die Nordsee (Großbritannien und Norwegen).

Im Pazifischen Raum ist die Förderung mit ca. 25 Mio. t minimal und überwiegend (95 %) in Australien konzentriert. 90 % des Ölbedarfs werden importiert.

Die OECD, insbesondere Europa und Japan, deckt ihren Importanteil (Tabelle XIII.6) zum weitaus größten Teil aus dem Mittleren Osten. Daneben importiert Europa Öl im wesentlichen aus Afrika und Japan aus Südostasien. Nordamerikas größter Öllieferant ist Lateinamerika vor dem Mittleren Osten.

Die Entwicklungsländer außerhalb der OPEC förderten 1980 ca. 260 Mio. t oder 9 % der Weltölversorgung. Die Förderung hat seit 1974 jährlich durchschnittlich um 11,5 % zugenommen und sich während des letzten Jahrzehnts verdoppelt. 30 Länder fördern Öl, aber der mit Abstand größte Produzent ist Mexiko mit ca. 100 Mio. t im Jahre 1980 vor der Förderung Ägyptens von ca. 25 Mio. t. Mexiko steht an sechster Stelle in der Weltölversorgung.

Die Staatshandelsländer sind bedeutende Importeure und Exporteure von Öl. Sie sind als Gruppe Nettoexporteure, wobei sich allerdings in den letzten Jahren die Nettoausfuhr leicht verringert hat (1979: über 50 Mio. t; 1981: knapp 40 Mio. t). Die Förderung ist ganz entscheidend in der Sowjetunion konzentriert, und zwar nach der Ausbeute im Kaukasus und im Wolga-Ural seit den 60er Jahren im wesentlichen in Sibirien. Die Sowjetunion ist mit 580 Mio. t der größte Ölproduzent der Welt. Im letzten Jahrzehnt hat auch die VR China ihre Ölförderung erheblich gesteigert und auf 100 Mio. t im Jahre 1980 verfünffacht. Seit 1978 stagniert die Förderung allerdings bereits in etwa auf diesem Niveau.

3.2.2 Kohle

Während Kohle in der ersten Hälfte dieses Jahrhunderts eine hervorragende Rolle in der Energieversorgung spielte, verringerte sich ihr Anteil mit den 50er und 60er Jahren zugunsten von Öl und Gas, die gegenüber der Kohle preisgünstiger wurden und in ihrer Verwendung einfacher und sauberer sind. Zwischen 1960 und 1973 stagnierte die Nachfrage innerhalb der OECD bei knapp 1 000 Mio. t OE, obwohl der Gesamtbedarf an Energie stark anstieg. Der Anteil von Kohle am Primärenergiebedarf sank in diesem Zeitraum von 36 % auf knapp 20 %. Kohle wurde insbesondere weniger zur Wärmeerzeugung in der Industrie und zum Betrieb der Heizanlagen in den privaten Haushalten eingesetzt, während sie weiterhin ganz erheblich in der Stahlindustrie und insbesondere in Nordamerika zur Stromerzeugung verwendet wurde.

Auch die drastischen Ölpreiserhöhungen nach der ersten Ölkrise führten nicht zu einer wesentlichen Wiederbelebung der Kohleverwendung. Die jährliche Zuwachsrate lag unter 1 %. Erst nach der zweiten Ölkrise waren jährliche Steigerungsraten von 6 % (1978–1980) zu verzeichnen, die im wesentlichen auf erhöhten Verbrauch von Kohle zur Stromerzeugung zurückzuführen sind. 66 % des Kohlebedarfs entfiel 1980 auf Elektrizität, die zu 42 % durch Kohle erzeugt wurde. Der Anteil von Kohle am Primärenergiebedarf betrug 1982 fast 23 % vor Gas mit fast 20 %. Die westlichen Industriestaaten messen einer erhöhten Verwendung von Kohle heute besondere Bedeutung zu. Die IEA-Mitgliedstaaten haben 1979 „Grundsätze für die Kohlepolitik" verabschiedet, die darauf gerichtet sind, insbesondere durch Förderung des internationalen Kohlehandels erhebliche Steigerungen des Kohleeinsatzes herbeizuführen.

Kohle hat gegenüber anderen Energiequellen, insbesondere Öl, den wesentlichen Vorteil, daß Vorkommen ganz enormen Ausmaßes vorhanden sind, die zudem geographisch gleichmäßiger verteilt sind. Während die *nachgewiesenen* Ölvorkommen nach ihrem Reserven-Produktionsverhältnis lediglich für 28 Jahre ausreichen, sind Kohlevorkommen für 239 Jahre derzeit entdeckt. Der weithin größte Anteil der Kohlevorkommen außerhalb der Staatshandelsländer liegt in den OECD-Ländern, wovon mehr als die Hälfte auf Nordamerika entfällt (über 1/4 der Weltvorkommen). Erhebliche Vorkommen befinden sich aber auch in Europa, insbesondere in Großbritannien und Deutschland, sowie in Australien. Außerhalb der OECD sind große Vorkommen in der Sowjetunion und der VR China sowie in Südafrika und Polen vorhanden.

3.2.3 Gas

Gas steht an dritter Stelle in der Energieversorgung in der OECD mit einem Anteil von 20 %. Allerdings bestehen ganz erhebliche Unterschiede in den OECD-Regionen. Der größte Gaskonsument ist Nordamerika mit 26 % des Primärenergieverbrauchs. Es folgt Europa mit 14 % und die pazifische Region mit nur 7 %. Der Verbrauch spiegelt im wesentlichen die regionale Förderung wider. Nordamerika ist der größte Gasproduzent innerhalb der OECD. Während auch Kanada ein erhebliches Volumen produziert, entfällt der weitaus überwiegende Teil der OECD-Gasförderung allein auf die Vereinigten Staaten. Die Vorkommen in den Vereinigten Staaten nehmen allerdings sehr stark ab. In Europa konzentriert sich die Förderung auf drei Länder: die Niederlande mit der bei weitem größten Förderkapazität, Großbritannien und Norwegen, wobei in Norwegen ganz erhebliche Vorkommen angenommen werden, die für die zukünftige Gasversorgung Europas besondere Bedeutung haben können. In der pazifischen Region befinden sich Gasvorkommen nur in Australien. Japan deckt seinen Bedarf im wesentlichen durch Flüssiggasimporte aus Indonesien.

Während Gas bis 1970 fast ausschließlich zwischen Kanada und den Vereinigten Staaten sowie der Sowjetunion und Osteuropa gehandelt wurde, hat sich der Handel mit der späteren Förderung in Westeuropa und der Technologie von Flüssiggas inzwischen vervierfacht, betrug dennoch 1980 nur 13 % des Weltgasverbrauchs. Die Nettogasimporte der OECD lagen 1982 unter 50 Mio. t OE.

Fast das Fünffache des Volumens der OECD-Gasvorkommen befindet sich in den übrigen Regionen der Welt. Über 1/3 der Weltgasvorkommen liegt in den OPEC-Ländern, auf die 17 % der Weltgasproduktion im Jahre 1979 entfiel. Zum großen Teil wird Gas hier als Abfallprodukt bei der Ölförderung frei und wird nicht kommerziell genutzt. Es zeichnet sich aber eine Entwicklung zur Weiterverarbeitung und Ausfuhr dieser Produkte ab. Die größten Gasexporteure der OPEC sind Indonesien und Algerien. Die Förderung der übrigen Entwicklungsländer ist relativ geringfügig mit der höchsten Förderung in Mexiko.

Die Sowjetunion verfügt über die größten Gasvorkommen in der Welt und trägt 85 % zur Gesamtförderung der Staatshandelsländer bei. Daneben ist sie ein bedeutender Exporteur für Westeuropa und verfügt über ein erhebliches Ausfuhrpotential, das das der OPEC noch bei weitem übertrifft.

3.2.4 Kernenergie und andere Energiequellen

Kernenergie ist die jüngste Energiequelle, die einen erheblichen Beitrag zur Energieversorgung leistet. Sie kann ausschließlich zur Stromerzeugung verwendet werden und hatte hier innerhalb der OECD im Jahre 1981 einen Anteil von 13 %. Rund 85 % der Kernenergiekapazität der Welt liegt in der OECD mit erheblichen Anteilen in allen drei OECD-Regionen. Der zur Erzeugung notwendige Brennstoff Uran ist ausreichend in der OECD, insbesondere Nordamerika und Australien, vorhanden und wird zudem in Fortsetzung traditioneller Handelsbeziehungen aus afrikanischen Ländern importiert. Eine größere Penetration von Kernenergie ist bisher im wesentlichen durch politische Schwierigkeiten infolge mangelnder öffentlicher Akzeptanz von Kernenergie und komplizierte und zeitaufwendige Genehmigungsverfahren für Kernkraftkapazitäten behindert worden.

Außerhalb der OECD ist Kernkraftkapazität mit Ausnahme der Staatshandelsländer, die über erhebliche Kapazitäten verfügen, nur gering vorhanden.

Von den übrigen Energiequellen liefert heute allein Wasserkraft zur Stromerzeugung einen nennenswerten Beitrag zur Weltenergieversorgung.

4 Der Weltenergiemarkt bis zum Jahre 2000

4.1 Energienachfrage und Prognose (Tabelle XIII.7)

Infolge des Nachfragerückgangs in den westlichen Industrieländern angesichts der wirtschaftlichen Rezession und der Fortschritte bei der Einsparung von Energie – insbesondere Öl – ist der Energiemarkt zur Zeit ruhig. Bei einer Erholung der Wirtschaft wird aber der Energiebedarf wieder steigen, was zu einer Anpassung der Verhältnisse auf dem Energiemarkt mit dem Risiko erneuter Preiseskalationen und allen seinen Konsequenzen führen kann.

Die Internationale Energie-Agentur (IEA) hat im Jahre 1982 eine Unterschung über die künftige Entwicklung auf dem Weltenergiemarkt bis zum Jahre

Tabelle XIII.7 OECD-Energienachfrage und Weltölbilanz (Mio. t OE)

	1980	1982	1985	1990	2000
OECD					
Primärenergieverbrauch	3 813	3 591	3 880	4 343	5 080
Nachfrage nach anderen Energieträgern als Öl	1 947	1 962	2 189	2 598	3 316
Ölnachfrage	1 870	1 629	1 692	1 749	1 764
Ölimportnachfrage	1 166	882	995	1 070	1 113
Welt-Ölnachfrage					
OECD	1 870	1 673	1 692	1 745	1 764
OPEC	140	145	170	216	362
Entwicklungsländer (ohne OPEC)	381	381	410	506	723
Insgesamt	2 391	2 199	2 270	2 467	2 849
Welt-Ölangebot					
OECD	713	733	747	675	651
OPEC	1 330	950	1 031	1 301 ... 1 398	1 205 ... 1 398
Entwicklungsländer (ohne OPEC)	275	337	410	458	554
Staatshandelsländer Nettoexporte (-importe)	63	68	48	0	0
Verarbeitungsgewinne	29	34	34	34	34
Vorratszuwachs (–)/-abbau (+)	– 19	+ 77	–	–	–
Insgesamt	2 391	2 199	2 270	2 468 ... 2 565	2 444 ... 2 637
Nachfrageüberhang	0	0	0	(14) ... 82	(405) ... 212

2000, den „Weltenergieausblick" veröffentlicht, dessen Ergebnisse in der Fachwelt ganz überwiegend auf Zustimmung gestoßen sind. Die IEA legt ihrer Analyse – nach zwischenzeitlich vorgenommenen Anpassungen – jährliche Wachstumsraten der Wirtschaft in der OECD in Höhe von 1,5 % von 1980 bis 1985 und 2,5 % bis zum Jahre 2000 sowie einen Ölpreisrückgang von real 7,5 % jährlich bis 1985 und folgende jährliche Steigerungen von 3,3 % bis zum Jahre 2000 zugrunde. Sie kommt zu den folgenden Ergebnissen, die Anlaß zur Beunruhigung geben:

- Der Energieverbrauch der OECD und der Entwicklungsländer innerhalb und außerhalb der OPEC wird in der Zukunft ansteigen.
- Öl wird bis 1990 noch einen Anteil von 40 % der Energienachfrage einnehmen.
- Der Ölverbrauch wird sich daher 1990 in der OECD wieder auf ca. 1 750 Mio. t erhöhen und zudem in den Entwicklungsländern ganz erheblich ansteigen.
- Die Ölnachfrage wird um 1990 die mögliche Produktion erreichen oder sogar überschreiten. Der Verlust der Sicherheitsmarge von 100 ... 150 Mio. t für Nachfrageschwankungen führt zu angespannten Marktverhältnissen mit der Folge von Ölpreiserhöhungen und gesteigertem Risiko von Preiseskalationen.

Diese Entwicklung ist trotz der Fortschritte im Bereich der Energieeinsparung zu erwarten. Denn die Wirkung des geänderten Nachfrageverhaltens infolge der Preiserhöhungen seit 1973 und der staatlichen Maßnahmen zur rationellen und sparsamen Energieverwendung wird nach und nach absorbiert. Die erreichten Erfolge werden zwar teilweise erhalten bleiben, weitere wesentliche Fortschritte werden auf Grund von Rationalisierungsinvestitionen als Folge der Preiserhöhungen von 1979/80 in den 80er Jahren unterstellt. Für die 90er Jahre muß dagegen ohne erhebliche Preissteigerungen oder zusätzliche energiepolitische Maßnahmen mit einer Abflachung gerechnet werden. Ohne künftige Einsparanreize wird sich dann das Wachstum des Primärenergiebedarfs wieder mehr der wirtschaftlichen Wachstumsrate nähern. Einschneidende Preiserhöhungen würden die Nachfrage zwar dämpfen, allerdings auf Kosten der Realeinkommen und des wirtschaftlichen Wachstums.

Der künftig steigende Anteil des Energiebedarfs in den Entwicklungsländern hat seine Ursache in dem hohen Bevölkerungszuwachs dieser Länder sowie ihrer fortschreitenden Industrialisierung und Verstädterung. Es kann bereits in den 90er Jahren beinahe mit einer Verdoppelung gerechnet werden, wobei die Zuwachsrate der OPEC-Staaten besonders hoch sein wird. Auch der Verbrauch der Staatshandelsländer wird erheblich ansteigen. Die Energieförderung wird hier allerdings voraussichtlich nicht mit dem Bedarf Schritt halten und damit einem erhöhten Verbrauch und Exporten Grenzen setzen.

Die Prognose der IEA würde sich zwar bei anderen Wachstumsraten oder Ölpreisen verändern. Bei höherem Wachstum steigt die Energienachfrage, werden aber zugleich Energieinvestitionen attraktiver, während schwächeres Wachstum die Nachfrage, aber auch Energieinvestitionen vermindert. Stärkere Ölpreissenkungen würden wirtschaftliches Wachstum begünstigen und die Energienachfrage erhöhen, aber zunächst Anreize für Investitionen im Energiebereich nehmen. Zudem könnte die Entwicklung von anderen Energiequellen abweichend verlaufen, insbesondere könnte der Beitrag von Kohle und Kernenergie zu positiv eingeschätzt sein. Auf der anderen Seite sind die Fortschritte in der Energieeffizienz möglicherweise zu negativ und der Ölbedarf der ölimportierenden Entwicklungsländer zu hoch angesetzt.

Insgesamt kann aber davon ausgegangen werden, daß die Prognose der IEA eher zu positiv ist, jedenfalls soweit in der Zukunft nicht verstärkt energiepolitische Maßnahmen ergriffen werden.

4.2 Zukünftige Entwicklung der einzelnen Energieträger

4.2.1 Öl

Bei unveränderter Energiepolitik ohne verstärkte Anreize für Ölsubstitution und -einsparung ist nicht zu erwarten, daß andere Energieträger Öl entscheidend verdrängen. Der Ölanteil am gesamten Energieverbrauch der OECD dürfte von 45 % im Jahre 1982 nicht unter 30 % im Jahre 2000 sinken, wobei allerdings regionale Unterschiede bestehen und der Anteil in Europa sowie im Pazifischen Raum höher und in Nordamerika geringer sein dürfte. Die Ölnachfrage innerhalb der OECD von ca. 1 680 Mio. Jahrestonnen könnte damit in absoluten Zahlen schon in einigen Jahren wieder steigen. Dagegen wird aber die Ölförderung innerhalb der OECD von derzeit ca. 730 Mio. Jahrestonnen ab Mitte der 80er Jahre, insbesondere wegen einer Verschlechterung der Fördermöglichkeiten in den Vereinigten Staaten trotz Steigerung der Förderung in Alaska, zurückgehen und damit die Importabhängigkeit der OECD noch erhöhen. Der Anteil von Importen aus den OPEC-Ländern, insbesondere dem Mittleren Osten, von 60 % im Jahre 1982 wird noch steigen.

Die gesamte Weltölförderung außerhalb der Staatshandelsländer wird über das Niveau von 1980 in Höhe von ca. 2 400 Mio. t kaum hinausgehen. Etwa die Hälfte der Ölförderung wird weiterhin auf die OPEC-Länder entfallen, die aber ihr Rekordniveau von über 1 520 Mio. t im Jahre 1979 voraussichtlich nicht wieder erreichen werden. Zunächst ist wegen verminderter Nachfrage mit einem Volumen zu rechnen, das erheblich hinter der Fördermöglichkeit der OPEC zurückbleibt. Bei künftiger Belebung der Wirtschaft kann die OPEC-Förderung bis 1990 wieder auf ca. 1 350 Mio. Jahrestonnen steigen. Danach ist jedoch mit einer Stagnation der Förderung zu rechnen, da es an ausreichenden neuen Aufkommen mangelt (z. B. Nigeria und Indonesien) oder wie im Iran an Fördertechnologien fehlt. Zwar bestehen noch ganz erhebliche Reserven innerhalb der OPEC, insbesondere in Saudi-Arabien; diese werden jedoch als Folge einer zum Teil vorsichtigeren Förderpolitik zurückhaltender ausgebeutet.

Gegenüber der insgesamt nicht sehr wesentlichen Steigerung der Förderung der OPEC-Länder kann mit einer Verdreifachung ihres Verbrauchs bis zum Jahre 2000 auf nahezu 370 Mio. Jahrestonnen gerechnet werden. Ihre Exportmengen werden dadurch vermindert, aber einer erhöhten Nachfrage auf dem Weltmarkt gegenüberstehen, zumal auch der Ölbedarf der übrigen Entwicklungsländer weiter erheblich steigen wird. Zwar ist eine Verdoppelung der Förderung dieser Länder insbesondere durch die Ausbeute der reichen Vorkommen in Mexiko möglich; dadurch kann aber die erhöhte Nachfrage bei weitem nicht gedeckt werden.

In der Gruppe der Staatshandelsländer ist in der Zukunft im wesentlichen mit einem Ausgleich von Ölimporten und -exporten zu rechnen, wobei die Importe sogar leicht überwiegen könnten. Eine weitere Steigerung erscheint in der chinesischen Ölförderung möglich, während die Sowjetunion trotz guter Aussichten auf weitere Ölvorkommen, insbesondere in West-Sibirien und im Kaspischen Meer, ihre Förderung bis zum Jahre 2000 nicht wird erhöhen können, da zur Ausbeute dieser

Vorkommen ganz erhebliche weitere Investitionen und der Import westlicher Technologien erforderlich sind, deren Finanzierung aber auf Schwierigkeiten stößt.

Mit Rücksicht auf diese Prognosen für den Ölmarkt wird etwa gegen Ende der 80er Jahre das verfügbare Angebot auf dem Ölmarkt kaum mehr ausreichen, um den Importbedarf der OECD und der Entwicklungsländer zu decken. Ein in dieser Weise angespannter Markt führt erfahrungsgemäß zu Preiserhöhungen. Zudem hat die Vergangenheit gezeigt, daß bereits in Situationen, in denen sich Angebot und Nachfrage auf den Ölmarkt ausgeglichen gegenüberstehen, erhebliche Störungen eintreten können, mit der Folge von Preiseskalationen eines Ausmaßes, das die gesamte Wirtschaft erschüttert (siehe Abschnitt XIII.2).

4.2.2 Kohle

Die Bedeutung von Kohle wird in der Zukunft noch erheblich zunehmen. Der jetzige Anteil von 22 % in der OECD kann im Jahre 2000 bis auf 30 % steigen. Da die Umstellung auf Kohle mit langen Vorlaufzeiten verbunden ist und die Nachfrage sich erst Ende der 80er Jahre verstärken wird, ist mit einem erheblichen Zuwachs erst in den 90er Jahren zu rechnen. Dabei wird sich diese Entwicklung auf Nordamerika und Europa konzentrieren.

Insbesondere in der Elektrizitätswirtschaft wird mehr Kohle verwendet werden, wo bereits heute der Kohleanteil in der OECD mehr als 60 % beträgt. Da mit einer erheblichen Zunahme der Elektrizität am gesamten Endenergieverbrauch zu rechnen ist, wird so auch die Kohlenachfrage erhöht. Zudem ist zwar mit einer Steigerung des Anteils in der Industrie zu rechnen, dort hat sich insbesondere in der Zementproduktion jedoch bereits eine Umstellung vollzogen. In anderen Industriezweigen erfolgt eine Umrüstung dagegen nur langsam und in geringerem Ausmaß. Ursachen sind insbesondere strenge Investitionsauflagen sowie kurze Amortisationszeiträume für Umstellungsmaßnahmen, die die Rentabilität vermindern.

Im Bereich der OECD sind große Kohlevorkommen vorhanden und es kann davon ausgegangen werden, daß mit der Nachfrage die Förderung entsprechend wachsen wird, wozu insbesondere die Vereinigten Staaten, Australien und Kanada mit ganz erheblichen Produktionssteigerungen beitragen werden. Sowohl in den Förderländern als auch in den Einfuhrländern ist der Ausbau der Infrastruktur eine wesentliche Voraussetzung für die weitere Entwicklung. Kohleimporte von außerhalb der OECD werden voraussichtlich leicht zunehmen, aber 5 ... 8 % des Gesamtverbrauchs nicht übersteigen.

Die Bedeutung von Kohle wird auch in den Entwicklungsländern außerhalb der OPEC zunehmen und zwar in der Förderung sowie im Verbrauch. In den Staatshandelsländern wird sie weiter einen erheblichen Beitrag zur Versorgung leisten, allerdings können Steigerungen in den 80er Jahren kaum erreicht werden.

4.2.3 Gas

Der Gasanteil wird sich in der OECD voraussichtlich kaum auf dem aktuellen Niveau von ca. 20 % halten, sondern eher leicht absinken. Entscheidend für die künftige Entwicklung des Gasmarktes sind insbesondere die künftigen Ölpreise und die auf dem Gasmarkt verfolgte Preispolitik. Innerhalb der OECD wird der Einsatz von Gas voraussichtlich stark variieren. In Nordamerika, das mit mehr als 1/4 Gasanteil am Energieverbrauch bisher den weitaus größten Gasverbrauch hatte, wird infolge eines zu erwartenden Rückgangs der Förderung in den Vereinigten Staaten der Anteil in den 90er Jahren bis auf 20 % sinken. Steigerungen sind dagegen in Europa und insbesondere im Pazifischen Raum zu erwarten. Mit einem entsprechenden Anstieg der Förderung ist hier aber nicht zu rechnen. Vielmehr wird selbst das aktuelle Förderniveau nur bei hohen Ölpreisen gehalten werden können, die weitere Explorationen, insbesondere in Norwegen, rentabel machen.

Die Versorgung der OECD-Länder würde damit zunehmend auf Gasimporte aus anderen Ländern angewiesen sein. Erhebliches Einfuhrpotential besteht für Europa von der Sowjetunion und Algerien, für Japan von Indonesien (Flüssiggas) und für Nordamerika von Mexiko. Eine Steigerung der Importrate von Gas in Europa von zur Zeit 14 % auf bis zu 50 % oder ca. 6 % des gesamten Primärenergiebedarfs am Ende dieses Jahrhunderts erscheint möglich bei einer gleichzeitigen Senkung der Öleinfuhr auf 25 % des Primärenergiebedarfs. Für die künftige Entwicklung wird es darauf ankommen, daß die Preisgestaltung sowohl für die Versorgungsunternehmen als auch für die Verbraucher attraktiv ist und die Sicherheit in der Versorgung trotz einer Zunahme von Importen gewährleistet werden kann. Hinsichtlich des Preisniveaus kann insbesondere eine langfristige Koppelung der Gaspreise an die Ölpreise Anreize für einen verstärkten Einsatz von Gas zunichtemachen.

In den Entwicklungsländern, insbesondere den OPEC-Ländern und Mexiko sowie in den Staatshandelsländern wird sich die Förderung ganz erheblich erhöhen: auf rund 35 % der Weltvorkommen in der OPEC und 40 % in der Sowjetunion. Dabei ist auch mit erheblichen Steigerungen im Gasverbrauch in diesen Regionen zu rechnen; diese lassen jedoch noch weiten Raum für Exporte zu.

4.2.4 Kernenergie und andere Energiequellen

Eine Verdoppelung des Beitrags der Kernenergie zum Gesamtenergieverbrauch in der OECD auf ca. 10 % zum Jahre 2000 erscheint möglich. Dabei könnte der Anteil in Europa und Japan noch größer sein, während in Nordamerika ein derartiger Zuwachs angesichts der in der Vergangenheit erfolgten Einstellung von geplanten Kapazitätsvorhaben wenig wahrscheinlich ist. Die künftige Entwicklung von Kernenergie hängt allerdings zum einen davon ab, inwieweit Elektrizität eine größere Bedeutung in der Energieversorgung erreichen wird. Zum anderen ist die Haltung der Öffentlichkeit gegenüber der Kernenergie und die Gestaltung der Genehmigungsverfahren für Kernkraftwerkskapazitäten entscheidend. Diese Faktoren haben erheblichen Einfluß auf die Dauer der Vorlaufzeiten und damit zugleich auf die Kosten der Errichtung von Kernkraftwerkskapazitäten.

Bei den übrigen Energiequellen kann ebenfalls eine Verdoppelung ihres Beitrags zum Gesamtenergiebedarf im Jahre 2000 angenommen werden, so daß ihr Anteil fast 10 % betragen würde. Wasserkraft wird voraussichtlich weiterhin die größte Rolle spielen. Es kann aber erwartet werden, daß andere Energieformen wie Sonnenenergie und Biomasse in der Zukunft zunehmend an Bedeutung gewinnen, auch wenn ihr Beitrag absolut noch immer marginal sein wird.

Im Bereich der Entwicklungsländer werden 1990 wenigstens 20 Staaten außerhalb der OPEC über Kernkraftwerkskapazität verfügen, wobei eine noch stärkere Entwicklung aber durch sehr hohe Errichtungskosten, die Politik der Nichtverbreitung von Kernmaterial sowie durch Umweltschutzinteressen verhindert wird. In der Sowjetunion ist 1990 kaum ein Anteil von 5% am Gesamtenergieverbrauch anzunehmen, der in der OECD bereits heute erreicht ist. Wasserkraft und Sonnenenergie sind insbesondere in den Entwicklungsländern erfolgversprechend.

5 Schwerpunkte für künftige Energiepolitik

Auch in der Zukunft wird die Weltenergieversorgung entscheidend vom Öl bestimmt. Wegen der Abhängigkeit des OECD-Raumes und der ölimportierenden Entwicklungsländer von Lieferungen aus den Ölförderländern, insbesondere dem Nahen und Mittleren Osten, sind beide im Falle einer erneuten Anspannung des Ölmarktes in der Zukunft erheblichen Risiken für ihre Wirtschaft ausgesetzt. Es wird daher Aufgabe der Regierungen dieser Länder sein, derartigen Entwicklungen rechtzeitig vorzubeugen.

5.1 Energiepolitische Maßnahmen der Industrieländer

Die Länder der OECD gehen in ihrer Energiepolitik grundsätzlich davon aus, daß ausgeglichene Verhältnisse auf dem Energiemarkt durch die Wirkung der Marktkräfte geschaffen werden. Daneben wenden diese Länder aber unterstützend energiepolitische Maßnahmen an, um für die Energieversorgung negative Entwicklungen zu verhindern bzw. zu korrigieren. Zur Zeit sind die Investitionen im Energiebereich angesichts der allgemeinen wirtschaftlichen Rezession und der Unsicherheit über die künftige Entwicklung des Energiemarktes rückläufig. Das Investitionsklima wird sich zwar voraussichtlich bei einer Erholung der Wirtschaft verbessern. Der unter Abschnitt XIII.4 aufgezeigten Entwicklung kann aber nur entgegengewirkt werden, wenn zusätzliche energiepolitische Anstrengungen ergriffen werden. Die Politik wird auf weitere Fortschritte in effizienter Energieverwendung, erhöhter Nutzung von anderen Energiequellen als Öl und Förderung von einheimischen Energien zu richten sein. Es sind hier in den letzten 10 Jahren beträchtliche Erfolge erzielt worden. Ein Umstrukturierungsprozeß hat eingesetzt; diesen gilt es fortzusetzen.

Es besteht noch ein erhebliches Potential zur Energieeinsparung in allen Sektoren (Industrie, Privathaushalte und Transport). Insbesondere Fernwärmesysteme und wärmedämmende Vorrichtungen bieten beachtliche Einsparmöglichkeiten für Privathaushalte. Im Transportsektor, der fast ausschließlich auf Öl angewiesen ist und es auch in der Zukunft sein wird, kann Öl noch weiter durch verbesserte Treibstoffeffizienz eingespart werden. Für weitere Fortschritte bei der Energieeinsparung wird die Preis- und Steuerpolitik der Länder entscheidend sein. Preissubventionen können Anreize für energiesparendes Verhalten und Investitionen in energieeffizienten Technologien nehmen, die vom Marktpreis ausgehen, während geeignete steuerliche Maßnahmen weitere Anreize bieten können und insbesondere bei sinkenden Ölpreisen von Bedeutung sind.

Durch Förderung einheimischer Ölproduktion kann den Risiken, die mit der Abhängigkeit von Ölimporten verbunden sind, entgegengewirkt werden, auch wenn wegen der begrenzten Vorkommen nur ein relativ geringer Anteil an der Ölversorgung durch einheimische Produktion möglich ist. Für eine gesicherte Energieversorgung wird es daher zudem entscheidend auf andere Energiequellen wie Gas,

Kohle, Kernenergie und neue Technologien ankommen. Die Attraktivität dieser Energiequellen für den Verbraucher kann erheblich durch preis- und steuerpolitische Maßnahmen für Öl beeinflußt werden.

Das kann weiterhin einen beachtlichen Beitrag zur Energieversorgung bieten. Durch Aufhebung der Preisbindung für Gas kann der Förderung in den Vereinigten Staaten Auftrieb gegeben werden. Daneben wäre ein Ausbau der Infrastruktur für die Förderung der Vorkommen in Alaska erforderlich. In Europa sind weitere Versorgungsbeiträge aus den Niederlanden und Norwegen möglich. Die Exploration der norwegischen Gasvorkommen (Sleipner und Troll Felder) wird insbesondere wegen hoher Förderkosten behindert, die die Rentabilität von Investitionen angesichts der Konkurrenz von sowjetischem Gas für Europa in Frage stellen können. Die Unterstützung von Versorgungsverhandlungen und -vereinbarungen mit Norwegen durch die beteiligten Länder kann hier eine wichtige Rolle spielen. Eine einseitige Konzentration auf Lieferungen aus der Sowjetunion birgt die Gefahr einer erneuten Abhängigkeit in sich, mit der Folge, daß das Risiko „Öl" gegen das Risiko „Gas" getauscht wird. Aus diesem Grunde wäre auch eine erhöhte Versorgung aus den Niederlanden (Groningen) generell oder für Versorgungsausfälle anzustreben.

Um ein weiteres Vordringen von Kohle zu erreichen, müßte die Bereitschaft zu Investitionen in neue Kohleverbrennungsanlagen gesteigert werden. Ein wesentlicher Faktor geringer Investitionsbereitschaft resultiert aus mangelnder Information der Industrie über neue Kohletechnologien (Verflüssigung, Vergasung, aber auch verbesserte Verbrennungsverfahren).

Weitere Fortschritte bei der Entwicklung und Verwendung von Umweltschutzvorrichtungen können einen wichtigen Beitrag leisten. Zudem spielt auch hier die Preisentwicklung und -erwartung eine große Rolle. Auf der einen Seite werden weitere Investitionen in Kohleförderung und -transport davon abhängen, ob künftige Preise diese Investitionen rentabel erscheinen lassen. Auf der anderen Seite wird eine weitere Umstellung des Verbrauchers auf Kohle voraussetzen, daß Kohle Preisvorteile bietet. Durch entsprechende Energiepolitik müßte diesen Faktoren Rechnung getragen werden, um zu vermeiden, daß die OECD-Länder trotz der reichen einheimischen Kohlevorkommen verstärkt auf Importe von Öl und Gas angewiesen bleiben. Zur Abwendung derartiger weiterer Abhängigkeiten von Importen wird es zudem auf die Steigerung der Bedeutung von Kernenergie ankommen. Eine größere öffentliche Akzeptanz von Kernenergie wäre von den Regierungen anzustreben, wobei insbesondere der Lösung des Entsorgungsproblems in den einzelnen Ländern besondere Bedeutung zukommen sollte. Kernenergie kann ausschließlich und Kohle erheblich zur Erzeugung von Strom verwendet werden. Die Nutzung dieser Energiequellen kann daher durch stärkeres Vordringen von Elektrizität erhöht werden. Die breitere Verwendung von Elektrizität sollte daher begünstigt und nicht etwa durch die Art der Ausgestaltung von Stromtarifen behindert werden.

Die Entwicklung von alternativen Energietechnologien wie Sonnenenergie und synthetischen Brennstoffen kann sich insbesondere auf lange Sicht bewährt machen und sollte daher ebenfalls durch entsprechende Maßnahmen unterstützt werden.

Die energiepolitischen Maßnahmen werden von den einzelnen Regierungen bestimmt und näher ausgestaltet. Zusammenarbeit und Koordinierung auf internationaler Ebene kann einen erheblichen Beitrag für energiepolitische Fortschritte leisten. Im Rahmen der westlichen Industrieländer wird dabei der Internationalen Energie-Agentur (IEA) weiterhin erhebliche Bedeutung zukommen.

5.2 Energiepolitische Maßnahmen der Entwicklungsländer

Auch in den Entwicklungsländern sind Fortschritte in Energieeinsparung und Erweiterung einheimischer Produktion für eine zukünftige gesicherte Energieversorgung entscheidend. Wesentliche Voraussetzungen dafür sind verbesserte Energieplanung und Information insbesondere über Energieverwendung und -potential sowie über neue technische Entwicklungen. Die Möglichkeiten zur Energieeinsparung sind in Entwicklungsländern besonders groß, da sie noch am Anfang ihrer Industrialisierung stehen und daher energieeffiziente Vorrichtungen schon früh in den Entwicklungsprozeß einschleusen können. Anreize für die Verwendung derartiger Technologien bestehen allerdings nur dann, wenn durch entsprechende Energiepolitik die Energiepreise auf dem Weltmarkniveau gehalten werden. Die Entwicklung sowohl energiesparender Technologien als auch neuer Energiequellen kann erheblich durch internationale Zusammenarbeit von Entwicklungsländern untereinander und mit Industrieländern vorangebracht werden. Für eine stärkere Nutzung einheimischer Energien sind erhebliche Investitionen auch aus dem Ausland erforderlich. Dazu müßte eine Politik betrieben werden, die ein günstiges Investionsklima schafft. Entscheidend sind insoweit Energiepreispolitik, fiskalische Maßnahmen, der Ausbau von Infrastruktur, die Heranbildung von Fachkräften sowie die Haltung gegenüber ausländischen Investoren.

5.3 Maßnahmen gegen Versorgungsengpässe

Neben den Möglichkeiten langfristiger Politik zur Verbesserung der Energieversorgung werden die energie- und insbesondere ölimportierenden Länder weiterhin Versorgungsengpässe vorzubeugen haben. Dabei sind ausreichende Lagerhaltung, Maßnahmen zur Nachfrageverminderung und Möglichkeiten zur kurzfristigen Umstellung innerhalb verschiedener Energiequellen, insbesondere von Öl auf Kohle oder Gas, entscheidend. Die IEA-Mitgliedstaaten haben sich zu einer Ölvorratshaltung in Höhe der Nettoimporte von 90 Tagen verpflichtet. Für den Fall von Ölversorgungsausfällen von 7 % besteht ein Ölverteilungssystem für einen Ausgleich der Versorgung zwischen den Mitgliedstaaten. Die fortlaufende Überprüfung der bestehenden Maßnahmen für Versorgungsausfälle und geeignete weitere Maßnahmen werden für eine künftige, gesicherte Energieversorgung unerläßlich sein.

Literatur

Energy Policies and Programmes of IEA Countries, 1982 Review, IEA, Paris

Coal Use and the Environment, Report by the Coal Industry Advisory Board, 1983, IEA, Paris

Global 2000, Der Bericht an den Präsidenten, Frankfurt/M. (Zweitausendeins) 1980

La Communauté européenne et le problème de l'énergie, 1982, Office des publications officielles des Communautés européennes, Luxemburg

Natural Gas, Prospects to 2000, 1982, IEA, Paris

Nuclear Energy Prospects to 2000, 1982, IEA, Paris

The Use of Coal in Industry, Report by the Coal Industry Advisory Board (CIAB), 1982, IEA, Paris

World Energy – Looking Ahead to 2020, Report by the Conservation Commission of the World Energy Conference, Guildford, UK – New York, N.Y. 1978

World Energy Outlook, 1982, IEA, Paris

Hauff, V. (Hrsg.): Handlungsspielräume der Energiepolitik. Villingen-Schwenningen 1980

Jungk, R.: Der Atom-Staat. München (Kindler) 1977

Kahn, H.: Die Zukunft der Welt 1980–2000. Wien, Zürich, New York (Molden) 1979

Rühle, H. und *Miegel, M.:* Energiepolitik in der Marktwirtschaft. Stuttgart (Verlag Bonn aktuell) 1980

Schaefer, H.: Struktur und Analyse des Energieverbrauchs der Bundesrepublik Deutschland. Gräfelfing 1980

Schürmann, H. J.: Multinationale Energieunternehmen und ihre energiepolitische Beurteilung. München (Oldenbourg) 1980

Vogler, O.: Herausforderung Ölkrise, Reihe Bernhard & Graefe aktuell 1981

Yergin, G. und *Hillenbrand, M.:* Global insecurity, 1982

XIV Energiewirtschaftliche Probleme der Entwicklungsländer

W. Gocht

1 Energiewirtschaftliche Situation der Entwicklungsländer

Eine ausreichende Energieversorgung ist unverzichtbare Voraussetzung für den Entwicklungsprozeß in der Dritten Welt. Gegenwärtig ist in vielen Entwicklungsländern die Deckung des notwendigen Energiebedarfs jedoch keineswegs gesichert. Energiepolitik ist somit zu einem zentralen Thema der Entwicklungspolitik geworden.

Obwohl der Pro-Kopf-Verbrauch an Energie in Entwicklungsländern weit unter dem Weltdurchschnitt liegt (Tabellen XIV.1 und XIV.2), sind zahlreiche Länder der Dritten Welt nicht in der Lage, die Versorgung aus einheimischen Quellen zu sichern. Diese Länder sind vorrangig auf den Import von Rohöl oder Mineralölprodukten angewiesen, um die Bedarfslücken zu schließen. Seit den sprunghaften Erhöhungen der Ölpreise 1973/74 und 1979 hat sich die ohnehin schwierige Lage der ölimportierenden Länder dramatisch verschärft. Alle Träger multilateraler und bilateraler Entwicklungshilfe sind nun entschlossen, dem Sektor Energie besondere Aufmerksamkeit zu schenken und stärkere Unterstützung angedeihen zu lassen.

1.1 Grundprobleme

Neben den sozioökonomischen Problembereichen der Entwicklungsländer, wie überdurchschnittliches Bevölkerungswachstum, geringes Pro-Kopf-Einkommen, bittere Armut breiter Bevölkerungsschichten, ungenügendes Bildungswesen, unzureichendes Gesundheitswesen und niedrige Industrieproduktion gibt es auch typische energiepolitische Grundprobleme dieser Staaten.

Tabelle XIV.1 Welthandel mit fossilen Brennstoffen (f.o.b. in Mrd. US-$) 1982

von \ Export nach	Industrieländer	Entwicklungsländer (ohne OPEC)	OPEC-Länder	Ostblock
Industrieländer	84,10	5,30	2,70	0,70
Entwicklungsländer (ohne OPEC)	44,00[1)]	14,70[1)]	1,90[1)]	0,40[1)]
OPEC-Länder	153,00	48,50	1,50	4,20
Ostblock	30,20	4,55	0,02	17,50

1) 1981 *Quelle:* GATT: International Trade 1982/83, Genf 1983

Tabelle XIV.2 Energieverbrauch pro Kopf in ausgewählten Entwicklungsländern (in kg SKE)

	1970	1975	1981
Afghanistan	46	55	56
Argentinien	1 595	1 698	1 718
Bangladesch	–	31	46
Birma	59	53	63
Brasilien	450	670	757
China	367	483	578
Indien	142	166	199
Indonesien	116	162	242
Iran	947	1 301	874
Jordanien	266	372	740
Kuwait	4 847	5 545	4 548
Malawi	42	51	49
Mali	20	26	27
Mexiko	1 048	1 217	1 687
Nepal	14	10	11
Nicaragua	358	419	319
Nigeria	49	79	220
Philippinen	272	306	353
Saudi-Arabien	432	1 052	1 680
Singapur	1 260	2 933	4 515
Venezuela	2 392	2 796	3 193
Vietnam	300	189	148
Bundesrepublik Deutschland	5 170	5 304	5 614
Frankreich	3 806	3 776	4 081
Japan	3 768	3 539	3 575
USA	10 811	10 468	10 204

Quelle: United Nations, Yearbook of World Energy Statistics 1981, New York 1983

Hierzu zählen:

- Ein vergleichsweise sehr geringer Pro-Kopf-Verbrauch an Energie, vor allem in besonders armen Entwicklungsländern, die den Gruppen der LLDC (least developed countries; 31 am wenigsten entwickelte Länder) und der MSAC (most seriously affected countries, 45 stark betroffenen Länder) zugerechnet werden (vgl. Tabelle XIV.2).
  Im Durchschnitt wird in Entwicklungsländern etwa 0,5 kW pro Jahr Energie verbraucht, wobei bereits der Einsatz traditioneller Energieträger, wie Brennholz oder Dung, mitgerechnet ist – im Gegensatz zum durchschnittlichen Pro-Kopf-Verbrauch von rund 2 kW pro Jahr in Industrieländern.
- Die finanziellen Grenzen der Erschließung neuer Lagerstätten von Primärenergieträgern sind in Nicht-OPEC-Entwicklungsländern gravierend.

Das Kapital für die hohen Investitionen im Energiesektor steht nicht in ausreichender Höhe zur Verfügung. Für die Entwicklungsländer gilt deshalb in besonderem Maße, daß die Verfügbarkeit weniger physische Grenzen als vielmehr finanzielle, wirtschaftspolitische und ökologische Grenzen aufweist.

- Energie ist auf dem Weltmarkt seit 10 Jahren sehr teuer geworden, wobei die beiden substantiellen Ölpreis-Erhöhungen 1973/74 und 1979 die größten Wirkungen hervorriefen. 1980 mußten die ölimportierenden Entwicklungsländer mehr als 50 Mrd. US-$ allein für Rohöl-Einfuhren zahlen. 1981 stiegen diese Ausgaben auf 77 Mrd. US-$ und lagen damit dreimal so hoch wie die gesamte öffentliche Entwicklungshilfe der westlichen Industrieländer.
- Die Entwicklungsländer können auf Wirtschaftswachstum *nicht* verzichten. Allein durch wachstumsorientierte Wirtschaftspolitik läßt sich der Hunger und die Armut der ständig noch anwachsenden Bevölkerung mindern. Wirtschaftswachstum bedeutet aber in aller Regel ein Ansteigen des Energieverbrauches. Anders als in den meisten Industrieländern ist auch ein Energiesparpotential in Entwicklungsländern kaum gegeben. Die angestrebte Verbesserung der Lebensbedingungen bedeutet nach Schätzungen der Weltbank zusätzliche Investitionen im Energiesektor von 50 ... 500 Mrd. US-$ allein in den achtziger Jahren.
- Die inzwischen meist unerschwinglichen Preise für Mineralölprodukte (Kerosin, Heizöl) zwingen immer mehr Teile der ärmeren Bevölkerung in Entwicklungsländern, wieder auf die traditionelle Verwendung von Brennholz und Holzkohle im Haushalt zurückzugreifen. Eine verstärkte Abholzung ist die Folge, die schon Größenordnungen von 10 ... 15 Mio. ha pro Jahr erreicht hat, was jedes Jahr zum Verlust von rund 1,5 % des gesamten Waldbestandes führt. Um diesen Holzeinschlag auszugleichen, müßten bereits heute die Aufforstungen auf das Fünffache erhöht werden. Besonders betroffen von der „Brennholzkrise" sind beispielsweise Länder in der Sahel-Zone Afrikas, Indien, Nepal oder Inselstaaten in der Karibik und im Pazifik.
- Aus entwicklungspolitischer Sicht ist jedoch der Einsatz von Mineralölprodukten (Dieselöl, Kerosin) zu bevorzugen, denn die Energieträger sind vergleichsweise leicht zu transportieren, vielseitig einsetzbar und bieten Energie in besonders konzentrierter Form. Für dezentrale, ländliche Versorgung sind Mineralölprodukte deshalb besonders geeignet, mitunter sogar unverzichtbar.
- Die Energiepolitik steckt in vielen Entwicklungsländern noch im Experimentierstadium. Dann konnte noch keine Konzeption für eine kontinuierliche und ausgewogene Versorgungsstrategie gefunden werden. Nicht selten liegt die Hauptursache im Fehlen ausreichender Informationen über das einheimische Potential an Energieträgern (Kohlen, Wasserkraft, Sonnenenergie).

1.2 Klassifizierungsversuche

Im Hinblick auf die Energieversorgung lassen sich die 127 Entwicklungsländer (nach Einordnung der UNO 1982) in verschiedene Gruppen einteilen, wobei als hauptsächliches Klassifikationskriterium die Außenhandelsposition herangezogen wird (Netto-Exporteure, Netto-Importeure). Bei den Importländern kann nach dem Grad der Importabhängigkeit noch differenziert werden. Die Weltbank hat in

Tabelle XIV.3 Klassifizierung von Entwicklungsländern nach der Energieversorgungssituation

	Ölexportierende Entwicklungslander		Ölimportierende Entwicklungslander			
	OPEC-Lander	Nicht-OPEC-Lander	0 . 25 %	26 ... 50 %	51 .. 75 %	76 .. 100 %
Lander ohne akutes Brennholz-problem	Algerien Gabun Iran Irak Kuwait Libyen Qatar Saudi-Arabien VAE Venezuela	Bahrain Bolivien Malaysia Mexiko Oman Peru Syrien Tunesien Trinidad und Tobago	Argentinien Kolumbien Nord-Korea Rumanien	Chile Mongolei Jugoslawien	Albanien Brasilien Sud-Korea Libanon Turkei	Bahamas Barbados Costa Rica Kuba Zypern Dominikan. Republik Fiji Guatemala Guyana Elfenbeinkuste Jamaika Jordanien Malta Mauritius Nicaragua Panama Papua-Neuguinea Paraguay Portugal Surinam Uruguay
Lander mit akutem oder potentiellem Brennholz-problem	Ecuador Indonesien Nigeria	Angola Burma China, VR Kongo, VR Agypten Zaire	Indien Vietnam Zimbabwe	Bangladesh Botswana Mosambik Pakistan Zambia	Afghanistan Burundi Ghana Malawi Ruanda	Benin Bhutan Kamerun Kap Verde Z. A R. Tschad Komoren El Salvador Aquatorial-guinea Athiopien Gambia Grenada Guinea Guinea-Bissau Haiti Honduras Kamputschea Kenia Laos Lesotho Liberia Madagaskar Malediven Mali Mauretanien Marokko Nepal Niger Philippinen Sao Tomé u. Principe Senegal Sierra Leone Salomonen Somalia Sri Lanka Sudan Swasiland Tansania Thailand Togo Uganda Obervolta West-Samoa Nord-Jemen Sud-Jemen
Bevolkerung (in Mio)	320	1 180	820	210	245	395

Quelle: Weltbank, Energy in Developing Countries, 1980, p. 5

einer Gruppierung zusätzlich noch das Brennholzproblem berücksichtigt (Tabelle XIV.3). Aus der Aufstellung geht hervor, daß weit über die Hälfte aller Entwicklungsländer einer Gruppe angehören, die nahezu vollständig auf Ölimporte angewiesen ist. Allerdings sind viele kleine Länder dabei, so daß „nur" rund 400 Mio. Menschen betroffen sind.

2 Internationale Energiepolitik der Entwicklungsländer

Energiepolitik im internationalen Maßstab wird von Entwicklungsländern auf zwei Ebenen betrieben. Einmal im Rahmen der Vereinten Nationen, wo sich 1964 auf der ersten UN-Konferenz für Handel und Entwicklung (UNCTAD) in Genf die „Gruppe der 77" gebildet hat, der heute 127 Entwicklungsländer angehören. Zum anderen als Gruppe der Erdöl-Exportländer (OPEC), die insbesondere Erdölpreispolitik betreibt.

2.1 Gruppe der 77 in der UNO

Bislang wurde das Problem der Energieversorgung auf den UN-Konferenzen für Handel und Entwicklung (UNCTAD I bis VI) noch nicht schwerpunktartig behandelt. Energiepolitische Ansätze zeigt dagegen die „Internationale Entwicklungsstrategie für die Dritte Entwicklungsdekade der Vereinten Nationen". Die UN-Generalversammlung verabschiedete am 5. Dezember 1980 dieses Grundsatzpapier für die achtziger Jahre.

Bei der Formulierung hat die Gruppe 77 ihren zahlenmäßigen Einfluß deutlich artikuliert. Deshalb kann dieses Strategiepapier als programmatische Aussage der Entwicklungsländer zur internationalen Energiepolitik angesehen werden. Angestrebt wird eine langfristige Lösung durch Erschließung und Ausbau *aller* Energieressourcen. Dabei soll versucht werden, stärker neue und regenerierbare Energieträger einzusetzen, um die wertvollen Kohlenwasserstoffe zu schonen. Die Industrieländer werden aufgefordert, angemessene finanzielle und technische Mittel zur Verfügung zu stellen, um den unausweichbar steigenden Energiebedarf der Entwicklungsländer decken zu helfen. Die Industrieländer sollen je nach den Umständen zu allen neuen Energietechnologien ungehinderten und umfassenden Zugang gewähren. Letztere Forderung ist bei der Kernenergie umstritten, da hier Probleme der Entsorgung und der militärischen Nutzung noch nicht geklärt sind.

Die internationale Energiepolitik der Gruppe 77 ist bisher sehr generell geblieben und beschränkt sich auf Forderungen nach verstärkter finanzieller und technischer Unterstützung durch Industrieländer.

2.2 OPEC/OAPEC

Die Gründung der Organization of Petroleum Exporting Countries (OPEC) wurde 1960 als eine Art Notgemeinschaft der Exportländer betrachtet, die sich einer Ölschwemme mit Preisverfall gegenübersah. Die internationalen Ölgesellschaften senkten mehrfach den Steuerreferenzpreis (von 2,08 US-$ auf 1,76 US-$ pro Barrel) und reduzierten dadurch die Staatseinnahmen der wichtigen Produzentenländer. Auf dem Arabischen Erdölkongreß, der 1959 in Kairo stattfand, schlugen deshalb die Erdölminister von Venezuela und Saudi-Arabien eine Produzentenvereinigung vor. Nach weiten Preisrückgängen kam es zu einem spontanen Treffen der Erdölminister von Irak, Iran, Kuwait, Saudi-Arabien und Venezuela in Bagdad vom 10. bis 14. September 1960. Ursprünglich sollte lediglich die Verhandlungsstrategie mit den internationalen Mineralöl-Konzernen abgestimmt werden, doch einigten sich die Minister überraschend auf die Gründung der OPEC.

Zu den 5 Gründungsmitgliedern, denen in der Satzung ein Sonderstatus eingeräumt wurde, gesellten sich bald noch weitere Exportländer. Durch die Aufnahme von Qatar (1961), Indonesien (1962), Libyen (1962), Abu Dhabi (1967, ab 1974 als Vereinigte Arabische Emirate), Algerien (1969), Nigeria (1971), Ecuador (1973) und Gabun (1975) erhöht sich die Anzahl der Kartellmitglieder auf 13.

Als Organe der OPEC wurden etabliert:

- die „Konferenz" als höchste Instanz; sie besteht aus Delegationen der Mitgliedsländer, die normalerweise vom zuständigen Erdölminister geleitet werden; die Konferenz tritt zweimal im Jahr zu ordentlichen Sitzungen zusammen und faßt ihre Beschlüsse zur Erdölpolitik in Form von Resolutionen;
- der "Board of Governors" als Exekutivorgan, besteht aus Vertretern der Mitgliedsländer und ist zuständig für die Ausführung der Konferenzbeschlüsse und für das laufende Budget;
- das „Sekretariat" mit einem Generalsekretär, das die laufenden Geschäfte führt, die Konferenzen vorbereitet und die Kommissionen unterstützt. Das OPEC-Sekretariat wurde 1961 zunächst in Genf eingerichtet, verlegte aber seinen Sitz im Juni 1965 nach Wien, weil in der Schweiz keine Anerkennung als internationale Körperschaft erreicht werden konnte. – Am 1. Juli 1978 hat das Sekretariat eine neue Struktur erhalten mit Abteilungen für Forschung, für Verwaltung, für Information und für Rechtsfragen.

Die Schwerpunkte der OPEC-Politik veränderten sich im Laufe der Jahre. Folgende Strategien lassen sich seit 1960 aufeinanderfolgend erkennen:

- Harmonisierung der nationalen Gesetzgebung für die Erdölgewinnung, indem insbesondere das Konzessionswesen und die Steuerregelungen vereinheitlicht werden.
- Aufbau nationaler Erdölgesellschaften in allen Mitgliedsländern, um ein Gegengewicht zu den internationalen Mineralölkonzernen zu schaffen.
- Nationale Beteiligungen an ausländischen Mineralölkonzernen durch Übernahme von Kapitalanteilen durch die staatlichen Gesellschaften (participation).
- Erhöhung von Steuern, wie Förderzins (royalty), Gewinn- und Exportsteuern für ausländische Gesellschaften auf der Basis von festgesetzten Steuerreferenzpreisen (posted price).
- Nationalisierung ausländischer Mineralölgesellschaften durch Übernahme der gesamten Anteile.
- Abschluß von Dienstleistungsverträgen (z. B. PERTAMINA-Modell) und Lieferverträgen mit ausländischen Konzernen.
- Festsetzung von Richtpreisen für den Erdölexport.
- Vereinbarung von Produktionsquoten zur Vermeidung von Überangeboten.

Am meisten umstritten war immer die Preispolitik der OPEC, weil die Interessenlage der Mitglieder erhebliche Unterschiede aufweist. Gravierend sind sowohl die ordnungspolitischen Gegensätze als auch die wirtschaftliche Lage und die Bevölkerungsdichte in den 13 OPEC-Ländern.

Gemeinsam getragen wurden allerdings die starken Preiserhöhungen 1973/74 (1. „Ölkrise") und 1979 (2. „Ölkrise"). Doch es kam auch oft zu Auseinandersetzungen verschiedener Gruppierungen, etwa im Dezember 1976, als Saudi-Arabien, Kuwait und die Vereinigten Arabischen Emirate Preiserhöhungen nicht akzeptierten und bis Juli 1977 ein gespaltenes Preissystem vorhanden war. Die OPEC sah sich danach veranlaßt, ein "Longterm Strategy Committee" zu bilden, das im Jahre 1978 Vorschläge für eine langfristige Preispolitik unterbreitete. Danach sollen Preisanpassungen nach 3 wesentlichen Marktfaktoren erfolgen, nämlich nach den Inflationsraten, nach dem Dollarwechselkurs und nach den Wachstumsraten des BSP (Bruttosozialprodukt) in westlichen Industriestaaten. Doch schon Mitte 1979 wiedersetzten sich Iran, Algerien und Libyen diesem Preisanpassungsmechanismus, und es kam vor allem als Folge des Machtwechsels im Iran zur zweiten Welle substantieller Preiserhöhungen.

1982 wurde ein Überangebot von Rohöl auf dem Weltmarkt offensichtlich und die OPEC unternahm den Versuch, Produktionsquoten zu vereinbaren, um das Angebot künstlich zu verringern. Eine Sonderkonferenz in Wien beschloß, die Produktion aller OPEC-Länder vom 1. April 1982 an auf 17,2 Mio. Barrel Öl pro Tag (BOPD) zu drosseln (Produktion 1979: 32 Mio. BOPD. – Dezember 1981: 21,5 Mio. BOPD). Die entsprechenden Quoten wurden vereinbart (z. B. Saudi-Arabien 7 Mio., Venezuela 1,5 Mio., Indonesien 1,3 Mio., Nigeria 1,3 Mio., Iran 1,2 Mio., Irak 1,2 Mio. BOPD), doch das erforderliche Maß an Solidarität zur Verwirklichung solcher Produktionseinschränkungen wurde nicht erreicht. Trotz erneuter Versuche konnte die OPEC nicht alle Mitglieder zur Einhaltung der Quoten bewegen, denn insbesondere Iran und Libyen hielten sich nicht an die Zusagen. Es kam stattdessen zu einem Wettlauf um Marktanteile durch Gewährung von Preisnachlässen. Im März 1983 wurde erneut der Versuch unternommen, Quoten festzulegen in einer Größenordnung von 17,5 Mio. BOPD für alle OPEC-Länder. Gleichzeitig wurde der Richtpreis für Arabian Light 34 °API f.o.b. Ras Tanura von 34 US-$/bbl. auf 29 US-$/bbl. gesenkt. Die Macht des Kartells hatte sich – vermutlich aber nur vorübergehend – deutlich verringert.

Unter Ausnutzung der Marktlage, die durch eine Abhängigkeit der Importländer gekennzeichnet war, gelangen dem Kartell zuvor aber zwischen 1973 und 1980 große Erfolge:

- Ständige Erhöhung der Einnahmen der Mitgliederländer (vgl. Tabelle XIV.4), wodurch die finanziellen Mittel für eine rasche wirtschaftliche Entwicklung dieser Staaten beschafft wurden. Allerdings erzielte Saudi-Arabien den Löwenanteil und vor allem ab 1981 verringerten sich die Einnahmen einiger OPEC-Länder beträchtlich. Diese Tendenz setzte sich 1982 und 1983 fort.
- Durchsetzung einer einheitlichen „Erdölpolitik".
- Angleichung der nationalen Gesetzgebung in bezug auf die Erdölgewinnung, insbesondere Harmonisierungen von Konzessionsverträgen und von Abgaberegelungen.

Tabelle XIV.4 Erdöleinkünfte der OPEC-Länder (in Mrd. US-$)

Land	1971	1974	1978	1979	1980	1981	1982
Saudi-Arabien	2,1	22,6	34,6	57,5	102,0	113,2	76,0
Ver. Arab. Emirate	0,4	5,5	8,0	12,9	19,5	18,7	16,0
Kuwait	1,4	7,0	8,0	16,7	17,9	14,9	10,0
Iran	1,9	17,5	20,9	19,1	13,5	8,6	19,0
Irak	0,8	5,7	9,6	21,3	26,0	10,4	9,5
Qatar	0,2	1,6	2,0	3,6	5,4	5,3	4,2
Nigeria	0,9	8,9	8,2	16,6	25,6	18,3	14,0
Libyen	1,8	6,0	8,6	15,2	22,6	15,6	14,0
Algerien	0,3	3,7	4,6	7,5	12,5	10,8	8,5
Venezuela	1,7	8,7	5,6	13,5	17,6	19,9	16,5
Indonesien	0,3	3,3	4,8	8,9	12,9	14,1	11,5
Gabun	–	–	0,5	1,4	1,8	1,6	1,5
Ecuador	–	–	0,4	1,0	1,4	1,5	1,2
OPEC-Länder insgesamt	12,0	90,5	115,8	195,2	278,8	252,9	201,9

Quelle: Z. Petroleum-Economist, London June 1983

- Schrittweise Verstaatlichung des Erdölsektors in den Mitgliedsländern, indem die Beteiligungen (participation) an den Konzessionsgebieten ausländischer Mineralölgesellschaften ständig erhöht wurden bis hin zur völligen Übernahme.
- Preisdiktat durch eigenständige Festsetzung von Exportpreisen.

Diesen Erfolgen steht eine Reihe weltwirtschaftlicher Auswirkungen gegenüber, denn

- die Zahlungsbilanzen der Importländer wurden – zumindest vorübergehend – krisenhaft belastet; das "Recycling" der OPEC-Deviseneinnahmen klappte unter maßgeblicher Mitwirkung europäischer Banken nach 1974 noch relativ reibungslos, nach 1980 jedoch nur ungenügend;
- das Welthandelsvolumen schrumpfte zwischen 1980 und 1982 im Zuge einer sprunghaften Erhöhung des Zinsniveaus und einer weltweiten Rezession;
- in Entwicklungsländern, die auf die Einfuhr von Energieträgern angewiesen sind, verschlechterte sich die wirtschaftliche Lage vor allem ab 1980 dramatisch. Es kam insbesondere zu einer enormen Verschuldung von Schwellenländern (Mexiko, Brasilien, Argentinien).

Die OPEC begann im Januar 1976 mit der Einrichtung eines Sonderfonds für Entwicklungshilfe (OPEC Special Fund), der Kredite an sogenannte NOEC-Länder (non-oil-exporting countries) zur Finanzierung von Projekten vergibt. Nach der zweiten „Preiswelle" 1979 wurde der Fonds im Mai 1980 von 2,4 Mrd. US-$ auf 4 Mrd. US-$ aufgestockt und eine Rückzahlung von Krediten direkt an den Fonds und nicht an einzelne OPEC-Länder vereinbart. Der Sonderfonds, der zunächst in Wien von einem Gouverneursausschuß verwaltet wurde, ist 1980 durch eine Statutenrevision in eine eigenständige internationale Körperschaft umgewandelt worden (OPEC Fund for International Development). Es werden Zahlungsbilanzhilfen geleistet, Beiträge zu internationalen Fonds gezahlt und direkte Projektkredite gewährt.

Durch rückläufige Einnahmen gerieten die OPEC-Länder 1982 und 1983 aber immer stärker in Verzug mit ihren Einlagen zum Entwicklungsfonds, was auch dessen Kreditvergabe behinderte.

Etwa 40 % der OPEC-Kredite gingen bisher in arabische Staaten. Neben dem OPEC-Fonds leisten einige arabische OPEC-Staaten auch in erheblichem Maße bilaterale Entwicklungshilfe, allerdings vorrangig an „Bruderstaaten". Der Kuwaitische Fonds für Arabische Entwicklung ist dabei besonders aktiv, aber auch der Saudische Entwicklungsfonds und die Islamische Entwicklungsbank.

Neben der OPEC hat sich als zweites internationales Kartell auf dem Ölmarkt die OAPEC (Organization of Arab Petroleum Exporting Countries) mit Sitz in Kuwait gebildet. Anfang 1968 als lose Vereinigung von den arabischen OPEC-Mitgliedern Saudi-Arabien, Kuwait, Irak und Libyen gegründet, traten im Mai 1970 zunächst Algerien, Abu Dhabi, Dubai (beide ab 1974 als Vereinigte Arabische Emirate) und Qatar bei, nach einer Satzungsänderung, die auch die Aufnahme arabischer Nicht-OPEC-Länder vorsah, Ende 1971 Ägypten, Syrien und Bahrain. Die OAPEC hat als oberstes Organ einen „Ministerrat" (Council of Ministers) eingesetzt, daneben ein „Exekutivbüro" (Executive Bureau) und ein „Generalsekretariat" in Safat (Kuwait) mit Abteilungen für Erdölprojekte, Wirtschaft, Exploration, Training und Internationale Beziehungen. Neben rein wirtschaftlichen Zielen wurde schon 1968 eine Stärkung der arabischen Welt durch Nutzung des Erdölexportes als politische Waffe angestrebt. Die politisch bestimmten Maßnahmen der OAPEC wurden vor allem 1973/74 deutlich, als es nach dem Oktober-Krieg in Nahost zur ersten „Ölkrise" kam. Während die OPEC sich mit der Durchsetzung von Preiserhöhungen begnügte, beschlossen die OAPEC-Länder Förderkürzungen und vor allem ein politisch motiviertes Lieferembargo gegen die USA (Oktober 1973–März 1974) und gegen die Niederlande (Oktober 1973–Juli 1974!) wegen der proisraelischen Haltung dieser Importländer.

1974 proklamierte die OAPEC den Aufbau einer gemeinsamen Tankerflotte, die 1978 bereits 8 Tanker mit 2,1 Mio. tdw umfaßte (Arab Maritim Petroleum Transport Co.). 1975 wurde von 7 OAPEC-Mitgliedern die Arab Shipbuilding and Repair Yard Co. gegründet, die Ende 1977 das erste Großdock in Bahrain in Betrieb nahm. Die Arab Petroleum Investment Co. (1976), die Arab Petroleum Services Co. (1977) und die Arab Engineering Co. (1981) sollen die Eigenständigkeit der OAPEC-Länder bei Projektfinanzierungen und bei Exploration fördern.

3 Volkswirtschaftliche Planungskonzepte für den Energiesektor

Fast alle Entwicklungsländer sind dazu übergegangen, Entwicklungspläne aufzustellen, wobei Perspektivpläne einen Zeitraum von 10 bis 20 Jahren umfassen, die Volkswirtschaftspläne einen Zeitraum von 3 bis 5 Jahren und daneben noch jährliche Operativpläne bestehen können.

In allen rund 90 ölimportierenden Entwicklungsländern rangiert der Sektor Energie in seiner Bedeutung direkt nach dem Sektor Landwirtschaft. Dabei können folgende generelle Zielsetzungen beobachtet werden:

- Das Energieangebot soll erhöht werden, weil davon Wachstumsimpulse für die gesamte Volkswirtschaft ausgehen.
- Die Bemühungen um eine schrittweise Reduktion der Öl-Importe sollen verstärkt werden. Dies bedeutet die Erschließung einheimischer Energiequellen.
- Die Elektrifizierung des Landes soll vorangetrieben werden, was den Bau neuer Kraftwerke, aber auch den Ausbau der Verteilungssysteme erfordert.

Die nationalen Strategien zur Verwirklichung dieser Ziele hängen entscheidend vom Potential des Landes an Primärenergieträgern sowie von seinen finaziellen Möglichkeiten ab. Die Programme zur Energieversorgung trugen nach der ersten Ölpreiserhöhung 1973/74 zunächst in vielen Entwicklungsländern Züge eines Notprogrammes, bis dann nach einigen Jahren in den Volkswirtschaftsplänen eine fundiertere Energiepolitik erkennbar wurde.

4 Entwicklung und Deckung des Energiebedarfs

4.1 Bedarfstendenzen in wichtigen Einsatzbereichen

1980 verbrauchten alle Entwicklungsländer zusammen erst 12 % der kommerziellen Energie. Doch dieser Anteil wächst im Zuge der fortschreitenden Industrialisierung und mit dem Ausbau des Verkehrssystems. Die Verbrauchsstrukturen in typischen Entwicklungsländern unterscheiden sich wesentlich von denen in Westeuropa. So ist vor allem der Anteil der Landwirtschaft und der Haushalte an der Verwendung kommerzieller Energieträger gering, da in beiden Bereichen der Lebensstandard ohnehin niedrig ist und außerdem noch immer traditionelle Energieträger (Feuerholz, Dung) eingesetzt werden. Grobe Durchschnittswerte für die Struktur des Energieverbrauches in Entwicklungsländern vermittelt folgendes Bild:

- Rund 25 % der kommerziellen Primärenergieträger werden zur Erzeugung von Elektrizität verwendet.
- Rund 35 % der kommerziellen Energieträger werden in der Industrie (einschließlich Bergbau) verwendet, wobei hier die Abweichungen sehr groß sein können und je nach Industrialisierungsgrad sogar 60 % erreichen können.
- Rund 20 % der kommerziellen Primärenergieträger werden im Transportsektor verbraucht, wobei der Straßenverkehr die überragende Rolle spielt.
- Rund 15 % der kommerziellen Primärenergieträger werden in Haushalten verbraucht, insbesondere von den kleinen sozialen Ober- und Mittelschichten in den Städten.
- Rund 5 % der kommerziellen Primärenergieträger werden in der Landwirtschaft verbraucht, wobei der Antrieb von Wasserpumpen und der Einsatz von Düngemitteln den Hauptanteil ausmachen.

Für das Jahr 1980 sagte die Weltbank einen Energieverbrauch für die gesamte Gruppe der Entwicklungsländer in Höhe von 30,6 Mio. Barrel OE pro Tag voraus, der sich auf die Einsatzbereiche wie folgt aufteilt:

Industrie	28 %,	Haushalte	19 %,
Transport	24 %,	Landwirtschaft	5 %,
Elektrizität	21 %,	andere	3 %.

4.2 Möglichkeiten und Grenzen der Bedarfsdeckung

Die Möglichkeiten der Entwicklungsländer, den Energiebedarf aus einheimischen Quellen zu decken, richten sich nach dem verfügbaren Potential an Primärenergieträgern. Das Klassifikationsschema der Weltbank (vgl. Tabelle XIV.3) gibt erste Hinweise, daß neben den OPEC-Ländern auch eine Gruppe anderer Entwicklungsländer ausreichende Mengen Erdöl und Erdgas produziert. Andere Länder haben Alternativen zum Erdöl, von denen die wichtigsten Wasserkraft und Kohlen sind. Neben diesen alternativen Energieträgern können dann noch komplementäre Energieträger wie Sonnenenergie oder Windenergie hinzukommen.

Das *Wasserkraft*potential ist in zahlreichen Entwicklungsländern noch kaum genutzt. Von den 2,3 Mio. MW theoretischer Weltkapazität entfallen auf die Entwicklungsländer 1,2 Mio. MW. Substantielles Potential weisen vor allem auf: in Lateinamerika Brasilien, Kolumbien und Argentinien; in Afrika Madagaskar, Kamerun und Tansania und in Asien Nepal, Burma, Indien, Vietnam, Indonesien und Papua-Neuguinea.

Nach *Kohlen*lagerstätten ist in einigen Entwicklungsländern im letzten Jahrzehnt mit Erfolg exploriert worden. So konnten bedeutsame Vorräte entdeckt werden in Brasilien, Mexiko, Kolumbien und Chile, in Botswana, Zimbabwe und Swasiland, in China, Indien, Indonesien, Türkei und Vietnam.

Die regenerativen Energieträger werden auch in absehbarer Zukunft nur einen bescheidenen Beitrag zur Deckung des gesamten nationalen Bedarfs eines Landes leisten können, doch kann dieser Beitrag von erheblicher entwicklungspolitischer Bedeutung sein, wenn abgelegene und isolierte Gegenden versorgt werden. *Sonnenenergie* eignet sich für dezentralen Einsatz, vornehmlich in Haushalten, und kann besonders gut in ariden Klimazonen genutzt werden. *Windenergie* spielt für einige Inselstaaten eine bedeutsame Rolle, da einerseits dort das Windkraftpotential günstig sein kann, andererseits kaum andere Energieträger zur Verfügung stehen.

4.3 Investitionen und Finanzierung

Im Zeitraum zwischen 1966 und 1975 wurden von den Entwicklungsländern rund 12 Mrd. US-$ pro Jahr an öffentlichen Investitionen im Sektor Energie getätigt, hauptsächlich für Elektrizifierung (Kraftwerke, Überlandleitungen). Nach Schätzung der Weltbank steigt der Investitionsbedarf in den achtziger Jahren auf das vier- bis siebenfache an (Tabelle XIV.5). Wiederum wird die Erzeugung und Verteilung von elektrischer Energie den Hauptteil der riesigen Investitionssummen verschlingen.

In ständig zunehmendem Maße müssen externe Finanzierungsquellen gesucht werden, denn die eigene Finanzkraft der Entwicklungsländer läßt weiter nach. Trotz der bereits hohen Verschuldung (Herbst 1983: über 700 Mrd. US-$) müssen also neue Kredite aufgenommen werden. Dabei kommen multinationale Institutionen, bilaterale Entwicklungshilfe und private Banken in Frage. Vor den multinationalen Kreditagenturen haben sich bisher bei der Finanzierung von Energieprojekten besonders engagiert:

- die Weltbank in Washington,
- die Asian Development Bank (ADB) in Manila,
- die Banco Interamericano de Desarollo (BID) in Washington,
- der OPEC Fund in Wien.

Tabelle XIV.5 Investitionsbedarf der Entwicklungsländer im Energiesektor (in Mrd. US-$, Basisjahr 1980)

	1980	Jahresbedarf 1981 bis 1985	Jahresbedarf 1986 bis 1990
Entwicklungsländer gesamt	34,4	54,4	82,2
Ölimportierende Entwicklungsländer	24,6	36,7	53,4
davon für Elektroenergie	18,5	27,5	39,7
Erdöl	3,6	5,3	7,0
Kohle	0,5	0,7	1,5
Alkohol	0,5	0,9	1,2
andere	1,5	2,3	4,0

Quelle: Weltbank 1980

5 Entwicklungshilfe auf dem Energiesektor

5.1 Weltbank-Programm

Um der gegenwärtigen Bedeutung einer ausreichenden Energieversorgung für das wirtschaftliche Wachstum in den Entwicklungsländern gerecht zu werden, begann die Weltbank Mitte der siebziger Jahre mit einer stärkeren Berücksichtigung von Kraftwerksprojekten und von Kohlebergbauprojekten bei ihrer Kreditvergabe. 1977 begann dann ein separates Programm zur Unterstützung von Erdölprojekten und schließlich mündeten alle diese Aktivitäten 1979 in ein umfassendes Energieprogramm für Entwicklungsländer. Damit wurde die Weltbank zum weitaus größten Finanzierungsinstitut für öffentliche Energieinvestitionen in Entwicklungsländern.

Das Kreditprogramm für die Periode 1981 bis 1985 sieht 13 Mrd. US-$ für Energieprojekte vor (die insgesamt 57 Mrd. US-$ Investitionen erfordern – der Weltbank-Kreditanteil beläuft sich also im Durchschnitt auf 23 %), was immerhin 13 % des gesamten Kredit-Etats der Weltbank ausmacht. Von den 13 Mrd. US-$ sind 7,6 Mrd. US-$ für Elektrizitätsprojekte vorgesehen, 4 Mrd. US-$ für Erdöl/Erdgasprojekte, 840 Mio. US-$ für Kohleprojekte und 625 Mrd. US-$ für regenerative Energien.

Die Weltbank finanziert seit 1979 auch Projekte der Erdöl-Exploration, vor allem in ölimportierenden Entwicklungsländern, wie Marokko, Tansania, Argentinien oder Pakistan.

5.2 Aktivitäten der Bundesrepublik Deutschland

In den entwicklungspolitischen Grundlinien der Bundesregierung vom Juni 1980 kommt zum Ausdruck, daß der Sektor Energie zu den prioritären Förderbereichen einer bilateralen Zusammenarbeit mit Entwicklungsländern gehört. Die Bundesregierung hält eine verstärkte Unterstützung bei der Lösung der Energieprobleme ölimportierender Entwicklungsländer für notwendig, da dies gleichzeitig auch eine Entlastung des Welt-Erdölmarktes bewirkt. Seit 1973 haben sich die bilateralen Leistungen der Bundesrepublik Deutschland für den kommerziellen, aber auch für den traditionellen Energiesektor deutlich erhöht. Zwischen 1973 und 1981 wurden vom Bundesministerium für wirtschaftliche Zusammenarbeit (BMZ) insgesamt 2,9 Mrd. DM über die Finanzielle Zusammenarbeit (FZ) (Kredite, Darlehen, Investitionszuschüsse, Warenhile) und 300 Mio. DM über die Technische Zusammenarbeit (TZ) ausgezahlt. Die Zusagen stiegen dabei jährlich, von 201 Mio. DM 1973 auf 795 Mio. DM 1981. Auch das BMFT hat 150 Mio. DM für Energieforschungsprojekte in Entwicklungsländern bereitgestellt.

Vorhaben der Stromversorgung stehen auch bei den bilateralen Energie-Projekten der deutschen Entwicklungszusammenarbeit im Vordergrund. An FZ-Großprojekten waren darunter:

- Braunkohletagebau und Wärmekraftwerk Elbistan/Türkei (600,5 Mio, DM),
- Ausbau eines Energieverbundnetzes in Jugoslawien (350 Mio. DM),
- Dampfkraftwerk Banias/Syrien (140 Mio. DM),
- Wasserkraftwerk Oymapinar/Türkei (136 Mio. DM),
- Kraftwerk Suez/Ägypten (101 Mio. DM),
- Kernkraftwerk Atucha/Argentinien (100 Mio. DM).

Bei der Technischen Zusammenarbeit steht der Einsatz von Beratern im Vordergrund, wobei die deutschen Experten in der Regel für staatliche Energieversorgungsunternehmen oder Behörden eingesetzt sind und Studien erstellen. Umfangreiche TZ-Projekte der letzten Jahre waren beispielsweise:

- Beratung der Myanma Oil Corp./Burma (29,3 Mio. DM),
- Sachverständige für Erdöl-Exploration/Bangladesh (26,4 Mio. DM),
- Beratung für hydroelektrische Projekte in Sarawak/Malaysia (18,5 Mio. DM),
- Planung von Elektrizitätsversorgungen/Kolumbien (14,5 Mio. DM),
- Nutzung nichterschöpflicher Energiequellen/Kenia (8,2 Mio. DM),
- Masterplan für Wasserkraftpotential/Peru (6,5 Mio. DM).

Die Bundesregierung wirkt aber auch auf verstärktes Engagement der privaten Wirtschaft im Sektor Energiewirtschaft der Entwicklungsländer hin. Sie übernimmt Garantien für Kapitalanlagen und Risikofinanzierungen im Rahmen des Technologie-Transferprogramms, sie fördert Beteiligungen durch die DEG – Deutsche Finanzierungsgesellschaft für Beteiligungen in Entwicklungsländern GmbH – und unterstützt Erdöl-Explorationen durch das Explorationsförderprogramm.

Literatur

Aperjis, D.: The Oil Market in the 1980s. OPEC Oil Policy and Economic Development. – (Ballinger), Cambridge, Mass. 1982

Baron, C.: Energy Policy and Social Progress in Developing Countries. – International Labour Review, 119, 531–548, 1980

Bender, F.: Survey of Energy Resources 1980. – Erdöl und Kohle, 34, 155–158, Hamburg 1981

Bundesministerium für wirtschaftliche Zusammenarbeit: Programm der Bundesregierung für die Zusammenarbeit mit Entwicklungsländern auf dem Gebiet der Energie. – Bonn, März 1983

Czakaimski, M.: Energieverbrauch der Entwicklungsländer – Wirtschaftliche Auswirkungen und energiewirtschaftliche Anpassungszwänge. – Das Gas- und Wasserfach, H. 9, 1983

Edgerton, R. H.: Available Energy and Environmental Economics. – (Lexington), Lexington – Toronto 1982

EEC: EEC and the Third World: A Survey (Energy: S. 83–118). – Paris 1981

Gerwin, R.: Die Welt-Energie-Perspektive – Analyse bis zum Jahr 2030. – (Goldmann), Stuttgart 1980

Gocht, W.: Wirtschaftsgeologie und Rohstoffpolitik. – 2. Aufl. (Springer), Berlin/Heidelberg/New York/Tokyo 1983

Grawe, J.: Entwicklungshilfe im Energiebereich. – Europa-Archiv, Folge 22, Bonn 1982

Hoffmann, T., Johnson, B.: The World Energy Triangle – a Strategy for Co-operation. – (Ballinger), Cambridge/Mass. 1981

International Energy Agency: World Energy Outlook. – Paris 1982

Munasinghe, M.: Integrated National Energy Planning in Developing Countries. – Natural Resources Forum, 4, 359–373, New York 1980

OPEC: Energy in Developing Countries. – Present and Future. – Wien 1980

Palmedo, P. F. et al: Energy Needs, Uses and Resources in Developing Countries. – (Brookhaven), New York 1978

Vargas, A.: National Energy Balances. – Natural Resources Forum, 6, 29–46, New York 1982

World Bank: Energy in the Developing Countries. – Washington, August 1980

Anhang

Tabelle A1 Braunkohlengewinnung der Welt (in 1 000 t)

Land	1960	1970	1975	1980	1982[1)]
Österreich	5 937	3 670	3 400	2 870	3 300
Dänemark	2 309	130	–	–	–
Frankreich	2 276	2 780	3 180	2 585	3 060
Bundesrepublik Deutschland	97 999	107 770	123 380	129 862	127 350
Griechenland	2 550	7 680	18 410	23 140	26 940
Italien	794	1 390	2 040	1 934	1 910
Niederlande	4	–	–	–	–
Portugal	156	–	–	–	–
Spanien	1 762	2 830	3 380	15 710	23 500
Türkei	1 911	4 360	7 120	13 660	16 000
Westeuropa	115 734	130 620	160 910	189 761	202 060
Albanien	291	670	900	1 100	1 650
Bulgarien	15 416	28 850	27 510	29 790	31 950
CSSR	58 403	81 780	86 270	94 890	98 950
DDR	225 465	260 580	246 710	258 090	270 000
Ungarn	23 676	23 680	21 860	23 430	23 040
Polen	9 327	32 760	39 870	36 866	37 650
Rumänien	3 363	14 140	19 780	27 100	30 000
UdSSR	138 261	144 740	160 210	164 000	159 950
Jugoslawien	21 430	27 780	34 940	45 446	51 500
Osteuropa	495 632	614 980	638 050	680 712	704 690
VR China	?	?	?	26 000	24 000
Indien	47	3 550	2 780	4 540	7 150
Japan	1 409	200	600	25	20
Nordkorea	3 842	5 700	9 000	10 000	10 500
Mongolei	618	1 915	2 550	3 750	4 500
Thailand	109	400	460	1 430	1 850
Asien	6 025	11 765	15 390	45 745	48 020
Kanada	1 969	3 470	3 500	5 370	7 500
USA	2 491	5 410	17 980	41 290	46 500
Nordamerika	4 460	8 880	21 530	46 660	54 000
Chile	68	63	46	40	–

Fortsetzung der Tabelle A1

Land	1960	1970	1975	1980	1982[1)]
Lateinamerika	68	63	46	40	–
Afrika	–	–	9	4	–
Australien Neuseeland	15 207 2 247	24 200 1 920	28 170 140	33 130 200	35 000 200
Ozeanien	17 454	26 120	28 310	33 330	35 200
Welt	639 373[2)]	792 428[2)]	864 245[2)]	996 252	1043 970
davon Ostblock	500 092[2)]	622 595[2)]	649 600[2)]	720 462	743 690

1) Vorläufig
2) Ohne VR China

Quelle: Zusammengestellt nach UN, Yearbook of World Energy Statistics, New York; Statistik der Kohlenwirtschaft, Essen

Tabelle A2 Steinkohlenförderung der Welt (in 1 000 t)

Land	1960	1970	1975	1980	1982[1)]
Belgien	22 469	11 360	7 480	6 324	6 540
Frankreich	55 960	37 350	22 410	18 136	18 590
Bundesrepublik Deutschland	143 255	111 270	99 160	94 492	96 320
Irland	208	150	50	63	60
Italien	737	300	10	–	–
Niederlande	12 498	4 330	575	–	–
Norwegen	404	490	380	288	360
Portugal	434	270	230	180	160
Spanien	13 783	10 750	10 810	12 770	15 110
Türkei	3 653	4 570	4 800	3 600	4 010
Großbritannien	196 711	144 560	127 790	128 208	121 430
sonstige	383	12	–	15	–
Westeuropa	450 495	325 412	273 695	264 076	262 580
Bulgarien	570	400	330	270	240
CSSR	26 214	28 800	28 120	28 200	27 460
DDR	2 721	1 040	540	35	–
Ungarn	2 847	4 150	3 020	3 072	3 040
Polen	104 438	140 100	171 630	193 115	189 320
Rumänien	3 405	6 400	7 320	7 050	8 060
UdSSR	374 925	474 000	538 050	552 000	555 410
Jugoslawien	1 283	650	600	396	450
Osteuropa	516 403	655 540	749 610	784 138	783 980

Fortsetzung der Tabelle A2

Land	1960	1970	1975	1980	1982[1)]
VR China	420 000	360 000	470 000	594 000	620 000
Taiwan	3 962	4 480	3 120	2 570	2 600
Indien	52 593	73 690	95 920	107 825	134 130
Indonesien	658	170	210	310	490
Japan	51 067	39 700	18 990	17 930	17 580
Nord-Korea	6 778	21 770	32 000	36 000	36 000
Süd-Korea	5 350	12 394	17 585	18 260	20 150
Pakistan	831	1 250	1 300	1 480	1 820
Vietnam	2 595	3 000	2 000	6 300	6 300
sonstige	204	297	441	961	–
Asien	544 038	516 751	641 566	785 636	839 070
Kanada	8 020	11 590	21 710	30 580	35 320
USA	391 526	550 390	575 900	719 110	701 360
Nordamerika	399 546	561 980	597 610	749 690	736 680
Argentinien	175	620	500	400	510
Brasilien	1 277	2 370	2 600	5 240	6 000
Chile	1 297	1 380	1 430	760	740
Kolumbien	2 600	3 300	3 200	5 000	5 000
Mexiko	1 074	3 010	5 200	7 500	7 100
sonstige	197	196	145	79	–
Lateinamerika	6 620	10 876	13 075	18 979	19 350
Algerien	119	10	10	110	50
Zaire	163	100	120	500	300
Marokko	412	440	650	680	700
Mozambique	270	350	570	400	460
Nigeria	571	60	240	180	170
Rhodesien/ Zimbabwe	3 559	3 000	3 500	3 132	2 400
Südafrika	38 173	54 610	69 450	115 110	138 800
Zambia	–	630	810	970	930
Afrika	43 267	59 200	75 350	121 082	143 710
Australien	22 931	49 600	67 090	81 000	101 750
Neuseeland	813	460	460	1 920	2 050
Ozeanien	23 744	50 060	67 550	82 920	103 800
Welt	1 984 113	2 179 819	2 418 456	2 806 521	2 889 170
Ostblock	945 776	1 040 310	1 253 610	1 420 438	1 446 280

1) Vorläufig

Quelle: Zusammengestellt nach UN, Yearbook of World Energy Statistics, New York; Statistik der Kohlenwirtschaft, Essen

Tabelle A3 Weltrohölförderung (in Mio. t)

Land	1960	1970	1975	1980	1982[1)]
USA	380,4	537,5	473,9	484,1	485,8
Kanada	25,8	71,5	83,5	81,7	71,7
Nordamerika	406,2	609,0	557,4	565,8	557,5
Argentinien	9,1	20,4	20,3	25,7	25,1
Brasilien	3,9	8,0	8,4	9,4	13,2
Kolumbien	7,9	11,2	8,1	6,3	7,4
Ecuador	0,4	0,2	7,9	10,4	10,3
Mexiko	14,1	23,9	39,3	107,3	149,4
Trinidad	6,1	7,3	11,2	10,6	8,9
Venezuela	147,9	195,2	125,3	116,0	97,7
sonstige	3,8	6,5	7,1	13,4	14,4
Lateinamerika	193,2	272,7	227,6	299,1	326,4
Österreich	2,5	2,8	2,0	1,5	1,3
Frankreich	2,0	2,3	1,0	1,4	1,6
Italien	2,0	1,6	1,0	1,8	1,6
Norwegen	–	–	9,3	25,8	24,1
Türkei	0,4	3,5	3,1	2,3	2,4
Großbritannien	0,1	0,1	1,4	80,5	103,3
Bundesrepublik Deutschland	5,5	7,5	5,7	4,6	4,3
sonstige	1,9	2,1	3,4	3,5	6,0
Westeuropa	14,4	19,9	26,9	121,4	144,6
Abu Dhabi	–	33,4	67,3	64,8	42,0
Dubai	–	4,3	12,6	17,4	17,7
Iran	52,1	191,3	267,7	73,7	98,2
Irak	47,5	76,9	111,0	130,2	48,0
Kuwait	81,9	139,1	94,0	71,5	34,6
Neutr. Zone	7,3	26,0	25,8	27,8	16,3
Oman	–	16,6	17,1	14,4	16,8
Qatar	8,2	17,7	21,0	23,0	16,2
Saudi-Arabien	62,1	178,0	343,9	493,0	392,2
Sharjah	–	–	1,9	0,5	0,3
sonstige	2,3	8,4	12,8	11,2	11,5
Mittlerer Osten	261,4	691,7	975,1	927,5	630,8
Algerien	8,5	48,5	47,5	51,5	38,4
Ägypten	3,3	23,5	14,8	29,8	35,1
Libyen	–	159,8	71,3	86,3	55,4
Nordafrika	–	4,3	4,5	5,7	5,0
Gabun	0,9	5,4	11,2	8,8	7,0
Nigeria	0,9	52,9	88,8	102,3	63,9
Angola	–	5,1	8,4	7,4	6,5
Westafrika	–	0,4	2,0	7,1	11,1
Afrika	13,6	299,9	248,5	298,9	222,4

Fortsetzung der Tabelle A3

Land	1960	1970	1975	1980	1982[1)]
Indien	0,4	6,8	8,1	9,4	19,0
sonstige	–	1,4	1,5	2,0	1,8
Südasien	0,4	8,2	9,6	11,4	21,8
Brunei	4,6	6,9	9,4	11,5	8,9
Indonesien	20,8	42,2	64,6	78,6	65,0
Japan	–	0,8	0,6	0,4	0,3
Australasien	–	8,6	19,9	19,2	18,0
sonstige	–	0,9	4,5	15,0	16,6
Südostasien/Australien	25,4	59,4	99,0	124,7	108,8
VR China	5,5	28,2	74,3	105,8	101,7
UdSSR	148,0	353,0	490,8	603,0	612,2
Rumänien	11,5	13,4	14,6	11,5	12,0
Ungarn	1,2	1,9	2,0	2,0	2,0
Jugoslawien	0,9	2,9	3,9	4,2	4,3
sonstige	1,1	2,3	3,4	3,7	6,1
Ostblock	168,2	401,7	589,0	730,2	738,3
Welt	1 082,8	2 362,5	2 733,1	3 080,5	2 750,6

1) Vorläufig

Quelle: BP Statistical Review, London; ergänzt durch Esso: Oeldorado, Hamburg; eigene Berechnungen

Tabelle A4 Weltölverbrauch (in Mio. t)

Land	1970	1975	1978	1980	1982[1)]
Bundesrepublik Deutschland	128,6	128,8	142,7	131,1	112,2
Belgien/Luxemburg	28,0	26,7	29,5	27,7	23,9
Dänemark/Norwegen/ Schweden	56,4	50,8	52,5	47,4	40,1
Frankreich	93,5	107,6	121,3	110,5	91,0
Großbritannien	103,6	93,4	93,9	80,5	74,0
Italien	89,5	99,6	100,8	99,9	90,3
Niederlande	36,5	34,4	38,6	38,4	32,0
Österreich	9,2	10,7	11,9	11,7	10,0
Schweiz	12,6	12,5	13,5	12,9	10,8
Spanien	27,4	44,5	50,3	52,3	49,0
sonstige	25,0	33,9	38,4	40,0	34,5
Westeuropa	610,3	642,9	693,4	652,4	567,8
Ägypten	5,8	8,5	11,2	11,5	10,6
Algerien	2,1	3,9	4,9	5,2	5,1
Libyen	1,1	2,0	3,8	4,0	4,2
Nigeria	1,8	3,1	3,4	3,4	3,4
Republik Südafrika	10,9	15,2	14,6	14,0	13,5
sonstige	18,5	22,1	25,1	24,9	23,8
Afrika	40,2	54,8	63,0	63,0	60,6

Fortsetzung Tabelle A4

Land	1960	1970	1978	1980	1982[1)]
Irak	3,6	4,1	4,5	4,5	4,5
Iran	14,6	24,7	28,6	25,0	27,0
Israel	4,4	5,8	6,4	6,5	6,5
Kuwait	5,0	3,5	5,0	4,8	5,0
Saudi-Arabien	14,4	13,0	18,6	20,0	20,0
Türkei	7,6	13,3	18,3	15,4	14,0
sonstige	7,5	9,3	16,0	16,6	16,0
Naher Osten	57,1	76,7	97,4	92,8	93,0
Kanada	72,0	87,1	87,8	89,7	78,0
USA	689,9	759,8	921,2	806,8	740,0
Nordamerika	761,9	846,9	1 009,0	896,5	818,0
Argentienien	22,5	22,6	24,3	27,3	27,0
Brasilien	25,3	43,7	51,5	55,2	52,3
Chile	4,9	4,7	5,4	5,5	5,2
Kolumbien	5,6	6,4	7,4	7,3	7,0
Kuba	6,4	7,9	9,6	10,0	9,7
Mexiko	24,2	34,2	44,6	54,0	63,0
Niederl. Antillen	7,3	6,0	6,4	6,6	6,4
Peru	5,0	6,3	6,3	6,4	6,2
Puerto Rico	7,3	9,1	11,0	10,5	10,1
Trinidad	3,6	2,7	2,7	2,6	2,5
Venezuela	10,1	11,9	14,9	15,5	15,0
sonstige	24,1	29,3	30,6	30,1	28,7
Lateinamerika	146,3	184,8	214,7	231,0	233,1
Australien	25,0	28,8	30,6	29,8	30,0
Indien	16,4	20,9	25,3	27,0	25,2
Indonesien	9,3	15,0	19,5	19,0	18,4
Japan	194,7	243,3	266,1	264,9	225,0
Malaysia	4,5	5,5	6,2	6,5	6,2
Philippinen	7,5	9,3	10,7	11,5	10,7
Singapur	6,0	8,7	11,6	15,0	14,8
sonstige	41,4	49,5	59,1	63,9	61,8
Südostasien	304,8	381,0	429,1	437,6	392,1
Bulgarien	8,2	12,5	14,7	14,8	13,8
VR China	20,4	68,1	93,3	90,1	85,0
DDR	9,7	14,8	18,0	18,5	18,7
Jugoslawien	7,8	11,7	15,2	15,5	14,8
Polen	8,4	13,9	17,2	17,1	16,8
Rumänien	10,8	13,9	19,5	20,5	17,5
CSSR	10,0	15,9	18,4	18,9	19,0
Ungarn	6,2	10,0	11,9	11,1	10,5
UdSSR	264,7	373,0	418,0	446,7	460,0
sonstige	1,1	2,5	2,0	3,5	4,0
Ostblock	347,3	536,3	628,2	656,7	660,1
Welt	2 267,9	2 723,4	3 134,8	3 030,0	2 824, 7

1) Vorläufig

Quelle: Esso: Oeldorado, Hamburg

Tabelle A5 Erdgasförderung der Welt (in Mrd. m^3)

Land	1960	1970	1978	1980	1982[1)]
Bundesrepublik Deutschland	0,6	12,3	20,9	18,9	16,8
Niederlande	0,4	31,4	87,8	96,2	78,0
Frankreich	4,5	6,9	7,9	7,5	6,8
Italien	6,5	12,5	13,1	12,1	15,0
Österreich	1,5	1,9	2,4	1,9	1,3
Großbritannien	–	11,1	38,2	36,4	36,0
Norwegen	–	–	–	25,2	26,0
Irland	–	–	–	0,9	1,9
sonstige	–	–	12,7	–	–
West-Europa	13,5	76,1	183,0	199,1	181,8
USA	427,2	621,9	565,6	549,1	513,0
Kanada	15,3	67,0	71,6	69,8	71,0
Nordamerika	442,5	688,9	637,2	618,9	584,0
Venezuela	31,6	9,0	15,0	16,7	16,2
Mexiko	9,7	18,8	21,5	28,9	32,0
Argentinien	3,6	6,0	8,0	9,5	10,8
Chile	2,2	2,7	3,5	2,4	3,0
sonstige	–	4,9	10,2	9,8	11,0
Lateinamerika	47,1	41,4	58,2	67,3	73,0
Libyen	–	–	5,0	5,2	4,0
Algerien	–	2,8	14,1	11,6	14,0
Nigeria	0,2	0,1	0,5	1,1	1,1
sonstige	–	0,1	1,4	3,0	3,2
Afrika	0,2	3,0	21,0	20,9	22,3
Iran	7,1	11,2	18,8	8,3	7.2
Kuwait	7,8	4,0	6,3	6,3	5,9
Irak	7,1	0,8	1,7	1,8	0,7
Saudi-Arabien	8,1	2,9	5,0	10,6	11,0
sonstige	0,5	0,5	12,0	18,5	21,6
Mittlerer Osten	30,6	19,4	43,8	45,5	46,4
Indonesien	2,4	3,1	6,5	18,5	19,5
Japan	0,7	2,6	2,6	2,2	2,0
Pakistan	0,6	3,6	5,9	8,1	8,8
Afghanistan	–	2,6	2,7	4,2	4,5
Brunei	–	1,3	–	9,8	9,7
sonstige	–	0,4	14,3	7,6	9,0
Ferner Osten	3,7	13,6	32,0	50,4	53,5
Australien	–	1,5	7,2	8,9	11,4

Fortsetzung der Tabelle A5

Land	1970	1975	1978	1980	1982[1)]
UdSSR	47,2	198,0	372,4	434,8	502,0
VR China	–	–	65,8	14,3	12,1
Rumänien	6,5	22,6	34,4	33,5	33,0
Ungarn	0,3	3,5	7,4	6,1	6,0
Polen	0,6	5,2	8,0	6,3	6,3
DDR	–	1,2	–	8,1	7,9
sonstige	–	2,7	11,6	2,8	3,6
Ostblock	54,5	233,2	499,6	505,9	570,9
Welt insgesamt	592,1	1 077,1	1 482,0	1 516,9	1 543,3

[1)] Vorläufig

Quelle: Ruhrgas AG, Essen; Esso: Oeldorado, Hamburg

Tabelle A6 Stromerzeugung in ausgewählten Ländern (in Mio. kWh)

Land	1970	1975	1980	1981
Belgien	30 523	41 066	53 552	50 755
Bundesrepublik Deutschland	242 605	301 802	368 770	368 770
Frankreich	146 966	185 312	260 230	282 480
Großbritannien	249 016	271 987	284 931	277 735
Irland	6 091	7 730	10 883	10 909
Italien	117 423	147 333	186 305	181 755
Niederlande	40 859	54 259	64 808	64 860
Norwegen	57 606	77 485	84 099	92 770
Portugal	7 488	10 728	15 262	13 948
Spanien	56 490	82 385	110 483	110 696
Sonstige	204 925	263 055	277 738	283 823
Westeuropa	1 159 992	1 443 142	1 717 061	1 738 501
Albanien	944	1 800	2 450	2 650
Bulgarien	19 513	25 237	34 835	36 972
DDR	67 650	84 505	98 800	100 720
Jugoslawien	26 024	40 040	58 935	60 390
Polen	64 533	97 169	121 860	115 006
Rumänien	35 088	53 721	67 500	70 138
Tschechoslowakei	45 163	59 277	74 101	74 054
UdSSR	740 926	1 038 607	1 295 000	1 326 031
Ungarn	14 541	20 472	23 873	24 219
Osteuropa	1 014 382	1 420 828	1 777 354	1 810 180

Fortsetzung der Tabelle A6

Land	1970	1975	1980	1981
Afghanistan	396	705	970	1 035
VR China	107 000	187 000	300 600	309 300
Indien	61 212	85 926	116 332	125 900
Indonesien	2 300	4 646	7 140	7 750
Irak	2 750	4 584	8 000	6 290
Iran	6 758	15 700	17 150	16 900
Japan	359 539	475 794	577 521	583 249
Korea, Republik	9 597	20 880	39 979	43 667
Korea, Volksrepublik	16 500	26 000	35 000	36 000
Kuwait	2 661	5 100	9 270	10 336
Malaysia	3 543	5 788	8 974	9 541
Mongolei	548	848	1 650	1 750
Oman	105	306	792	965
Philippinen	8 666	13 670	18 032	19 040
Qatar	282	640	1 450	2 521
Saudi-Arabien	1 060	2 478	9 000	11 100
Syrien	947	1 673	3 400	3 920
Vereinigte Arabische Emirate	140	1 335	4 500	6 050
Vietnam	2 120	2 428	3 900	4 000
Sonstige	56 326	88 418	149 957	150 239
Asien	642 450	943 919	1 313 617	1 349 553
Kanada	204 723	273 392	366 677	377 624
USA	1 639 771	2 003 002	2 356 139	2 365 062
Nordamerika	1 844 494	2 276 394	2 722 816	2 742 686
Argentinien	21 727	29 468	40 600	39 288
Brasilien	45 460	80 293	137 383	142 430
Chile	7 550	8 732	11 500	11 978
Kolumbien	8 750	14 025	20 645	23 690
Mexiko	28 707	43 329	64 225	73 559
Sonstige	47 932	69 258	97 885	100 582
Lateinamerika	160 126	245 105	372 238	397 527
Algerien	1 979	3 773	6 200	7 170
Ägypten	7 591	10 386	18 520	18 590
Elfenbeinküste	517	962	1 800	1 903
Gabun	97	253	450	450
Ghana	2 920	3 996	4 768	3 053
Kamerun	1 163	1 316	1 340	1 655
Kenia	583	953	1 490	1 715
Kongo, Volksrepublik	76	110	120	165
Libyen	426	1 163	3 100	5 600
Malawi	145	295	398	428
Marokko	1 935	3 042	4 761	5 277
Nigeria	1 550	3 211	5 000	7 260
Ruanda	81	140	163	163
Zimbabwe	6 410	6 131	4 541	4 519

Fortsetzung der Tabelle A6

Land	1970	1975	1980	1981
Sudan	392	640	1 000	1 000
Südafrikanische Republik	50 959	75 327	95 777	38 206
Tunesien	794	1 346	2 810	3 020
Uganda	778	766	650	657
Zaire	3 230	3 800	4 360	4 560
Zentralafrikanische Republik	47	52	64	65
Sonstige	8 628	12 976	35 181	20 403
Afrika	90 301	130 638	192 493	187 859
Australien	53 892	73 933	95 881	103 108
Neuseeland	13 706	20 064	21 982	22 706
Sonstige	2 351	4 534	4 663	4 777
Ozeanien	69 949	98 531	122 526	130 591
Welt	4 981 694	6 558 557	8 218 105	8 356 891

Quelle: Zusammengestellt nach UN, Yearbook of World Energy Statistics, New York 1979, 1980 bzw. 1981

Tabelle A7 Weltenergieerzeugung (in 1 000 t SKE)

Land	1970	1975	1980	1981
Belgien	11 463	8 673	7 482	7 370
Bundesrepublik Deutschland	173 490	165 859	162 181	165 678
Frankreich	60 653	47 487	51 723	57 994
Großbritannien	151 578	168 074	275 838	288 547
Irland	1 756	1 965	2 603	3 308
Italien	25 802	27 241	26 415	27 641
Niederlande	45 251	111 457	111 294	103 253
Norwegen	7 484	23 658	82 664	82 006
Portugal	991	1 014	1 157	823
Spanien	14 063	19 276	21 272	22 788
Sonstige	45 202	55 660	36 185	38 426
Westeuropa	537 733	630 364	778 814	797 834
Albanien	2 653	3 653	4 985	4 769
Bulgarien	16 146	15 013	17 059	16 902
DDR	80 957	79 227	83 840	86 624
Jugoslawien	21 461	25 503	28 577	33 924
Polen	157 179	191 880	174 997	149 960
Rumänien	65 225	84 880	85 710	89 045
Tschechoslowakei	63 751	64 483	66 720	65 411
UdSSR	1 207 761	1 566 869	1 937 975	2 001 267
Ungarn	20 592	19 715	22 224	22 115
Osteuropa	1 635 725	2 051 223	2 422 087	2 470 017

Fortsetzung der Tabelle A7

Land	1970	1975	1980	1981
Afghanistan	3 443	3 943	2 719	2 764
VR China	351 600	529 726	614 484	606 148
Indien	67 763	87 093	100 918	120 365
Indonesien	63 881	97 251	134 239	137 371
Irak	112 212	163 908	191 577	67 753
Iran	295 230	419 710	119 927	105 153
Japan	31 110	36 298	42 766	42 730
Korea, Republik	9 534	13 521	12 856	13 828
Korea, Volksrepublik	26 634	39 429	44 767	44 829
Kuwait	224 196	159 665	131 746	88 984
Malaysia	1 497	7 039	20 918	21 780
Mongolei	717	1 014	1 707	1 796
Oman	24 112	24 741	20 400	23 700
Philippinen	286	350	1 691	1 629
Qatar	26 595	33 878	40 022	35 271
Saudi-Arabien	277 030	520 178	741 156	737 679
Syrien	6 176	14 010	12 489	12 776
Vereinigte Arabische Emirate	55 118	120 368	125 685	113 100
Vietnam	3 066	5 261	6 386	6 586
Sonstige	68 693	65 677	79 765	75 495
Asien	1 648 893	2 343 060	2 446 218	2 259 737
Kanada	204 978	261 351	279 961	271 387
USA	2 130 263	1 989 756	2 105 207	2 087 754
Nordamerika	2 335 241	2 251 107	2 385 168	2 359 141
Argentinien	37 292	41 134	51 133	52 406
Brasilien	18 694	24 655	34 374	36 844
Chile	6 114	5 916	5 765	6 537
Kolumbien	21 807	19 323	21 137	22 023
Mexiko	53 807	82 050	187 364	218 559
Sonstige	320 993	242 678	230 802	223 562
Lateinamerika	458 707	415 756	530 575	559 931
Algerien	72 450	74 605	111 836	91 992
Ägypten	24 548	18 028	44 959	51 481
Elfenbeinküste	32	47	341	505
Gabun	7 914	16 500	13 179	11 153
Ghana	354	486	578	615
Kamerun	142	155	4 080	6 008
Kenia	41	80	130	170
Kongo, Volksrepublik	126	3 136	4 801	5 700
Libyen	232 370	111 029	137 165	88 546
Malawi	16	33	50	49
Marokko	725	906	1 006	1 309
Nigeria	79 186	129 663	153 177	110 975
Ruanda	11	18	20	20
Zimbabwe	4 165	3 954	3 627	3 373

Fortsetzung der Tabelle A7

Land	1970	1975	1980	1981
Sudan	12	39	61	61
Südafrikanische Republik	48 524	56 894	93 705	103 839
Tunesien	6 050	7 042	8 752	8 486
Uganda	94	93	79	80
Zaire	490	590	2 154	2 148
Zentralafrikanische Republik	5	6	7	8
Sonstige	8 980	13 760	6 445	13 279
Afrika	486 235	437 064	586 152	499 797
Australien	66 032	106 073	114 670	122 010
Neuseeland	3 697	4 835	5 321	5 861
Sonstige	44	67	84	91
Ozeanien	69 773	110 975	120 075	127 962
Welt	7 172 307	8 239 549	9 269 089	9 074 419

Quelle: Zusammengestellt nach UN, Yearbook of World Energy Statistics, New York 1979, 1980 bzw. 1981

Tabelle A8 Weltenergieverbrauch (in 1000 t SKE)

Land	1970	1975	1980	1981
Belgien	54 153	54 686	58 877	52 547
Bundesrepublik Deutschland	311 079	326 187	352 684	346 223
Frankreich	193 621	200 022	234 030	220 322
Großbritannien	278 680	276 562	268 005	259 123
Irland	7 737	8 515	11 188	11 027
Italien	142 045	163 335	192 531	187 303
Niederlande	59 881	79 746	84 439	80 524
Norwegen	17 897	19 968	26 061	24 397
Portugal	6 436	9 106	12 026	12 416
Spanien	49 539	76 516	88 135	90 271
Sonstige	182 357	197 983	179 304	173 309
Westeuropa	1 303 425	1 412 626	1 507 280	1 457 462
Albanien	1 288	1 935	3 089	2 983
Bulgarien	32 051	39 148	47 324	47 658
DDR	104 533	110 491	121 702	123 992
Jugoslawien	28 706	37 717	48 026	51 561
Polen	137 467	167 484	177 898	161 795
Rumänien	61 397	84 309	99 391	99 269
Tschechoslowakei	77 438	88 115	97 876	98 063
UdSSR	991 376	1 268 879	1 473 972	1 535 941
Ungarn	29 035	33 663	40 117	40 802
Osteuropa	1 463 291	1 831 741	2 109 395	2 162 064

Fortsetzung der Tabelle A8

Land	1970	1975	1980	1981
Afghanistan	690	969	940	913
VR China	347 651	501 192	580 763	571 816
Indien	76 363	99 609	126 387	136 227
Indonesien	13 847	23 260	33 589	36 375
Irak	5 696	7 597	8 717	8 042
Iran	27 153	43 421	37 632	34 369
Japan	372 036	354 436	427 683	420 630
Korea, Republik	20 881	33 386	52 135	54 840
Korea, Volksrepublik	28 473	41 427	48 545	48 828
Kuwait	4 356	6 238	7 436	6 659
Malaysia	6 109	7 672	13 700	14 225
Mongolei	1 087	1 545	2 608	2 764
Oman	113	345	709	730
Philippinen	9 688	12 326	17 484	17 500
Qatar	1 457	3 271	7 242	7 093
Saudi-Arabien	3 770	10 232	15 607	15 653
Syrien	2 418	4 837	7 612	7 791
Vereinigte Arabische Emirate	576	2 513	4 705	5 759
Vietnam	12 575	9 069	7 599	8 123
Sonstige	25 652	124 236	145 269	155 874
Asien	960 591	1 287 581	1 547 362	1 554 211
Kanada	187 193	227 385	253 425	243 824
USA	2 227 123	2 283 527	2 419 510	2 344 824
Nordamerika	2 414 316	2 510 912	2 672 935	2 588 648
Argentinien	37 877	43 097	49 362	48 251
Brasilien	41 532	71 105	94 024	92 002
Chile	10 431	9 786	11 488	10 449
Kolumbien	12 082	15 437	20 804	20 918
Mexiko	53 499	73 828	117 123	125 712
Sonstige	82 849	103 840	73 325	78 774
Lateinamerika	238 270	317 093	366 126	376 106
Algerien	3 037	8 393	32 708	28 003
Ägypten	8 673	13 339	21 979	22 417
Elfenbeinküste	981	1 484	1 412	1 289
Gabun	438	901	862	952
Ghana	1 433	1 605	1 340	1 406
Kamerun	440	643	946	754
Kenia	1 167	2 029	2 340	2 207
Kongo, Volksrepublik	264	691	136	140
Libyen	1 339	2 532	6 202	6 607
Malawi	184	275	329	299
Marokko	2 860	4 406	6 681	7 009
Nigeria	2 745	5 161	11 771	17 535
Ruanda	39	61	96	90
Zimbabwe	4 453	3 943	4 532	4 194

Fortsetzung der Tabelle A8

Land	1970	1975	1980	1981
Sudan	2 088	2 364	1 659	1 674
Südafrikanische Republik	56 687	70 605	86 708	91 723
Tunesien	1 475	2 408	4 084	4 311
Uganda	694	559	357	318
Zaire	1 468	1 670	1 930	2 001
Zentralafrikanische Republik	102	57	96	93
Sonstige	8 784	10 877	12 728	12 274
Afrika	99 351	134 003	198 896	205 296
Australien	64 077	80 670	90 405	89 366
Neuseeland	7 855	9 760	9 989	10 232
Sonstige	2 479	3 389	3 667	3 484
Ozeanien	74 411	93 819	104 061	103 082
Welt	6 553 655	7 587 755	8 506 055	8 446 869

Quelle: Zusammengestellt nach UN, Yearbook of World Energy Statistics, New York 1979, 1980 bzw. 1981

Tabelle A9 Maße, Gewichte, Heizwerte

Ausgewählte Maße und Gewichte der Energiewirtschaft

1 barrel petrol = 42 gallons = 158,99 l
(7,2 ... 7,6 barrels petrol = 1 t Rohöl)
1 US-barrel = 31,5 gallons = 119,228 l
1 US-gallon (gal.) = 4 quarts = 3,7854 l
1 US-quart (qt.) = 2 pints = 0,9464 l
1 Imperial gallon = 4,5461 l
1 cubic foot (cu. ft) = 1728 cubic inches = 0,02832 m^3
1 m^3 = 35,315 cubic feet = 1,3079 cubic yards

1 inch (in.) = 2,54 cm
1 foot (ft.) = 12 inches = 30,48 cm
1 yard (yr.) = 3 feet = 91,44 cm

1 long ton (lg. t./tn.l.) = 1016,05 kg
1 short (sh. t./tn.sh.) = 907,185 kg
1 t = 1 000 kg = 0,9842 long ton = 1,102 short tons

1 B.t.u. (British thermal unit, auch BTU oder B.Th.U.)
= 0,252 kcal = 1,055 kJ = 0,000293 kWh
1 kcal = 4,1868 kJ (Kilo Joule) = 0,0041868 MJ (Mega Joule)
= 3,9687 B.t.u. = 0,001163 kWh
1 Joule = 0,2388 cal
1 therm = 100 000 B.t.u. = 25 210 kcal = 105,55 MJ
1 Thermie = 1 000 kcal = 4,19 MJ
1 SKE (Steinkohleneinheit) = 7 000 kcal/kg = 29,31 MJ
1 OE (Öleinheit, oil equivalent) = 10 000 kcal/kg = 42,25 MJ

1 t Flüssiggas = etwa 600 m^3 Erdgas
1 SCF (Standard Cubic Feet) = 1 000 B.t.u. = 0,293 kWh
1 Normkubikmeter (m^3_n, Nm^3, $m^3_{v_n}$) Gas bei
1013,25 mbar, 0 °C, trocken

1 Mrd. cu. ft Erdgas = 26,87 Mio. m^3 (V_n) Erdgas
(30 inch Hg, 60° F, trocken) (1013,25 mbar, 0 ° C, trocken)

API-Wichten:	25° API = 0,904	(7 barrel = 1 t)
	30° API = 0,876	(7,2 bbl = 1 t)
	35° API = 0,850	(7,4 bbl = 1 t)
	40° API = 0,825	(7,6 bbl = 1 t)

(Wichten von Rohöl: 0,80 ... 0,97)
Barrel/day (bbl/d) × 50 = Mio. t/Jahr (Umrechnungsfaktor für internationale Statistiken)

1 t Uran = 7 kg ^{235}U
1 kg ^{235}U = 90 Mrd. MJ

Heizwerte und Umrechnungsfaktoren von wichtigen Primär-Energieträgern

Energieträger	Einheit	Heizwert in kcal	Heizwert in MJ	SKE	B.t.u.
Steinkohlen	kg	7 000	29,308	1,000	27 776
Rohbraunkohlen	kg	1 991	8,338	0,284	7 902
Hartbraunkohlen	kg	3 713	15,550	0,531	14 737
Pechkohlen	kg	5 000	20,930	0,710	19 840
Brenntorf	kg	3 400	14,235	0,486	13 494
Brennholz (1 fm = 0,7 t)	kg	3 500	14,654	0,500	13 888
Erdgas	m^3	7 579	31,736	1,083	30 077
Erdölgas	m^3	10 000	41,868	1,429	39 687
Erdöl	kg	10 178	42,622	1,454	40 393
Wasserkraft	kWh	2 300	9,619	0,328	9 128
Elektrischer Strom	kWh	860	3,600	0,120	3 412

Quelle: Statistik der Kohlenwirtschaft, Essen

Dekadische Vielfache von Einheiten

Vielfaches	Vorsilbe	Zeichen
10^1	Deka	da
10^2	Hekto	h
10^3	Kilo	k
10^6	Mega	M
10^9	Giga	G
10^{12}	Tera	T
10^{15}	Peta	P
10^{18}	Exa	E

Sachwortverzeichnis

Herrn/Frau/Fräulein

____

____

____

Bitte füllen Sie den Absender mit der Schreibmaschine oder in Druckschrift aus, da es für unsere Adressenkartei verwendet wird. Danke!

Ich bin:

- ☐ Lehrstuhlinhaber
- ☐ Lehrer
- ☐ Dozent
- ☐ Praktiker
- ☐ wiss. Mitarbeiter
- ☐ Student (V3)

Sonst.: . . . .
. . . .

an der:

- ☐ Uni
- ☐ FH
- ☐ PH
- ☐ FS
- ☐ TH
- ☐ Bibl./Inst.

Sonst.: . . . .
. . . .

Bitte informieren Sie mich über Ihre Neuerscheinungen auf dem Gebiet:

- ☐ Mathematik
- ☐ Mathematik-Didaktik
- ☐ Informatik/DV
- ☐ Mikrocomputer-Literatur
- ☐ Physik
- ☐ Chemie
- ☐ Biowissenschaften
- ☐ Maschinenbau
- ☐ Elektrotechnik/Elektronik
- ☐ Medizin
- ☐ Bauwesen
- ☐ Architektur
- ☐ Philosophie/Wissenschaftstheorie
- ☐ Sozialwissenschaften

Spezialgebiet: . . . .

Ich möchte zugleich folgende Bücher bestellen:

Anzahl	Autor und Titel	Ladenpreis

Datum Unterschrift

____